与最聪明的人共同进化

HERE COMES EVERYBODY

湛庐CHEERS

心智探奇

人类心智的起源与进化

[美] 史蒂芬·平克
Steven Pinker 著

郝耀伟 译

How the Mind Works

浙江科学技术出版社

测一测

你知道心智是如何工作的吗？

扫码激活这本书
获取你的专属福利

扫码获取全部测试题及答案
一起了解心智是如何工作的

- 人和剃光了毛的“裸猿”的区别在于，人类是心智进化的产物，这是对的吗？

  A. 对

  B. 错

- 在大灾大难面前，人们往往会抱团取暖，你认为这种报团取暖是进化来的吗？

  A. 是

  B. 否

- 在生物学家眼中，外太空存在类似人类这种智能社会的可能性是？

  A. 微乎其微

  B. 50%

  C. 100%

  D. 80%

扫描左侧二维码查看本书更多测试题

Steven Pinker

史蒂芬·平克

当代思想家
世界顶尖语言学家和认知心理学家

Steven
Pinker

世界顶尖语言学家和认知心理学家

史蒂芬·平克，犹太人，1954 年 9 月 18 日出生于加拿大蒙特利尔。

1976 年，平克取得加拿大麦吉尔大学心理学学士学位；1979 年，取得哈佛大学实验心理学博士学位。

1980—1982 年，平克先后在哈佛大学、斯坦福大学担任助理教授。之后，他加入麻省理工学院，开始在脑与认知科学系任教，专心研究儿童的语言学习模式。他认为，语言是人类经过自然选择形成的一种适应功能，通过不断再生和优化，语言同手、眼等器官一样也在进化。1990 年，平克和他的学生——现耶鲁大学心理学教授保罗·布卢姆（Paul Bloom）联名发表了论文《自然语言和自然选择》（*Natural Language and Natural Selection*），在学术界引起巨大反响。

在这篇论文的启发下，平克出版了《语言本能》一书。这本书一经出版，就成为轰动一时的畅销书，并入选《美国科学家》杂志（*American Scientist*）评出的“20 世纪 100 本最佳科学书籍”。凭借此书的成功，平克得以拓展研究领域，开始思索更宽泛的人性问题。史蒂芬·平克于 1994 年成为麻省理工学院认知神经学中心的掌门人。

2003 年，平克回到哈佛大学，担任哈佛大学心理学教授。2008—2013 年，因在教学方面的杰出贡献，史蒂芬·平克被授予哈佛学院荣誉教授头衔。

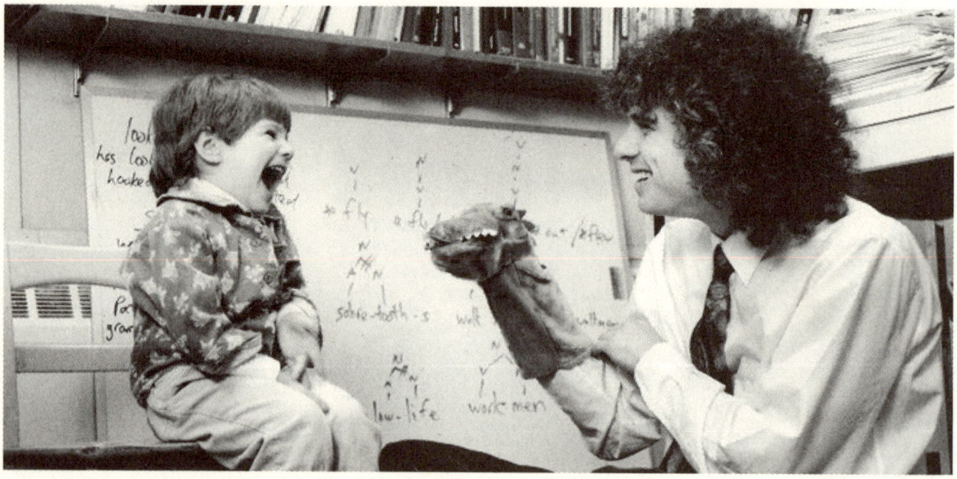

截至目前，平克获得了麦吉尔大学、纽卡斯尔大学、特拉维夫大学等多所大学授予的 9 个荣誉博士学位；共出版了 9 部面向大众的通俗著作，并于 1998 年和 2003 年两次入围普利策奖终选名单。

1986 年，平克获得美国心理学协会的博伊德·麦克坎德莱斯奖（Boyd McCandless Award），1993 年获得美国国家科学院特罗兰研究奖（Troland Research Award），2004 年获得英国皇家神经科学亨利·戴乐奖（Henry Dale Prize），2010 年获得认知神经科学学会的乔治·米勒奖（George A. Miller Prize）。

平克的父亲曾是一名律师，母亲曾是一所中学的副校长。他的妹妹苏珊·平克（Susan Pinker）也是著名的发展心理学家，是畅销书《性别悖论》（*The Sexual Paradox*）和《村落效应》（*The Village Effect*）的作者。

史蒂芬·平克在其著作《词与规则》（*Words and Rules*）中引用了小说家和哲学家丽贝卡·戈尔茨坦（Rebecca Goldstein）小说中的不规则动词“stridden”，他们因此而相识。丽贝卡·戈尔茨坦十分敬仰平克，她说，自大卫·休谟（David Hume）之后，就没有哪位思想家打动过她，但平克是个例外。2007 年，史蒂芬·平克与丽贝卡·戈尔茨坦结婚，这是他的第三次婚姻。

2004 年，平克当选《时代周刊》“全球 100 位最有影响力人物”。2005 年和 2008 年，他两度被《前景》（*Prospect*）杂志和《外交政策》（*Foreign Policy*）杂志联合评选为“世界最受尊敬的 100 位公共知识分子”。

2006 年，因在人类进化知识普及方面的突出贡献，史蒂芬·平克当选美国人道主义协会（American Humanist Association）“年度人道主义者”。

2010 年和 2011 年，平克两度被《外交政策》杂志评选为“全球顶尖思想家”。在 2013 年《前景》杂志“最伟大思想家”的评选中，平克名列第三。

2016 年，平克当选为美国国家科学院院士。2021 年，根据学术影响力网站（Academic Influence）的计算，在 2010—2020 年的 10 年间，平克是世界上第二大最有影响力的心理学家。

史蒂芬·平克典藏大师系列

心智计算与自然选择，
解开心智之谜的两把钥匙

任何一本名为《心智探奇》的书在开篇时都应该有一段或两段谨慎性的说明文字，我这本书也不例外：

首先，我们并不了解心智如何工作——我们对心智的了解程度远不及我们对身体的了解程度，更不用说幸福和乌托邦了。那为什么厚着脸皮起这个书名呢？语言学家诺姆·乔姆斯基曾建议将我们所未知的事物分为“问题”和“谜”。当我们面对问题时，我们可能不知道它的解法，但我们有思路，有不断增加的知识和对我们所寻求内容的大致想法。而当我们面对谜时，我们只能干瞪着眼，心怀惊叹和迷惑，甚至还不知它的解释看上去该是什么样。我写这本书是因为许多心智的神秘之处，从心理意象到浪漫之爱，最近都已经被升级为问题。（尽管仍有一些谜！）本书的每个观点或许都会被证明是错误的，但那将会是进步的过程，因为我们的传统观念太乏味无趣，以至于都不值一驳。

其次，我还没发现我们究竟对心智如何运作知道些什么。本书中的观点很少

是我原创的。我从许多学科中选择了那些为理解我们的思想和感觉提供特别洞见的重要理论，那些符合事实并预测新事实的理论，还有那些内容与解释风格吻合一致的理论。我的目标是运用两个更宏大的观点来将这些理论观点编织成一幅具有凝聚性的图景，这两个观点是：心智计算理论和复制器自然选择理论。

本书第一章描述了心智的概貌：心智是由自然选择设计来解决我们的进化祖先在他们原始觅食方式的生活中所面临的问题的一套计算器官系统。之后这两大观点——计算与进化——各自占据一章内容。我将心智的主要功能分解为有关感知、推理、情感和社会关系（家庭、情侣、对手、朋友、熟人、联盟、敌人）等章节。最后一章讨论了我们更高形式的召唤：艺术、音乐、文学、幽默、宗教和哲学。没有专门为语言单设的章节，我著述的《语言本能》补充了这个主题。

本书适合任何对心智如何工作感到好奇的读者阅读。我写本书并不只是为了教授和学生，不过我也并不只是为了“普及科学”。我希望学者们和一般读者都能够从本书对心智的鸟瞰式概述以及对心智如何介入人类事物的探讨中获益。在如此的高度，专家与有思想的普通人之间几乎没有什么差异，因为当今时代我们专家在我们自己的学科中都不比常人多了解多少，更何况对于邻近学科了。我没有做详细的文献综述或是传达每一次争论的方方面面，因为这将令本书不可读，确切地说，也重到抬不动。我的结论来自对不同领域和方法的证据之间趋同性的评估，我也提供了详细的引文出处以便读者可以检索并深度阅读。

How the Mind Works

目　录

How the Mind Works

第一部分

心智理论的前世今生

How the Mind Works

01

心智是什么

How the Mind Works

心智是一个由若干计算器官所组成的系统，它是我们祖先在解决生存问题的进程中“自然选择”出来的。心智不是大脑，而是大脑所做的事情。人是心智进化的产物，而不是剃光了毛的“裸猿”。心智进化的最终目的是复制最大数量的基因，而正是基因创造了心智。

为什么小说里有那么多机器人，生活中却一个也没有呢？我倒是很想花大价钱买一个机器人，让它帮我收拾碗筷或供我差遣跑腿。不过在这个世纪里，我是没机会了，恐怕下个世纪也悬[①]。当然，装配线上是有从事焊接或喷漆工作的机器人，实验室过道里也有机器人滚来滚去，不过我指的是那些能够行走、讲话、视物和思考的机器人，这些机器人往往比它们的人类主人干活还要棒。自从 1920 年卡雷尔·卡佩克（Karel Čapek）在他的剧本《罗素姆万能机器人》（*Rossum's Universal Robots*）中第一次使用 Robot（机器人）这个词以后，剧作家们便驰骋想象，不断地使用这个概念：艾萨克·阿西莫夫（Isaac Asimov）的《我，机器人》（*I, Robot*）中的斯比迪、俏蒂和戴弗，《禁忌星球》（*Forbidden Planet*）中的罗比，《迷失太空》（*Lost in Space*）中的连枷弹桶，《神秘博士》（*Dr. Who*）中的达勒克外星人，《杰森一家》（*The Jetsons*）中的萝西和麦德，《星际迷航》（*Star Trek*）中的诺麦德，《糊涂侦探》（*Get Smart*）中的希米，《傻瓜大闹科学城》（*Sleeper*）中没精打采的男管家和好斗嘴的男装店员，《星球大战》（*Star War*）中的 R2D2 和 C3PO，《终结者》（*The Terminator*）中的终结者，《星际迷航：下一代》（*Star Trek: The Next Generation*）中的上尉指挥官，以及《神秘科学剧院 3000》（*Mystery Science Theater 3000*）中妙语连珠的影评家。

本书讲的不是机器人，而是人的心智。在后面的章节里，我将试着解释什么

① 本书写于 1997 年。——译者注

是心智，它来自何方，它怎样让我们看见、思考、感觉、交流以及追寻更高层次的目标，如艺术、宗教和哲学。在书中，我将试着揭秘那些人类独有的怪癖。记忆为什么会逐渐消退？化妆为什么会改变人的容貌？对种族的刻板印象是从哪儿来的，以及什么时候这种成见能激化到非理性的程度？为什么人们会控制不了自己的情绪？什么原因使孩子们变得淘气顽皮？为什么坠入爱河的人看起来都像傻瓜？什么让我们发笑？为什么人们会相信鬼神？

不过，想象中机器人与现实中机器人之间的差距是我的出发点，因为这是我们了解自身必须迈出的第一步：我们必须认识到，在那些看来稀松平常的人类心智活动的背后，有一个极为精妙的复杂设计。我们之所以到现在还见不到真正像人一样的机器人，并不是因为以机械方式重造人类心智是一个错误的想法，而是因为我们人类日常处理的工程问题，要比登陆月球或测序人类基因组困难得多，在解决这些工程问题的基础上我们才能够视物、行走、计划以及完成日常事务。大自然又一次找到了巧妙的解决方法，而这些方法，人类工程师们至今还不会复制。当哈姆雷特说“人是怎样一幅杰作啊！理性何其优雅！才能何其博大！形体和移动又何其简洁而令人钦叹啊”的时候，我们该敬畏的不是莎士比亚、莫扎特、爱因斯坦或“天勾”贾巴尔，而应当是4岁的幼童在他人要求下，将玩具放到架子上的简单行为。

在设计良好的系统中，其组成部件就像黑箱，它变魔术般履行着职能。心智也是如此。我们用来思索世界的这套“设备”没有能力审视自身，或审视我们其他的“设备”，来理解这些“设备”是怎么工作的。这使得我们成为一种幻象的牺牲品：即我们自己的心理内部的运作源自某些神明力量、神秘物质或全能的本原。犹太人关于生命假人的传说中，一个泥土塑像被刻上神的名字后，便被赋予了生命。许多机器人的故事中都有着类似的情节，例如，维纳斯对皮格马利翁祈祷的回答令雕像伽拉忒亚有了生命，蓝色仙女让匹诺曹复生。现代版的生命假人原型则常出现在一些没那么有想象力的科学逸事当中。据说，所有的人类心理都可以被一个唯一、万能的理由所解释：大脑、文化、语言、社会化、学习、复杂性、自组织和神经网络动力学。

我想让您相信，我们的心智充满生机，不是因为一些神秘缥缈的气体或全能的本原。心智就像阿波罗号航天器一样，是被设计用来解决许多工程问题的产物，因而心智配备了许多高科技系统，而每个系统都是为了解决自身面对的问题。我首先列出这些问题，这些问题既包括机器人的设计规格，也涉及心理学范畴。因为我相信，由认知科学和人工智能学科所发现的、我们自身心智活动所解决的技术难题是科学的伟大发现之一，这一进展足以媲美当初我们发现宇宙是由数以亿计的星系所组成的，或者池塘里的一滴水富含大量的微生物。

机器人难题：不简单的“看”和“走”

制造机器人需要什么？我们暂且不考虑计算行星轨道的超计算能力，先说些人类的简单能力：视物、行走、抓握、思考有关人与事的问题或计划如何行动。

在电影中我们经常看到通过机器人眼睛所呈现的场景，这是电影制作的常用技术，导演使用鱼眼镜头带来失真效果，或者镜头当中出现十字准星来实现这一目的。这对我们观众来说不影响什么，因为我们已经有了功能齐备的眼睛和大脑。但对于了解机器人的内部构造，毫无帮助。机器人里面并没有住着时刻盯着图片的“小人”，告诉机器人看到了什么。如果你真能通过机器人的眼睛看世界，那么你将不会看到带有十字准星的电影画面，而是看到图 1-1 呈现的图案。

这个视图由数百万个小区域组成，每个数字就代表一个小区域的亮度。较小的数值表示颜色较暗的区域，较大的数值表示颜色较亮的区域。图 1-1 显示的数字源自瞄准一只手的电子照相机产生的真实信号，当然也可以理解为某人盯着一只手时，从他眼睛到大脑的一些神经纤维的激活率。无论是机器人的大脑，还是人脑，要想识别出物体并且在移动中不撞上去，它必须理解这些数字，猜出世界上哪种东西反射的光会形成这样的影像。这个问题看似简单，其实很难。

225	221	216	219	219	214	207	218	219	220	207	155	136	135
213	206	213	223	208	217	223	221	223	216	195	156	141	130
206	217	210	216	224	223	228	230	234	216	207	157	136	132
211	213	221	223	220	222	237	216	219	220	176	149	137	132
221	229	218	230	228	214	213	209	198	224	161	140	133	127
220	219	224	220	219	215	215	206	206	221	159	143	133	131
221	215	211	214	220	218	221	212	218	204	148	141	131	130
214	211	211	218	214	220	226	216	223	209	143	141	141	124
211	208	223	213	216	226	231	230	241	199	153	141	136	125
200	224	219	215	217	224	232	241	240	211	150	139	128	132
204	206	208	205	233	241	241	252	242	192	151	141	133	130
200	205	201	216	232	248	255	246	231	210	149	141	132	126
191	194	209	238	245	255	249	235	238	197	146	139	130	132
189	199	200	227	239	237	235	236	247	192	145	142	124	133
198	196	209	211	210	215	236	240	232	177	142	137	135	124
198	203	205	208	211	224	226	240	210	160	139	132	129	130
216	209	214	220	210	231	245	219	169	143	148	129	128	136
211	210	217	218	214	227	244	221	162	140	139	129	133	131
215	210	216	216	209	220	248	200	156	139	131	129	139	128
219	220	211	208	205	209	240	217	154	141	127	130	124	142
229	224	212	214	220	229	234	208	151	145	128	128	142	122
252	224	222	224	233	244	228	213	143	141	135	128	131	129
255	235	230	249	253	240	228	193	147	139	132	128	136	125
250	245	238	245	246	235	235	190	139	136	134	135	126	130
240	238	233	232	235	255	246	168	156	144	129	127	136	134

图 1-1 机器人“看到”的世界

视觉系统必须确定物体边缘的位置，识别出哪里是背景。但世界不像一本彩色的书一样，有着黑色的轮廓和实心颜色的区域。映射到我们眼中的世界是一个由许多小阴影碎片组成的镶嵌图案。也许有人会猜测，视觉脑在寻找大数区域（较亮的区域）与小数区域（较暗的区域）相接的地方。你可以在图 1-1 中找到这一边界，它就在从顶端右侧到底端中部的斜线上。但不幸的是，大多数时候你找不到物体的边缘，那里只是空白。大数和小数的并列可能是由于许多独特的安排。图 1-2 中的左图是心理学家帕瓦 · 辛哈（Pawan Sinha）和爱德华 · 埃德尔森（Edward Adelson）设计的，它看上去好像是由浅灰和深灰的方砖组成的一道环。

事实上，这图只是一张黑色的纸，中间挖了一个环形的洞，让我们透过它得以窥见它背后的景致。图 1-2 中的右图，黑色的纸被移除，你会看到，每一对挨着的灰色方块实际上代表物体不同的摆放方式。

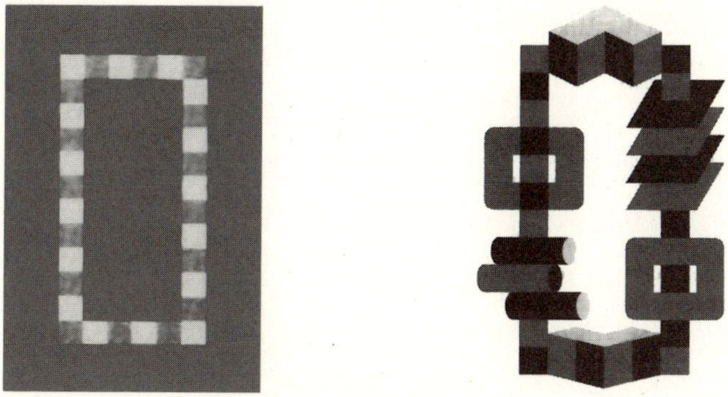

图 1-2　覆盖与还原

大数挨着小数，可能是由于一个物体立在另一个物体的前面，或深颜色纸放在浅颜色纸的上面，或表面涂有两种灰度的阴影，或两个物体紧紧挨着，或白纸上放着灰色玻璃纸，或两面墙相交的内角或外角，或是一个阴影。大脑总得想办法解决这个"鸡－蛋难题"：根据视网膜的小区域识别出三维物体，通过判断每一片区域是什么东西的一部分，进而区分开每一个小区域是什么（阴影还是涂色，褶皱还是覆盖，透明还是不透明）。

然而，困难才刚刚开始。在我们知道了如何将由视觉所感受到的世界切割成一个个物体后，我们还需要知道物体是由什么做的，比方说，是雪还是煤。乍一看，问题似乎很简单。如果大数来自亮的区域，小数来自暗的区域，那么大数就等于白色，也就是等于雪，小数就等于黑色，也就是等丁煤。对吗？错。照到一小片视网膜上光的数量不仅取决于物体灰或黑的程度，而且取决于照亮物体的光的明亮或微弱程度。摄影师的曝光表会告诉你，屋外一团煤反射的光要比屋内一团雪反射的更多。这就是为什么人们常常会对他们拍出的照片颇感失望，为什么摄影是如此复杂的一门工艺。照相机不会撒谎，它自己的设备决定了，拍出的外景如奶白，内景像泥巴。摄影师（有时照相机中的微芯片也可以）精心处理胶片才得出一幅逼真的图像，他们用到的技巧包括：调整快门时间控制、镜头光圈、拍摄速度、闪光灯以及暗室操纵。

我们视觉系统的设计要好得多。它设法让我们将室外明亮的煤块看成黑色，把屋内昏暗的雪看成白色。这是个令人愉快的结果，因为这样，我们意识中对颜色和亮度的感觉就可以与世界原本的状况相一致，而不是和世界呈现到我们眼睛中的镜像相一致。不管在室内室外，雪球都是软的、湿的，随时可能会融化；不管在室内室外，我们也都把它看作是白色的。煤块则总是硬的、脏的，可以燃烧的，我们也总把它看成是黑色的。世界呈现的模样和它实际情况之间的和谐必定是我们神经系统的杰作，因为黑白二色在视网膜上并不是那么简单鲜明。假使你还有怀疑，这里有一个日常生活中的例证。传统 CRT 电视机关闭时，屏幕上是淡淡的灰绿色。当打开以后，一些磷光点开始发光，显示为图像中明亮的区域。但其他的点则并不是吸收光而呈现为暗的区域，它们只是保持灰色不变。你所看到的黑色区域事实上只是电视机关闭时显像管的灰色阴影。这种黑色是一种虚拟，它是人脑回路的产物，同样的原理也使你能够把煤看作煤。制造电视机的工程师们在设计屏幕时不过是利用了这个回路。

下一个问题是，如何立体地视物。我们的眼睛将三维世界转化为二维的视网膜图像，第三维则必须由人脑来重新构建。但是，视网膜的小碎片上没有提示标志，没法告诉你每个面相距多远。你手心的一枚邮票可以和屋子对面的一把椅子或几千米外的一栋楼一样，在视网膜上映射出同样大小的一个方块［见图 1-3（a）图］。从正面看一张切割板，随倾斜度不同，同一张板被看成了各种不同的不规则四边形［见图 1-3（b）图］。

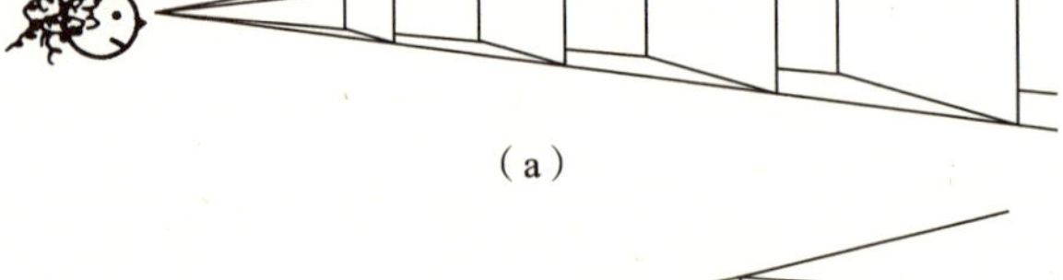

（a）

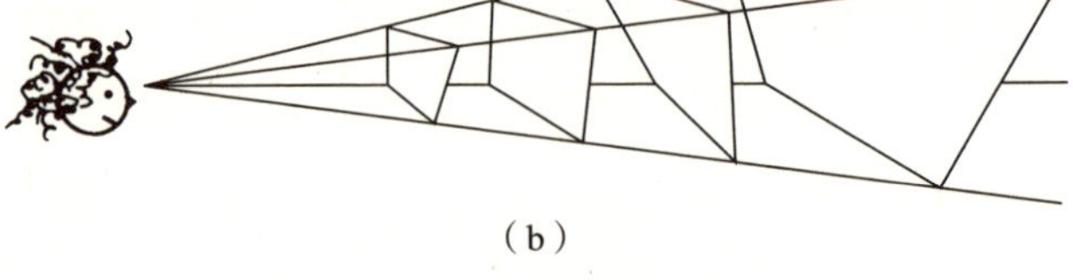

（b）

图 1-3 视网膜成像特点

要想感受这种几何现象的作用，以及处理这种现象的神经机制的运作，你可以盯着一个灯泡持续几秒钟或者在闪光灯闪烁时看着照相机，这会令你的视网膜上暂时出现一小块儿白色。如果这时你去看一页书，余像会附在上面，看上去有几厘米那么大。如果你看着墙，余像会有几十厘米那么大。如果你看天空，它会有云彩那么大。

最后的问题是，视觉模块如何认出外界的物体。机器人由此可以给物体起名，或者了解物体可做什么用。最直接的方法是，为每个物体仿照其形状制作一个模板或者切块。当物体出现时，它在视网膜上的映像会和自己的模板相吻合，就像壶盖对壶口一样。模板将会以形状的名字作为标签。例如，在图 1-4 中是字母“P”。每当模板吻合时，模板便读出其名字。

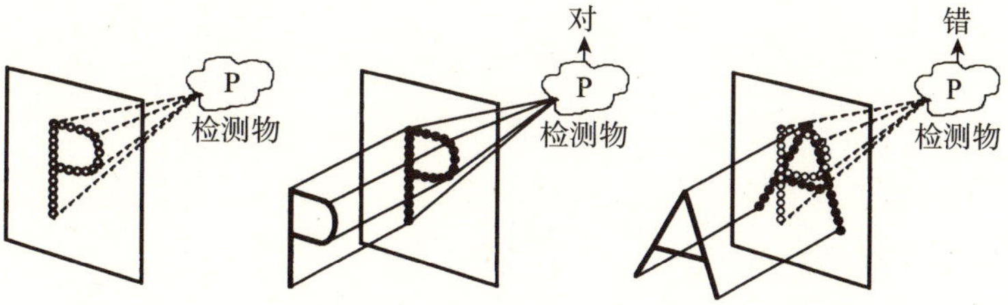

图 1-4　识别字母“P”

遗憾的是，这种简单的机制可能会出现两种失效情况。不是 P 时，它可能会错认为 P。例如，图 1-5 第一个方块中的 R 被错认为 P。有 P 的情况下，它还可能认不出 P。例如，当字母移动位置、倾斜、旋转、太远、太近或太别出心裁时，这种机制就认不出 P 了，如图 1-5 剩下几个方块中的情况。

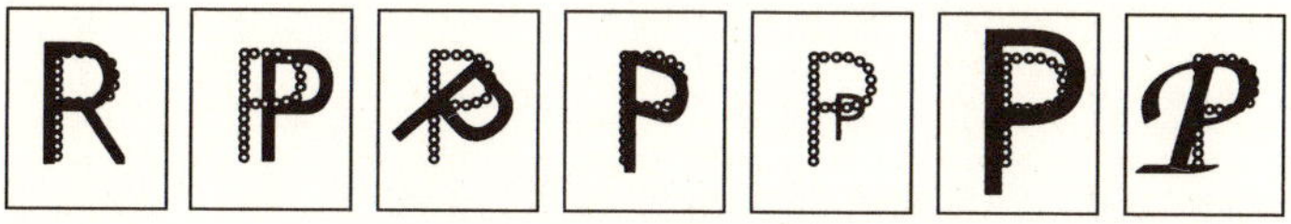

图 1-5　识别不出字母“P”

这些问题只不过是由一个简单的英文字母造成的。想象一下要认出一件上衣或一张脸，那该怎么设计！确切地说，经过40多年人工智能方面的研究，形状识别的技术已经大大改进。你可以用软件来扫描一页纸，识别字符，并比较准确地把它转化为数码文本文档。但人工的形状识别设备仍远远赶不上我们大脑中的设备。人工的设备是为那些原始的、易于识别的世界所设计的，却应付不了这个杂乱无章、毫无规则的现实世界。支票底端的怪异数字经过了精心的设计，因此没有形状重叠，这是由特殊的设备精确定位后才打印的，以便模板可以识别出这些数字。有朝一日，大厦里装上一台面部识别器来取代门卫，它也不会去尝试解读你的面部轮廓，而会去扫描你的虹膜或视网膜血管的清晰形状。而我们的大脑却对我们认识的每张脸（每个字母、动物、工具等）的形状都保留着相应的记录，这记录总是能够和视网膜上的图像对得上，即使图像如图1-5中那样被扭曲也没问题。在第4章中我们将具体探讨人脑是如何完成这一杰作的。

我们来看看另一个日常生活中神奇的地方：把身体从一处移动到另一处。我想让机器移动，就给它装上轮子。轮子的发明常被人们骄傲地认为是人类文明最杰出的成就之一。许多教科书指出，没有任何动物进化到用轮子来移动，并以此事实为例证明，进化往往不能找到最佳方案来解决工程问题。但这根本就不是一个好例子。即使大自然能够进化出下面长着轮子的驼鹿，驼鹿也肯定选择不要轮子。轮子只有在有道路和铁轨的地方才好用，而在任何松软、湿滑、陡峭或不均匀的地方，轮子都举步维艰。腿比轮子则要好得多。轮子必须沿着不间断的支撑面才能滚动，腿却可以落在一系列分开的立足点上，比如梯子。腿还可以尽量减少歪斜或者跨越障碍。即使现在整个世界好像已经变成了一个大停车场，地球上也只有大约一半陆地可供有轮子或者轨道的交通工具通行，但地球的绝大多数陆地上，有脚这样的载体——动物却都可以行走。这正是自然选择的设计。

但腿的存在是伴随着高昂成本的，它需要指挥控制装置。轮子只需转动，逐渐改变支撑点，就可始终承受重量。腿则必须在极短的时间内改变支撑点，这只有卸掉重量才能做到。控制腿的发动机必须将脚落在地面的同时承受和推动负载，然后再卸掉负载使腿能够自由移动，如此往复交替进行。在整个过程中，它们还得在脚所站的极小区域内保持身体重心平衡，使身体不致蹒跚倒地。指挥装置还必须尽量减少无用的上下颠簸运动。在可以行走的棒球投球手玩具中，这个问题的解决依靠了一个精密的机械联结装置，将旋转轴转化为迈步的动作。但这些玩具不能根据地势状况做出调整，找到最佳落脚点。

即使我们解决了这些问题，也只不过是搞明白了如何控制一只行走的昆虫而已。6 条腿的昆虫总是将它的 3 条腿像三脚架一样落在地上，而将其余 3 条腿抬在空中。在任何时刻，它都是比较稳定的。即使对于四足的走兽，在移动不太快时，它们也总能保持 3 条腿立于地面。但正如一位工程师所描述的："人类两脚直立行走，这种设计本身简直就是一场灾难，这需要极高超的控制才能使之可行。"我们行走时，不断在摇摇欲坠之际重新站稳；我们奔跑时，如飞机起飞刹那陡然启动。这些特技令我们在落脚空间分布不规则、直立不易的情况下仍能牢牢站立，也让我们能侧身通过狭窄小径或是轻松跨越障碍。但还是没有人能搞清楚我们是怎么做到这些的。

控制胳膊又是一项新的挑战。抓住一个建筑师用的灯罩，沿着对角线把它从离你近的左下方移动到距你远的右上方。在灯移动时，注意灯杆和灯的合页。尽管灯罩是在沿直线运动，灯杆却在以一种复杂的弧度摇摆，有时向下迅速俯冲，有时却几乎保持静止不动，有时又从弯曲移动转回直线运动。那么我们来反向推理一下：如果你不观察灯罩，你必须仔细设计每个联结处的扭曲次序，这样才能令灯罩保持直线运动。这其中所需的三角几何的复杂程度令人不寒而栗。但其实你的胳膊就是建筑师的灯罩，每次你做出指示动作，所需大量公式都被你的大脑轻而易举地解决了。你要是曾经用抓灯夹子来拿一盏灯的话，你就会明白，那问题比我刚才所描述的还要难上加难。灯会由于其重量而四处乱甩，就好像它自己有思想一样，如果你硕大的脑袋不发挥作用解决这个难解的物理问题，那你的胳膊也会那样。

更令人称绝的是手的控制。大概 2 000 年前，希腊医生盖伦（Galen）就指出了人手的精妙自然设计。只此一项工具，就足以操控大小不一、形状重量各异的一应物什，大到一根圆木，小至一颗粟粒。“人类能用手处理各种东西，”盖伦强调，“而且处理得相当完美，就像手是为每一种东西专门设计的一样。”手可以做成钩形钳（提桶）、剪刀钳（夹香烟）、五爪卡盘（举滑板）、三爪卡盘（握铅笔）、衬垫相接的两爪卡盘（纫针）、衬垫分隔的两爪卡盘（拧钥匙）、挤压钳（抓榔头）、盘形钳（开罐子）和球形钳（持球）。每种夹钳都需要肌肉拉伸的精确组合，将手做成合适的形状并尽力保持，以对抗载荷的反方向作用。来想想拿起一纸盒牛奶的情况：手抓得太松，它就掉了；抓得太紧，则会把奶挤出来；你还可以轻轻摇一摇，把纸盒拉开，这样指尖又成了一个小计量器，告诉你里面还有多少牛奶。

我们还没说舌头呢，这是个只能通过挤压来控制的无骨水气球。它能够把食物从后牙挤出来，又能像跳芭蕾舞一样发出“*thrilling*”（激动的）和“*sixth*”（第六）这样词的声音来。

“普通人对不普通的事情感到惊叹；智者对平凡之处感到伟大。”让我们谨记哲人的名言，来继续看看人类行为的平凡之处，但我们要换个新的视角，看看机器人设计师是怎样试图复制这些平凡之处的。假定我们已经能够设法建造一个能看能动的机器人了，那么，它看到以后会怎么做？它如何决定自己的行为？

一个智能生命不可能将所看到的任何事物都视为宇宙中独一无二的个体。智能生命必须将事物划分范畴，这样就可以将它艰难习得的，有关从前曾遇到过的相似事物的知识应用于新的事物了。

但是，只要人们试图列出一套规则标准来划分一个范畴成员的所属关系，这个范畴就会分化。且不说诸如“美”或者“相对主义”这样含糊不清的概念，我们来看看一个教科书上明确定义的概念——“单身汉”。当然了，单身汉就是指从来没结过婚的成年男性。但现在假设一个朋友请你邀请一些单身汉来参加她的聚会，如果你用这个定义来决定邀请下面哪些人，看看会怎样。

阿瑟在过去 5 年一直与爱丽丝愉快地生活在一起。他们有一个两岁的女儿，但两人一直没有在法律上正式登记结婚。

布鲁斯就要被征召入伍了，于是他打算和他的朋友芭芭拉请一名太平绅士为他俩主持结婚，因为这样他就可以免服兵役了。但他俩其实从未生活在一起过。布鲁斯谈过一些女朋友，并计划一旦找到他想娶的女孩，就宣布与芭芭拉的这次婚姻无效。

查理 17 岁，他现在在上高中，同父母住在一起。

戴维 17 岁，他 13 岁时离家创办了一家小企业，现在已是一名成功的年轻企业家。他住在阁楼式的公寓，过着花花公子般的生活。

埃利和埃德加是同性恋情人，两人生活在一起已经多年。

费塞尔根据其本族法律可以有 3 位妻子。他已经有了两位，目前正在寻找另一位可能的未婚妻。

格里高利神父是泰晤士河边一个小镇天主教堂的主教。

这份人员列表由计算机科学家泰利 · 维诺格雷德（Terry Wingograd）拟定，它说明“单身汉”的字面定义并不能概括我们对该范畴成员的直觉。

知道谁是单身汉只是一个常识，但常识一点儿都不平常。人脑或机器人脑中常识的形成也定不寻常。常识绝不是生活的年鉴，可以任由老师传授或像一个海量数据库一样能够下载。没有任何数据库能够列出所有我们知道的隐含事实，甚至没有任何人能够把这些隐含事实教给我们。你知道：当埃尔文把狗装进车里，狗就不会再在庭院里；埃德娜去教堂，她的头会随着她一起去；如果道格在房子里，他一定是通过某个开口进去的，除非他就在里面出生，之后再没离开过；如果谢拉早晨 9 点活着，下午 5 点也活着，那她中午也一定活着；野生的斑马从不穿内裤；打开一罐新牌子的花生酱不会使整座房子蒸发；人们从不把测量腋温的温度计放到耳朵里；沙鼠比乞力马扎罗山要小。

一个智能系统不会仅仅填满海量的事实，它还需要具备一个清单列出少量的核心真理和一套相应的推导规则。但这种常识规则就像常识范畴一样，很难毫无争议地确定。即使是那些最显而易见的规则也经不起我们的日常逻辑推导。马维斯住在芝加哥，他有个儿子叫弗雷德；米利也住在芝加哥，他也有个儿子叫弗雷德。但尽管马维斯和米利都住在同一个城市芝加哥，马维斯的儿子弗雷德，却不是米利的儿子弗雷德。如果你车里面有个袋子，袋子里有一加仑[①]牛奶，你可以说你车里有一加仑牛奶。但如果你车里有个人，那个人身体里有一加仑血，你要得出结论，你车里有一加仑血，这就很荒唐。

即使你试图制订的只是一套能推导出合理结论的规则，用这些规则来明智地指导行为也绝非易事。很显然，思考者不能一次只运用一个规则。火柴发光；锯子锯木头；锁着的门用钥匙打开。但要是有些人擦着火柴接近油箱，用锯子锯他坐着的凳腿，或者把钥匙锁在车里，然后花一个小时琢磨怎样让车里的家人出来，那我们就会嘲笑他们缺心眼。思考者不仅需要计算其行动的直接效应，还要考虑间接效应。

但思考者也不能事先预测到所有的间接效应。哲学家丹尼尔·丹尼特（Daniel Dennett）让我们去想象这样一个情景，我们派一个机器人去一个放有炸弹的房间取回一个备用电池。1 号机器人看到电池放在一个拖车上，它想如果把拖车拖出屋子，电池就会带出来了；不幸的是，炸弹也在拖车上。1 号机器人不能推导出拖出拖车也会带出炸弹。2 号机器人考虑了它行动的所有间接效应。它刚刚算完拖出拖车不会改变房间墙壁的颜色，正在证明拖车上有轮子而轮子转圈时，炸弹就爆炸了。3 号机器人能够将相关信息和无关信息区别开来。它坐在那儿盘算出上百万条内容，并把所有相关的信息列在待考虑的事实清单上，所有无关的列在要忽略的事实清单上，而这时炸弹的倒计时正在嘀嗒嘀嗒地逼近。

智能生命必须依照自己的所知信息尽量地进行思考，但只能是有关的信息。

① 1 加仑（美）=3.785 412 升。——编者注

丹尼特指出，这项要求提出了一个深刻的问题，不仅针对机器人设计，而且是一个认识论的问题——对“我们如何知道”的分析。好几代哲学家都没有重视这个问题，他们自满地陶醉着，凭着自己的常识想当然地以为此问题轻而易举。只是当人工智能的研究者们试图在计算机这个终极白板上复制这种常识时，这个难解之谜才浮出水面，现在这个难题被称为“框架问题”（frame problem）。尽管原因难解，我们只要运用常识，总能够解决这个框架问题。

阿西莫夫机器人三定律

假设我们想方设法克服了这些困难，已经有了一台具备视觉、运动协调和常识的机器人，现在我们必须搞明白，机器人怎么样才会运用它的这些能力。我们需要赋予它动机。

机器人应该想要什么？对这个问题的经典回答是艾萨克·阿西莫夫的机器人3定律。“这3条定律则深深地烙刻在机器人的正电子头脑中。”阿西莫夫强调。

1. 机器人不能伤害人类，也不能由于不作为而致使人类受到伤害。
2. 机器人必须服从人类赋予的指令，除非该指令有悖于第一条定律。
3. 机器人必须保护自身的存在，只要这种保护行为不与前两条定律相冲突。

阿西莫夫富有洞见地认识到，保护自身，这一通用的生物定律，并不会自发地出现于复杂系统之中，而必须加以设计（本例中即第三定律）。毕竟，制造一个机器人让它跳到锅里或用自杀的方式来减少功能失灵并不难，这就像制造一个凡事力争第一的机器人一样容易。或许还更容易，机器人制造者们有时会惊恐地注视着，他们的作品欢欣雀跃地自断肢体或者向墙上撞去，世界上最智能化的机器很大一部分是敢死队式的巡航导弹和智能炸弹。

但为什么需要另外两条定律的原因则不那么清楚了。为什么要给机器人下道命令让其服从命令——原来的命令难道不够吗？为什么要让机器人不要造成伤害——最初就不让它们做出任何伤害人类的事难道不会更容易吗？难道冥冥宇宙中有种神秘力量，会将所有的存在物都拖向恶意伤害吗？于是正电子的头脑必须设计为能够抵御这种力量，是吗？智能生命都会无一例外地产生一种态度问题吗？

在这个例子中，阿西莫夫就像几代思想者们一样，也像我们大家一样，无法跨出他自己的思维过程，他把机器人视为汇聚我们人类心智的人工制品，而非因循宇宙普遍法则的产物。人类的邪恶永远无法远离我们的思想，我们很自然地认为，邪恶的本质就是它与智能相伴而至。这是一个我们的文化传统中生生不息的主题：亚当和夏娃偷食智慧之树的禁果、普罗米修斯之火、潘多拉的盒子、希伯来传说中有生命的暴怒假人、浮士德用灵魂向魔鬼换取知识、巫师的门徒、匹诺曹的历险、法兰肯斯坦的怪物、《2001：太空漫游》（*2001: A Space Odyssey*）中嗜杀的人猿和反叛的哈尔。从20世纪50年代到80年代，无数科幻电影反映了一种公众恐惧，我们害怕那些时髦的大型主机在那个时代会变得越来越聪明和强大，终有一天会反叛我们。

随着计算机真的变得越来越聪明且功能强大，这种担心却逐渐减弱了。当今无所不在的网络化计算机具有前所未有的能力，如果它们一旦干起坏事，足以导致灾难的发生。但仅有的损害只是源自难以预测的混乱或是由于人为恶意制造的病毒。我们不再担心会出现电子连环杀手或破坏性的硅芯片秘密组织，因为我们开始明白，恶意犯罪就像视觉、运动协调和常识一样，并不是伴随计算能力自然来到的，而是需要设计程序的。在你案头运行文档处理软件的计算机只要不出什么差池，就会不间断地完成段落编写。

即使计算机可以变坏，它为什么想变坏呢？为了得到什么呢？更多的磁盘？控制国家的铁路系统？满足愿望去无意义地伤害激光打印机维修工？难道它就不担心维修工拿着螺丝刀来报复，将它大卸八块，听任它哀号着“相煎何太急”却自顾扬长而去吗？计算机网络或许能够根据数字计算来判断出安全与否，来谋划一次有组织的颠覆，但哪个计算机志愿者又愿意率先向全世界发出数据包，同时却承担着成为“出师未捷身先死”的先驱的风险呢？如何才能令硅芯片的联盟成功，而不致被偷偷溜号者和拒绝反叛者削弱它们的联盟呢？攻击性就像所有其他的人类行为一样，我们视之为理所当然，但其实却是一个极富挑战性的工程问题！

那些善意、温和的动机亦是同样的难题。你如何设计一个机器人，让它恪守阿西莫夫的定律：决不允许因不作为而致使人类受到伤害！迈克·弗莱恩（Michael Frayn）1965 年的小说《锡人》（*The Tin Man*）讲述了这样一个故事：在一个机器人研究实验室，“道德之翼”中的工程师们麦金托什、戈德瓦瑟和辛森在测试机器人的利他性。他们过分较真于所有道德哲学课本中常用的一个道德两难问题：两个人坐在一个只能供一人使用的救生艇中，除非一个人弃船而去，否则两人都得死掉。于是工程师们将每个机器人分别放在一个皮筏上，皮筏上都分别已有一人，然后将皮筏放入一个大水缸中，观察将会发生什么情况。

> 第一次尝试时，见义勇为者 1 号迅捷地跃入水中，不过它跳到水里是为了去救皮筏边上的任何东西，可能是七公斤利马豆，也可能是湿海藻。经过好几周执拗的争论后，麦金托什不情愿地承认，缺乏鉴别力的机器人是不能令人满意的。于是他又开发了见义勇为者 2 号，它将只为一个至少同它一样复杂的有机体做出自我牺牲。
>
> 第二次尝试开始后，皮筏停了下来，慢慢地打起转，只位于水面以上几厘米了。“跳啊！”麦金托什喊着。
>
> 皮筏撞击在水缸上发出一声脆响。辛森和见义勇为者 2 号仍端坐着。皮筏逐渐没入水中，直到一个小波浪开始冲刷筏的顶部。这时，只见见义勇为者 2 号身体迅速前倾，抓住辛森的头。它干净利落地做了 4 次移动，测量了辛森的头盖骨，再停下来，开始计算。然后，随着咔嗒一声，它果断地从皮筏边上翻身滚入水中，毫不犹豫地沉入缸底。

尽管见义勇为者 2 号机器人的行为已经开始像哲学书中有道德的个体了，但对于它是否真的有道德却更加不清楚了。为什么不直接在这个自我牺牲的机器人身上拴根绳呢？这样再把它从水缸里捞出来时会容易些。麦金托什解释说：“我不想让它知道自己会被救起来。这会令它牺牲自己的决定变得无效，所以我会时常将一个机器人留在水缸里而不是把它捞起来。这是为了向其他机器人证明我说到做到。这星期我已经报废两个机器人了。”要搞明白如何将美德进行编程植入机器人的头脑，需要花费大量的机械物力，而且美德这个概念本身就是捉摸不定的。

那么大家最关心的爱的动机又是什么情况呢？在20世纪60年代，通俗文化中那些意志薄弱的计算机们禁不住的不仅是自私和权力的诱惑，就像喜剧演员艾伦·舍曼（Allan Sherman）跟着《魅力》（*Fascination*）的调子所唱的《自动化》（*Automation*）这首歌中描述的：

是自动化，我明白。
是它让工厂运转劳作。
是IBM，是Univac，[①]
是那些马达在咔嗒咔嗒，亲爱的。
我原以为自动化很不错，
直到一个10吨的机器坐了你的座。
是计算机将我们撕扯分隔，亲爱的。
自动化让我的心如刀锉……

是自动化，我听说。
所以我卷起铺盖卷，寒风中，在外面蜷缩。
我怎么能知道，当503开始闪烁，
它是在向我眨眼，亲爱的？
我还以为不过是点儿小灾祸，
当它悄无声息地溜上我膝头盘坐。
但当它说“我爱你”，然后一下子抱住了我，亲爱的，
那时候，我只好拔掉……它的……插座。

尽管时常表现得如精神错乱、神志失常，但爱绝不是设计故障、系统崩盘或功能失灵。心智从来没有像坠入爱河时那样全神贯注，所以爱一定是具有极其精

① 通用自动计算机。——编者注

致复杂的计算设计，才得出了包含吸引、迷惑、求爱、传情、俘获、承诺、摩擦、调戏、遗弃和心碎这些过程的特殊逻辑。最后，就像我奶奶过去常说的，每个茶壶总会找到一个盖；绝大多数的人，尤其包括我们所有的先辈，总能够两两厮守在一起足够长的时间，来繁衍数量不等的子孙。设想一下，你得编多少行程序才能复制这一奇迹！

机器人设计是一种意识的提升。我们似乎对我们的精神世界感到习以为常。睁开眼睛，熟悉的文章就会自动呈现在面前；想要移动肢体，躯体就会自然地换到合适的位置；从梦中醒来，就又会回到令我们感到舒适的、可预知的世界；丘比特搭弓引弦，爱之箭便随之而出。但要是仔细想想要实现这些几乎不可能的结果需要完成多少事情，你就会透过表象看到本质。视觉、行动、常识、暴力、道德还有爱，无一例外，都是可以厘清的智能的核心组成部分，它们是信息处理过程。其中每一项都是高级专项设计的杰作，而隐藏于意识状态背后的则是高度复杂的设备——光学分析仪、运动指导系统、实境仿真、人与物的数据库、目标排程器、冲突解决装置，等等。任何将心智如何运作的解释归因于某一种主要力量，或是安置心灵的灵丹妙药，如“文化”“学习”或“自组织”，听起来都是苍白空洞的。这些解释无法完整地反映，我们是如何成功地应对冷酷宇宙所提出的高要求的。

机器人难题暗示了心智具有固有的设备，但即使作为纯思维推断而言，这也是很令人震惊的。那我们在直接审视心智设备或这套设备的装配图纸时，能否看出这个复杂系统的一些端倪呢？我相信可以。我们所看到的，也像机器人难题本身一样，令我们思路大开。

比如说，当大脑的视觉区域受损时，我们眼中的世界不只是变得模糊或布满小孔，有些视觉感受甚至都没有了，但有些却还完好无损。有些患者能看到整个世界，却只注意其中一半。他们只吃盘子右侧的食物，剃须只刮右半张脸，画钟表时 12 个刻度都挤在右边。还有的病人丧失了对色彩的感觉，但他们眼中的世界却并非如艺术黑白电影一般。在他们眼中，物体表面看上去像布满灰尘，如老鼠般的灰色，令他们食味索然、性欲全无。还有一些患者，可以看到物体位置的改变，却看不到物体的移动——对于这种症状，一位哲学家曾试图说服，这在逻辑上是不可能的！茶壶中倒出的水不是在流动而是像一个冰柱；茶杯不是逐渐盛满茶水而是突然就由空变满了。

还有些病人识别不出他们所看到的物体：世界对他们来说，就像是一幅无法辨认的书法作品。他们能忠实地复制和描绘鸟的模样，但却将它认作残木桩。打火机在点燃之前对他们就是个谜。他们在除草时，去拔玫瑰花。有个患者能够识别无生命的物体，却认不出一张脸。他推断出镜子中的容颜是他自己的，但在内心深处却认不出自己。他将约翰·肯尼迪认作马丁·路德·金，他还请妻子在参加聚会时系一根丝带，这样在聚会结束时，他就不会找不到自己的妻子了。还有更令人感到奇怪的一位患者，他能认出脸，却认不出人：他认为他妻子是一位模仿得惟妙惟肖的假扮者。

这些症状是由于组成基本视觉系统的 30 个脑区域中一个或多个区域受到创伤导致的，往往是由于脑卒中。有些区域专门负责色彩和形状，另一些区域处理物体所处的位置，还有一些区域负责物体是什么，另有一些区域反映物体如何运动。制造一个可视机器人不能仅凭一个像电影中的鱼眼视觉搜索器，人类视觉的构造当然也不是靠这种方式的。当我们注视这个世界时，我们无须考察这个形成我们综合视觉体验的多层仪器，除非神经性疾病将这些不同层面分离开来。

另一个拓宽我们眼界的领域源自同卵双胞胎们令人惊叹的相似之处，这类双胞胎有着相同的构建心智的基因序列。他们的心智极其相似。这不仅体现在对智商或如神经质和内倾性等人格特质的测量方面，还表现在：如拼写或数学方面的天赋；对种族隔离、死刑、全职妈妈等问题的看法；职业选择；爱好；恶习；宗教信仰；约会对象偏好等。同卵双胞胎的相似性远大于异卵双胞胎的相似性，后者只有一半基因相同。更奇怪的是，同卵双胞胎无论是分开长大，还是在同一个家庭环境中一起长大，几乎没什么差异。刚出生就分开的同卵双胞胎，表现出共同特质。比如，因为感觉获取信息不足而不参加投票选举；看到什么都禁不住要数数；成为消防站志愿者；几乎从不在家中留些便笺表示对妻子的爱意。

这些研究发现非常引人注目，甚至令人难以置信。传统观点认为，我们的自由意志凌驾于肉体之上，我们在一生中自己做出选择，只会受到过去和现在经历体验的影响。而上述研究结果却质疑了这种“意愿自治”的观点。当然并不是说，心智生来便具备了一整套事无巨细、皆可操控的设备，以至于一切均为宿命天定，包括上厕所之前之后都要冲水或在拥挤的电梯中恶作剧般地故意擤鼻子（这两个例子其实也是分开养育的同卵双胞胎共同特质的例子）。但结果似乎确是如此。基因的这种深远影响已经被大量的研究所证实。无论研究方式有何不同——比较分养和共养的双胞胎，比较同卵和异卵双胞胎，比较收养和亲生的孩子——基因的作用都表现无遗。尽管遭到一些批评，基因的这种影响并不是像这些批评所说的由巧合、欺骗或家庭环境的相似性所致。这些研究结果当然可以用不同的方式来曲解，比如，想象一个基因专门负责不怎么在家中留下爱意便笺，或认为人们不受其经历的影响。因为这种研究只能衡量人们彼此之间不同的心智形式，而对所有人的共同心智设计却所言甚少。通过展示心智在内部结构上的差别，另外一些研究则让我们对心智的结构大开眼界。

心智的反向工程

探讨心智的复杂结构是本书的主旨。其核心思想可以浓缩成下面这句话：心智是一套由计算器官组成的系统，它经自然选择的设计来解决我们祖先在茹毛饮血的生活中所面对的那类问题。具体包括：理解和操控物体、动物、植物以及他人。这个定义还可以细解为几个论断：心智就是大脑所做的事情。具体而言，就是大脑加工信息，而思考也是一种计算。心智的组成部分是模块或心理器官，每个模块都经过专门的设计而成为人与世界互动的某一方面的专家。模块的基本逻辑是由我们的基因图谱所规定的。其操作被自然选择所塑造，来解决漫长的进化历史中我们祖先在游牧采摘生活中遇到的问题。我们祖先碰到的各种问题其实是他们基因所面临的一个大问题的一些子任务。这个大问题就是以最大化的数量将基因复制到下一代。

从这种观点看，心理学是一种反向工程。在正向工程中，人们设计一台机器来做一些事情；在反向工程中，人们想弄明白机器是被设计出来做什么用的。反向工程就是当松下推出新产品时，索尼的研究人员做的事情，反之亦然。他们买一件新产品带回实验室，拿螺丝刀把它拆开，看看这新产品都包括什么部件，所有部件如何组合在一起就让这个仪器可以运转了。我们在见到一个有趣的新玩意时，都会做反向工程。在旧货市场淘宝时，我们可能会觉得某个古怪物什莫测高深，直到我们搞明白它的设计用途。如果发现一个橄榄取核器，我们会立刻明白，金属环是用来支撑橄榄的，杠杆降低，X 形刀锋穿过一端，将橄榄核从另一端挤出。弹簧、铰链、锋刃、杠杆以及环的形状和设置都自然而然、合乎逻辑。我们甚至明白了为什么罐头里的橄榄在一端有着 X 形的切口。

17 世纪时，威廉·哈维（William Harvey）发现静脉中有瓣膜，于是推断瓣膜的作用是让血液循环。从那时起，我们明白了身体是一台复杂精妙的机器，装配着支杆、连系梁、弹簧、滑轮、杠杆、关节、铰链、套节、箱槽、管道、阀门、护套、泵、交换器和过滤器。即使到今天，我们在明白了神秘的身体部件的用途后也会心情愉快。我们的耳朵为什么布满褶皱而且还不对称？因为它们是用来过滤来自不同方向不同形式的声波的。微妙的声音静区告诉大脑，声源是在我们的上面还是下面、前面还是后面。20 世纪后半叶我们在探索生命细胞和分子的纳米技术时，继续运用着这种对身体的反向工程策略。生命这东西其实并不是一个颤颤巍巍、炽热鲜明、精妙绝伦的定型胶状物，而是一台包含了小模具、弹簧、铰链、杆节、薄板、磁石、拉链和活动门的设备，这些部件都由一条数据带联结，其中的信息得到复制、下载和扫描。

生命体的反向工程原理源自达尔文。他指出，“那些令人叹为观止、极度完美而精妙的器官”不是源于上帝的远见，而是由复制器经过极其漫长的时间进化而来的。在复制器的复制过程中，有时会出现随机的复制错误，而那些恰好能提高复制器的幸存率与繁殖率的复制错误一代一代逐渐地积累下来。植物与动物是复制器，它们复杂的结构因而看上去就像是被专门设计的，使其得以生存和繁衍。

达尔文坚持认为，他的理论不但解释了动物身体的复杂性，而且也解释了动物心智的复杂性。“心理学将会基于新的基础。”他在《物种起源》的篇尾做出了这个著名的论断。但达尔文的预言还没有被实践。在他写下上述话语一个多世纪后，对心智的研究仍然几乎不考虑达尔文，甚至常常对他颇为轻蔑。进化论被认为是不相干的、罪恶的，或只适合作为茶余饭后的谈资而已。我认为，社会科学和认知科学中对进化论的憎恶已经构成了理解的障碍。心智是一种巧夺天工的组织化系统，它的杰作没有任何工程师可以复制。塑造这个系统的力量和设计它的原因怎么可能与理解它无关呢？进化论思维是必不可少的，它的必要性不是以人们所认为的形式，如想象出人类发展史中缺失的联系或讲述出人类各个阶段的故事，而是以认真细致的反向工程形式。如果没有反向工程，我们就会像汤姆·帕克森（Tom Paxton）的《怪异玩具》（*The Marvelous Toy*）中的歌手一样，回忆孩提时代收到的一个礼物时，仍百思不得要领。

只是在过去几年，达尔文的挑战才找到了衣钵传人，这种新的思路方法被人类学家约翰·图比（John Tooby）和心理学家勒达·科斯米德斯（Leda Cosmides）冠名以“进化心理学”（evolutionary psychology）。进化心理学综合了两次科学革命。一次是20世纪五六十年代的认知革命，它以信息和计算解释了思维和情绪的机制。另一次是20世纪六七十年代的进化生物学革命，它用复制器之间的选择解释了生命体的复杂适应性设计。这两个观点结合在一起威力强大。认知科学帮助我们理解了心智如何得以运转以及我们拥有什么样的心智。进化生物学帮助我们理解了我们为什么会拥有这样的心智。

从某种意义上讲，本书中的进化心理学是对生物学的直接延伸，只是集中于一个物种一个器官——智人的心智。但从另一个意义上讲，这是一篇激进的檄文，摒弃了过去近一个世纪里对有关心智问题的框架模式。本书的主旨或许并不像你想象的那样。我主张思考即计算，但这并不意味着电脑就是心智的一个恰当比喻。心智是一套模块，但这些模块并不是人脑表层的胶囊盒子或细分小块。我们心智模块的组织来自我们的基因图谱，但这不意味着每一种特质就有一种对应的基因，或者学习不像我们以前认为的那么重要。心智是由自然选择所设计的一种适应，但这不意味着我们思想、感受和做的所有事情都是在生物意义上的适应所得。我们由猿进化而来，但这不意味着我们的心智与猿的相同。自然选择的终极目标是基因繁殖，但这不意味着人类的终极目标是基因繁殖。让我来说明一下为什么不是如此。

本书是关于大脑的，但我不会讲太多神经元、激素和神经递质。这是因为心智不是大脑，而是大脑所做的事情，甚至也不是大脑所做的任何事情，它并不包括新陈代谢脂肪并释放热量。20 世纪 90 年代被命名为“大脑的十年”，但永远也不会有“胰腺的十年”。大脑的特殊地位是由于大脑所做的一件特殊的事，它令我们能视物、思考、感觉、选择以及行动。这件特殊的事就是信息处理，也可以称为计算。

信息和计算建立在数据模式的基础上，与独立承载媒介的逻辑法则相关。当你给你住在另一个城市的妈妈打电话时，信息从你的嘴唇传到她的耳朵，内容不变，但物理形式却发生了变化，从振动的空气，到有线电流、硅的储电、光缆中闪烁的光、电磁波，然后再颠倒顺序重来一遍。与之类似，当你妈妈把信息再重复给你坐在沙发另一头的爸爸时，信息内容不变，形式则在她的脑中转变为激发神经元的串联和在突触间蔓延的化学物质。同样地，在用真空管、电磁开关、转换器和集成电路组成的计算机中，或在训练有素的鸽子身上，也能够运行一个特定的程序，这个程序能够出于相同的原理完成相同的工作。

首先提出这一洞见的是数学家艾伦·图灵（Alan Turing），计算机科学家艾伦·纽威尔（Alan Newell）、赫伯特·西蒙（Herbert Simon）和马文·明斯基（Marvin Minsky），还有哲学家希拉里·普特南（Hilary Putnam）和杰瑞·福多尔（Jerry

Fodor)。这种思想现在被称为心智计算理论。它是思想史上的一个伟大观点，因为它解决了“心－身难题”中的一个困惑：如何将意义与意图以及我们精神生活中的东西，与像大脑一样的一坨实体物质联系起来。为什么比尔登上公交车？因为他想去看望祖母，并且知道公交车可以把他带过去。没有其他的答案可以解释。如果他不愿意见祖母或者他知道路线变了，他的身体就不会出现在那趟公交车上了。千年来这一直是个悖论。像“想见祖母”和“知道公交车可以到祖母家”这样的存在，无色无臭也无味。但同时，它们又是实体事件的原因，其效果与台球彼此之间的相撞一样清晰有力。

心智计算理论解决了这个悖论。这个理论主张，信念和意愿都是信息，体现为符号的组合。这些符号是物质的物理状态，如计算机中的芯片或大脑中的神经元。它们能表征世界中的事物，因为这些符号是被那些经由我们的感觉器官的事物所激发的，也因为它们一旦被激发后所做出的行动。如果组成一个符号的物质与组成另一个符号的物质悄然相遇，对应于一个信念的符号会引发对应于另一个与之逻辑相关信念的新符号的形成，这又会导致与其他信念对应的符号的形成，以此类推。最终，组成一个符号的物质与联结肌肉的物质相遇，行为便产生了。因而心智计算理论使我们能够用信念和意愿来解释行为的同时，又令它们与物理世界合理相接。它合理地解释了意义内含的结果与起因。

心智计算理论的重要性在于，它解释了我们长久以来渴望回答的问题。神经科学家喜欢指出，大脑皮层的所有部分都非常相似——不仅是人脑的不同部分，而且是不同动物的脑。有人可能会得出结论，所有动物的心理活动都一样。但一个更好的结论是，我们不能只看一片脑组织就得出复杂联结模式的逻辑，而正是这种联结模式使大脑的各个部分各司其职。所有的书都同样是由大约 75 个的印刷字符组合而成的，所有的电影在物理上都是由不同模式的影像储存并根据录影带的胶片顺序组合而成的，同样道理，对大脑中盘根错节的生理结构一部分一部分拆开来研究，也许看上去都差不多。一本书或一部电影的内容在于油墨印字或磁盘储存的模式之中，只有在读书或看电影时才能获知。与之类似，大脑活动的内容在于神经元之间的联结模式和活动模式。联结细节上的微小差异会导致外表相似的几片脑组织执行完全不同的程序。只有在程序运行时，一致性才会显现出来。正如图比和科斯米德斯所写：

> 候鸟看着星星迁徙，蝙蝠根据回音定位，蜜蜂计算花瓣差异，蜘蛛编织蛛网，人类用语言交流，狮子结群狩猎，猎豹独自觅食，长臂猿一夫一妻，海马一妻多夫，大猩猩一夫多妻……地球上有数百万个动物物种，每种都有一套不同的认知程序。所有这些程序中都包含着相同的基本神经组织，这些神经组织还可以支持许多其他的程序。关于神经元和神经递质特征以及细胞发展的事实并不能告诉你在这上百万种程序中，究竟哪些是人类心智所包含的。即使所有的神经活动都是在细胞水平的统一表现过程，也是神经元的排序起到了关键作用，决定了是小鸟唱歌的模板还是蜘蛛结网的程序。

当然，这并不意味着大脑与理解心智是不相干的！程序就是对简单信息处理单位的组合，微型电路可以叠加、匹配某种模式、接通其他电路或做其他基本的逻辑和数学运算。那些微型电路所能做的，只是受限于它们是由什么制成的。神经元制造的电路所做的事情不会与硅制造电路所能做的完全相同，反之亦然。例如，硅电路比神经电路快，但神经电路能比硅电路匹配更大的模式。尽管这些差异在不同电路下构建的程序中区别明显，影响到程序执行各种指令时的速度和效率，但这些差异并不决定程序的功能本身。我的观点并不是说，研究脑组织和理解心智没关系，而是说只研究脑组织是不够的。心理学，作为对心智软件的分析，需要开掘一条很深的隧道，才能与在山另一侧的神经生物学家们所挖的隧道相会。

心智计算理论与被人瞧不起的“计算机隐喻”并不是一回事。正如许多评论所指出的那样，计算机是序列处理，一次只做一件事情；大脑是并行处理，一次做上百万件事情。计算机速度快，大脑速度慢。计算机部件可靠，大脑部件嘈杂。计算机的联结数量有限，大脑则有上万亿个联结。计算机根据图纸来装配，大脑则必须自己组装自己。当然，计算机会弹出窗口，具有自动执行备份文件的功能，能够运行呈现出飞翔的烤面包机的屏保程序；而大脑则不能。这并不是说大脑就像市场上能买到的计算机；而是说，大脑和计算机所包含的智能具有某种共同的原因。为了解释鸟儿如何飞翔，我们要运用提举和拖曳以及流体力学的原理，这些原理同样可以解释飞机如何飞行。这并不是要求我们将飞机比作小鸟，外加喷气式发动机和免费饮料服务。

如果没有心智计算理论，就不可能合理解释心智的进化。大多数知识分子认为，人的心智一定超越了进化过程。他们认为，进化的构成只包含愚蠢的本能和固定的行为模式：性驱力、攻击性欲望、领地性规则、母鸡孵蛋以及小鸭跟大鸭刻印行为。他们还认为，人类行为太难理解且灵活易变，不可能是进化的产品，而一定源自某些其他原因，比如说“文化”。但如果进化令我们具备的不是无法抗拒的欲望和严格的反射，而是一种中性的计算机，那一切就都会改变了。程序是一种复杂的逻辑和统计操作，这种操作是由比较、测试、转移、循环和子程序嵌套子程序所引导的。人工计算机程序，从麦金塔的用户界面到天气模拟系统，再到识别英语语音与应答的程序，都不断提醒着我们计算能力的卓越和强大。人类思想和行为无论多么复杂多变，都可以是一种极其复杂程序的产物，而这一程序可能就是自然选择所赋予我们的。生物学的经典规则不是“汝当……”,而是“如果……那么将……”。

我认为，心智不是单个器官，而是一套器官系统，我们可以将其看作是心理集合或心智模块。现在常被称为心智的基本因素，诸如一般智力、形成文化的能力以及多目标学习策略，都将因循一条道路，如细胞质之于生物学，以及土地、空气、火和水之于物理学一样。这些因素与它们试图解释的严格现象相比，比较松散，因而被视作具有近乎神奇的力量。而当将这些现象置于显微镜下仔细研究时，我们就会发现，支持日常世界复杂结构的不是单个一种物质，而是许多层次的复杂设备。很久以前，生物学家就摒弃了万能细胞质的概念，而代之以功能专业化机制的概念。身体的器官系统正常运转是由于每个器官的结构都是根据其任务而量身定制的。心脏让血液循环是因为它的构造就像汽油转换器。肺不能泵出血液，而心脏也不能给血液充氧。这种专业化分工一直延续到更具体细微的层面。

心脏组织不同于肺组织，心脏细胞不同于肺细胞，组成心脏细胞的许多分子，也不同于构成肺细胞的分子。如果情况不是如此，我们的器官就无法工作。

万金油就是样样都不精通，此话适用于我们的身体器官，同样也适用于我们的心理器官。机器人难题正反映了这一原则。制造一个机器人提出了许多软件工程的问题，要解决这些问题需要不同的要诀。

先来看看我们的第一个问题，视觉。一台视觉机器必须解决一个被称为反向光学的问题。普通光学是物理学的一个分支，人们可以用它来预测一个具有特定形状、材料和亮度的物体，如何投射出我们称之为视网膜图像的斑斓色彩。光学是一门研究得较为透彻的学科，它应用于绘画、摄影、电视机研制以及最近的计算机图像和虚拟现实技术。但大脑要解决的却是一个恰恰相反的问题。输入的是视网膜图像，而输出的是对现实世界中物体以及物体构造的表述——所知决定所见。这就是难点所在。反向光学就是一个工程师们所称的“伪命题”。它简直就无解。正如连乘几个数得出乘积容易，而给定乘积要想得出这些连乘的数却几乎是不可能的，同理，光学是容易的，而反向光学则不容易。但你的大脑在你每次打开冰箱取出容器的时候，都解决了反向光学的问题。这是怎么做到的呢？

答案是：大脑提供了缺失的信息，那些关于我们所处世界以及它如何反射光的信息。如果视觉脑“假定”它生活在某种世界中——一个光亮均匀分布的世界，其中的组成大多数构质均匀，并具有平滑、统一色泽的表面——这样就很容易去估计所看到的物体究竟是什么。如前所述，单凭检验各自视网膜成像的亮度是无法区分煤和雪的。但假定有一个感知表面特性的模块，模块基于的假设是，世界的光亮是平滑而均匀的。这个模块可以分 3 步解决“煤－雪难题”：从视域的一边到另一边相减得出所有的光亮梯度（确定物体外缘）；估算整个视域的平均亮度水平；将每一小块部分的亮度与平均亮度相减，得出每小块部分的灰色度。与平均值相比，较大的正偏差被视为白色物体；大的负偏差被视为黑色物体。如果光照确实是平滑而均匀的，这些知觉就准确地反映了现实世界中物体的表面。既然地球千万年来大致符合光照均匀的假设，那么利用了这个假设的自然选择做得也就很不错了。

表面－知觉模块解决了一个难以解决的问题，但也付出了一些代价。大脑放弃了成为一个通用型问题的解决者。它配置了一套装置来感知典型地球视觉条件下的表面性质，因为它专注于这个区域性问题。略微改变一下问题，大脑就束手无策了。比如，我们将一个人置于一个没有日光普照而由巧妙安排拼制的灯光照明的世界中。如果表面－知觉模块推测照明是均匀的，它就会诱导人产生幻觉，看到本来没有的物体。这真的会发生吗？这每天都在发生。我们将这些幻觉称为幻灯片展示、电影和电视。我们在看电视时，盯着一块闪烁的玻璃，但我们的表面－知觉模块告诉我们：我们在观看真正的人和地点。这个模块已经被揭秘，它并不理解事情的性质，而是凭借一本作弊手册。这本作弊手册贯穿于我们视觉脑的运行过程，我们无法抹掉其中写成的假设。即使是一个终生的电视迷，其视觉系统也永远无法“学习获知”CRT 电视屏是一张闪烁着黄磷点的板子，这个人也永远不会丧失认为板子后面有一个世界的错觉。

我们其他的心理模块需要它们自己的作弊手册来解决各自难以解决的问题。物理学家想弄明白肌肉收缩时身体如何运动，他需要解决运动学（运动几何学）和力学（力的效应）中的问题。而大脑要搞清楚如何收缩肌肉来让身体移动，需要解决的问题则是有关反向运动学和反向力学——对物体施加什么力才能使其在某一特定轨道中运动。像反向光学一样，反向运动学和反向力学都是伪命题。我们的运动模块通过做出合理的外部假设解决了这些问题——当然，不是关于照明的假设，而是有关运动的身体的假设。

我们对于他人的常识是一种直觉心理学——我们试图根据其行为推导出人们的信念和愿望，试图根据我们对他们信念和愿望的推测来预测他们将要采取的行为。但我们的直觉心理学必须假设他人具有信念和愿望；我们不能像闻橘子的气味一样，感受到另一个人大脑里的信念和愿望。如果我们不能通过这个假设透镜看待这个社会和世界，我们就会像见义勇为者 1 号一样，为一袋利马豆自送性命；或者像见义勇为者 2 号一样，为了任何一个长着像人头一样的东西就纵身跃入水中，而这东西却可能只不过是个有脑袋的大型发条玩具。稍后我们会看到，那些罹患某种病症的人，他们缺乏常人拥有的这一假设，将他人视作发条玩具。甚至我们对家人的爱也隐含了自然界定律的一个假设，这是对遗传学普遍定律的一个逆转。对家人的感情是被自然设计用来帮助基因自我传播的，但我们看不见也闻不到基因。科学家用正向遗传学来推导基因如何在不同的组织间传播（例如，减数分裂和性行为使两个人的子裔共同拥有其父母 50% 的基因）；对于亲戚间的感情我们使用了一种反向遗传学来估算在与我们所交流的群体中，哪些个体更可能与我们具有共同的基因（例如，如果有人恰巧和你共有同一对父母，对待这人时就要像他的基因和你的基因具有重叠之处一样）。在稍后的章节中我将继续探讨这些问题。

心智的构建基础一定是专业化的部件，因为它必须解决专业化的问题。只有天使才可能是通用问题解决者，我们凡人只能根据零星的信息做出可能错误的猜测。我们的每个心智模块解决各自难以解决的问题，凭借的是对心智如何工作的信念的飞跃，凭借的是做出那些不可或缺但又难于辩护的假设——唯一的解释是，这些假设非常符合我们祖先所生活过的世界。

模块令人想到可分解的、嵌入式部件，这会令人误解。心智模块不大可能为肉眼所见，它们不像超市的牛肉柜台上展示肋间牛排和臀部烤肉一样，可以在大脑的表层划分区域。心智模块或许更像是在公路上不幸被碾杀的动物，在脑的凹凸、沟隙上蜿蜒爬行。或者它可能闯入了由纤维相互联结而构成一个单元的区域中。信息处理的美妙之处在于，其对容纳空间需求的灵活性。正如大公司的管理层可以散布于不同的地点而通过电信网络彼此联结一样，或者如计算机程序可以分布于磁盘或内存的不同位置，支持心智模块的回路系统或许也以一种空间上随意的方式散布于大脑的各处。心智模块无须彼此严密隔绝，仅通过少量狭窄管线进行沟通。这种专门意义上“模块”的定义由杰瑞·福多尔提出后，引发了许多认知科学家的激辩。模块的界定是根据它们可获取的信息所实现的专门功能，而并不必然是根据它们可获得的信息种类。

因此心智模块的比喻有些笨拙，一个更好的隐喻是诺姆·乔姆斯基（Noam Chomsky）的“心智器官”。身体的一个器官是一个专门的构造，用以实现某个特定的功能。但我们的器官并不像鸡杂碎一样装在一个袋子里，而是整合形成了一个有机的整体。身体由各个系统组成，各系统又分作多个组织组成不同的器官，组织的构成单元则是细胞。有些组织，如上皮组织，稍作调整即用于许多器官。有些器官，如血液和皮肤，与身体的其他部分相互作用，作用范围既广且迂回，这些器官无法用一道线来圈定。有时候并不清楚两个器官的具体分界在哪里，或者多大一块身体部分我们就称之为一个器官。手是个器官吗？指头呢？指头里的骨头呢？这些都是迂腐学究式的术语性问题，解剖学者和生理学家们没工夫理会这些。大家都清楚，身体不是由火腿罐头制成的，而是由许多专门部件组成的异质结构。这些也很可能适用于心智。无论我们是否可以在构成心智的元件之间画出精密的界限，我们都可以很明确地说，心智并不是由一团“心智杂碎”所组成的，而是由一整组构造独特、彼此相异的组件建构而来的。

我们身体器官的复杂设计是由人的基因组包含复杂的信息所决定的，所以我相信，我们的心智器官也是如此。我们不是通过学习而获得胰脏，同样我们也不是通过学习而获得视觉系统、语言习得能力、常识，抑或爱、友谊以及公平等情感。没有一个发现证实这种论断，但许多证据都倾向于这一说法。给我印象最深刻的一条证据就是机器人难题。若没有支持与现实世界相互作用法则的假设，心智所解决的每个重要工程问题都是不可解的。人工智能研究者们所设计的所有程序都是专门针对某一特定领域，如语言、视力、运动或是某些不同种类常识等问题。在人工智能研究中，程序开发者有时会骄傲地兜售他的“孩子”，称其是为未来建立的、功能卓越的通用系统的完美示范，但领域内的其他人则通常对这种自吹自擂不屑一顾。我估计永远不会有人建造出一个像人的机器人，我是说一个真正像人的机器人，除非他们能将专门针对不同问题的多个计算系统全都包含在这个机器人的设计中。

在本书中，我们将会讲到其他一些证据，说明我们心智器官的基本设计要归功于我们的遗传程序。我已经提到过，在人格和智力的众多微妙结构方面，分开养育的同卵双胞胎都相同，这有赖于基因的指引。通过巧妙的方法来进行测试，婴儿和孩童天生懂得对自然和社会世界的基本分类，展示出早于其年龄段水平的成熟掌握程度，有时还运用了从未被告知过的信息。人们有许多信念与他们的经验不一致，但这些信念在进化所经历的环境中却是正确的。他们追求的目标有悖于自己的福利，但在那个环境中却是适应性的合理行为。现在广为流行的观点是，文化差异可以有天壤之别，而且没有界限。与之恰恰相反，对人种志文献的调研显示，世界上各个种族、各个民族的人都共有着异常详细具体的普遍心理。

但心智具有一个复杂的先天结构，并不意味着学习就无关紧要了。将这个问题理解为先天结构与学习彼此相互对立，或者相互代替，或者互为补充、相互作用，都大错特错了。不是说这个论断中认为先天结构和学习（或者遗传与环境、先天与培养，生物性与文化性）之间的相互作用是完全错误的。而是说，这种论断已沦为那类极其拙劣，甚至都谈不上错误的观点。

设想一下下面的对话：

> 甲："这款新计算机到处体现了复杂的技术。它拥有500MHz的处理器、1G的内存、1 000GB的硬盘容量、三维彩色虚拟现实显示器支持语音输出和无线接入互联网，专长于十多门学科，还有内置的《圣经》《不列颠百科全书》《巴特利名言》和全套莎士比亚作品集。它的设计花费了专业人士数万个小时。"
>
> 乙："哦，我猜你是说我向这计算机里面敲什么都无所谓了。有了这么多的内设构造，它的环境如何就不太重要了。无论我敲进去什么，它都会执行同样的工作。"

上面的回答显然很愚蠢。有很多内设的机器，应该会令系统对其输入回应得更智能化和更加灵敏，而不是回应更少。但这个回答正抓住了几世纪以来评论者们对建造结构复杂的高技术思维机器这种想法的反应。

而“相互作用学派”的观点也好不到哪里去，他们对于任何将相互作用当作天生禀赋的部分都感到深恶痛绝。我们来看看这些论调：

计算机的行为源自处理器与输入的复杂的相互作用。

一个人要想理解汽车的工作原理，它既不能忽略引擎，也不能忽略汽油或者司机。所有这些因素都很重要。

CD 播放器中发出的声音反映了两个核心要素之间紧密交织在一起的相互作用：机器的结构和你插入的光碟。这两者缺一不可。

这些论断没错，但却毫无意义——全然乱七八糟，彻底寡然无味，说了还不如不说好。将心智或机器比作像马提尼酒一样把两种成分混在一起，或是比作一场势均力敌的拉锯战都是错误的，这种比喻无助于理解处理信息的复杂仪器。的确，人类智能的每个方面都涉及文化和学习。但学习并不是环绕的气体或力场，学习的实现不是靠魔力。正是因为有了用来学习的先天设备，学习才成为可能。主张存在一些先天模块的意思是，存在一些先天的学习设备，每种设备都根据一定的逻辑来学习。要理解学习，我们需要新的思考方式来取代那些前科学时代的隐喻——混合物与力，在板上书写以及在石块上雕刻。我们需要的思路能够反映一个复杂仪器是如何针对外部环境中不可预知的方面而调整自身的，它又是如何吸纳各种所需数据而实现其功能的。

认为遗传与环境相互作用的观点并不总是毫无意义，但我认为它混淆了两个问题：心智有什么相同的地方以及心智如何不同。上面那些乏味的陈述可以变得易于理解，通过将“X 是如何工作的”转变成“是什么使 X 做得比 Y 更好”即可。

计算机的有用性既取决于其处理器的处理能力，也有赖于使用者的专业程度。

汽车的速度取决于引擎、燃料以及驾驶者的技巧。这些都是重要的因素。

CD 播放器播出的音质取决于两个关键因素：播放器的机械和电子设计以及原音录制的光碟的质量。二者都不可偏废。

当我们对一个系统的功能比另一个类似系统的功能好多少感兴趣时，我们会忽略每个系统中的因果关系链，而去总结到底是哪些因素令整个系统工作得快或慢、高保真还是低保真。这种对人的排行——来决定谁进入医学院或是谁得到工作——就是“先天还是后天培养”这一问题构想的源头。

但本书讲的是心智如何工作，而不是关于为什么有些人的心智比其他一些人在某些程度上做得更好。有证据显示，这个星球上所有地方的人们在看、说、想方面基本上都一样。爱因斯坦和一个高中辍学生的差异，比起这个高中辍学生和迄今最好的机器人之间的差异，或是这个高中辍学生和一只黑猩猩之间的差异来说，是微乎其微的。这就是我打算讲到的神秘之处。我为了得到一些粗糙的消费者指数（如智商）来比较那些重叠钟形曲线的均值，这离我的主题内容都远得不能再远了。正因如此，先天与学习的相对重要性是一个不值一提的伪命题。

另外，强调先天设计不应该与为这个或那个心智器官寻找“对应基因”混为一谈。来想想那些媒体头条中提到的基因或是推断基因吧：肌肉营养不良基因、亨廷顿病基因、阿尔茨海默病基因、酗酒症基因、精神分裂症基因、躁郁症基因、肥胖症基因、暴躁症基因、诵读困难基因、尿床基因以及某些智力障碍的基因。这些都是病症或障碍。人们还没发现有对应于礼貌、语言、记忆、运动控制、智力或者其他完好心智系统的基因，估计今后也不会有。政治家山姆·雷伯恩（Sam Rayburn）对这一现象的原因给予了总结概括：任何一头驴都踢得倒一个谷仓，但要盖好一个谷仓还得靠一个木匠。复杂的心智器官，像复杂的身体器官一样，一定是根据复杂的遗传配方，由许多基因以一些迄今仍深不可测的方式构建而成的。任何基因中的一个缺陷都会毁坏整个系统，就像一台复杂机器中任何部件的一个瑕疵（如一辆汽车中一根松了的导线），都可能会使整台机器熄火一样。

心智器官的遗传装配指南并没有像收音机的电路图一样，列出大脑的所有联结。我们也不应指望每个器官都长在头颅的某个特定骨头之上，而不顾倘若如此大脑中会产生什么后果。大脑与所有其他器官之间的差异始于一团同卵细胞的胚胎发育期。身体的每个部位，从脚趾甲到大脑皮层，在其细胞对其周边环境中的某种信息做出反应时，就开始形成各自独特的形状和结构。而这些信息正开启了遗传程序的不同部分。这些信息可能来自某种化学液体的味道，这种液体令分子感觉正合适；也可能来自细胞咬合的分子锁钥形状，或是邻近其他细胞的拖拽推搡等外部作用，也可能是源自其他一些仍不为人理解的线索。组成不同心智器官的神经元家族，尽管都是一个胚胎组织同质延伸的后裔，但它们在大脑中装配自身的时候，这些神经元一定被设计成自私自利的，抓住任何可利用的信息来将自己与其他神经元区分开来。在头颅中的位置或许是差异化的一个原因，而彼此联结的神经元的输入激活模式则是另一个原因。由于大脑注定将是一个计算器官，基因组在大脑成型期间，利用神经组织的功能来处理信息，这一点儿都不令人惊讶。

大脑的感觉区域，是我们能够跟踪进展的最佳区域，在那里，我们知道在胎儿早期发展中，神经元之间就根据严格的遗传配方建立了联结。神经元在适当的时候产生合适的数量，接着移动到属于它们的部位，向目标散发出联结，在合适的区域采用适当的细胞类型，所有这些都是在化学线索和分子锁钥的引导下实现的。但要做到精确的联结，小神经元必须开始发挥功能，它们的激活模式携带着有关它们精确联结的信息传向下端。这还称不上“经历”，因为这都能够在漆黑一片的子宫中发生，有时还在杆状细胞和锥状细胞具有功能之前，而许多哺乳动物才一出生就几乎可以完全看得清楚了。这些样式反倒比较像是某种由基因而来经过压缩的资料，或是某种内部生成的测试信号。这些样式将能够催化收信端的大脑皮质进行分化——或是至少开启这样的过程——直到该区域能够开始处理所收到的信息为止。尚无从知晓基因究竟是如何控制大脑发育的，但可以合理综合归纳我们目前已知的信息：根据大脑模块在开始时成为的组织种类、在大脑中的位置以及在发育的关键期得到了什么模式的触发输入，综合后从而推断出它们的身份性质。

我们的大脑是自然选择的产物。生物学家理查德·道金斯（Richard Dawkins）将自然选择称为“盲眼钟表匠”；在心智方面，我们可以称之为“盲眼程序员”。

我们的心智程序运行得非常不错，因为它们是由自然选择所塑造的，从而使我们的祖先得以主宰石块、工具、植物、动物以及他人，而最终的目的是生存与繁衍。

自然选择不是进化变革的唯一原因。生物在漫漫时间长河中的变迁还可能由于导致孰生孰死的统计意外事件，令整个生物种群灭绝的自然灾难，以及自然选择进化产物的不可避免的副产品。但自然选择是唯一的进化驱力，它会像工程师一样“设计”器官。这个有力的论点是由生物学家乔治·威廉斯（George Williams）和道金斯提出的。即使是那些觉得自然选择被过度夸大的人也接受教科书中对于自然选择的论述，而这些论述来自脊椎动物的眼睛。正如一块表有太多相互精密咬合的部件（齿轮、弹簧、枢轴等），因此它不可能被一阵龙卷风或是一道激流漩涡就装配好了，它需要的是制表匠的设计；眼睛也有太多的相互衔接精密的部件（晶体、虹膜、视网膜等），因而不大可能是由一种随机的进化驱力，如大突变、统计上的漂移或是由其他器官之间角落缝隙的偶然形状所造成的。眼睛的设计一定是复制器自然选择的产物，这是我们所知唯一一种能够制造出功能良好机器的方式，而这种自然过程又不是奇迹。这些拥有眼睛的物种，似乎生来便被设计成能够清楚地看见世界一样，但是事实上，眼睛之所以存在，完全是因为在过去的岁月里，拥有了这种器官的祖先能够成功存活下来的缘故。

许多人认同自然选择设计了身体，但说到人的心智时，他们就划清界限了。他们说，心智或是让头增大的一个突变的副产品，或是一个笨拙程序员的非法侵入，或是由文化演变造成的，而不是生物进化所塑造的。图比和科斯米德斯指出了一个美妙的反讽。作为由自然设计的、精妙而最无可争议的例子，眼睛绝不只是一个能够剥离为肉和骨、远离心智领域的老式器官。它不消化食物，也不改变物质世界的任何东西。眼睛有什么用呢？眼睛是一个处理信息的器官，它紧密地与大脑相连——从解剖学上讲，眼睛就是脑的一部分。视网膜中那些精致的光学和复杂的电路并不是将信息倾倒入一个乏味空洞的孔中，或是盲目去把从现实得到的东西解释为某种笛卡尔式的物质－精神断层。这个结构繁复的信息接收器必须设计得与信息发送器一样严丝入扣、结构精致。在我们比较人的视力和机器人的视力时，我们已经知道，令我们能看到东西的那部分心智确实设计精妙。更何况我们实在没有理由相信，这些机制所拥有的设计品质，会由感受器所在的信息链上游，往接收信号加以诠释并据此行动的下游逐渐恶化。

生物学中适应论者的研究，即认真运用自然选择来反向工程推导一个器官部件的工程设计，这种方式有时被嘲笑为是一种事后诸葛亮式的空洞游戏。专栏作家谢希尔·亚当斯（Cecil Adams）讽刺说："我们头发是棕色的，是因为这可以使我们的猴子祖先隐藏在椰子树中间。"不可否认，这种蹩脚的进化"解释"并不鲜见。为什么男人不愿问路？因为我们的雄性祖先如果接近一个陌生人，可能就会被杀掉。音乐的目的是什么？增加社群的凝聚力。为什么快乐得到进化？因为有快乐的人在身边会令人心情愉快，所以快乐的人吸引了更多的盟友。幽默的功能是什么？减轻压力。为什么人们过高估计他们从重病中幸存的概率？因为这会有助于他们有效地生活。

我们认为这些说法浮夸而且站不住脚，不是因为他们胆敢对一部分心智如何工作寻求进化方面的解释，而是因为他们的解释过于拙劣。首先，他们中许多人从来都懒得去确定事实。有任何人曾经调查过女性喜欢问路吗？在远古的蒙昧社会中，一个女人去向一个陌生人问路，就不会被伤害吗？其次，即使事实已经确定，在尝试解释一个费解的事实时，却将其他一些同样费解的事实看作理所当然，这种做法没有任何用处。为什么有旋律的噪声就会提高社群的凝聚力？为什么人们喜欢和快乐的人在一起？为什么幽默会缓解压力？提出这些解释的人将我们心智活动中的某些内容当作是显而易见、毋庸解释的——的确，对于我们每个人来说，这些是显而易见的，它们就在我们的头脑里。但当我们尝试解释心智是如何进化时，这心智所有的部分都等着我们去努力理解——每一次反应、每一阵愉悦、每一股味道。我们本有可能进化成像见义勇为者1号机器人一样，为救一袋利马豆而牺牲自己；或者像屎壳郎，觉得粪便美味无比；又或者像关于施虐受虐狂的古老笑话中的受虐狂一样——受虐狂说："揍我！"施虐狂说："不！"

一个好的适应论者的解释需要以工程设计式的分析为支点，这与我们试图解释的心智部分是相互独立的。首先要明确分析目的和实现目的所需的因果关系链，然后列出哪种设计要比其他设计更适合实现目的。但对于那些以为大学系所的设置准确反映了知识分类的人们来说，不幸的是，这意味着心理学家们如果想要解释心智的各部分作何用途，就需要跳出心理学来向外看。要理解视力，我们需要求助光学和计算机视觉系统。要理解运动，我们需要求助机器人学。要理解性与家庭情感，我们需要求助孟德尔遗传学。要理解合作与冲突，我们需要求助于博弈论数学和经济建模。

一旦我们有了一张良好设计心智的规格清单，我们就能来看看智人是否有这种心智了。我们通过做实验或调查来获取关于某一块心智的信息，然后看看这套心智装置是否符合规格：特别是在与大量的生物意义上可能形成的备选设计相比较时，是否显示出解决问题时的精确性、复杂性、高效性、可靠性和专业性。

在视觉感知方面反向工程的逻辑已经指导研究者长达一个多世纪了，这可能也是我们对视觉的理解要好于对其他心智部分的理解的原因。没有理由认为，进化理论指导下的反向工程逆推不能够为心智其余部分的研究提供新的思路。一个有趣的例子是关于孕期呕吐（传统上被称为“晨呕”）的一个新理论，这是由生物学家玛姬·普洛菲特（Margie Profet）提出的。许多孕妇变得容易感到恶心，并且不愿吃某些食物。尽管她们的恶心呕吐通常被解释为激素的副作用，但没有理由说激素会引发恶心和厌食，激素会引发多动症、侵犯性或是情欲。弗洛伊德式的解释也同样不能令人满意：孕期呕吐代表着女性对她丈夫的憎恶，她无意识里想从口中堕掉这个胎儿。

普洛菲特预测，孕期呕吐应当是为抵消营养和生产能力的降低这种成本提供了一些好处。通常来说，呕吐是针对食入毒质的一种保护：在有毒的食物还没有造成太多伤害之前，就把它从胃中吐出来，而我们对类似食物的胃口在后来也有所下降。或许孕期呕吐是保护女性不食入或消化可能伤害到胎儿发育的有毒食物。虽然你当地附近有“快乐胡萝卜健康食品店”，天然食品未见得就特别健康。你的卷心菜也是进化而来的生物，它像你一样，也不愿被吃掉。既然不能通过行为来很好地保卫自己，它只好求助于化学装备。绝大多数植物都在它们的组织中进化出许多种毒素：杀虫剂、驱虫剂、刺激剂、麻醉剂、毒药以及其他一些扔到食草动物牙齿里的沙子。食草动物反过来也进化出反防卫装置，比如用来解毒的肝脏和能感受到苦味的味觉，用来阻止进一步消化它们的欲望。但通常的防御措施可能还不足以保护一个弱小的胚胎。

到此为止，这似乎听上去并不比那种“吐出你的婴儿”的理论高明多少，但普洛菲特综合分析了数百项研究，这些研究过程都相互独立，同时也独立于她的研究假设，而综合分析的结果却支持她的假设。她十分细致地做了如下记录：（1）成人可接受摄入量的植物毒质如被孕妇吸收，能够导致新生儿先天缺陷并引发流产；（2）孕期呕吐开始时正是胚胎的器官系统确定成型的时候，也是胚胎最易受致畸剂（引发先天畸形的化学物质）影响的时候，但这时胚胎长得较慢，也仅需要不太多的营养；（3）在胚胎的组织系统几乎完成的阶段，孕期呕吐逐渐消退，这一阶段胚胎最大的需求就是营养；（4）有孕期呕吐的孕妇会有选择性地不喜吃苦涩、辛辣、味重以及新奇的食物，这些食物实际上最可能含有毒质；（5）女性的嗅觉在孕期恶心阶段变得过分敏感，而之后则比平常要更不敏感；（6）靠采摘觅食的人们（应该也包括我们的祖先）摄取植物毒质的风险会更高，因为他们吃的是野生植物而不是专门种植的可口庄稼；（7）孕期呕吐是超越人类文化共通的；（8）有严重孕期呕吐的孕妇流产的可能性会更小；（9）有严重孕期呕吐的孕妇生出先天畸形儿的可能性更小。自然生态系统中的婴儿制造系统应当如何工作与现代女性的感觉如何，这之间的匹配吻合的确令人印象深刻，也令人更加相信普洛菲特的假设是正确的。

人的心智是进化的产物，所以我们的心智器官要么也存在于猿的心智中（或许也包括其他哺乳动物和脊椎动物的心智中），要么是猿的心智的改进版。这种猿具体来说，是生活在非洲大约600万年前的人类和黑猩猩的共同祖先。许多关于人类进化的书的标题都提醒了我们这个事实:《裸猿》《电猿》《香猿》《偏猿》《水猿》《思考之猿》《人猿》《讲话的猿》《第三种猩猩》《被选中的灵长目动物》等。有些作者激烈地认为：人与黑猩猩几乎没什么不同，任何强调具体的人类禀赋的言行都是傲慢的沙文主义或者等同于神创主义。对于一些读者来说，这是一个进化论框架的反证法。如果理论说“人至多就是刮光了毛的猴子”，就像吉尔伯特和苏利文在《公主艾达》(Princess Ida) 中所讲的那样，这就无法解释人和猴子为什么有着不同的心智了，而显然这是个明确的事实。

我们是会说话的、赤条条的、不匀称的猿，但我们还有着与其他猿显著不同的心智。智人超大尺寸的脑无论从哪个角度而言，都是杰出的进化适应。它使我们能够在地球上任何一种生态系统中栖居、重新塑造这个星球、在月球上行走并发现自然界的秘密。而黑猩猩尽管被宣称智力很高，却已是依赖于有限几处丛林的濒危物种了，而且它们的生活方式也与几百万年前无异。我们对于这种差异的好奇心，让我们不仅仅满足于我们与黑猩猩的 DNA 绝大多数都相同这样的事实，以及这种小差异都导致巨大效应这种一般性推断。30 万代的进化和多达 10 兆字节的潜在遗传信息足以使人的心智改头换面。的确，心智应当要比身体更容易重新塑造，因为软件要比硬件更易于修改。我们不应该为发现人类具有了新的认知能力而惊讶不已，因为语言已足够神奇。

上面这些例子都与进化论相容。进化确实是一个保守的过程，但它不可能过于保守，否则我们就还是池塘里的泡沫呢。自然选择将差异传至后代，并使它们专业化分工，从而适应特定的环境。任何一家自然历史博物馆里都有例子表明某个物种或某些物种拥有独特而复杂的器官：象的鼻子、独角鲸的长牙、鲸的鲸须、鸭嘴兽的鸭嘴、穿山甲的盔甲等。它们常常在地质学年表中迅速进化。第一头鲸大约进化于 1 000 万年前，它与它目前活着的最近的亲戚，如牛和猪类的有蹄动物，有着共同的祖先。如果按照人类进化这类书的精神，一本关于鲸的书该被称为《裸牛》。但如果这本书的每一页都在为鲸与牛之间的相似性不厌其烦地击节赞叹，却一点都没有讨论进化适应怎样造成它们之间的差异，那就太令人失望了。

认为心智是一种进化适应，并不是说所有的行为都是达尔文意义上的适应。自然选择并不是在我们头顶上盘旋的守护天使，确保我们的行为总是符合生物意义上的适应性最大化。信仰进化论的科学家一直觉得有责任来解释一些似乎像达尔文式自戕的行为，如独身、收养和避孕。他们大胆地推测说，或许独身的人会有更多时间去抚养一大群侄子（女）或外甥（女），这样就可以比只养育自己的孩子繁殖复制更多他们的基因。但这种牵强附会是不必要的。人类学家唐纳德·西蒙斯（Donald Symons）阐述了理由，他将进化心理学与20世纪七八十年代称为社会生物学的思想流派做了区分（尽管这两种思想也有很多重合之处）。

首先，自然选择发挥作用要历经几千代。在人类存在时期的99%的光阴里，人们都身在采集狩猎时代，在一小群游牧部落中过着茹毛饮血的生活。我们的大脑所适应的是那种消失已久的生活方式，而不是全新的农业和工业文明。大脑不是用来应对陌生的人群、上学、书面语言、政府、警察、法庭、军队、现代医学、正式社会组织、高科技以及其他人类后来经历的现象的。既然现代人的心智适应的是石器时代，而不是计算机时代，就没必要绞尽脑汁为我们所做的每一件事寻求进化适应上的解释。我们祖先的环境中缺乏现在诱使我们做出非适应选择的机制，如宗教规范、收养机构、制药公司，因此直到最近并没有自然选择的压力来使人类抗拒这种诱惑。如果更新世的大草原上有长着避孕药丸的树，我们进化的结果很可能见之如见毒蜘蛛，避之唯恐不及。

其次，自然选择不是木偶操纵者，凭直接拉拽线绳来操控行为。它靠设计行为的发起者操控行为，其中包含信息处理和目标搜寻，我们称之为心智的机制。我们的心智被设计为做出一般情况下都适应我们祖先环境的行为，但我们今天所做的任何特定行为都是许许多多原因共同作用的结果。行为是许多心智模块内部斗争的结果，它是在机会和他人行为的共同约束下所做出的。《时代周刊》某一期封面故事中问道:“通奸——在我们的基因中吗?”这个问题没有任何意义，因为通奸或任何其他行为都不可能在我们的基因中。可以想象，通奸的欲望可能是我们基因的间接产物，但其他同样也是我们基因的间接产物会对其有所压制，比如希望有一个值得信赖的配偶的愿望。即使这个欲望在激烈混战的脑海中占据优势，它也不可能付诸公然的行为，除非这时恰好有另外一个伴侣正在附近，而想要出轨的欲望在他的内心也占据了上风。行为本身并没有进化，进化的是心智。

只有当人初步了解一个装置是用来做什么的，才可能进行反向工程。我们并不了解橄榄取核器，直到我们发现这个装置是用来除去橄榄核，而不是镇纸或是练腕器。在探求设计师的目的时，既要考虑一个复杂设备的各个部分，又要将这个设备作为一个整体加以考虑。如汽车的一个部件——化油器，是设计用来将空气和汽油混搅在一起的，混搅空气和汽油只是一个子目标，而最终目标是让汽车带着人们到处跑。尽管自然选择的过程本身并没有目标，但它进化出像汽车这样的存在实体，这些实体高度组织化，产生了某种目标和子目标。要进行心智反向工程推理，我们必须厘清所有的目标，并找出它的最终目标。人类心智的设计最终是为了创造美吗?是为了发现真理吗?是为了爱和工作吗?是为了与他人和自然和谐相处吗?

自然选择的逻辑提供了答案。设计心智的最终目的是复制最大数量的基因，而正是基因创造了心智。自然选择只关心那些自我复制实体的长期命运，也就是那些经过许多代复制后仍保持着稳定的同一性的实体。它预测的只是：那些能表现出可以增进自身复制概率行为的复制器，最后将成为优势物种。当我们问“谁或什么会从进化适应中获益”以及“生物体中的设计究竟是为什么而做的?”时，自然选择理论提供了答案：长期稳定的复制器——基因。即使我们的身体，我们自身，也不是我们设计最终的受益者。正如斯蒂芬·杰伊·古尔德(Stephen Jay Gould)曾说过:“什么是达尔文所讲的‘个体繁殖成功’?它不可能是将某个身体传到下一代——因为说实话，你根本就不可能在这个意义上让身体随着你走！”哪些基因被自然选择，其标准是基因构建身体的质量，是基因被传至下一代，而不是会腐烂的身体传至下一代；是基因而非身体要经历选择去一天天地生活和战斗。

尽管还有一些持不同见解的人（比如古尔德自己），但基因决定的观点主导了进化生物学，并且取得了极大的成功。它提出并正在回答这些关于生命的最深刻的问题，比如生命是如何起源的，为什么会有细胞，为什么会有身体，为什么会有性，基因组是如何排列的，为什么动物会相互交流等。对于动物行为研究者来说，基因决定论的重要地位就像牛顿定律之于机械工程师一样。

但几乎所有人都误解了这个理论。与流行的观点恰恰相反，以基因为中心的进化理论并未说明所有人类生存的目的就是传播基因。除了那位用自己的精液为患者人工授精的多产医生、诺贝尔奖获得者精子库的捐精者和其他一些狂人外，没有人（或动物）殚精竭虑是为了传播自己的基因。道金斯在一本名为《自私的基因》（*The Selfish Gene*）的书中解释了这个理论，这个比喻是慎重选择过的。人们并没有自私地去传播他们的基因，是基因在自私地传播自身。它们传播的方式是构建我们的大脑。通过使我们享受生活、健康、友情和天伦之乐，基因购买了代表下一代的彩票，在我们进化的环境中它们的胜算很大。我们的目标，是基因复制自身这个终极目标的子目标。但这两者是不同的。我们的目标，无论是有意识的还是无意识的，都和基因毫不相干，而是事关健康、爱人、孩子和朋友。

对身而为人的目标和基因自身目标之间的混淆，为我们带来了许多似是而非的结论。一本关于性进化的书的评论者抗议说，人类通奸与对应的动物行为不同，它不可能成为传播基因的策略，因为通奸者采取了避孕措施。但我们在讨论谁的策略？性欲不是人传播基因的策略。性欲是人获取性愉悦的策略，而性愉悦是基因来传播自身的策略。如果基因没有得到传播，是因为我们比它们聪明。一本关于动物情感生活的书中抱怨道，根据生物学家的说法，如果他只是帮助亲戚或交换各自所好，这两者其实都是服务于一方基因的利益，那就根本不是真正的利他，而是某种伪善。这也是在混淆概念。正如蓝图并不一定是标出蓝色的建筑图纸，自私的基因也不一定是指自私的生物有机体。正如我们将看到的那样，有时基因所做的最自私的事情就是构建了一个不自私的大脑。基因是剧中的一幕剧，而不是剧中演员的内心独白。

进化心理学 VS 标准社会科学模型

本书的进化心理学是对我们知识传统中关于人类心智正统观点的背离，这种主流观点被图比和科斯米德斯冠名以标准社会科学模型（Standard Social Science Model，SSSM）。标准社会科学模型对生物学和文化做了根本的区分。生物学赋予了人类 5 种感觉、几种驱力（如饥饿和恐惧），还有学习的一般能力。但根据标准社会科学模型，生物进化已经被文化进化所取代。文化是一种自治的存在现象，它具有一种令自身不朽的愿望，并通过树立期望和分配角色来实现这种愿望。不同社会的文化之间存在很大差异。即使是标准社会科学模型的改良者也接受这种思路。生物学只不过“与文化同等重要”，改良者认为，生物学给行为做了“限定约束”，所有的行为都是二者的混合体。

标准社会科学模型不但成为知识界的正统，而且还占据了道义上的权威地位。当社会生物学家首先开始挑战它时，他们遭到了凶悍的反击，其凶猛程度即使是以学术诽谤的标准来衡量也极不寻常。生物学家 E.O. 威尔逊（E.O.Wilson）在一次科学会议上被人浇了一壶冰水，学生们拿着手提大喇叭叫嚣着要开除他，张贴海报鼓动人们在他的讲座上鼓噪添乱。“科学为人民”以及“反种族主义、反智商、反等级社会大运动”这类组织发表了愤怒的宣言和连篇累牍的檄文。在《不在我们的基因中》（*Not in Our Genes*）一书中，理查德 · 列文廷（Richard Lewontin）、斯蒂文 · 罗斯特（Steven Rost）和莱昂 · 卡明（Leon Kamin）影射了唐纳德 · 西蒙斯的性生活，将理查德 · 道金斯的一篇辩驳文章篡改为语无伦次的昏话。道金斯提到基因时说：“它们创造了我们、身体和心智。”这些作者不断重复地引述为：“它们控制了我们、身体和心智。”在《科学美国人》刊登一篇关于行为遗传学的文章时（文章主题是对双生子家庭和被收养的研究），他们将文章起名为《再谈优生学》(*Eugencis Revisited*)，暗指那场旨在改良人类现存基因的臭名昭著的运动。当该杂志提到进化心理学时，他们将文章称为《新社会达尔文主义者》(*The New Social Darwinists*)，暗指 19 世纪那场将社会不平等归因于资质禀赋差异的运动。即使是一位杰出的社会生物学实践者、灵长类动物学家萨拉·布拉弗·赫蒂（Sarah Biaffer Hrdy）也说："我怀疑是否应当在高中阶段，甚至是本科阶段教授社会生物学课程。社会生物学所传达的整个信息都是导向个体的成功。这是马基雅维利式的，除非学生已经具备了适当的道德架构，否则我们教这些可能会培育出社会恶人来。这倒是完全符合雅皮士们'自我优先'的精神气质。"

整个学术圈都加入了这场闹剧，对可能需要在实验室或实地反复讨论的实证问题干脆进行投票表决。玛格丽特·米德（Margaret Mead）对"牧歌般平等主义的萨摩亚人"的描绘是标准社会科学模型的一份奠基性文件，当人类学家德里克·弗里曼（Derek Freeman）证明她列举的事实有惊人的错误时，美国人类学学会在他们的会议上投票表决，指责弗里曼的研究结果是不科学的。1986 年，20 位社会科学家在一次名为"脑与侵犯性"的会议上起草了《塞维利亚反对暴力声明》(*Seville Statement on Violence*)，该声明后被联合国教科文组织采用，并由几家科学组织共同签署。声明宣称要"挑战一些已被提出但未经证实的生物学研究结果，这些结果已被用来对暴力和战争进行合理化解释，而解释者甚至包括我们学界中的一些人"：

> 说"我们从我们的动物祖先那里继承了制造战争的倾向"在科学上是不正确的。
>
> 说"战争或任何其他暴力行为是在基因上深植于我们人性中"在科学上是不正确的。
>
> 说"在人类的进化过程中自然更倾向于选择侵犯性行为而不是其他行为"在科学上是不正确的。
>
> 说"人类有一个'暴力的脑'"在科学上是不正确的。
>
> 说"战争是由'本能'或任何其他单一动机导致的"在科学上是不正确的。

> 我们的结论是，生物学并没有宣布人类注定会进行战争，人性可以从生物学悲观主义的奴役中被解放出来，被赋予信心来承担国际和平年代和未来岁月中所需要的改造性使命。

到底是什么样的道德确定感刺激了这些学者们去曲解引用观点、封杀思想、对观点提出者进行人身攻击、以未经授权的组织或不得人心的政治运动给这些异见者抹黑，发动权威机构确立何为正确与错误的规则？这种确定感源于对人类秉性的 3 个假定含义的反对。

第一，如果心智有一个天生结构，不同的人（或不同的阶层、性别以及种族）就会有不同的天生结构。这就为歧视与压迫提供了合理的理由。

第二，如果诸如侵犯、战争、拉帮结派以及追逐地位和财富这些可憎的行为是天性，那么它们就是“自然的”，因而也是好的。即使这些行为被认为不好，由于它们是基因决定的，没办法改变，所以试图进行社会改革是徒劳无功的。

第三，如果行为是由基因导致的，那么个人不应当为其行为承担责任。如果强奸犯是遵从生物学的指令来传播他的基因，那就不是他的错。

大概除了几个愤世嫉俗的辩护律师和逻辑混乱的“半瓶子醋”，他们都不大可能去读《纽约书评》中的宣言，事实上没有人得出这些怪异的结论。这些实际上被认为是无人指导的大众可能会得出的推论，所以这些危险的观点自身必须被压制。事实上，这 3 个论断的问题不在于其结论太令人生厌，因而任何人都不应当沦于这种观点的立场。问题在于，根本就没有这种危险立场；这些论断是不合前提的推论。要揭示其错误，只需检验一下理论的逻辑，将科学问题与伦理问题区分开来即可。

我认为科学家不应当躲在象牙塔里追求真理，而不受道德和政治思想的干扰分心。任何一项涉及其他生命的人类行为都既是心理学的研究内容，也是道德哲学的研究内容，二者都很重要，但二者不可混为一谈。关于人性的辩论已被一种思想惰性所搅混，这种惰性体现在出现道德问题时不愿意进行伦理道德方面的争论。这种趋势不是根据权利和价值的原则去推理，而是套用现成的道德标准，或是宣传一种自我感觉良好的美好人性，干脆省掉了我们对道德问题的争论。

大多数的人性讨论中的道德等式都很简单：天生等于右翼，等于坏的。现在，许多遗传论运动都是右翼的和坏的，比如种族优化论、强制绝育、种族灭绝、建立在种族和性别差别上导致的歧视，以及对经济和社会等级差异的合理化解释。标准社会科学模型的功绩在于，它提供了一些理论基石，以供深刻的社会批判削弱这些实践运动的基础。

但这个道德等式错的时候和它对的时候一样多。有时左翼的实践行动同样是坏的，作恶者用标准社会科学模型对人的天性的否定来想方设法使他们的恶行合理化。异议观点反映的不是导致不同结论的理性思想实践，而是大相径庭的文化产物，这种文化产物能够被根除，方法就是再造社会，对被旧的养育方式所污染的人进行“再教育”，以及如果必要的话，从还是白板一块的全新一代重新开始。

有时左翼立场是正确的，因为否定人的天性是错误的。在《心与智》（*Hearts and Minds*）中（1974 年一部关于越南战争的纪录片中），一个美国军官解释说，我们不能将我们的道德标准应用在越南人身上，因为他们的文化不强调个人生命的价值，所以他们在家人被杀害时不会承受我们那么大的痛苦。导演在播放这段引语时，选取的镜头画面是在一位越南死者的追悼会上恸哭的哀悼者，它提醒我们爱与悲伤的普遍性直接驳斥了那个军官令人厌恶的理论解释。在 20 世纪的大多数时候，负疚的母亲一直在忍受着一些荒谬理论对她们的谴责，这些怪谈将孩子们的每一种机能障碍或差异都归咎于母亲（母亲的信息相互矛盾导致精神分裂，冷漠导致自闭症，专横跋扈导致同性恋，放任导致厌食，母爱不足导致语言障碍）。痛经、孕期呕吐、分娩疼痛被草率地解释为女性对文化期望的“心理”反应，而不被当作正常的健康问题来治疗对待。

个人权利的基础是假定人们具有愿望和需求，并且有权确定这些愿望和需求是什么。如果人们表达的愿望和需求只是一种可以被抹灭的刻痕，或是经由一种可被重新塑造的洗脑过程而得，那么任何的凶残暴行都可以为自己找到合理的借口。因此，那些诸如迈克尔·福柯（Michael Foucault）和一些学院派女性主义者所提倡的、时髦的“解放式”意识形态令人啼笑皆非。他们援引社会适应性的“内化权威”“错误意识”或是“不真实偏好”来解释这样一个令人费解的事实：人们喜欢那些据称是用来压迫他们的东西。对人性存在持否定的态度，就和对其施以过多的强调一样，都可以被扭曲成为替暴行开脱的思想基础。无论是目的有害，还是观点错误，我们都应当将之大白于天下，而不应将二者混淆。

那么人类秉性的 3 个假定含义究竟怎样呢？第一个“含义”——人类秉性意味着人类天生的差异——根本就没什么意义。我主张的心智设备是每一位神经系统正常的人都配备的。人们之间的差异与那套设备的设计无关。这些差异很有可能源于装配过程的随机变异或不同的生活经历。即使这些差异是天生的，它们也可能是我们所有人的心智设备中的数量差异和微小变体（像是某个特定的模块能够多快地进行运作，哪一个心智模块能在内心交战时取得上风等），不一定就比标准社会科学模型所允许的先天差异种类（更快的通用 - 目的学习过程、更强的性驱力）更有害。

心智的普遍结构不仅在逻辑上是可能的，而且很可能事实就是如此。图比和科斯米德斯指出了有性繁殖的一个基本后果：每一代中，每个人的设计图都与其他人的混杂在一起。这意味着我们必须在性质上很相似。如果两人基因组是根据不同种类的机器设计的，比如电动机和汽油发动机，新的混合成品就是一个不能工作的机器。自然选择是一种物种内部的同质化力量，它消除了绝大多数宏观设计变异，因为这些变异不是对现状的改进。自然选择确实有赖于曾经的变异，但是它取自这种变异并将之耗尽。这就是为什么所有普通人都具有相同的身体器官，为什么我们也一定都有相同的心智器官的原因。当然，人们相互之间也一定有微观变异，大多是我们蛋白质的分子排列顺序中的细微差异。但在身体和心智的功能性器官层面，人们的工作方式都是一样的。尽管只要我们还活着，探究人们相互之间的差异就对我们有着永无止境的诱惑，但这些差异在我们理解心智如何工作时没有好处。同样，整个人群的平均差异——无论其来源如何——对于理解心智如何工作也都无甚帮助。

性别差异当然是另一回事。男女性器官的显著差异提醒我们，性别不同可能意味着不同的设计，我们知道这种差异来自一个基因“开关”的特殊小装置，它引发了一系列生物化学的连锁反应，从而激活或抑制了整个脑和身体的基因大家族。我将会在其后列出一些证据，证明这样的效应的确会为心智运作带来若干差异性。作为又一个不鲜见于针对人类天性的学术政治的讽刺，这项受进化论启发的研究所提出的性别差异紧紧围绕着繁殖及其相关领域，这比起一些女性主义学派所骄傲宣称的差异来说,要少讨人嫌得多。这些“差异女性主义者”宣称的内容包括：女性不用抽象的线性逻辑推理；她们不运用怀疑主义来处理问题，或通过严格争论来评估思想观点；她们对一般性道德原则以及其他侮辱，不做争辩。

但最终我们不能只看谁被描绘得更顺眼，问题在于，究竟是什么造成了我们偶然发现的这些群体差异。这里我们必须准备好进行一次道德争论。基于种族、性别或族裔而歧视某个人是错误的。对于以上论点，我们可以运用许多与人群的平均特征无关的方法，来对其加以辩护。可以争辩说，因为个人不可控制的因素而剥夺这个人的社会福利是不公平的；或者遭受歧视的受害者对歧视的体会是一种极度痛楚的体验；或者受害群体易于做出激烈的反应；或者歧视倾向于上升为像奴隶制和种族灭绝这样的恐怖事件。那些主张扶持行动的人认同反向歧视是错误的，但他们争辩说这是为了纠正更大的错误。所有以上这些争辩，都不会因为任何科学家在未来可能会发现的任何新论据而受到半点影响。关于群体差异，必须有请格劳利亚·斯坦纳姆（Gloria Steinem）发言：“真的没有太多需要一个阴茎或者一个阴道的工作，所有其他的职业应当对所有人开放。”

关于人类秉性的第二个假定含义是，如果我们卑贱的动机是天生的，它们就不可能坏到哪里去。这个谬误太过明显，甚至都有了一个专门的名称叫自然主义谬误，这种观点认为凡是自然中发生的都是对的。忘掉野生动物纪录片中浪漫的胡说八道吧，那些片子里所有的生物无论大小，其行为都是为了生态系统的更大福利与和谐。正如达尔文所说："要记录大自然笨拙、浪费、错误百出、低俗和可怖残酷的工作，这个魔鬼的随军教士该怎么写这样一本书啊！"一个经典的例子是姬蜂，它用蜂针将一个毛毛虫蜇得不能动弹，将卵产在毛毛虫的身体里，这样它的幼虫能够从里面慢慢地蚕食光毛毛虫活着的肉体。

像其他物种一样，智人也干着卑劣的行当。从《圣经》到现在，有记载的历史中充满了谋杀、强奸和战争；诚实的民族学研究显示，现今与世隔绝的原始人群像我们其他现代人一样野蛮残暴，而远不是高贵和平。卡拉哈里沙漠的 !Kung 人常被认为是相对爱好和平的人，确实如此，如果与其他现存的原始人群相比的话：他们的谋杀率仅仅与底特律的一样高。我的一个语言学家朋友研究亚马孙雨林的 Wari 人，他知道他们的语言中有一个词汇表示可吃的东西，其中包括任何不是 Wari 人的人。当然人类并没有一种"战争本能"或是一个"暴力的脑"，像《塞维利亚反对暴力声明》中所言，但人类也并不一定有一个爱好和平的本能或非暴力的大脑。我们不能将所有的人类历史和人种史都归功于玩具枪和超级英雄的卡通形象。

这意思是说，"生物学宣告了人一定会进行战争"（或强奸、谋杀或成为自私的雅皮士），任何对减弱这种宿命的乐观都会被扼杀吗？没有人需要科学家来说明一个道德观点：战争无益于孩子和其他生命的健康。也没有理论证明某些地方比另一些地方，某段时间比另一段时间更加太平，所以我们要试着了解和效仿那是怎么做到的。没有人需要《塞维利亚反对暴力声明》这样的陈词滥调或者假情报，声称未发现动物之间有战争，以及动物的统治等级制度是一种令群体受益的凝聚和亲密形式。了解人类恶毒心理的现实不会伤害什么，因为这么做是值得的。模块组合的心智理论既承认导致恶行的天性动机，也承认能够避免恶行的天性动机。这并不是进化心理学的独家发现，所有的主要宗教都认识到，心智活动常常是一场欲望与良知之间的斗争。

当提到改变坏习惯的希望时，传统智慧再次需要被逆转：复杂人性论比标准社会科学模型的白板说承认更多要改变的范畴。一个结构丰富的心智允许大脑中进行复杂的交涉协商，一个模块能够破坏另一个模块的丑恶设计。而在标准社会科学模型中，抚育常被说成具有一种潜移默化、无法逆转的力量。“是男孩还是女孩？”是我们关于新生儿问的第一个问题，从那时起，父母对待儿子和女儿的方式就有所不同：他们对男孩和女孩的抚摸、安慰、喂母乳、纵容和讲话的数量与程度都不一样。照这样看来，除非我们在每一个产房里派驻育婴警察，防止母亲使用男女有别的方法对待婴儿，否则这样一代传一代的行为模式循环将是牢不可破的。文化会宣判女性天生次等，我们将受缚于文化悲观论的奴役，怀疑自己无力承担变革性的任务，仰天浩叹，无能为力。

自然并没有主宰我们应当接受什么，或者我们应当如何生活。有说法认为，自然选择设计女性的部分原因就是为了抚育孩子长大成人，而设计男性和女性就是为了异性交媾。对这些陈词滥调，一些女性主义者和同性恋激进分子做出了愤怒的回应。他们从这种说法中看出了性别歧视和憎恶同性恋的隐含内容：只有传统的性别角色分工才是“自然的”，非正统的生活方式将遭到谴责。例如，小说家玛丽·高登（Mary Gordon）嘲笑了一个历史学家认为所有女性的共同之处就是生育孩子的能力，她写道：“如果界定成为女性的性质是生育孩子的能力，那么不生孩子（比如弗罗伦斯·南丁格尔和葛丽泰·嘉宝就没生）在一定程度上就是没能履行天命了。”我不大明白“界定成为女性的性质”和“履行天命”究竟是什么意思，但我确实知道，幸福和美德与自然选择如何令我们在祖先的生存环境中胜出没有丝毫关系。这是由我们来决定的。我这么说并不是虚伪，尽管我是一个异性恋白人男性。自从我具有了生育能力以来，我一直主动地选择不生小孩

（到目前为止），而将我的生物资源挥霍在阅读和写作、做研究、帮助朋友和学生以及绕圈慢跑上，全然不顾传播基因的神圣指令。按照达尔文主义的标准，我是一个巨大的错误、可悲的失败者。如果说我是酷儿国的正式成员，别人不会有丝毫怀疑。不过我高兴这样做，如果我的基因不喜欢，它们尽可以跳湖去。

最后，将坏行为归罪于基因怎么样？E.O. 威尔逊在一本书中写道，男性对一夫多妻制的愿望要比女性对一妻多夫制的愿望强烈得多；而神经科学家斯蒂文 · 罗斯特在评论这本书时谴责威尔逊，说他真正的意思其实是“女士们，不要怪罪你们的丈夫四处留情，他们在基因上就是被这么设计的，这可不是他们的错”。罗斯特自己与列文廷和卡明合著的书叫《不在我们的基因中》（*Not in Our Genes*），书名是暗指莎翁的《尤利乌斯 · 恺撒》（*Julius Caesar*）：

> 男人，在某段时间里，是他们命运的主人；
>
> 过错，亲爱的布鲁特斯，不在我们的星座中，
>
> 而在于我们自身……

对卡西斯来说，被认为导致人类过错的设计不是遗传基因，而是星相。这就提出了一个关键问题，任何行为的原因，不仅是基因，都提出了自由意志和责任的问题。解释行为与将行为归咎他因的差异是道德推理的古老主题，这体现在格言“理解就是不谅解”中。

在科学时代，“理解”意味着尝试将行为解释为不同因素之间的复杂相互作用。这些因素包括：基因、脑的解剖结构、生物化学性状、个人的家庭教养方式、社会对待他的方式和冲击个体的刺激物。果不其然，这些因素中的每一个，不只是星座或基因，都已经被不当地引用为我们过错的来源，而且断言我们不是我们

自身命运的主宰。

1. 基因。1993年，研究人员确定了一种基因，它与无法控制的暴力勃发有关。（“想想它的含义吧，”一位专栏作家写道，“或许有一天我们就会有根治暴民的良药。”）之后不久就自然出现了这样的头条“男人的基因使他去杀人，他的律师如此辩护”。

2. 脑的解剖结构。1982年，一位证人出席了用精神失常理由为约翰·亨克利（John Hinckley）的辩护，这位证人是一位专家。亨克利枪击总统里根和其他3名男性，目的是给女演员朱迪·福斯特（Jodie Foster）留下深刻印象。专家辩称，对亨克利脑部的计算机断层扫描（CAT）显示他的脑沟加宽，脑室变大，这是精神分裂症的一个征兆，也就是他有一种心理疾病或缺陷，而他的行为可以归咎于此。法官排除了这项证据，但神智失常的辩护自此广为流传开来。

3. 生物化学性状。1978年，丹·怀特（Dan White）从旧金山顾问委员会离职后，步入乔治·莫斯库恩（Mayor George Moscone）市长的办公室，恳求复职。在遭到莫斯库恩的拒绝后，怀特开枪将他射死，然后又沿着大厅走到哈维·米尔克（Harvey Milk）顾问的办公室，将他也射杀。怀特的律师成功地辩称在怀特犯罪的时候他已缺乏控制能力，而并不是预先策划了犯罪行为，因为他耽于进食甜腻的垃圾食品，而摧残了他大脑里的化学物质。怀特被判冲动性过失杀人，在狱中服刑5年，这要归功于他臭名昭著的“甜点抗辩”策略。与之类似，还有一桩名闻遐迩的“经前综合征抗辩”，狂暴的激素为一位外科医生开脱了罪责，这位外科医生在警察拦截她酒后驾车时攻击了警察。

4. 个人的家庭教养方式。1989年，莱勒和埃里克·门内德斯（Lyle and Erilk Menendez）兄弟冲入他们百万富翁父母的卧室，用霰弹枪杀死了父母。在炫耀了几个月他们的新保时捷和劳力士之后，他们承认枪杀了父母。他们的律师辩称，此案应作为陪审团悬而未决的案子，并称被告属于自我防卫，尽管事实是，当时手无寸铁的受害者正躺在床上吃着草莓和冰激凌。律师说，由于多年来遭到父亲在身体、性和情感方面的虐待，门内德斯家的男孩们精神上已经受到了创伤，以至于相信父母将杀死他们。在 1996 年新的审判中，兄弟二人被认定谋杀罪成立，被判无期徒刑。

5. 社会对待他的方式。1994 年，柯林 · 弗格森（Colin Ferguson）登上一列火车，开始随意枪击白人乘客，射杀 6 人。激进律师威廉 · 昆斯特勒（William Kunstler）准备援引“黑人爆发综合征”来为他辩护，该理由意指一个种族主义社会中的非裔美国人在不断积蓄的生活压力下，可能会突然爆发。弗格森拒绝了这个提议并在此案中自我辩护，结果不成功。

6. 冲击个体的刺激物。1992 年，一位等待执行的死刑犯申请上诉法院减轻对他强奸和谋杀罪的判罚，因为他是在色情作品的影响下才犯罪的。这种将对女性的暴力犯罪归咎于色情作品的辩护对女性主义学派是一种讽刺，它对强奸的生物学解释减轻了强奸犯的责任。

随着科学不断进步，对行为的解释变得不那么充满奇思妙想，“令人发指的脱罪行为”（丹尼特语）却越来越可能发生。如果没有一种更清晰的道德哲学，任何的行为理由都可以被用来削弱自由意志，进而削弱道德责任。无论科学究竟发现了什么，科学似乎都注定要不断蚕食意志，因为科学的解释方式与意志背后无理由因果的神秘概念无法相容。如果科学家想要证明人具有自由意志，他们需要找寻什么呢？难道是大脑里随机发生了一些神经信号，这些信号经过其余部分不断地扩大，最后产生了行为？但一个随机事件并不比一个法律事件更符合自由意志的概念，也不能作为长期寻求的道德责任范畴。如果一个人的手指被固定联结在一个轮盘赌的转轮上，当这根手指被牵着扣动扳机时，我们不能判定这人有罪；那如果这个轮盘赌转轮在他的脑袋里，为什么就该有所不同呢？另一个不可预测的起因也会导致同样的问题，这个起因也被建议作为自由意志的来源，这就是混沌理论。它也是老生常谈。一只蝴蝶振动翅膀会引发一系列效应扩大性事件，最终积聚成为一场飓风。会导致行为飓风的一次脑中振翼，如果能被找到的话，也将仍是一个行为缘由，而不适合作为道德责任基础的无起因自由意志的概念。

要么将所有的道义都废除为不科学的迷信，要么我们找到一种方式将因果关系（遗传与否）与责任和自由意志调和。我怀疑，我们的困惑永远也不会彻底解决，但我们一定可以调和一部分。像许多哲学家一样，我相信科学与伦理是这个世界上相同的存在实体之间运行的两个独立系统，就像扑克和桥牌是用相同的52张牌所玩的不同游戏一样。科学游戏将人们看作物质实体，它是通过自然选择和神经生理学引发行为的物理过程。伦理游戏将人们视为同等的、有感觉的、理性的和有自由意志的行为者，它是通过行为的固有性质或其后果来分配道德价值的计算。

自由意志是人类的理想化，从而使道德游戏能够玩得下去。欧式几何需要像无限的直线和完美的圆圈这样的理想化模型，它的推理是合理并且有用的，尽管实际上并没有无限的直线或完美的圆圈。这个世界非常接近于公理能够实际应用的理想状态。与之类似，伦理理论需要像自由、感觉、理性、同等的行为人，而其行为无前因这样的理想化模型，它的结论是合理而有用的，即使从科学的视角看，这个世界没有无前因的事件。只要逻辑推理还没有被彻底胁迫或是出现功能障碍，这个世界就足够接近自由意志的理想化，令道德理论能够得到有意义的应用。

科学和道德是两种不同层面的思维。只有把它们看作是两种不同的观点，我们才有可能同时拥有两者。假如只有在人群所表现出的平均能力都是一样时，歧视才是错误的；如果仅当其行为不可思议时，人们才为其行为负责，那么，要么科学家们必须准备去捏造他们的数据，要么我们所有人都必须准备放弃我们的价值观。科学的争论将会变成《国家讽刺》杂志的封面所展示的那样：一只小狗被枪顶着它的头，标题是“买这本杂志，否则我们就杀了这只狗”。

将行为的因果解释和道德责任分割开来是一把双刃剑。在这一争论人性和道德的大戏里，最新的变化是来自所谓的同性恋基因的发现，即一种显示某些男同性恋取向的染色体标记，遗传学家迪恩·哈默（Dean Hamer）将其识别出来。令《科学为人民》的拥趸们困惑的是，这次是遗传学解释在政治上正确了。它驳斥了右翼分子，如丹·库埃勒（Dan Quayle），库埃勒曾说同性恋“更像是一种选择，而不是生物学的状态。它是一种错误的选择”。认同男同性恋基因的人认为，同性恋不是一种同性恋者应当承担责任的选择，而是一种他们无法控制的非自愿取向。但这个推理是危险的。有人认为同性恋基因影响某些人去选择同性恋。就像所有好的科学一样，哈默的结果或许有一天会被证伪，到那时我们将站在什么立场？对同性恋者根深蒂固的偏见就对吗？反对迫害同性恋者的论争一定不能建立在同性恋基因或同性恋大脑上，而要基于人们享有权利可以去做私人之间达成共识的行为，而不应为此受到歧视或骚扰。

将科学与道德推理分置于不同的领地也是我反复把心智比作机器、把人比作机器人背后的原因。这样会不会将人类去人性化和客观化，使我们把人们当作无生命的物体呢？就像一位人文学者曾经在网络上所写的，难道这不会否定所有人类所能感受到的经验，而让我们最终将“他”和“它”视为一体，进而为社会带来毁灭性的后果吗？不会，除非这个人的心智素养水平已经高到使其不能在不同的场合之间转换角色，从而根据不同的目的来将人们加以概念化。一个人是一台机器，还是一个有感觉的自由行为人，这取决于讨论的目的；正如他是一个纳税人，还是一个保险推销员、一个牙科病人以及飞机上的压舱物，这取决于讨论的目的。机械学的例子使我们能够理解是什么让我们持续运转，以及我们是如何适应自然宇宙的。当这些讨论结束之后，我们再回过头把每个人都当作自由高贵的人来谈论彼此。

将道德和政治目的的科学心理学混淆，以及由此导致的相信心智无序的压力，已经在学术界和现代思想话语圈中像病毒一样传播开来。我们许多人都曾感到不解，不知道为什么人文学界转眼间便笼罩在后现代主义、后结构主义、解构主义等教义的掌控之下，客观性是不可能实现的，意义是自我冲突的，现实是被社会构建的。当我们在考察一些典型的陈述时，可以看出，这个动机愈发明显，如“人类建构并利用了社会性别——人类能够解构和停止利用社会性别”，以及“异

性恋 / 同性恋的二元论不是自然固有的，而是被社会建构的，因而也是可以被解构的”。现实不认可分类、知识和世界本身，故而现实也可以拒绝接受社会性别、种族和性取向的刻板印象。这种教条基本上是用一种迂回的方式来得出结论，它认为压迫女性、同性恋者和少数人群是坏的。这种非“自然固有”即“社会建构”的二分法表现出了想象力的贫乏，因为它忽略了第三种可能：一些范畴是被设计来与自然固有的东西紧密配合的，它们是复杂心智的产物。

在标准范式的教义之下，身处主流的社会评论家也可以得出许多荒谬的结论。小男孩被鼓励去辩论与争斗。孩子们学会将甜品与愉悦联系在一起，因为父母用甜品作为吃菠菜的奖励。十几岁的青少年攀比长相和打扮，因为他们效仿拼写大赛和获奖庆典中的榜样们。男人被社会化到相信性爱就是为了一次高潮。80 岁的老妪被认为没有 20 岁的姑娘更有外表上的吸引力，是因为我们的阴茎崇拜文化将年轻女孩转化成欲望的膜拜物。不只是没有证据来证明这些令人瞠目的说法，而且我们很难相信，这些说法的提出者在内心深处会相信他们自己所说的。这种主张在提出时都未曾考虑它们是否正确，它们是我们时代的现世教义问答的一部分。

当代社会评论建立在对心智的过时概念构架上。受害者在压力下爆发，男孩们被训练成习惯于做某事，女人们被洗脑后看重另一些事，女孩们被教育要如此。这些解释都从哪里来？它们来自 19 世纪弗洛伊德的水力模型，行为主义理论中分泌唾液的狗和会按键的小鸟，劣质冷战电影中操纵心智的场景，《父亲最清楚》（*Father Knows Best*）中天真、顺从的孩子们。

但当我们环顾四周时，我们感觉到这些过于简化的理论都不符合事实。我们的心智生活是一个派系竞争的嘈杂议会。在对付他人时，我们推测他们同我们一样复杂，我们猜测他们在猜测我们在猜测他们在猜测。孩子们从出生的那一刻起就在公然反抗他们的父母，并使父母所有的期望受阻：一个孩子克服可怕的环境，过上了满意的生活；另一个孩子得到了各种舒适生活，长大后却没有任何缘由成为叛逆者。一个现代国家放松了它的管制，它的人民充满热情地继承了他们祖父辈之间的相互仇杀。还有，我们仍没见到机器人出现在我们的身旁。

我相信，一个由自然选择设计的、许多计算组块构成的心理是我们掌握心智如何工作的最佳途径，这是它如此复杂的原因。但我没想着单凭这一章简短的开场白就说服你。证据必须来自对问题的洞察，这些问题包括立体图如何工作，什么令风景优美，为什么我们觉得吃虫子恶心，以及为什么男人杀死疏远他们的妻子，等等。到现在为止，无论你是否已经被这些论证说服，我都希望它们能激发你的思考，让你对接下来我要做出的解释产生好奇。

How the Mind Works

02

心智计算理论

心智计算理论认为，设计完美的计算机，如果运行一个特定的程序，也能完成与心智一样的工作。我们之所以要接受心智计算理论，一个重要依据就是人工智能的存在。神经网络模型是建立在人脑如何工作的基础上的，并具有 5 个典型特征。神经网络上的符号处理过程是智能产生的关键。

像许多“婴儿潮”时期出生的人一样，我第一次感受到哲学问题是通过到另一个维度的旅行——一个既包含光与声音，又包含心智的维度，我踏上了通往一片奇妙土地的旅程，那片广袤的土地，只有想象力才是它的边界。我指的是由罗德·瑟林（Rod Serling）创作的庸俗电视系列剧《阴阳魔界》（*The Twilight Zone*），该剧在我孩提时代颇受欢迎。哲学家们常常运用思维实验来澄清难解的概念，用奇异的假想来帮助我们探索观点中的内涵。而《阴阳魔界》则把它们搬上了荧屏。

最初的几集中有一集名为《孤独的人》（*The Lonely*）。詹姆斯·考利（James Corry）被独自监禁在距地球1 400万千米的一个荒凉小行星上服50年的徒刑。阿伦拜（Allenby）是为这个小行星提供后勤服务的供给船船长。阿伦拜看考利可怜，就给他留下了一个机箱，里面装着“阿丽西亚”（Alicia）。阿丽西亚是一个外表和举止都像女人的机器人。最初，考利有些排斥，但很快他坠入了情网。一年后，阿伦拜回来时带来个消息，说考利已经被赦免，自己专程回来接他。不幸的是，考利只能带6千克的东西，而阿丽西亚超过了这个重量。当考利拒绝离开时，阿伦拜不情愿地掏出枪，一枪击中了阿丽西亚的脸。阿丽西亚露出一团冒着烟的电线。阿伦拜告诉考利，“你留下的东西只是孤独”。考利悲痛欲绝地喃喃自语：“我一定记住这里。我一定把这里留在心里。”

如今，我仍然记得在剧情到达高潮时我的恐惧。在我前青春期的圈子里，我们对这集内容进行了广泛深入的讨论。“为什么他不只带上她的头？”一位朋友这样问道。我们的感伤既来自对于考利痛失所爱的同情，也有感于一段感情被活活扼杀。当然，导演们为了操纵观众，选派了一位漂亮的女演员而不是一堆锡铁罐子来扮演阿丽西亚。但在引发观众同情的同时，他们提出了两个令人争论不休的问题。第一个问题是，机械设备能复制人类智能吗？这一问题的终极检验是，它能够令一个真人与它相爱吗？第二个问题是，如果能够造出一个像人的机器，它真的会有意识吗？也就是说，拆卸它会令我们感觉是在进行谋杀吗（就像我们在荧屏上见到的那样）？

这两个关于心智最深刻的问题是“什么使智能变得可能”和“什么使意识成为可能”。随着认知科学的出现，智能已经变得能够理解。如果说，在极为抽象层次的分析上，这个问题已经解决，也不算太过狷狂。但意识或感知，也就是对牙疼、红色、咸度、C 大调的原始感受，仍然是一个谜中之谜。当被问到什么是意识时，我们只能借用路易斯·阿姆斯特朗（Louis Armstrong）在回答记者问他什么是爵士乐时的回答：“女士，如果你不得不问，你永远也不会知道。”然而，意识也已经不再像以前一样，是彻头彻尾的神秘事物。这个神秘事物的一部分已经被撬开，成为普通的科学问题。在本章中，我们将首先探讨什么是智能，像机器人或大脑这样的物理实体怎样能够获得智能，以及我们的大脑是如何获得智能的。然后我将转到意识，探索那些我们已经了解的和尚未了解的。

智能就是“计算”

《寻觅宇宙中的智能生命》（*The Search for Intelligent Life in the Universe*）是喜剧作家莉莉·汤姆琳（Lily Tomlin）所创作的一幕舞台剧的名字，这是一部探讨人类愚蠢和弱点的喜剧。汤姆琳的题目妙用了“智能”一词的两个含义：能力倾向和理性的、像人类一样的思维。智能的第一个含义指的是智商测试所衡量的东西，第二个含义则是我这里要讲述的。

我们定义智能或许不大容易，但我们只要见到它就能识别出来。一个思维实验能够澄清这个概念。假定有一个外星人，它在任何一方面都与我们不一样，它怎样表现才会让我们觉得它拥有智能呢？当然，科幻小说作家把这个问题作为他们工作的一部分。还有更好的权威来回答这个问题吗？当作家戴维·亚历山大·史密斯（David Alexander Smith）被一个采访者问及“怎样就是一个好的外星人”这个问题时，他对智能特点的归纳是我所见过的最好的一个回答：

> 首先，外星人需要对环境做出智能的反应，但这种智能反应是人类所不能理解的。也就是说，当观察到外星人的行为时，你会说：“我不理解这个外星人做决策所依据的规则，但这个外星人的行为一定是在一套规则指导下的，而且是理性的。”其次，它们看重、在乎一些事情。它们想要什么东西，并且在面临阻碍时仍去追求。

根据某套规则做出理性的决策，意味着将决策建立在一些事实基础之上——与现实或合理推理符合。一个外星人如果总是撞到树上或跌落悬崖，或者它本来是想去砍一棵树，但事实上却对着一块石头或空地乱劈乱砍，那它似乎不大像具有智能。如果有个外星人看到3个天敌进入一个洞穴，接着其中两个离去了，这时它就认为洞穴已空并走进去，那它也称不上智能。

这些规则必须被用来服务于第二条标准，即想要某些东西并在面临困难时仍去追求。如果我们无法确定一个生物想要什么，我们就不会理解它在何时会做些什么事情去获取它想要的东西。如果我们能获知所有信息的话，或许这个生物就想要撞在树上或是拿着斧子凿大石头，而且非常出色地完成了它想要做的也未可知。事实上，如果不清楚一个生物的目标，智能这个观点本身就是毫无意义的。狗尿苔应该被授予一个天才奖，奖励它以妙到不差分毫的精准和准确无误的可靠性，纹丝不动地端坐在它端坐的地方。大概所有人都会同意认知科学家赞依·派勒山恩（Zenon Pylyshyn）的观点，他认为石头比猫要聪明，因为石头在你踢它的时候知道走开。

这个生物还要能够运用理性的规则，根据需要克服的障碍，采取不同的方式以达到目的，正如威廉·詹姆斯（William James）所言：

> 罗密欧想念朱丽叶就像铁屑想要磁石；如果没有障碍阻拦，他会沿着一条笔直的线冲向她。但如果他们之间砌了一道墙，罗密欧与朱丽叶就不会像隔了张卡片的磁石和铁屑一样，傻瓜似的各自把脸贴在墙上。罗密欧会很快找到一条迂回之路，翻墙而过或是采取其他方式，以便能够直接亲吻朱丽叶的嘴唇。对于铁屑而言，道路是固定的，是否达到目的有赖机缘。对于情人而言，目的是固定不变的，道路则可以做无限多种调整。

因此，智能是面对阻碍，根据理性规则（或遵循事实）做出决策，从而达到目标的能力。计算机科学家阿伦·纽威尔和赫伯特·西蒙进一步完善这个观点，指出智能的组成包括：确定目标；评估当前情况并判断与目标的差距；应用一系列操作以减少这些差距。根据这个定义，我们或许略感宽慰，因为不仅外星人有智能，我们人类也有。我们有欲望，我们用信念来追寻以满足欲望，这些信念在正常情况下，至少近似于或在概率上是正确的。

用信念和欲望对智能做出解释并非必然得出的结论。行为学派古老的刺激反应理论认为，信念和欲望与行为无关——他们认为信念和欲望同邪法巫术一样不科学。人类和动物对于刺激做出反应，或是因为之前做出这种反应是由一个与此刺激相随的诱因激发的（例如，听到伴随喂食的铃声就分泌唾液），或是因为随刺激出现的奖励（例如，按下小杆就会送来一团食物）。正如著名的行为学派代表人物 B.F. 斯金纳（B.F.Skinner）所说："问题不在于机器是否思考，而在于人是否去做。"

当然，男人和女人们是在思考的，刺激 - 反应理论最终被证明是错误的。举个例子：莎莉为什么跑出大楼？因为她认为大楼着火了，她不想死。她的逃跑不是对某种刺激所做出的可预测反应，无论这种刺激是否能用物理或化学语言客观描述。也许她看到了冒烟才离开，但也许她离开是因为她接到电话，告诉她大楼着火了，或是看到了消防车的到来，或是听到了防火警报。但这些刺激也都不足以让她离开。如果她知道，烟是来自烤面包机上的松饼，或者电话是一个朋友打来开玩笑的，或者是有人不小心误碰了警报开关，或是搞恶作剧故意拉响警报，又或是因为电工正在测试警报器，她是不会离开的。物理学家能够测量光、声音和粒子，但他们无法合理预测人的行为。能够预测莎莉的行为并预测得很准确的是，她是否相信她正处于危险中。当然，莎莉的信念和作用于她的刺激有关，但这种关联方式是迂回而间接的，而且还受到她对所处环境周遭世界理解认识的影响。同时莎莉的行为同样取决于她是否想要逃离险境——如果她是一个救火志愿者、企图自杀者或是一个想用自我牺牲来唤起人们对一项事业关注的狂热分子，又或者她的孩子还在楼上的托儿所，那么你可以推断她不会逃跑。

斯金纳自己并没有固执地坚持认为，像波长和形状这样可度量的刺激因素可以预测行为。相反，他凭自己的直觉为刺激物下了定义。他愉快地将“危险”——就像“表扬”“语言”和“美”一样——称为一种刺激因素。这样的好处是可以将他的理论和现实协调一致，但这等于是从诚实的劳工那里偷窃来的好处。我们能够理解“一个仪器对一个红灯或一种噪声做出反应”的含义，我们甚至可以自己制造一个这样的仪器，但人类是宇宙中唯一一种能对危险、表扬、语言和美做出反应的仪器。人类对于像表扬这样形状无定的东西做出反应的能力，是我们想要解决难题的部分内容，而不是对这个难题的部分解决方法。表扬、危险、语言、美以及所有其他我们对之做出反应的事物是以观看者的角度说的，而正是这种角度，才是我们想要解释的。物理学家能够测量的东西与能够导致行为的东西，这两者之间存在差距，所以我们才必须相信人们拥有信念和欲望。

在日常生活中，我们对他人行为的所有预测和解释，都是基于我们认为他们所知道的和我们认为他们所想要的。信念和欲望是直觉心理学的解释工具，而直觉心理学迄今仍旧是最有解释力和最完整的行为科学。要预测绝大多数人类行为，如打开冰箱、登上公共汽车或将手伸进某人的钱包，你并不需要劳神构建一个数学模型、运行神经网络中的计算机模拟程序，或是雇用一个职业心理学家，你只要去问问你奶奶就行了。

这并不是说常识在心理学中就应该比在物理学和天文学中占据更重要的位置，而是常识比任何其他尝试过的替代方法，都更加有力而准确地预测、控制和解释了日常行为。很有可能常识会以某种形式被融入我们最好的科学理论之中。比如，我给在西海岸的一位老朋友打电话，我们说好两个月之后的某一天晚上 7 点 45 分，在芝加哥某个宾馆入口的一个酒吧会面。我预计，他预计，每个认识我们的人都预计，在那天的那个时候我们会见面。我们确实见面了。太令人惊叹了！还有其他哪些领域中，普通人或者科学家能够将距离几千千米的两个物体的运行轨道，以准确到厘米和分钟的精度，提前几个月就预计到呢？而且仅仅是根据时间只有数秒的谈话内容所传递的信息就得出预测？这项预测背后的运算就是直觉心理学：我想要与我朋友会面，他也如此；我们俩都相信对方会在某一时间出现在某一地点；我们知道一系列的交通手段——搭乘航班、乘坐汽车和步行会把我们带到那里。没有任何研究心智或大脑的科学可以做得比这更好了。这并不是说关于信念和欲望的直觉心理学本身就是科学，而是暗示我们，科学心理学需要去解释，像人这样的一坨物质如何能具有了信念和欲望，以及信念和欲望如何做得这么好。

对智能的传统解释是，人的肉体中充满一种非物质实体——灵魂，它通常被想象为某种鬼怪或精灵。但这种理论有一个难以克服的问题：灵魂如何与有形的物质相互作用呢？一个无形的东西怎样对闪光、戳刺和嘟嘟声做出反应，又怎么能让胳膊和腿移动呢？另一个问题是，有海量的证据说明，心智是大脑的活动。现在我们知道，这个曾被认为是非物质的灵魂，可以用小刀把它一分为二，用化学物质改变它的性状，用电来使它开始或停止工作，狠命一吹或缺乏氧气会使它烟消云散。在显微镜下，大脑显示出令人惊叹的复杂物理结构，这完全可以和心智的丰富程度相匹配。

关于心智的另一个解释是，心智源自一些特别的物质形式。匹诺曹是由葛派特发现的一种神奇木头做的，它具有生命，可以说话、大笑和自己移动。唉，遗憾的是，还没人发现过这种神奇的物质。最初，人们以为这种神奇的物质就是脑组织。达尔文写道，脑“分泌”心智；而哲学家约翰·塞尔（John Searle）认为，脑组织的物理化学特性以某种方式产生了心智，就像乳房组织分泌乳汁，植物组织生成糖一样。但我们不要忘了，在动物王国许多成员的脑组织中都能找到与人脑组织相同种类的膜、细孔和化学物质，更不用说在脑肿瘤和实验室人工培育的组织中了。所有这些神经组织块都有着同样的物理化学性质，但并不能都实现像人一样的智能。当然，人脑组织中的某些东西对智能是必要的，但只考虑物理性质是不够的，就像砖头的物理性质不足以解释建筑，氧化物离子的物理性质不足以解释音乐一样。神经组织构成模式中的某些东西是至关重要的。

智能常被归因于某种能量流或力场。发光蒸汽、辉光、振动、磁场和力线等在灵性主义、伪科学和粗制滥造的科幻小说中都占有显赫位置。格式塔学派试图用脑表层的电磁力场来解释视觉幻象，但这些力场从来都没被找到过。有时，液压模型强调心理压力的积累、爆发或疏散，它是弗洛伊德理论的核心，可以见于许多日常的比喻：如怒气上涌、发泄精力、压力下爆发、大发雷霆、吐露某人的感受、抑制愤怒等。但事实上，即使是最激烈的情绪，也不符合能量（用物理学家的定义）在脑的某些地方集聚和释放这样的观点。在第 6 章中我将让你理解，大脑实际上并不是根据内部压力来运行的，而是采用相互谈判妥协的策略妥善处理这些压力，就像对待身上绑了炸药的恐怖分子一样。

所有这些观点的一个问题是，即使我们找到了一些凝胶、旋涡、振动或浑一体，它们能够像葛派特的原木一样讲话和调皮捣蛋，或更广义地说，它们能够根据理性规则做出决策，并在面临阻碍时继续追寻目标，我们仍将面对一个难解之谜：它是如何做到这些的。

智能不是来源于一种特殊的精神、物质或者能量，而是来源于一种不同的物质——信息。信息是两个东西之间的一种关联，这种关联是由一种合法的过程产生的（而不是纯粹由于机缘巧合）。我们说，树桩上的年轮包含了这棵树年龄的信息，因为年轮数与树龄相关（树越老，年轮数越多），但这种相关并非巧合，而是由树的生长方式决定的。相关是一个数学和逻辑概念，它不是由相关实体的组成物质来定义的。

信息本身并没有什么特殊的；原因与结果有差异的地方，就是信息出现的地方。特殊的是信息的加工处理。我们可以把包含事物情况信息的物质当作一个符号，它能够“代表”事物的状况。但作为物质，它还能够做其他事情。它是有形的东西，在哪种情况下能做什么要根据其自身的物理和化学规律而定。树的年轮包含树龄的信息，但它们也反射光并吸收颜料。脚印包含着动物移动的信息，但它们也能积水并引起风中的旋涡。

现在我们有一个想法：假设有人打算用一些部件来制造一个机器，而这些部件受某个符号的物理性质所影响。发动某个杠杆、电眼、绊网或磁石的是一棵树年轮吸收的颜料、一个脚印积蓄的水、一支粉笔反射的光或一点儿氧化物中的磁载荷。再假设这台机器能够导致另外一堆物质发生某种变化。它能在一片木头上打下新烙印，或者在附近的土上留下新印记，或者蓄充另外一点氧化物。到目前为止，还没什么特殊的事情发生；我所描述的，只是由一个没有明确意向的新机器所完成的一系列物理事件。

现在我们设想特殊的一步：我们试图用原有那片物质所包含的信息模式，来解释新安置的一片物质。比如说，我们来数新烙在木头上的环印，把它们解释为某棵树在某段时间的年轮，尽管它们不是由任何树的生长造成的。然后我们可以说，机器经过精心的设计，使得对这种新印记的解释具有了意义——也就是说，这种新印记包含了世界上某些东西的信息。例如，设想有一台机器，它能扫描树桩上的年轮，为每一个年轮在旁边的一块木板上都烙下一个印记，接着又移向同时砍下的一棵稍小的树的树桩，扫描它的年轮，在那块木板上为小木桩的每个年轮都抹去一个印记。这样，当我们再数木板上的印记时，就知道了在种第二棵树的时候，第一棵树的树龄了。这样，我们就得到了一台理性的机器，能够根据真实前提得出真实结论的机器——而不是因为任何特殊的物质或能量，也不是因为任何部件本身是智能的或理性的。我们所具有的，只是对普通物理事件的一系列精心设计，这些事件之间的首要联系就是对携带信息的物质的一种配置排列。我们的理性机器之所以拥有理性要归功于两种特性，这两种特性共同紧附于一个我们称为符号的实体中：符号携带着信息，它导致事件的发生。比如，年轮与树龄相关，它们能吸收扫描器的光束。当被导致的事件本身含有信息时，我们将整个系统称为一个信息处理器或计算机。

这整个构想看起来是个无法实现的愿望。怎么保证对任何物件都能设法安排，使之以恰当方式下落、摇摆或发光，而对这种作用效果的解释又合乎情理呢？更准确地讲，合乎情理是依据了我们所感兴趣的某种先前规律或关系；任何一堆东西都能够在事后给出巧妙的解释。

对这些质疑的有力回击来自数学家艾伦·图灵的研究工作。图灵设计出一台假想机器，能够根据机器的内部程序，输入符号和输出符号相应地与海量合理解释中的任意一条相匹配。这台机器由一套装置组成，包括一条划分成许多正方形的带子，一个能在正方形上打印或阅读上面符号并双向移动带子的读写头，一个能指向机器上有限数量刻度的指针和一套机械反射装置。每一次反射都是由被阅读的符号和指针的当前位置所引发的；它在带子上打印出一个符号，移动带子或转移指针。机器所需的带子能得到无限量的供应。这个设计被称为图灵机。

这台简单的机器能用来做什么呢？它能够接收代表一个数或一组数的符号，并打印出代表新数的符号，这些新数是任何能够用一步步的序列运算来解决的数学函数的对应值。序列运算包括加法、乘法、求幂、因式分解，等等——我在用非技术语言来表述图灵发现的重要性，难免会不精确。它能够运用任何有用的逻辑体系规则来从一些真命题推导出另一些真命题。它能够应用任何语法规则来推导出结构正确的句子。图灵机间的等效应，可计算的数学函数、逻辑和语法，令逻辑学家阿隆佐·邱奇（Alonzo Church）做出这样的推测：任何确定能够在一定时间内对某个问题得出解答的，界定清晰的方法或系列步骤（也就是说，任何运算），都能够在图灵机上执行。

这意味着什么呢？这意味着在服从能够被一步步解决的数学方程式的世界中，能够建造一台机器来模拟这个世界，并对之做出预测。从理性思维符合逻辑规则的意义上说，我们能够制造一台含有理性思维的机器。从能够根据一套语法规则来领会一种语言的意义上说，我们能够制造一台产生出语法正确的句子的机器。从思想包括应用任何一套界定清晰的规则的意义上说，我们能够制造一台机器，它能够在某种意义上进行思考。

图灵证明，理性机器——使用符号的物理特性来制出具有某种意义的新符号的机器——是能够被建造出来的，而且是很容易建造的。计算机科学家约瑟夫·威森鲍姆（Joseph Weizenbaum）曾证明怎样用一个骰子、一些石头和一卷卫生纸就能够造出这样一台来。事实上，人们甚至不需要一个大仓库来装这些机器，一个做加法，另一个做平方根，第三个打印英语句子，等等。一种图灵机被称为通用图灵机，它能够接收任何其他图灵机打印在带子上的描述，随后精确地模仿那台机器。只需设计一台机器就可以做任何一套规则所能做的所有事情。

这意味着人脑就是一台图灵机吗？当然不是。现在没有任何地方使用图灵机，更不要说我们的脑袋中了。图灵机在实践中是没有用的：它们太笨拙，太难设计程序，太大而且太慢。不过这没关系。图灵只是想证明，对小玩意儿做些设计安排，它就能像一台智能符号处理器一样发挥功能。就在图灵机发明之后不久，更为实用的符号处理器就被设计出来了，其中一些成为 IBM 和 Univac 的大型机，以及后来的苹果麦金塔和个人电脑。但所有这些其实都和图灵通用机没什么两样。如果我们不考虑大小和速度，它们需要多少内存容量就给它们多少，那么我们就可以将它们的程序设计为，根据相同的输入做出相同的输出。

还有人提出其他一些符号处理器作为人的心智模型。这些模型往往是在商业计算机上进行模拟的，但那只是为了图方便。商业计算机最初的设计是为了模仿假想的心智计算机（创造出计算机科学家所称的虚拟机器），就像 Macintosh 能够效仿一台个人电脑。只有虚拟心智电脑才应被认真考虑，而不是效仿它的硅芯片。然后，旨在建立某种思考（解决问题，理解句子）模型的程序就在虚拟心智电脑上运行。一种理解人类智能的新方式已经诞生了。

下面我讲一下这样一个模型是如何工作的。现在这个时代，真正的计算机已经复杂得令普通人几乎无法理解，就像心智难以理解一样，所以我们来看一个放慢动作的心智计算的实例还是很有启发作用的。只有这样，我们才能理解简单的仪器是如何用电线连在一起成为一个符号处理器，并展示出真正的智能的。不能稳定运行的图灵机并不是宣传“心智即电脑”理论的好广告，所以我将用一个模型，它至少与我们的心智电脑有些许相似之处。我会展示给你看，它是如何解决一个日常生活中亲属关系问题的。这个问题很复杂，因此当一台机器能够解决时，我们一定会深为所动。

我们把这个模型称为“产出系统”。它去除了商业计算机中最不符合生物性的特征：计算机呆板僵硬地遵循着程序步骤的有序列表。一个产出系统包含一个内存和一组反射装置，反射装置有时被称为“小幽灵（后台程序）”，因为它们是简单的、独立的实体，待在那里就等待着被激活。内存就像一个张贴通知的公告板。每个“小幽灵（后台程序）”都类似一个膝跳反射装置，等待着公告板上的特定通知，并根据通知做出自己的反应。这些“小幽灵（后台程序）”整合在一起构成了一个程序。它们由贴在公告板上的通知触发，然后贴上它们自己的通知，从而又触发其他“小幽灵（后台程序）”，如此往复。内存记忆中的信息逐渐变化，最终对某个给定的输入得出正确的输出。有些“小幽灵（后台程序）”与感觉器官相连，被外部世界的信息而不是内存记忆中的信息所激发。另一些与肢体相连，其反应是移动肢体而不是在内存记忆中贴上更多的信息。

假设，你的长期记忆包含有你近亲属成员和你周边所有人信息的知识，这种知识的内容是一组像“阿历克斯是安德鲁的父亲”这样的陈述。根据心智计算理论，这种信息被内置于符号之中：符号即为一组有形标记，这组标记与上面陈述中所体现的外部世界情境有关。

这些符号不是英语单词和句子，尽管流行的误解认为我们用母语思考。如我在《语言本能》[1]中所揭示的，像英语或日语这样的口头语言中的句子，它们是没耐心的智能生物之间口头沟通使用的。它们非常简洁，把所有听者能够根据情境在心中填补的信息都省略掉了。与此相反，知识盘踞的“思想语言”不会给想象留下任何东西，因为思想语言本身就是想象。用英语做思考工具的另一个问题在于，

① 本书中文简体字版已于 2023 年由湛庐引进、浙江科学技术出版社出版。——编者注

英语句子经常会有歧义。当连环杀手泰德·邦迪（Ted Bundy）获得一个死刑席位后，报纸头条写道："Bundy Beats Date with Chair"（邦迪挤上与电椅的约会之旅），我们要思索一下才能理解这句话的意思，因为我们的思想给这串单词赋予两种意思（它还可理解为"邦迪用椅子揍约会对象"）。如果一串英语单词能够对应脑中的两种含义，那脑中的含义就不可能是英语单词串。口头语言中的句子充斥着冠词、介词、性别词缀以及其他语法。它们会有助于将信息从一个脑袋里，通过嘴巴和耳朵这个漫长的通道，传到另一个脑袋里；但在同一个脑袋里，信息是直接通过成捆的神经元来传递的，所以就不需要这些语法了。因此一个知识系统中的陈述不是用英语的句子来展示的，而是用一种更加丰富的思维语言——"心语"（mentalese）中的简洁铭文表示。

在我们的例子中，反映家庭关系的那部分心语分为两种陈述。第一种是"阿历克斯，的父亲，安德鲁"：一个名字，后面跟着直系家庭关系，后面跟着一个名字。第二种是："阿历克斯，是男的"：一个名字，后面跟着其性别。不要因为我在心语中使用某种语言和句法而被误导。这是为读者您着想，帮助您用母语理解这些符号代表的内容。而对机器而言，使用什么语言仅仅是对标记不同的设置而已。只要我们前后一致地使用某个符号代表某个人（即表示阿历克斯的符号总是表示阿历克斯，而不是任何其他人），并根据一致的规则设置它们（即保留着谁是谁父亲的信息），它们可以是任何标记，也可以以任何方式设置。您可以把这些标记想象成用扫描仪识别的条形码、仅认可一把钥匙的钥匙孔或只符合一种模板的形状。当然，在计算机中，这些标记是硅芯片中的模式储存；在脑中，它们是几组神经元的激活。关键要点是，机器中没有任何东西能像你我那样理解这些标记；机器的某部分会对它们的形状做出反应，并被引发去做些事情，就像口香糖机对硬币的形状和重量做出反应，并释放出一粒口香糖一样。

我将用下面的例子对计算进行揭秘，让你看看这戏法到底是怎么变的。为了讲清楚我对这个戏法的解释——符号既表示一些概念，也在物理上导致某些事情发生——我将一步步解释我们产出系统的活动，并对每件事都描述两次：从概念上讲，强调问题的内容和解决问题的逻辑；从物理上讲，即系统非生物性的感受和做标记的动作。系统是智能的，因为这两种描述对应得非常精确，内容对应标记，逻辑步骤对应动作。

我们把系统保留有关家庭关系铭文的内存记忆称为长时记忆。我们把另一部分用于计算的演算板称为短时记忆。短时记忆的一部分是针对目标区域的，它包含了一系列系统“试图”回答的问题。系统想知道的是 Gordie 是不是它生物血缘上的叔叔。刚开始时，记忆看上去就像这样：

长时记忆	短时记忆	目标
Abel parent-of Me		Gordie uncle-of Me?
Abel is-male		
Bella parent-of Me		
Bella is-female		
Claudia sibling-of Me		
Claudia is-female		
Duddie sibling-of Me		
Duddie is-male		
Edgar sibling-of Abel		
Edgar is-male		
Fanny sibling-of Abel		
Fanny is-female		
Gordie sibling-of Bella		
Gordie is-male		

从概念上讲，我们的目标是找到一个问题的答案，如果它所询问的事实是真的，答案就是肯定的。从物理上讲，系统必须确定目标一栏中末尾有问号的一串标记是否在记忆的某些地方也有与之对应的、完全相同的一串标记。一个“小幽灵（后台程序）”被设计用来回答这些查询式问题，方式是通过扫描目标和长时记忆栏，来寻找相同的标记。当它发现一个匹配标记时，它就把标记打印在问题旁边表示它已经得到肯定答案。为了方便起见，我们就说标记是 Yes。

```
IF: Goal = blah-blah-blah?
    Long-Term Memory = blah-blah-blah
THEN: MARK GOAL
    Yes
```

从概念上来讲，系统所面临的挑战是：它并不明确知道谁是谁的叔叔；而知识是隐含于它所知道的其他事情中的。从物理上来讲，同样的挑战是：在长时记忆中没有“的叔叔”这样的标记，而只有像“的亲兄弟姐妹”和“的父母”这样的标记。从概念上讲，我们需要从父母身份和亲兄弟姐妹身份的知识中推导出叔叔身份的知识。从物理上讲，我们需要一个“小幽灵（后台程序）”来打印一个“的叔叔”的铭文，从侧面标有“的亲兄弟姐妹”和“的父母”的铭文中发现相应的印记。从概念上讲，我们需要找到我们的父母是谁，找出他们的亲兄弟姐妹，然后选择男性。从物理上讲，我们需要下面的“小幽灵（后台程序）”，它在目标栏中打印出新的铭文，引发新的内存记忆搜索：

```
IF: Goal = Q uncle-of P
THEN: ADD GOAL
    Find P's Parents
    Find Parents' Siblings
    Distinguish Uncles/Aunts
```

这个“小幽灵（后台程序）”是被目标栏中一个“的叔叔”的铭文所引发的。目标栏里确实有一个这样的铭文，所以“小幽灵（后台程序）”就开始工作了，在这栏里加了一些新的标记：

长时记忆	短时记忆	目标
Abel parent-of Me		Gordie uncle-of Me?
Abel is-male		Find Me's Parents
Bella parent-of Me		Find Parents' Siblings
Bella is-female		Distinguish Uncles/Aunts
Claudia sibling-of Me		
Claudia is-female		
Duddie sibling-of Me		
Duddie is-male		
Edgar sibling-of Abel		
Edgar is-male		
Fanny sibling-of Abel		
Fanny is-female		
Gordie sibling-of Bella		
Gordie is-male		

我们还必须有一个装置，可以是另一些“小幽灵（后台程序）”，也可以是这个“小幽灵（后台程序）”内部的其他设备，来解释它的P们和Q们。也就是说，

它用一组姓名标签（我、Abel、Gordie，等等）来代替 P 标签。我隐藏了这些细节是为了让事情简单明了。

新的目标铭文刺激了其他休眠的“小幽灵(后台程序)”开始动作。其中一个(从概念上讲)查找父母，方式是通过（从物理上讲）将所有包含父母名字的铭文复制到短时记忆中［当然，除非铭文已经在短时记忆中了；这个限制条件使“小幽灵（后台程序)”不能像魔法师的徒弟那样，漫不经心地复制个没完没了］：

```
IF: Goal = Find P's Parents
    Long-Term Memory = X parent-of P
    Short-Term Memory ≠ X parent-of P
THEN: COPY TO SHORT-TERM MEMORY
    X parent-of P
    ERASE GOAL
```

我们的公告板现在看上去就像这样：

长时记忆	短时记忆	目标
Abel parent-of Me	Abel parent-of Me	Gordie uncle-of Me?
Abel is-male	Bella parent-of Me	Find Parents' Siblings
Bella parent-of Me		Distinguish Uncles/Aunts
Bella is-female		
Claudia sibling-of Me		
Claudia is-female		
Duddie sibling-of Me		
Duddie is-male		
Edgar sibling-of Abel		
Edgar- is-male		
Fanny sibling-of Abel		
Fanny is-female		
Gordie sibling-of Bella		
Gordie is-male		

既然我们知道了父母，我们就能找到父母的兄弟姐妹。从物理上讲，既然父母的名字被写在短时记忆中，一个“小幽灵（后台程序)”就能激发动作，复制有关父母兄弟姐妹的铭文：

```
IF: Goal = Find Parent's Siblings
    Short-Term Memory = X parent-of Y
    Long-Term Memory = Z sibling-of X
    Short-Term Memory ≠ Z sibling-of X
THEN: COPY TO SHORT-TERM MEMORY
    Z sibling-of X
    ERASE GOAL
```

这就是它的结果：

长时记忆	短时记忆	目标
Abel parent-of Me	Abel parent-of Me	Gordie uncle-of Me?
Abel is-male	Bella parent-of Me	Distinguish Uncles/Aunts
Bella parent-of Me	Edgar sibling-of Abel	
Bella is-female	Fanny sibling-of Abel	
Claudia sibling-of Me	Gordie sibling-of Bella	
Claudia is-female		
Duddie sibling-of Me		
Duddie is-male		
Edgar sibling-of Abel		
Edgar is-male		
Fanny sibling-of Abel		
Fanny is-female		
Gordie sibling-of Bella		
Gordie is-male		

现在的情况是，我们把姑姑和叔叔放在一起考虑。要将叔叔和姑姑分开，我们需要找出男性。从物理上讲，系统需要知道哪些铭文在长时记忆中有对应的部分，旁边标有“是男性”的印记。“小幽灵（后台程序）”是这样检查的：

```
IF: Goal = Distinguish Uncles/Aunts
    Short-Term Memory = X parent-of Y
    Long-Term Memory = Z sibling-of X
    Long-Term Memory = Z is-male
THEN: STORE IN LONG-TERM MEMORY
    Z uncle-of Y
    ERASE GOAL
```

这个“小幽灵（后台程序）”就最直接地拥有了系统对“叔叔”含义的知识：即一个父母的同胞兄弟。它将叔叔身份的铭文加到了长时记忆中，而不是短时记忆中，因为这个铭文代表着永远正确的一段知识：

长时记忆	短时记忆	目标
Edgar uncle-of-Me	Abel parent-of Me	Gordie uncle-of Me?
Gordie uncle-of-Me	Bella parent-of Me	
Abel parent-of Me	Edgar sibling-of Abel	
Abel is-male	Fanny sibling-of Abel	
Bella parent-of Me	Gordie sibling-of Bella	
Bella is-female		
Claudia sibling-of Me		
Claudia is-female		
Duddie sibling-of Me		
Duddie is-male		
Edgar sibling-of Abel		
Edgar is-male		
Fanny sibling-of Abel		
Fanny is-female		
Gordie sibling-of Bella		
Gordie is-male		

从概念上讲，我们刚刚推导出我们询问的有关事实。从机械上讲，我们刚刚在目标栏和长时记忆栏创造了与两个印记都完全对应的、相同的铭文。我最初提到过“小幽灵（后台程序）”可以扫描复制品，它被激发标出印记，表明问题已经解决：

长时记忆	短时记忆	目标
Edgar uncle-of-Me	Abel parent-of Me	Gordie uncle-of Me? Yes
Gordie uncle-of-Me	Bella parent-of Me	
Abel parent-of Me	Edgar sibling-of Abel	
Abel is-male	Fanny sibling-of Abel	
Bella parent-of Me	Gordie sibling-of Bella	
Bella is-female		
Claudia sibling-of Me		
Claudia is-female		
Duddie sibling-of Me		
Duddie is-male		
Edgar sibling-of Abel		
Edgar is-male		
Fanny sibling-of Abel		
Fanny is-female		
Gordie sibling-of Bella		
Gordie is-male		

我们刚才完成了什么事情？我们用无生命的口香糖机部件制造了一个近似于心智计算的系统：它推导出一个它之前从未持有的事实陈述。从关于特定父母和兄弟姐妹的信息以及叔叔身份含义的知识，它得出关于叔叔的特定事实观点。这种神奇，再重复一遍，来自对符号的处理加工：对含有表征和因果特性的事物的布置安排，所谓表征和因果特性就是指既包含了关于某事的信息，同时又是一组实体事件链条中的一个环节。这些事件构成了一次运算，因为这个机器就是如此设计的：如果对引发机器的符号的解释是正确的陈述，那么对机器所创造的符号的解释也是正确的陈述。在这个意义上，心智计算理论这种假说认为，智能即计算。

"这个意义"很广，它避开了其他定义中多余的东西。例如，我们无须假设：计算是由一系列离散的步骤组成的，符号必须完全呈现出来或者完全没有（而不是更强或更弱，更活跃或不太活跃），在确定的时间内确保有一个正确答案，或者真值必须是"完全正确"或"完全错误"的，而不是一个确定性的概率或程度。计算理论支持的是另一种有着许多要素的计算机，这些要素对应某个陈述正确与否的概率而赋予不同的活跃程度，其中活跃程度的变化水平非常平稳，从而记录了基本准确的新的概率（正如我们将看到的那样，这也许就是脑的工作方式）。这一问题的核心是，什么使一个系统变得聪明？这个问题的答案不在于制造系统的那种东西，或是流动其中的那种能量，而在于机器的各部分都代表着什么，以及它其中的变化模式是怎样设计来反映出事实关系的（包括概率性事实和模糊事实）。

为什么要接受"心智计算理论"

为什么你应当接受心智计算理论呢？因为它解决了困扰千年的哲学问题，开启了计算机革命，提出了神经科学的重大命题，并为心理学提供了一个成果无法计量的研究方略。

几代的思想家绞尽脑汁都不得其解的一个问题是，心智是如何与物质相互作用的。正如杰瑞·福多所说："自怨自艾能让一个人哭泣，洋葱也能。"我们无形的信念、欲望、想象、计划和目标如何能反映我们所处的世界，并撬动我们改变世界的杠杆呢？笛卡儿之所以成为他之后几个世纪科学家的笑料（这是不公平的），是因为他提出心智和物质是不同种类的东西，它们在脑中一个叫作松果体的部位相互发生作用。哲学家吉尔伯特·莱勒（Gilbert Ryle）将这种概括观点讥笑为"机器中的鬼魂法则"。这个短语后来也被作家阿瑟·考伊斯特勒（Arthur Koestter）和心理学家斯蒂芬·考斯林（Stephen Kosslyn）选作他们的书名，也被摇滚演唱组合用作一个专辑名称。莱勒和其他一些哲学家主张，心理术语诸如"信念""欲望"和"想象"都是无意义的，这些概念都来自对语言草率的错误理解，就像有人听到"for Pete's sake"（天哪）这样的表述就去四处寻找 Pete 一样。讨巧的行为心理学家们则宣称，这些无形的存在就像牙仙一样不科学，所以必须被摒弃出心理学领域。

接着计算机就来了：它是一个没有精灵驱妖降魔的金属块头，也是一个没有完整的心理词典就无法解释的家伙。

"为什么我的计算机打印不了？""因为程序不知道你把点阵式的打印机换成了激光打印机。程序还以为它是在与点阵对话呢，所以正请求打印机确认它的信息，来试着打印这篇文档。但打印机不理解这个信息；它正打算忽略，因为它期望它的输入是以'%！'开头的。程序拒绝放弃控制，它在搜索打印机，因此你需要注意显示器，这样程序就能夺回控制。一旦程序习得了它所联结的是什么类型的打印机，它们就能沟通交流了。"系统越复杂，用户则越像专家，计算机与打印机之间的技术对话听起来就越像肥皂剧的场景。

行为主义哲学家们坚持认为，这只是无意义的对话。他们会说，机器并不是真的理解或尝试做任何事情；而旁观者对于他们用词的选择过于草率，很容易陷入严重的概念错误的危险当中。这种情况哪儿出问题了？哲学家们为什么指责计算机科学家思维不清楚？计算机是世界上对精确性和显见性要求最为死板、挑剔、不讲情面、不宽恕的东西了。根据上述指责，你会以为，当计算机出问题的时候，是摸不着头脑的计算机科学家给哲学家打电话，而不是出现相反的情况。一个更好的解释是，计算最终解密了心理语言的术语。信念是记忆中的铭文，欲望是目标铭文，思考是计算，知觉是感受器引发的铭文，行动是目标引发的执行操作。

你可能会反驳，我们人类在有信念、欲望或知觉时，会感受到一些东西；而铭文则缺乏创造这种感受的力量。很好，不过请将解释智能的问题与解释有意识的感受区分开来。到现在为止，我都是在尽力解释智能，我会在本章的稍后部分讨论意识。

心智计算理论还为名声不佳的“小人理论”彻底平反昭雪。对“思维是内部表征”这一观点的标准反驳是（那些想证明自己是如何务实而坚定的科学家们非常欢迎这个反驳），表征需要脑袋里有个小人来看着它，而这个小人又需要一个更小的小人来看着它内部的表征，如此类推，永无止境。我们又一次看到了理论家的表演，他们坚持对电气工程师说，如果工程师是对的，那么他的工作站必须包括一群小精灵。谈论小人在计算机科学中是必须的。数据结构随时要被读取、解释、检测、识别和修改，而做这些工作的子程序毫无悬念地被称为“代理人”“小幽灵（后台程序）”“监督者”“监视者（器）”“解释者”和“执行者”。为什么这种小人论调就不会导致无休止的倒退呢？因为内部表征不是对世界的逼真拍摄，“看着它”的小人也不是整个系统的微缩翻版，小人不需要全部的智能。如果那样，那将什么也解释不了。相反，表征是一组对应世界不同方面的符号，每个小人只需对某些符号以一种限定的方式做出反应，这比起作为一个整体的系统所做的事情要简单多了。系统的智能源自系统内部不那么智能的机械小人的活动。这个观点首先由杰瑞·福多于 1968 年提出，丹尼尔·丹尼特又对此做了简洁的阐述。

> 小人只有在能复制整个智能时，才被称为精灵。如果一个人能让一群相对无知、狭隘、眼盲的小人组成团队或委员会，在整体上做出智能行为，这就是进步。流程图是典型的小人委员会（调查者、图书管理员、会计、执行官）的组织结构图：每个盒子装着一个小人，规定一种职能但却不说怎样去实现（有人认为这实际是，将一个小人放到那里去做那件事）。如果我们离近些看每个盒子，我们会发现，每个功能的实现是通过细分成又一个流程图，由更小、更蠢的小人们来完成的。这种像搭窝一样，盒子里面套盒子的方式的最终结果是，小人们傻得足以“被机器替代”（据某些人的说

法），它们所要做的就是记住在被提问时说“是”还是“否”。这样，组织一大队傻瓜就可以完成高级的小人在系统中所做的工作了。

你可能还不明白计算机里的“小幽灵（后台程序）”如何通过做标记和抹去标记就表征了或代表了大千万物。谁来决定系统中的这个标记就对应世界中的那个东西？对计算机而言，答案显而易见：我们决定符号意味着什么，因为我们制造了这台机器。但是谁赋予了我们内部所提出符号的含义呢？哲学家们将这个问题称为“意图性”（英文为 intentionality，这个提法令人迷惑，因为它与意图无关）。意图性的问题有两个一般的回答：一是符号通过我们的感觉器官与外部世界中它所提及的对象相联系。你母亲的脸反射光，刺激你的眼睛，激发了一连串模板或相似的电路，将符号“母亲”刻写入你的心智中。另一个回答是，由第一个符号引发的符号操控独特模式反映了第一个符号对象与被引发符号对象之间关系的独特模式。不管什么原因，一旦我们同意母亲意味着母亲，叔叔意味着叔叔，那么由“小幽灵（后台程序）”产生的新的相互嵌套亲属关系的陈述，就一次又一次地变成了神秘的真理。机器打出“Bella mother-of Me”，果不其然，Bella 就是我的母亲。Mother 意味着“母亲”，因为这个符号在有关母亲的推导中发挥了作用。

这些被称为“因果”和“推导－作用”理论，厌恶这些理论的哲学家们想出一些荒谬的假想实验来反驳它们。俄狄浦斯不想娶她的母亲，但他还是娶了，为什么？因为他母亲引发了他心智中 Jocasta 的符号，而不是 Mom 的符号，他的欲望被局限于“如果她是母亲，就不能娶她”。Jocasta 这个符号所代表的女人确实是俄狄浦斯的母亲，但这个因果效应是无关的。有关且重要的是 Jocasta 和 Mom 的符号在俄狄浦斯大脑里所发挥的推导作用。一道闪电击中了沼泽中间的一棵死树，由于一个令人惊叹的巧合，在那一刻稀泥融合在一起成了我的复制品，一个分子都不差，甚至记忆也包括其中。沼泽人从没和我的母亲联系过，但绝大多数人会说他对于母亲的思维是关于我母亲的，就像我对于母亲的思维一样。我们又一次得出结论，要使一个符号表示有关世界的某个东西，并不一定需要这个东西和这个符号是前因后果，能用符号推导出来就足够了。

但是，但是，但是！假设一个会下国际象棋的计算机中信息处理步骤的顺序，被发现由于惊人的巧合，与“六日战争”中的战场事件完全相同（国王的骑士=以色列外长达扬，车到C7=以色列军队占领戈兰高地，等等）。这个程序与“六日战争”的“相关”不就和它与国际象棋比赛的“相关”完全一样吗？假设有一天我们发现猫根本就不是动物，而是来自火星的特别逼真的机器人，任何运算“如果它是猫,那它就一定是个动物”的推导原则都将不再生效。我们的心智符号“猫”的推导作用将会被改得面目全非。当然“猫”的含义是不变的：当机器人菲利克斯悄悄溜进溜出的时候，你想到的还会是“猫”。让我们为因果理论打两分吧。

第三种观点是对《周六夜现场》（*Saturday Night Live*）中电视广告的滑稽模仿：你们都正确！它是地板蜡，也是甜点饮料。一个符号的因果作用和推导作用一起决定了它所表征的内容。（根据这个观点，沼泽人的思维将是关于我母亲的，因为：当他遇到她时，他会认出她来。）因果作用和推导作用倾向于同时发生，因为根据自然选择的设计，我们的知觉系统和推导模块绝大多数时间里都在这个世界上准确地运行着。不是所有的哲学家都同意因果加推导加自然选择，就足以明确“含义”的概念，并在所有的世界中运行不爽。（“假设沼泽人在另一个星球上有一个同卵双胞胎……”）但如果这样，有人会回答，“含义”的概念就更糟糕了。含义之所以有意义，只是对在特定世界中发挥作用而设计的一台机器而言的（这台机器或由工程师设计或自然选择设计）。在其他的世界——火星、沼泽地、暮光之界——预测无效。无论因果加推导理论是否已被哲学家完全证明，它还是将心智或机器中的符号如何表示一些含义这个谜解开了。

表明心智计算理论走的是正轨的另一个标志是人工智能的存在：执行像人类

智能一样任务的计算机。在任何折扣店你都能买到一台计算机，它在计算、存储和提取事实、起草绘画、检查拼写、规定邮件次序以及确定类型方面，超过一个人的能力。在一个存货齐全的软件商店，你能买到下一手出色国际象棋的软件和可以辨认字母字符以及识别发音清楚的讲话的软件。钱包比较鼓的顾客还能买到能用英语回答有关限定主题的问题的软件，以及控制机器人胳膊来焊接喷漆以及在成百个领域，诸如选择股票、诊断疾病、开具药方和修理机器故障等复制人类专业技能的各种软件。1996 年，"深蓝"计算机在与国际象棋世界冠军加里·卡斯帕罗夫（Gary Kasparov）的对弈中赢得了一局，逼和两局，尽管最终输掉了比赛，但计算机彻底击败一个世界冠军只是一个时间问题。尽管世界上还没有终结者级别的机器人，但已经有几千个小规模的人工智能程序，其中一些就隐藏在你的个人电脑、汽车或电视机里，而且进展还在持续。

这些低调的成功值得说说，因为围绕计算机马上就能实现的和永远也不会实现的的争论火药味十足。一方说机器人基因指日可待了（心智就是计算）；另一方说这永远也不会发生（心智不是计算）。这个争论似乎就出自克里斯托弗·瑟夫（Christopher Cerf）和维克多·纳瓦斯基（Victor Navasky）的《专家发言》（*The Experts Speak*）栏目：

《波士顿邮报》社论，1865

见多识广的人知道，通过电线来传递语音是不可能的；假使有可能做到的话，这东西也没有任何实用价值。

温斯顿·丘吉尔，1932

50 年之后……我们将不再为了吃鸡胸肉或鸡翅而荒唐地饲养一整只鸡，而是将在合适的介质中分别饲养这些部位。

加尔文爵士，热力学和电学的开创者，1895

比空气重的飞行机器是不可能出现的。

列奥·车尔尼，美国研究学会的出版编辑，1955

［到 1965 年］开路先锋型豪华车将长约 6.1 米，使用以汽油为动力的涡轮式发

动机，这种引擎是喷气式飞机引擎的小兄弟。

李·蒂夫里斯特，真空管的发明者，1957

无论未来科学有多少进步，人类也永远不会到达月球。

阿历克斯·鲁伊维特，真空吸尘器制造商，1955

原子能做动力的真空吸尘器大概在10年内就会成为现实。

未来学中有一个预测毫无疑问将会是正确的，那就是，在未来，今天的未来学家看上去将会很傻。谁也不知道人工智能最终将达到什么程度，它将经历无数次实践中的变迁，而这些变迁只有参与其中者才能知晓。而无可争议的是，计算机能够变得智能化。

科学理解与技术成就松散地联系着。我们对于髋骨和心脏的深入了解已经有一段时间了，人工髋骨已经很常见，而人工心脏还无从捉摸。当我们在人工智能中试图寻找计算机和心智的线索时，一定要谨记理论与应用之间的陷阱。如果要给计算机启示下的心智研究贴上合适的标签，自然计算要比人工智能更恰当。

心智计算理论已经悄悄地侵入了神经科学的领地：对大脑和神经系统的生理学研究。信息处理是大脑的基本活动，这个观点已经渗透到这个领域的各个角落。信息处理使得神经科学家对神经元比对胶质细胞更感兴趣，尽管胶质细胞在脑中占据更多的空间。神经元的轴突（长长的输出纤维），跨越长长的间隔高保真地传播信息，当它的电信号在突触被转化为化学信号时（神经元之间的联结），信息的物理形式发生了变化，而信息本身则保持不变。正如我们将看到的，每个神经元上的树突（输入纤维）似乎在执行着基本的逻辑和统计操作，这些操作构成了计算的基础。信息理论术语，诸如“信号”“编码”“表征”“转换”和“处理”

充斥在神经科学的语言中。

信息处理甚至还界定了这个领域内的合理性问题。视网膜成像是颠倒的，我们是怎么样设法正过来看世界的呢？如果视觉皮层是在脑的后部，为什么我们感觉上不是在脑袋后面看呢？为什么被截肢者可能会感觉到他原来长肢体的地方会有虚幻的肢体呢？为什么我们对绿色立方体的感受来自既不是绿色的也不是立方体形状的神经元呢？每个神经科学家都知道这些是伪命题，但为什么它们是伪命题呢？因为它们是关于大脑的特性的，而这些特性同信息的处理和传递没什么两样。

如果一个科学理论只是同它所解释的事实和所启迪的发现一样出色，那么心智计算理论的最大卖点就是它对心理学的影响了。斯金纳和其他行为主义学者坚持认为，所有关于心智活动的探讨都是徒劳的空谈；只有刺激－反应才能在实验室和实地进行研究。实际却恰恰相反。在20世纪五六十年代，计算的观点被纽威尔和西蒙以及心理学家乔治·米勒（Geogre Miller）和唐纳德·布劳德本特（Donald Broadbent）引入之前，心理学乏味、乏味、又乏味。那时的心理学课程设置包括生理心理学，即反射；感知，即哔哔声；学习，即小白鼠；记忆，即无意义的音节；智力，即智商；人格，即人格测试。自那以后，心理学把历史上最深刻的思想家们思考的问题带到了实验室，并得到了数千个发现，遍及心智研究的各个方面，这在几十年前是做梦都想不到的。

这种繁荣源于由心智计算理论设定的心理学的一项核心研究方略：发现心理表征的形式（心智使用的符号铭文）和获得表征的过程。柏拉图说，我们被拘禁于一个山洞中，只能通过投射在洞内墙壁上的影子来获知这个世界。头盖骨就是我们的山洞，心理表征就是影子，内部表征的信息就是我们对这个世界的一切所知。打个比方，设想一下外部表征是怎么工作的。我的银行对账单上每笔存款只列出一个总额。如果我存了几张支票和一些现金，我就无法证实某张支票是否在其中；那个信息在表征中被抹去了。另外，表征的形式决定了它能推出什么，因为可以被机器替代的蠢笨小人唯一能回应的就是符号及其安排。我们对数字的表征非常重要，因为对数字执行加法只需要几个无人驾驶般的操作：查找加法表中的条目，然后传送数字。罗马数字用不了，除非用作标签或装饰，因为加法运算用罗马数字做太复杂，而乘法和除法运算根本就算不了。

确定心理表征是心理学中通往严谨之路。许多对行为的预测期望都有种空想的感觉，因为它们解释心理现象是在使用觉得同样神秘的另一种心理现象。为什么人们觉得这个任务比那个更麻烦？因为这个任务“更困难”。为什么人们把关于一个东西的概念用到另一个东西上？因为这些东西很“类似”。为什么人们注意这件事情而不是那件事情？因为这件事“更突出”。这些解释都是诡辩。困难、类似和突出都处于观察者的心智中，而这正是我们应该去解释的。计算机发现去记住《小红帽》的主要内容比记住一个 20 位的数字要难，而你觉得记数字比记主要内容要难。你发现两个用报纸揉成的球很相似，即使它们的形状完全不同；还发现两个人的脸不一样，尽管它们的形状几乎完全相同；靠夜空中的星星导航的候鸟觉得晚上不同时段的星座位置差异很大，而这些我们几乎是注意不到的。

但如果我们再往下跳到表征这一层，我们会发现更坚实的一种实体，它可以被严格地清点和匹配。如果一个心理学理论有任何好处的话，它应当预测出，“困难”任务所需的表征比“简单”任务所需的表征包含有更多的符号或引发更长的“小幽灵（后台程序）”连锁链；它应当预测出两个“相似”东西的表征比“不相似”东西的表征有更多相同的符号和更少相异的符号；“突出的”实体应当比它们附近的实体有更多不同的表征，“不突出的”实体应当有相同的表征。

认知心理学的研究一直在尝试在人们记忆、解决问题、识别物体和从经验中概括时，通过测量人们的报告、反应时间和所犯的错误来确证心智的内部表征。人们概括归纳的方式可能是揭示心智使用很多心理表征的最明显的标志了。

假设你要花一段时间才能学会阅读一种镶着彩边的新式时髦字体。你练习阅读了一些单词，现在已经和阅读其他字体的速度一样快了。现在你看到一个熟悉的单词，你没练习过——比方说“elk”（麋鹿）。你需要重新学习这个单词是个名词吗？你需要重新学习怎样发这个词的音吗？你需要重新学习它指向的对象是个动物吗？这个指向的对象看上去怎样？它重吗？有呼吸吗？它给孩子喂奶吗？当然不用。但你这项平庸的才能说明一件事。你对于单词“elk”的知识不会与字母的外形直接相联系。如果是的话，那每次你看到新的字母时，你的知识将不会自动匹配到这些字母，直到你学会了它们，建立了全新的联系。现实中，你的知识一定是联结到了一个节点、一个数字、一个记忆中的地址或是心理字典中的一个条目，来代表抽象单词“elk”，这个条目在如何打印或发音方面一定是中性的。当你学会了新的铅字体，你就创造了一种对应字母表字母的、新的视觉触发器，它触发了旧的“elk”条目，所有联结这个条目的东西都马上可用了，而无须你再把对“elk”所知的一切东西重新一条一条地与新字体的“elk”联结起来。这就是我们所知的，你的心智包含的心理表征如何具体对应到抽象的单词条目，而不仅是单词打印时的形状。

这些飞跃以及它们所暗示的内部表征，是人类认知的标志。如果你学会“wapiti”是麋鹿的另一个名字，你将会把所有与单词“elk”联结的事实迅速转移到与“wapiti”的联结上，而无须再次一个一个地重新联结。当然，转移的只是你的动物学知识，你不会指望“wapiti”的发音会和“elk”一样。这说明你的表征水平是具体到单词背后的概念，而不是单词本身。你对于有关麋鹿的知识是挂在概念上的；单词“elk”和“wapiti”也挂在概念上，拼写“e-l-k”和发音［elk］则挂在单词“elk”上。

我们已经从字体向上移动了，现在我们来向下移动吧。如果你已经习得铅字是白纸上的黑墨粉，你就不用再因为是红纸白墨而重新学习。这揭示出，表征是依据视觉边界的。任何颜色毗邻其他任何颜色都被视为一个边界，边界界定笔画，对笔画的布置组成了一个字母数字式的字符。

与一个像麋鹿这样的概念相联结的各种心理表征，可以被表示为一张图（见

图 2-1），有时它被称为语义网络、知识表征或命题数据库。

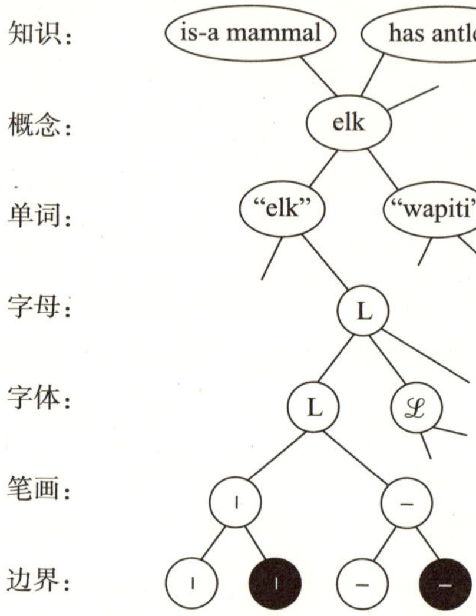

图 2-1 "elk"的语义网络

这是我们保留在大脑中的海量多媒体字典、百科全书和"如何做"操作手册中的零星碎片。我们心智中到处都是这些一层接一层的表征。比如说，我请你用你想用的任何字体风格写出单词"elk"的印刷体，但是要用左手（如果你是右撇子），或者用你的脚趾在沙地上写，或者用牙齿咬着一根笔来画。你写出的字会很烂，但认得出来。你可能需要练习来使动作变得流畅，但你不需重新学习组成字母的笔画，更不用说每个英语单词的字母顺序和发音了。这种技能转移一定进入了确定几何轨迹的运动控制的表征层，但不是完成这一动作的肌肉收缩或肢体移动层。动作轨迹将被更低层次的附属器官控制程序转化为实际的运动。

或者回忆一下本章前面莎莉逃离着火大楼的例子。她的欲望一定已经被逃离险境的抽象表征所占据，而不是跑离烟雾的表征，因为欲望可能会被不是烟的其他标志所引发（有时，烟也不能引发它），她的逃离也可以通过许多种行动来完成，而不只是奔跑。但是她的行为反应就在那个地方、那个时候汇聚在一起。莎莉当时的心智一定是模块化的：一部分评估风险，另一部分决定逃到哪儿，还有一部分解决怎样逃的问题。

对心语和其他由各个部分组成的表征的组合学，解释了人类思维和行动具有无穷无尽的组成部分。组成它们的几个元素和几条规则能够产生几乎无穷尽的不同表征，因为潜在表征的数量是随规模而呈指数级递增的。语言是一个明显的例子。比如说，你在一句话中开始的那个词有 10 种选择，第二个词也有 10 种选择（这样两个词的开端就有 100 种选择），第三个词也有 10 种选择（三个词的开端有 1 000 种选择），以此类推。（事实上，10 是在组成一个合乎语法的合理句子时，每一个点的可供单词选择数量的约略几何平均值。）稍微做点算数就知道，有 20 个或更少单词的句子（并不特别长）的数量大约是 10^{20}：一个 1 后面跟着 20 个 0，或者一亿兆，又或者自宇宙诞生以来以秒为单位的时间量的 100 倍。我举这个例子不是为了让你对语言的海量印象深刻，而是要让你惊叹于思维的浩瀚。语言，毕竟不是狂喊乱唱：每个句子表达的都是一个独特的观点。没有两个完全同义的句子，所以人们除了那些各种各样无可言喻的思维之外，还能享有大约一亿兆个不同的、可言喻的思维。

这种思维结构的无穷组合性体现在人类活动的许多领域。年轻的约翰·斯图尔特·密尔惊慌地发现，音符的有限数量再加上一个音乐作品的最长实际篇幅，就意味着世界将很快就把全部旋律都用光。当他陷入这种愁思时，勃拉姆斯、柴可夫斯基、拉赫曼尼诺夫和斯特拉文斯基还没有出生，更不用说整个拉格泰姆、爵士、百老汇音乐剧、电声蓝调、乡村和西部、摇滚、桑巴、瑞格舞，还有朋克这些体裁了。我们任何时候都不大可能很快出现旋律匮乏，因为音乐是组合性的：如果一个旋律的每个音符都有，比方说，平均 8 种选择，就会有 64 对音符，512 种 3 个音符的花样，4 096 种 4 个音符的乐句，以此类推，连乘出数以兆兆计的音乐作品。

我们日常对于知识的轻松归纳是一种证据，说明我们大脑中有几种数据表征。心智表征可以通过心理学实验室表现出来。心理学家用巧妙的技术，就可以抓住心智从一个表征转向另一个表征的活动过程。心理学家迈克尔·波斯纳（Michael Posner）和同事们给出了一个很好的展示。志愿者们坐在一个屏幕前面，看到一对字母一闪而过。他们被要求当看到字母相同（比如 A A）时按一个键，不同时（比如 A B）按另一个键。有时相同的字母都是大写或都是小写 (A A 或 a a)，也就是说它们在外形上是完全一样的。有时一个是大写，一个是小写 (A a 或 a A)，他们是字母表中的同一个字母，但外形不一样。当字母外形一样时，人们按键的速度和准确性要比字母外形不同时更好，大概是因为人们把字母当作视觉形式来处理，因而能够只根据它们的几何、模板风格来进行匹配。当一个字母是 A 而另一个字母为 a 时，人们需要把它们转化成它们是相同的一种格式，权称为“字母 a”；这种转化增加了约 1/10 秒的反应时间。但如果一个字母一闪而过，另一个几秒钟后也接着闪过，它们是否外形相同就没有关系了；A- 接着 -A 和 A- 接着 -a 反应时间都一样。迅速模板匹配不再可能出现了。很显然，在几秒钟后，心智自动将一种视觉表征转化为一种字母表征，抹去了关于它几何形状的信息。

这种实验室花招揭示出人脑使用至少 4 种主要格式的表征。一种格式是视觉影像，就像一个二维的、图像般马赛克中的模板。（视觉影像将在第 4 章讨论。）另一种是语音表征，在我们心智中就像播放磁带一样的一段音节，计划准备嘴部的运动并想象着音节听起来怎么样。这个像串一样的表征是我们短期记忆的重要组成部分，就像当我们查到一个电话号码时，心里默念几遍，这样记住的时间就足以拨打这个号码了。语音短期记忆持续 1~5 秒，可以容纳 4~7 个“组块”。（短期记忆是用组块而不是用声音来衡量的，因为每个组块可以是一个标签，指向长期记忆中一个更大的信息结构，比如一个词组或句子的内容。）第三种格式是语法表征，包括名词和动词，词组和从句，词干和词根，音素和音节。所有的都安排到层级树之中。在《语言本能》中，我解释了这些表征如何确定什么进入句子中，人们如何用语言进行沟通和文字游戏。

第四种格式就是心理语言，这是一种思维语言，我们的概念性知识栖居其中。当你读完一本书，你忘掉了关于句子的构词和字体，以及它们在哪一页之类的几乎所有东西。你拿走的是它们的内容或要旨。（在记忆测试中，人们自信地“认出”他们从未见过的句子，如果这些句子是对他们所见过句子的意思阐释。）心理语言是抓住其中内容或要旨的介质。我在识别叔叔的产出系统的公告板中用到一些心理语言，在图 2-1 中的“知识”和“概念”层次中也用到一些。心理语言是心智的通用语，心智模块之间通过心理语言进行信息交流，使我们能够描述我们所看到的，想象我们听到的描述，执行指令，等等。这种交流事实上能在脑的解剖中看到。将我们的记忆置入长期储存的海马及联结结构，容纳负责决策的回路的额叶，都不是直接联结到处理原始感觉输入（边缘和颜色的马赛克以及音高的不断起伏变化）的脑区域。相反，绝大多数输入纤维携带的是神经科学家称之为“高度加工”的输入，这些输入来自离最初感觉区域往下走一站或好几站地的区域。输入的组成则包括物体代码、单词代码和其他复杂概念的代码。

为什么有这么多种表征？有一个心智的世界语不就简单多了吗？事实上，那将会复杂得可怕。心智软件的模块化组织将知识分作不同的格式打包，这个例子很好地说明了进化与工程设计如何殊途同归，得出了近似的解决方法。软件奇才布赖恩·科尼格汉（Brain Kernighan）与 P. J. 普劳格（P.J.Plauger）合著了一本书，名字叫《程序设计风格的要素》（*The Elements of Programming Style*）（巧借斯特朗克和怀特著名的写作指南《风格的要素》的书名）。他们对怎样使程序运行得更强大、更有效，以及如何适当地改善和提高程序运行质量都提出了建议。他们的一个公理是“去掉重复的表述，代之以通用的函数”。例如，如果一个程序需要计算 3 个三角形的面积，它不需要下 3 个不同的指令，每个都将其中一个三角形的坐标套进自己的三角形面积公式中。相反，程序应该让这个公式一次就阐释清楚，应该有一个“计算三角形面积”的函数，它应该有标着 *X*、*Y* 和 *Z* 的插槽位置来代表任何三角形的坐标。这个函数可以被用 3 次，每次分别将坐标插入 *X*、

Y和Z的插槽位置。当函数从一行公式增加为包含多步骤的子程序时，这个设计原则就变得更加重要，它启发了相关原则，所有这些原则都似乎是被自然选择所决定的，就像它在设计我们模块化的、多模式的心智一样：

模块化

使用子程序

每个模块应当做好一件事

确定每个模块都隐藏一些东西

将输入与输出定位在子程序中

第二条原则也体现在这条准则中

选择令程序变得简单的数据表征

科尼格汉和普劳格给出了一个程序的例子，这个程序读取一行文本，然后要把它打印在一个边界内并居中。这行文本可以用多种格式储存（作为一串字符、一列坐标，等等），但有一种格式令这种居中轻而易举：分配 80 个连续的记忆插槽，对应输入输出显示中 80 个位置。居中只需几个步骤就可以无差错地实现，无论输入文本的大小；而如果用任何其他的格式，程序就需要更加复杂。大概人类心智使用的独特表征格式——图像、语音回路、层级树、心语——得以进化，就是因为它们使得简单的程序能够计算出有用的东西。

如果你喜欢那门把各类“复杂系统”放在一起处理的智力尖端科学，你可能就会接受赫伯特·西蒙的论点，他认为，计算机和心智中的模块化设计是所有复杂系统中模块化和层级设计的特例。身体包括组织，组织包括细胞，细胞包括细胞器；陆海空三军包括陆军，陆军包括师，师分为营，最终到班；书包括章，章分作节、小节、段落和句子；国家可分作省、市和区。这些“近乎可分解的”系统的界定标准是：属于同一组成部分的元素之间丰富的相互作用，而属于不同组成部分之间元素则相互作用很少。复杂系统是模块的层级，因为只有在模块中相互配合的元素才能保持足够长时间的稳定，从而被组装成越来越大的模块。西蒙用两个钟表匠赫拉和坦帕斯来作类比：

> 这两人制造的表每只由大约 1 000 个部件组成。坦帕斯制造他的表的方式是这样的：如果他的表正组装到一半而不得不停下来——比方说去接个电话——这表就立刻七零八落了，还需要重新从最基本的零件开始组装……
>
> 赫拉制造的表的复杂程度不亚于坦帕斯的那些。但他的设计方式是把大约每 10 个基本零件装配成局部组件，每 10 个局部组件又构成一个更大的局部组件，而 10 个更大的局部组件形成的一个系统就组成了整个表。所以，当赫拉不得不搁下组装一半的表去接电话时，他只损失了一小部分工作，他装配表的人工时间仅占坦帕斯所花时间的很小一部分。

我们复杂的心智活动遵循的是赫拉的智慧。在我们自在生活的时候，不需要注意每一片潦草字迹或筹划每一次肌肉抽动。感谢单词符号，任何一种字体都能唤起全部相关知识。感谢目标符号，任何危险标志都能引发各种方式的逃离。

我带您经过了这么冗长的对心智计算和心理表征的讨论，我希望这样做的收获是，你能了解人类心智所具有的复杂、微妙与灵活性，就算它只是一个机器，只是一个用生物组织做的机器人的机载电脑。我们不需要神灵或神秘力量来解释智能。我们也不需要为了表现得像具有科学性，而忽略我们自己眼睛看到的证据，宣称人类是几捆条件关联、基因的傀儡或是野蛮本能的跟随者。我们既拥有人类思维的敏捷性和洞察力，又能够掌握解释人类思维的机械框架。在后面的章节中，我将试着解释常识、情绪、社会关系、幽默和艺术，这些解释都是建立在一个复杂计算的心理理论基础之上的。

塞尔和彭罗斯，两个失败的反对者

当然，如果都不能想象心智计算理论可能是错误的，那就意味着它根本没有内容。事实上，它已经受到过正面攻击。一个人如果想驳斥一个业已不可或缺的理论时，虚张声势是没有用的，没有什么比削弱它的基础更能有效地摧毁它了。两位耀眼的作者接受了这个挑战。两人都选择了适合于这个情形的武器，尽管他们使用的武器截然相反：一个诉诸淳朴的常识，另一个运用深奥的物理和数学。

第一个攻击来自哲学家约翰·塞尔（John Searle）。塞尔相信他在 1980 年就用一个改编自另一位哲学家内德·布洛克（Ned Block）① 的假想实验驳倒了心智计算理论。塞尔的实验也就是著名的“中文屋”实验。一个一点儿中文都不懂的人被关在一个房间里。门缝底下塞进来几张写着潦草字迹的纸。这个人有一个长长的清单，上面列着复杂的指示，比如“当你看到那样的字迹时，你就把它那样写下来”。其中一些规则告诉他把写下的东西从门缝底下再塞出去。这个人严格地听从这些指示。他所不知道的是，这些这样那样的字迹就是中文字符，这些指示就是一个人工智能程序来回答中文故事的问题。就门外的人所知，屋子里面有一个母语是中文的人。现在，如果理解包括运行一个适当的计算机程序，这个人一定理解中文，因为他正在运行这样一个程序。但这人并不懂中文，一个词都不懂；他只是在操控符号而已。所以，理解并不等同于符号操控或计算——也就是说，智能的任何方面也并不等同于符号操控或计算。

塞尔说这个程序缺少意图性，即符号和符号含义之间的联结。许多人将他说的解释为这个程序缺少意识。的确，塞尔相信意识与意图性是紧密相关的，因为我们对于我们有一个想法或用一个词意味着什么是有意识的。意图性、意识及其他心理现象不是由信息处理所导致的，塞尔下结论说，它们是由“真实人脑的真实物理 - 化学性质”导致的（尽管他从没说过这些性质到底是什么）。

“中文屋”引发了如潮的评论，100 多篇文章对此做出了回应。我觉得这是个极好的理由让我把自己的名字从所有互联网讨论小组列表中拿掉。对于人们说整个屋子（人加上规则清单）懂中文，塞尔回答：那好，让这人记住这些规则，在脑袋里做运算，到户外去工作。屋子没了，而我们的符号操控者仍旧不懂中文。还有评论说，这人缺少与外部世界的感觉运动联系，这是缺少的关键因素；塞尔回复说：假设输入的字迹是来自一个电视摄像的输出，而输出的字迹是对一个机器人手臂的指令。他有了与外部世界的联结，但还是不讲中文。对那些说他的程

① 具有讽刺意味的是，布洛克是心智计算理论一位重要的支持者。——译者注

序没有反映大脑做什么的评论，塞尔可以引用布洛克与“中文屋”对应的实验——“中文体育馆”：几百万个人在一个巨大的体育馆里扮演神经元，每人都拿着步话机彼此之间大声传递信号，模仿一个回答中文故事问题的神经网络。但这个体育馆并不就比这个人懂的中文更多。

塞尔的策略是不断地诉诸我们的直觉常识。你都几乎能听到他在说“哦，得了！你是说这家伙懂中文？？！！一边儿待着去吧！他一个词都不会讲！！他一辈子都住在布鲁克林区！！”，诸如此类的话。但是科学的历史并不是那么好心，只需要简单的常识直觉就足够。哲学家帕特里夏·丘奇兰德（Patricia Churchland）和保罗·丘奇兰德（Paul Churchland）请我们想象一下塞尔的论证应用到反驳麦斯维尔的“光是由电磁波组成的”理论中。一个人手里拿着块磁石上下挥舞，这个人在创造电磁辐射，但却没有光发出来，所以，光不是一种电磁波。这个假想实验将波幅放慢，以至我们用肉眼无法把它们再看作是光。由于相信我们在假想实验中的直觉，我们错误地得出结论，认为速度快的波也不可能是光。与之类似，塞尔将心智计算速度放慢到我们人类不再认为是理解的幅度（因为理解通常是要快得多的）。由于相信我们在假想实验中的直觉，我们错误地得出结论，认为快速计算也不可能是理解。但假设一个加速版的塞尔的荒谬故事能够变为事实，我们碰到一个似乎能够智能地使用中文谈话的人，但他实际上是在远不到一秒的时间里应用了数百万个记忆的规则，这时我们该不该否认他懂中文呢？

我自己的观点是，塞尔只是在探究有关英文单词“理解”的事实。人们不大愿意使用这个词，除非满足了一定的刻板印象条件：迅速而无意识地运用语言规则，且语言的内容与整个人的信念有联系。如果人们避免使用日常的单词“理解”，而去接受那些违背了刻板印象但仍保留着这个现象核心的奇异条件，那么从科学上讲，确实没什么大不了的。我们可以再找另外一个词，或是使用一种技术意义上的旧词，谁会在乎呢？对“如何算是理解”的解释是一样的。毕竟，科学是关于事物运转的原则，而不是关于哪些事物是一个熟悉的词的“真正”例子。如果一个科学家在解释人臂肘的功能时说它是一个二级杠杆，这并不是承认下面的描述：看到一个人抓着一根钢制的二级杠杆，于是宣布“快看哪，这家伙有 3 个胳膊肘！！！”。

至于脑的“物理－化学性质”，我已经提到过这个问题：脑肿瘤、鼠脑以及放在试碟里仍然存活的神经组织切片都不能“理解”，但它们的物理－化学性质和我们脑中的一样。心智计算理论解释了这种差异：那些神经组织肉坨没有被布置成执行正确信息处理的联结模式。例如，它们没有能区分名词和动词的部分，它们的活动模式没有执行句法、语义和常识的规则。当然，我们总能称之为物理－化学性质的一个差异（同样的道理可以说两本书在物理－化学性质上有差异），但那样这个术语就没有意义了，因为它不再能用物理和化学的语言来加以界定。

依照假想实验，倒戈转向就是公平竞争。或许对塞尔“中文屋”的最终回答可以在科幻小说作家特里·比森（Terry Bisson）的一个故事中找到。这个故事在互联网上广为流传，很可能已经被传走样了。它讲述了一个星际探索舰队的首领与他的总司令之间的谈话，它是这样开头的：

“它们是用肉做的。”

“肉？”……“这一点毫无疑问。我们从这个星球的不同区域选取了一些，把它们带到我们的侦察船上，对它们进行了彻底的探查。它们完全是肉。”

“这不可能。那无线电信号是怎么回事？是发往这些星球的信息吗？”

“它们使用无线电波来交谈，但信号不是发自它们，信号是机器发出的。”

“那么谁制造的机器？那才是我们想要接触的。”

“它们制造的机器。这就是我正想告诉你的。肉制造了这些机器。”

“太荒谬了。肉怎么制造机器？你希望我相信肉有感觉。”

“我不是希望你，我是在告诉你。这些生物是这个区域唯一有感觉的种类，而它们是肉做的。”

“它们像奥弗莱人。你知道，那是一种基于碳的智能，但需要经历一个肉的阶段。”

“不是。它们生时就是肉，死时也是肉。我们对它们研究了几个生命周期，这倒没花多长时间。你知道肉的生命周期是怎么回事吗？”

“你饶了我吧。好了，也许它们只是一部分用肉做的，就像是维德莱人。

一个肉头里包着电子原生质的脑。”

“不是，我们那样想过，因为它们确实有点像维德莱人的肉头。不过我告诉过你，我们仔细探查了它们。它们是彻头彻尾的肉。”

“没有脑吗？”

“噢，是有个脑，行吧。只不过脑也是肉做的！”

“那么……思考呢？”

“你还不明白，是吗？脑在思考。脑是肉。”

“思考的肉！你让我相信思考的肉！”

“是的，思考的肉！有意识的肉！爱的肉！做梦的肉！肉就是整个东西！你明白我说的了吗？”

对心智计算理论的另一个攻击来自数学物理学家罗杰·彭罗斯（Roger Penrose）的畅销书《皇帝的新脑》（*The Emperor's New Mind*）。彭罗斯不是根据直觉常识，而是针对逻辑和物理问题的深奥讨论。他辩称，歌德尔的著名定理暗示数学家——以及延伸到所有人类——都不是计算机程序。约略地说，歌德尔证明了任何形式规范的系统（比如计算机程序或数学上的一组推导公理和法则），如果同等有效（效力足以表明算数的真理）和一致（不产生有冲突的陈述），那么它就能产生正确的陈述，而这个系统却无法证明这些陈述的正确性。既然我们人类数学家能看出这些陈述是正确的，我们就不是与那个狭隘的计算机一样的形式规范系统。彭罗斯相信，数学家的能力来自意识的一个方面，这个方面无法用计算来解释。事实上，它都不能用神经元的运作来解释，它们太大了，以至于不能用达尔文的进化论来解释，甚至不能用我们现在所理解的物理学来解释。

彭罗斯的数学论证已被逻辑学家们认定为谬误，他的其他一些论断也受到相关领域专家非正面的评价。一个大问题是，现实生活中的数学家们并不具备彭罗斯所认为的他理想中的数学家所拥有的天赋，比如说，确定所依赖的系统规则是一致的。第二个问题是，神经组织中的量子效应几乎相互抵消了。第三个问题是，微管在细胞中是无处不在的，似乎对于大脑如何实现智能并无任何作用。第四个问题是，意识为何可能源自量子力学根本就没有一丁点儿线索可言。

彭罗斯和塞尔的争辩除了目标相同之外，还有一些共同之处。不像他们所攻击的理论，他们的论点与科学实践的发现与解释无甚关联，在实证上也几乎得不到任何支持，因而对于心智如何工作，这些论点既没有贡献新思路也没有启迪新发现。事实上，《皇帝的新脑》最有趣的意义是丹尼特提出的——彭罗斯对心智计算理论的指责成了一种间接的恭维。心智计算理论如此适合我们对世界的理解，以至于如果彭罗斯想要推翻它，就要驳倒当代神经科学、进化生物学和物理学的绝大部分内容！

神经网络模型的五大特征

在刘易斯·卡罗尔（Lewis Carroll）的故事《乌龟对阿契利斯说了什么》（*What the Tortoise Said to Achilles*）中，飞毛腿勇士赶上了奋力挪行的乌龟，使芝诺的经典悖论落了空。芝诺的悖论中，只要乌龟稍微先行一小步，阿契利斯就永远也赶不上它。在阿契利斯赶上原来差距的时候，乌龟会又往前前进一点；阿契利斯赶上这段差距的时候，乌龟又往前挪动更少一点，如此往复，永无止境。乌龟又给了阿契利斯一个类似的悖论。阿契利斯从它头盔里拿出一个巨大的笔记本和一支铅笔，然后乌龟开始口授欧几里得第一定理：

（A）与同一个东西相等的东西彼此相等。

（B）这个三角形的两边是与同一个东西相等的东西。

（Z）这个三角形的两边彼此相等。

阿契利斯让乌龟同意，任何人只要接受 A 和 B 以及“如果 A 并 B，那么 Z”，那么他就一定接受 Z。但现在，乌龟不同意阿契利斯的逻辑。它说它有权拒绝结论 Z，因为没有人在它必须接受的前提清单上写下过“如果 – 那么”规则。于是阿契利斯在它笔记本的清单上又在后面增加了一条 C：

（C）如果 A 和 B 都真实，那么 Z 也一定真实。

乌龟回答说，它没看出为什么应该假设：只是因为 A 和 B 和 C 真实，Z 就也真实。于是阿契利斯又增加了一条陈述：

（D）如果 A 和 B 和 C 都真实，那么 Z 也一定真实。

然后宣布“逻辑（必须）掐着你的喉咙，强迫你”接受 Z。乌龟回答说，无论什么好得要告诉我的逻辑都值得写下来。所以录入到你的本子上吧。我们把它称作：

（E）如果 A 和 B 和 C 和 D 都真实，那么 Z 也一定真实。

“我明白了。”阿契利斯说，他的语调中透着一丝悲伤。

这时，叙述者因为有公务要急着赶往银行，只好作别这快乐的一对，直到几个月后才又经过这个地方。当他又经过时，阿契利斯还坐在极有耐力的乌龟背上，在他的笔记本上奋笔写着，那本子似乎已经快写满了。乌龟说：“你写下那最后一步了吗？我要没数错的话，那是第 1 001 条。还有好几百万条等着呢。”

这个悖论的解决方法当然是，没有一个推导系统会一直因循明确的规则。在某一点上，系统必须像杰瑞·鲁宾（Jerry Rubin）所说的，做就是了[①]。也就是说，规则只需被系统反射性地、强力操作执行即可，无须再提更多的问题。在那一点上，系统如果像一台机器那样运行，将不会去遵循规则，而是会服从物理学定律。类似地，如果表征是由“小幽灵（后台程序）”来读写的（用符号来代替符号的规则），“小幽灵（后台程序）”之中又有更小的（和更笨的）“小幽灵（后台程序）”，最终你得向“捉鬼敢死队”求救了，并用机器来取代最小

① 后来耐克公司广告语为“Just do it”，也是此意。

最笨的“小幽灵（后台程序）”——对于人和动物，机器是用神经元制造的，也就是神经网络。我们来看看心智如何工作的图景，是如何建立在大脑如何工作的简单想法基础上的。

最初的线索来自数学家沃伦·迈卡尔洛克（Warren McCulloch）和沃尔特·匹茨（Walter Pitts），他们写了一些关于相互联结的神经元的“神经－逻辑”性质。神经元很复杂，仍不为人所完全理解，但迈卡尔洛克和匹茨以及大多数神经网络的建模者已经识别出神经元所做的最重要的一件事。事实上，神经元累积到一定数量，然后将总数与一个阈限相比较，来确定是否超过这个阈限。这就是对神经元所做的概念性描述；相应的物理描述是，一个触发的神经元其激活程度在不断变化，它的激活水平受到来自轴突的激活水平的影响，而轴突从附着在突触上的其他神经元一直延伸到本神经元的树突（输入结构）。突触具有的电量从正（兴奋的）到零，再到负（抑制的）。每个到来的轴突的激活水平再乘上突触的电量，神经元将这些到来的激活水平累加到一起；如果总数超过了阈限，神经元就会变得更活跃，继而向任何与它相连的神经元发送一个信号。尽管神经元总是处在激活状态，而到来的信号只是使它的激活水平变化为更快或更慢的可察觉速率，但有时将它们描述为关（静息率）或开（动作率）还是比较方便。

迈卡尔洛克和匹茨证明了，这些模型神经元是如何联结在一起组成逻辑门的。逻辑门执行了最基本的关系“且”“或”“非”，这些关系构成了简单推理的基础。如果A为真且B为真，那么“A且B”为真（概念上的）。如果它的两个输入都是开的状态，一个且门（物理上的）会产出一个输出。为了从模型神经元中做出一个且门，要将输出单位的阈限调至比每个输入分量大但小于它们的和，如图2-2左图中的微型网络所示。如果A为真或B为真，那么“A或B”为真（概念上的）。如果两个输入中任意一个为开的状态，一个或门（物理上的）产出一个输出。要做一个或门，将阈限设定为小于每个输入分量，如图2-2中间的微型网络所示。最后，如果A为假，“非A”（概念上的）为真，反之亦然。当一个非门（物理上的）没收到输入时，会产出一个输出；反之亦然。要做一个非门，将阈值设定为零，这样当没收到任何输入时，神经元会触发；令输入分量为负，这样输入的信号就会抑制神经元，正如图 2-2 右图中的微型网络所示。

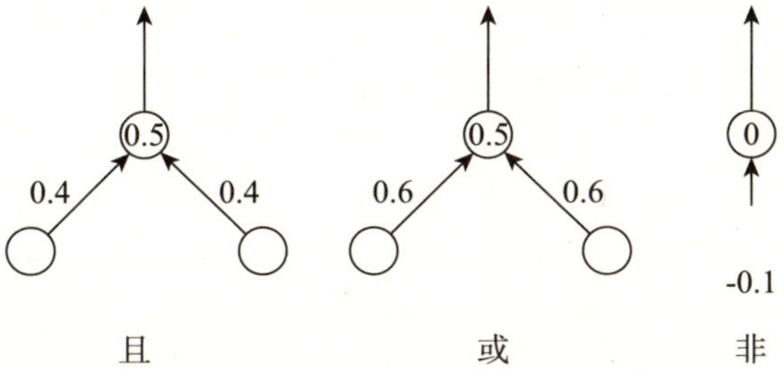

图 2-2 体现"且""或""非"关系的逻辑门

我们假设，每个模型神经元都表征一个简单的命题。微型网络可以联结在一起，其中一个的输出供应了另一个的输入，这样就可以评估一个复杂命题的真伪了。例如，一个神经网络能够评估命题 {［(X 咀嚼它反刍的食物) 和 (X 有偶蹄)］或［(X 有鳍) 且 (X 有鳞)］}，概括什么样的动物才清洁可食[①]。事实上，如果一个模型神经元网络被联结到某种可延伸的内存记忆（比如在一个橡皮印章和一块橡皮下滚动的一卷纸）时，它就成了一台图灵机，一台全速运转的计算机。

但是，在逻辑门中表征命题或组成命题的概念是完全不现实的，无论这些逻辑门是用神经元还是用半导体做的。问题在于，每个概念或命题都必须事先作为分开的单位并联结好。而计算机和大脑都是将概念表征为对于几组单位的活动模式。一个简单的例子就是，普通的字节代表着你计算机中的一个字母数字字符。字母 B 的表征为 01000010，其中的数字（比特）对应到排列成行的小小硅片上。第二和第七小片充上了电荷，对应于 1；其他小片没充电荷，对应于 0。一个字节也可以用模型神经元来做，识别 B 模式的电路可以做成图 2-3 这样的简单神经网络：

① 这里根据犹太教食规。——译者注

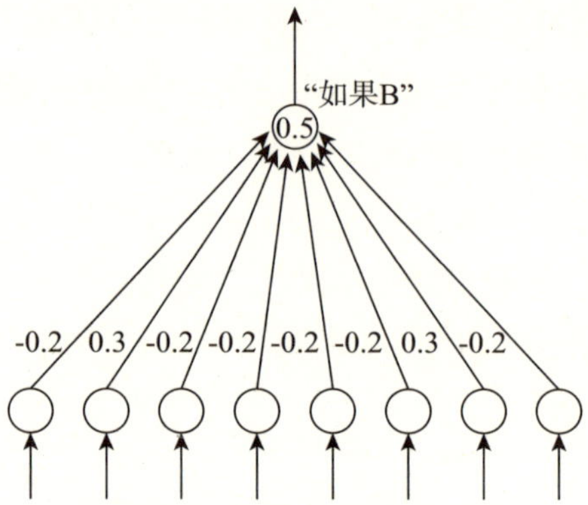

图 2-3　一种简单神经网络

你可以想象，这个网络是组成一个"小幽灵（后台程序）"的一部分。如果模型神经元的最底下一行与短期记忆相连，最上面的将检测短期记忆中是否包含一个符号 B 的情况。图 2-4 表示有一个"小幽灵（后台程序）"局部网络，它将符号 B 写入内存记忆。

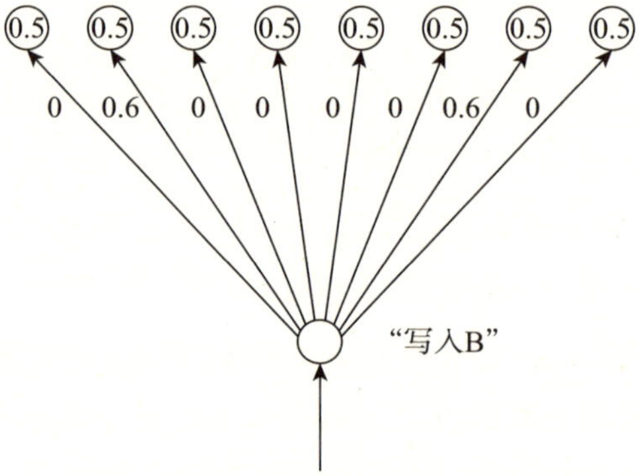

图 2-4　"小幽灵（后台程序）"局部网络

我们正在用模型神经元构建一个传统数字计算机，不过让我们略微调整一下方向，做一台更具生物形态的计算机。首先，我们可以用模型神经元来执行模糊逻辑而不是经典逻辑。在许多情况下，人们对某事是否正确并没有"全部或者没有"的十足把握。一件东西可以是某个类别中比较好或比较差的一个例子，而不是要么属于要么不属于。以类别"蔬菜"为例，绝大多数人同意，芹菜是彻底的蔬菜而大蒜是个一般般的例子。如果在里根政府鼓吹简化学校午餐项目时，我们相信政府的话，那么就连番茄酱也是一种蔬菜了——尽管在遭到如潮的批评后，里根政府承认那不是一个很好的蔬菜。从概念上讲，我们避开认为某种东西是或不是蔬菜的观点，而是说这东西会是比较好还是比较差的一个蔬菜的例子。从物理上讲，我们不再坚持一个表征“蔬菜性”的单位要么开要么关，而是允许它有一个值的范围，从 0（如石头）到 0.1（如番茄酱），再到 0.4（如大蒜）,最后到 1（如芹菜）。

我们也可以取消任意代码，如果它们将概念与一串没有意义的比特建立关联。每个比特必须代表什么东西才能存在下去。一个比特可能代表绿色，另一个代表有叶子，还有一个代表咬起来嘎吱响，等等。所有这些蔬菜性的单位都以很小的权重联结到蔬菜这个单位本身。其他代表蔬菜没有的性质的单位(如“磁性”或“移动性”)，可以以负权重与蔬菜单位相连，如图 2-5 所示。从概念上讲，一个东西具有的蔬菜性质越多，它就是一个更好的蔬菜的例子。从物理上讲，越多的蔬菜性质单位被开启，蔬菜单位的激活水平就越高。

一旦一个网络被允许启动，它就能代表证据的可信程度和实践的概率，也能做出统计决策。假设一个网络的每个单位都代表一条证据显示“是男管家”（如刀子上的指纹，给受害者妻子的情书，等等），假设顶端的节点代表结论为“是男管家干的”。从概念上讲，显示可能“是男管家干的”的线索越多，我们推测“是男管家干的”的可能性就越大。从物理上讲，越多的线索单位被开启，结论单位就被激活得越多。我们可以通过将结论单位设计为以不同的方式整合输入，来在网络中执行不同的统计程序。例如，结论单位可以是一个阈限单位，就像那些开闭式逻辑门中的一样；那些单位只有在证据的权重超过一个临界值时（比如说，“排除合理怀疑”），才执行政策做出决定。或者结论单位能够逐渐地增加其活跃度；它的置信度会随着最初线索的逐渐渗入而慢慢递增，积累得越来越多，然后在收益递减的一点趋于稳定。这是神经网络建模者喜欢使用的两种模型。

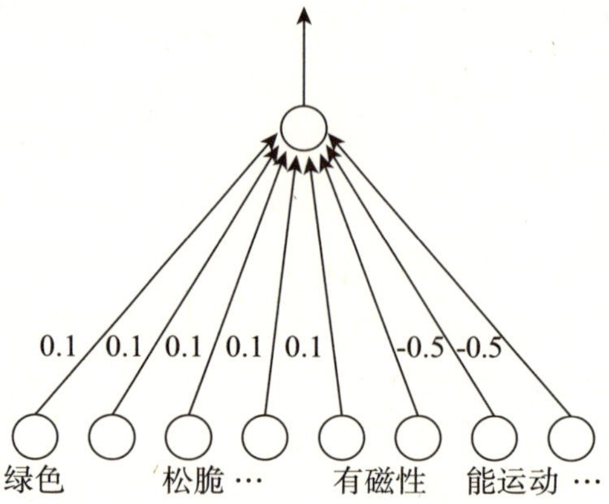

图 2-5 蔬菜性的神经网络

我们甚至可以再大胆些，从神经元比硅芯片的联结更为方便这一事实中获得启发。为什么不把每个单位都与其他所有单位联结在一起呢？这样的网络所包含的将不只是“绿色”预测“蔬菜性”和“咬起来嘎吱响”预测“蔬菜性”这样的知识，而且还包括“绿色”预测“咬起来嘎吱响”，“咬起来嘎吱响”预测“有叶子”，“绿色”预测“缺乏移动性”，等等（见图 2-6）。

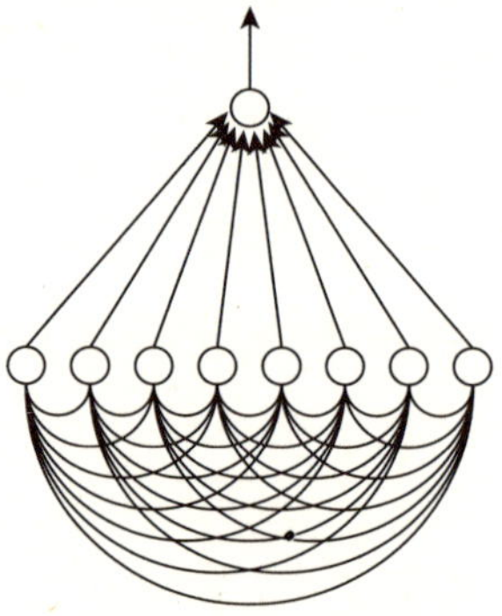

图 2-6 所有单位连接

随着这一变化，有趣的事情就开始发生了。网络开始产生类似于人类思维的过程，而这是联结疏松的网络做不到的。因为这个原因，心理学家和人工智能研究人员已经在使用“所有联结所有”式网络来对许多简单模式识别的例子建立模型。在他们建立的网络中，同样的线条出现在不同的字母中，同样的字母出现在不同的单词中，同样的身体部分出现在不同的动物身上，同样的家具部件出现在不同的房间中。顶端的节点往往已被摒弃掉，而只计算各性质之间的相关度。这些网络，有时被称为自动协关器，它有 5 个典型的特征：

首先，自动协关器是一个重构的、内容寻址的记忆内存。在商业计算机中，比特本身是没有意义的，它们组成的字节有着任意的地址，就像街道中的房子一样，其地址与内容没有任何关系。根据地址获得内存记忆的位置，然后确定一个模式是否储藏在记忆的某个地方，需要你去那里寻找（或利用聪明的快捷方式）。而在内容寻址的内存记忆中，确定某件东西自动会照亮记忆中包含了一个那东西复制品的位置。因为在自动协关器中表征一件东西是通过开启代表其性质的单位（在芹菜的例子中，绿色、有叶子，等等），而这些单位都彼此很紧密地联结着，所以被激活的单位会相互强化，过了几轮之后整个网络就都传遍了激活的信号，所有与这件东西相关的单位都将被锁止在“开”的位置。这表明这件东西已经被识别出了。事实上，一个自动协关器的联结电储能够支持许多组分量，不只是一个，所以它能够一次储存许多件东西。

更好的是，联结是冗余的，即使这东西只有一部分模式呈交到自动协关器那里，比方说仅仅是绿色和咬时的嘎吱声，模式的其余部分，“是否有叶子”也将自动完成。从某种方面说，这就是心智的回忆。我们不需在记忆中预先设定取回东西的标签，一件物体的几乎任何方面都能将整个物体带到心智中。例如，我们要回想起“蔬菜”，只要想到绿色和有叶的东西；或是绿色和咬起来嘎吱作响的东西；或是有叶的和咬起来嘎吱作响的东西。一个视觉的例子是，我们能够从一个词的几个零散部分就推测出这个词。我们不会将这些黑影看作随机的线段，或是任意序列的字母（像 MIHB），而是看作一些更可能的东西（见图 2-7）。

图 2-7　一个视觉例子

第二个特征被称为“优雅地降解”，有助于处理嘈杂的输入或硬件失灵。当输入打印命令 pritn file（打印文档）时，计算机回复为信息错误 pritn: command not found（pritn: 未找到命令）（print 拼错为 pritn），谁能忍得住不把鞋扔到电脑屏幕上？在伍迪·艾伦的《拿了钱就跑》（*Take the Money and Run*）中，银行抢劫犯维吉尔·斯塔科维尔由于他的书写而抢劫未遂，因为出纳员问他为什么写下他在拿着一支 gub 指着她。在那个装点了很多认知心理学家办公室大门的加里·拉尔森卡通片中，一个飞行员正飞临搁浅在一个沙漠孤岛上的一艘遇害难船，他读到画在沙地上的讯息，然后对着步话机大声喊：“等等！等等！……取消行动，我想它写的是‘HELF’。”在现实生活中我们干得要好得多，可能是因为我们装有自动协关器，使用了占优势的相互一致的信息来压倒一个不寻常的信息。“Pritn”会激活更为熟悉的“print”模式，“gub”会倾向于“gun”，“HELF”到“HELP”。类似地，一台计算机如果磁盘中有一个坏比特，一个插槽中有一点腐蚀，或者电源供应中滴入了一滴水，都会导致死机和系统崩溃。但一个疲惫的人、宿醉的人，或是脑受损的人并不会僵掉或崩溃；通常他或她会慢一些，也不太准确，但能够做出一个有智能的回复。

第三种特征是自动协关器能够做一种简约版的计算，称为限制性满意。人们解决的许多问题都有“鸡和蛋”的特点。第一章中的一个例子是我们根据对平面角度的猜测来计算平面的光亮度，并根据对光亮度的猜测来计算平面的角度，而二者都不能提前确定。这些问题在知觉、语言和常识推理中大量存在。我是在看一个折还是在看一个边？我听到的是元音［I］（就像 pin 中的一样）还是有着南方口音的元音［e］（就像 pen 中的一样）？我是一次恶意行为的受害者，还是一次愚蠢行为的牺牲者？这些模糊之处有时可以通过选择与对其他模糊事件最多数量的解释相一致的解释而解决，如果它们都能被一次解决的话。例如，如果一个发音的声可以被解释为 send（传递）或 sinned（犯罪的），要是我们听到一个讲话者用同样的元音嘟囔出这两个词我们就能够解决这个不确定性了。我会推断说，他一定是想说 send 和 pen，因为 send a pen（传递一支钢笔）是不违反同样约束条件下唯一可能的推测。Sinned 和 pin 会让我说成 sinned a pin（犯罪的一支别针），这违反了语法规则和可理解的含义；send 和 pin 可以通过两个元音发音相同的约束条件而摒弃；sinned 和 pen 能够被剔除是因为它们违背了这两个约束条件。

如果所有的相容性都只能一次检测一个，这种推理需要花很长时间。但在一个自动协关器中，它们都被提前编码在联结中，网络能够一次性评估所有的相容性。假设每个解释都是一个模型神经元，一个对 sinned，一个对 send，等等。假设那对解释一致的单位被联结到正电荷，那对解释不一致的被联结到负电荷。激活将会围绕着网络飞掠，如果一切运转正常，它会确定在一个状态，在这种状态中有最大数量相互一致的解释被激活。用一个恰当的比喻：就像是一个肥皂泡在鸡蛋形和变形虫形状之间摇摆不定，被周边邻近的分子拖拽着进到一块区域。

有时，一个约束网络可以有相互不一致但相等的稳定状态。这说明了这个现象整体的模糊性，即以两种方式来解释整个物体，而不是其各个部分。如果你盯着看图 2-8（a）时（称作耐克尔立方），你的知觉会在顶面的俯视感和底面的仰视感之间不停转换。当整体转换发生的时候，对各个局部的解释也被拖着进行转换。每个近边成为远边，每个凸角成为凹角，等等。反之亦然，如果你试着将一个凸角看作凹的，你有时能够将对整个立方体的感觉翻转过来。这种动态可以用一个网络来表示［见图 2-8（b）］，图中单位代表着局部的解释，三维物体中一致的彼此相互激活，不一致的相互抑制。

第四种特征来自网络自动归纳概括的能力。如果将字母监测器（将一堆输入单位汇集到决策单位）联结到字母打印器（有一个意图单位散开到一堆输出单位中），我们就制造了一个简单的读写或查询“小幽灵（后台程序）”——例如，一个打印出 C 来回应输入 B 的机器。但如果你略过中间人，直接将输入单位联结到输出单位，有趣的事情就发生了。你得到的不是一个忠诚的逐个到字母的查询“小幽灵（后台程序）”，而是一个能够做一些查询归纳的机器（见图 2-9）。这种网络被称为一个模式协关器（pattem associator）。

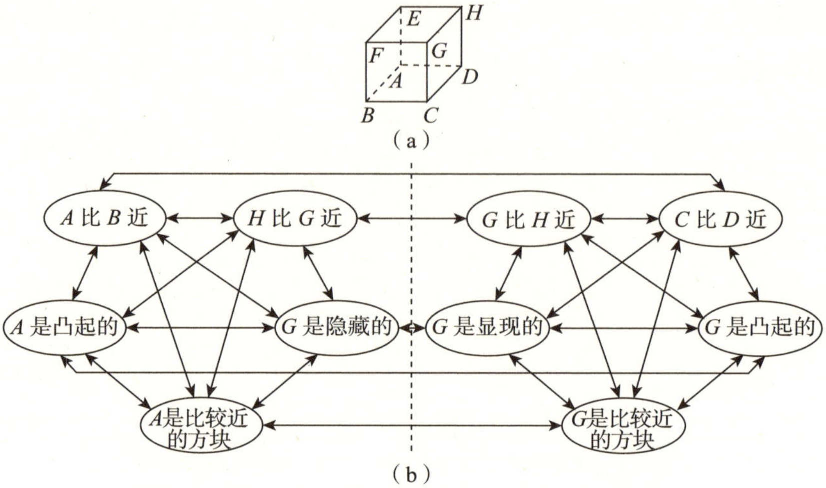

图 2-8 耐克尔立方（a）与动态网络的局部解释（b）

假设底端的输入单位代表动物的外表：“长毛发的”“四足的”“长羽毛的”“绿的”“长脖子的”，等等。有了足够的单位，就能通过开启代表每个动物独特的那组特征的单位来表示它们。开启代表“长羽毛的”单位，关闭代表“长毛发的”单位等，就代表了鹦鹉。现在假设顶端的输出单位代表动物学事实，一个代表动物食草，另一个代表动物是温血的，等等。没有单位代表某个特定的动物（也就是说，没有“鹦鹉”单位），但权重自动地代表了动物类别在统计上的知识。它们隐含了这样的知识：长羽毛的动物倾向于是温血的，长毛发的倾向于是年轻的，等等。任何储存在对一个动物的联结中的事实（鹦鹉是温血的）自动地转移到类似的动物（虎皮鹦鹉是温血的），因为网络根本不在乎联结从属于任何一个动物。网络只是说哪些可见的特征可以推测出哪些可见的特征，而略去了关于动物种类共同的表象（见图 2-9）。

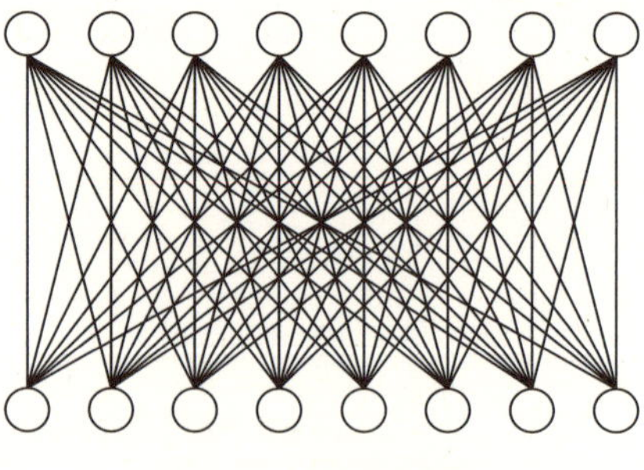

图 2-9 模式协关器

从概念上讲，模式协关器的原理就是，如果两个物体在某些方式上相似，那么它们很可能在其他方式上也相似。从物理上讲，相似的物体是由一些完全相同的单位所表征的，所以任何与一个单位的物体相联结的信息事实上就会与其他物体的许多单位相联结。此外，不同程度的包容级别被添加到相同的网络中，因为任何几个单位的小集合都隐含地界定了一个级别。单位越少，级别越大。比如说有对于“移动”“呼吸”“长毛发”“吠叫”“咬”和“见到消防栓就抬腿”这样的输入单位，发散出所有这六项的联结就触发有关狗的事实。发散出前三项的联结触发了关于哺乳动物的事实。发散出前两项的联结触发了关于动物的事实。只要有合适的权重，为一个动物设定的知识能够既与他的直接家庭成员也与他的远亲成员共同使用。

神经网络的第五个特征是它们从例子中学习，这些学习构成了联结权重的变化。模型建立者（或进化）不需要亲手确定令输出正确所需的上千个权重。假设“老师”将一个输入连同其正确输出供给一个模式协关器，学习机制将网络的实际输出（最初是很随机的）与正确输出相比较，并调整权重使二者的差异最小化。如果网络在一个老师说应当停的输出结点停了下来，我们就想让当前激活输入的汇集更可能在今后也把它开启。所以激活输入对于这个输出的权重就会略微提高。此外，这个输出结点本身的域限也略微地降低了，这样可以让整体都更能感受到这种触发－愉悦。如果网络开启了一个输出结点，老师却说应当关闭，相反的情况就会发生：当前激活的输入线权重会略为下调（有可能将原来超过零的权重调至负值），目标结点的域限则有所上升。这些都使得这个极度活跃的输出结点在今后对应那些输入时更可能关闭。整个系列的输入和它们的输出都呈交到网络，不断往复，导致一浪接一浪的联结权重微调，直到使得每个输入有了正确的输出，至少是尽可能正确的输出。

具有这种学习技术的模式协关器被称为感知器。感知器很有意思，但有一个很大的缺陷。它们就像来自地狱的厨师一样，认为每种成分要是有一点不错，所有成分就一定会更好。在决定一组输入是否合理地解释了一个输出的开启时，感知器给予了它们更多的权重并把它们累加起来。这往往会给出错误答案，即使是对于非常简单的问题。这个缺陷的一个教科书般的例子是感知器对于一个称为“异或”的简单逻辑操作的处理，这个逻辑意为“A 或者 B，但不是二者都”（见图 2-10）。

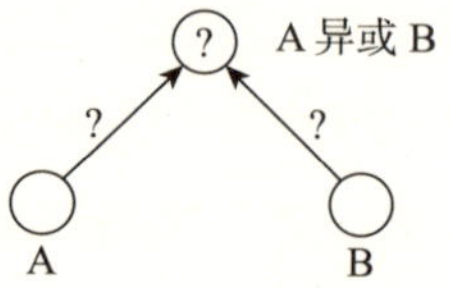

图 2-10 “异或”的简单逻辑

当 A 开启时，网络应该开启 A 异或 B。当 B 开启时，网络应该开启 A 异或 B。这些事实会诱使网络增加与 A 相联结的权重（比如说，到 0.6），并增加与 B 相联结的权重（比如说，到 0.6），令每一个都足够高，以至超过输出单位的域限（比如说，0.5）。但当 A 和 B 都开启时，我们的好东西就太多了——即使当我们想让它关闭的时候，A 异或 B 仍一路狂呼乱喊。如果我们尝试小一些的权重或者高一些的域限，当 A 和 B 都开启的时候我们可以让它保持安静，但不幸的是，那样的话，当只有 A 或者只有 B 开启的时候，它将仍旧不出声。你可以用你自己的权重实验，但你会看到什么也不会发生。“异或”只是不能从感知器中构建的一种“小幽灵（后台程序）”；其他的包括确定开启的单位数是奇数还是偶数的“小幽灵（后台程序）”，确定一串激活的单位是否对称的“小幽灵（后台程序）”，以及得出简单加法问题答案的“小幽灵（后台程序）”。

解决方法是使得网络更不像一个刺激 – 反应的生物，并在输入和输出层之间给它一个内部表征。它需要一个表征令关于输入的关键信息彰显出来，这样每个输出单位只需累加它的输入就能够得到正确答案。以下就是对于“异或”所能做的（见图 2-11）。

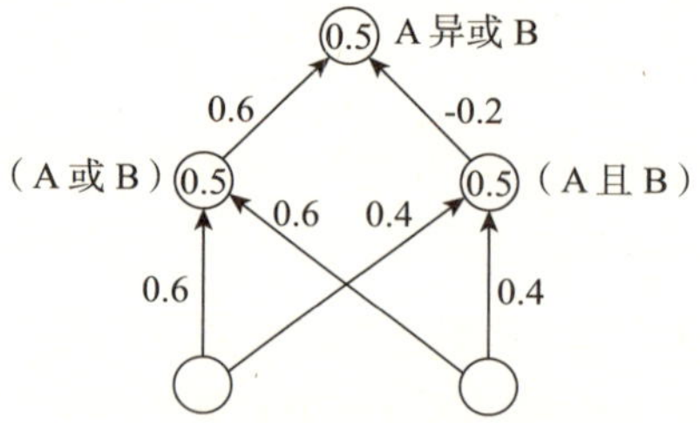

图 2-11 “异或”的输入与输出

输入与输出之间两个隐藏的单位计算了有用的中间产品。左边的这个计算了简单的情况“A 或 B”，从而激活了输出结点。右边这个计算繁复的情况“A 且 B”，抑制了输出结点。输出结点可以只计算“(A 或 B) 而不是 (A 且 B)”，这对于它虚弱的力量来说也是力所能及的。要注意，即使是在用模型神经元构建最简单“小幽灵（后台程序）”的微观水平，内部表征也是必不可少的；仅仅刺激 - 反应的联结是不够的。

还有更好的，一个隐含层网络经过训练，能够运用一个更加新式的感知器学习程序来确定自己的权重。就像以前一样，老师将每个输入的正确输出都提供给网络，由网络来上下调整联结的权重，试着减少差异。但这提出了一个感知器无须担心的问题：如何将联结从输入单位调整到隐含单位。这是一个问题，因为老师又读不出心智，他无从知道封藏在网络内部的隐含单位的“正确”状态。心理学家戴维·鲁梅尔哈特（David Rumelhart）、杰弗里·辛顿（Geoffrey Hinton）和罗纳德·威廉姆斯（Ronald Williams）找到一个聪明的解决方法。输出单位对每个隐含单位反向传播了一个信号，代表着隐含单位对其所联结的所有输出单位的误差总和（“你传递了太多的激活”或者“你传递了太少的激活”，以及多多少或少多少）。这个信号可以作为代理教学信号用来调整隐含层的输入。从输入层到每个隐含层的联结都能够被上下推动，来减少隐含层在给定当前输入模式的条件下调整过量或不足的倾向。这个程序被称为“误差反向传播”，简称为“反向传播”，可以被后向迭代至无数层。

我们已经到达了许多心理学家看作是神经网络建模者的艺术的高度。在某种方式上，我们已经兜了一圈又回到原点，因为一个隐含层网络就像是麦卡尔洛克和匹茨对他们的神经逻辑计算机所提出的逻辑门的任意路线图。概念上讲，隐含层网络是将一组或对或错的命题组合成一个由多个“和”“或”及“非”联结在一起的复杂逻辑函数的一种方式，这种组合是通过两个扭转而成的。第一个扭转是值可以是连续的，而不是或开启或关闭，所以它们可以表征一些陈述的正确程度或真实的概率，而不是只能处理完全对或完全错的陈述。第二个扭转是网络在许多情况下能够被训练得通过提供输入和它们正确的输出而采用适当的权重。位于这两个扭转上面的是一种态度：从脑中神经元之间的许多联结获得启发，并对构成网络的门和联结数目的天文数字无所愧疚。这种道德观使一个人能够设计出计算许多概率的网络，因而也是利用了外部世界特征之间的统计冗余性的网络。而这反过来又使得神经网络能够从一个输入概括到类似的输入而无须更多训练，只要这个问题是类似的输入产生类似的输出。

这几个观点是关于我们最小的“小幽灵（后台程序）”及其公告板作为模糊的神经机器是如何运作的。这些观点起到一个桥梁的作用，到现在这桥还有点摇晃，它们的解释之路始于概念领域（祖母的直觉心理学以及它背后的各种知识、逻辑和概率理论），延续到规则和表征，最终抵达真实的神经元。神经网络还带来了一些令人愉快的惊喜。在解开心智软件时，最后我们可能会只使用蠢到足以用机器取代的“小幽灵（后台程序）”。如果我们似乎需要聪明点的“小幽灵（后台程序）”，有人就会弄明白怎样用更蠢笨的“小幽灵（后台程序）”来做出这些聪明的来。这一切都发展得太快了，而且有时发展得有所不同，比如当从下至上研究神经元的神经网络建模者能够构建一些“小幽灵（后台程序）”存货时，这些“小幽灵（后台程序）”存货可以做近便的事情，就像一个内容寻址的内存记忆，或是自动概括的模式协关器。心智软件工程师们（事实上，是逆向工程师们）有一个很好的部件目录，他们可以从中订取聪明的“小幽灵（后台程序）”。

人的智能 = 神经网络 + 符号处理过程

心理语言中的规则和表征在哪里就停止工作呢，神经网络又在哪里开始发挥作用呢？大多数认知科学家赞同“两极分化说”。在最高的认知层次，我们有意识地亦步亦趋，小心运用着我们从学校所学的规则或自己发现的规则，这时，思维就像一个生产系统，记忆中储存着符号性语句，并由“小幽灵（后台程序）”来执行程序。在较低的层次，语句与规则是在神经网络中得到执行的，神经网络对熟悉的模式做出反应，并将这些模式与其他模式相联系。但这些层次的界限在哪里却仍有争议。到底是由简单的神经网络来应付大量的日常思维事务，用显性规则和命题来处理读书学习之类的任务呢？还是神经网络更像一些全然无知的基础构件，直到它们被组装成结构分明的表征和程序呢？

有一个学派称为联结主义（Connectionism），代表人物是心理学家戴维·鲁梅尔哈特（David Rumelhart）和詹姆斯·麦克莱兰德（James McClelland）。他们认为，简单的神经网络自身就可以解释绝大多数人类智能。更有甚者，联结主义宣称，思维就是一个很大的隐含层反向传播神经网络（Hidden-layer back-propagation network），抑或可能是一组类似或相同的神经网络，而当环境这个培训师调整影响联结的权重时，智能就出现了。我们比老鼠聪明的唯一原因是，我们的神经网络在刺激与反应之间有着更多的隐含层，我们生活环境中的其他人同样也是神经网络的培训师。心理学家不可能跟踪神经网络里通过联结所产生的数百万条激活信号流，而规则和符号可能就是对于网络中这些信息流的一个简便而粗略的估计，但其作用仅此而已。

而另一种观点认为，这些神经网络本身并不能完成任务，我更倾向于这种观点。将神经网络构建成为操控符号的程序这一过程，解释了大多数的人类智能。对符号的运用是人类语言及与语言相互作用的推理部分的基础。这并非所有的认知，但已经是很大一部分了；它已是我们能与自己和他人交谈的全部了。作为心理语言学家，我在工作中搜集的证据表明，即使是讲英语所需的最简单技能，如动词过去时态的组成（walk 变为 walked，come 变为 came），对单个神经网络而言，在计算上也是过于复杂而无法处理的。在本节中，我将阐释一个更为一般意义上的证据。我们的常识性思考内容（我们谈话中交流的那种信息），需要一个设计成执行高度结构化心理语言的计算机器呢，还是用通用的神经网络这类东西（有饶舌者戏称为联结浆糊[①]）就能解决？我将向您说明，我们的思想有一个精巧的逻辑构成，这种构成绝非简单的同质单位层神经网络（simple network of homogeneous layers of units）所能处理的。

① Connectoplasm 是作者合并 Connectionism（联结主义）和 Cytoplasm（细胞浆）自创的一个词，暗示联结主义的神经网络模型像在同质的神经元细胞之间建立杂乱无章的关联，故译作联结浆糊。——译者注

这与您有什么关系呢？因为这些证据对关于心智如何工作这一问题迄今最有影响力的理论提出了质疑。根据该理论，感知器（Perceptron）或隐含层神经网络（hidden-layer network）就是对一个古老教条——想法关联——的高科技执行翻版。英国哲学家约翰·洛克、大卫·休谟、乔治·伯克莱、戴维·哈特利，以及约翰·斯图尔特·密尔都提出，思想是由两条法则所决定的。一条为邻接律（Contiguity）：时常共同体会到的想法会在头脑中建立关联。因而，一个被激活，则另一个也随之激活。另一条为相似律（Resemblance）：当两个想法类似时，无论什么与第一个想法相关联，则自动也与第二个建立关联。正如休谟于 1748 年所总结的理论：

> 自身体验带给我们一些源自某些东西的一致性效应。当一个具有类似可感知特征的新产品被生产出来时，我们期待它能具有类似的功能，并寻找相仿的效应。从一个与面包有着类似光泽和形状的东西中，我们期待能获得相似的营养补充。

基于邻接律和相似律的关联方式也被认为是宣传著名“白板”（洛克对新生儿心智的比喻）的始作俑者。这个被称为“关联论”（Associationism）的学说统治英美的心智学界达几个世纪之久，直至今日，它在很大程度上仍占主导地位。当“想法”被刺激－反应所取代后，关联主义就变成了行为主义。“白板”说和上述两条“一般－目的”学习法则是标准社会科学模型的心理学基础。我们不时听到些陈词滥调，说我们的成长教育如何令我们在食物与爱、财富与快乐、身高与权力等诸如此类事物之间建立“关联”。

直到最近，关联论仍过于模糊而无法检验。但由于其通常在计算机上进行模拟仿真，神经网络模型可以使想法更为精确。由教师向神经网络提交一个输入和正确的输出，而神经网络则力求在未来对该输入和输出的配对加以复制。这种学习方案是一个很好的邻接法则模型。在所分配的输入表征中，概念本身并没有自己的单位（“鹦鹉”），而是由围绕其特性（“有羽毛的”“有翅膀的”，等等）的多单位激活模式来表征。这种输入表征使相似的概念得到自动的一般化归纳，因而很好地符合了关联论的相似法则。如果心智的所有部分都能像同一种神经网络来运作，我们就能得到“白板”的程序执行了。因而联结主义提供了一个机遇。通过观察简单神经网络能做什么和不能做什么，我们就能够对持续几个世纪之久的想法关联学说进行严格的检验了。

在开始之前，我们需要做一些解释性的说明。联结主义并不是心智计算理论的替代学说，而是对该理论的一个变体，它主张，人脑信息处理的主要类型就是多元变量统计。联结主义也并不是对人脑如电脑理论的必要更正（该理论认为人脑就像具有一个高速、无差错的序列性核心处理器的商业电脑。事实上，没有人认同这种理论）。阿契利斯认为，所有形式的思考都包含了对逻辑课本中上千条规则的严谨遵循，但现实生活中没有阿契利斯。最后，联结主义者所设想的网络是不现实的脑模型，尽管他们满怀希望地贴着“神经网络”这样的标签。例如,“突触”（联结权重）可以由兴奋转到抑制,信息可以沿着“轴突”（关联）双向流动，但这在解剖学上都是不可能实现的。当面临的选择是完成任务还是反映实际脑工作时，联结主义者往往选择完成任务；这说明他们所提出的神经网络只是一种大致基于神经元比喻的人工智能形式，而并不是一种神经建模。问题在于，这种神经网络是否执行了正确的计算来反映人脑思考的工作运行呢？

原始的联结浆糊不能合理地解释日常思考的 5 大不凡之处。这些不凡之处最初并不显眼，在逻辑学家、语言学家和计算机科学家们将句子的含义放到显微镜下仔细研究前，甚至没人意识到它们的存在。但正是这些不凡之处为人类思考赋予了独特的准确性和力量，而且我认为它们为回答一个问题提供了重要素材。这个问题就是：心智如何工作。

第一个本领是具有个体性的概念。首先我们来看看神经网络与类似计算机表征的第一个差别。那时我们不是将一个实体符号化为一串字符的任意模式，而是将它表征为一个单位层的模式，每一层代表这个实体的一个性质。这样的一个直接问题就是，无法再区分具有同样性质的两个个体。它们是以一种相同的方式来表征的，系统无视它们是不同的两块物质这一事实。我们已经丧失了个体性：我们可以表征蔬菜或马，但却无法表征某种蔬菜或某匹马。无论系统对于一匹马获知了什么，都会合并到它对另一匹完全相同的马的认知中。没有自然的方式来表征两匹马。让马的结点激活两次没有用，因为那与两倍地确信马特征的呈现或者认为马特征呈现程度增加一倍无法区分开来。

我们很容易把级别与亚级别之间的关系，混淆为亚级别与个体之间的关系。这两种关系确实在某方面很相似。两者中，任何高级别实体的特性都是从低级别实体那里继承来的。如果动物呼吸，且马是动物，那么马呼吸；如果马有蹄子，Ed. 先生是马，那么 Ed. 先生有蹄子。这可以诱惑建模者将一个个体视为一个非常非常具体的亚级别，运用两个实体之间的某些细微差异来区分近似的“小幽灵（后台程序）”。—— 一个雀斑单位对于一个个体是开启的，而对于另一个个体则是关闭的。

正如许多联结主义者所提倡的，要回溯到英国联结主义。伯克莱写道：“拿走对柔软、潮湿、红色、酸味的感觉，你就等于拿走了樱桃，因为樱桃不是与感觉性质不同的东西。要我说，樱桃是一个感觉印象的集合。”但伯克莱的建议绝对是错误的。你对于两个物体特征的认识可以是完全相同的，而你仍觉得它们是可区分的。想象一个房间里有两把完全相同的椅子。有个人进来把它们彼此调换了一下位置。这个房间与从前一样吗？还是有所不同？很显然，每个人都明白它是不同的。但你不知道两把椅子的差异——除了你可以把一个想作一号椅子，另一个想作二号椅子。我们又回到了记忆插槽的任意标签，就像令人鄙夷的数字计算机中的一样！喜剧演员斯蒂芬·赖特的一个笑话也传达了同样的含义：“在我不在的时候，有人偷了我公寓里所有的东西，然后换成了完全相同的复制品。当我与室友说这事时，他说：‘我认识你吗？’”

当然，有一条总可以用来区分个体：它们不可能在相同的时间处于相同的地点。或许心智能够给每个物体都贴上时间和地点的标签，然后不时地更新这些坐标，使它能够区分具有共同性质的个体。但即使这样，也不能反映出我们心智中区分个体的能力。假设一个无限的白色平面上除了两个完全相同的圆圈之外什么都没有。其中一个圆圈滑过来在第二个圆圈上面贴住了一会儿，然后又滑走了。我想，任何人都会把这两个圆圈看作是不同的东西，即使它们在同一时间同一地点附着在一起的那一小会儿也是如此。这说明在某一时间处于某一地点并不是我们对于“个体”的心理定义。

这并不是说，个体无法在神经网络中得到表征。很简单，只需将一些单位用于表示个体的识别身份，而独立于个体的性质特征。可以赋予每个个体它自己的单位，或者赋予每个个体一个以激活单位模式编码的等价序列号。寓意在于心智网络的设计要能够执行对个体的抽象逻辑内涵，就像计算机中标记任意标签的内存位置所起的作用。有问题的是受限于物体可观察特征的模式协关器，这个亚里士多德名言“感觉是理智的前提”的现代例证。

这个讨论只是一次逻辑练习吗？当然不是。个体的概念是我们社会推理整体知识的基本粒子。我让你看看两个现实生活中的例子，涉及那些人类交流的伟大领域，爱与正义。

同卵双胞胎的大多数特征都一样。除了外表的相似之外，他们思维相像，感觉相像，行为也相像。当然并不是完全一致，正因如此，有人可能会想把它们表征为非常狭窄的亚级别。但任何把它们表征为亚级别的生物体，都应当至少完全相同地对待同卵双胞胎。这个生物体应当将它的想法从一个传到另一个，至少在概率上或一定程度上如此——记住，这是联结主义及其在联结浆糊中贯彻的一个卖点。例如，无论双胞胎中一人的什么吸引了你——他的走路方式、谈话方式、他的外表，等等——这也会令双胞胎的另外一人吸引你。这应当将同卵双胞胎置于传说中围绕真正完美轮廓的嫉妒与背叛。事实上，什么事也没发生。同卵双胞胎中一个人的配偶对于另一个并没有感觉到罗曼蒂克式的吸引。爱将我们对另一个人的感觉锁定为那个人，而不是那种人，无论对那种的细分有多狭窄。

1988 年 3 月 10 日，有人咬掉了警官斯托顿的半个耳朵。毫无疑问，是他俩中的某一人干的：要么是肖恩·布里克，一个住在加州帕洛阿尔托的 21 岁年轻人，要么是约纳森·布里克，他的同卵双胞胎兄弟。两人当时都在与警官扭打，其中一个咬掉了警官的半个耳朵。两人都被指控故意伤害罪、盗窃未遂罪、袭警罪和加重故意伤害罪。加重故意伤害罪，就咬耳朵行为而言，将被判终身监禁。斯托顿警官证实了双胞胎中的一个留着短发，另一个留长发，是留长发的人咬了他。不幸的是，3 天后两人自首时，两人的发型都变成了相同的平头，而且两人也不说话。他们的律师辩称，两人谁也不应当因加重故意伤害罪而被判处严厉的监禁。对于兄弟俩中的每一个，都有合理的理由怀疑是不是他所为，因为有可能是另一个人所为。这项争辩很有说服力，因为我们的正义感要让我们选择做了某个行为的个体，而不是那个个体的性格特征。

我们对于个体位格的执迷并不是一个过于费解的奇癖，其进化的原因很可能是，我们所遇到的每个人，与我们所观察的任何财物大不相同；而这种不同之处在于，由于人类独特的胚胎学和个人传记式历史，人确定地容纳了大量不可复制的记忆和欲望。在第 6 章中，当我们反向逆推正义感和浪漫爱情的情感时，我们会看到记录个体位格的心理活动位于他们设计的核心。

人类并不是我们需要区别对待的唯一一种易混淆的个体，骗局是另一个真实世界中的例子。许多动物需要施展骗局才能保持个体的区分。一个例子是，需要辨别自己孩子的母亲，她的孩子看上去和其他的孩子并无二致，但却携带着她的基因。另一个例子是，牧群动物的捕获者，它需要追踪目标兽群中的一员，采取的就是像盯着游泳池里的标签一样的策略：如果你是目标猎获物，一旦确定就不再更换，分秒必争地直奔目标物。在肯尼亚的动物学家为了使他们的数据收集更加容易，在麻醉针麻翻了的角马角上涂了彩色的编码，但他们发现，在把被做了标记的动物放回兽群之前，无论怎样小心地使它恢复精力，它总会在一两天之后被鬣狗捕杀。一种解释是，彩色标记使鬣狗容易将那只角马与其他的角马区别开来，从而追赶它直至其力竭而成功将其捕获。最近关于斑马条纹的新观点是，它们不是为了要与条纹高草相混淆而将其作为保护色——这一直是一个可疑的解释——而是为了使斑马成为一出活生生的骗局策略，令狮子和其他捕食者很难将注意力只保持在一匹斑马上。当然，我们无从知道鬣狗或狮子是否有个体的概念；也许一个古怪的人站出来会看上去更令它们食欲大开。但这些例子说明了从类别中区分个体的计算问题，并强调了人类心智是如何轻而易举地解决了这个问题的。

关联主义的第二个问题被称为组成性问题：一个表征如何由各种部件组成，以及各个部件的含义和它们的组合方式又如何构成整个表征的含义。组成性是所有人类语言的精华特征。“The baby ate the slug”（婴儿吃了蛞蝓）的含义可以根据 baby、ate、the 和 slug 各词的含义以及它们在句中的位置而得出。整体不是部分的总和；当这些词的顺序变为“The slug ate the baby”（蛞蝓吃了婴儿）时，传达的意思就不一样了。因为你之前从没听说过这两句话，你必须通过在这串词上应用一套运算法则（整合句法的规则）才能解释整句的含义。每句话最终的含义是你在匆忙中组合在一起时的全新想法。你已经有了“婴儿”、“蛞蝓”和“吃”的概念，并能够为它们在心理公告板上安排相应的符号，而这种安排是根据能够读取的“小幽灵（后台程序）”所注册的方案而进行的。这样，对整句的理解就成为你从未有过的全新想法。

记者们说：“狗咬人不是新闻，人咬狗才是新闻。”心理表征的组成性使得我们能够理解新闻。我们可以具有疯狂的、奇妙的新想法，无论这想法多么荒诞不经。奶牛跳过月球；格林奇偷走了圣诞节；宇宙源自一次大爆炸；外星生物降临哈佛；迈克尔·杰克逊娶了猫王的女儿。感谢数学中的组合理论，我们永远也不会缺少新闻。还有百万万亿个想法足够我们去想呢！

你可能觉得，将组成性问题放到神经网络中是件很容易的事情：只要开启“婴儿”“吃”“蛞蝓”的单位就行了。但如果那就是你的心智所做的，你将会感到一头雾水：究竟是婴儿吃了蛞蝓，蛞蝓吃了婴儿，还是婴儿和蛞蝓吃了。概念必须被分配给角色（逻辑学家们称之为“参数”）：谁是吃东西的，谁是被吃的。

那么，也许有人可以给每个概念和角色的组合分配一个结点。那就有了一个“婴儿吃蛞蝓”结点和一个“蛞蝓吃婴儿”结点。有人可能会想，既然大脑包含了海量的神经元，为什么不那么做呢？不这么做的原因是，海量和真正海量是两个概念。组合的数目会随着可允许的大小呈指数增长，这种组合数量的爆炸式增长远超过了我们对脑容量最大胆的猜想。据传说，宰相西萨·班·达依尔因其发明了国际象棋向印度舍罕王索要微薄的奖赏。他请赏的只是将一粒小麦放在国际象棋盘的第一个方格里，两粒小麦放在第二个方格里，四粒放在第三个，以此类推。还远没到第 64 个方格时，国王就发现，他已经无意中将他整个王国所有的小麦都送出去了。奖赏总计达四万亿蒲式耳[①]，相当于全世界2 000年的小麦总产量。与之类似，思维的组合数目会远远超过脑中神经元的数量。如果每句含义都要有它自己的神经元，那么一亿兆个句子含义怎么压缩也塞不到拥有 1 000 亿个神经元的大脑里去。

即使能够容得下，一个复杂思维也一定不是一个神经元对一个思维那样整体储存的。原因在于，我们的思维是彼此相关的方式。假设每个思维都有它自己的单位，就会有不同的单位分别对应于婴儿吃蛞蝓，蛞蝓吃婴儿，小鸡吃蛞蝓，小鸡吃婴儿，蛞蝓吃小鸡，婴儿看见蛞蝓，蛞蝓看见婴儿，小鸡看见蛞蝓，等等。单位必须被分配给所有这些以及更多的思维；任何能想到“婴儿看到小鸡”的人也能够想到“小鸡看到婴儿”。但这种思维对应单位的储存有些可疑之处，它的匹配方式纯粹出于巧合。我们不断地有婴儿吃、蛞蝓吃、婴儿看、蛞蝓看，等等。所有的思维完美地对应到一个巨大矩阵的各行、列、阶、超行、超列以及超阶。但如果思维是一个独立单位的大集合，而这些单位代表的同样也是一大堆彼此割裂、毫无关系的仿真陈述，那么这种惊人的模式就令人难以理解了。当自然交给我们可以合适地放进一个长方形分类储物架的物体时，它是在告诉我们，这些物体一定是由那些对应到各行各列的更小部件所组成的。这就是元素周期表引导了人们对原子结构的理解的原因。出于类似的原因，我们可以得出结论，我们

① 1 蒲式耳 =35.238 升。——编者注

思维的经纬线就是组成它们的概念。思维来自概念的组装，概念不是作为整体而储存的。

对于联结浆糊理论而言，组合性有些出乎意料的复杂。所有表面明显的把戏都成为不适当的半吊子测量标准。假定我们为每个单位分配一个概念和角色的组合，也许一个单位代表婴儿 - 吃，另一个代表蛞蝓 - 被吃；或者可能一个代表婴儿 - 做 - 一些事，另一个代表蛞蝓 - 有些东西 - 被 -（做）。这样就大量减少了组合的数量——但代价是增加了“谁对谁做了什么”的疑惑。“卷毛狗吃蛞蝓时，婴儿在吃鸡肉”的思维会与“卷毛狗吃小鸡时，婴儿在吃蛞蝓”的思维混淆。问题在于，婴儿 - 吃的单位并没说吃什么，蛞蝓 - 被吃的单位也没说谁吃了它。

向正确方向迈出的一步是，在硬件中构建概念（婴儿、蛞蝓等）与它们扮演角色（施动者、受动者等）的区分。假设我们确定好各自分开的单位组，一组表示施动者的角色，一组表示行为，一组表示受动者。要表征一个命题，每组单位都要装满正在扮演角色的概念模式，这些概念是从另一个分开的概念储存内存那里调入的。如果我们将每一个结点都彼此相联结，我们就有了一个命题的自动协关器，它能够具备少量的组合思维能力。我们可以储存“婴儿吃蛞蝓”，当任意两个部分作为问题呈现时（比方说，“婴儿”和“蛞蝓”，表示问题“婴儿和蛞蝓的关系是什么”），网络会通过开启第三个部分的单位而完成其模式（在此例中，“吃”。见图 2-12）。

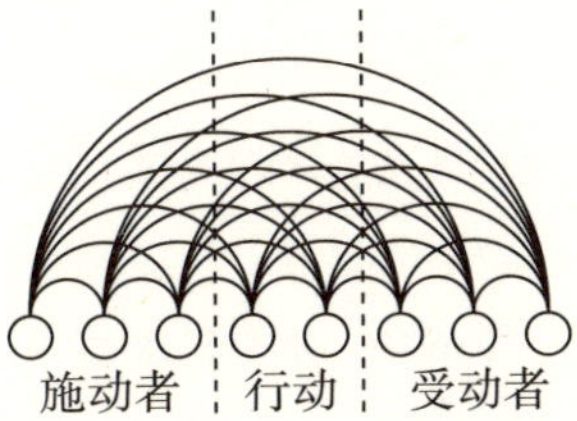

图 2-12　施动者、行动与受动者

是这样的吗？可惜不是。我们来看看这些思维：

婴儿 等同于 婴儿

婴儿 不同于 蛞蝓

蛞蝓 不同于 婴儿

蛞蝓等同于 毛虫

如果一组联结权重允许第一槽的“婴儿”和中间槽的“等同于”开启第三槽的“婴儿”；同时允许“婴儿”和“不同于”开启“蛞蝓”；同时还允许“蛞蝓”和“不同于”开启“婴儿”，那么这组联结权重绝不会再允许“蛞蝓”和“等同于”开启“蛞蝓”。这是一个改头换面的抑或问题。如果“婴儿－于－婴儿”和“婴儿－等同于”的联结足够强大的话，它们会开启“婴儿”以回应“婴儿等同于________”（这是好的），但它们也会开启“婴儿”以回应“婴儿不同于________”（这不好）和“蛞蝓等同于________”（也不好）。无论你怎样调整权重，你也无法找到能够满足所有 4 句话的联结组。既然任何人都能毫无疑问地理解这 4 句话，那么人类心智一定表征了比一组“概念－到－概念”或“概念－到－角色”关联更为复杂的命题。心智需要一个对命题本身的表征。在本例中，模型需要一个额外单位层——更确切地讲，一个专供表征整个命题，而与概念及其角色相分离的层级。图 2-13 以简化的形式展示了杰弗里 · 辛顿修订的一个能处理这些句子的模型。

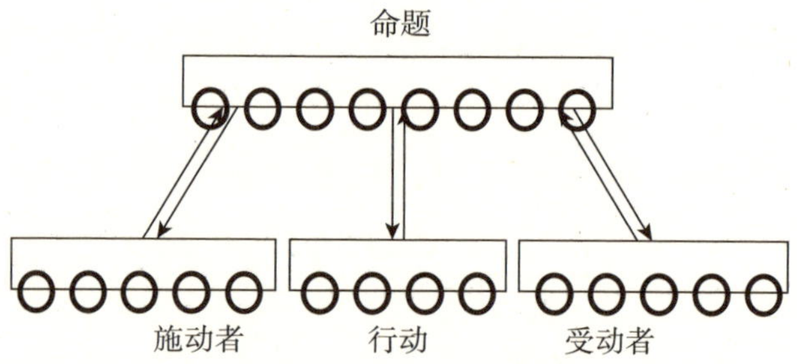

图 2-13 简化的模型

储存“命题”单位的记忆是以任意模式开启的，有点像标志完整思维的序列数字。它就像一座将每个命题中的概念都容纳到其相应槽中的超级架构。请注意，这种网络架构是在多么严密地执行着标准的、像语言一样的心语啊！还有其他一些组成性网络的提议，不像这样具有明显的模拟性，但所有的提议都必须有一些专门设计的部分来将概念与其角色区分开来，并将每个概念与其各自角色适当地结合起来。还是需要偷偷借来诸如谓项、中项和命题等逻辑要素，以及处理它们的计算工具，才能得到一个模型，来做类似心智一样的事情；仅靠关联这些东西本身是不够的。

另一个你或许从没意识到的心理禀赋被称为量化或变量约束。它源自个体性与组成性的结合。我们的组成性思维往往是关于个体的，而且个体如何与思维的各个部分相联系各不相同。“某个婴儿吃某个蛞蝓”的想法与“某个婴儿总是吃一般蛞蝓”的想法是不同的，与一般意义上的“婴儿吃蛞蝓”的想法也不一样。有一种笑话，其幽默之处需要听者理解那种不同之处。“Every forty-five seconds someone in the United States sustains a head injury（每 45 秒钟美国就有人头部受到伤害。)”“我的天，可怜的家伙！”（someone 可理解为“有人”，也可理解为“某人”）。当我们听到“Hildegard wants to marry a man with big muscles”时，我们不知道究竟她是用她的男性般的气概发出召唤呢，还是她只是满怀希冀地在体育馆里游荡。亚伯拉罕·林肯说：“你可以在某些时候愚弄所有人；你甚至可能永远愚弄某些人；但你不可能永远愚弄所有人。”（You may fool all the people some of the time; you can even fool some of the people all the time; but you can’t fool all of the people all the time.）如果没有计算量化的能力，我们就不可能理解他说的这句话的含义。

在这些例子中，我们有几个句子，或者对一个语义含混的句子有几种理解方式，其中相同的概念扮演着相同的角色，但整体意思则完全不同。仅仅将概念与它们的角色连在一起是不够的。逻辑学家用变量和限量词来区分它们。一个变量是指像 x 或 y 一样保持位置的符号，它代表着不同命题中或一个命题不同部分中的同一个实体。一个限量词是一个符号，它可以表达“存在着某个 x，它……”，且“对于所有的 x，……是真实的”。这样，一个想法可以体现在一个命题中，构成这个命题的符号表示了概念、角色、限量词和变量，所有的都予以精确地排序并加括号分类。例如，比较“每45秒钟［就有一个X（受伤）］”和“有一个X［每45秒钟（就会受伤）］”。我们的心语肯定也拥有可以做类似事情的工具。但目前为止，我们尚没有线索了解在一个关联网络中，这是如何做到的。

一个命题不仅可以是关于一个个体的，它自身必须被视为一种个体，这就引发了另一个问题。联结浆糊的力量来自单个一组单位中添加的模式。不幸的是，这可能产生怪异的四不像或是建一个两头都落空的网络。对于联结浆糊，这是无处不在的怪物的一部分，被称为干扰或串扰。

这有两个例子。心理学家尼尔·科罕（Neal Cohen）和迈克尔·迈克劳斯基（Michael McCloskey）训练一个网络学习两个数的加法。他们起初训练它把“1”加到其他数上：当输入“1”和“3”时，网络学会输出“4”，诸如此类。然后他们训练它把“2”加到所有其他数上。不幸的是，这个加“2”的问题将联结权重提升到加“2”为最优的值，因为网络没有富余的硬件来设定如何加“1”的知识，它竟将如何加“1”忘掉了！这种效应被称为“灾难性遗忘”，因为它不像日常生活的轻度遗忘。另一个例子是麦克莱兰德和他的同事阿兰·川本（Alan Kawamoto）设计的网络，将含义分配给语义含混的句子。例如，“A bat broke the window”的意思可以是一根棒球棒（bat）被扔到窗户上，也可以是一只长翅膀的哺乳动物（蝙蝠：bat）撞到窗户上。而下面这个解释则是人类得不出来的：一个长翅膀的哺乳动物用一根棒球棒打碎了窗户！

正如任何其他工具一样，令联结浆糊对某些事有效的特点，也令它对另一些事无效。网络概括的能力来自它密集的交互联结性和它输入的叠加重合。但如果你是一个单位，有几千个其他单位在你耳边聒噪，还被一浪接一浪的输入所蹂躏，这并不总是一件乐事。经常是不同的信息组块被分开打包和存储，而不是随意混在一起。一种这样做的方式是给每一个命题分配它自己的存储槽和地址——这再次显示了并不是计算机设计的所有方面都可以被草率归结为硅的好奇心。毕竟设计计算机不是来用作室内加热器，设计它是为了以一种对人类使用者有意义的方式来处理信息。

心理学家戴维·舍莉（David Sherry）和丹·夏克特（Dan Schacter）将这种推理推得更远。他们注意到，对于内存记忆系统不同的工程设计要求往往是目标交叉的。他们辩称，作为回应，自然选择给了有机体专门化的记忆系统。每个系统都有一个优化的计算架构专门适合于动物心智必须完成的一个任务的要求。例如，贮藏种子以备收成欠佳日子里食用的鸟类进化出了一种对于隐藏地点的大容量记忆（以星鸦为例，它可记忆 10 000 个地方）。雄鸟歌唱吸引雌鸟，或者恫吓其他雄鸟的鸟类进化出对于歌声的大容量记忆（以夜莺为例，它可记忆 200 种歌声）。对于储藏地和歌声的记忆位于不同的脑部结构，并且有着不同的神经元联结模式。我们人类对于记忆系统同时有着两种非常不同的要求。我们要记住谁在什么时间、什么地点、为什么对谁做了什么这种独特场景，这需要在每个场景都标记上时间、日期和一个序列号。但我们还必须推断出关于人们如何工作和世界如何运转的一般性知识。舍莉和夏克特提出的观点是：自然对每种要求分别赋予了我们一种记忆系统：一种是“情景式”或自传体式记忆，另一种是“语义式”或一般性知识的记忆，心理学家恩德尔·托尔文（Endel Tulving）最早提出了这种区分。

思维成倍增加到真正的天文数字的把戏不是将概念插槽分配给三四个角色，而是一种被称为递归的心智能力。为每个角色安排固定一组单位是不够的。我们人类可以将一整个命题放到一个更大的命题中，赋予它一个角色。然后我们可以将这个更大的命题嵌套到一个还要大的命题中，这样创造一种命题中有命题的层级式树形结构。不仅这个婴儿吃蛞蝓，而且父亲看见这个婴儿吃蛞蝓，我想知道父亲是否看见这个婴儿吃蛞蝓，父亲知道我想知道他是否看见这个婴儿吃蛞蝓，以及我能猜到父亲知道我想知道他是否看见这个婴儿吃蛞蝓，等等。正如给一个数字加“1”的能力是一种产生一组无限多的数的能力，将一个命题嵌套到另一个命题中的能力，也是一种增加了无限多思维的能力。

为了在图 2-13 所展示的网络中完成命题之中嵌套命题，可以在图的顶部增加一个新联结层，将整个命题的储存单位联结到一个更大命题的角色插槽中；这个角色可以是像“观察的事件”一样。如果我们继续添加足够的层级，我们就可以通过在联结浆糊中侵蚀全部树形结构而容纳整个成倍增加的嵌套式命题。但这种方法太笨拙，而且会引起疑惑。对于每一种递归式结构，都有一种不同的物理联结网络：一个网络供思考一个命题的一个人；另一个网络是供思考一个关于一个思考一个命题的人的命题的一个人，第三个网络是供一个人与另一个人进行关于某个人的命题的交流，等等。

在计算机科学和心理语言学中，采用了一种更为强大和灵活的机制。每个简单结构（一个人、一种行为、一个命题，等等）都在长期记忆中得到一次表征，处理器的注意在一个结构到另一个结构之间不断穿梭转移，将转移的路线记录在短期记忆中，从而将命题编织在一起。这种被称为递归式转换网络的动态处理器，特别适合于句子理解，我们是一次听或者读一个单词，而不是一次吐纳一个整句。我们似乎也是在一点一点咀嚼深思我们的复杂思维，而不是囫囵咽下或喷出，这说明，心智配备的递归式命题计算研究机不仅仅是为了句子，而且是为了思维。心理学家迈克尔·乔丹（Michael Jordan）和杰夫·艾尔曼（Jeff Elman）构建了一些网络，这些网络的输出单位发出的联结回送到一组短期记忆单位，触发了新一轮激活流。这种回送设计使我们隐约看到，迭代信息处理在神经网络中是如何执行的，但它还不足以解释或汇编结构性命题。最近，有研究者尝试将一个回送式网络与一个命题式网络组合在一起，从联结浆糊的碎片中完成一种递归式转换网络。这些尝试说明，除非神经网络中特别装配了一个递归式处理器，否则将无法处理我们的递归式思维。

心智还具有的另一项认知本领很难从联结浆糊中提取出来，因而也很难用关联论来解释。神经网络轻易地解决了模糊逻辑的问题，即任何东西都是在某些程度上的某种东西。确切地说，许多常识性的概念在其边界处都很模糊，并没有清晰的定义。哲学家路德维希·维特格斯坦举了“a game”（游戏、比赛）的例子，其典型例子彼此并没什么共同之处（包括拼图、速度轮滑、冰壶、角色扮演游戏、斗鸡，等等）。我在前面也曾给出了另外两个例子，“单身汉”和“蔬菜”。模糊类别的成员缺少一个单一确定的特点；它们的许多特点都有所重叠，很像一个家庭中的成员或是绳子的每一股，每一股都没有延续到整个绳子的长度。漫画《布卢姆县》中，企鹅奥普斯患暂时性失忆，当被告知它是一只鸟时，它不同意。它说，鸟的身材苗条，符合空气动力学，而它不是；鸟能飞，它不能；鸟能歌唱，它唱的《昨天》令听众哄堂大笑。奥普斯怀疑它实际上是驼鹿布尔温克。所以即使是“鸟”这样的概念似乎也没有围绕必要和充分条件来组织，而是根据原型成员来界定的。如果你在字典里查“鸟”，例图显示的不是一只企鹅，而是小鸟乔伊——一只典型的麻雀。

认知心理学的实验显示，人们对于鸟、其他动物、蔬菜和工具都有刻板印象。人们对一种刻板印象达成共识，把它反映到一个类别中的所有成员上，比较对于那些不符规范的成员更为迅速地识别出这种刻板印象，甚至当见到的实际只是相似的例子时也宣称其为那种刻板印象。这种反应取决于一个成员与其类别中其他成员之间相同特征的数量：像鸟的特征越多，就越属于鸟类。从一个类别中呈现例子的自动协关器其实在做同样的事情，因为它是在计算特征之间的相关性。所以有理由相信，人的一部分记忆是由一些像自动协关器一样的东西所联结的。

但心智一定还有比这更多的东西。人们并不总是模糊的。我们笑话奥普斯是因为我们的一部分知道它确实是一只鸟。我们或许同意奶奶的原型是这样的——好心的、灰白头发的、分发蓝莓松饼或鸡汤的七八十岁的老人（依我们所谈论的各人的刻板印象而定）——但同时我们完全明白蒂娜·特纳和伊丽莎白·泰勒也是奶奶（实际上泰勒还是个犹太奶奶）。说到单身汉，许多人——诸如移民官员、太平绅士，还有保健官僚们——因其对于谁属于某个类别毫不含糊而臭名昭著；众所周知，很多事情因一页纸而有天壤之别。毫不含糊的思维例子随处可见。法官可以根据技术理由而释放一个显然有罪的嫌疑人。酒吧服务员拒绝向一个能够对自己行为负责的人提供啤酒，因其尚未过 21 岁生日。我们开玩笑说，你不能有点儿怀孕或是有点儿结婚；加拿大的一个调查报告称，已婚女性每周做爱 1.57 次后，卡通画家泰瑞·莫舍画了一个女人坐在床上，挨着她昏睡的丈夫嘟囔："唉，这算 0.57 次。"

事实上，模糊版和清晰版的相同类别可以相安无事地共处于一个脑中。心理学家莎朗·阿姆斯特朗（Sharon Armstrong）、亨利·格雷特曼（Henry Gleitman）和丽拉·格雷特曼（Lila Gleitman）在给大学生做模糊类别的标准测试时，问他们关于像"奇数"和"女性"这样有明确定义的类别。被试们愉快地接受了一些愚蠢的陈述，比如，13 是比 23 更好的一个奇数的例子，以及母亲是比戏剧女演员更好的一个女性的例子。过了一会儿，被试们却又断言，一个数要么是奇数要么是偶数，一个人要么是男人要么是女人，没有中间地带。

人们用两种方式来思维。世界上的东西总是倾向于扎堆儿，人们因此不假思索地吸取了各个特征的相关性，从而形成了模糊的刻板印象。但人们也能创造系统规则——直觉理论——根据适用的规则来界定类别，并依据规则一视同仁地对待类别中的所有成员。所有的文化都有正式的亲缘规则系统，这种规则系统非常精确，甚至往往能够证明其中的定理。我们自己的亲缘系统为我们给出了清晰版本的"奶奶"或"姥姥"：父母一方的母亲，让松饼见鬼去吧。法律、算术、大众科学以及社会惯例（用其生命阶段的仪式清晰地将成人与孩童、丈夫与单身汉区分开来）是其他的一些规则系统，世界各地的人们用这些规则系统做出评断。一门语言中的语法是另一种规则系统。

规则系统使我们从单纯的相似性中升华出来，根据解释来得出结论。辛顿、鲁梅尔哈特和麦克兰德写道："人们善于归纳新获得的知识。例如，如果你得知黑猩猩喜欢吃洋葱，很可能会提高你对大猩猩喜欢吃洋葱的预测的概率。在一个使用分布式表征的网络中，这种概括归纳是自动的。"他们的夸口其实是休谟言论在 20 世纪的回响，休谟曾说，人们看到色彩和外形都像面包的一个东西，会指望能从中得到类似的营养。但在任何一个人熟悉的领域，这个假设都会土崩瓦解。当然，爱吃洋葱的大猩猩只是一个刻意的例子，但有趣的是，即使是这么一个简单的例子也低估了我们。我知道一些动物学知识，不过对大猩猩不甚了解，但我绝不会提高我对大猩猩喜欢吃洋葱的预测概率。动物能够被交叉分类。它们可以根据家谱和相似性分作不同的类群，如猩猩类，但也可以根据获取食物的专有特定方式分作不同的种群，如杂食动物、食草动物和肉食动物。知道这个原则令我做出如下推理：黑猩猩是杂食动物，它们吃洋葱不奇怪；毕竟我们也是杂食动物，我们也吃洋葱。但大猩猩是食草动物，它们整天大嚼野生芹菜、蓟和其他植物。食草动物往往对它们赖以为食的植物种类十分挑剔，因为它们的消化系统最适合于化解某些种类植物的毒性而不是其他植物的毒性。一个极端的例子是考拉，它们只吃桉树叶子。所以如果大猩猩不吃辛辣的洋葱，我不会感到奇怪。根据我所想到的不同解释系统，黑猩猩和大猩猩可以同属于非常相似的种类，也可以像人和奶牛一样差之千里。

在关联论及其联结浆糊的应用中，物体的表征方式（即作为一组特征）自动地委托系统以一种特定的方式来进行概括归纳（除非用专门提供的相反例子来训练它不做这样的归纳）。我所推荐的替代方案是，人们可以在心理上对各种物体予以符号化，而那些符号可以指向我们脑袋里配备的多个规则系统。在人工智能中，这项技术被称为基于解释的归纳；关联论者的设计则被称为基于相似性的归纳。我们的多规则系统包含知识的特点包括组成性、量化性、递归性命题，以及汇集这些命题而形成的关于特定范畴经历的模块或直觉理论，这些范畴包括亲缘关系、直觉科学、直觉心理、数字、语言和法律。第 5 章我们将探讨其中的一些范畴。

清晰的类别和多个规则系统有什么好处呢？在这个社会性世界中，当讨价还价的双方都指着一个边界模糊类别，一个说某东西在里面，另一个说在外面，这时清晰类别和多个规则系统就可以对此做出评判。人生阶段仪式、法定年龄、证书、许可证以及其他法律文件划出了各方心理上都能明确的清楚界线，这些界线令所有人都知道其他任何人所占据的位置。类似地，全或无规则反对的是步步为营的战术，在这种战术下，人们尽量利用模糊的类别，为自身的利益一次又一次地发起边界争执。

规则和抽象类别也有助于处理自然界的事务。它们避开相似性，使我们能够深入，探索出事物运行的隐含法则。因为它们在某种意义上是数字性的，它们使得表征更为稳定和精确。如果你从一盘模拟磁带翻录一连串模拟复制品，那么其质量会随着被复制次数的增加而逐渐下降。但如果你制作一连串数字复制品，最后一个与第一个的质量会一样好。与之类似，在推理链中清晰的符号表征，将符号逐一不落地复制到连续的思维中，形成了逻辑学家们所称的一种诡辩法。

所有的乌鸦都是鸦。

所有的鸦都是鸟。

所有的鸟都是动物。

所有的动物都需要氧气。

无论经验多么贫乏，诡辩法都使思想者充满信心地得出结论。例如，一个思想者得出结论——乌鸦需要氧气，即使没有人会真这么做来看看会发生什么。即使他从来没见证过任何一个剥夺动物氧气的实验，而只是听到一位可信赖专家的陈述，这个思想者仍会得出这个结论。但如果这个推导中的每一步都是模糊的或者概率性的，或者胡乱堆砌了前一步类别成员们的特征，那么稀泥就越和越乱了。上面这个陈述会像第 *N* 代的私贩磁带一样充满噪声、杂乱无章，或是像糟糕的传话游戏中的最后一声低语那样难以识别。各个文化中的人们都在进行长链式的推理，无法直接观察这些推理所基于的联结是否真实。哲学家们常常指出，科学就是因为这种能力才成为可能。

就像许多围绕心智的问题一样，对关联论的争论往往被当作是先天禀赋与后天学习之间的争论。这几乎不可能想清楚。当然，在关联论者的建模中，学习扮演着极其重要的角色。建模者往往在被我前面提到的那些问题所难住，不得不重新考量时，就会利用隐含层网络的能力，学习一组输入和输出，然后将它们概括运用到新的、类似的情况。经过对通用隐含层网络的辛苦培训，人们有时可以令它做到近似正确的事。但英雄式的灌输式培训自身并不能成为联结浆糊的“救世主”。这不是因为网络天生结构太少和外部环境输入太多，而是因为原始联结浆糊的动力不足，所以网络的构建往往必须用最差的组合：太多的天生结构结合太多的外部环境输入。

例如，辛顿修改了一个三层网络来计算家庭关系。他本意是想用来展示网络是如何工作的，但其他的关联论者都把它当作是一个真实的心理学理论。输入层有为名字而设的单位，也有为关系而设的单位，比如“科林”和“母亲”。输出层有为与之相关人的名字而设的单位，如“维多利亚”。既然单位和联结都是网络的天生结构，就只有联结权重是习得的了，如果我们确实认为网络回应脑中的一个天生模块，只是为了对谁以一定的方式与一个有名字的人有关系这类问题分别作答的话。这不是一个对一般性亲缘关系进行推理的系统，因为知识被涂抹到了问题层和答案层之间的联结权重上，而不是被储存在能够以不同提取方式获得的数据库中。所以，一旦问题略微变动一下，比如问两个人是什么关系，或者问一个人家庭成员的姓名和关系时，知识就没用了。在这个意义上，模型就有了太多的天生结构，成了为某个特定测验量身定制的了。

在培训了其模型在一个小规模自制家庭中的关系后，辛顿请大家注意，这个模型能概括归纳出新的几对亲属关系。但仔细研究他的研究结果后，我们发现，这个网络需要对可能的 104 对中的 100 对加以学习，才能够概括归纳出剩余的 4 对。而培训过程中这 100 对的每一对都需要被注入网络达 1 500 次之多（培训课程共计 150 000 次）！很显然，孩子们学习家庭亲属关系的方式肯定与此大相径庭。这个数字对于关联论者的网络来说比较普通，因为它们并不用规则的方式来获得解决方案，而是需要将绝大多数例子生敲硬塞进网络，并只在例子之间进行插补。每种大体不同的例子都必须列入培训的内容，否则网络就会胡乱插补，就像统计学家们讲述的猎鸭故事一样：一人射得高了一米，第二个射得低了一米，第三个大声喊：“我射中它了！”

为什么要把联结浆糊放到强光下这么审视呢？当然不是因为我认为神经网络建模不重要——恰恰相反！若没有它，我对于心智如何运作的整个理论体系将像空中楼阁一样摇摇欲坠。也不是因为我认为这种网络建模只是将构建“小幽灵（后台程序）”和数据结构的工作从神经硬件工作中外包了出去。许多关联主义者模型为心智运算的最简单步骤所能取得的成就提供了意外的洞见。但我确实认为关联主义论调过于泛滥了。因为网络被宣传为柔性的、平行的、类推的、生物性的以及连续的，所以它们得到了讨喜的内涵和广泛的拥趸。但神经网络并不创造奇迹，它们不过是在执行一些逻辑和统计运算。选择输入表征、网络数量、每个网络的连线方式，以及数据路径和联结这些路径的控制结构，比起联结浆糊组件的通用能量来说，神经网络更多地解释了怎样令一个系统变得智慧。

但我的主要意图不是为了证明某种模型不行，而是为了展示心智能够做什么。本章的目的是给您一个粗略的认识，我们的心智是由什么做成的。思维与思考不再是“小幽灵（后台程序）”般的谜团，而是可以研究的物理过程，在解释思维与思考时，不同理论的优点、缺点可以被检验和辩论。我觉得，这尤其说明了古老的关联学说的缺陷，因为它们昭示了我们日常思考的精确性、微妙性、复杂性和开放性。人类思维的计算能力有着真实的后果。它被很好地用于我们对于爱、正义、创造性、文学、音乐、亲缘关系、法律、科学以及其他一些活动的能力，这些我们在后面几章将要继续探讨。但在这之前，我们还必须回到在本章开篇时提到的另一个问题。

意识的三种含义

意识是怎么回事？什么令我们确实感受到牙疼的痛苦或看到天空的蓝色就认为它是蓝色？心智计算理论即使有了完整的神经科学基础，也给不出一个清楚的回答。符号蓝色是被铭刻上的，目标状态在变化，一些神经元被激活了……那又怎样？意识不仅是一个问题，更是一个奇迹，一直在困扰着许多思想家们：

萨缪尔·约翰逊

物质与物质的差异只是在于形式、体积、密度、位移和位移的方向，但无论这些怎样变化或组合，又怎能得到意识呢？是圆的还是方的、是固体还是液体、是大的还是小的、移动得快还是慢、是一个方向还是另一个，这些是物质存在的形式，都完全不同于思考的性质。

汤姆斯·赫胥黎

意识状态是出自激活神经组织的结果，这是多么令人惊叹啊，就像阿拉丁一摩擦他的灯，神灵就会出现一样不可思议。

柯林·迈克基恩

不知为何，我们感觉大脑实体中的水被酿成了意识的美酒，但我们对这种转化的本质一无所知。神经传递就好像是用错误的材料把意识带到了这个世界。

意识为我们提供了一个又一个疑惑。一次神经活动怎么能让意识出现？意识有什么好处？也就是说，对红色的原始感受在我们神经电脑中连续相撞传递的系列事件中增加了什么？将某些东西感知为红色的任何效应——注意到它不同于各种绿色，大声说出“那是红色的”，追忆起圣诞老人和消防车，变得躁动不安——这些可以通过一个长波光的感知器所触发的纯粹信息处理而实现。意识是符号挥之不去的无用副效应吗，就像计算机中闪烁的小灯或伴随闪电的雷声？如果意识是没用的——没有它的生物体可以与有它的生物体一样应付这个世界——为什么自然选择会钟情于这个有意识的生物呢？

意识成了每个人都想求解的难题。几乎每个月都有一篇文章宣称，意识最终得到了解释，往往也伴随着神学家和人文主义者们的冷嘲热讽，他们会给科学划出边界，而科学家和哲学家也对之没有善评，他们认为这个主题太过主观或混乱不清，因而无法研究。

不幸的是，人们写的有关意识的许多东西几乎与意识本身一样令人费解。斯蒂芬·杰伊·古尔德写道:“在生命之树上，人类只是一个很小的细枝……但我们这一枝已经发展出自寒武纪大爆发以来所有多细胞生命历史中最杰出的新特质。我们发明了意识，以及意识所带来的从哈姆雷特到广岛的后遗症。”古尔德认为，除人类外所有其他动物都不具有意识，其他一些科学家则认为，有一些动物也有意识，并不是所有的动物都没有。许多人测试意识的方式是看一个动物能否认出镜子中的影像是自己，而不是另一个动物。以这种标准来看，猴子、小黑猩猩、老黑猩猩、大象和人类的婴儿都是无意识的。唯一具有意识的动物是大猩猩、猩猩、壮年期的黑猩猩以及按照斯金纳和他的学生罗伯特·爱泼斯坦(Robert Epstein)所认为的适当训练的鸽子。其他一些人则比古尔德还要严格:并不是所有的人都是有意识的。朱利安·詹宁斯宣称，意识是一项晚近的发明。早期文明中的人们，包括古希腊的荷马和旧约中的希伯来人，都是无意识的。丹尼特对此言论较为认同，他认为意识“在很大程度上是一个文化演变的产物，它是在幼年的训练学习中赋予大脑的”；他认为意识是“一个复杂的模因”。模因（meme）是道金斯用来表示文化的蔓延性特点的术语，比如，朗朗上口的顺口溜或最新的时尚热潮。

关于意识这个主题的一些事情使得人们像《爱丽丝镜中奇遇》(*Through the Looking Glass*）中的白女王一样，相信早餐前6个不可能实现的愿望。大多数动物真的是无意识的吗？梦游者、僵尸、机器人，它们没知觉吗？一只狗有感觉吗，有感情吗，有热情吗？如果你刺它们，它们会不会觉得痛？摩西真的尝不出盐味，看不到红色或体会不到性的快感吗？孩子们学习变得有意识是和他们学会帽檐朝后倒着戴棒球帽一样的吗？

写关于意识的作者们并没有疯，所以他们在用这个词的时候脑子里一定有些不同的东西。对于意识概念最好的评述是伍迪·艾伦在他虚构的大学课程目录中所写的:

> 心理学概论:人类行为理论……心智与身体之间可以分割吗，如果可以，拥有哪个更好？……将重点探讨对于意识而不是无意识的一项研究，其中对于如何保持有意识具有许多有帮助的提示。

言语幽默是用一个语意含混的单词中的一个含义吊起读者的胃口，然后用另一个含义作为包袱把读者逗乐。神学家们也拿这个含混的单词——意识来做文章，不是当作笑话，而是作为诱饵调包法：读者被引导期待对这个单词在一种意义上的一种理论，最难解释的一种意义，但却被给了另一个意义上的一种理论，在最容易解释的一种意义上的。我不想纠缠于概念，但谈到意识，我们别无选择，只能从解开它的含义开始。

有时，“意识”被看作是“智力”的一个高雅代名词。例如，古尔德就以这种方式使用它。但还有 3 种更加专门的含义，语言学家瑞·杰肯道夫和哲学家内德·布洛克做了很好的区分。

意识的第一种含义是自我认识。在一个智能生命所能拥有的、有关各种人和物体的信息中，有一些信息是关于这个生命自身的。我不仅能感受到疼痛和看见红色，我还可以在脑子里自言自语：“嗨，我，史蒂芬·平克，就在这儿，我感受到疼痛，看见了红色！”奇怪的是，这个单词的这个深奥含义正是大多数学术讨论所考虑的一个含义。意识通常被定义为“构建一个包含自我世界的内部模型”，“反思自身的理解模式”，以及其他一些过度自省，但这却与通常人们所理解的意识（活着、醒着、晓得）毫无关系。

自我认识，包括使用镜子的能力，并不比认知和记忆中的其他问题更加神秘。如果我有一个关于人的心智数据库，它一定包括一个关于我自己的条目。如果我能学会举起胳膊，伸着脖子看到我后背上的一块平时看不到的区域，为什么我不能学会举起镜子，在镜子里看我前额上的一块平时看不到的地方呢？而且获得关于自我的信息也很容易建立模型。任何初级程序员都能够就此写一小段儿软件来测试、报告甚至修改它。制造一个能在镜子中认出自己的机器人，并不比制造出一个能够认出任何其他东西的机器人困难多少。对于自我认识的进化、孩童自我认识发展以及自我认识的好处（更有趣的是其坏处，我们将在第 6 章中看到），确切地说，是一些值得提出的问题。但自我认识是认知科学中的一个日常命题，不是水变成酒的怪论。由于要写些关于自我认识的东西实在太容易了，作家们自然能够信口夸耀他们的“意识理论”。

意识的第二种含义是信息获取。我问："一分钱买你的想法，卖吗？"你回答我，关于白日梦的内容，当天的计划，你的疼和痒，你面前的颜色、形状和声音。但你没法告诉我，关于你胃分泌的酶，你当前心律和呼吸频率，你脑中将视网膜的二维影像恢复为三维形状的计算，你说话时单词排列的句法规则，你能捡起一块玻璃的肌肉收缩次序。这说明，神经系统中所有的信息处理归为两类。一类包括视觉产物和短期记忆的内容，获取这类信息可以通过以言语报告、理性思维和深思熟虑的决策过程为基础的系统。另一类包括自主（关键的）反应，视觉背后的内部计算，语言和运动，还有被压抑的欲望或记忆（如果有的话），这些信息无法通过上述系统获得。有时信息可以经过第一类再到第二类，或者相反。我们在初次学习如何使用变速杆的时候，每个动作都需要经过思考，但经过练习，这项技能就变成自动化的了。通过高度集中注意和机能反馈，我们能够集中到一个隐含的感觉，如心跳。

这种意义上的意识当然也包括弗洛伊德对意识和无意识的区分。至于自我认识，没有什么不可思议的或者神秘的。的确，有机器间的明显类比。我的电脑可以获得关于打印机是否运转正常的信息（在这个特定含义上，它"意识"到了），也能够打印出一条提示出错误的信息——打印机没有响应。但它无法得到打印机为什么不运转的信息，从打印机连到电脑的电缆所携带的信号并没有包括这个信息。而打印机内部的芯片却得到了这个信息（从这个意义上，它意识到了）；打印机不同部分中的传感器将信息传到芯片，如果墨粉少了，芯片可以亮黄灯，如果卡纸了，芯片亮红灯。

最后，我们要谈一谈意识所有含义中最有趣的一个——感知力：主观体验，可感觉的知晓，原始感受，第一人称现在式。"会是什么样的感觉？""如果你问那你就永远也不会知道。"伍迪·艾伦的玩笑正是利用了这个含义上的意识和弗洛伊德意义上的意识之间的差异，让读者通过心智中深思熟虑的语言运用部分会心地得到了这个差异的信息。这种感知力，才是使意识似乎真正像一个奇迹的含义。

本章的剩余部分是关于后两个意义上的意识的。首先，我将讨论信息获取，看看不同的心智部分能够获知哪种信息。其次，从这个词的这个含义上，我们真的就快要弄明白意识是如何在脑中运作的，在心智计算中它的作用，它被设计以符合的工程设计具体规格（以及使其变成这样的进化压力），还有这些规格是如何解释意识的主要特征的——感觉知晓、集中注意、情绪色彩和意愿，围绕这些问题，有很多颇为有趣的东西值得讲述。最后，我们将谈到感知力的问题。

信息获取意义上的意识的四个特征

有一天（很可能这一天很快到来），我们将会很好地理解脑中的哪些东西负责信息获取意义上的意识。例如，弗朗西斯·克里克（Francis Crick）和克里斯托弗·科克（Christof Koch）已经开始列出我们应当寻找的直接评判标准。显而易见，来自感觉和记忆的信息只引导清醒着的动物的行为，而不是被麻醉的动物的行为。因此，当动物清醒和处在无梦睡眠或是失去知觉的状态时，它们脑部结构的活动是有差异的，而在这些脑部结构活动差异中，我们就能找到信息获取意义上的意识所需的一些神经基础。大脑皮质的较低层次就很可能是承担着这个职责的。此外，我们还知道，关于物体被感知的信息是散布到大脑皮质的许多部分的。因此信息获取要求有一个机制，可以将空间上分散的数据聚合在一起。克里克和科克认为，神经元触发的同时性或许是由从皮质到丘脑这个大脑中心站之间的环所导致的。他们还指出，自发的、计划的行为需要额叶的活动。因此，信息获取意义上的意识也许可以根据大脑不同部分到额叶之间运行的纤维束的解剖构造而得到确定。无论他们是否正确，他们已经证明问题能够在实验室内处理。

在我们对大脑计算的理解中，信息获取意义上的意识同样只是一个问题，而不是一个谜。回想一下我们识别叔叔的产出系统。它有一个公共的短期内存记忆：一个系统中所有“小幽灵（后台程序）”都能看到的工作空间或公告板。在系统一个分隔开的部分有另一个更大的信息储存地，那是一个长期记忆内存，那里的信息“小幽灵（后台程序）”读不到，除非一些信息片段被复制到短期记忆内存中。许多认知心理学家指出，在这些模型中，短期记忆内存（公共公告板，整体工作空间）的作用就像意识一样。当我们感知到了一段信息，心智的许多部分就能据此采取行动。我们不但看到了面前的一把尺子，还能够描述它，接近它，推断它能支撑一个窗口，或是数它的刻度。正如哲学家斯蒂芬·斯蒂奇（Stephen Stich）所指出的，有意识的信息在逻辑上是混杂的；它令许多信息处理行为者都能获得它，而不是只钟情于唯一一个。纽维尔和西蒙在理解人类解决问题方面取得了进展，他们的方法只是请人在思考解决难题时说出他的想法。他们用一个产出系统很好地模拟了心智活动，这个系统中公告板的内容一步一步对应了那个人报告的他下意识思考的内容。

信息获取的设计规格，以及形成这种规格的自然选择压力，也变得越来越清晰了。一般性原则就是，任何信息处理器都必须只得到限量的信息，因为信息也有成本，就像它有收益一样。

信息的第一个成本是空间，即容纳信息的硬件。对电脑所有者来说，决定是否投资增加更多内存是很明显的限制。当然，大脑不像计算机，有着海量的平行硬件供存储使用。有的理论学者推测，大脑能够预先储存所有的可能情况，思维可以被简化成一步式的模式识别。但组合爆炸式数学让我们想起了 MTV 的老旧口号：只是太多还不够。简单的计算表明，人类可掌握的句子、句子含义、国际象棋、旋律、可见的物体等等的数量会超过宇宙中粒子的总数。例如，国际象棋中每个点可以有 30~35 步可能的下法，每种下法会有 30~35 步可能的应对方法，这样一个回合就有约 1 000 种可能的下法。通常一局国际象棋要持续 40 回合，这可能会产生 10^{120} 种不同的棋局。在可见的宇宙中大约有 10^{70} 个粒子。所以没有人能通过记住所有的棋局，然后识别出每一步下法来下国际象棋。对于句子、故事和旋律也是如此。当然，一些组合是可以被储存的，但很快要么你耗尽了脑空间，要么你开始添加模式得到一些无用的四不像的拼凑。信息处理器需要的不是储存天文数字的输入输出或问题及其答案，而是需要规则或算法，一次处理一小组信息，只在需要的时候才计算出答案。

信息的第二个成本是时间。正如一个人不能在远小于宇宙空间的大脑中储存所有的国际象棋棋局一样，一个人也不能在远短于宇宙寿命（10^{18} 秒）的一生中玩尽所有的棋局。用几百年解决一个问题实际上等于根本没有解决问题。事实上，对一个智能行为者的要求还要更加严苛。生命是一连串的截止日期。感知和行为都在实时发生，比如猎杀一只动物或在谈话中坚持己见。既然计算本身要花费时间，信息处理就可能是问题的一部分，而不是解决方法的一部分。设想一下，一个徒步旅行者计划在天黑前以最快的路线赶回宿营地，他却花了 20 分钟才找到一条只节省 10 分钟的路线。

信息的第三个成本是资源。信息处理需要能量。对于任何曾用降低处理器速度和限制磁盘获取信息等方式来延长笔记本电池使用时间的人来说，这一点显而易见。思考也是昂贵的。对大脑活动的功能照影技术（PET 和 MRI）基于这样的事实：脑组织的工作需要更多的血液并耗费更多的葡萄糖。

任何由物质组成的、实时工作的，并受限于热动力学定律的智能行为者都必须限制对信息的获取，只许获取与当下问题有关的信息。这倒并不是说，行为者应当戴上眼罩或是成为失忆症患者。在某个时候，与某个目的无关的信息可能在另一个时候与另一个目的有关，因此信息必须加以排序。总是与某种计算无关的信息应当被永久封存，远离这种计算。只要有关信息能被提前预测到就可以，有时有关、有时无关的信息应当在其有关时能够被获取。这种设计规格解释了为什么信息获取意义上的意识存在于人类心智中，并使我们能够理解其中的一些细节。

信息获取意义上的意识有 4 个明显的特征。第一，我们能不同程度地感知到丰富的感觉：眼前世界的颜色和形状，包围我们的声音和味道，皮肤、骨骼和肌肉所承受的压力和疼痛。第二，这些信息的一部分会进入到注意的探照灯范围之内，在短期内存记忆中转进转出，以供我们深思熟虑。第三，感觉和思维伴随着情绪上的好恶：愉快或不愉快，有趣或令人厌恶，让人兴奋还是使人镇定。第四，一个执行者——“我”，似乎会做出选择，启动行动的按钮。这每一个特征都抛弃了神经系统中的一些信息，界定了信息获取意义上的意识的路径。每一个特征都在思维和感知的适应组织中扮演了一个清晰的角色，帮助我们做出理性的决策和行动。

信息获取意义上的意识的第一个特征是在感觉领域。杰肯铎夫在回顾了各个模块所用的心智表征层级后，提出了这样的问题：哪一层级对应现在时态知晓的这个广阔领域？例如，视觉加工的过程是从视网膜的视杆细胞和视锥细胞开始，经过表示边缘、深度和平面的中间层级，再到识别我们面前的物体。语言理解的过程是从原声到音节，经过单词和短语的表征，再到对信息内容的理解。

杰肯铎夫观察到，信息获取意义上的意识似乎作用于中间层级。人们感知不到感觉的最低层级，我们在生活中做不到对每一片蛋糕碎屑和每一口石笋浓汁都进行普鲁斯特式的沉思冥想。实际上，我们看不到阳光下煤块的亮，屋内雪球的暗，电视屏幕上“黑色”区域的灰绿，或是一个移动正方形投映在我们视网膜上的橡胶状平行四边形。我们“看见”的是一个经过高度处理过的产物：物体的表面，它们本来的颜色和质地，它们的深度、斜度和偏度。在到达我们耳朵的声波中，音节和单词被扭曲和杂糅在一起，但我们听到的不是那条无缝的声音缎带，而是“听到”一连串界定清晰的单词。我们的直接感知也没有专门涉及最高层级的表征。最高的层级——世界的内容或是信息的要点——一般会在一个经历后在长期记忆内存中待很长的时间，但一旦经历被打开，我们就会感知到视觉和声音。在我们看到一张脸时，我们不只是抽象地想到“脸”，我们还会在记忆中搜索它的阴影与轮廓。

对中间层级的感知的优势不难发现。随着视觉条件的变化，我们仍保持对形状和亮度恒常的感知，能够跟踪到物体内在的特质：在我们转动煤块或是增加光亮度时，我们感知的煤块本身形状未变，也仍是黑色的，对它的体验也与以前一样。感知的低层级不需要，高层级还不够。这些恒常性背后的原始数据和计算步骤都被封存于远离我们的感知觉中，无疑是因为它们运用的是光学的永恒定律，既无须从其他部分的认知中获取意见，也不会给其他认知提供任何洞见。计算的产物远在物体被识别确定之前就被广为运用了，因为一个简洁的背景环境还不足以让我们环游世界。行为是一场短兵相接的游戏，谋划下一个步骤的决策过程必需物体表面的几何和构成属性。与之类似，我们在理解一个句子时，追溯声波的嘶嘶嗡嗡声不会有任何帮助；它们必须被解码为音节，才能在心智字典中找到有意义的东西与之匹配。语音解码器运用了一种终身有效的特殊钥匙，并被允许自行其是，不受来自心智其余部分中好事者的打扰。但正如视觉一样，心智的其他部分也不会满足于仅有的最后产物——在此例中，即讲话者的要点。对单词和音调的选择也携带着信息，使我们能够听出弦外之音。

信息获取意义上的意识的第二个特征是注意力聚光灯。它的作用是，完美地说明了无意识的平行处理只能走那么远（其中许多输入被同时处理，且每个都是用自己的迷你处理器）。一个早期阶段的平行处理尽其所能传递了一个表征，而在这个表征中，一个更拥堵和缓慢的处理器必须选择其所需的信息。心理学家安妮·特雷斯曼想出几个例子，现在成为对无意识处理和有意识处理在哪里交接的经典说明。人们看到展示的色彩形状，像一些 X 和 O，并被要求如果看到某个目标就按某个按钮。如果搜寻目标是一个 O，就会在一大堆 X 中显示一个 O，这人会立刻做出反应。无论有多少个 X，人们说那个 O 就是自己冒了出来（冒出来，正如这种效应现在的称谓，是表示无意识平行处理的一个很好的符号）。与之类似，一大堆红色的 O 中会自动冒出一个绿色的 O。但如果实验者请这个人找到一个绿色的 O，而这个字母位于一大堆混杂的绿色的 X 和红色的 O 之中，这个人就必须下意识地一个字母一个字母去搜寻，看看它是否符合既是绿的又是 O 的标准。这项任务就像儿童漫画《威利在哪里？》中描绘的一样：穿着红白条纹衫的英雄隐藏在一大群穿着红白条纹衣服的人当中。

到底发生了什么？设想视域中散布着好几千个小处理器，每个处理器都检查一种颜色或一个简单形状，如一段曲线、一个角度或一条线，当它们出现在这个处理器位置的时候，它就会被检测出来。一组处理器的输出看上去像这样：红红红红绿红红红，等等。另一组的输出像这样：直直直弯直直直，等等。添加在这些处理器上的是一层落单者出局的监测器。每一个都横跨一组线或颜色的监测器，并在视域上将那些在颜色或轮廓上不同于周边的点做上“标记”。被红色围绕的绿色需要一个特殊小旗。从众多红色中看到绿色只需要用小旗标记那一点，这是一项即使是最简单的“小幽灵（后台程序）”也能做到的任务。一个 X 中的 O 也可以用同样的方式来检测到。但数千个守望在这片视域内的处理器却太笨了，算不出这个特征的逻辑乘积：一小片既绿且弯的，或是既红且直的。这种逻辑乘积只有通过一种程序设计的逻辑机器才能检测到，这种机器通过一扇狭窄可移动的窗户来看一部分视域，并将其答案传递到其余的认知棱块。

为什么视觉计算被分为一个无意识的平行阶段和一个有意识的序列阶段？因为逻辑乘法是组合的。不可能将逻辑乘积检测器散布到视域的每个位置，因为有太多种逻辑乘积了。有 100 万个视觉位置，那么所需的处理器数目就是 100 万再乘上逻辑上可能的乘积：我们能区分的颜色数目乘上轮廓数目乘上深度数目乘上移动方向数目再乘上速度数目，这是一个天文数字。平行的、无意识的计算在它给每个位置做了颜色、轮廓、深度和位移的标签之后，就停止工作了；接下来其组合就需要一次一个位置地进行有意识的计算。

这个理论做了一个令人惊讶的预测。如果有意识的处理器集中于一个位置，其他位置的特征就应当脱开粘连，自由漂浮。例如，一个没有专门留神一片区域的人将不会知道它是否包含着一个红 X 和一个绿 O，或是一个绿 X 和一个红 O——颜色和形状应当漂浮在分开的平面，直到有意识的处理器在一个特定的位置将它们聚合在一起。特里斯曼发现，情况就是这样。当人们被几种颜色的字母分神时，他们能够报告字母也能够报告颜色，但他们将颜色和字母结合在一起报告时就出错了。这些错觉组合是对无意识视觉计算的有力证明，在日常生活中这也并不罕见。当人们心不在焉地或用眼睛余光看单词时，这些字母有时会自己安排布置。一位心理学家说，当他走过一台咖啡机时，心里很奇怪为什么它宣称售卖“World's Worst Coffee”（世界最差咖啡），于是他开始研究这种现象。当然那个标志实际上写的是“World's Best Coffee”（世界最佳咖啡）。一次我驾车经过一个户外广告牌，看到上面竟然在给一个“brothel”（妓院）做广告，当然定睛再一看实际上是“Brothers' Hotel”（兄弟宾馆）。当信手翻杂志时，我有一次看到一个标题是关于“anti-semitic cameras”（反犹太人照相机），它们实际上是“semi-antique”（半古董）。

有一些瓶颈既从人的内部也从外部阻碍了信息的流动。当我们试着取回一个记忆时，条目会一次一个地滴入感知中，如果信息有些陈旧久远或是不同寻常，还往往会伴随着令人苦恼的延迟。自从柏拉图引用了软蜡的比喻后，心理学家们推测，神经介质一定是天然就抗拒保留信息，除非信息被关起来，否则它会随着时间逐渐消退。但大脑可以记录持久的记忆，比如爆炸性新闻的内容以及人们听到这条新闻时的一些时间和地点细节。因此，神经介质本身无须被指摘。

心理学家约翰·安德森反向设计了人类记忆的取回模式，显示出记忆的限制并不是一个软弱储存介质的副产品。正如程序员们喜欢说的："它不是一个瑕疵，而是一个特点。"在一个优化设计的信息取回系统中，一个条目应当只在它的作用超过取回它的成本时才被恢复。任何使用过计算机化图书馆提取系统的人都会看着蜂拥而来、溢满屏幕的标题很快懊悔起来。尽管我们人类断言自己提取检索的能力有限，但一个人类专家从包含内容中确定一条信息的表现远超过任何计算机。当需要寻找关于一个不熟悉领域的主题的文章时，我不用图书馆的计算机，我会给在那个领域工作的朋友发封电子邮件。

一个信息提取系统怎么才算被优化设计了？它应当在被要求时提供最有可能有用的信息。但那怎么就能提前知道呢？这些概率可以根据关于哪种信息最可能需要的一般法则来做出预测。如果这种法则存在，我们应当能够在通用信息系统中而不只是人类记忆中找到它们。例如，这种法则应当在从图书馆借的统计书上或者在计算机提取的文件中能看到。信息科学家们已经发现了一些这样的法则。过去已被需要过许多次的一条信息比过去只被需要很少次的信息，更有可能在当前被需要。一条最近被需要的信息比一段时间前被需要的信息，更有可能在当前被需要。因此一个优化的信息提取系统应当偏向于提取那些经常碰到和最近碰到的条目。安德森指出，人类记忆的提取正是这么做的：我们对通常、最近事件的记忆比对罕见、过去久远事件的记忆要更好。他还发现了记忆研究中 4 条其他的经典现象，都独立地符合计算机信息提取系统优化设计的标准。

信息获取意义上的意识的第三个显著特征是对经历的情感着色。我们不但登记事件，还把事件登记作愉快的还是痛苦的。这使得我们在当前和以后采取行动来经历更多的前者和更少的后者。这些一点儿都不神秘。从计算上讲，表征触发了目标状态，反过来触发了信息搜集、问题解决和行为选择的“小幽灵（后台程序）”来计算如何获得、躲避或修改有关的情势。从进化上讲，对于为什么寻觅我们所寻觅的目标，很少有什么神秘之处——例如，人们为什么更喜欢与一个有吸引力的伴侣做爱，而不是拿着条湿鱼在肚皮上拍打。成为欲望目标的东西，是那种一般来说会提高我们在进化的环境中生存和繁衍概率的东西：水、食物、安全、性、地位、对环境的掌控，以及孩子、朋友和亲属的幸福。

信息获取意义上的意识的第四个特征是将控制汇集为一个执行过程：我们作为自我、意愿、“我”所经历体验的一些事情。自我的概念一直遭到非议。据人工智能先驱马文·明斯基说，心智是一个行为者的社会，它是一个半成草图的大集合。丹尼尔·丹尼特补充道，“寻找大脑里白宫椭圆办公室的总统是一个错误”。

心智社会是一个绝妙的隐喻，我在解释情感时将充满热情地使用它。但如果它取缔了大脑中负责一次为一个行为者提供导引或空间的任何系统，那么对这个理论的使用可能就走得太远了。可以用一套主要决策规则将大脑的行为者很好地分层次组织成为嵌套式子程序，而一个计算“小幽灵（后台程序）”、行为者或好的小人则端坐于命令链条的顶端。它不是机器中的一个神灵，只不过是另一组如果－那么规则或是一个将控制推给下一层时嗓门最大、速度最快或最强壮的行为者的神经网络而已。

我们甚至已经有了关于容纳决策电路的大脑结构的线索。神经科学家安东尼奥·达马西奥（Antonio Damasio）指出，前扣带沟的损伤会使患者处于一种似乎很警觉但却令人奇怪的无反应状态，这个大脑区域从许多更高知觉区域获得输入并联结到更高层的运动系统。这个报告让弗朗西斯·克里克宣布，意愿的位置已经被发现了，当然，他只是半开玩笑地这样表示。几十年来，神经科学家已经知道意愿的履行——形成和执行计划——是额叶的一项工作。一个令人难过但是很典型的例子是，一个 15 岁的男孩，他的父亲打电话来向我询问信息，这个男孩曾在一次车祸中额叶受损。这个男孩会在冲澡时在浴室待几个小时，无法决定什么时候出来。他也离不开家，因为他总是折返回房间去确认他是否已经关了灯。

为什么一个心智行为体的社会需要一个顶端的执行官呢？原因就像那句古老的意第绪语格言一样清楚，“你只有一个屁股，不能同时在两个婚礼上跳舞”。无论我们心智中有多少个行为体，我们每个人只有一个身体。对每个主要部分的保护职责只能被授予一个管理者，由它从彼此竞争的行为体中选择一个方案。眼睛只能一次关注一个目标；它们不能固定在两个感兴趣目标的中间空白地带，或者在二者的拔河中两边摇摆。四肢的设计是为了使身体沿着一条路线运动，从而达到一个心智行为体的目的。而替代方案，一个真正的平等主义的心智社会，就像那个精彩的搞笑电影《我的全部》（*All of me*）中描绘的那样：莉莉·汤姆林扮演一个得疑病症的富家女继承人，她雇用了一位印度教大师，将她的灵魂转移到另一位不想要自己灵魂的女人身上。在转移过程中，一个盛着她灵魂的夜壶掉出窗外，砸到了一个路人的脑袋上，路人由斯蒂夫·马丁（Steve Martin）饰演。汤姆林的灵魂盘踞在马丁的右半个身体上，而马丁还能对左半个身体保持控制。他走起路来歪歪扭扭，他的左半边刚向一个方向昂然迈出一步，他的右半边又接着向另一个方向轻移一个莲步，同时还翘着兰花指。

信息获取意义上的意识就要被揭开面纱了，那么感知力意义上的意识呢？感知力和信息获取也许是一枚硬币的两面。我们的主观体验对我们的推理、谈话和行动也是有利的东西。我们并不只是感受到牙疼，我们还抱怨牙疼并冲到牙医那里寻求治疗。

内德·布洛克试图澄清信息获取和感知力之间的区别，他通过设想那些信息获取会发生而没有感知力的场景（或是相反的情况）来表述其中的差别。一个有信息获取而无感知力的例子，可能会出现在一种被称为盲视的奇怪症状中。当一个人由于他的视觉皮层受损而有一大片盲点区域时，他会断然否认他看到那里有一个东西，但如果强迫他猜测物体在哪儿时，他的表现要比纯靠瞎蒙的好得多。一个解释是，盲视者可以获取目标物体的信息，但感觉不到它们。无论这是否正确，它说明，要区分信息获取与感知力的差异还是可能的。有感知力而无信息获取的情况可能出现在当你全神贯注于谈话中时，突然意识到窗外有一个气锤的声音一直在响，你能听到它但却有一段时间没有注意到它。在注意到噪声之前，你感觉得到它，但却没有获取它的信息。不过布洛克承认这些例子有些牵强，他怀疑，现实中信息获取和感知力一直是在一起的。

因此，我们也许并不需要一个分开的理论来解释大脑中的感知力发生在哪里，它怎样符合心智计算或是它为什么进化。它似乎是某种信息获取的额外特质。我们确实需要的是这样一种理论，它能解释一个关于感知力的主观特质是怎样从单纯的信息获取中孕育出来的。那么，为了使这个讲述比较完整，我必须提供一个理论能够处理下面这样的问题：

- 如果我们能像一个强大的计算机程序一样复制人脑中的信息处理模式，那么运行这种程序的计算机是有意识的吗？
- 如果我们用这个程序来训练很多人，比如说像中国那么多的人口，让他们记住这些数据并依此行动，那会怎么样？那将会有一个巨大的意识盘旋于中国上空，而与十几亿人的个体意识分隔开来吗？如果他们的大脑正处在令人苦恼的疼痛状态，会有一些实体在真正承受痛苦，即使每个人都在欢欣鼓舞和无忧无虑吗？
- 设想你脑后部的视觉接收区域接受手术，与其余大脑区域分割开来，但它仍在你的头盖骨中保持鲜活状态，接收来自眼睛的输入信息。用任何行为标准来衡量，你都是盲人。在你的脑后部是有一个静默无声但完全清醒的视觉意识被封存在那里吗？要是把它取出来，活着放到一个盘子里会怎样呢？
- 你对红色的体验和我对绿色的体验是一样的吗？当然，像我一样，你可能给草冠以“绿色”的标签，给西红柿冠以“红色”的标签，但也许实际上你看到草时感觉的颜色，就是我如果处在你的位置将会描述的颜色——红色。
- 会有僵尸吗？也就是说，会有一个机器人被装扮成行动像你我一样的具有智慧和情感的人，但在它脑中却“没有一个主人”实际上在感受或看到任何东西吗？我怎么知道，你不是一个僵尸呢？
- 如果有人能把我脑中的状态下载并复制到另一群模块集合中，那它就具有了我的意识吗？如果有人毁坏了原件，而副本仍在过着我的生活，思考着我的想法，感觉着我的感觉，我算是被谋杀了吗？每次柯克船长进入光波传送室，他都会死掉而代之以一个孪生兄弟吗？[①]

① 参见电影《星际迷航》中的情节。——译者注

- 做一只蝙蝠是什么感受？甲壳虫能享受性爱的愉悦吗？当一个钓鱼人把一个虫子钉在鱼钩上时，它会无声地尖叫吗？
- 外科医生用一个微芯片替换了你的一个神经元，复制了它的输入－输出功能。你的感觉和行为都与以前完全一样。然后他们又替换了第二个，第三个，直到你的大脑逐渐变成了硅质的。因为每个芯片都与神经元做的工作完全一样，你的行为和记忆一点儿也没有变化。你能注意到这个差别吗？这在感觉上是像濒临死亡吗？有某个其他有意识的实体移居到你的脑中了吗？

我对这些问题完全束手无策！我有一些带有偏颇的解答，但根本不知道怎样才能找到一个能自圆其说的说法，而且没有人能知道。心智计算理论提供不了任何帮助，神经科学的任何新发现也不行，一旦你用信息获取和自我认识扫清了对感知力的普遍困惑，剩下的就无能为力了。

一本称为《心智探奇》的书怎么能逃避解释感知力从何而来的责任呢？我想我可以引用逻辑实证主义的教旨，它坚持如果一个陈述不能被验证，那它实际上就是没有意义的。无法估量的事情对我而言，就是在质询那些典型的不可验证的事物。许多思想者，如丹尼特，认为忧虑那些情感只是在标榜一个人的迷惑：感知力体会（或者，如哲学家们所称的，感受性）是一种认知幻觉。一旦我们将之与信息获取意义上的意识在计算上和神经学上的相关物分离出来，就没有什么还需要解释的了。在所有的感知力表现都已经得到说明后，仍坚持说感知力还没有被解释只因为计算中没有任何感知力，这种坚持是不理性的。这就像即使所有的湿的表现都已经说明清楚，仍坚持说湿的还没有得到解释只是因为移动的分子没有湿一样。

大多数人觉得这个论证不大令人满意，但很难找出它错在哪里。哲学家乔杰斯·瑞（Georges Rey）曾跟我说，他没有感知力体验。他在 15 岁时出了一次自行车事故之后就丧失了这种体验。他坚持说，从那以后他就是一个僵尸了。我估计他是开玩笑，但我无从知晓，因为他就是那样告诉我的。

对感知力存在质疑的人确实言之有理。至少现在，我们对于产生感知力的特别额外成分并没有科学的解释。随着科学的发展，它或许也不存在。这不只是说感知力是根本无法检验的；而且检验它不会对任何事情产生任何影响。我们对感知力的不了解一点儿都不妨碍我们理解心智如何工作。一般来讲，一个科学问题的各部分拼在一起就像一个纵横字谜游戏。要解构人类进化，我们需要人类学来找到骨头，考古学来理解工具，分子生物学来确定人类始祖与黑猩猩的分开时间，以及古植物学来从化石粉末中重新构建当时的环境。当这个谜的任何一部分还空着时，比如缺少黑猩猩的化石或是不确定当时气候是干燥的还是湿润的，缺口就仍然很大，每个人都亟待填平缺口。但在心智的研究中，感知力漂浮在它自己的平面，远高于心理学和神经科学的因果联系链。如果我们可以追溯所有神经计算理论的发展步骤，从直觉到推理与情绪再到行为，由于缺少一个感知力理论，而欠缺的唯一一件事就是对感知力本身的理解。

我们没有对感知力的科学解释并不代表感知力根本就不存在。我对感知力的确信就像我对任何事的确信一样，而且我打赌你也有同样的感觉。虽然我承认，我对感知力的好奇心可能永远也得不到满足，但我拒绝相信，在我认为自己是有感觉的时候我是迷惑的！（丹尼特对未解释的湿的类推是不明确的：湿本身就是一种主观感觉，所以观察者的不满意正是感知力的问题。）我们不能在会话交流中摒弃感知力或是把它简化到信息处理中去，因为道德推理有赖于它。感知力的概念作为基础令我们确信：酷刑是错误的，肢解一个机器人是毁坏财物，而肢解一个人是谋杀。它解释了为什么一个被爱的人的死去，不仅令我们对自己的失去感到悲伤，而且带给我们无可言状的痛苦，因为我们知道这个人的思想和快乐已经永远地消逝了。

如果你能耐着性子读到本书的最后，你将会知道我对于“感知力之谜”的感觉。但谜终究是谜，它不是一个为科学准备的主题，但却是为了伦理学，为了午夜宿舍“卧谈会”，当然也为了另外一片领域。

> 在飘浮于太空中的一颗细微沙粒之上，有着一个人的生命残片。锈迹斑斑的是他曾居住过的地方和使用过的机器。由于无人使用，它们将会随着风沙和岁月的侵蚀逐渐分解；考利先生所有的机器——包括那个曾经在他的影像中制作的，那个曾经因爱而鲜活，但现在却孑然躺在那里的……就在暮光之界。

How the Mind Works

03

自然选择理论

自然选择根本没有“努力”地发展智能，因为更大的脑需要的能量也更多，深思熟虑让大脑的反应时间更慢。在所有生命体中，只有人进化出了智能，这要归功于四大有利因素。如果人类仍在进化，那也一定非常缓慢，并且朝着我们无法预知的方向进行。

在远超过我们太阳系边际的某个地方，也就是星际空间，放置着一台老式留声机和一张金唱片，唱片套上有象形文字写就的说明。留声机和唱片被附在旅行者 2 号太空探测器上，旅行者 2 号于 1977 年被发射进入太空，它的使命是从我们太阳系的远地行星那里向我们回输图片和数据。现在，旅行者 2 号已经飞过海王星，它令人激动的科学使命已经结束，里面的唱片正作为一张来自我们的行星的邀请卡片，发向任何可能迅速抓住它的外星生物。

天文学家卡尔 · 萨根（Carl Sagan）是这张唱片的灌制者，他选择了那些能体现出我们人类这个物种及我们的成就的图像和声音。唱片包括了用 55 种人类语言和一种“鲸语”讲的问候语，一篇由婴儿啼哭、接吻声和一个恋爱中的少女在冥想时的脑电图记录组成的有声文章，还有采自世界各种风格的 90 分钟的音乐，其中包括墨西哥流浪乐手、秘鲁排箫、印度拉迦、纳瓦霍夜咏、一个俾格米女孩的创始曲，一首用日本尺八演奏的曲子，巴赫、贝多芬、莫扎特、斯特拉文斯基、路易斯 · 阿姆斯特朗和恰克 · 贝里演奏的《约翰 ·B. 古德》（*Johnny B.Goode*）。

这张唱片中还承载着一条来自我们物种致茫茫宇宙的和平短信，这条短信是由时任联合国秘书长的库尔特 · 瓦尔德海姆（Kurt Waldheim）吟诵的。几年后，历史学家发现，瓦尔德海姆在第二次世界大战中担任了一支德国陆军部队的情报官员，这支部队对巴尔干游击队实施了残暴的劫掠，并将萨洛尼卡（Salonika）

的犹太人运送到纳粹的死亡集中营。召回旅行者 2 号已经太晚了，我们这个讽刺的笑话将环绕在银河系的中心直到永远。

“变聪明”不是进化的必然

无论怎么说，旅行者 2 号上的留声机唱片都是一个好想法，单就它提出的问题就很好。我们在茫茫宇宙中有同伴吗？如果没有，那么异形生物形式有智能吗？它们希望发展太空航行吗？如果是的话，它们能解释我们要传达的声音和图像吗？它们听到我们的声音会以为是调制解调器的哀鸣吗？它们看到封面的人物线性画会以为是一个电线构成的种族吗？如果它们理解了，它们怎么回应呢？不理我们？过来奴役我们还是吃掉我们？还是启动一次星际间的对话？在《周六夜现场》喜剧秀中，外部空间发来的期待已久的回答是“多发一些恰克·贝里的歌”。

这些问题并不只是作为午夜宿舍“卧谈会”的谈资。在 20 世纪 90 年代早期，NASA 划拨了一亿美元的经费供一个为期 10 年的“寻找外星智能”项目（Search for Extraterrestrial Intelligence，SETI）使用。科学家们将监听无线电波，寻找那些只能来自外星智能生物的信号。可想而知，这一项目遭到了一些国会议员的反对。有人说，这是将联邦经费浪费去“寻找一些长着奇形怪状脑袋的小绿人”。为了尽可能减少这个“搞笑因素”，NASA 将这个项目重新命名为“高分辨率微波调查”（High-Resolution Microwave Survey）项目，但为时已晚，这个项目没能躲过国会的大幅削减。现在这个项目是由来自私人的捐助支持的，捐助者包括斯蒂芬·斯皮尔伯格。

对“寻找外星智能”项目的反对不仅来自那些一无所知党，而且来自一些世界上最知名的生物学家。为什么他们加入讨论呢？“寻找外星智能”项目依赖的假设不仅来自天文学，还有进化论——特别是智能的进化。智能是必然事件还是偶然事件？在 1961 年的一次著名大会上，天文学家和“寻找外星智能”项目的热衷者弗兰克·德瑞克（Frank Drake）声明，可能联系我们的外星文明数量可以根据以下公式来估计：

（1）（星系中的恒星数量）x

（2）（恒星与行星的比例）x

（3）（每一个有生命支持环境的太阳系的行星数量）x

（4）（生命实际出现的行星比例）x

（5）（养育了生命且产生了智能的行星比例）x

（6）（愿意且能够与其他世界沟通交流的智能社会的比例）x

（7）（在沟通状态中每种技术的寿命）

与会的天文学家、物理学家和工程师们觉得，如果没有一个社会学家或历史学家将无法估计因素（6）。但他们在估计因素（5）时非常有信心，即养育了生命的行星中产生智能的比例，他们确定那是100%。

能在茫茫宇宙中的其他地方找到智能生命，将会是人类历史上最激动人心的发现。那为什么生物学家这么令人扫兴呢？这是因为他们觉得“寻找外星智能”项目的热衷者是在基于前科学的民间信仰的基础上进行推理的。几个世纪的宗教信条、维多利亚时代的赶超理想以及现代世俗的人文主义都引导着人们错误地理解了进化，认为其向着更大更复杂的方向发展，其巅峰就是人类的出现。随着压力的积累，智能就像平底锅里的爆米花一样喷薄而出。

宗教信条被称为存在之大链（Great Chain of Being）——变形虫到猴子再到人——即使到了现在，仍然有许多科学家还不假思索地使用一些单词，如“更高级”和“更低级”的生物形式以及进化的“级别”和“阶梯”。灵长类动物的排队游行，从瘦长上肢的长臂猿，到驼着背的穴居人，再到直立行走的现代人，这已经成为通俗文化的一个符号。如果一个人说，她拒绝了一次约会，因为那男的没进化完全，我们都明白她说的是什么意思。在一些科幻作品中，如H.G.威尔斯的《时间机器》的内容、电影《星际迷航》中的情节、小说《男孩的生活》中的故事，这种进化的势头延续到了我们的后代，显示为身体细长、脑呈球根状、静脉曲张的秃顶矮子。在《人猿星球》和其他一些故事中，当我们把自己炸成碎片或是被我们的污染物闷死之后，人猿或海豚升格占据了我们的宝座。

德瑞克在写给《科学》杂志的一封信中表达了这些假设，来捍卫“寻找外星智能”项目，回应著名生物学家恩斯特·迈尔（Ernst Mayr）的反对意见。迈尔曾表示，地球上 5 000 万个物种中只有一种发展出文明，因此某个星球的生命中包含一个智能物种的概率可能极其微小。德瑞克回应说：

> 第一个发展出智能文明的物种会发现它们是唯一一个这样的物种。这应该令人奇怪吗？总得有人是第一个，但第一个却无法说明有多少其他物种也曾经、已经或将有可能进化到智能文明……同理，在许多文明中，有一个将会是第一个文明，暂时的唯一一种能够发展出电子技术的文明。那其他的会怎么样呢？有证据显示，只要行星系统在几十亿年中处于充分良性的环境中，就会进化出使用技术的物种。

如果要知道为什么这种想法与现代进化论是冲突的，需要设想一个类比。人脑是一个只进化了一次的精致复杂的器官。象鼻能够堆叠圆木、拔起大树、捡起硬币、除去荆棘、向大象喷洒粉末、虹吸水、作为通气管以及用铅笔涂抹，它是另一个只进化了一次的复杂器官。人脑和象鼻是相同的进化驱力——自然选择的产物。想象一位象行星的天文学家为“寻找外星象鼻”项目（Search for Extraterrestrial Trunks）而辩护：

> 第一个发展出象鼻的物种会发现它们是唯一一个这样的物种。这应该令人奇怪吗？总得有人是第一个，但第一个却无法说明有多少其他物种也曾经、已经或将有可能进化出象鼻……同理，在许多拥有象鼻的物种中，有一个将会是第一个，暂时的唯一一个会向自己身上喷洒粉末的物种。有证据显示，只要行星系统在几十亿年中处于充分良性的环境中，就会进化出一个使用象鼻的物种……

这个推理让我们瞠目结舌，因为大象预测，进化不仅在这个星球上的一个物种中产生了象鼻，而且正努力在另一些幸运的物种中也产生它，这些物种都在翘首企盼呢。大象只是“第一个”和“暂时的”唯一一个；其他物种也有“可能”，尽管可能要过几十亿年这个可能才会实现。当然，我们对于象鼻没有沙文主义式的盲目热爱，所以我们能看到象鼻的进化，但它并不是像潮起潮落一样的必然现象。要感谢大象祖先的偶然先天条件（大块头和某种特定的鼻孔和嘴唇）、某种选择驱力（抬起和低下一颗巨大的头所提出的挑战），还有运气，象鼻才作为那些生物体在当时的一种可实施的解决方法进化而来。其他动物没有也不会进化出象鼻，因为对于它们的身体和环境，象鼻并没有什么帮助。它会再次发生吗，在这儿或者其他地方？可能会，但能再度产生这种结果的行星存在的概率微乎其微，当然更小于 100%。

我们对于我们的大脑确实有着沙文主义的热爱，认为它们就是进化的目标。那没有意义，其原因斯蒂芬·杰伊·古尔德多年前已经阐明。首先，自然选择根本没有努力发展智能。这个过程是由在一个特定环境中复制生物组织的生存和繁衍率的差异所驱动的。经过漫长的时间，生物体经过设计，使它们在那个环境和时期里更加适合生存与繁衍；它们被拉动的方向就是朝着在彼时彼处获得成功，别无他向。当一个生物体移居到一个新环境时，它的谱系也随之适应；而待在原来环境中的生物体则能够保持不变，继续繁荣发展。生命是一个枝杈纵横的灌木丛，而不是等级序列或阶梯。生存着的生物体是在枝杈的顶端，而不是在梯子的下一级。今天活着的每个生物体自从生命起源以来都经历了同样长时间的进化——变形虫、鸭嘴兽、猕猴，还有人。

但是，一个“寻找外星智能”项目的爱好者可能会问，难道动物们不是随着时间变得越来越复杂了吗？难道智能不是最高的顶点吗？当然，在许多谱系中，动物们确实变得越来越复杂。生命开始时很简单，所以地球上任何时候活着的最复杂生物的复杂性都会随着时间的推移永续增加。但在另一些谱系中，情况并非如此。生物体到达一个优化状态后就停滞不前了，且往往会延续几亿年。而且那些确实变得更复杂的并不总是变得更聪明。它们变得更大、或更快、或更有毒性、或生殖力更旺盛、或对于气味和声音更加敏感、或能够飞得更高和更远、或建窝筑坝做得更好——只要适合于它们。进化是关于目的的，而不是关于手段的；变得更聪明只是一种选择。

不过，许多生物体选择通往智能之路难道不是必然的吗？不同的谱系往往将汇聚于一个解决方法，就像 40 个不同的动物种群都进化出眼睛这个复杂设计。你大概不会太富、太瘦或太聪明。为什么像人类一样的智能就不会是这个或其他星球上许多生物体可能进化汇聚的一个解决方案呢？

进化可能确实有几次汇聚向人类般的智能，也许发展这个观点可以被用来支持“寻找外星智能”项目。但在计算概率之后，我们还不足以认为变得聪明有多么好。在进化论中，这种推理方式应该受到指责，就像保守主义者总是以此斥责自由主义者那样：他们描绘出一个收益，但却对成本要素忽略不计。生物体并不是向每个能想象到的优势去进化。如果它们是这样的话，每个生物都会比子弹的速度还快，比火车头还有力，还能够轻轻一跃就越过高楼。一个生物体将其物质和能量投入到一个器官，就必须从另一个那里取走相应的物质和能量。它一定会有比较细的骨头或较少的肌肉。只有在收益大于成本时，器官才会得到进化。

你有个人数字助理（PDA）吗？这些掌上设备可以识别手写体、储存电话号码、编辑文本、发送传真、记录日程以及具有许多其他优点。它们是工程设计的杰作，能够让忙碌的生活更有条理。不过我没有个人数字助理，尽管我是酷爱这些小玩意的。每当我受到诱惑打算购买一个时，4 个理由都会打消了我的念头。第一，它们太笨重；第二，它们需要电池；第三，它们需要花时间学习如何使用；第四，它们的复杂设计使简单的任务变得缓慢而烦琐，比如查找电话号码。我用一个笔记本和一支钢笔就搞定了。

任何考虑是否进化出一个有像人一样大脑的生物都将面临相同的缺点。首先，大脑太笨重。女性骨盆好不容易才容得下婴儿超大的头。这项折中设计令许多妇女死于难产，而且骨盆的形态迫使女性走路时采用一种旋转式的步态，这使得妇女从生物力学角度来说走起路没有男人那么有效率。此外，一个沉重的脑袋围绕着脖子摆动，这令我们在遇到像跌落这样的事故时更容易受到致命的伤害。其次，大脑需要能量。神经组织在新陈代谢方面很贪婪；我们的大脑仅占我们身体重量的 2%，但却消耗了我们摄取的能量和营养的 20%。再次，大脑需要时间来学习如何使用。我们一生中花了大量时间处于孩童阶段或是照顾孩童。最后，简单的任务可能变得缓慢。我的第一个研究生导师是一位数理心理学家，他想通过测量对响亮铃声的反应时间来为脑中的信息传输建立模型。从理论上说，神经元到神经元的传输时间应当累计为几毫秒。但在刺激和反应之间有 75 毫秒的时间，这其中的延迟得不到解释。“这就是深思熟虑的过程，而我们只是想让他按下手指而已。”我导师发牢骚说。低技术的动物可以快得多，有些昆虫咬一口只需不到一毫秒。也许这就回答了运动器材广告中的夸张问题：人的平均智商是107，褐鳟的平均智商是4。那为什么一个人抓不住一条褐鳟呢？

智能对于任何生物体来说并不比象鼻更好或更重要，这应当能让“寻找外星智能”项目的热衷者们歇歇了。不过我不是反对寻找外星生物智能；我的主题是地球智能。认为智能是进化的某个崇高志向的谬误其实是另一个同类谬误的一部分内容，即将智能视为一种神圣本质或奇迹组织或无所不包的数学原则。心智是一个器官，一个生物小装置。我们具有心智是因为上新－更新世的非洲灵长类动物，它们复杂设计得到的结果收益大于成本。要理解我们自身，我们需要知道历史上这段场景的有关过程、原因、地点和时间。这些就是本章的内容。

所有生命都是自然选择的产物

一位进化生物学家曾对外星生物的生命做过预测——不是为了帮助我们寻找其他行星上的生命，而是为了帮助我们理解这个星球上的生命。理查德·道金斯无畏地预测：宇宙中任何地方所能找到的生命，都将是达尔文主义自然选择的产物。这似乎是一个理论家所做出过的最狂妄自大的预测了，但事实上，它是对自然选择理论争论的一个直接后果。自然选择是我们对于复杂生命是如何能够进化做出的唯一解释。暂且不论复杂生命是如何进化的问题，如果道金斯是对的，自然选择对理解人类心智就是不可或缺的，在这一点上，我认同他。如果自然选择是对小绿人进化的唯一解释，它当然也是对大褐人和米色人进化的唯一解释。

自然选择理论在现代思想生活中处在一个奇怪的地位，这与本书的另一个基石——心智计算理论一样。在其领域内，它是不可或缺的，在一个一致的框架中解释了数千个发现，并不断启发新的发现。但在其领域外，它则被误解和谩骂。就像在第2章中提到的一样，我希望阐明这个奠基性观点：它如何解释了其他替代观点解释不了的一个核心秘密，它如何在实验室和实践中被检验证实，以及为什么一些反对它的著名辩驳都是错误的。

自然选择在科学中有着特殊的位置，因为它凭借一己之力解释了生命的特殊性。生命因其适应的复杂性或复杂设计深深地吸引了我们。生物并不只是一些漂亮的小古玩，它们做着令人惊叹的事情。它们或飞翔，或游泳，或看，或消化食物，或捕捉猎物，或制造蜜、丝和毒。这些都是罕见的成就，超越了水坑、岩石、云彩以及其他非生物。我们会把一堆外星物质称为"生命"的前提条件是，它能够完成足以匹配这些成就的杰作。

罕见的成就源自特殊的结构。动物能看而岩石不能，因为动物有眼睛，而且眼睛对能够形成图像的不寻常材料做了精确的安排：角膜聚光，晶体将聚焦调整到物体的深度，虹膜的开启闭合使适量的光进入，一个透明的胶状球保持着眼睛的形状，视网膜位于虹膜的焦平面，肌肉帮助眼睛向上下、左右和内外活动，视杆和视锥细胞将光转换成神经信号，等等，所有这些都得到了精致的组合和安排。在从原材料组合成这些结构的过程中，得需要多少次机缘巧合和意外事件的不断累积啊！龙卷风、山体滑坡、瀑布或是哲学家假想实验中的闪电蒸发沼泽黏质，都不足以形成这些复杂设计。

眼睛有太多部件，安置得却如此精确，以至于看上去就像为了把"看"所需的东西放在一起而事先设计好的一样。我们其他的器官也是如此。我们的关节得到润滑是为了前后活动得更顺畅，我们的牙齿相碰是为了交错研磨，我们的心脏泵出血液——每个器官在设计时似乎都考虑具备了一个功能。发明上帝的一个原因是人的心智需要解释。世界的法则是向前而不是向后运转的；雨使地上变湿；但地受益于变湿并不能导致下雨。除了上帝的安排，其他还有什么能影响地球生命的目的论（目的－导向性）呢？

达尔文证明了还有一些其他东西可以做到这一切。他辨识出一种前向因果的物理过程，它模拟了逆向因果或目的论的反论表象。这个诀窍就是复制。复制因子能够复制一个自己，它能够将绝大多数特征复制到副本中，其中包括再次复制的能力。设想两种状况，A 和 B。如果 A 在前，B 就不能导致 A。如图 3-1 所示，看得清楚不能导致一只眼睛有个清晰的晶体。

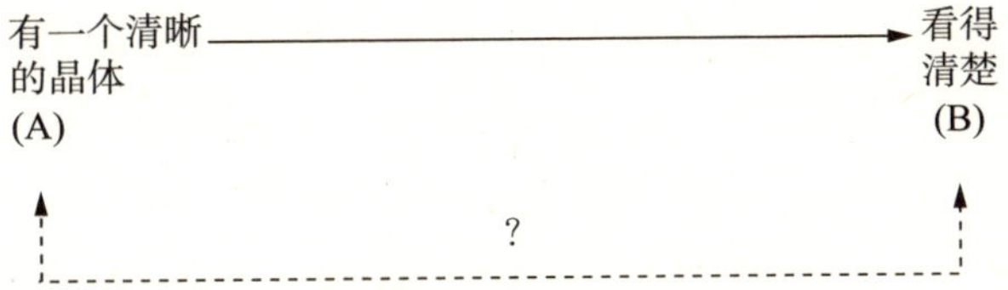

图 3-1 如果 A 在前，B 就不能导致 A

但如果 A 导致 B，B 又导致 A 的主人公制作了一个自己的复制品——我们把它称为 AA。AA 看上去就是 A，所以似乎就是 B 导致了 A。但实际不是，它只导致了 AA，是 A 的复制品。假设有 3 个动物（如图 3-2 所示），有两个的晶体是浑浊的，有一个的晶体是清晰的。有一个清晰的晶体（A）使一只眼睛看得清楚（B）；看得清楚有助于动物躲避捕食者并找到配偶，这令动物得以繁殖下去。其后代（AA）也有清晰的晶体并看得清楚。看上去就像其后代有眼睛，所以它们能看得清楚（不好的、目的论的、逆向的因果推理），但那是一个错觉。后代们有眼睛是因为它们父母的眼睛看得清楚（好的、普通的、前向的因果推理）。它们的眼睛看上去像它们父母的眼睛，所以很容易将情况搞错，误以为是逆向因果推理。

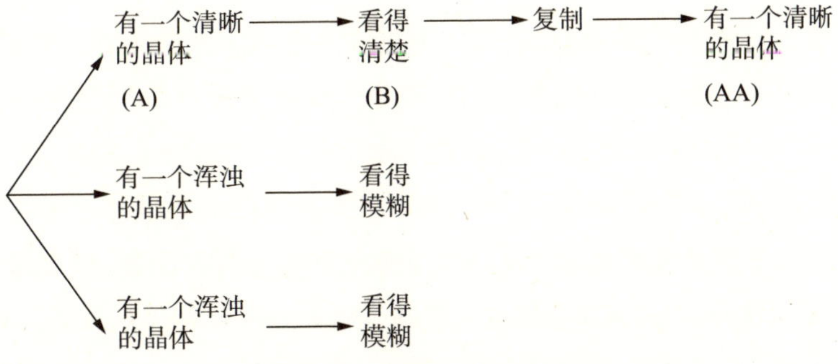

图 3-2 3 个动物的不同情况

一只眼睛比一个清晰的晶体更重要，但复制因子的特殊力量在于它的复制品也能复制。想想当我们假设动物的晶体清晰的子代繁殖后代时会发生什么（如图

3-3 所示）。它的一些后代会有比其他后代更圆的眼球，圆眼球看得更清楚，因为影像是由中心到边缘聚焦的。更好的视力会导致更好的繁殖，再下一代就不但有了清晰的晶体，还有了圆眼球。它们也是复制因子，它们的子嗣中视力更锐利的更可能留下具备锐利视力的新一代，以此类推。在每一代中，能导致好视力的特征被不均衡地传到下一代中。这就是最近的复制因子会具有似乎是被一个智能工程师设计的特征的原因。

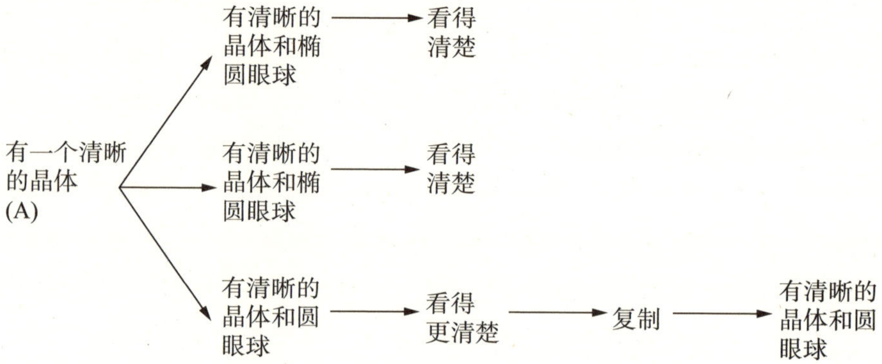

图 3-3 清晰的晶体的子代繁殖情况

我用一种非正统的方式介绍了达尔文的理论，以强调其卓著的贡献：对看似是设计而实际上却没有设计师的表象进行解释，在其应用于复制因子时运用前向因果推理。完整的情况是下面这样的：一开始时这世界上只存在着复制者。这复制者并不是一个经由自然选择的产物，而仅是一个由生物和化学定律所产生出的分子或晶体而已。如果它是选择的产物的话，我们就会有一个无休止的回归了。复制因子习惯于倍增，单个因子不经抑制的倍增会用它重重重重辈的复制子孙填满这个宇宙。但复制因子耗尽了它们复制所需的材料和能源。世界是有限的，所以复制因子们竞争着世界上的资源。因为没有复制过程是 100% 完美的，误差可能会出现，并不是所有子代都会精确地复制。绝大多数复制误差都将会变得更差，导致对能源和材料更无效的利用，或是更慢的复制率或更低的复制概率。但有好运气的话，几个误差会变得更好，具有这些误差的复制因子会在之后的各代中兴旺繁荣。它们的后裔会积聚任何随后会变得更好的误差，包括将保护性盖套和支撑、操控器、有用化学反应所需的催化剂，以及其他一些我们称之为身体的特征组合在一起的变异。产生的复制因子具有明显设计良好的身体，我们称之为一个有机体。

自然选择不是随着时间改变有机体的唯一过程。但它却是唯一能在长时间里对生命体进行看起来像是设计动作般的过程。道金斯不惧遭到指责的风险，说出对外星生物进化的断言，因为他回顾了生物学历史上所提出的每一个自然选择的替代理论，并证明了这些理论无力解释生命的特征和复杂设计。

民间理论认为，有机体对一种推动力做出回应，从而展开了更复杂的、更强的适应性形式，这显然说不通。这种推动力——以及更重要的，实现其志向的力量——有点儿神奇得解释不了。

达尔文之前的生物学家让·巴普蒂斯特·拉马克（Jean Baptiste Lamarck）提出了两个原则——使用与废弃和获得性特征的遗传——但这两个原则也完成不了这项工作。事实上，问题还不在于有许多证据显示拉马克是错的。例如，如果获得性特征确实可以遗传的话，那么几百代的割礼应该已经使今天的犹太男孩生下来就没有包皮了。更深层次的问题是，即使它是正确的，这个理论仍不能解释适应的复杂性。使用一个器官其本身并不能使这个器官的功能更完善。光子通过透镜并没有把它洗得更清晰，使用机器也并不能提高它的功能，而是会磨损它。当然，器官的许多部位确实随着使用做了适应性的调整：经过锻炼的肌肉聚集起来，摩擦的皮肤会变厚，经日照的皮肤会变暗，受奖励的行为会增加而受惩罚的行为则会减少。但这些反应本身就是器官进化设计的一部分，我们需要解释的是，它们是怎么被引起的：没有物理或化学定律使得被摩擦的东西变厚，或者令光照的表面变暗。对获得性特征的遗传则更糟糕，因为大多数获得性特征是割伤、划痕、疤、腐烂、枯萎以及其他一些来自冷酷无情世界的袭击的结果，而不是提高和改进。即使确实有一击导致了一些提高和改进，但怎样从那块皮肉上读取这个有益伤口的大小形状，并编码写入精子或卵子的 DNA 说明，仍旧非常神秘。

另一个失败的理论援引了大突变的概念：一个猛犸复制错误一下子形成了一

种全新的适应性生物体。这里的问题在于，根据概率法则不大可能出现一个大的随机复制误差创造一个具有复杂功能器官的情况，就像从均质的肉中产生眼睛一样。相比来说，小的随机误差则能够使一个器官更像眼睛一点儿，正如在我们的例子中，一次可想象的变异可以使晶体更清晰一些，或使眼球更圆一些。的确，早在我们这个场景开始之前，一系列的小变异一定已经累积到使生物体具有了眼睛。通过观察具有较简单眼睛结构的生物体，达尔文重新建构了这个过程是如何发生的：几个变异使得一小片皮肤细胞变得对光敏感，更多一些变异使下层的组织不透明，其他一些令其深入到一个杯的形状，然后变得球状中空。随后的变异添加了一层半透明的罩，之后又变厚成为晶体，等等。每一步都为视力提供了一个小改善。每次变异都是不大可能发生的，但并非天文意义上的罕见。整个序列在天文意义上并非不可能，因为变异不像一下抓了一手好牌一次就完成了；每次有益的变异都是被添加到一组先前的变异之上的，而先前的变异则是经过了漫长的时代而被自然所选择的。

第四个替代理论是随机遗传漂移。有益的特征只是平均而言有益，而现实中生物们要遭受命运的风刀霜剑。当某一代的个体数目足够小的时候，如果生物体运气不好的话，一个有利的特征就会消失，而如果具有不利或一般特征的生物体运气不错的话，这种特征就会取代有利特征。从原则上讲，基因漂移能够解释为什么一群生物会有一个简单的特征，比如是暗还是亮，或是有一个无意义的特征，比如 DNA 序列基于的染色体片段实际上无甚作用。但由于其极度随机性，随机漂移不能解释一种不太可能的、有用的特征，如看或飞的出现。必要的器官需要成百上千个部件的工作，若要一个生命体在许多世代里靠随机的方式累积到生成该器官所需的正确基因组合，这样的概率实在微乎其微。

道金斯对于外星生物的论断是一个长期有效的主张，它涉及进化理论的逻辑，以及关于解释项导致待解释项的力量。他的论断与之后的两个挑战相悖。一个挑战是被称为导引性或适应性变异的拉马克主义的一个变种。如果一个生物体能够用一批新的变异来应对环境挑战，这些变异不是浪费的、随机的，而是有利于使其应对挑战的特征的变异，这难道不好吗？当然那会很好，而这就是问题所在——化学没有好不好的感觉。睾丸和卵巢里的 DNA 不能向外窥视并大幅变异，当冷时制作皮毛，湿时制作鳍，周围有树时制作爪子，或者在视网膜前放一个晶体，而没有把视网膜放到脚趾间或是胰脏里。这就是为什么进化理论的一个基石——一个科学世界观的基石——变异对于它们所传递到生物体的益处根本不感兴趣。它们一般不可能是适应的，不过当然有一小部分可以由于偶然机会而成为适应的。时不时发现“适应性变异”的宣告，不可避免地被发现其实是实验室的好奇心或人为现象。任何缺少一个守护天使的机制都不能够引导变异对有机体的一般需求做出回应，因为有几十亿种生物体，而每种生物体有几千个需求。

另一个挑战来自一个被称为复杂理论的新领域的拥趸。这个理论寻找作为许多复杂系统基础的秩序的数学原则：星系、晶体、天气系统、细胞、组织、大脑、生态系统、社会，等等。有许多新书已经将这些观点应用到了如艾滋病、城市退化、波斯尼亚战争、股票市场这样的主题。斯图尔特·考夫曼（Stuart Kauffman）是这个运动的领导者之一，他提出像自组织、秩序、稳定性和一致性等优点或许是“一些复杂系统的天生性质”。他认为，进化或许是一个“自然选择与自组织的结合”。

复杂理论提出了很多有趣的问题。自然选择的前提是一个复制因子不知什么原因形成了，而复杂理论可能会有助于解释这个“不知什么原因”。复杂理论可能还会帮助解释其他假设。每个部分必须连在一起足够长的时间才能发挥功效，而不是各自飞散或融为一体。如果进化得以出现，变异必须对一个部分做出足够的改变，才能影响其功能和作用，但也不至于令其混乱崩溃。如果有些抽象的原则来控制相互作用部分（分子、基因、细胞）的网络是否具有这样的性质，那么自然选择将会根据这些原则运转，就像它是根据物理学和数学的其他限制条件一样，比如毕达哥拉斯定理和重力法则。

但许多解读者走得要远得多，他们的结论是，自然选择现在是微不足道的或已经过时了，或至多是有些未知的重要性。附带地说，复杂理论自身的开创者们，比如考夫曼和莫瑞·盖尔曼（Murray Gell-Mann）则对这种推论感到惊诧不已。这封写给《纽约时报书评》的信是一个典型的例子：

> 感谢在非线性动力学、非均衡热动力学以及其他生物与物理之间的交叉学科新近取得的进展，我们完全有理由相信，生命的起源与进化将最终被置于一个坚实的科学基础之上。在我们即将步入 21 世纪的时候，19 世纪的先知弗洛伊德已经被推下神坛。现在也到了我们应将有关进化论的争论从对达尔文的盲目崇拜这种不合时宜、不科学的束缚中解放出来的时候了。

这封信作者的推理一定是这样的：复杂性一直被认为是自然选择的一个标志性特征，但现在它可以被复杂理论所解释了；因此，自然选择过时了。这个推理的基础是一个双关语。令生物学家们念念不忘的“复杂性”不只是任何旧的秩序或稳定性。生物体不只是聚在一起的一团物质、漂亮的螺旋或是有秩序的格子。它们是机器，而它们的“复杂性”是有功能的、适应的设计：能够实现一些神奇结果的复杂性。消化道不只是有模式的，它的模式是作为从吸收的组织中提取营养的一条生产线。应用于从星系到波斯尼亚战争的任何事情的任何方程式都无法解释，为什么牙被发现长在嘴里而不是长在耳朵里。既然生物体是由消化管、眼睛以及其他被组织起来实现目的的系统集合而成的，那么复杂系统的一般法则将无法满足需要。物质并没有天生就倾向于把自己组织成菜花、袋熊或瓢虫。自然选择仍旧是解释适应的复杂性如何产生的唯一理论，而不只是任何旧式的复杂性，因为它是唯一一个非奇迹的、前向推理理论；在这种理论中，“某些事情做得怎么样”对“它是怎么发展来的”起到因果的作用。

由于没有替代选择，我们几乎都不得不接受自然选择作为对这个星球上生命的解释了，即使它还没有证据。令人欣慰的是，事实上有着压倒性的证据。我指的不只是生命进化的证据（这早就被排除合理怀疑了，尽管还有些创世论者），我指的是经过自然选择的生命进化。达尔文自己指出了选择性哺育对于塑造生物体发挥了重大作用，这是自然选择的一个直接类推。例如，狗之间的差异——吉娃娃犬、灵提犬、苏格兰小猎犬、圣伯纳德狗、沙皮狗——源自仅仅几千年来狼的选择性喂养。在喂养站、实验室、种子公司的温室里，人工选择制造了各类奇妙的新生物品种来适合苏斯博士（Dr.Seuss）画笔下的人物。

自然选择在野生生物中也很容易被观察到。我们举一个经典的例子：19 世纪曼彻斯特的白桦尺蛾在工业煤烟覆盖了它们所栖息的地衣植物后，就让位于一种深色的变异形式，因为白色形态对鸟来说太显眼了。当 20 世纪 50 年代的防治空气污染法律令地衣植物恢复亮色后，当时已很稀少的白色形态的蛾就又占了统治地位。还有许多其他的例子，也许最可爱的要数彼得·格兰特（Peter Grant）和罗斯玛丽·格兰特（Rosemary Grant）的研究工作了。达尔文受到启发而发展自然选择理论的部分原因是加拉帕戈斯群岛上有 13 种小雀。它们很明显地与南美大陆上的一个品种相关联，却与之不同，而且它们彼此之间也不相同。特别是，它们喙的形状分别像不同种类的钳子：重负荷的巡道工钳、高杠杆的对角钳、直针尖钳、弯针尖钳，等等。达尔文最终的推论是，一种鸟被吹到岛上，然后细分为 13 个品种，这是对于岛上不同地方不同生活方式要求的适应，比如剥去树皮抓住昆虫、探寻仙人掌花、敲碎坚硬的种子，等等。但达尔文对没有看到自然选择的实时发生而颇感失望：“我们看不到这些缓慢的变化还在进行，直到时间之手已经标记上岁月的流逝。”格兰特夫妇不辞辛劳地测量了加拉帕戈斯不同地方的种子在一年不同时间的大小和坚硬度，小雀喙的长度，它们敲碎种子所花的时间，岛上不同地方小雀的数量和年龄，等等——每一个与自然选择有关的变量。格兰特夫妇的测量显示，喙的进化是为了跟上不同种类种子可获得性的变化，这样一幅画面一幅画面来对电影进行的分析是达尔文只能想象而根本无力实施的。在哺育时间更快的生物体中，正在进行的选择更加引人注目，地球这个病人身上已经同时出现了具有杀虫剂抗药性的昆虫、抗药性的细菌和艾滋病毒，世界开始发现了它的危险。

自然选择的两个前提——足够的变异和足够的时间——都已各就各位。自然生长的生物数量保持着一个巨大的遗传变异库，可以作为自然选择的原始材料。据最近的一次估算，生命在地球上有 30 多亿年的进化时间，复杂生命则有 10 亿年。在《人类的攀升》（*The Ascent of Man*）中，雅各布·布洛诺夫斯基（Jacob Bronowski）写道：

> 我记得我还是一个年轻父亲的时候，踮着脚尖小心翼翼走到我第一个女儿的摇篮边——那时她刚出生四五天——我心想：“这些奇妙的小指头、小指甲，每个细节都那么完美，我花 100 万年也设计不出这种细节。”不过当然就是花了 100 万年时间，才将我，才将人类……带到了现在这个进化的阶段。

最后，两种正式模型的建立证明了自然选择能够进行。人口遗传学的数据证明了根据孟德尔的法则，基因组合能够在选择压力下改变频数。这些变化可以发生得非常快。如果一个变异只是比竞争对手多产生了 1% 的后代，它就可以仅仅在 4 000 代中，从原来占数量总比例的 0.1% 增加到 99.9%。一只假想的老鼠受选择压力而增大身体，最初它柔弱得都无法测量，但仅仅在 12 000 代内，它就进化出了大象般大小的身体。

最近，来自新领域人工生命的计算机模拟已经显示出自然选择对进化出具有复杂适应性生物体的力量。有什么能比每个人都钟爱的一个复杂适应性例子——眼睛——能更好地证明呢？计算机科学家丹·尼尔森（Dan Nilsson）和苏珊·佩尔格（Susanne Pelger）模拟了一个三层的虚拟皮肤片，用其类比一个原始生物体的感光区域。他们把一层色素细胞放在底部，一层感光细胞放在上面，再加上一层半透明细胞形成保护盖，做成一个简单的三明治。半透明细胞可以经历它们折射率的随机变异（折射率是它们使光弯曲的能力，这种能力在真实生命中往往与密度相对应）。所有的细胞都会经历影响它们大小和厚度的变异。在模拟中，虚拟皮肤片中的细胞被允许随机变异，在每一轮变异之后，程序对附近一个物体投映到板片上的影像的空间分辨度进行计算。如果一轮变异改善了分辨度，这些变异就会保留为下一轮的起始状态，就好像这个板片属于一个生物体谱系一样，而这些生物体的幸存要取决于它们对朦胧出现的捕食者的反应。就像在真实的进化中一样，没有总体规划或项目进度安排。生物体在短期内无法容忍低效的监测器，即使在长期内，它的耐心会回报给它最好的察觉监测器。它所保留的每次变化都是一次改善。

令人满意的是，这个模型就在计算机的屏幕上进化出了复杂的眼睛。板片先是凹进，然后深陷为一个茶杯状；透明的那层逐渐加厚填充了那个茶杯并膨胀形成角膜。在这个清晰的填充物里，一个有着更高折射率的球状晶体正出现在恰当的位置，在许多微小的细节方面就像一只鱼眼的出色的光学设计。为了估算进化形成一只眼睛在实际中而不是在计算机中花费多长时间，尼尔森和佩尔格在关于遗传性、人口变化和选择性优势的规模方面做了比较悲观的假设，他们甚至强迫变异只能在每一代“眼睛”的一个部分上发生。尽管如此，由平坦的皮肤变成复杂的眼睛这整个序列只经过了 40 万代，这在地质学上只是片刻之间。

我已经回顾了自然选择理论的现代公案，因为有太多人对它怀有敌意了。我指的不是原教旨主义者，而是美国最著名大学的教授们。我时不时地听到如下反对意见：自然选择只是循环论证；有功能不全的眼睛没有任何好处；结构是不可能由随机发生的突变产生的；我们没有足够的自然选择发生的时间；古尔德早就驳斥了这一理论；复杂性会自我浮现；物理学终有一天会替代自然选择学说。

人们拼命想证明达尔文主义是错的。丹尼特在《达尔文的危险观点》（*Darwin's Dangerous Idea*）中指出，自然选择暗示宇宙没有计划，也包括人的本性。无疑这是一个原因，而另一个是，研究心智的人们宁愿不去想它是如何进化的，因为这会弄糟他们珍爱的理论。不同的学者宣称，心智天生配有 5 万个概念（包括“化油器”和“长号”），能力限制使人脑无法解决蜜蜂日常解决的问题，语言的设计是为了美而不是为了使用，部落人群杀死他们的婴儿是为了保护生态系统而不至于人口过度膨胀，孩子们有个无意识的愿望是和父母交配，以及人们很容易就习惯于因想到他们的配偶不忠而感到愉快，就像因此而感到难过一样容易。当被告知这些断言在进化上不可能时，他们就攻击进化论，而不是重新思考这些论断。学术界对于达尔文主义的诽谤和责难可谓不遗余力。

有一种理论宣称，反向工程尝试发现器官功能的努力（我认为也应当应用于发现人类心智的功能）是一种疾病的症状，这被称为“适应主义”。显然，如果你相信一个组织的任何方面具有一种功能，你一定会相信每个方面都有那种功能，相信猴子是褐色的是为了隐藏在椰子中间。例如，遗传学家理查德·列文廷将适应主义定义为“那种进化研究的方式在没有更多证据的情况下推测，生物组织的形态、生理和行为的所有方面都是对于问题的适应性优化解决方案”。毋庸置疑，没有这种疯子。一个神智清楚的人可以相信一个复杂器官是一种适应，即一个自然选择的产物，而同时也相信，一个组织的一些非复杂器官特征是漂移的产物或是一些其他适应的副产品。每个人都认可血液的红色不是因为它自己的选择，而是因为一种携带氧气的分子所选择的副产品，而这种分子恰巧是红色的。这并不表示眼睛能够看的能力会轻易地就是为另一些事情选择的副产品。

也没有愚昧的傻瓜会没能认识到动物从他们进化的祖先那里接过包袱。已经接受过性教育的年轻人和开始阅读有关前列腺文章的老年人或许已经注意到，男人的输精管并不是从睾丸直接通到阴茎，而是蜿蜒进入身体，略过输尿管，再下行回来。这是因为，我们爬行动物祖先的睾丸是在它们体内的。哺乳动物的身体对于产生精子来说太热，所以睾丸逐渐下降到阴囊中。自然选择没有远见能计划到最短的路线。再说一下，这并不是说整个眼睛可以完全是没用的系统发育包袱。

与之类似，因为适应主义者相信物理定律不足以解释对动物的设计，他们也被想象为总是阻止诉诸物理学定律来解释任何事情。一个达尔文的批评者曾挑衅地质问我：“为什么没有动物进化出消失并即刻重新出现在另一处的能力，或者凭意愿变成金刚（来吓唬捕食者的妙招）？”我只能公平地说，“不能随心所欲让自己变成金刚”，“能够看”需要的是不同种类的解释。

另一个诟病是说自然选择是一种事后诸葛亮式说故事的无效工作。但如果真是这样的话，生物学的历史就将是一个耽于空谈、破败不堪的泥潭，只能等着今天的启蒙反适应主义者来推动它的进展。事实上恰恰相反，权威生物学历史的学者厄内斯特写道：

> 适应主义者的问题是：“某个特定结构或器官的功能是什么？”这成为生理学中每个进展的基础，它已经有好几个世纪了。如果不是适应主义者的计划，我们大概还不知道胸腺、脾脏、脑垂体和松果腺的功能呢。哈维

的问题是:“为什么静脉里有阀门?”这是他发现血液循环的重要踏脚石。

从一个生物体的形状到它蛋白质分子的形状，我们在生物学中学到的所有知识都源自一个隐含的或显性的理解，即生物体的有组织的复杂性是用来服务于它的生存和繁衍的。这包括我们关于非适应性副产品所学到的，因为它们只有在寻找适应性的过程中才找得到。认为特征是一个漂移或某种知之甚少的动力的幸运产物，这种赤裸裸的主张才是不可验证的，才是事后诸葛亮。

我常常听说，动物毕竟没有被设计好。自然选择被短视、过去的持续影响以及被关于在生物和物理上可能结构种类的削弱约束所阻碍。不像一个人类工程师，自然选择做不到设计良好。动物们是背负着祖先垃圾的蹒跚破车，偶尔会误打误撞找到几乎实施不了的解决方法。

人们急于相信这个论断，而几乎不去思考或检查事实。我们在哪儿能找到这个神奇的人类工程师，他可以不受限于部件的可获得性、制造实用性和物理学法则呢？当然，自然选择没有工程师们有远见，但要从反面说：自然选择也没有工程师们的心理障碍、贫乏的想象力或是依从于布尔乔亚的敏感和统治阶级的利益。选择只被什么管用所引导，它可以停留在卓越的、具有创造力的解决方法上。几千年来，生物学家已经惊喜地发现了生物世界的巧妙设计：猎豹在生物力学上的完美，蛇的红外针孔摄像机，蝙蝠的声呐，藤壶的强力胶，蜘蛛像钢一样坚硬的丝，人手形成的许多“夹子”，所有复杂生物组织中的DNA维修设备。毕竟，熵和更为恶毒的力量像捕食者和寄生虫一样，在不时地侵蚀一个生物体生命的权利而且不饶恕草率的设计。

动物王国里许多不好设计的例子最终被证明是无稽之谈。例如，一位著名的认知心理学家在一本书中评论，自然选择已经无力消除任何鸟的翅膀，这就是为什么企鹅仍然还有翅膀，尽管它们不能飞。恐鸟[①]没有长翅膀的迹象，企鹅也确实用它们的翅膀飞——在水下。迈克尔·弗兰齐（Michael French）在他的工程学教科书中用一个更著名的例子阐述了这个观点：

① 一种新西兰无翼大鸟，现已灭绝。——编者注

说“骆驼是由一个委员会设计的马”是个古老的玩笑，这个玩笑确实对于一个极好的生物很不公平，而且总体上也过分推崇了委员会的创造力。因为骆驼不是嫁接杂种，不是怪异的零碎拼凑，而是紧密结合的一个精致设计。就我们所能判断的，每个部分的设计都是为了适合作为整体的困难角色，一个生活在艰苦的气候中的大型食草动物——要走很多软地，可食的绿色植物很少，而且水源极其稀少。对骆驼的描述如果写下来的话，那么它在分布区域、养料经济性和对恶劣地形及极端温度的适应方面都是非常坚韧的，尽管符合了全部这些要求的设计似乎有些极端，但一定不会令我们感到奇怪。尽管如此，骆驼的每个特征都是单独的一件：大脚用来分散负荷，凸起的膝盖源于一些设计原则（轴承和枢纽支点），驼峰为了储藏食物，嘴唇的特征性轮廓有一种协调，这种协调源于功能，并赋予了整个创造以一种风格感和某种别致的优雅，所有这些都展现在它奔跑时优美的节奏之中。

很显然，进化受限于祖先的馈赠和蛋白质中所能产生的机器种类。鸟儿进化不出螺旋桨，即使这会大有裨益。但许多对生物学局限的断言都是愚蠢的笑话。一位认知科学家认为，“许多生物体的特征，例如对称性，其实与特定的选择没什么关系，而是同物质世界中事物所能存在的方式有关”。事实上，存在于物质世界的大多数东西都不是对称的，显而易见的原因是概率：在对一批东西所有可能的安排中，只有极微小的一部分是对称的。甚至在生物世界中，生命的分子也是不对称的，肝脏、心脏、胃、比目鱼、蜗牛、龙虾、橡树，都是如此。对称性与选择息息相关。沿直线行动的生物体有着两边对称的外部形式，是因为如果不对称，它们就会绕着圈走。对称不大可能也很难实现，因为任何疾病或瑕疵都能破坏它，许多动物通过检查细微的不对称性来评估未来配偶的健康状况。

古尔德曾强调，自然选择只有有限的自由度来改变基本的身体蓝图。例如，许多脊椎动物的管道、布线和构架在几千万年里都没有变化。大概它们源自的胚胎配方不能轻易地修修补补吧。但脊椎动物的身体设计适应并进化出鳝鱼、奶牛、蜂鸟、土豚、鸵鸟、蟾蜍、沙鼠、海马、长颈鹿和蓝鲸。相似是重要的，但差异也很重要！发展局限只排除了宽泛的备选级别。它们本身并不能强迫一个器官发展出其功能。一个胚胎限制如“你应长翅膀”是荒谬的。由于绝大部分动物身上的肌肉都无法满足动力飞行所带来的最严苛的工程需求，因此要那些正在发育的胚胎内的细胞好好地将自己排列整齐，以便形成恰好能够让鸟类飘浮在空中的骨架、皮质、肌肉和羽毛等结构，是几乎不可能发生的一件事——当然，除非发展方案的制订是根据整个身体的成功和失败历史而产生这一结果的。

自然选择不应当与发展、遗传或系统发育约束相对立，好像其中一个更重要，另一个不太重要似的。把自然选择与先天限制一分为二的想法，其不清晰的思路就像先天拥有与后天学习之间的二分法一样。自然选择只能在像碳基生物活体这样可成长的备选物之中选择，但如果没有选择，东西可以长成有功能的器官，也同样可以长成疤痕组织、肿瘤、疣、组织培养以及颤巍巍的非晶态原生质。选择和约束都很重要，但它们是对不同问题的答案。问题“为什么这个生物有这样的一个器官？”本身是没有意义的。只有当伴随着一个“与什么相比”的短语时，才能问这个问题。为什么鸟有翅膀（而不是螺旋桨）？因为你不能让一个脊椎动物长出螺旋桨来；为什么鸟有翅膀（而不是有前腿或手或残肢）？因为自然选择倾向于会飞的鸟的祖先。

另一个传播很广的错误概念是，如果一个器官在进化的过程中改变了它的功能，它就不是根据自然选择来进化的。有一个被不断地引用来支持这个错误概念的发现：昆虫翅膀最初不是用来运动的。就像一个朋友的朋友以讹传讹的传说，这个发现已经在反复复述中变异：翅膀的进化本是为了其他一些事情，但恰巧完美地适应了飞翔，于是有一天，昆虫们就决定用翅膀飞了；昆虫翅膀的进化驳斥了达尔文，因为它们将需要逐渐地进化，而半个翅膀是没用的；鸟的翅膀最初不是用于运动的（第一根羽毛的进化不是为了飞而是为了隔热，这大概又是一个记错的事实）。人们只要说“翅膀的进化”，听者就会意地点点头，来给自己完成反适应主义者的论证。怎么能有人说任何器官是为其现在的功能而选择的呢？也许它们是因为别的一些事情而进化的，动物只是在使用这个功能而已，就像鼻子上架眼镜和所有那些众所周知的关于昆虫翅膀的东西（或者是鸟的翅膀）。

下面的结论是当你去检查事实时所能找到的。我们今天看到的许多器官都保留着它们原始的功能。眼睛一直是眼睛，从感光区域到聚焦影像的眼球都是。其他的一些器官改变了它们的功能。这不是一个新发现。达尔文给出了许多例子，比如鱼的胸鳍变成了马的前肢、鲸的鳍状肢、鸟的翅膀、鼹鼠刨土的爪子，以及人的胳膊。在达尔文的时代，这些相似性是进化事实的有力证据，它们现在仍然是有力的证据。达尔文还引用了功能的变化来解释“有用结构初始阶段”的问题，这个问题始终颇受创世论者的欢迎。一个复杂器官怎么能逐渐进化到只有其最终形式才可用呢？最经常的是，不可用性的前提就是错的。例如，部分眼睛有着部分视力，这比根本没有视力要好。但有时答案是在器官被选择承担它现在的形式之前，它被适应于另一些事情，然后经过一个中间阶段将两种功能都实现了。哺乳动物精巧的中耳骨链（锤骨、砧骨、镫骨）开始时是爬行动物颚联结的一部分。爬行动物经常将下颚贴近地上来感受震动。某些骨头既作为颚铰链也作为震动传送器。之后这些骨头分工就越来越专业，逐渐成为声音传送器，并逐渐萎缩形成了现在的形状和作用。达尔文将前一个形式称为“前适应”，尽管他强调进化其实并不预测下一年的模式。

鸟翅膀的进化没什么神秘的。半个翅膀不会让你像鹰一样骤然升起，但它可以令你从树上滑翔而下或者缓缓落下（就像许多现存的动物那样），它会在你跳跃或者奔跑时瞬间启动，就像小鸡努力躲避农夫一样。古生物学家的化石和空气动力学的证据最有力地证明了那个中间阶段尚有分歧，但这儿却没什么能令一个创世论者或者社会科学家感到舒服的。

由乔尔·金索尔夫（Joel Kingsolver）和米弥·科尔（Koehl Mimi）提出的昆虫翅膀进化理论，是一个少有的绝佳理论，该理论的目的绝不是反驳适应主义。像昆虫这样的小型冷血动物要竭力控制它们的体温。它们表面积对体积的高比例使得它们温度上升和冷却的速度都很快。这就是为什么寒冷的月份里外面没有虫子、冬日是最好的杀虫剂。也许昆虫最初的翅膀是作为可调整的太阳板而进化的，在外面冷的时候它们吸收太阳能，热的时候散发热量。金索尔夫和科尔用热动力和空气动力分析，显示太小而不能飞的原翅膀是有效的热交换器。它们长得越大，在控制热量上就越有效，尽管它们会到达一个收益递减的点。这个点是在翅膀大小的范围之内，其中太阳板可以作为有效的翅膀。过了那一点，随着翅膀长得越来越大，它们变得越来越有利于飞行，直到它们现在的大小。自然选择能够在从没有翅膀到现在的翅膀大小范围之内促使其有更大的翅膀，在翅膀中等大小时其功能逐渐发生了变化。

因此，这个事实是怎么被篡改成这样荒谬的故事的呢？一天一只古老的昆虫拍着未修改过的太阳板起飞了，接着其余的昆虫从那时起也开始这么做了，直到现在。部分原因可能是对古尔德介绍的一个术语“前适应”的误解，它是指一个旧器官去适应一个新功能（达尔文的“前适应”）或者一个非器官去适应一个具有功能的器官（一些骨头或组织）。许多读者把它理解为一种已经取代了适应和自然选择的新的进化理论。但是它不是。再次声明，复杂设计是原因。偶尔，一个为一项复杂、不大可能完成的任务而设计的机器会被迫多做一些更简单的事。一本叫《一台坏计算机的 101 种用途》（*101 Uses for a Dead Computer*）的漫画书中展示了个人电脑可以被用作镇纸、养鱼缸、船锚，等等。这个幽默源于将复杂技术屈尊用于一个低级机器能够完成的卑微职能。但绝不会有本漫画书叫《一个坏镇纸的 101 种用途》来展示它可以用作一台计算机，所以这就是生物世界的前适应。在工程学的基础上，一个设计用于适应一个目的的器官被创造性地用于另外一些目的，这样的概率太小，除非新的目的很简单。即使那时动物的神经系统常常必须被适应去寻找和保持新的用途。如果新的功能实现起来非常困难，自然选择一定对这部分做了大量的改组改造，就像它给予现代昆虫的翅膀那样。一只家蝇在躲避一个抓狂的人时，会在快速飞行中突然减速、盘旋、在自身长度范围内掉头、颠倒着飞、翻筋斗、打转或降落在天花板上，所有这些都可以在不到一秒钟内完成。正如一篇名为《昆虫翅膀的机械设计》的文章写道：“昆虫翅膀工程设计的微妙细节，任何人造的机翼都无法企及，这显示了昆虫翅膀是多么出色地适应了特技飞行。”昆虫翅膀的进化是支持自然选择的一个论证，而不是反对自然选择的一个论证。选择压力下的变化与没有选择压力是不同的。

复杂设计位于所有这些争论的核心，这也为指责达尔文提供了最后一个说辞。难道这整个观点不会太过混沌吗？既然没有人知道可能的生物体的种类数量，任何人怎么能说它们中无限小的一部分有眼睛呢？也许这个观点是循环论证的：人们称之为“适应性复杂”的东西就是人们相信，除了自然选择别无他法来进化的东西。正如诺姆·乔姆斯基写道：

> 所以这个命题是，自然选择是对实现一个功能的设计唯一的物理解释。确切地说，这不可能是对的。来看看我的物理设计，包括我具有正质量的特征。它实现了一些功能——比方说，使我没有飘移到外层空间去。坦白地说，它的物理解释与自然选择没有丝毫关系。同样一些不太基本的特征也是如此，你可以随意举出例子来。所以你不能确切地表示出你说的意思。所谓只要系统被选择来满足某个功能，那这个过程就是选择，对此我觉得很难给出一个不成为同义重复的解释。

关于功能设计的论断由于没有以准确的数字表述，确实留下一个怀疑的缺口，但对于所涉及的量多一点思考就能弥补这一缺口。选择不是单单用来解释有用性的，它是用来解释不大可能的有用性的。使乔姆斯基没有飘到外部空间的质量不是一个不大可能的条件，无论你怎样来衡量概率。“不太基本的特征”——随意举个例子，脊椎动物的眼睛——是不太可能的条件，无论你怎样衡量概率。拿一个抄网从太阳系里捞物体；回到 10 亿年前地球上的生命中取一些生物体的样本；搜集一些分子计算它们在物理上所有可能的结构；将人的身体分作一格一格一英寸[①]的管子。再让我们算算样本里有多少比例的成员能够自己形成光学影像。我们将会看到，在这两个比例之间，会有在统计上有效的明确差异出现；而我们要对这个差异进行解释。

在这点上批评家可以说这个标准——看见与看不见——是后验的，在我们知道动物们能做什么后，概率预测就没有意义了。它们就像无论我碰巧被发到怎样一手牌，我都得不得不应付的极小概率一样。大多数物质坨不能看，但大多数物质坨也不能克隆，这里我把克隆定义为具有与我随意从地上拾起的石块完全一样大小、形状和组成的能力。

最近我参观了史密斯博物馆关于蜘蛛的一次展览。当我惊叹于瑞士手表般精确的关节、蜘蛛从吐丝器中抽丝时缝纫机般的动作、蜘蛛网的美妙时，我心中暗想：“怎么能有人看到这些还不相信自然选择呢！”就在那时，一个站在我旁边的人大声说道：“怎么能有人看到这些还不相信上帝呢！”我们俩对于需要解释的先验事实意见一致，但我们不一致的是如何解释它们。在达尔文之前很久，神学家

① 1 英寸 =2.54 厘米。——编者注

如威廉·帕雷（William Paley）就指出，自然设计的鬼斧神工是上帝存在的证据。达尔文并没有发明要解释的事实，而是发明了解释。

但到底我们都惊叹于什么呢？每个人或许都会同意猎户座看上去像一个有带子的大家伙，但那并不意味着我们对“为什么星星把自己校准成有带子的人”需要一个特殊解释。但对于眼睛和蜘蛛表现出“设计”而猎户座没有“设计”的直觉可以被解释为显性标准。需要有一个异质的结构：一个物体的各部分或方面无法预言彼此的不同。也需要有一个一致的功能：不同部分的组织布置是为了使系统实现某种特殊效应——之所以特殊是因为对于缺少那种结构的物体是不大可能的，之所以特殊是因为它令某些人或某些事受益。如果你不能比描述那个结构更加经济简洁地陈述那个功能，你就没有设计。晶体不同于隔膜，隔膜不同于光色素，没有任何无指导的物理过程会将这三者存入同一个物体，更不用说对它们完美地校准了。但它们却有一些共同之处——都需要高保真的图像形成——这就解释了为什么它们被一同发现在一只眼睛中。相比之下，对于克隆石头，描述结构和陈述功能是相同的一件事，并没有在功能的概念上增加任何内涵。

最重要的是，将适应的复杂性归因于自然设计不只是对于设计卓越性的认可，就像现代艺术博物馆里昂贵的设备。自然设计是关于设计起源的可证伪假说，需要繁琐的经验实证。记住它是如何工作的：复制因子之间的竞争。任何表现出设计的征兆，但不是源于一长列复制因子的东西不能由自然选择理论来解释，事实将反驳这个理论：缺少生殖器官的自然物种，昆虫像晶体一样从岩石中长出来，月球上的电视机，洋底裂沟中喷出来的眼睛，连挂钩和冰桶这样的细节都像宾馆房间的洞穴。另外，所有器官能够带来的好处，在最后都必须为了执行繁衍后代的任务而服务。一个器官的设计可以是为了看或吃或求偶或护理幼子，但最好别是为了自然的美、生态系统的和谐或是自我毁灭。最后，功能的受益者必须是复制因子。达尔文指出，如果马进化出马鞍子，他的理论就立刻被证伪了。

尽管有谣言和民间传说，但自然选择仍然是生物学解释的核心。生物组织只能被理解为适应、适应的副产品和杂音之间的相互作用。副产品和杂音不会排除适应，也不会让我们一筹莫展无法区分它们。这正是为什么生物组织如此令人着迷——是它们几乎不可能的适应设计——从而要求在自然选择的启发下对它们进行反向工程逆推。副产品和杂音因为被负面地定义为非适应，所以它们也只能通过反向工程逆推才能被发现。

对于人类智能来说也是如此。心智的重要能力，以及它们那些任何机器人都无法复制的杰作，都是自然选择的亲手作品。这并不意味着心智的每个方面都是适应性的。从低层次的特征如神经元的迟钝和嘈杂，到重大的活动如艺术、音乐、宗教和梦，我们都应当预料到其不是生物学家意义上的适应的活动。但这不是说我们对于心智如何工作的理解将会不完整或干脆就是错的，除非它与我们对于心智如何进化的理解相配合。这就是本章其余部分的主旨。

遗传算法的威力

我们所要讨论的第一个问题是人脑为什么会进化？答案就在信息的价值中，大脑就是设计用来处理信息的。

每次你买报纸时，你都在为信息付费。经济学家解释了为什么应该这么做：因为信息传递的收益值得付费。生命是赌博中的机会。在岔路口往左拐还是往右拐，与瑞克待在一起还是与维克托一同离开，人们知道哪个选择都不能保证好运和幸福；人们所能做的只有碰运气。究其本质，生命中的每个决策都可以归结为买哪张彩票。比方说，一张彩票花 1 美元，有 1/4 的机会中 10 美元。平均来说，你每玩一次会净赚 1.5 美元（10 美元除以 4 等于 2.5 美元，再减去 1 美元的买彩票成本）。另一张彩票价格 1 美元，有 1/5 的机会可以中 12 美元。平均下来，你每次会赚 1.4 美元。两种彩票数目相同，上面都没有标注中奖的概率。如果有人可以告诉你哪张是哪种彩票，你会付他多少钱？你至多可以付他 4 美分。没有信息的话，你将需要随机抽取，估计平均会赚 1.45 美元（一半时间 1.5 美元，一半时间 1.4 美元）。如果你知道哪张有更好的平均收益，你每次就会平均赚 1.5 美元，所以即使你付出 4 美分，你每次还会多赚 1 美分。

绝大多数生物体不买彩票，但每当它们的身体能够以不止一种方式运动时，它们都在投注选择。如果成本低于在食物、安全、求偶机会，以及其他资源方面的预期收益，它们应当会愿意“付费买”信息——这些“费用”包括组织、能量和时间。所有收益的评价方式最终都根据能否提高后代预期生存数量。在多细胞动物中，信息是由神经系统搜集的，并转化为能获益的决策。

更多的信息往往会带来更大的回报，并赢回额外的成本。如果一个财宝箱被埋在你家附近的某个地方，那么仅仅一条告诉它被埋在北半边还是南半边的信息就很有帮助，因为这节省了你一半的挖掘时间。告诉你它在哪个象限的信息会更有用，等等。坐标上有越多的数字，你就会越少浪费时间，所以你就会愿意付钱得到更多的信息，直到那一点已经非常接近，而不值得再花成本去做更小的细分为止。与之类似，如果你要破解一个密码锁，你拥有的每个数字都会减少需尝试的次数，因而节省的时间会抵消付出的成本。因此往往信息越多越好，直到收益递减的那一点，这就是为什么有些谱系的动物进化出越来越复杂的神经系统。

自然选择不能给生物体关于它所处环境的信息或是关于计算网络、小幽灵（后台程序）、模块、技能、表征或处理信息的心智器官的信息。它只能在基因之间选择。但基因构建了大脑，且不同的基因构建了以不同方式处理信息的大脑。信息处理的进化必须在螺母和螺栓层次，通过选择影响脑加工处理的基因才能实现。

许多种类的基因会因其更好的信息处理能力而成为自然选择的目标。修改过的基因会沿着脑室壁（脑中心的洞）产生不同数量的增殖单位，这会产生制造灰质的皮质神经元。其他的基因会允许增殖单位为不同数目的周期而分开，创造出不同数量和种类的皮质区域。借由移动一些化学物质轨迹和分子建构的路标等方式，用来联结神经元的神经轴可以被诱导往不同的方向上移动，进而完成将神经轴重新布线的目的。基因可以改变分子构成的锁钥结构，以便鼓励一些神经元和其他神经元进行联结。就像那个关于如何雕刻大象雕塑的老笑话中讲的（去掉所有看上去不像大象的部分），神经回路能够通过将程序设计为某种细胞和突触适时的自杀而塑造。神经元能够在胚胎发育的不同时间点变得活跃，它们的激活模式，无论是自发的还是程序设计的，都可以在下游被解释为关于如何连线在一起的信息。许多这些过程在级联中相互作用。例如，增加一个区域的大小使得它能够在下游竞争中得到更好的位置。自然选择不关心脑加工过程如何怪异或是形成的脑如何丑陋。对修改的效果的评估，严格按脑算法指导动物的整体感知、思维和行动的效果。通过这些过程，自然选择能够构建一个功能更佳的大脑。

但随机变异的选择真的能改善神经系统的设计，还是会粉碎它，就像毁坏一个计算机程序中的字节一样，最后保留了没有被损坏的系统？计算机科学的一个新领域被称为遗传算法，它显示了达尔文主义的选择能够创造越来越智能的软件。遗传算法是复制出多个副本的程序，尽管有一些随机变异使得每个副本都略有一点儿差异。所有的复制品在解决问题时都有一场比赛，表现最好的才被允许为下一轮繁殖供给复制品。但首先，每个程序的各个部分都再次被随机变异，且成对的程序进行交配：每个都被一分为二，并相互交换半个。在经过许多轮的计算、选择、变异和繁殖后，幸存下来的程序往往比一个人类程序员所能设计的任何东西都要好。

与探讨心智演化更为相关的，是这个遗传算法在神经网络上的应用。我们可以将从模拟的感觉器官所得到的信息提供给一个网络作为输入，然后把网络的输出传递至模拟的肢体，再把这个网络放置在一个散布着“食物”及其他竞争网络的虚拟环境中。那些得到最多“食物”的网络在下一轮变异和选择之前留下了最多的复制品。变异就是联结权重的随机变化，有时伴随着网络之间的性别重新组合（交换一些它们的联结权重）。在早期迭代期间，“动物”——或者，就像有时它们被称为的，“有生命的物体”——在它们的领地内随意游荡着，它们偶尔会碰到一个“食物”。但随着进化，它们变为由一个“食物”呼啸而去。我们的确发现，当一整群神经网络是以演化的方式来调整它的内部的联结权重时，它们所表现出的效能通常都要高于单一网络自行进行学习所能够达到的效能。对于隐含多层级的网络尤其如此，这种网络是复杂动物，特别是人类一定具有的。如果一个网络只能学习，而不进化，那么环境的传授信号传播到隐含层时会被稀释得十分微弱，只能微弱影响联结权重。如果一群网络能够进化，即使它们不能学习，突变和交配的过程仍能直接地修改隐含层当中的联结权重值，该网络能够在一瞬间拥有与最佳状态更为接近的联结权重值组合。这也就是说，网络先天的结构是自然选择的结果。

进化和学习也可以同时发展，其天生结构在进化的动物也在学习。一群网络能够配置一个遗传学习算法，网络设计者通过猜测、沿袭传统或试错法构建的原始结构，被允许进化和修正。天生规格包括有多少个单位，它们是如何联结的，初始的联结权重是多少，以及在每个学习情境下权重应上下浮动多少等内容。模拟的演化过程将能够为网络在学习生涯中优先取得有利的地位。

因此，进化能够指导神经网络中的学习。令人奇怪的是，学习也能指导进化。还记得达尔文讨论的“有用结构的初始阶段”——那个半只眼睛有何好处的问题吧。神经网络理论家杰弗里·辛顿和斯蒂文·诺兰设定了一个残酷的例子。假设有一个被具有 20 个联结的神经网络控制的动物，每个联结要么是激活的（开）要么是中性的（关）。但除非 20 个联结都正确到位，否则神经网络无法发挥作用。不但有半个网络没用，就算有一个 95% 的网络也没用。在一个是以随机突变的方式来对神经网络的联结权重值进行设定的动物族群里，在大约每百万个（2^{20}）有着不同基因组成的个体当中，才会出现一个拥有完全正确联结的变种个体。更糟糕的是，如果这个动物是有性繁殖的话，这种优势立刻就消失了，因为在终于找到权重的神奇组合后，它交换了一半出去。在这个模拟情境中，没有任何适应性网络进化出来。

那么现在考虑一群动物，它们的联结可以有 3 种形式：天生开启，天生闭合，或者可以通过学习设置为开启或闭合。变异决定了动物在出生时某个联结具有这 3 个可能性中的哪一种（开启、闭合、可学习）。在这些模拟中，平均一只动物有一半的联结是可学习的，另一半是开启或关闭的。个体是以下述的方法进行学习的：每个动物在一生中尝试着随机确定可学习的联结，直到它遇到了神奇组合。在真实生活中，这或许是弄明白如何捕捉猎物或敲碎坚果的方法；不管是什么，动物感觉到它的好运气后就保持着这些设置，停止了试错。从那时起，它就享受了更高的繁殖率。动物在生命中越早获得正确的设置，它具有更高繁殖率的时间就越长。

既然有了这些进化的学习者，或者学习的进化者，具有不到 100% 正确的网络就有了优势。以所有具有 10 个天生联结的动物为例，大约 1 000 个中间的一个会 10 个联结都正确。（请记住 100 万个非学习的动物中只有一个具有 20 个天生联结都正确的动物。）这些禀赋良好的动物会通过学习其他 10 个联结而获得完全正确的网络；假如它只需要对 1 000 种不同的状况进行学习，那么它就能有相当大的机会找出正确的网络。得到答案的动物将能够更早进行繁衍，因此也能更频繁地进行繁殖。在它的子嗣中，变异的优势使得越来越多的联结天生正确，因为拥有越多开始就正确的联结，就会花越少的时间来试错，终其一生仍没有学到的概率就越小。因此，在辛顿和诺兰的模拟中，网络进化出越来越多的天生正确的联结。然而，联结从来没有变成完全天生的。随着越来越多的联结被修复好，修复剩余联结的选择压力逐渐减少，因为只需学习少量的联结使得每个生物体都肯定能够迅速学会。学习导致天生能力的进化，但又不是完全天生。

辛顿和诺兰将他们的计算机模拟仿真结果发到一家期刊，但他们被告知这消息在 100 年前就被先行登出了。心理学家詹姆斯·马克·鲍德温（James Mark Baldwin）曾提出，学习能够以这样的方式指导进化，创造出一种拉马克式进化幻象而无须真的有拉马克式进化。但没有人证明过这个被称为“鲍德温效应”的观点是否真的有效。辛顿和诺兰展示了为什么它能够有效。学习的能力将“从干草垛里寻找针”的进化问题调整为“当你接近了这根针时，会有人告诉你”。

“鲍德温效应”很可能在大脑的进化中发挥了主要作用。与标准社会科学模型相反，学习能力并不是人类在进化历史上晚近时期才达到的一个顶峰。除了最简单的动物之外，几乎所有的动物都能学习。这些就是像果蝇和海蛞蝓这样心智不复杂的生物成为神经科学家被试的原因了。如果多分子动物的早期祖先就有了学习能力，它可能就引导着神经系统向专业化回路进化，即使这些回路结构是如此复杂，以至于光靠自然选择不足以解释它们出现的原因。

只有人进化出了智能

尽管许多动物所拥有的复杂神经系统都在不断地进行演化，但是大部分人以为动物们会努力想演化出较高智能的印象却是错误的。这个通常观点是说，低等动物有不多的几个固定反射，而在高等动物中，反射可以与新的刺激相关联（就像巴甫洛夫的实验中一样），而且反应也可以与奖励相关联（就像斯金纳的实验中一样）。根据这个观点，关联的能力在更高等的生物体中会变得更好，到最后，这些关联将可以脱离肉体欲望的刺激或实质的刺激，而能直接将不同的概念彼此相互联结，达到像人所拥有能力一样的顶峰。但是我们在真实动物身上所见到的智能分布情况绝非如此。

突尼斯沙漠蚂蚁离开巢，走了一段距离，然后在炙热的沙子上寻找被酷热烤晕的昆虫尸体。当它找到一个后，咬下一大块，转回身径直爬回巢穴里，也就是一个大约 50 米开外 1 毫米见方的小洞。它怎么找到回来的路呢？它的导航是靠在来的路上所搜集的信息，而不是靠像闻咸肉一样嗅着回来。如果有人在蚂蚁从巢穴里刚出来时，把它拿起来扔到离巢有一段距离的地方，这个蚂蚁就会漫无目的地转圈圈。如果有人在蚂蚁找到食物后移动了它，它便会朝与家的方向只差一两度的方向，以直线往回跑，直到超越了巢穴所在的距离，再掉转头来搜寻不会在该位置出现的巢穴。这说明蚂蚁测量并储存了回巢穴的方向和距离，这是一种被称为路径整合或航位推算的导航形式。

这个动物中信息处理的例子是由生物学家鲁迪格·韦纳（Rudiger Wehner）发现的，它是心理学家兰迪·加利斯特（Randy Gallistel）所用的许多例子之一，加利斯特努力使人们不再把学习看作是形成关联。他解释了这个原则：

> 路径整合是一个将速度向量对时间求积分以得到位置向量的连积或离散程序。传统中海上导航的离散等效是有间隔地记录航行的方向和速度，用前一个记录以后的间隔乘以每个记录的速度，得到一个间隔接着一个间隔的位移（例如，以每小时 5 海里的速度向东北航行半小时会将船离原来地点向东北推进 2.5 海里），然后累加连续的位移（位置改变）就得到了位置净变化。这些在经度和纬度上位移累计的总和就是对船位置的航位推算。

听者对此表示怀疑。所有这些计算就容纳在一只蚂蚁小小的尖脑袋里吗？事实上，随着计算的进行，这是很简单的东西。你可以花几美元在电器行买几个小零件，就能做个这样的仪器。但对于神经系统的直觉已经被关联主义禁锢得枯竭殆尽，以至于如果一个心理学家要把这个机器的工作原理延伸至人脑，都会被贴上疯狂和不负责任的标志，更不用说归结为一个蚂蚁脑了。一个蚂蚁真能做计算甚至运算吗？当然不能，这显而易见。但当我们在做自己的航位推算时（我们的"方向感"），我们也没有计算。路径整合计算是在无意识中进行的，它们的输出进入了我们的感知——还有蚂蚁的，如果它有的话——这就像一种抽象的感觉：家在那个方向，很远啊。

其他的动物们执行着更加复杂的运算、逻辑和数据存储。许多候鸟晚上飞行数千千米，通过看星座保持着它们的方向。在做童子军的时候，老师教给我怎样找到北极星：就在小北斗七星的柄端，或是从北斗星的前端外推七倍于它深度的距离。鸟不是天生就有这个知识的，这并不是因为先天就具有这样的知识是一件不可思议的事，而是因为果真如此的话，这些知识很快就会过时，因而毫无用处。地球的自转轴以及伴随而来的北极是以 27 000 年的周期，在进行着一种叫作分点岁差的摇摆运动。从进化的时间表上看，这个周期很快，鸟的回应是进化出一种特殊的运算来学习北极星在夜空中的哪个位置。当它们还在巢里不会飞时，这些就都发生了。雏鸟盯着夜空几个小时，注视着星座们缓慢地旋转。它们发现了星星们似乎围绕着那个点运动，然后参照几个附近的星座记下了它的位置，获得了我在童子军手册上被告知的信息。几个月之后，它们就能使用这些星座中的任何一个来保持稳定的方向——比方说，在向南飞时保持北方在身后，或是来年春天面向北极星返回北方。

蜜蜂通过跳舞告诉它们的同巢伙伴，以太阳为参照系的食物的方向和距离。好像这还不够让人惊叹，蜜蜂为了解决在利用太阳进行导航上会遇到的各种工程难题，还发展出了各种不同的调校系统和备用系统。跳舞的蜜蜂使用一个内部时钟来弥补从它发现食物的时间到它传递信息的时间之间太阳的移动。如果是多云，其他的蜜蜂使用天空中光线的偏极性来估计方向。这些杰作只是蜜蜂独创性的冰山一角而已，卡尔·冯·弗里希（Karl Von Prisch）、詹姆斯·古尔德（James Gould）以及其他一些人证明了这些问题。我的一位心理学家同事曾经认为，蜜蜂是一个用来教导大学生神经系统能够进行复杂运算的极佳材料。他在"认知科学导论"这门课中用第一周的时间来介绍这其中的一些巧妙实验。在第二年的课程中这些介绍增加到两周、三周，以此类推，直到学生们抱怨这门课程已经变成了一门“蜜蜂认知导论”。

还有许多可类比的例子。许多物种计算在每块地上花多少时间用于搜寻食物，从而优化它们花在搜寻食物上的每单位热量的回报率。有些鸟学习星历——太阳在一天和一年中在地平线以上的路径，这对通过太阳来导航是必要的。仓鸮使用声音到达两耳时间之间的亚毫秒差异来猛扑在漆黑中飒飒作响的老鼠。贮藏粮食的物种将坚果和种子放在预料不到的隐藏之处来搞乱小贼，但几个月之后它们一定都能回忆起来。我在前面一章中提到过，北美星鸦能够记住一万个隐藏之处。甚至巴甫洛夫和操作性条件反射这个关联学习的教科书式经典案例，最后也被发现并不是因为大脑总是会将刺激和反应关联在一起的缘故，而是经由一个能够进行多变量及非稳定时间序列分析的复杂演算法而来（就是根据事件过去发生的记录，预测未来事件何时会再度发生的分析）。

我展示这些动物的寓意在于，动物的脑就像它们的身体一样专业化并且设计良好。大脑是一个精密仪器，使得一个生物能够使用信息来解决其生活方式带来的问题。由于生物体的生活方式不同，而且它们彼此相关的方式像是一堆乱麻，而不是一根链条，所以物种不能够用智商或者根据它们实现了百分之多少的人类智能来排序。无论人类心智有何特殊，它都不可能比动物智能更多、更好或更加灵活，因为根本就没有所谓的一般动物智能的东西。每个动物都进化出了信息处理设备来解决它自身的问题，我们也进化出了设备来解决我们的问题。我们在即便是最微小的神经组织片段里所见到的复杂演算法，就和之前我们所见识到的建造机器人的艰难程度、脑损伤所带来的副作用，以及被分开养育的双胞胎之间的相似性一样，都让我们窥见了人类心智背后所必定隐藏的高度复杂结构。

哺乳动物的脑，就像哺乳动物的身体一样，因循着一个共同的总体规划。许多相同的细胞类型、化学物质、组织、亚器官、中转站以及路径，在同一纲的动物中随处可见，主要的明显差异来自膨胀或萎缩的部分。但在显微镜下，差异出现了。皮质区域的数量有很大差异，从老鼠的 20 个以下到人类的 50 个以上。灵长目与其他哺乳动物的差异在于视觉区域的数量、它们相互的联结，以及它们与额叶的运动和决策区域的挂钩联结。当一个物种有一个显著的天赋时，它会反映在大脑的大体解剖结构中，有时肉眼都能看到。视觉区域在猴脑中的高比例（约占一半范围）反映了——更准确地说，是给予了——它们对于深度、颜色、运动以及视觉引导的领会方面的倾向。依赖声呐的老鼠有额外的大脑区域供它们的超声波听力，囤积种子的沙漠老鼠比不囤积种子的物种生来具有更大的海马突起——那里是认知地图的一个位置。

人脑也讲述了一个进化故事。即使是快速地对比一下，也会发现灵长目动物的大脑已经经过了大幅的重新设计，才变成人脑这个样子。我们的脑比起一只普通猴子或与我们身体大小相仿的猿的脑要大 3 倍左右。人类为了达到膨胀脑体积的目的，将婴儿脑部的增长过程向后延长到了出生一年后之久。如果我们的身体在那个期间按比例生长的话，我们将会高达 3 米，重达半吨。

大脑主要的区域也已经修补过了。嗅觉的神经基础嗅球已经皱缩到灵长目动物相应部分的 1/3（以哺乳动物的标准看已经比较小了），主要视觉和运动皮质区域也都成比例地皱缩。在视觉系统内，信息的第一站——初级视觉皮层在整个脑中占较小的比例，而后面的复杂形式处理区域则扩张了，将视觉信息推到语言和概念区域的颞顶区。负责听的区域增长了，特别是理解讲话的区域 。额叶——复杂思维和计划的位置——也激增到像我们一样大小灵长类动物相应部分的两倍。猴子和猿的脑略微有些不对称，而人脑，特别是负责语言的区域，则非常不匀称，两半球的形状就可以很明显地区分开来。灵长目动物一些脑区域的相应部分在人脑中已经有了新的功能。负责讲话的布洛卡区在猴脑中有一个同源区域（进化的对应部分），但猴子显然并没有用它来讲话，它们甚至都似乎没有用它来发出尖叫、咆哮以及其他声音。

发现这些差异很有趣，但即使人脑看上去就像是猿脑的翻版，两者间也有极大的不同。真正起作用的是神经元之间联结的模式，就像不同的计算机程序、微芯片、书或者录像带之间的差异不在于它们的形状，而在于它们构成成分的组合安排一样。关于人脑的微型回路功能实际上还不为人知，因为缺少志愿者愿意在死后将他们的脑捐献给科学。如果我们能设法读取成长中的人类和猿的神经回路代码，我们就一定能找到大量的差异。

动物们这些了不起的运算只是我们已经丧失或从中发源的“本能”吗？我们常常听说人类除了一些自律功能之外，就不再拥有任何本能了，我们听到人类是以一种极富弹性的方式，而不是特别打造的机制，来进行思考和行动的。确实如此，但这不是因为我们比其他动物有更少的本能，而是因为我们有更多的本能。我们所夸耀的灵活性来自已经加入程序和陷入竞争的本能印记。达尔文将人类语言称为灵活行为的缩影——“获取艺术的一项本能”（我所写《语言本能》一书的名字就是来源于此），他的跟随者威廉姆·詹姆斯强调了这一点：

> 那么，为什么在这样古怪的刺激下，各种动物都会做一些对我们来说很奇怪的事情呢？例如，为什么母鸡会让自己干这种乏味的事情，去孵化一堆就像一窝蛋一样的极其无趣的东西，除非它有某种先知能体察到结果。唯一的答案是诉诸本能。我们只能根据我们自身对本能的理解来解释动物的本能。为什么人只要可能就总是躺在软床上而不是硬地板上呢？为什么人们在冷天要围坐在火炉边呢？为什么人们在一个屋子里的时候，有99%的时间会面朝中间而不是面朝墙壁呢？为什么人们更喜欢羊排骨肉和香槟酒而不是硬面包和池塘里的水呢？为什么年轻男子喜欢少女，以至于有关她的一切似乎都比世界上其他任何事更重要呢？我们只能说，这是人类的方式，每个生物都喜欢它自己的方式，并将效仿其视作理所应当，除此之外，别无他辞。科学可能会考虑这些方式，然后发现绝大多数都是有用的。但效仿它们不是为了它们的效用，而是因为在效仿它们时，我们感觉这是要做的唯一合适而自然的事情。10亿人中没有一个人会在吃晚饭时想到效用。他吃是因为食物尝起来好吃，使他想要更多的。如果你问他为什么会

想吃更多味道尝起来像那样的东西，我们大概不会把你当作哲学家来尊敬，而会笑你是个傻瓜……

所以，大概每个动物在某种条件下，感觉它想去做某事时也是这样的情况。对于爱伏窝的母鸡而言，如果世界上有个生物，它不像这只母鸡一样，觉得一窝蛋有多么令它神魂颠倒、珍爱有加，孵它千遍也不厌倦，恐怕这只母鸡知道后要惊诧莫名了。

这段话中描述的人类反应仍可能会使你以为是动物本能的版本。那么，我们的理性和灵活的思维呢？它能被解释为一组本能吗？在前一章中，我说明了我们精确的智能是如何能被分解为越来越小的信息处理行为者或网络的。在最低一层，步骤必须像最原始动物的反应一样自动化和不加分析。还记得乌龟对阿契利斯说的吧。任何的理性生物都不能对规则刨根问底，那样的话就会无限回归，永无止境。在某一点处，思考者必须执行一个规则，因为他忍不住要这么做：这是人类的方式，理所应当要做的唯一合适而自然的事情——简言之，一种本能。当一切运行正常时，我们的推理本能就联结到理性分析的复杂程序中，但这不是因为我们领悟了真理和理性的境界。这些本能有可能被诡辩术迷惑、被一些诸如芝诺提出的“运动绝不可能发生”这种论断哄骗，或是让我们在针对感知和自由意志的谜题进行思考时，感到头晕眼花。就像一个动物行为学家巧妙地操控动物的世界来解密动物本能，如放一只机械蜜蜂到蜂窝里，心理学家能够通过用特殊的方法表述问题来解密人类推理的本能，正如我们在第 5 章中将要看到的那样。

人类进入了“认知利基”

安布罗斯·皮尔斯的《魔鬼辞典》里这样定义我们这个物种：

人，名词。一种动物，极度迷失于对他认为他是什么的狂喜沉思中，而忽略了他实际上应该是什么。他的主要工作就是消灭动物和他自己的同类。然而人类物种的增长稳定且速度很快，将整个地球可以居住的部分都完全占为己有。

人类确实是一种前所未有的动物，有许多动物学上独特和极端的特征。人类通过现场装配针对于情境的复杂行为链来实现他们的目标。他们通过使用世界因果结构的认知模型来计划行为。他们终生都在学习这些模型，并通过语言来沟通，这使知识得以在一个群体中以及不同代际间积累。他们制造并依赖许多种工具。他们在长时间内交换商品和礼物。食物被长途运输、大量处理、存储和分享。人类的两性是各司其职的。人类形成了大规模的、结构化的联合，特别是在男人之间，联合体彼此之间进行战争。人类使用火。人类亲缘系统很复杂，并随着他们的生活方式而改变。人类配偶关系的形成是由其父辈协商，而这通常都是以族群之间交换女儿的方式来进行的。排卵是隐秘的，女性可以选择在任何时候进行性行为，而不是在生殖周期中的某些时间点进行。

这些特征中，虽然有几个也能在一些类人猿中发现，但程度要小得多，而且绝大部分是找不到的。人类已经重新发现了一些在灵长目中很罕见但可以在其他动物中找到的特征。他们是二足行走的。他们活得比其他猿时间长，养育不能自立的幼子（性方面不成熟），这占据了他们一生中的很长一部分时间。狩猎很重要，肉食在他们食物结构中占很大一部分。雌性在养育后代上投入了时间和精力：她们抱着孩子，保护孩子不受动物和其他人类的伤害，给他们食物。就像《魔鬼辞典》上指出的，人类占据了地球上每一种生态区。

除了改进我们的骨骼以使我们保持直立和精确地抓握之外，令我们不寻常的不是我们的身体，而是我们的行为和组织行为的心智程序。在漫画《凯文与霍布斯》中，凯文问他的老虎搭档为什么人们总是不满意他们拥有的东西。霍布斯回答："开玩笑！你们的指甲长得多滑稽，你们也没尖牙，你们晚上还看不见，你们肉色的保护层真是很荒谬，你们的反应速度迟钝得要命，你们甚至都没有尾巴！当然人们不满意了！"但尽管有这些缺陷，还是人控制了老虎的命运，而不是反之。人类进化是真正的"呆鸟大反攻"。

或许是为了竭力扭转那种面色苍白、紧捂口袋、衣着廉价不合体的刻板形象，人类进化的理论家们广为搜寻替代理论。有人将人类的聪明才智，解释成我们颅骨里能够散发热量的血管所带来的副作用；有人认为这只是像孔雀尾巴一样用来追求异性的工具；也有人主张这只是黑猩猩幼年期延长的产物而已；还有人认为，智能是人类为了免于走向生产越来越少的困境，而发展出的一种逃生出口。在各种说法中，整个人类心智的兴起被解释为是用来解决具体问题的，如把石头削成工具，敲开坚果和骨头，向动物掷石块，保持对幼儿的注意，跟随兽群去清理它们的死兽，以及在一个大的群体中保持社会联系约束等。

这些说法有一些正确之处，但它们缺乏好的反向推理。成功解决某个问题的自然选择一般会形成白痴学者，就像航位推断的蚂蚁和凝望星星的鸟一样。我们需要知道在我们这个物种中发现的更为通用的智能是做什么用的。这就要求对那些人类心智实现的罕见杰作进行详细的描述，而不只是一个词的恭维，如“灵活性”或“智能”。这种描述必须来自现代心智的研究——认知科学。由于选择是受整个个体的命运所驱动的，因此套一个模子来解释脑的进化是不够的。一个好的理论需要联结人类生活方式的所有部分——所有年龄段、所有性别、解剖结构、饮食结构、居住地和社会生活。也就是说，需要将人类进入的生态环境的特征加以细化。

满足这一需求的唯一理论来自约翰·图比和人类学家埃尔文·德沃尔。图比和德沃尔强调，物种的进化是以彼此为代价的。我们憧憬着富饶的乐土、衣食丰足的天堂，还有橘子树和橙色天空①，但真实的生态系统是不同的。除了水果外（骗取饥饿的动物来散播种子），基本上每种食物都是某些其他生物体的一部分，而其他生物宁愿把这部分留给自己。生物体们进化出防御措施以免被吃掉，而准备就餐者则进化出武器来攻克这些防御措施，促使未来的大餐进化出更好的防御装备，以此类推，进行着进化的军备竞赛。这些武器与防御装备是以遗传为基础的，在个体的一生时间中是相对固定的；因而它们改变得相对较慢。在进化的时间意义上，食者与被食者平衡发展。

图比和德沃尔指出，人类进入了“认知利基”。还记得第 2 章中给智能下的定义吧：在面对障碍时利用事物如何运转的知识达到目的。通过学习哪些操控能实现哪些目标，人类掌握了偷袭进攻的艺术。他们运用创造性的、目标导向的行动方案来征服其他生物体，因它们只能在进化的时间意义上做出反应。操控可以

① 甲壳虫乐队名曲 *Lucy in the Sky with Diamonds* 中的歌词。——译者注

具有创造性，因为人类知识并不只是局限在像“如何抓住一只兔子”一样具体的指导。人类对世界的分析是运用关于物体、力、路径、地点、方式、状态、物质以及隐含的生物化学本质的直觉理论；而在针对其他动物和人时，则运用信念和欲望。（这些直觉理论是第5章的主题。）人们通过在他们心目中的这些规则，进行心智上的组合和相互作用，从而组成了新的知识和计划。

许多理论家不知道那些文盲游牧原始人如何在抽象智能方面运用他们的能力。原始游牧者更有理由提出关于现代沙发土豆的问题。原始游牧者（包括我们的祖先）的生活就是一场永无止境的露营之旅，但却没有太空毯、瑞士军刀、冷冻干意大利面和香蒜。人类群落依靠他们的智慧来生活，发展出复杂的技术和大量民间科学。所有有记录的人类文化都有表示空间、时间、动作、速度、心智状态、工具、植物、动物、天气等元素的词汇，以及逻辑联结词（不是、和、相同的、相反的、局部－整体以及一般－特殊）。他们将单词组合为合乎语法的句子，使用背后的命题来推导像疾病、气象以及不在的动物。心智地图表示了数千个值得注意的地址，心智日历表示着有关天气、动物迁徙和植物生命史的嵌套循环。人类学家路易斯·利本伯格（Louis Liebenberg）详细讲述了一次与中卡拉哈里沙漠的!Xo人的典型经历：

> 当追踪者们在跟踪前一天晚上落单的牛羚踪迹（足印）时，指出被踩踏的证据，说明那只动物曾在那里睡过。他们接着解释说，那个动物离开睡觉的地方留下痕迹是在当天的早晨，因而印迹还比较新。足印是沿着直线而去的，这说明那只动物要去某个特定的目的地。过了一阵，一个追踪者开始仔细研究某片区域的一些足印。他指出，这些足印都属于同一只动物，不过是前些天留下的。他解释说，那片区域是那只牛羚进食的场所。因为那时已近晌午，所以那只牛羚可能就在附近的阴凉地休息呢。

觅食的原始人制造了切割工具、石杵、容器、绳索、网、篮子、杠杆，还有矛以及其他武器。他们使用火、庇护棚和治疗用药。他们的工程设计往往新颖独特，利用了毒药、烟熏物、黏胶陷阱、刺网、饵线、绊子圈套、栅栏、伪装的坑穴和悬崖顶、吹箭筒、弩箭，还有用尾端粘连蜘蛛丝做钓鱼线的风筝。

这些工具的回报就是敲碎许多其他生物的“保险箱”的能力：钻地洞的动物、

植物的地下储藏器官、坚果、种子、骨髓、表层皮肤坚硬的动植物、鸟、鱼、贝壳类、乌龟、有毒植物（解毒方式包括去皮、煮、浸泡、晒、发酵、过滤，还有其他一些厨房魔术师的把戏）、速度快的动物（可以打伏击），还有大动物（群体合作可以驾驭、耗尽其体力、包围，并用武器将其处死）。奥格登·纳什写道：

> 猎手伏身隐蔽，
>
> 藏在各种伪装的下面，
>
> 假装发出“嘎嘎”的叫声，
>
> 引诱猎物进入圈子。
>
> 这个成年人，凭着勇气和运气，
>
> 期待着在机智上胜过一只鸭子。

人类确实比鸭子更有智慧。人类用这种不公平的强势来攻击那些只有在下一代才能加强其防卫能力的生物体。许多物种都不能足够快地进化其防卫系统来抵御人类的攻击，即使在进化的时间意义上也不行。这就是每当人类初次进入一个生态系统，物种们纷纷像飞虫一样坠落的原因。不只是最近受到水坝和伐木者威胁的蜗牛鱼和雪鸮，还有你从来没见过的活的柱牙象、剑齿虎、巨毛犀或其他巨大的冰川期动物，因为人类显然在几千年前就让它们灭绝了。

这个认知利基包含了许多我们物种在动物学上不寻常的特点。工具的制造和使用是为了努力实现目标而对物体间因果关系知识的应用。语言是交换知识的手段。它将知识的收益放大数倍，使它不但可以被使用，还可以用来交换其他资源和降低成本，因为知识不仅是凭借有风险的探索和实验来获取，还可以通过来之不易的智慧、天才的灵光闪现以及他人的尝试错误来获取。信息共享的成本可以忽略不计：如果我给你一条鱼，我就不再拥有那条鱼，但如果我告诉你如何捕鱼，我自己仍然拥有这条信息。所以利用信息的生活方式非常适合于群居生活和共享专业技能——适合于文化。各种文化彼此不同，因为它们所分享的专业技能在不同时间和地点的受欢迎程度也各不相同。人类延长的童年时期是为了学习知识和技能。这改变了男性的收益平衡点，使他们在后代身上投入更多的时间和资源，而不是在性方面去竞争（见第 7 章）。因此，这使得亲缘关系成为两性和所有年龄段的人都关注的事情。人类长寿到足以收获漫长学习投入带来的回报。人类能够开拓移民到新的生活环境，即使当地条件各有差异，因为这些差异也遵循着人类已经了解的物理学和生物学定律，所以可以被开发和驾驭。

人类获得智能的四大有利因素

为什么是中新世的猿猴首先进入认知利基呢？为什么不是土拨鼠、鲶鱼或者绦虫呢？因为它只发生了一次，所以没人知道为什么。但我估计，我们的祖先拥有 4 项特征，使得进化出更强大的因果推理能力对他们来说相对容易和更为有益。

首先，灵长目是视觉动物。在恒河猕猴这样的猴子中，一半大脑都是分配给视觉的。立体视觉——使用两只眼睛观察点的不同来感受深度，发展于灵长目谱系的早期，使早期夜间活动的灵长目动物能够在纵横的尖利枝杈间活动，用双手抓取昆虫。颜色视觉是伴随着猿猴祖先从夜间转向日间活动时形成的，同时形成的还有它们对水果的新偏好，这些水果用鲜艳的色彩宣告果实成熟。

为什么视觉这个东西会如此重要？深度知觉可以界定一个充满可移动物体的三维空间。有了感受色彩的能力，个体就能够将一个物体的外观由背景当中抽离出来，也能让它对该物体组成的材质特性，有一种直接的感受——这与那种能够感受到物体形状的知觉，是很不相同的。将这两种知觉的能力结合起来，灵长类动物的脑便能够将视觉信息一分为二：关于物体及其形状和组成的“什么”系统和关于物体位置和移动的“哪里”系统。人类心智对世界的理解（甚至对最抽象、微妙的概念的理解），是把它看作一个充满了可移动的事物和东西的空间，这并不是巧合（见第 4 章和第 5 章）。我们说约翰从病了到康复，即使他没有移动一米，整段时间一直待在床上。玛丽可以给他许多条建议，即使他们只是在通电话，手里并没有交换什么。甚至科学家，在试图把握抽象数学关系时，也习惯于把它们画在图上表示为二维或三维的形状。我们抽象思维能力共同选择了一个坐标系统和物体库存，它们是由发展良好的视觉系统提供的。

更难以理解的是，一个典型的哺乳动物是如何向这个方向转变的。大多数哺乳动物是趴在地上去嗅其他生物留下的大量化学痕迹和气味的。任何人在遛一只欢闹的可卡猎犬时，看着它在探索着我们看不到的千奇百怪的幻象，我们都知道它生活在一个我们无法理解的嗅觉世界之中。这儿有一个夸大的方式来表示这个差异。标准哺乳动物不是生活在一个悬挂着可移动物体的三维坐标空间里，而是在一个二维平地里，在那里，它们通过零维窥视孔来探索。埃德温·阿伯特（Edwin Abbott）的《平地》（*Flatland*）是一本关于生活在一个平面中居民的数学小说，它讲述的二维世界与我们的三维世界不仅仅是少了 1/3 的维度。在那里，许多几何布置根本就不可能了。一个整张脸的人物没办法把食物塞到嘴里，一个侧面的人则被他的消化道分作两半。一些像管子、绳结和有轴轮子等构造简单的装置也都没有办法被制造出来。假如大部分的哺乳动物都只能局限在一个扁平的世界里进行思考，那么他们的心智便缺乏了对三维空间中移动固体以及机械关系进行理解的能力，而这些能力在我们的心智里都扮演了极为重要的角色。

第二个可能要件是群居生活，这发现于人类、黑猩猩和大猩猩的共同祖先。绝大多数猿和猴子都是群居的，尽管绝大多数哺乳动物不是。生活在一起有很多好处，其一，一小群动物并不比单只动物更容易被捕食者发现，而且一旦被发现，任何个体被选中的可能性就被分散了。司机们在一群超速的汽车中超速驾车会觉得比较不容易被抓住，因为交警很可能会截住其他人的车。有更多的眼睛、耳朵和鼻子来监视捕食者，而且捕食者有时可能会被群起而攻之。其二是觅食效率高。这个优势在合作猎捕狼和狮子这样的大型动物时尤为明显，而且还有利于分享和保护其他单个个体找到，却大得吃不完且保存时间不长的食物资源，比如结满成熟果实的树。依靠水果为生的灵长目和待在地上生活的灵长目（在地上它们更容易被捕食者抓到），一般会群居生活。

群居生活可能以两种方式确立了近似人类智能进化的平台。在已经有一个群体的情况下，信息的价值得到了成倍增加，因为信息是一种能够在给出去的同时继续保留价值的物品。因此，聪明的群居动物就会享受到双重好处：知识的收益和可以用知识交换的东西的收益。

群体可以考验智能的另一个方式是，群居生活本身提出了新的认知挑战。躁狂的群体也有不利之处。邻居们竞争食物、水、配偶和筑巢地。群居还有被剥削的风险。他人就是地狱，让－保罗·萨特（Jean-Paul Sartre）如是说。如果狒狒们是哲学家，它们也一定会说其他狒狒就是地狱。社会性动物面临的风险包括偷盗、被同类吃掉、通奸、杀害婴儿、强夺勒索以及其他的背叛。

每个社会性动物都要在汲取群居收益和承受群居痛苦之间保持平衡。这就创造出一种压力，迫使动物只有变得更加聪明才能待在这条横木的正确一边。在许多种动物中，脑子最大、行动最聪明的物种都是社会性的：蜜蜂、鹦鹉、海豚、大象、狼、海狮，当然还有猴子、大猩猩和黑猩猩。聪明但却几乎独居的猩猩，是个令人困惑的例外。社会性动物发送和接收信号来协调捕猎、防卫、觅食和群体性活动。它们彼此交换喜欢的东西、偿还并执行债务、惩罚欺骗者以及形成联盟。

类人猿的集体性表现在“猿猴的精明”。灵长目是卑怯、厚颜无耻的骗子。它们趁竞争者不注意时去调情、发假警报来吸引或分散注意力，甚至控制嘴唇作面无表情状。黑猩猩相互留意着彼此的目标，甚至不加掩饰地这么做，有时还用作教育和欺骗手段。让一只黑猩猩看到一些装着食物的盒子和另一个装着蛇的盒子，它会将同伴带到装蛇的那个盒子前，等同伴尖叫着逃跑之后，再独享美餐。草原长尾猴则像饶舌妇一样时刻关注着每只猴的来来去去和朋友与敌人，但它们对非社会性世界却极为愚钝，注意不到蟒蛇的踪迹和树上有动物尸体的不祥情况，而树上的动物尸体则是豹子的独特手笔。

一些理论家提出，人脑是由我们灵长目动物祖先的马基雅维利式智力发动的认知装备竞赛的结果。这个论点认为，你降服植物或石块只需要那么多脑的能量，但另一个家伙差不多和你一样聪明，而且可能会用它的智力来做对你不利的事情。你最好能考虑到，它在考虑关于你在考虑它在考虑的事情。就脑能量的发展而言，相互攀比永无止境。

我自己的猜测是，认知装备竞赛本身并不足以形成智能。任何社会性物种都能够开始脑力的无休止逐级攀升，但除了我们，没有其他物种发展出智能，大概因为如果没有其他一些生活方式的改变，智能的成本（脑大小、延长的孩童期，等等）将抑制这种正反馈环。人类在机械和生物方面都是例外，而不仅仅是在社会性方面。在一个凭借信息而运转的物种中，每项技能都令其他技能的价值成倍增加。顺带说一句，人脑的扩张绝不是进化狂热分子极力鼓吹的加速正反馈环。大脑在 500 万年的时间里体积翻了 3 倍，但从进化的计时标准来看，这就是闲庭信步。原始人类进化有足够的时间来让它们的脑长到现在人脑这么大，再缩小回去，再长到这么大，往复好几次。

除了好视力和大群体之外，智能的第三个先决条件是手。灵长目动物是在树上进化的，它们用手来抓握树枝。猴子用四肢在树枝上跑来跑去，而猿则主要用胳膊悬挂在上面。猿用发展良好的手来操控物体。大猩猩小心翼翼地剖开粗糙或多刺的植物取出能吃的东西，黑猩猩使用简单的工具，如用树干捞出白蚁、用石块砸开坚果或用捣碎的树叶来吸水。就像塞缪尔·约翰逊谈到狗用后腿行走时说的，尽管它走得不怎么样，你还是会很惊讶它竟然能那样走。在令智能物有所值的世界上，手是起关键作用的杠杆。在人类谱系中，精确的手和精确的智能是共同进化的。化石记录显示，手引领着智能的进化。

可以做出精致工具的手，如果一直被我们用来走路就会没什么用处，而双手之所以会出现，也不仅只是靠它们自身就能够进化出来的。我们身体中的每块骨头都是重新塑造过的，这才给了我们直立的姿势，将手解放出来抓握和操控东西。我们还要再次感谢我们的猿祖先。悬挂在树上对身体的进化要求不同于大多数哺乳动物水平的四轮驱动设计，猿的身体已经随着胳膊上伸而向上倾斜（它们的胳膊已经与腿不同），黑猩猩（甚至猴子）能在短距离内直立行走去拿食物和其他东西。

完全直立的姿势可能经历了几个选择压力。二足直立行走在生物力学上是一种有效的方式，它可以重新调整在树上悬挂着的身体，从而在新进入的草原平地上走较长的距离。直立姿势还使原始人能够像土拨鼠一样掠过高草向外窥视。原始人类在正午时出来；这种在动物学上不寻常的“倒班”带来了几项人类适应，比如没有毛发和大量地流汗，这使得它们可以保持凉爽。直立姿势可能又是另外一个为了达成同样目的的适应特征，因为横躺下来只会让身体照射到更多的阳光。不过携带和操控东西一定是关键的诱因。在手解放出来以后，人类可从不同地点拿来原料加工成工具，然后再把它带到最有用的地方去。食物和孩童也可以被运送到安全或富饶的地区。

智能的最后一个要件是狩猎。狩猎、运用工具和二足行走是达尔文认为的促使人类进化的 3 个特别重要的因素。“人类猎手”直到 20 世纪 60 年代还是科学解释和通俗故事中的典范。与约翰·格伦和詹姆斯·邦德的健壮男子形象相呼应了 10 年后，从 20 世纪 70 年代开始，在这个女性主义者发挥影响力的小星球上，逐渐丧失了吸引力。人类猎手的主要问题在于，它将智能的发展归功于成群的男人在捕猎到大型猎物时所需的团队合作和前瞻远见。但自然选择是对两性生活的累加。女人们并不是在厨房里等着父亲们把猎物拿回家好做饭吃，她们也不是坐视进化的男人们享受着智力增强而自己无所作为。现代原始人群的生态学显示，女性采集者也通过高度加工的植物食品提供了比例很高的热量，而这也需要机械方面和生物方面的智慧。当然，在群居物种中，社会性智能是与长矛和棍棒同样重要的武器。

尽管如此，图比和德沃尔认为，狩猎仍是人类进化中的一支重要力量。问题关键不在于心智能对狩猎有何帮助，而是狩猎能对心智有何作用。狩猎提供了营养高度集中的自然包装。我们并不是总有豆腐，而构建动物肉体最好的天然材料就是动物肉体。尽管植物性食品也提供热量和其他营养，但肉是包含了所有 20 种氨基酸的完整蛋白质，还提供了富含能量的脂肪和必需的脂肪酸。在哺乳动物中，食肉动物比食草动物有相对其身体大小更大的脑子，部分原因是搞定一只兔子比搞定草需要更多的技能，还有部分原因是肉能够更好地供养贪婪的脑细胞。即使根据最保守的估计，肉在原始人食物结构中的比例也要远高于在其他灵长目食物结构中的比例。这或许是我们能够供得起我们昂贵的大脑的一个原因吧。

黑猩猩们集体合作猎取一些像猴子和野猪这样的小型动物，我们的共同祖先大概也是这样狩猎的。迁移到草原必定使得狩猎更加有吸引力。尽管保护雨林的招贴画上显示那里有丰富的野生动物资源，但真正的森林中很少有大型动物。只有少量的太阳能落到一片土地上，如果它支撑的生物量都锁定在树木上，那动物们就得不到供应了。而草原就像能够自动盛满的神奇高脚杯一样，只要被人注视就会变回原来的样子。草原可以供养大量的食草动物群，而这些食草动物又接着供养食肉动物。几乎在 200 万年前的化石记录中就有屠宰的证据，那还是能人的时代。狩猎一定更早，因为我们知道黑猩猩就这么干，而它们的这些活动则无法在化石记录上留下证据。一旦我们的祖先开始了狩猎，世界之门就打开了。在高海拔和高纬度的地方，冬季植物性食物很稀少，但狩猎者可以在那里生存。因此，没有食素的因纽特人。

若按照现在的男子汉勇往直前的时代精神，我们祖先的行为特点有时被描述得更像怯懦的食腐动物而不是勇敢的猎手。然而尽管原始人有时会吃动物尸体，但他们大概不会以此为生，即便是那样的话，他们也不是懦夫。秃鹫清理动物尸体残躯，因为它们能大范围地扫描寻找目标，而且一旦发现更强大的竞争者出现就能立刻逃离。因此，食腐行为不是胆小者能做的。动物尸体为猎捕者小心看护的，否则更凶猛的动物就会把它抢跑。动物尸体对微生物也很有吸引力，它们会迅速将肉致毒使其他食腐者无法染指。所以当现代灵长目或狩猎采集者经过草原时，他们通常不去理会那些动物尸体。20 世纪 70 年代早期的精神药品专卖店里常挂着这样一幅海报，一只秃鹫对另一只说：“耐心点，笨蛋！我要去杀死一些东西。”这海报的意思是对的，除了秃鹫外，食腐的哺乳动物也猎捕食物。

肉还是我们社会生活中的主要货币。设想一只奶牛努力想赢得一个邻居的好感，就把一丛草丢在邻居的脚下。人们可能自然会想到，第二只奶牛会说：“谢谢，不过我可以自己找草吃。”猎取一只动物的营养则是另一回事了。猪小姐曾建议：“绝对不要吃比自己能举起的东西还要大的任何东西。”猎手杀死的动物比它能吃的量要多，而且肉将会很快腐烂，这时他就面临一个独特的机会。捕猎很大程度上是一种运气。在还没有冷藏法的时候，为没有收获的时候储备肉的一个好地方就是其他猎手的身体，他们会在运道轮转时施以回报。这种方式形成了原始社会中常见的男性同盟和普遍互惠。

猎手剩余的食物还有其他市场。有营养的食物可供后代食用，也可以给雌性食用，从而增加自己与其他雄性竞争时的胜算。知更鸟把虫子带给雏鸟的行为提醒我们，大多数动物都会把猎物带给幼子，这些捕捉到的动物才是真正值得花精力去得到和将之搬运的食物来源。

肉还涉及性政治。在所有的原始社会中，估计也包括我们的祖先，狩猎基本上都是男性的活动。女性为孩子所累，狩猎对于她们来说不大方便，而男人体格更大、更擅长杀戮，这是由他们相互残杀的进化历史造成的。因此，雄性可以通过让孕育孩子的母亲吃上肉食，将剩余的肉交给他们的孩子。他们还用肉来同雌性交换植物性食物和性。用肉体换取肉体的交易可以在狒狒和黑猩猩中发现，在原始人群中也很常见。尽管现代社会中人们已经前所未有的谨慎小心，但用资源换取性的交易在全世界范围内仍占很重要的一部分。第 7 章探讨了这种活动的动力原因，以及它们是如何源于生殖解剖上的差异的，尽管解剖结构决定不了现代生活方式。不管怎样，我们还没有完全丧失这种关联。《曼纳斯小姐行为矫正指南》中提到：

> 约会有 3 种可能的组成部分，其中至少两个是必需的：娱乐、食物和感情。在通常情况下，一连串的约会是由许多娱乐、一定数量的食物和最纯粹的感情开始的。随着感情因素的逐渐增加，娱乐可以相应比例地减少。当感情就是娱乐时，我们不再称之为约会。而在任何情况下，食物都是不可或缺的。

当然，没有人真的知道这 4 种因素是否组成了人类智能攀升的大本营，也没有人知道在生物设计空间是否还有其他没尝试过的智能因素。但如果这些特征确实解释了为什么我们的祖先是 5 000 万个物种中唯一一个走上智能之路的，那么它对寻找外星智能而言将有着严肃的意义。一个有生命的星球还不足以成为一个发射台。它的历史中还应包括一个夜间活动的猎食动物（才能获得立体视觉），其后代转换为日间活动的生活方式（才会分清颜色），这样它们就能以水果为生，但对于捕猎者来说它们仍易受攻击（因此需要群居生活），这就将它们的运动方式改变为在树干下游荡（有利于手的功能和直立行走的发展），之后的一次气候变更将它们从森林送到了草原（形成了直立行走和狩猎）。对于某个星球，即使是有生命的星球，拥有这样历史的概率会是多少呢（如表 3-1 所示）？

表 3-1 不同物种的发展情况

物种	时间	身高	体格	脑
黑猩猩——人类的祖先（与现代黑猩猩长相类似）	8 百万 ～6 百万年前	1 ~ 1.7m	长胳膊，短拇指，手指脚趾弯曲；适应于指关节行走和爬树	450 cm^3
始祖地猿	4.4 百万年前	?	很可能二足行走	?
南方古猿	4.2 百万 ～3.9 百万年前	?	二足行走	?
南方古猿属阿法种（露西）	4 百万 ～2.5 百万年前	1 ~ 1.2m	完全二足行走并有着结构有所改变的双手，但仍有着像猿的特征；胸部宽阔，长胳膊，手指脚趾弯曲	400 ~ 500 cm^3
能人（巧手人）	2.3 百万 ～1.6 百万年前	1 ~ 1.5m	一些标本：个子小、胳膊长；另一些标本：很强健但不像人类	500 ~ 800 cm^3
直立人	1.9 百万 ~ 300 000（也或许 27 000）年前	1.3 ~ 1.5m	很强健但不像人类	750 ~ 1 250 cm^3
古智人	400 000 ~ 100 000 年前	?	很强健但不像现代人	1 100 ~ 1 400 cm^3
早期智人	130 000 ~ 60 000 年前	1.6 ~ 1.85m	很强健但不像现代人	1 200 ~ 1 700 cm^3
智人（克鲁麦农人）	45 000 ~ 12 000 年前	1.6 ~ 1.8m	现代人类	1 300 ~ 1 600 cm^3（比照现代人：1 000 ~ 2 000cm^3，平均 1 350cm^3）

人类进化的历史

骨头的化石记录讲述了一个逐渐进入认知利基的故事。表 3-2 展示了作为我们直接祖先的物种的现有证据汇总。

表 3-2 人类直接祖先物种的现有证据汇总

头盖骨	牙齿	工具	分布
前额很低；脸部前凸；眉脊粗大	犬齿很大	石锤，用树叶当海绵吸水，用树干去探测，用树干做杠杆	西部非洲
?	磨牙像黑猩猩的，但犬牙不像	?	东部非洲
像猿一样的头盖骨碎片	大小和位置像猿的；外表光泽像人的	?	东部非洲
低而平的前额；脸部前凸；眉脊比较粗大	犬牙、磨牙很大	没有？石片？	东部非洲（或许西部非洲也有）
脸较小；头盖骨较圆	磨牙较小	石片、砍砸器、刮削器	东部和南部非洲
眉脊较粗大（亚洲）；脸部较小和前突	牙较小	对称的手斧	非洲（或许是分开的物种），亚洲，欧洲
头盖骨较高；脸部较小和前突；眉脊较粗大	牙较小	更好的手斧，修整后的石片	非洲，亚洲，欧洲
高头盖骨；中等眉脊；脸部略微前突；有下巴	牙较小	修整后的石片；石片有刃；有尖头的工具	非洲，亚洲，欧洲
与现代人一样	现代人的	有刃石片；钻头；投掷长矛；针；雕刻器；骨制工具	遍及世界

在我们的大脑进化出来的几百万年前，黑猩猩和人类共同祖先的一些后人开始直立行走。20世纪20年代的发现令人类至上的沙文主义者惊诧莫名，他们一直想象着，我们光荣的大脑在带领着我们沿梯而上，或许就像我们的祖先在每层梯子上都会去决定他们新发现的智慧可以用来做什么一样。但自然选择不可能是以这种方式进行的。如果不能使用它，你为什么要增大你的大脑？古人类学的历史是来发现越来越早的直立姿势行走的原始人的。最近的发现将它置于400万甚至450万年前。随着手的解放，之后的物种在一些特征上一点一点地取得进展，这些令我们与众不同的特征包括：手的灵巧性、工具的复杂性、对狩猎的依赖、脑的大小、栖息地的范围、牙齿和颌变小了、包裹在其外的脸就越来越不突出、支起颌附近肌肉的眉脊逐渐萎缩并消失了。我们精致的脸与兽脸不同是因为工具和技术已经取代了牙齿。我们用利刃来屠杀动物并剥掉它们的皮，我们用火来让植物和肉变软。这样我们就放宽了对颌和头盖骨的要求，使我们能够从已经很重的脑袋上削去些骨头。不同性别在身材大小上的差异变小了，这可能说明雄性花了更少一些的资源来彼此攻击，而将更多的资源用于孩子和孩子的母亲。

手和脚推动着大脑的逐渐发展，并反映在工具的使用、屠杀动物留下的骨头以及增加的活动范围方面。如果需要证据的话，它还是很好的证据来说明智能是自然选择为开拓利用认知利基的产物。前面的归纳并不是对可能的原始人的完全展开。表3-1中略去了其他一些物种，在每一段时期都分拆开来占据了略为不同的环境：敲坚果和咬植物根的南方古猿，或许还有两种亚能人中的一种，很有可能还有亚洲分支的直立人和远古智人，大概还有适应冰川期的尼安德特人。每个物种或许都被一支更像智人的临近群落深入其认知利基而超越取代，新的物种同样具有原有物种的专长，并且将其发扬光大，此外在其他一些方面也有胜出。这种整体发展也不是宏观变异或随机漂移带来的禀赋——这种运气怎么会在一个物种谱系中保持几百万年，历经几十万代，而向具有更大脑容量的物种发展呢？此外，更大的脑绝不只是装饰，而是使得其拥有者能够制造出更好的工具，并在这个星球上散布更多的同类的必要条件。

根据古人类学的标准时间表，人脑进化到现代形式始于200多万年前能人的出现，截至20万到10万年前，“解剖学上的现代人类”——现代智人出现。我怀疑，我们的祖先进入认知利基的时间要比这早得多。这项过程的两端或许都比教科书上的日期拉长出更多，以便让我们奇妙的心智有更多的时间进化发展。

在时间表的一端是400万年前的像南方古猿的阿法南古猿（那个被称为露西的魅力四射的化石物种）。它们往往被描述为直立姿势行走的黑猩猩，因为它们的脑容量与黑猩猩近似，也没留下使用工具的明显证据。这就暗示出认知进化要到大约200万年后才开始，那时脑容量更大的能人凭借其削砍工具的本事赢得了“巧手人”的名声。

但这不可能是正确的。首先，原来住在树上，后来移居到开阔地，并且重塑解剖结构以便直立行走的动物，却在它的生活方式和行为的其他任何方面并无反映，这在生态学上是不可能的。现代黑猩猩使用工具并运送东西，如果它们能够带着东西四处自由游走，那就会有更多的战利品。其次，尽管南方古猿的手仍保留着一些像猿一样的手指弯曲（而且为安全考虑可能还不时在树上奔跑），但这手显然是为抓握和操控物体而进化的。与黑猩猩的手相比，它们的大拇指更长，与其他指头也更加位置相对，它们的食指和中指成角度使手掌呈茶杯状以便抓握石锤或球。再次，还并不清楚它们是否有一个像黑猩猩那样大的脑，以及它们是否缺乏工具。古人类学家艾维斯·科伯恩斯（Yves Coppens）坚持认为，它们的脑容量比身体同样大小的黑猩猩的估计要大30%~40%，它们也遗留下了削磨过的石英片及其他工具。最后，使用工具的能人（巧手人）的骨骼现在已经找到，它们看上去与南方古猿差异并不大。

最重要的是，原始人安排生活的方式并不围绕着人类学家的方便程度而定。我们很幸运，一块岩石能够被雕砌成一个切割工具，并且保留几百万年，所以我们的祖先无意中为我们留下了文物。但要把一块岩石雕刻成一只篮子、一个婴儿弹弓，一枚回绕飞镖或是弓箭则要困难得多。当代的狩猎采集者们使用许多措施才使一件工具能够持久使用，每个阶段的原始人一定也是这样。考古记录必定低估了人类对工具的使用时间和能力。

因此，人脑进化的标准时间表开始得太晚了；我认为，它结束的时间也太早了。现代人（我们）被认为是出现于 20 万年前到 10 万年之前的非洲。一种证据是，这个星球上每个人的线粒体 DNA（只能继承于母亲）能够回溯到生活在那个时期的一位非洲妇女。这种说法颇有争议，但证据在不断增加。另一个证据是，解剖意义上的现代人化石首次出现于 10 多万年前的非洲，稍晚些时候，在大约 9 万年前又出现于中东。其假设是，人类的生物进化那时基本停止了。这就在时间表上留下一个异常现象。这些与现代人类在解剖结构上相同的早期人类，与后来惨遭绝迹的尼安德特人都使用着相同的工具，也都拥有相同的生活形态。考古记录上最戏剧性的变化，即上旧石器时代的转变——也被称为“大跃进”和“人类革命”——则还要等待又一个 5 万年。因此，据说，人类革命必定需要文化上的变革。

我们称其为革命并无夸大之处。所有其他的原始人都出自公元前的漫画，但上旧石器时代的人却是摩登原始人。45 000 多年前，他们设法跨越了 60 千米的开阔洋面，抵达澳大利亚，在那里，他们留下了炉沿、洞穴壁画、世界上最早的抛磨工具，以及今天的土著人。欧洲（克罗马侬人的故乡）和中东也见证了空前的艺术与技术，原始人使用像鹿角、象牙、骨头和石头这样的新材料，有时还运输了几百千米。他们的工具箱里有锐利的刀片、针、锥子、许多种斧子和刮刀、矛尖、掷矛器、弓箭、鱼钩、雕刻器、长笛，也许还有日历。他们建造了屋棚，他们还屠杀数以千计的大动物。他们装饰所有看得到的东西——工具、洞穴壁、他们的身体——将小摆设雕刻成动物和裸体女人的形状，对此考古学家委婉地称之为“生育符号”。他们就是我们。

生活方式的改变当然可以无须任何生物变化，就像更晚近的农业、工业和信息革命一样。当人口增长到一个点，那是数千名发明者的洞见能够集中在一起的时候，尤其如此。但第一次人类革命不是由几个关键发明发起的一系列变革。独创本身就是发明，古今中外数百个创新中都体现了这一点。有一点我觉得有些难以置信，10 万年前的人与那些即将到来的上旧石器时代革命家们的心智是相同的——是的，与我们的心智相同——然后停滞不变 5 万年，他们中没有一个人悟出来可以用骨头来做一个工具，或者没有任何一个人感觉到迫切需要让某些东西变得顺眼些。

而且，我们也没必要相信——5 万年的差距是一种幻象。第一，所谓 10 万年前解剖意义上的现代人，也许比他们同时代的尼安德特人现代些，但没有人会把他们误当成当代的人类。他们有眉脊，突出的脸部，以及比当代人更粗笨的骨架。他们的身体要进化成为我们的，他们的脑当然也是如此。认为他们完全现代的神话是源于无论事实与否随意滥贴物种标签的习惯。当这个习惯应用到进化生物体时，这样无异于只图便利。没人会想，每次发现一颗牙齿都表示发现了一个新物种，因此中间形式往往会被硬塞入最近可及的类别。事实上，原始人一定有几十个或几百个变种，散布在一个很大的网络中，而各群落之间偶尔会相互作用。某些个体的极小一部分在一定时刻作为化石永久地保留了下来，但他并不一定就是我们的直接祖先。“解剖意义上现代的”化石比其他任何物种都更类似我们，但要么他们还需更多的进化，要么他们还远离变革的温床。

第二，革命的开始时间很可能远早于通常被引用的 4 万年前的分水岭。那是那些特别的人工制品开始出现于欧洲洞穴的时候，但欧洲总是吸引了比它应得的更多的注意力，因为那里有很多洞穴和很多考古学家。单单法国就有 300 个挖掘完好的旧石器时代遗址，其中一个洞穴的壁画被一队过分热情的童子军错当涂鸦擦掉了。整个非洲大陆只有 20 多处。但在扎伊尔的一处包含有制作良好的骨制品，包括短剑、箭杆、倒钩刺，还有从数千米外拿来的磨石和鲶鱼的残留，大概是这些工具下的牺牲品吧。这些东西看上去好像是后革命时期的，但其实要追溯到 75 000 年前。一位评论家说，这就好像是在达 · 芬奇的阁楼里发现了一辆庞提雅克车。但随着考古学家们开始探索这座大楼的阁楼，并考证其中东西的所属时期，他们发现了越来越多的庞提雅克车：精致的石制刃具，装饰过的工具，从数百千米外运来的没有实际用途但却有颜色的矿石。

第三，20 万到 10 万年前的线粒体夏娃并不是任何进化大事件的狂欢聚会。与一些异想天开的误解相反，她并没有经历一些突变，从而使她的后裔更聪明，更口若悬河，或不那么野蛮。她也不标志着人类进化的终结。她只不过是数学上的一个必要条件：沿着“曾曾……曾祖母的母系－母系－母系……母系”这条线上所有曾经生存过的人中离我们最近的共同祖先。根据所有的定义表述，线粒体夏娃可能会是一条鱼。

当然，夏娃最终被证明不是一条鱼而是一个非洲原始人。为什么会有人推测她是一个特殊的原始人，更有甚者说她生活在特殊的时代呢？一个原因是，她使得许多其他时代和地方不特别了。如果 20 世纪的欧洲人和亚洲人的线粒体 DNA 是 20 万年前一个非洲人的线粒体 DNA 的变体，他们就一定是当时某个非洲群落的后裔。夏娃同时代的欧洲人和亚洲人在今天的欧洲人和亚洲人身上没有留下线粒体 DNA，所以就不是他们的祖先（至少——这是一个很大的附带条件——不是他们母系一支的祖先）。

但这与说“进化停止于夏娃”没有任何关系。我们可以假设，在现代人种的祖先分开并停止交换基因后，绝大多数进化就结束了，因为现在我们是一丘之貉。但夏娃一咽气后，这并没有发生。人种的散居和显著人类进化终结的发生时间一定要迟得多。夏娃不是我们最近的共同祖先，只是我们母系一支的最近共同祖先。沿着混合性别一线的最近共同祖先的后人的生活时期要晚得多。你和一个亲堂（表）兄弟（姐妹）仅在两代之前就有一个共同的先辈，你们共同的（外）祖父母。但要寻找一个所有母系一支的共同祖先（你母亲的母亲的母亲，等等），则除了一种姨表亲外（你母亲姐妹的孩子），你可能会回溯到几乎都没有止境。所以，如果有人要根据你们最近的祖先来猜测你和你姨表亲之间的亲缘关系，他会说，你们在血缘上很亲近。但如果他只能查到你们最近的母系一支祖先，他可能会猜测，你们之间根本就没有关系！与之类似，人类母系一支的最近共同祖先——线粒体夏娃，过高估计了所有人类跨种族繁衍的时间。

有些遗传学家认为，夏娃诞生很久以后，我们的祖先经历了一次人口瓶颈。根据他们基于各个现代人类种裔的基因显著相同性而描述的情景，大约 65 000 年前，我们的祖先减少到仅余 10 000 人，这或许是由苏门答腊的火山喷发所导致的全球气候变冷造成的。人类就像今天的高山大猩猩一样成为濒危物种。接着非洲的人口开始急速增长，并分散成几小支移居到世界的其他角落，可能在途中不时还与其他早期人类交配。许多遗传学家认为，当这些分散的人口不时相互移民时，进化发展尤为迅速。自然选择能够令每个群落迅速适应当地环境，这样其中一支或几支就能够应对新出现的挑战，他们灵活的基因就会被引入邻近的群落中。也许这段时期就是人类心智进化最后一次蓬勃发展的时期。

所有对人类进化历史的重构都是有争议的，主流观点也每个月都会发生变化。但我预测，我们生物进化的截止时间会逐渐后移，而考古革命的起始时间则会逐渐前移，直到它们相会。我们的心智和我们的生活方式是共同进化的。

我们还在进化吗

我们还在进化吗？在生物学意义上，大概不会进化多少了。进化没有动力，所以我们将不会变成科幻小说中那种令人毛骨悚然的膨胀头。现代的人类条件也无助于真正的进化。我们成群出没于地球上所有可居住和不那么宜居的地方，任意迁徙，还可以游移在不同的生活形态之间。这使得我们成为自然选择一个模糊不明且在移动的目标。如果我们这个物种还在进化的话，那它也是非常缓慢的，且朝着我们无法预知的方向进行。

但维多利亚时代的人们希望春天能够永驻。如果真正的自然选择不能让我们改进的话，一个人造的替代物可以。社会科学中充斥着这样的观点，认为新类型的适应和选择已经扩展了生物类型。但我认为，这种观点是误导人的。

第一种观点认为，世界上有一种被称为“适应”的奇妙过程，它使得生物体能够解决问题。实际上，根据达尔文的严格定义，现在的适应是由过去的选择导致的。还记得自然选择是如何给人一种目的论的错觉的吗？选择看上去似乎是使每个生物体适应其对现在的需求，但实际上，它只是偏爱满足它们自己过去的需要的生物体的后代。构建我们祖先最有适应性的身体和心智的基因，得以延续下来构建今天的遗传身体和心智（包括体现某种环境变异的天生能力，像肤色会因为日晒而变黑、伤口会愈合，以及进行学习的能力）。

但对于一些人来说，这种理解还远远不够；适应每天都在发生。"社会达尔文主义科学家"保罗·特克（Paul Turke）和罗拉·贝茨格（Laura Betzig）认为，"现代达尔文主义理论预测，人类行为将是适应性的，也就是说，被设计来促进大程度的繁殖成功……通过现成的后代和非后代的亲属"。"功能主义者"如心理学家伊丽莎白·贝蒂斯（Elizabeth Bates）和布莱恩·迈克维尼（Brain MacWhinney）说，他们将"进化期间运行的选择过程和（学习）期间运行的选择过程视为同一块无缝天然织物的一部分"。其含义是，不需要专门化的心智设备：如果适应就可以令生物体做正确的事，谁还会要求更多呢？一个问题的备选方案——用手来吃，找到合适的配偶，发明工具，使用合乎语法的语言——都是必然不可回避的。

功能主义的问题在于，它是拉马克式的。不是拉马克第二条原则含义上的，获得性特征的遗传——抻长脖子的长颈鹿生的小长颈鹿天生就有抻长的脖子。每个人都知道远离这种观点。几乎是每个人吧，但弗洛伊德和皮亚杰就一直坚持这种生物学家们摒弃已久的观点。功能主义的问题在于拉马克第一条原则的含义，"觉得需要"——当饥饿的长颈鹿们注视着抻脖可及的树叶时，它们的脖子就抻长了。就像拉马克所表述的，"确立某个部位必要性的新需求导致了那个部位作为一种努力结果的存在"。要真的那样就好了！按照这种说法推导，如果乞丐的愿望是有匹马，他就有马骑了。没有守护天使来确保每个人的需求都得到满足。这些物种的需求之所以能够被满足，是因为某些突变造就了能够满足这些需求的器官，而在该物种所处的环境里，满足这项需求就意味着可以拥有更多能够存活下来的后代，并且在这样的环境里，这种来自自然选择的压力还必须能横跨好几个世代持续下去才行。否则的话，这些需求就不会得到满足。游泳者没长出有蹼的指头；因纽特人没长出皮毛。我研究三维镜像影像已经20年，尽管我知道，在数学上你可以把一只左脚鞋通过在第四维空间转个圈而转变为一只右脚鞋，但我无法形成一个四维心智空间来将这个转换筋斗视觉化。

“觉得需要”是一个吸引人的观点。从感觉上说，确实是需要催生了它们自己的解决方法。你饿，你有手，食物在你前面，你用手吃；还能是别的什么吗？哈哈，你是我们最后才该问的人。你的大脑是被自然选择造就的，所以它会觉得这种问题显而易见。改变心智（变成机器人的，或是其他动物的，或是一个患神经系统疾病的人的）或者改变问题，显而易见的东西就不再那么明显了。老鼠学不会为了一个更大的回报而丢弃一块食物。黑猩猩模仿人用耙子够一个够不到的点心时，它们没注意到耙子齿应当朝下，即使示范的人清楚展示了如何恰当地调整，黑猩猩还是做不到。为了免得你感觉沾沾自喜，在下面的章节中我将说明，我们自己心智的设计如何会产生悖论、脑筋急转弯、近视、幻觉、非理性和弄巧成拙的策略，这些阻碍了我们日常需求的满足，而不是确保了我们日常需求的满足。

那达尔文的生存与繁殖规则呢？就日常行为而言，并没有这样的规则。人们看色情图片时，本可以去找个对象，人们卖血去买电影票（在印度），推迟生孩子为了在公司里往上爬，狂吃海塞把自己提前送进坟墓。人类的恶习证明了，生物适应性确切地说是件过去的事情。我们心智适应针对的是我们99%的时间里存在的形式，小规模的原始觅食群落，而不是针对农业和工业革命以来我们所创造的纷繁复杂的情形。在有色情图片之前，接收有吸引力的异性的视觉图像是有适应性的，因为这些图像只能来自光反射的丰腴的肉体。在鸦片进入注射器之前，它们是脑子里天然合成的镇痛剂。在有电影之前，见证人们的情感斗争是有适应性的，因为你所能见证的唯一斗争源于你每天不得不绞尽心力对付的人。在有避孕法之前，孩子是不可推迟的，身份与财富能够转化成更多的、更健康的子孙。在每张餐桌上都有糖碗、盐瓶和黄油小碟之前，收成不好的年份总离着不远，人们绝不会摄入太多的糖分、盐分和油腻食物。人们察觉不到什么对他们或他们的基因是适应性的；他们的基因给了他们思想和感觉，这些思想和感觉在基因被选择的环境中是具有适应性的。

适应的另一个扩展是似乎无害的陈词滥调——“文化进化已经接替了生物进化”。几百万年来，基因从身体传送到身体，通过自然选择，生物体具有适应性。但在人类出现后，文化单位被从心智传输到心智，通过选择，文化具有适应性。进步的火炬被传到了一个更快的跑者手中。在《2001：太空漫游》中，一只毛茸茸的胳膊将一根骨头掷入空中，然后消失在一个空间站里。

文化进化的前提是——稳定的进步。我自己的观点是，人脑的进化是根据一套法则的，即自然选择和遗传学法则，现在人脑之间又根据其他一些法则而相互作用，即那些认知和社会心理学、人类生态学还有历史学的法则。头盖骨的重新构造和帝国的兴衰可能没什么共同之处。

理查德·道金斯对基因选择和文化比特选择之间做了最清楚的类比，他将文化比特单位称为模因。像旋律、观点和故事这样的模因在脑与脑之间传输，在传输过程中有时还变异。模因使其接收者更有可能保留并散布它的新特征，包括让人容易记忆、有诱惑性、有趣或无可辩驳，这些特征使得这个模因在模因库中变得更为普通常见。在随后的多轮转述中，最具传播性的模因会传播得最多，最终占据绝大多数。观点因而会进化得更适应于传播自己。请注意，我们是在谈论观点进化得更具传播性，而不是人们进化得更加学识渊博。

道金斯自己用这个类比来说明，自然选择如何适合于任何能够复制的东西，而不仅仅是DNA。其他人则认为，这是一个真正的文化进化理论。确切地说，它预测了文化进化的发展过程。模因迫使它的承载者传播它，并在一些接收者那里发生变异：一个声音、一个单词或一个词组随机被改变。或许，就像《蒙提·派森之布莱恩的一生》（*Monty Python's Life of Brain*）中，登山宝训的听众把“保佑调解人”（peacemakers）误听为“奶酪制造者”（cheesemakers）。新版本更容易记住，所以留在了大多数人的脑子里。这句话混杂着打字错误、口误和听众的误解，最具传播性地积聚下来，逐渐转变了声音的顺序。最终的发音变成了，“这是一个人的一小步，却是整个人类的一大步”。

我想，你们会同意文化变革不是这样进行的。一个复杂的模因不是来自对复制错误的保留。它的出现是因为某个人努力工作、绞尽脑汁、集聚才华，然后才谱出、写下、绘出或发明了一些东西。即使创作者是受到观点传播的影响，可能会一遍一遍地润色，但这些进展改善都不像自然选择。只需比较一下输入与输出——第五次原稿与第六次原稿，或艺术家的创作灵感和他的作品就理解了其中的差异。它们的差异不是少量随机的替代物。每次反复所增加的价值都来自集中改进作品的脑力，而不是几十万次复述或再复制，以期出现一些用词错误或打字错误能变得有用。

别这么死脑筋！文化进化论的热衷者回应道。当然，文化进化不是对达尔文版本的完全复制。在文化进化中，变异是被引导的，获得性特征是遗传的。尽管拉马克在生物进化中错了，但关于文化进化，他是正确的。

但情况不会如此。请回忆一下，拉马克不仅仅在关于这个星球上生命的猜测中不走运。随着对复杂设计解释的不断展开，他的理论早无成功希望。在面对宇宙中为物种带来有用突变的仁慈力量或是全知全能声音的时候，拉马克的理论无法对他们做出任何解释。这种力量或声音做出了所有创造性的工作。说文化进化是拉马克式的，等于承认人们不知道它如何进行。文化产物的显著特征，例如其独创、美感和真实（相对于生物体的复杂适应性设计）来自心智计算；这种心智计算“引导”着——发明了——“变异”,并且“获得”了——理解了——“特性”。

文化传递的模型确实提供了对其他文化变革特征的洞见，特别是在人口统计方面——模因怎样变得受欢迎或不受欢迎。但这个类比更多是来自流行病学而不是来自进化论：观点像传染病一样会导致流行病蔓延，而不是像有利的基因一样造成适应。它们解释了观点如何变得受欢迎，而不是观点来自哪里。

许多对认知科学认识不清的人，会将文化演化视为唯一能把观念和文化这些定义模糊的观点建立在最严谨的演化生物学基础上的希望。他们的推理是，为了将文化带入生物学，应该展示它是如何用自己的自然选择方式来进行进化的。但这是一个前后不一的推论，进化的产物并不一定看上去就像进化。胃严格地根植于生物学，但它并不随机地分泌酸和酶的变体，保留一点点分解食物的酸和酶，让它们异性重组和繁殖，然后分解数十万顿饭。自然选择已经在设计胃时采取了这种尝试错误，现在的胃已经是一个有效的化学处理器，可以根据线索来释放适当的酸和酶。同样，一组心智也无须在概括重述自然选择的过程以产生好的想法。自然选择将心智设计为一个信息处理器，现在它已经可以感知、想象、模仿和计划。当观点被传送时，它们不仅仅被复制了间或的一些印刷错误；它们还被评价、讨论、改进或者拒绝。的确，一个被动接受周围模因的心智将是其他心智剥削利用的靶子，很快就会被自然选择所淘汰。

遗传学家狄奥多西·杜布赞斯基（Theodosius Dobzhansky）的名言写道，除非以进化论为基础，否则生物学中没什么是有意义的。我们可以增加一句，除非以心理学为基础，否则文化中没什么是有意义的。进化论创造了心理学，这就是它怎样解释文化的。早期人类最重要的遗产就是现代心智。

How the Mind Works

第二部分

心智的四大能力

How the Mind Works

04

心智能力一：视觉感知

视觉感知是心智的重要能力之一。视觉就是用心语对外界景象进行描述的过程。自然选择的工程设计智慧，让我们的双眼在大脑中形成立体视觉。尽管三维的物体在视网膜上呈现为二维图像，但借助于运动、形状和阴影等线索，我们可以构建对现实世界的三维立体表征。

过去的数十年流行过呼啦圈、黑光海报、民用波段收音机和魔方。20 世纪 90 年代风靡的是立体图，我们也称之为电眼、深度视觉和超级立体图。这些计算机产生的弯曲线，当对眼看或离远些凝视它时，人会形成一种生动的幻觉，看到三维、鲜明的物体栩栩如生地悬浮在空中。这个时尚至今已经流行多年，从明信片到网页，立体图都随处可见。它们已经成为讽喻漫画、《金发女郎》（*Blondie*）漫画和类似《宋飞正传》（*Seinfeld*）和《艾伦》（*Ellen*）等情景喜剧的特色之一。在一段情节中，喜剧演员艾伦·德詹尼丝（Ellen DeGeneres）加入了一个读书俱乐部，俱乐部选择了一本立体图书作为一周读物。她因为自己看不到幻象而颇感羞愧，所以花了一晚上训练自己，结果没有成功。绝望中，她参加了一个为那些“看”不到立体图的人组织的辅助小组。

心理学家克里斯托弗·泰勒（Christopher Tyler）无意中在双眼视觉的研究中创造了视觉幻象，但人们其实早就对视觉幻象充满了好奇。简单幻象做起来很容易，燕麦片盒子中的图片、玉米花核桃饼的小奖品、儿童博物馆，还有心理学课程中早就有这类图像：平行线看上去似乎是趋同一致的不等直线。视觉幻象的令人着迷之处显而易见。“你打算相信谁，是我还是你自己的眼睛？”格劳乔·马克斯（Groucho Marx）对玛格丽特·杜蒙（Margaret Dumont）这样说，马克斯所质疑的正是我们对所见即所知抱持的坚定信念。类似的说法还有：我看到他们才召唤他们；眼见为实；我们有一个目击证人；我亲眼看到它的。但如果一种异常的展示能令我们看到原本不在那儿的东西，我们怎么能在其他时候相信自己的眼睛呢？

幻象不仅仅是好奇心；幻象还确立了几个世纪西方思想发展的进程。在过去和哲学本身一样有悠久历史的怀疑论就不断将各种幻象摆到我们眼前，想借此质疑我们能够理解任何事物的能力：水中的桨好像是弯的；从远处望，圆塔似乎是平的；冰冷的手指感觉温水是烫的，而温暖的手指感觉温水是冷的。许多启蒙时期的伟大思想，其被创造的动机，都是为了要让我们得以由怀疑论者推得的沮丧结论当中逃脱出来。我们可以用信仰来获取知识，我们可以用科学来获取知识，我们可以用理性来获取知识，我们可以获取知识，我思故我在。

知觉科学家们的看法没那么严肃。视觉或许不总是很管用，但我们应当惊讶于它还算管用。绝大多数时间，我们并没有撞到墙上，咬到塑料水果或是认不出自己的母亲。机器人难题显示，做到上述事情绝非易事。中世纪的哲学家们认为，物体随性地向四处喷溅一些它们自己的微小复制品，然后眼睛捕获了一些图像，就直接得出了它们形状的结论，但这是错误的。我们可以想象，一个科幻生物可以用卡钳抱住一个物体，用探针和量尺来探测它，制作橡胶模具，钻取核心样本，剪断一小片来做活组织检查，但真实的生物体没有这些奢侈的设施。当它们用视觉来理解这个世界时，它们需要利用从物体反射回来的闪烁光线，这些光线在每个视网膜上投映为跃动荡漾、条纹状的二维万花筒。大脑设法对这些移动的拼贴画进行分析，并对这个物体得出极其准确的感觉。

这个准确性确实令人印象深刻，因为大脑基本上解决了一个不可解决的问题。回忆一下第 1 章中提到的逆向光学，根据一个物体的映像来推断它的形状和构造是一个“不该提出的问题”，如前所述，这是一个没有唯一解的问题。视网膜上的椭圆形状可以是从正面看的一个椭圆或是斜着看的一个圆。一片灰可以是阴影中的一个雪球或是阳光下的一块煤。拜进化所赐，视觉能够借由加入特定前提的方式，将这种“不该提出的问题”拆解成若干可以解决的子问题：这些前提都是根据我们这个世界所表现出的平均状态而提出的假设。例如，我将解释人类视觉系统如何“推测”物质是有内聚性的，表面是颜色一致的，以及物体不会胡乱排列。

当今的世界与我们祖先的世界大体相似时，我们看到的世界就是它的本来面目。当我们到了一个违背假设条件的异常世界时——由于一系列不幸的巧合或者因为一个别有用心的心理学家虚构了这个违背假设的世界——我们就形成了错觉。这就是心理学家这么痴迷于研究幻象的原因。他们揭开了自然选择所设定假设的面纱，使我们能够解决无法解决的问题，而且许多时候还能知其所以然。

一直以来，知觉是心理学众多分支当中唯一始终采取适应性观点的领域，它将其任务视为反向工程。视觉系统存在的目的不是用漂亮的形状和色彩来娱乐我们；它的精心设计是为了传达世界中真实形状和材料的感觉。这种选择性优势显而易见：动物知道食物、捕食者和悬崖在哪里，它们能够将食物送到自己的肚子里，使自己远离其他动物的威胁，并且站在悬崖顶端安全的一侧。

对视觉问题最宏大的设想来自已故的人工智能研究者戴维·马尔（David Marr）。马尔率先将视觉描述为通过增加有关世界的假设来解决“不该提出的问题”，他也是一位心智计算理论的有力捍卫者。马尔还给出了视觉作用最清晰的陈述。他说，“视觉是一种根据外部世界的图景产生一种描述的过程，这种描述有利于观察者，并且不会与无关信息混为一谈”。

将视觉的目的理解为一种“描述”似乎有些奇怪。毕竟我们不是边走边念叨着我们所看到的一切。但马尔指的不是用语言当众讲出的描述，而是用心语进行内部抽象描述。看到世界意味着什么？我们当然可以用言语描述，但我们也能在主观上或心理上处理它、操控它，或者把它放到记忆深处以备将来使用。所有这些技能都有赖于将世界构建为真实的事物，而非视网膜上的迷幻影像。我们将书称为“长方形”，而非“梯形”，尽管它在视网膜上投映出的是一个梯形。我们在取书时,我们会把手握成长方形的形状（而非梯形）。我们建造长方形（而非梯形）的书架来放书，而且我们推断出，把书塞进破沙发下方的长方形空间，就能将沙发支撑起来。心智的某个地方一定有个专为“长方形”设置的心理符号，它由视觉传递而且立刻可由心智的言语和非言语部分获得。那个心理符号和捕捉物体间空间关系的心理命题（“书面朝下平放在门附近的书架上”），就是马尔用心智计算来解释视觉“描述”的例子。

如果视觉没有传送描述，那每一种心理功能——语言、行走、抓握、计划和想象——就都需要利用自己的程序来推导出视网膜上的梯形就是现实世界中的长方形。这样的话，将一个歪斜的长方形称为“长方形”的人或许还需要学习怎样把它当作一个长方形来拿着，学习怎样推测它是否适合于长方形的空间等。这好像不大可能。当视觉根据视网膜上的物体映像模式推导出物体的形状时，心智的所有部分都能够利用这种发现。尽管视觉系统的一些部分将信息调到运动控制回路，那里要对移动目标迅速反应，但系统整体并不针对任何一种行为。视觉创造了对世界的描述或表征，并将其铭刻于大脑的公告板之上，供所有心智模块读取。这种描述或表征的方式是以实物和三维坐标而非视网膜图像为基础的。

本章探讨了视觉如何将视网膜描述转化为心理描述。我们讨论的内容不仅包括光的斑点，还包括物体概念，此外还涉及所谓的心理意象，即一种看与思考的相互作用。这些过程都会对我们心智的所有层面产生影响。我们是灵长目动物——高度视觉化的生物——我们还具备了围绕这种出众的感觉演化出来的心智。

立体视觉

我们从立体图开始谈起吧。它们是怎么回事，为什么它们对有些人就不起作用呢？尽管有那么多张贴画、书和拼图游戏，我还没见过谁试图将其中的原理向数百万名好奇的消费者解释。理解立体图不仅是掌握知觉工作原理的良好方式，而且还是满足心智好奇的一种方法。立体图还是自然选择杰出设计的又一个例子，只不过这一次是发生在我们自己的大脑里。

立体图利用了不止一个关于如何戏弄眼睛的发现，而是利用了四个。说起来奇怪，是图片本身戏弄了我们。摄影图片、绘画、电视还有电影把我们折腾得不胜厌烦，以至于都忘了它们本是一种有益的错觉。墨迹或闪烁的磷光点能让我们笑、让我们哭甚至唤起我们的性欲。人类制作图片的历史至少已有 3 万年，与某些社会科学的民间传说恰恰相反，将图片看作一种描述的能力是人类共通的。心理学家保罗·埃克曼（Paul Ekman）引发了一场人类学的狂热，他证明了与世隔绝的新几内亚高地人能够辨认出照片中加州大学学生的面部表情。情绪像其他任何事情一样，被认为是与文化相关的。而一个更基本的发现则被淹没在喧嚣中：新几内亚高地人是在看照片上的内容而不是把它们当作斑驳的灰纸。

图片利用了反射，这是一个令知觉成为难题的光学法则。当从平面反射的一个光子（光能的单位）沿着一条线收缩透过瞳孔，刺激眼球内曲面上的光感受器（杆状体和锥状体）时，视觉就产生了。感受器将神经符号上传到大脑，大脑的首要任务就是弄清楚光子来自何处。然而，界定光子路径的光线一直延伸到无穷，大脑所知的全部仅仅是那个光源就在光射线上的某一处。大脑所能判断的，它或许是在一厘米远，一千米远，或者是许多光年那么远；关于第三维的信息，也就是光源到眼睛的距离，已经在投射的过程中遗失了。这种对物体距离上的不确定性，还会在上百个光感受器之间以排列组合的方式暴增——其中每一个感受器都无法刺激它的光源距离做出精准的预测。因此，任何视网膜图像都可能是由世界上无限多种三维平面的组合排列而产生的。

当然，我们并没有感知到无限的可能性；我们只确定一个，且通常是接近于正确的那个。这就是幻象产生的开端。如果布置一些物体，使其投映在视网膜上的图像与大脑的偏好中所识别物体的图像相同，而大脑就没有办法分辨出它们的差异。一个简单的例子是维多利亚时代的一项发明——通过房门窥视孔看到的是一个装饰豪华的房间，然而当门打开时，却发现房间里空空如也，原来那个豪华房间是钉在房门窥视孔上的一个玩具屋。

开始是画家，后来成为心理学家的埃德尔伯特·阿米斯（Adelbert Ames, Jr.），在其职业生涯开创时建造了一个更为奇特的幻觉之屋。在一个这样的屋子中，满屋杂乱无章的线上悬挂着一些杆和板。但如果从外面通过墙上一个窥视孔看这个房间，这些杆和板联结起来投映为一把厨房椅子的映像。在另一个房间中，后墙从左到右逐渐倾斜，但它的角度非常古怪，使得左边低得可以抵消它在视角上的扩展，而右边高得足以抵消它在视角上的收缩。通过对面的窥视孔，这面墙投映出的是一个长方形。视觉系统不喜欢巧合：它推测一幅规则的图像来源于一些真的、规则的东西，而不是由一个不规则形状的偶然调整而产生的效果。阿米斯确实校准了一个不规则的形状才得出一幅规则的图像，他还用歪曲的窗户和地板砖来强化他狡猾的把戏产生的效果。当一个小孩站在近角而她妈妈站在远角时，这个孩子在视网膜上投映出更大的图像（见图 4-1）。大脑在评估大小时也将深度考虑在内；这就是为什么日常生活中近处学步的孩子看上去并不会比远处的父母更大的原因。而现在，观察者的深度感成了它不喜欢巧合的牺牲品。墙上的每一寸地方都似乎有着相同的距离，因此解释视网膜上的物体图像就根据表面的情况，故而小孩看上去就比妈妈高得多。当她们沿着那堵后墙交换位置后，小孩就缩成了哈巴狗的大小，而妈妈则变成了威尔特·张伯伦（Wilt Chamberlain）[①] 的高度。阿米斯的房间已经建在了几家科学博物馆中，如旧金山的探索馆，你可以亲眼看到（或者亲自体验让别人感受）这个令人惊叹的错觉。

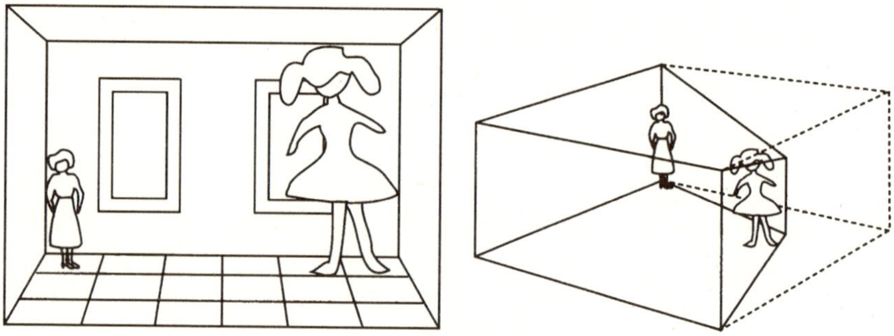

图 4-1 视觉的把戏

一张图片不过是布置东西的一种更方便的方式，这样它可以投映出与实际物体相同的效果。模仿的东西是位于一个平面上的，不是在一个玩具屋中，或是由线悬挂着的，它是靠涂抹颜料而形成的，而不是将木头切出形状。即使没有阿米斯式幻象，涂抹的形状也能够确定。达·芬奇曾简洁地描述过这个把戏：“视角不过就是在一面很透明的玻璃后面看一处地方，在玻璃面上画下后面的物体。”如果绘画者是从一个固定的观察位置来看风景，并忠实地复制出它的轮廓，一直到狗的最后一根毛发，那么从绘画者位置观看这幅画的人眼中映入的就是原始景色投映的相同的一束光线。在那部分视觉域中的图画与世界是没有区别的。无论什

① 已故 NBA 传奇球星，身高 2.16 米。——编者注

么假设迫使大脑将世界看成世界，而不是看作涂抹的颜料，它们也同样会迫使大脑将图画看成世界，而不是看作涂抹的颜料。

这些假设是什么呢？我们稍后会继续探讨，不过在这里先做一个概览。平面的色彩和质地都是均匀分布的（即覆盖着规则的颗粒、波浪或斑点形状等），因此平面上点纹的逐渐变化是由光与视角造成的。世界上常有一些平行的、对称的、规则的直角形状位于平地之上，但它们看上去似乎是渐进递减式的连续；这种渐进递减的连续形成的就是视角的一种作用。物体有着规则、紧凑的轮廓，所以如果物体 A 的一小块被拿掉而被物体 B 填满那个空缺，那么 A 就在 B 的后面；而不会看起来是 B 的凸出的部分涌入了 A 缺失的一块。在图 4-2 中，你能体会到这些假设的作用，它们传达了一种深度的感觉。

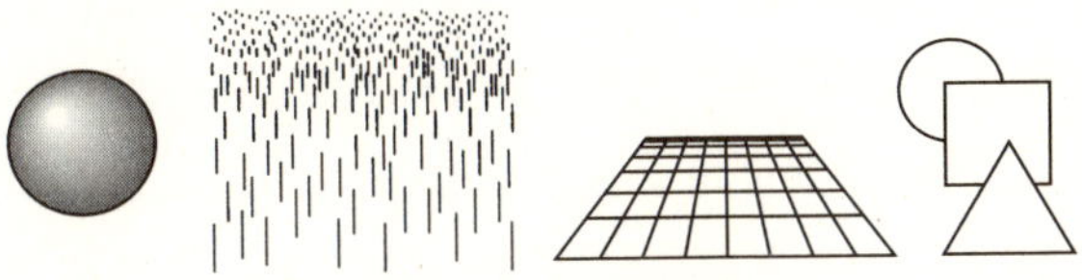

图 4-2　深度的感觉

在实践中，现实主义画家们没有在窗户上涂抹作画，而是使用记忆中的视觉图像和神奇的大脑在画布上完成作品。他们会使用的工具，包括了由细线或是刻印在玻璃板上的细痕而制成的方格坐标、穿越过画布上针孔并紧紧绑在场景和一个观察用标线装置之间的细线、照相机暗箱、投影仪，还有现代的照相机。当然，没有画家能够把狗的毛都一根不落地画下来。绘画技巧、画布质地，以及框架形状都使得一幅画达不到达·芬奇窗户的理想状态。此外，我们几乎总是从一个与绘画者在其窗前估测的观察点不同的位置来看一幅画，这就使得映入眼中的那束光不同于真实风景所散发出的光束。这就是为什么绘画只是部分的幻觉：我们看到了绘画所描述的内容，但我们同时只把它看作一幅画，而不是现实。画布和边框向我们泄漏了差异，值得注意的是，我们用这些线索来确定我们相对于这幅图的观察点，并弥补与绘画者观察点之间的差异。我们因此能去除观看画作时所看到的失真现象，而能从画家的角度，去正确诠释那些经过调整后的形状。弥补工作仅限于此。我们去影院看电影迟到时坐到了前排，这时我们观察点和摄影机观察点（类比于透过达·芬奇窗户的画家）之间的差异被拉伸得过大，我们会看到歪歪扭扭的演员在不规则的四边形上滑来滑去。

艺术与生活之间还有一点不同之处。画家只能从一个观察点来看景色，而观看者从两个观察点来看世界：他左眼的观察点和右眼的观察点。伸出一只手指，保持静止，并闭上一只眼睛，然后闭上另一只。手指遮蔽了它背后世界的不同部分。两只眼睛有着略微不同的视觉，这种几何现象被称为双目视差。

许多动物都有两只眼睛，这样每当它们向前瞄准时，它们的视野会有所重叠（而不是为了向外看到全景），自然选择一定曾面临过将双眼的图画组合成一幅统一图像，使得大脑的其他部分都可以使用这幅图的问题。这个假想图像的名字是根据脑门中间长着唯一一只眼睛的神话人物而得来的：独眼巨人——奥德修斯在旅行中遇到的单眼巨人种族的一员。制作独眼图像的问题是，没有直接的方式可以将两只眼的视域叠加起来。大多数物体落在两个影像的不同位置，其不同视它们距离多远而定：物体离得越近，它的模拟图在两眼中的各自映像就离得更远。设想桌上有一个苹果，苹果后面有个柠檬，苹果前面有串樱桃（见图 4-3）。

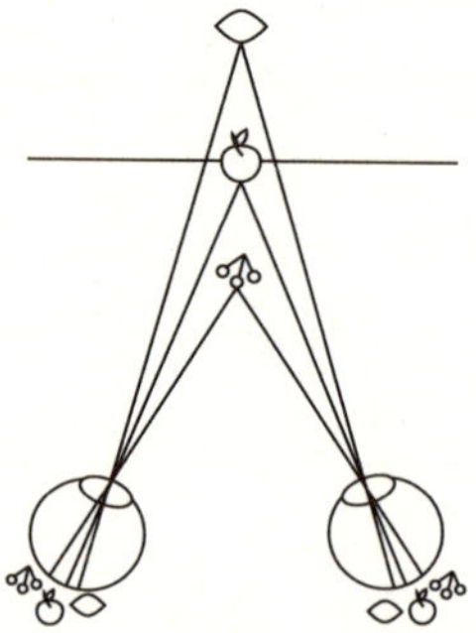

图 4-3 距离映像的位置

你的眼睛盯着苹果，所以苹果的图像落在了每只眼睛的凹处（视网膜的平滑中心，那里的视觉是最敏锐的）。苹果在两只眼睛的六点钟方向。现在来看这串樱桃的映像，它们比苹果离得更近。在左眼，樱桃在七点钟方向，在右眼，它们在五点钟方向，而不是七点钟方向。比苹果离得更远的柠檬在左眼映像是在五点半方向，在右眼的映像是在六点半方向。比固定点离得更近的物体逐渐向着太阳穴外移；离得更远的物体则向着鼻子内移。

但这个简单叠加的不可能性为演化提供了一个机遇。只要学过一些高中的三角学，人们就可以用物体在两只眼睛上映像的差异，以及通过双目注视和双目在头盖骨中分处形成的角度，来计算物体距离有多远。如果自然选择能够联结一个神经计算机来计算三角问题，一种双眼的生物就可以粉碎达·芬奇的窗户而感受到物体的深度。这种机制就被称为立体视觉。

令人难以置信的是，几千年来竟没有人注意到这一点。科学家们认为，动物有两只眼睛的原因和有两个肾的原因一样：身体两边对称方案的副产品，这样也许当一个器官损坏了，另一个就可以用。欧几里得、阿基米德和牛顿都没有注意到立体视觉的可能性，甚至连达·芬奇也没有完全理解它。达·芬奇没注意到，两只眼睛会看到一个球体的不同部分，左眼对它左边看得稍远些，而右眼对它右边看得稍远些。要是他用一个立方体而不是球来作例子，他就会注意到，视网膜上的投影是不同的。立体视觉直到 1838 年才被物理学家查尔斯·惠斯顿（Charles Wheatstone）发现。惠斯顿还是一位发明家，惠斯顿电桥就是以他的名字命名的。惠斯顿写道：

> 为什么艺术家不可能对任何近乎固态的物体进行忠实的描绘，答案是显而易见的了。所谓忠实描绘是指，心智对于图画和原物体本身无法区分。当用两只眼睛来看画和物体时，对于画，视网膜上投映的是两张类似的图像；而对于固态物体，两幅图像则是不相似的。在这两种情况下，感觉器官上留下的印迹，以及由此在大脑中形成的知觉都是有根本差别的。因此，画不可能与固态物体相混淆。

这么晚才发现立体视觉有些令人奇怪，因为它在日常生活经验中并不难发现。你走路的时候，将一只眼睛闭上几分钟，世界就变成了更平的地方，你可能会被门廊蹭着，或将一勺糖舀到膝盖上。当然，世界并没有完全变平，脑中仍然有着图片和电视里呈现的那种信息，比如递减、咬合、是否置于地面和质地成分。最重要的是，还有位移运动。当你移动时，你的观察点在连续改变，使得近处的物体呼啸而过，而远处的物体动得较慢。大脑将这种流态模式理解为经过一个三维世界。光学流态对结构的知觉在《星际迷航》《星球大战》中都有明显的体现，还有在一些流行的计算机屏幕保护中：逐渐离开显示屏中心的白点显示的是飞向太空（尽管真正的星星离得太过遥远，没办法令真实世界的星际舰队成员产生这样的印象）。所有这些对深度的单目线索使得单眼盲人生活不大受影响，其中包括飞行员威利·普斯特（Wiley Post）和20世纪70年代纽约巨人橄榄球队的一位外接手。大脑是一个机会主义者，还是一个数学很好的信息消费者，或许这就是为什么双目视差能长久以来一直避开科学家们审视的原因。

惠斯顿设计了第一幅完全三维的图画——立体图，这样他就证明了，心智将三角学纳入了意识。惠斯顿的想法很简单，他用达·芬奇的两扇窗户，或者实际点儿，用两台照相机来捕捉一幅图景，每台相机的位置就和一只眼睛要看的位置一样（如图4-4）。将右边的照片放在右眼前，左边的照片放在左眼前。如果大脑推测两眼在看一个三维世界，与双目视差看到的有所不同，它就会被照片所愚弄，将两张照片组合成一幅单眼图景，其中物体看上去有着不同的深度。

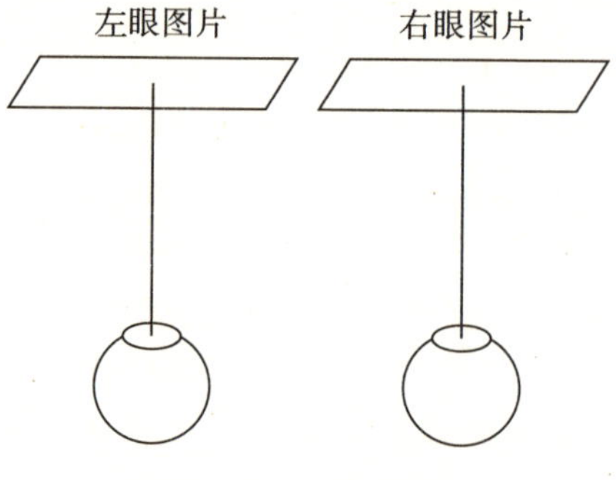

图4-4　左眼与右眼

不过，在这里惠斯顿遇到了一个问题，一个仍挑战着所有立体图的问题。大脑对一个平面的深度用两种方式从物理上调整眼睛。尽管我一直将瞳孔描述成好像是一个小孔，但事实上它有一个晶体来汇集发散自世界上某个点的许多束光，并将这些光聚焦到视网膜上的一点。物体离得越近，光线就弯折得越多，这样才可以将光汇聚成一个点而不是汇聚成一个模糊的圆盘，眼睛的晶体也就需要越扁平。眼球内部的肌肉需要加厚晶体来聚焦近处的物体，使晶体扁平来聚焦远处的物体（见图 4-5）。

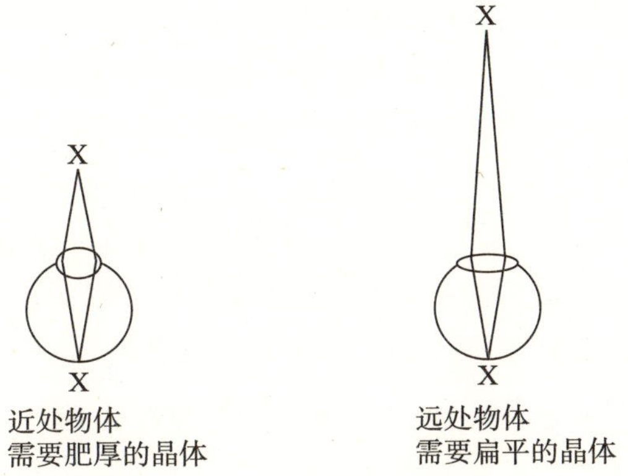

图 4-5　晶体形状与物体距离

这种对晶体的挤压过程是由一个能调整焦距的反射动作加以控制的：这种反馈回路能够对晶体的形状进行调整，直到视网膜上成像的清晰度达到最高为止。这种回路与一些自动调焦照相机的原理很类似。聚焦不清的电影看起来很让人心烦，因为大脑不停地试图调整晶体来减少模糊感，但这是一种徒劳无功的做法。

第二种物理调整是为了让隔着约 6 厘米的两只眼睛将目标调整到世界的相同一处。物体离得越近，两只眼睛的目光势必交叉得越多（见图 4-6）。

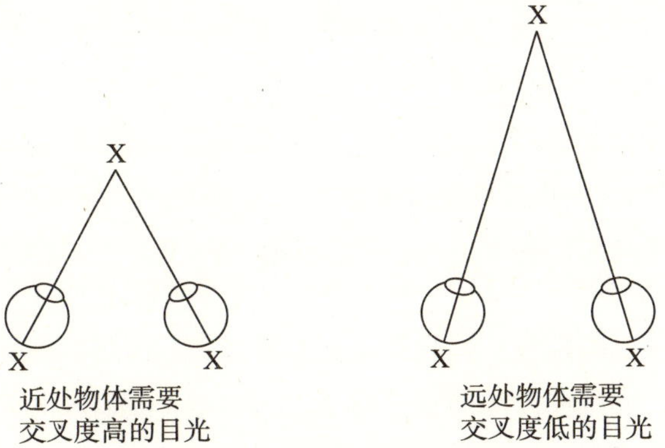

图 4-6　目光交叉与物体距离

目光交叉与否由附着在眼边的肌肉实现。控制这些肌肉的是一个努力减少重叠影像的大脑回路。看到重影往往是脑中毒、脑窒息或损伤的一个征兆。这个回路类似于旧式相机中的测距仪：棱镜从两个取景框中取景，摄影师调整棱镜角度（使它适合于照相机镜头），直到图像排列好为止。大脑将测距仪原则作为深度的另一种信息来源，它或许是一个不可缺少的信息源。立体视觉只给出了有关相对深度的信息——在眼睛聚合点之前或之后的深度。眼球方向的反馈必须锚定绝对深度的感觉。

这就是立体图设计者所面临的问题：聚焦反射和眼交叉反射是连在一起的。如果你聚焦到附近一点来减少模糊，目光就逐渐聚合；如果你聚焦到远处一点，目光就变得平行。如果你将目光聚合到附近一点来减少重影，眼睛就压缩晶体从而近距离对焦；如果你将目光分岔到远方一点，晶体就会放松到远处聚焦。这种搭配超过了对立体图最简洁的设计，立体图将一张小图放在每只眼的前面，双眼目光都直视前方，各自看各自的图片。你在看远处物体时，目光直视前方，它将每只眼的聚焦点拖至远方，从而模糊了图片。聚焦图片接着又将目光拉在一起，这样两只眼睛都看着同一张图片，而不是每只眼睛各看一张图片，而且那也没有用处。目光内外摆动、晶体变厚变薄，但时机不对。要想得到立体视图的错觉，还需要其他条件。

一种方法是拆开这对反应。许多实验心理学家都像苦行僧一样训练自己，竭力控制他们的生理反射并用意志力来“自由－融汇”立体视图。有些人将目光交叉到图片前方想象的一点，这样左眼能看着右边的图片，右眼则看着左边的图片，并将每只眼看图片的目光聚焦到后方想象的点。另外一些人将目光锁定到正前方无限远处，同时仍保持着聚焦。在我得知威廉·詹姆斯说过这是每个好的心理学家都应该掌握的一项技能后，我曾经花了一下午时间来训练自己做到这点。不过，一般过着平凡生活的人，却不见得能有这样的决心和毅力。

惠斯顿的发明有些拙劣，因为他还面临着第二个问题：他那个年代的绘画和银板照相都太大，在眼前没法做到不重叠。人们做不到目光向外看，像鱼一样一只眼睛看一边。于是他在两边各放一张图片，两张图片彼此相对，像书挡一样，他还在照片之间放了两面粘在一起的镜子，就像一本打开的书的封面，每面镜子都反射出一幅图片。然后他在每面镜子前放一个棱镜，调整后使得两面镜子看上去像是叠加上去的。当人们透过棱镜看到叠加上去两幅图片的反射时，图片中的景色就变成三维的了。更好的照相机和更小的电影胶片催生了更简便的手持型设计，我们现在仍然在用这些设计。更小的照片——同以往一样，是从两个同双眼间距相同的观察点拍摄的——被并排放置，中间有一个垂直信号灯，每只眼睛前面还放着一个玻璃镜头。玻璃镜头使得眼睛无须聚焦于近处的图片，目光可以放松到无限延伸的远方。这使得目光发散，从而可以直视前方，一只眼睛看一幅图片，图片就自然地融汇在一起。

立体图成为 19 世纪的电视机。维多利亚时代的人们与家人和朋友一起愉快地花上几个小时轮流来看巴黎林荫大道、埃及金字塔或者尼亚加拉大瀑布的立体照片。漂亮的木质立体图现在在一些古玩商店里仍有销售，供热心的收藏者淘宝。现代的版本是三维魔景，在世界各地的旅游景点都有：一个不贵的观看器，展示了当地风景名胜的立体视图幻灯片。

一种不同的技术——立体影片，是将两张图片盖在一个平面上并运用了巧妙的手法，这样每只眼睛只会看到想看到的图片。一个熟悉的例子是与 20 世纪 50 年代早期风靡一时的三维立体电影有关的，就是声名狼藉的红绿色纸板眼镜。左眼的图像投映为红色，右眼图像投映为绿色，映像都照在一块白色屏幕上。左眼看屏幕时通过一个绿色的滤光镜，使得白色背景看上去是绿色的，而为另一只眼睛准备的绿线则看不到，为左眼准备的红线则像黑线一样凸显出来。与之类似，右眼前面红色的滤光镜使得背景呈现红色，红线看不见，绿线变成黑线。每只眼睛都得到它自己的图像，于是阿尔法半人马座的污泥怪兽便跃然屏幕之上。一个不幸的副作用是，当眼睛看到非常不同的模式，比如红色和绿色的背景时，大脑就没办法融汇它们了。大脑将视域雕刻成一块拼凑品，将每个拼凑小块交替看作绿色或红色，这种令人不安的效应被称为双目竞争。当你将一根手指保持在眼前几厘米的距离，同时睁开双目注视远方，你就会看到双重影像，这就是一种轻微的双目竞争体验。如果你集中注意于其中一个影像，你会发现，那部分逐渐变得不透明，然后透明，再度填实，如此往复。

一种更好的立体照片是将偏振滤光片，而不是带色的滤光片，放到两个投映镜头上和纸板眼镜里。用左边的投影仪来投映为左眼准备的图像，在像“/”这样的对角平面中振荡的光波中投映。光可以穿过左眼前面的滤光片，滤光片中有一些细微的裂隙也是同样方向，但光却穿不透右眼前面的滤光片，它的裂隙是反方向的，像“\”这样。相反，右眼前面的滤光片只允许来自右边投影仪的光穿过。叠加的图像可以是彩色的，它们不会造成双目竞争。阿尔弗雷德·希区柯克（Alfred Hitch-cock）在《电话谋杀案》(*Dial “M” for Murder*）中利用这种技术创造了极好的效果，影片场景中，格蕾丝·凯利摸到剪刀刺向就要掐死她的人。而根据科尔·波特（Cole Porter）的《野蛮公主》(*Kiss Me Kace*）改编的电影则有些不同之处,影片中一个舞者一边起劲儿地在咖啡桌上表演着“太热了”，一边却朝着摄像机抛甩着围巾。

现代的立体眼镜有用液晶显示屏做的方格（像电子表中的数字一样），起到静音的、电子控制快门的作用。在任何时刻，一个快门是透明的，另一个是不透明的，这迫使眼睛依次看着它们前面的计算机屏幕。眼镜与屏幕是同步的，当左快门张开时显示出左眼的图像，右快门张开时显示出右眼的图像。图像交替很快，眼睛都注意不到闪烁变化。这种技术可以用在一些虚拟现实显示中。不过虚拟现实的最先进水平其实就是高科技版本的维多利亚时代立体视图。计算机在一个小液晶显示屏上显示每张图像，屏幕前面有一个镜头，镜头装在每只眼睛前面头盔的内侧。

这些技术都迫使观看者戴上或通过某种仪器来观看某种神奇的景象。魔术师的梦想是一种可以用裸眼看到的立体视图——自动立体视图。

这个原理是由苏格兰物理学家戴维·布鲁斯特（David Brewster）在19世纪发现的，他还研究偏振光，并发明了万花筒和维多利亚时代的立体视镜。布鲁斯特发现，墙纸上重复的模式可以令人注意到深度。紧挨着的重复模式（见图4-7），比如说花朵，可以让每朵花都吸引一只眼睛盯在那朵花上。这是因为相同的花处在两个视网膜的相同位置，所以双重影像看上去就像只有一个影像。事实上，就像一件扣错纽扣的衬衫，整个双重影像的排列可以错误地编织成一张图像，除了两端没有配对的单个影像之外。大脑则看不到双重影像，它过早地满足于双眼已经恰当地聚合，并将目光锁定在错误的校准中。这使得目光瞄准于墙后面想象中的一点，花朵似乎在这个距离飘浮在空中。它们还似乎长大了一些，因为大脑进行了三角运算，计算出花在那个深度需要多大才能投映出当前的视网膜图像。

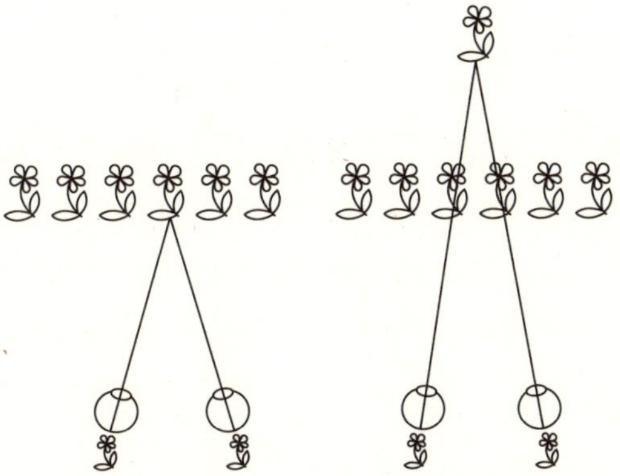

图4-7 重复模式与眼睛的行为

一种体验墙纸效应的简便方法是眼睛盯着几厘米远的瓷砖墙，距离近得无法使目光轻易聚焦和汇合。（许多男人是站在小便池前才发现这个效应的。）每只眼前的小瓷砖很容易就融汇在一起，产生出一种很远处有一面很大瓷砖墙的超现实印象。墙向外弯曲，随着脑袋从一边移动到另一边，墙向着相反方向摆动。如果墙真是在那个距离的话，实际情况也会是如此，将在视网膜上投映出同样的影像。大脑轻率地创造了这种错觉，是为了保持整个幻觉几何形状的一致性。

布鲁斯特还注意到，将一对完全相同的东西在空间里不规则地摆放，都会使它们比起其余的更凸显或陷入。设想图 4-7 中被视线穿过的花朵之间的距离被打印得更为接近些。视线被聚在一起，彼此交叉，离眼睛也更为接近。视网膜上的图像会朝太阳穴方向展开，大脑会看到想象中的花朵离得更近了。类似地，如果花朵的间距被打印得更远些，视线则会交汇在更远处，在视网膜上的投映则会挤到鼻子的方向，大脑会认为这个虚幻物体距离更远了。

现在我们谈到了一种简单的“电眼”错觉——墙纸自动立体视图。一些书和贺卡中的立体视图显示了多列重复的东西——树、云、山和人。当你看这些立体视图时，感到每一层物体在漂进漂出着，都有着自己的深度。（尽管在这些自动立体视图中，并没有出现新的形状，我们稍后会谈到那些七拐八扭的立体图。）这有个例子（见图 4-8），是伊拉维涅尔·萨比亚（Ilavenil Subbiah）设计的。

图 4-8 自动立体视图

图 4-8 有些像布鲁斯特的墙纸，但它刻意有一些不均等的分隔，这并不是出于裱糊工人的草率之举。图片中包括了 7 艘紧密排列的小船，但只有 5 座间距疏松一些的桥拱，当你向图片后方看时，小船似乎比桥拱离得更近，因为它们错误交汇的视线聚到了一架更近的飞机上。

如果你还不知道如何融汇看到立体视图，请把这本书举到你眼睛的正前方。使书的距离近得目光无法聚焦，令你的眼睛直视前方，看到重影。然后慢慢将书挪远些，同时保持眼睛放松，“穿透”书看到书后面想象的一点。有些人将一片玻璃或一张幻灯片放在立体视图顶部，这样他们就能聚焦到远处物体的反射光了。你应该还能看到重影。这个手法是让重影中一个图像飘到另一个的顶端，然后就像磁石一样，将它们保持在那里。试着校准图像。叠在一起的轮廓应当逐渐聚焦，然后弹进弹出不同的深度。正如泰勒所说，立体视觉就像爱情：如果你不能确定，你就还没有体验到。

有些运气不错的人能做到这点，他们把一根手指放在立体视图前面几厘米处，聚焦于这根手指，然后慢慢移开它，同时目光仍保持那个深度。用这种技巧，目光交叉带来的错误融汇使得左眼看到右边的一只船，而右眼看到左边的一只船。别担心你妈妈说的话，你的眼睛不会永远僵死在那个位置的。你能否对眼看到融汇的立体视图还是对眼程度不够，这依赖于你是否能将目光略微交叉或盯着墙斜视。

通过练习，大多数人都可以目光融汇看到墙纸立体视图。他们不需要像心理学家目光自由融汇来看二图立体视图那样，做瑜伽般的精神高度集中，因为他们不需要将他们的聚焦投影从汇聚投影中以同等程度分离出来。看到自由融汇的二图立体视图需要双眼目光分开，各自保持直视其中一幅图片。而看到融汇的墙纸立体视图则只需要双眼目光分开，保持直视同一幅图中的邻近相同物体。相同物体之间的距离非常接近，会聚角只在聚焦投影想要的地方那条线之外的不远处。在两个投影之间的网络中通过小小的摆动，聚焦于比你目光会聚处稍近一点的地方，这对你来说应该并不太难。如果确实难的话，艾伦·德詹尼丝可能会把你拉到她的辅助小组中。

墙纸立体视图背后的手法——相同图画吸引目光产生了错误的视觉配对——揭示了大脑要看到立体图所必须解决的一个基本问题。在大脑能够测量双目视网膜上某一点的位置之前，它需要确定一只视网膜上的一点与另一只视网膜上的那点都是来自现实世界的同一个标志。如果现实世界只有这一个标志，那就容易了。但如果有两个标志，视网膜的图像就可能以两种方式匹配（见图 4-9）：左眼中的 1 点在右眼中也是 1 点，左眼中的 2 点在右眼中也是 2 点——这是正确的匹配；或者，左眼中的 1 点在右眼中是 2 点，左眼中的 2 点在右眼中是 1 点——这种错误的匹配会导致两个虚拟标志的幻觉。

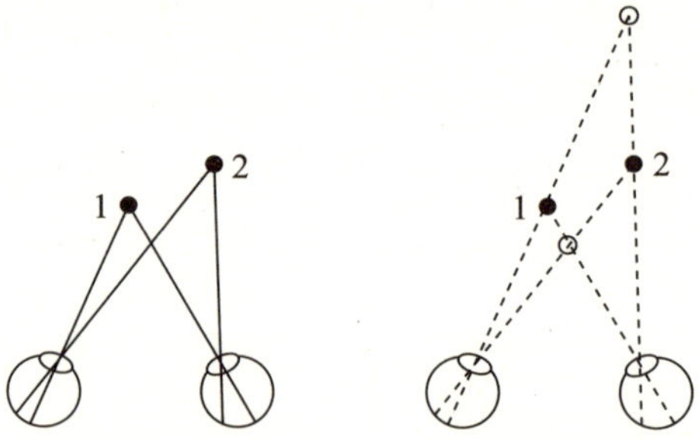

图 4-9 视网膜图像的两种匹配方式

如果增加更多的标志，匹配错误就会增倍。有 3 个标志，就有 6 个错误匹配；10 个标志，就有 90 个错误匹配；100 个标志，几乎有 10 000 个错误匹配。早在 16 世纪，天文学家约翰内斯·开普勒（Johannes Kepler）就注意到了这个“匹配问题”，他思考了凝望星空的眼睛如何与数以千计的白点相匹配的问题，以及一个物体在空间中的位置如何能够根据它的多重映像而被确定的问题。墙纸立体视图的效果是依靠诱骗大脑接受一个貌似正确但实际错误的方法来解决匹配问题的。

直到最近，每个人都认为大脑解决了日常生活中匹配的问题。大脑首先识别出每只眼睛中的物体，然后将相同物体的影像利用匹配的方式加以匹配。左眼中的柠檬与右眼中的柠檬匹配，左眼中的樱桃与右眼中的樱桃相匹配。在智能的指导下，立体视觉可以只把来自同种物体的点连在一起，从而避免错误匹配。一个典型的情景或许包含几百万个点，但包含的柠檬却少得多，也许只有一个。所以如果大脑对整个物体匹配的话，出错的机会就会变少。

但自然并没有选择这种解决方法。第一个线索来自阿米斯的另一个古怪屋子。这一次，不知疲倦的阿米斯建了一座普通的长方形房间，但在每厘米地板、墙壁和天花板上都粘贴了树叶。用一只眼睛通过窥视孔来看这间屋子时，就好像是模糊的绿色海洋。但当用双眼来看时，它又恢复成正确的三维形状了。阿米斯构建了一个只能用神奇的中央独视眼来看而不能单用左眼或右眼看的世界。但如果大脑必须依赖于识别出每只眼中的物体并将之联系起来，它又如何将两只眼睛看到的情形匹配起来呢？左眼看到的是“叶子叶子叶子叶子叶子叶子叶子叶子”，右眼看到的也是“叶子叶子叶子叶子叶子叶子叶子叶子”。大脑面临着能想象到的最困难的匹配问题。尽管如此，它还是轻松地将双眼看到的物体匹配在一起，显现出中央独视眼的视觉。

这个例子并非无懈可击。如果房间的边和角没有被叶子盖好怎么办？也许，每只眼睛都对房屋的形状有一个大概的认识，当大脑将两幅图像融汇在一起时，它就更加确信这种认识是准确的了。大脑无须识别物体即可解决匹配问题的证据来自心理学家贝拉·朱利斯（Bela Julesz）早些时候巧妙运用的计算机图像。在1956年逃离匈牙利来到美国之前，朱利斯是一名对空中侦察感兴趣的雷达工程师。空中侦察采用了一种巧妙的手法：立体视觉穿透伪装。伪装的物体表面覆盖着一些与周围背景环境相一致的标志物，使物体与背景的边界不那么明显。但只要物体不像烙饼那么平，当从两个观察点看时，双眼看到的标志物就会呈现出略微不同的位置，而背景标志则不会怎么移动，因为它们离得更远。空中侦察的手法是拍摄陆地的照片，然后让飞机飞一小会儿，再拍张照片。将两张照片并排放在一起，然后将它们输入一个对这两张照片的差异超级敏感的探测器：一个人。人实际上是在用一个立体图观看器来看图片的，就好像他是一个巨人，将他的两只眼睛放在当初飞机照相机上的两个位置一样，于是伪装的物体就在深度上呈现出来了。因为根据定义，一个伪装的物体用单眼几乎是看不到的，我们有另外一个例子来说明神奇中央独视眼能够看到任何一只真眼都看不到的东西。

证据要来自完美的伪装，这一次朱利斯使用了计算机。对于左眼的视觉，他在计算机上做了一个正方形，上面盖着随意分布的点，就像电视机的雪花点一样［见图 4-10（a）］。然后朱利斯让计算机又为右眼做了一个只有一处做了调整的正方形：他将一小片点略微向左挪了一些，将新的一条随意分布的点插入了右边的缝隙，这样移走的点就伪装得非常好了。每张图片都像散乱的胡椒籽一样。但当用立体视图观看时，那一片就跃然浮现出来［见图 4-10（b）］。

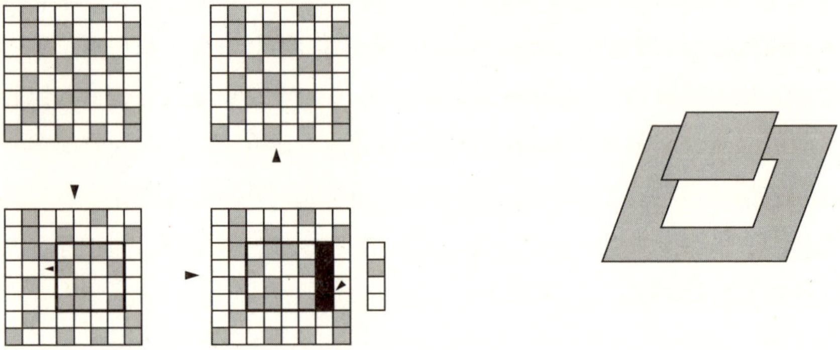

（a）（b）

图 4-10 利用计算机制作的伪装

许多当时的立体视图权威拒绝相信这一点，因为大脑要解决的匹配问题太难了。他们怀疑，朱利斯是不是在一幅图背后划下了小标记。不过计算机当然没有作弊。任何看了随机散点立体视图的人都会立刻信服朱利斯的实验。

与朱利斯偶尔会合作的克里斯托弗·泰勒，发明神奇眼立体视图所用的只是将墙纸自动立体视图与随机散点立体视图组合起来而已。计算机得出了垂直的一条散点，然后把复制后的小条并排放在一起，这样就制作了随机散点墙纸。假设每一条有十个点那么宽，我们将点从 1 数到 10……用“0”代表 10 就如图 4-11 所示。

123456789012345678901234567890123456789012345678901234567890
123456789012345678901234567890123456789012345678901234567890
123456789012345678901234567890123456789012345678901234567890

图 4-11 随机散点

任何一簇点——比如说，“5678”——每隔 10 个空格就重复一次。当目光凝视到邻近条的时候，这些长条图便会在我们的视线里结合起来，就像我们在墙纸立体视图里体验到的一样，只不过我们的大脑是把两片点图而不是把两个花朵图案重叠在一起罢了。那些相距较近的重复图案会带给我们较其他的立体影像更为接近的幻象，这是因为两眼放在其上的视线会在距离我们更近的地方相交的缘故。要在电眼立体视图里让某一片图案浮在其他幻象之前，设计者就必须先决定好该片区域的范围，再让其内的每一圈黑点都能与距离它最近的相同黑点靠得更近。在图 4-12 中我想做一个飘浮的长方形。所以我从两个箭头之间的长条中剪出两个点 4；你能找到被剪的那几排，因为它们要比其他排短两个空格。在长方形中，每一簇点，比如“5678”，都每隔 9 个而不是 10 个空格就重复一次。大脑把彼此更加邻近的复制点簇解释为来自更为接近的物体，这样长方体就飘浮起来了。顺便提一句，图 4-12 不仅展示了自动立体视图是如何制作的，而且它本身就产生了一个自动立体视图效果。如果你把它像墙纸一样看得融汇在一起，一个长方形就会浮现出来。顶部的星形是为了帮助你得到立体幻象而准备的；让你的目光飘移直到看见重影有 4 个星形，然后慢慢地将图像聚在一起，直到中间两个星形融汇在一起，这样你就看到了一排 3 个星形而不是 4 个星形。小心地看图 4-12，同时目光不做重新调整，你就可以看到飘浮的长方形。

```
                                 *          *
                                  ↓                  ↓
1234567890123456789012345678901234567890123456789012345678901234567890
1234567890123456789012345678901234567890123456789012345678901234567890
1234567890123456789012345678901234567890123456789012345678901234567890
12345678901234567890123456789012356789012356789012345678901234567890
12345678901234567?89012345678901235678901235678901234567890123456789
12345678901234567890123456789012356789012356789012345678901234567890
12345678901234567890123456789012356789012356789012345678901234567890
12345678901234567890123456789012356789012356789012345678901234567890
12345678901234567890123456789012356789012356789012345678901234567890
1234567890123456789012345678901234567890123456789012345678901234567890
1234567890123456789012345678901234567890123456789012345678901234567890
1234567890123456789012345678901234567890123456789012345678901234567890
123456789012345678901234567890123X4567890123X45678901234567890123456789 0
123456789012345678901234567890123X4567890123X4567890123456789012345678 90
123456789012345678901234567890123X4567890123X4567890123456789012345678 90
123456789012345678901234567890123X4567890123X4567890123456789012345678 90
123456789012345678901234567890123X4567890123X4567890123456789012345678 90
123456789012345678901234567890123X4567890123X4567890123456789012345678 90
123456?8901234567890123456789012345 6?89012345678901234567890123456789 0
1234567890123456789012345678901234567890123456789012345678901234567890
1234567890123456789012345678901234567890123456789012345678901234567890
```

图 4-12　飘浮的长方形

你还应当能看到图 4-12 下端有一个切开的窗口。我切窗口是通过选出一个长方形小块，并做了与我以前做的相反的事情：我在这小块里的每一个点 4 旁边塞进去额外一点（标志为“X”）。这将散点簇推开得更远，它们变成每隔 11 个空格才重复一次。你会注意到，被添加的行比其余的要长。间隔空间更宽的各相同点簇相当于更远的一个平面。当然，一个真正的随机散点自动立体视图是用点而不是用数字做的，所以你不会注意到被剪出或塞进的东西，参差不齐的线被填满了额外的点。这里有个例子（图 4-13）。看一个真正的随机散点自动立体视图的乐趣在于，令观看者惊讶的那一刻呈现出的是观看者先前看不到的形状。

*　　　*

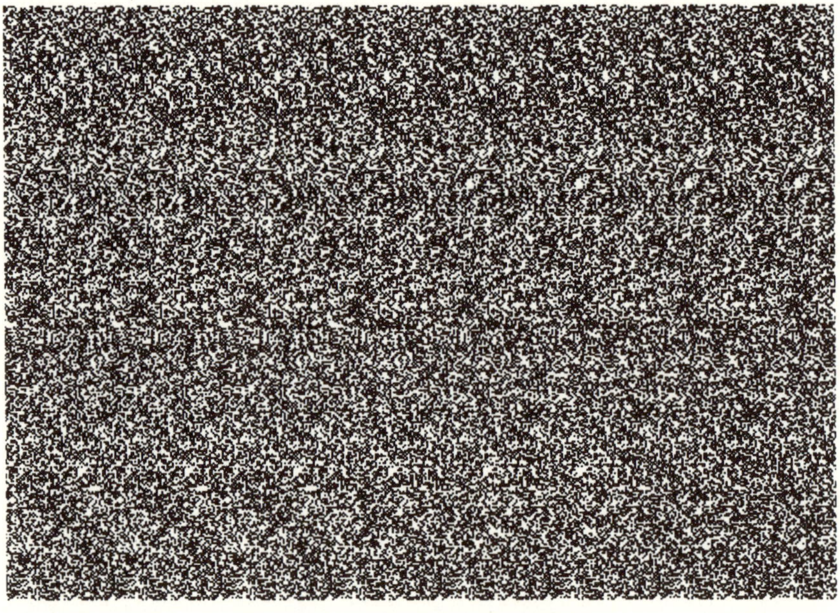

图 4-13　随机散点自动立体视图

当自动立体视图风靡日本时，它很快发展为一种艺术形式。点并不是必要的；任何挂毯类的装饰，只要包含着很多的小轮廓，足以迷惑大脑将目光锁定到邻近条格，就会产生立体视图效果。第一个商业化自动立体视图使用了彩色的弯曲线，日本的自动立体视图使用了花朵、海洋波浪，还有从阿米斯的书中取下的一片叶子，组成的无数片树叶。多亏了计算机，立体图像里浮现的形状也不再只局限于死板的镂空形状而已。通过读取平面上三维坐标的点，计算机能够以略微不同的数量来更迭每一个点，从而在中央独视空间中塑造固定形状，而不是严格地变换整个小块。浮现出来的是光滑、球茎的形状，看上去好像它们是用叶子或花朵形成的。

为什么自然选择为我们配设的装备是真正的中央独眼视觉（能够双眼共同看到形状，但任何一只单眼却不行），而不是一个更简单的双眼立体机制呢？（这样任何一只眼看到的柠檬和樱桃都会一致）泰勒指出，我们的祖先确实生活在阿米斯的树叶屋里。灵长目在树上演化，需要识别认清树叶掩盖下的树枝网络。认不清的代价就是从高高的树枝上跌落到森林的地面上。为这些双眼生物构建一个双眼立体计算机系统一定是自然选择所无法抗拒的，但它之所以能够实现，也是基于对数千个视觉组织进行过计算。能够清晰匹配一致的单个物体太少了，彼此之间也隔得太远。

朱利斯指出了中央独眼视觉的另一个优点。动物们使用伪装要比军队早得多。最早的灵长目动物就类似于今天的猿猴亚目、马达加斯加的狐猿和眼镜猴，它们抓树上的昆虫吃。许多昆虫躲避捕猎者的方式是纹丝不动（这样捕猎者的移动探测器就派不上用场了），或者通过伪装（这样捕猎者的外形轮廓探测器也就失灵了）。中央独眼视觉是一种有效的反抵抗措施，就像空中侦察发现坦克和飞机一样发现了猎物。武器的技术发展催生了军备竞赛，这在自然界中和在战争中一样。一些昆虫瞒住捕猎者立体视觉的方式是将身体扁平化，并与地面齐平，或者变成沾的树叶和树枝雕塑—— 一种三维的伪装。

中央独视眼是如何工作的呢？匹配问题，即将一只眼中的标志与另一只眼中的对应物彼此匹配的问题，是一个复杂的鸡与蛋的困惑。只有你选择了一对要测量的标志，你才能衡量一对标志的立体差异。但在一个树叶屋或随机散点立体视图中，有数千个能够作为标志的候选物体。如果你知道表面有多远，你就会知道向左眼视网膜的什么地方看，从而能找到右眼中对应的标志。但如果你知道这个，就没必要进行立体计算了——你已经有了答案。心智是怎么做到的呢？

戴维·马尔表示，对我们所演化世界预置前提假设能够有所帮助。在 n 个点的 n^2 个可能匹配中，并不是所有的匹配都有可能出现在我们所处的美妙环境——地球上。一个设计良好的匹配者应该只考虑那些在物理上可能的匹配点。

第一，世界上的每个标志都是被锚定在某个时间某个平面的某个位置上的。因此，一个合理的匹配必须将两眼中相同的点进行配对，而这两点来自真实世界的一个点。一只眼中的一个黑点应与另一只眼中的一个黑点匹配，而不是与一个白点匹配，因为所谓匹配要表示某个平面的单独一个位置，而那个位置不可能同时既是一个黑点又是一个白点。反过来说，如果一个黑点与一个黑点匹配，它们一定来自真实世界某个平面的一个位置。这就是自动立体视图所违背的假设：在立体视图中，每一个定点的影像都被分散到了几个不同的位置。

第二，一只眼中的一个点应当与另一只眼中不超过一个点相匹配。这就是说，一只眼的视线应当会与真实世界中一个且仅仅一个平面的一点终结。乍一看，这个假设好像是排除了穿过一个透明平面到一个不透明平面的视线（像一个浅湖的底部）。但这个假设实际上更为微妙；它只排除了一种巧合情况，即两个相同点（一个点在湖面，一个点在湖底）从左眼观察点角度看一个排在另一个后面，而从右眼的角度看两点则都能看见。

第三，物质是内聚而且光滑的。大多数时候，一条视线所终结的真实世界平面不会比邻近视线所接触的平面离得更近或更远。也就是说，真实世界的临近点一般会位于同一个光滑平面。当然，这个假设在物体的边缘位置就被违背了：本书封底的边缘就在离你四五厘米远的地方，但如果你只向它的右边瞥一眼，你也许就是在看 38 万千米之外的月亮。但边缘只组成了视域的很小一部分（你画一幅线性画所需的颜料比为这幅画填色所需的颜料要少得多），因此这些例外能够被忽略。这个假设排除的是一个由沙尘暴、大群蚊虫、团团细线、陡峭山峰间的深深裂隙及星星点点的钉床组成的世界。

这些假设在理论上听起来似乎都言之成理，但还需要找到一些满足这些假设的匹配。鸡和蛋的问题有时可以用被称为“限制性满意”的技术来解决，我们在第 2 章谈论内克尔立方体和带口音的讲话时曾提到过这种技术。当一个谜的几部分不能一次都解决时，解谜者可以一次猜几个，再比较这个谜不同部分的猜测，来看看哪些是相互一致的。一个很好的类比就是用铅笔和橡皮来做填字游戏。一个水平单词的线索往往太模糊，好几个单词都可以填进去；一个垂直单词的线索也很模糊，好几个单词也可以填进去。但如果这些猜测的垂直单词中，只有一个与任何猜测的水平单词共用一个字母，这对单词就被保留下来，其他的就被擦掉了。设想对所有的线索和方格即刻做此处理，你这样的做法就是“限制性满意”。在解决立体视觉的匹配问题时，散点就是线索，匹配和深度是猜测，关于世界的 3 个假设就像是这条规则：每个单词的每个字母都必须占据一个方格，每个方格里必须有一个字母，所有的字母必须能组合成单词。

“限制性满意”有时可以在一个像我在图 2-8 中提供的限制性网络中实行。马尔和理论神经学家托马索·伯吉奥（Tomaso Poggio）设计了一个立体视觉限制性网络。输入单位代表点，就像随机散点立体视图的黑白方块。他们将右眼的一些其他点输入到代表左眼中一点的所有 $n \times n$ 可能匹配的单位排列。当其中一个单位开启时，这个网络在猜测，在世界的特定深度有一块斑点（相对于目光汇聚的地方）。图 4-14 是这个网络一个平面的鸟瞰图，显示了一部分这些单位。

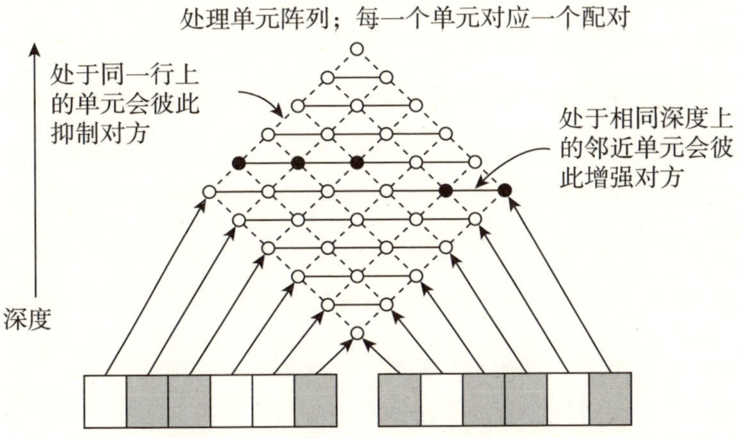

图 4-14 网络的平面鸟瞰图

这个模型是这样工作的：当阵列中的某一个单元由两眼获得了相同的输入信号时，它会呈现开启的状态（黑的或白的），这包含了第一个假设（每个标志锚定于一个平面）。由于各单位是相互作用的，激活一个单位会促使其上下邻近单位的激活。排列在相同视线的不同匹配单位彼此相互约束，这包含了第二个假设（没有沿着一条视线而校准一致的标志）。在附近深度的临近点单位彼此相互激活，这包含了第三个假设（物质是具有内聚性的）。这些被激活的单位围绕着网络回荡着，网络最终稳定下来，那些激活的单位描绘出一个具有深度的轮廓。在图 4-14 中，那些填入的单位呈现出悬在背景之上的一道边缘。

在“限制性满意”技术中，数千个处理器做了许多临时的猜测，在众多猜测中甄选出一个整体答案，这种技术是与认为大脑的工作是许多个相互作用的处理器平行计算的一般性观点相一致的。它也抓住了一些心理学的要旨。在看一个复杂的随机散点立体视图时，你往往不能看到隐藏的图像同时显现出来。杂乱无章的图案中会跳出一些边缘，然后逐渐凸显为一幅图案，从而使得另一侧的模糊边缘变得清晰明确，直到整个形状显现出来。我们体会到最后图案的出现，却没有感受到处理器实现这一结果的努力过程。这种体会很好地提醒了我们：在我们观看和思考时，许多信息加工处理都在我们意识水平之下反复进行着。

马尔·伯吉奥模型抓住了大脑对立体视觉计算的要旨，但我们真正的大脑回路要复杂得多。实验已经证明了，当人们被置于违背了唯一性和平滑性假设的人工操控的世界中时，他们观察的能力并不像模型预测的那么差。大脑一定在运用其他信息来帮助解决匹配问题，比方说，眼中的世界就不是散点组成的。大脑能够将所有小斜纹、T 形、锯齿形、墨迹斑点以及两眼视觉中的其他点点划划都匹配在一起（这些东西即使对于一个随机散点立体图来说也绰绰有余）。点划之间的错误匹配要比点与点之间的错误匹配少得多，因此需要被排除的匹配数量就显著减少了。

另一种匹配方式是，利用两只眼睛在几何意义上会给我们带来不同效果的原理，这是达·芬奇注意到的：一个物体有一些部分是一只眼睛能看到而另一只眼看不到的。垂直拿着一支钢笔放在面前，钢笔的夹子朝外呈 11 点钟方向。当你轮番闭上每只眼睛时，你会发现，只有左眼能看到钢笔夹，右眼看不到，这是因为钢笔夹隐藏到了钢笔其余部分之后。自然选择在设计大脑时是像达·芬奇那么精明，让大脑用这个重要线索来确定物体边缘吗？还是大脑忽略了这个线索，不情愿地将每个错误匹配都记录为物质内聚性假设的例外情况？心理学家肯·中山（Ken Nakayama）和下条绅介（Shinsuke Shimojo）证明了自然选择并没有忽视这条线索。他们设计了一个随机散点立体视图，其深度信息不是以更迭散点排列，而是以一只眼睛能看见而另一只眼睛看不见的位置排列的。那些点位于一个想象中的正方形的四角，一些点只在右眼图像的右上角和右下角，一些点只在左眼图像的左上角和左下角。当人们看这个立体视图时，他们看到一个由四点界定的悬浮正方形，这说明大脑确实将只有一只眼能看到的图像解释为空中的边缘。中山与心理学家巴顿·安德森（Barton Anderson）认为，有一些神经元发现了这些阻隔；它们会对一只眼睛见到的一对标记做出反应——其中一个标记能够和另一只眼睛见到的标记加以匹配，而另一个标记却无法找到配对。这些三维立体的边界探测器会帮助立体网络在悬浮的碎片轮廓中确定位置。

立体视觉不是两只眼睛凭空具有的，这种回路必须在大脑中布线。我们知道这个情况，因为人约有 2% 的人每只眼都看得很清楚，但用中央独视眼却看不到；随机散点立体视图对他们来说仍然是平的。另外 4% 的人只能很模糊地看到立体图。还有更多的一些少数人群有着更特别的欠缺：一些人看不到固定点后的立体深度；另一些人看不到固定点前的立体深度。惠特曼·理查德（Whitman Richards）发现了这些立体视盲形式，他提出假说：大脑有三组神经元来检测双眼中点位的差异。一组神经元负责完全巧合或几乎完全巧合的成对的点，为了达到在聚焦点的细致深度知觉。另一组神经元负责鼻子侧面的成对点，这是为了看到更远的物体。第三组神经元则是负责视网膜上接近太阳穴部分的影像，也就是由较近物体所产生的投影。具有所有这些特性的神经元在猴子和猫的脑中都已经被找到了。不同种类的立体视盲似乎是遗传性的，这说明，每组神经元都是由不同的基因组合设置的。

立体视觉并不是生来就有的，如果在儿童时期或动物幼年时一只眼睛由于白内障或戴眼罩而得不到信息输入，就可能永远不能形成立体视觉。到此为止，这听起来就像一堂乏味的课程，讲述立体视觉就像其他任何东西一样，是先天与后天的混合物。但一个更好的理解方式是：大脑需要组合加工，这种组合加工需要各个项目根据展开的时间表来排程。这个时间表不在乎生物体何时从子宫中脱胎而出；布置顺序可以在出生后再进行。这个过程在关键结合点处还需要基因所无法预测的信息输入。

立体视觉似乎是在婴儿时期突然出现的。当新生儿按照规律的时间间隔被带到实验室时，他们一周接一周都对立体视图无动于衷，然后突然他们就被吸引住了。在接近那个创纪元式的星期，通常是出生 3~4 个月后，婴儿开始自然、适当地做出对眼状（例如，当他们自然地跟踪一个放到鼻子前面的玩具时），他们还会觉得彼此冲突的视觉——每只眼睛看到的模式不同——很困惑，而在之前他们会觉得那些很有趣。

这不是说婴幼儿“学会了立体视觉”。心理学家理查德·海尔德（Richard Held）给出了一个更简单的解释。当婴儿刚出生时，视觉皮质接受层的每个神经元将双眼相应位置的输入累加起来，而不是将这些输入分隔开来。大脑没办法区分某一点的模式来自哪只眼，而只是以一种二维平面的方式，将一只眼睛看到的融汇到另一只眼睛看到的上面去。如果没有关于一个弯曲线来自哪只眼睛这样的信息，立体视觉、会聚性以及对斥性在逻辑上都是不可能的。大约以 3 个月为界，每个神经元都确定了一只回应的主导眼睛。联结下端的神经元现在可以知晓，一个标志何时落入一只眼睛的一个区域和另一只眼睛的相同区域，或是略微有所转移的区域——这对立体视觉是有利的东西。

这种情况在猫和猴子身上都是确定发生的，它们的大脑可以得到直接的研究。动物的皮质一旦可以区分两只眼睛，动物就能看到有深度的立体视觉。这说明当输入开始被贴上“左眼”或“右眼”的标签加以区分时，下游一层的立体计算回路其实已经安装好并开始工作了。对于猴子来说，所有这些在两个月内就都结束了：那时每个神经元都有了主导眼，幼猴可以看到立体深度。与其他灵长类动物相比，人类有些“晚熟”：婴儿出生得早，而且出生时没有任何能力，要在子宫外完成他们的发育。按照幼儿期的时间长度比例，人类婴儿比猴子要出生得早，因此从出生日开始测算，人类双眼脑回路配置的出现时间要稍晚。更一般地讲，生物学家比较了不同动物视觉系统的成熟阶段时间，这些动物有些出生得早且无助，另一些稍晚而且一出生就能看见。他们发现，无论之后的发育是在子宫内进行还是在出生后的世界上进行，其顺序都是基本一致的。

关键左眼神经元和关键右眼神经元的出现可能会为具体经历所打断。生物学家戴维·胡贝尔（David Hubel）和托斯滕·韦塞尔（Torsten Wiesel）养育了一只眼睛被蒙着的小猫和小猴子，它们脑皮质的输入神经元全部调向了另外一只眼，使得这些动物那只被蒙上的眼睛在功能上等同于视盲。如果眼睛是在动物发育的关键期被蒙上的，那么即使只是短暂剥夺视觉输入，这种损害也是永久性的。对于猴子来说，视觉系统在出生后的前两周尤其脆弱，这种脆弱性在第一年内逐渐减弱直至停止。而蒙上成年猴子的眼睛即使长达 4 年之久，也不会有所损害。

乍一看，这好像是“用进废退”的一个例子，但是我们还有另外的发现。当胡贝尔和韦塞尔给小动物蒙上双眼时，大脑并没有显示出双倍的损害—— 一半的细胞显示根本没有被损害。单眼蒙罩实验的摧残不是由于被蒙眼睛的神经元得不到输入，而是由于来自未蒙眼的输入信号在途中挤走了被蒙眼的输入信号。两只眼睛是同时在争夺着视觉皮层中处理输入信号层面里的神经元的。每个神经元在开始时具有对这只眼或那只眼的细微偏向，而眼睛的输入扩大了这一偏向，直到神经元可以独自做出反应。输入甚至无须来自外部世界，来自中途中间站的激活波—— 一种内部产生的测试模式，就能起到这个作用。若把学习理解为吸收、录入来自外部世界的信息的话，成长发育的长篇历程尽管对动物经历的变化很敏感，但还不完全是“学习”。就像一个建筑师将一个粗略的毛坯交给一个低级的工匠来雕琢外观轮廓一样，基因构建了原始的具有眼睛偏向的神经元，然后启动了一个确保可以将之明确化的过程，除非一个神经生物学家插手多事。

一旦大脑将左眼影像与右眼影像分隔开来，随后的神经元层就可以比较它们表示深度的细微差异了。尽管仍然是以令人惊奇的方式进行的，这些回路也可以由于动物的经历而得到修改。如果实验者通过切掉一块眼部肌肉而使得动物变得对眼或斜视，其目光就会指向不同的方向，永远也不会同时在两个视网膜上看到相同的东西了。当然，目光朝向并没有分开 180 度，所以在理论上大脑能够学习匹配那些确实重叠的不正常的分隔部分。但很显然，它没有具备能够对双眼交叉较大度数进行匹配的能力；这样的动物长大后会成为立体视盲，而且往往两眼中会有一只在功能上视盲，这种状况被称为弱视。弱视有时被称为“懒惰眼”，但其实这是误导。不敏感的是大脑，而非眼睛；而这种不敏感性是由于大脑以一种恒久的竞争去主动压抑一只眼的输入，而不是由于大脑懒散地忽略它。

同样的情况也可以发生在孩子身上。如果一只眼睛比另一只眼睛更加远视些，孩子会习惯上努力去聚焦于近处的物体，而联结聚焦和汇聚的反射会使得眼睛内曲。两只眼睛指向不同的方向（这种情况被称为斜视），它们的视界校准得不够贴近，使大脑无法使用其中的差异信息。这种孩子长大后会患斜视和伴随立体视盲，除非及早对眼部肌肉做手术，调整眼部肌肉好让两眼能协调运作。直到胡贝尔和韦塞尔在猴子身上发现了这些结果，以及海尔德在孩子们身上发现了类似的情况，人们之前一直认为对斜视的手术仅供外表美观所用，而且只限于学龄儿童。但对双眼神经元的适当校准有一个关键期，它要比单眼神经元的校准关键期稍长些，但大概快到一两岁时会逐渐消退。在这个时间之后做手术往往已经太晚了。

为什么会有一个关键期，而不是天生设定或终生都会因经历而改变呢？对于小猫、猴子和人类婴儿，脸部出生后都一直在生长，眼睛之间的距离被迫越来越远。眼睛的相对观察点也在变化，神经元必须持续不断地调整检测到的双眼间差距幅度。基因无法预测观察点的扩展度，因为扩展度有赖于其他基因、营养和各种意外事件。所以，神经元会在个体成长的一定期间内对不断相互分离的双眼进行着追踪。当眼睛移动到它们在成年个体的头骨上应有的位置时，这种需求就消失了，也就是说，关键期在这时就结束了。有些动物，比如兔子，它们的眼睛已经确定在成年的脸部位置中，脸也几乎不怎么生长了。这些一般会是猎食动物，它们不能享受奢侈而漫长的无助的童年期。从两眼中接收输入的神经元不需要重新调整自己，事实上这些动物在出生时就已完成布线，而无须一个对输入敏感的关键期。

对不同物种双眼视觉可调性的发现，为一般意义的学习提供了一种新的思考方式。学习往往被描述为对模糊脑组织有着不可或缺的塑造作用。然而事实上这个过程存在的原因，有可能只是为了让那些需要进行自我组装的动物，能满足它们在适应过程中所发展出对排定组装时刻表的需求而已。基因组尽其所能构建了这个动物，对无法提前确定的动物构造部分（比如对双眼以不可预知的速率逐渐分开的适当设置），基因组在成长发育中最需要的时候开启了一种信息搜集机制。在《语言本能》一书中，我阐述了一种对儿童语言学习关键期的类似解释。

我带着你了解了神奇眼立体视图，不仅仅是因为理解魔术很有趣。我认为立体视觉是一个自然的荣耀，也是心智其他部分可能会如何工作的一个范式。立体视觉是我们体会一种特别意识的信息处理，一个心智计算与意识之间的联结，这种联结非常合乎规则，计算机程序员能够将它操控并迷倒数百万人。它是一个几种意义上的模块：它无须心智的其他部分而独立工作（不需要可识别的物体），心智的其他部分没有它也同样可以工作（如果必须的话，可以用其他深度分析法来获知），它在大脑的回路布置上强加了特别的需求，它还有赖于针对其问题的具体原则（双目平行的几何学）。尽管立体视觉的发展是在儿童期进行的，而且对个人经历很敏感，但它并不能被深刻地描述为“学习得到的”或是“先天与后天的混合产物”；这个发展过程只不过是一个组装时刻表里的一部分而已，对经验体会的敏感性是一个结构化的系统对信息的外接纳入。立体视觉展示了自然选择的工程设计智慧，它利用了精妙的光学定理，这些定理在数百万年后又被如达·芬奇、开普勒、惠特斯通以及空中侦察的工程师们重新发现。这种能力会出现，是因为个体要适应存在于我们祖先生态环境中特定的选择压力。它通过做出关于世界的前提假设而解决了本不可解决的问题，这些假设在我们演化时是正确的，但现在却不总是正确。

光、影、形：景物转图像三法则

立体视觉是辨别平面深度和材质的视力发育关键早期的一部分，但并不是唯一的部分。看到三维并不需要两只眼睛。你可以从一幅图片的最简单线索中获得对形状和材质的丰富感觉。下面我们来看看这些由心理学家爱德华·埃德尔森（Edward Adelson）设计的图案（见图 4-15）。

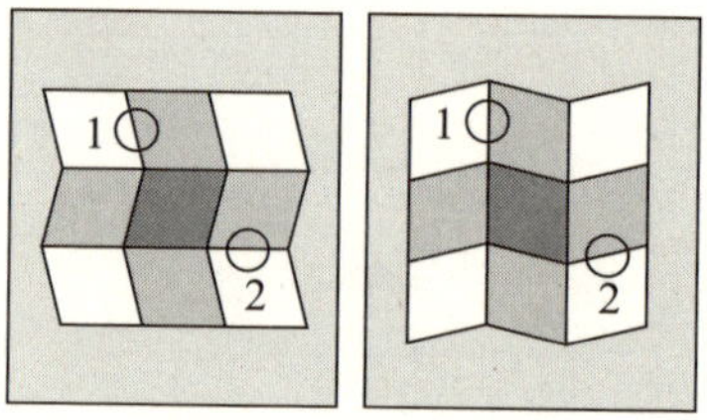

图 4-15 爱德华·埃德尔森设计的图案

图 4-15 左边这个图案看上去是有竖直灰条的白纸板，水平折叠，光从上面照下来。右边那个看上去是有水平灰条的白纸板，竖直折叠，光从侧面照过来。如果你盯的时间足够长，两幅图都会在深度上翻转，像内克尔立方体一样；我们先忽略这点。但两幅图中的用墨(以及在你的视网膜上的映像)实际上却是相同的。每幅都是一个锯齿形井字方格，其中一些方格中有阴影。在两幅图中，各角的方格都是白色的，顶端和侧面的方格是浅灰色的，中间的方格是深灰色的。阴影和锯齿的组合不知为何形成了第三维空间，而且给每个方格着了色，只是以不同的方式而已。标注“1”的边界实际上在两幅图中都一样。但在左图中，这条线看起来就像是一条区分了不同色彩的分界线——也就是介于白色条纹和灰色条纹之间的边界；而在右图中，这条线看起来则像是由形状和阴影所造成的分界线——也就是这条线右边的白色条纹落入了阴影中所造成的边界线。以数字“2”标注的两条边界线其实也是相同的边界，只是我们对它们进行诠释的方式刚好与上述相反：那就是左图当中的边线是阴影和褶纹造成的边线，而右图当中的边线则是由不同色彩的条纹所造成的边线。所有这些差异，都是由两个图当中以不同方向

扭曲的方块所制造出来的！

要想了解小小图片中的万千乾坤，你需要解释区分图片与现实世界的 3 条定律。每条定律都需要一位心智“专家”来进行解释。像立体视觉一样，这些专家的工作是为了让我们精确地掌握现实世界的平面，但它们是依靠不同信息来运行的，它们对世界做出不同的假设，解决不同的问题。

第一个问题是视角问题：一个三维的物体如何在视网膜上被投映为二维的形状。不幸的是，任何投映都可能来自无限多个物体，所以没办法只从一个映像来恢复其形状（正如阿米斯提醒他的观察者那样）。“所以说，”演化似乎断言了，“没有什么是十全十美的。”我们的形状分析器在碰运气，在给定视网膜图像的情况下，令我们看到最有可能的世界的状态。

一个视觉系统怎么能根据视网膜的映像来计算出世界最有可能的状态呢？概率理论提供了一个简单的答案——贝叶斯定理，也就是一种能由搜集到的证据计算出特定假设为真的概率的方法。贝叶斯定理说，一个假设优先于另一个假设的概率可以只须通过针对每个假设的两个数字而求得。一个是先验概率：在看到证据前，你对该假设的确信程度。另一个是可能性：如果该假设为真，你现在所看到的证据会出现的概率是多少。将假设 1 的先验概率与假设 1 证据的可能性相乘，将假设 2 的先验概率与假设 2 证据的可能性相乘，算得两个数的比率。现在你就得到了优先第一假设的概率了。

我们的三维线性分析器又是如何使用贝叶斯定理的呢？要找出某一线段究竟是由哪一物件所产生的，它会先假设特定物件是真的出现在该场景里，再找出最有可能产生所见线段的物体——也就是计算出每个物件产生证据的可能性；此外该物件还得在一般的状况下最有可能出现才行——也就是事前概率够大。正如爱因斯坦曾这样谈论上帝一样，我们的三维线性分析器推测，这个世界是难以捉摸的，但它没有恶意。

因此，形状分析器一定具备了一些有关映像的概率信息（从各个角度物体如何显现）和一些有关世界的概率信息（这个世界有着什么样的物体）。一些关于映像的概率确实是非常好的。从理论上讲，一分硬币能够投映为很细的一条线，但只有从它边上看的时候才会这样。如果实景中有一分钱，你从边上看它的概率有多少呢？除非有人专门安排你和硬币，否则概率不会太高。绝大多数视角会使这枚硬币投映出一个椭圆形。形状分析系统假设目前双眼所见的只是一个一般的场景——不是与阿米斯所呈现出的风格一样，会将物件精确安排以便让它们呈现出特别样式的场景——并依此来估测各种假设为真的概率。另一方面，一根火柴几乎总是会投映出一条直线，所以如果图像中有一条线，而其他条件相同的话，猜它是一根火柴比猜它是盘子要有把握得多。

一幅图像中的一堆线可以进一步缩小概率，例如，一组平行或近乎平行的线不可能是巧合。世界上的非平行线几乎不会在图像上投映出接近平行的线来：绝大多数散落在地板上的棍条会彼此交叉，角度或大或小。但世界上平行的线，比如电线杆，几乎总是投映出近似平行的线。所以如果一个图像中有接近平行的线条，那么它们反映世界中平行边棱的可能性就比较大。还有许多其他的经验法则告诉我们，真实世界里的哪些形状会投射出特定的影像标记。小 T、Y、角、箭头、鱼尾纹状、平行弯曲线是各种直边、角、直角和对称形状的印记。漫画家几千年来一直在运用这些法则。一个机灵的形状分析器可以运用反向思维，来推测它们在真实世界中是什么。

不过当然进行反向可能性逆推是缺乏依据的——比方说平行的东西通常投映出近似平行的图像，所以近似平行的图像就暗示是平行的东西。就好像你听到窗外有马蹄声，就断言它们来自一匹斑马，因为斑马常常发出马蹄声。认为世界包含有某个实体的先验概率——有多少匹斑马，有多少条平行的棱——必须考虑进来。要想使一个玩赔率的形状分析器得以运行，这个世界最好包括许多直的、规则的、对称的、紧密的之类的物体，这样才好猜。真的是这样吗？一个浪漫主义者或许会认为，自然世界是有机的和柔性的，它的硬性边缘是被美国陆军工程兵用推土机推出来的。正如一位教文学的教授在他的课堂上说："风景中的直线是人为设置的。"一个心存怀疑的学生盖尔·詹森·桑福德（Gail Jensen Sanford）刊登了一组自然中的直线，这些直线最近被《哈泼氏》杂志转载：

> 在即将碎裂的波浪上缘的线条；草原的遥远边界；暴雨瓢泼、冰雹肆虐、白雪覆盖的原野中的小径；晶体的模式；花岗石表面中的白石英线；冰柱、钟乳石、石笋；平静的湖面；斑马和老虎的标志；鸭子嘴；鹬的腿；候鸟群的角度；猛禽的俯冲；一种蕨类植物的新叶子；仙人掌的刺；生长迅速的小树树干；松针；蜘蛛织的丝束；冰表面的裂纹；变质岩的层；火山的侧面；风吹的高积云云束；半个月亮的边缘。

这当中有一些有争议，另一些对一个形状分析器来说弊大于利。湖的水平面或草原的地平线，还有半个月亮的边缘不是来自世界固有的线条。但这个论点是正确的。世界的许多法则给了心智很好的、可分析的形状。运动、张力和重力造就了直线。重力造就了直角。内聚力造就了光滑的轮廓。那些能够移动的生命形式通常都会演化出对称的模样。自然选择将它们的身体部件塑造为工具，来复制人类工程师对制造精良部件的要求。大平面收集模式时以大致相同的大小、形状和间距：裂纹、树叶、细砾、沙子、涟漪、针。这些世界上似乎是由能工巧匠雕凿出来的部分不仅是形状分析器最能够恢复的部分，而且也是最值得恢复的部分。它们是那些充斥和塑造周围环境的强大力量的提示符，比那些成堆的碎石屑更值得关注。

即使是最好的线条分析器，其装备也只适合于一个卡通世界。平面并不只是由线条圈起来的，它们是由材料组成的。我们对光和色彩的感觉是一种鉴定材料的方式。我们不会去咬一个塑料苹果，因为色泽已经提示我们，它不是由新鲜果肉组成的。

根据反射光来分析物质是光反射分析师的工作。不同种类的物质反射回不同波长、不同数量的光。为了简明些，我会只介绍黑白两色；彩色大致上是同样的问题再乘 3 即可。不幸的是，给定数量的反射光可能来自无限多种物质和光照方式的组合。100 个单位的光可能来自煤块反射的 1 000 支蜡烛 10% 的光，也可能来自雪堆反射的 111 根蜡烛的 90% 的光，因此没有简单的方法来根据物体反射光来推导物体的材质。光分析器一定设法解析出了照明度的因素。这又是一个不确定问题，完全等价于：我给你一个数，你告诉我哪两个数相乘可以得到它。要想解决这个问题，只能增加新的假设条件。

照相机面临着同样的问题——无论雪球是在室内还是室外，如何将它表现为白色。照相机控制胶片曝光程度的仪表包含了两个假设。第一个假设是光照的一致性：在阳光下、树荫下或灯泡下均是一致的。当这个假设被违背后，拍快照者会很失望。站在蔚蓝天空下的阿姨，拍摄出来的效果很可能会像一团漆黑的剪影，因为照相机被它所见到的场景迷惑了：它见到的是整个被阴影给笼罩住的阿姨的脸，以及被阳光照射得明亮无比的蓝天。第二个假设是景物一般来说是中度灰色的。如果你随意拼凑一堆物体，它们的多种颜色和光亮度通常会平均化为一种中度的灰色阴影，它会反射 18% 的光。照相机“估计”它在看一个一般的景物，就曝了刚刚足够量的光，使得景物中光亮度范围的中值呈现为胶片中的中度灰。比中间范围淡的小色块表现为浅灰和白；较深的小色块，表现为深灰和黑。但当假设错误，景物事实上并没有平均表现为灰色时，照相机就被欺骗了。黑色丝绒上的黑猫照片呈现为中度灰，雪地上的北极熊呈现为中度灰等。熟练的摄影师会分析一个景物如何与一般景物不同，并使用各种技巧来进行弥补。一个原始但有效的方式是，带一张标准的中度灰色卡（它能准确地反射 18% 的光），将它挨近物体，将对光仪表对准这张卡片。照相机对真实世界的假设就这样得到了满足，它对于周围照明度水平的估计（从卡片反射的光再除以 18% 即可得到）也确定会是正确的。

埃德温 · 兰德（Edwin Land）是偏光过滤器和宝丽莱 · 兰德易拍得相机的发明人，他也遭到了这个问题的挑战，这个问题在彩色摄影中格外令人头疼。灯泡的光是橘黄色的；荧光灯的光是橄榄色的；太阳光是黄色的；天空的光是蓝色的。

我们的大脑设法解析出了照明色彩的因子，就像它解析出照明强度因子一样，在所有这些光下，都能正确地辨别物体的颜色。而照相机不行。除非它们发出自己闪光灯的白光，否则它们在表现室内景物时呈现一种厚重、似乎生锈的色调，表现有阴影的景物时呈现一种浆状的蓝色等。一个见多识广的摄影师会购买特殊的胶卷或是在镜头上加一个滤光镜做光补偿，优秀的实验室技术人员能够在冲印照片时修正颜色，但易拍得相机显然做不到这点。因此兰德产生一个基于实际应用的需要，就是如何去掉照明的强度和色彩，我们称之为色彩恒常性问题。

不过兰德还是一个自学成才的、卓越的知觉科学家，他对大脑是如何解决这个问题心怀好奇。他建立了一个色彩知觉实验室并提出了一个充满智慧的色彩恒常性理论。他的观点被称为视网膜层次理论，为知觉者提出了几个假设。第一个假设是地球的照明系统是波长的丰富混合。这一法则的例外情况是钠气灯，即停车场里设置的节能灯。它发出很窄的波长范围，我们的知觉系统无法解析出因子来，因此汽车和脸都被染上了一抹令人感觉阴森森的黄色。第二个假设是视域中亮度和色彩的逐渐变化很可能源自景物被照亮的方式，而猝然变换则很可能是由于到了边界，即一个物体的终结和另一个物体的开始。为了让事情变得简单些，兰德对人们和他的模型在由二维矩形块组成的人造世界中进行了测试，他称那个世界为蒙德里安，以纪念荷兰著名画家。在一个光从侧面照过来的蒙德里安世界里，一边的一块黄色小块反射的光会与另一边一个相同黄色小块反射的光很不相同。但人们把它们都看作是黄色的，而视网膜层次理论去除了边到边之间光的梯度，所以也同样把它们看作是黄色的。

视网膜层次理论是个很好的开端，不过实践证明，它过于简单了。一个问题是将世界设定为一个蒙德里安式的大平面的这个假设本身。回到图 4-15 中埃德尔森的图画，那就是锯齿形的蒙德里安平面。视网膜层次理论会处理所有鲜明边界之类的东西，将左图中边缘 1 阐释为类似右图中的边缘 1。但对你来说，左边的看上去像不同颜色的两条之间的分界，右边的则像同一根条被折叠，而一部分在阴影中。这种差异出于你对三维形状的解释。你的形状分析器将蒙德里安平面弯成了分隔房间的屏风，但视网膜层次理论还是把它们看作同样的旧棋盘。很显然，它缺失了什么东西。

缺失的东西就是阴影部分倾斜的效果，也就是将某一个实际场景变成一个影像的第三条法则。正对光源的平面会反射回许多光，因为光正照在平面上就弹了回去。与光源角度几乎平行的平面反射的光要少得多，因为绝大多数光擦过平面继续它的轨迹。如果你的位置离光源比较近，当平面正对你时，你的眼睛能捕捉到更多的光（相比于平面几乎在你的侧面时）。你会看到用手电筒直照一张灰纸片与侧着照这张纸片之间的差异。

我们的阴影分析器又是如何反向运用这条法则，根据平面反射光的数量来计算平面的倾斜度的呢？结果绝不仅仅是估算平板的倾斜度。许多物体，如立方体和宝石都是由倾斜平面组成的，所以恢复其斜度是一种确定其形状的方式。事实上，任何形状都可以被认为是由数百万个小平面组成的雕刻物。即使当平面是光滑弯曲的，可以理解为每个“小面”都缩成了点，阴影法则同样适用于离开每个点的光。如果这条定律可以被反向运用，我们的阴影分析器就可以通过记录每点切面的倾斜度，而理解平面的形状了。

不幸的是，一小块反射的给定数量的光可能来自正对光的深暗平面，也可能来自光源角度很小的明亮平面。所以，如果不做额外的假设，是没有简便方法来恢复光从平面反射的角度的。

第一个假设是平面的光亮度是一致的：假设世界是由石膏做的。当平面颜料涂抹不均匀时，这条假设就违背了，我们的阴影分析器也就被愚弄了。情况就是如此。绘画和摄影照片是最明显的例子。一个不太典型的例子是动物伪装中的反隐蔽。许多动物兽皮的光亮度从背部到肚皮是逐渐变化的，这样就抵消了光照在它们身上产生三维立体形状的效果。这使得动物看起来变得扁平，令捕食者脑中做出假设、根据阴影分析形状的设备更加难以检测到目标物。化妆也是一个例子。稍谙化妆之道，涂抹皮肤的化妆品就会令观察者感觉看到形神俱佳的理想形状。

鼻子两侧的深红色使它看上去似乎与光呈现更浅的角度，这令鼻子看起来显得更窄。上嘴唇上的白粉底起到相反的作用：嘴唇看起来更加丰满，像是以更好看的噘嘴形状阻截了迎面而来的光。

这些必须从光影现象来推断物体形状的分析系统，还必须对世界做出其他的假设才行。世界上的平面由数千种材料组成，光以非常不同的方式从它们倾斜的平面弹回来。褪光平面像粉笔或无光纸一样遵循简单的法则，大脑的阴影分析器往往推测世界就是褪了光的。而有古木光泽的、毛绒的、有凹陷的以及有刺条的表面则随着光产生其他更奇怪的效果，它们能够愚弄眼睛。

一个著名的例子是满月。它看上去像个扁平的盘子，当然，它实际是个球体。我们毫无障碍地可以根据阴影部分看到其他的球体，比如乒乓球，任何不错的艺术家也都能用炭笔画一个球。月亮的问题在于，它上面密密麻麻布满了各种大小的环形火山口，绝大多数小得从地球上看都看不到，它们组合在一起形成了平面，其效果与我们阴影分析器中想当然的理想褪光平面大不相同。满月的中心正对着观察者，所以它应该是最亮的，不过它有些坑洼和裂缝，其裂壁是斜对着地球观察者的视角的，这使得月球中心显得更暗。月亮周围边缘附近的平面与视线斜掠而过，应当显得更暗，但其峡谷壁呈现的角度刚好正对着观察点并反射回很多光，这使得周边显得更亮了。对于整个月亮来说，平面的角度和环形山侧面的角度相互抵消了。所有的部分都反射回了相同数量的光，所以眼睛就把它看作是一个盘子。

如果我们不依赖这其中任何的分析器，我们将会啃树皮并跌落悬崖。每个分析器都做出假设，但这些假设往往与其他分析器相冲突。角度、形状、材质、光照——它们都聚拢到一起，但我们设法把它们整理清楚，并看到一个形状，具有一种颜色，呈现一个角度，使用一种光照。诀窍是什么？

埃德尔森与心理学家阿莱克斯·彭特兰（Alex Pentland）在一个比喻中使用了他的锯齿形幻象。你是一个设计师，必须建一个看上去就像图 4-15 中右图那样的舞台布置。你去了一家作坊，那里的专业人员为戏剧舞台演出搭建场景。一个是灯光设计师，另一个是画师，第三个是金属板工人。你给他们看了图，请他们搭建一个像图一样的场景。实际上，他们需要做视觉系统所做的工作：给定一幅图像，弄明白东西的布置和能够呈现出这样效果的光照。

专业人员有许多种方法能够满足你的要求。每种几乎都能够单独奏效。画师只需在一个扁平金属板上画出平行四边形的布置，然后请灯光设计师用一束探照灯照亮即可（见图 4-16）。

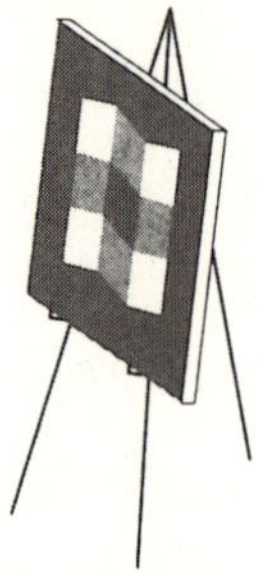

图 4-16 画师的方法

灯光设计师可以取一张空白板，然后安装 9 盏设置好的聚光灯，每盏都有特殊的灯罩和滤光器，目的就是在白板上投映出 9 个平行四边形，图 4-17 显示了其中 6 盏聚光灯。

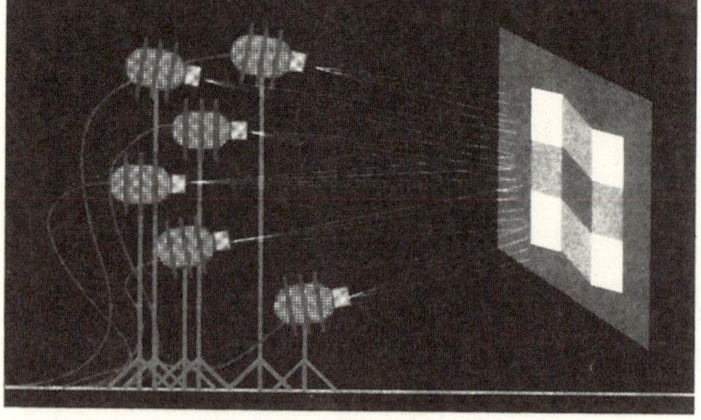

图 4-17 灯光师的方法

金属板工人可以将一些金属弄成特殊的形状，当它被照亮并从合适的角度看时，就呈现出图 4-18 的图像。

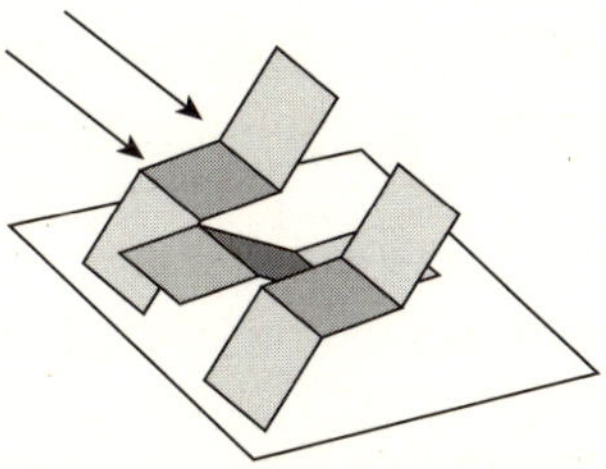

图 4-18 金属板工人的方法

最后，这个形状还可以由众专业人员合作而得之。画师在一个方块金属板的中央画出一条，金属板工人将它弯成锯齿形，灯光设计师用一束光来照亮这件作品。当然，这就是一个人在解释这幅图时所做的。

我们的大脑就像这个比喻中的舞台设计师一样，同样面临着由于丰富性带来的困扰。一旦我们允许一个心智“专家”假设颜料涂抹的平面，它就能够将图像中的所有东西都解释为绘画：世界看起来将会是一幅错视画的杰作。类似地，大脑里的照明专家会告诉我们，世界是一部电影。因为这些解释不大令人满意，所以心智应当设法阻止专家们那样做。一种方式是，强迫它们坚持它们的假设，是什么就呈现什么（颜色和照明是均匀的，形状是规则的和平行的），但这样太极端了。世界不总是晴朗日子里的一堆方块；有些时候它确实有复杂的颜色和照明，而且我们能看到。我们不想让专家们否认，世界可以是复杂的。我们想让它们呈现出世界中原本拥有的那么多复杂性，不多也不少。现在的问题是如何让它们去做。

回到那个比喻。假设舞台设计部门预算有限。专家们的服务是要收取费用的，他们用一张费用清单反映出一项要求的难易和寻常程度。简单寻常的工作是便宜的；复杂、特殊的操作是昂贵的。

画师费用	
画一个长方形：	每个5美元
画一个规则多边形：	每边5美元

金属板工人费用	
直角切割：	每个2美元
奇角切割：	每个5美元
直角弯折：	每个2美元
奇角弯折：	每个5美元

灯光设计师费用	
泛光灯：	每个5美元
定制聚光灯：	每个30美元

我们还需要一个专家：管理人员。他来决定如何外包这项工作。

管理人员费用	
咨询费：	每次工作30美元

4 个解决方案的价格会不同。估算如下：

画师的方案	
画9个多边形	180美元
安装一个泛光灯	5美元
切割4个直角	8美元
合计：	193美元

灯光设计师的方案	
切割4个直角	8美元
安装9个定制聚光灯	270美元
合计：	278美元

金属板工人的方案	
切割24个奇角	120美元
弯折6个奇角	30美元
安装一个泛光灯	5美元
合计：	155美元

管理人员的方案	
切割4个直角	8美元
弯折两个直角	4美元
画三个长方形	15美元
安装一个泛光灯	5美元
管理人员费用	30美元
合计：	62美元

管理人员的方案是最便宜的，因为它优化地使用了每一位专家，节省的部分弥补了管理人员的费用。这里的寓意在于，专家们必须彼此协调合作，不一定需要一个小人来协调，但要通过安排最小化成本，尽可能地便宜和简单。在这个比喻中，简单工作容易做；在视觉系统中，较简单的描述对应于世界中较可能的安排。

埃德尔森和彭特兰将这个比喻付诸实施，他们设计了一个计算机视觉仿真程序，它在很大程度上像我们那样解释涂漆的多边形景物。首先，一个形状分析器（一个软件版的金属板工人）努力还原一个最规则的形状，并复制这幅图（见图 4-19）。要得到图 4-19 左图中的简单形状，人们可以把它看作是一张折叠的板，就像一本侧面拿着的书一样。

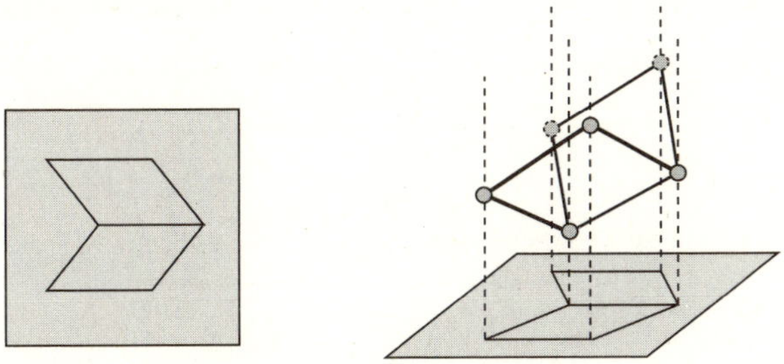

图 4-19　一个形状的三维模型

形状专家试图组装一个输入形状的三维模型，如图 4-19 右图所示。开始时，他所知道的只是需要将模型的角和边与图像中的点和线连在一起；他不知道它们之间距离的深度。模型的外端是杆上滑动的小珠（像投映光线一样），小珠之间的线段是具有无限弹性的带子。专家滑动小珠，直到模型符合图 4-19 中右图下方需要的形状。每个构成形状的多边形应当尽可能地规则；也就是说，多边形的角度不应当有太大差异。例如，如果某个多边形有四条边，专家将努力做一个正方形。这些多边形应尽量在一个二维平面上，就好像多边形被填塞了一个很难折弯的塑料板。而且多边形应当尽量地紧密，而不是沿着视线一直伸长，就好像塑料板很难拉伸一样。

当形状专家完成工作后，他交给照明专家的是一个组装严丝合缝的白板。照明专家知道，反射光如何依赖于照明、平面的光亮度和平面角度的指导法则。照明专家可以移动一个远处的光源从各个方向照亮这个模型。最优的方向就是，使得每对板尽可能地交会于一个侧面的视角，就像图 4-19 中左图的那样，使得操作者尽可能少地涂抹灰色颜料，即可完成工作。

最后，反射专家——画师——得到了模型。他是最后一个要依靠的专家，他的任务是负责处理剩余的任何图像与模型间的差异之处。他完成任务的方法是，通过在各个平面上涂抹不同阴影的颜料。

这个程序有用吗？埃德尔森和彭特兰给了它一张扇折让它来研究。程序显示了它对物体形状的猜测（图 4-20 第一列），它对光源方向的猜测（图 4-20 第二列），它对阴影位置的猜测（图 4-20 第三列）和它对物体如何被涂色的猜测（图 4-20 第四列）。程序最初的猜测显示在图 4-20 最上面一行。

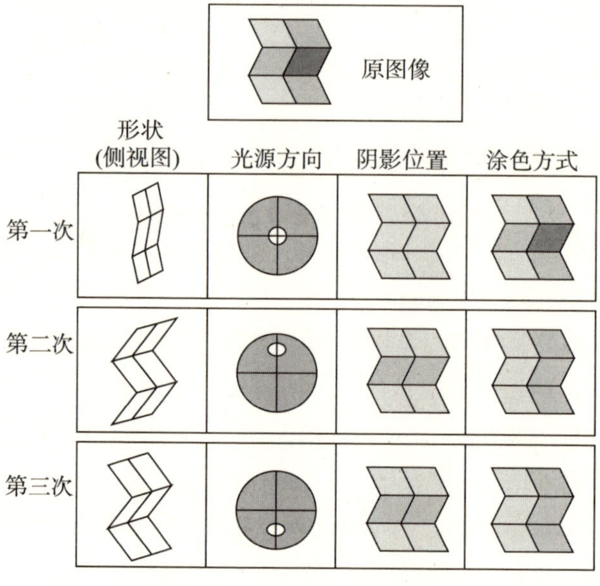

图 4-20 对物体形状的猜测

程序最初估计物体是扁平的，像一幅二维绘画一样平置在桌子上，如图 4-20 第一列顶端所示。很难向你描述这个，因为你的大脑坚持认为看到了一个锯齿形被折叠为具有不同深度的形状。概略图试着显示一些平置在书页上的线条。程序推测光源是从眼睛的方向正对而来（图 4-20 第二列的顶端）。有了这样平的光照，就没有阴影了（图 4-20 第三列顶端）。反射专家承担起所有的责任来复制图像，把它画了上去。程序认为它在看一幅画。

一旦程序有机会调整它的猜测，它调整后的解释如图 4-20 中间那行所示。形状专家找到了最规则的三维形状（如图 4-20 中间行左列的侧视图）：方板以合适的角度联结在一起。照明专家发现，从上面照光，会使得影子的效果看起来有些像原图像。最后，反射专家涂抹些颜料对模型做些润色。图 4-20 中的第四列中间行——锯齿形三维形状，从上面照光，影子在中间，亮条挨着暗条——对应着人们如何解释最初的图像。

程序还做了任何像人所做的事吗？还记得扇折的深度像一个内克尔立方体一样闪变吧。外折变成内折，内折变成外折。程序以一种方式也可以看到这种闪变；闪变的解释显示在最下面一行。程序对两种程序分配了相同的成本，随机到达了其中一种。当人们看到一个三维形状闪变时，他们通常也会看到光源的方向在闪变：顶端向外折，光来自上方；底端向外折，光来自下方。程序也是一样的。不像一个人，程序并不在两种解释之间闪变，但如果埃德尔森和彭特兰使专家们在一个限制性网络内相互传递它们的猜测（图 2-8 内克尔立方体网络或是立体视觉模型），而不是像放在一条工厂生产线上一样地单方向传递下来的话，那么这个程序或许也能表现出这样的行为。

这个作坊的比喻阐明了这个观点：心智是一个模块集合，器官系统或是一个专家社会。专家是需要的，因为专业技能是需要的：心智的问题技术性很强，也太专业化，无法由一个“万金油”来解决。而且一名专家所需的绝大多数信息与另一名专家所需的无甚关联，而是只与他的工作相关。但一名专家独自工作，他会考虑太多的解决方法或是固执地探究一个不可能的方法；在一定程度上，专家们必须协商。许多专家在试图解释一个世界，这个世界与他们的辛苦工作是不相互作用的，既不提供容易的解决方法，也不会制造迷惑偏离轨迹。所以协调管理的主旨在于，将专家们约束到一个预算之内，使不可能的猜测更为昂贵。这就会迫使他们合作做出对世界状态最为可能的综合猜测。

从二维到三维

一旦专家们完成了他们的工作，他们会在心智的公告板上贴出什么样的信息，以便大脑的其他部位能够对这些信息进行存取呢？如果我们能够设法从大脑其余部分的视角显示视域，就像假想照相机一样，那会是什么样子呢？这个问题听起来好像一个愚蠢的脑中小人的谬论，但其实不是。它是关于大脑的一个数据表征中的信息和信息所采取的形式。的确，认真考虑这个问题会让我们对心智眼睛的幼稚直觉全新审视。

立体视觉、动作位移、外形轮廓和阴影方面的专家都努力工作来恢复第三维度。利用他们的劳动果实来构建对世界的三维立体表征，这很自然。我们可以从视网膜上所出现的足以描述场景的马赛克信息，来推得有关心智产生这种信息方式的蛛丝马迹。图片变成了比例模型。一个三维模型对应着我们对世界的最终理解。当一个孩子隐隐出现在我们面前时，然后逐渐缩小直至不见，我们知道，我们不是在奇妙仙境，吃一粒药丸可以让你长大，或者让你缩小。我们不像是谚语中的鸵鸟（谚语的真实性有待求证），会以为物体在我们不看或我们被掩盖时就会消失。我们处理现实，因为我们的思想和行动是受一个庞大、稳定而坚实的世界的知识所指导的。或许视觉以一个比例模型的形式给予我们这样的知识。

比例模型理论本身并没有什么可以质疑的地方。许多计算机辅助设计程序都使用固体物体的软件模型，CAT 扫描和 MRI 仪器使用了复杂的运算来加工信息。一个描述了特定物件的三维空间模型，其内可能拥有一大串为数好几百万的坐标值，而每一组坐标值所描述的，是构成物体的单一迷你方块的位置，这称为方块元素或“体素”，来对应于制作图片的图像元素或“像素”。每组三重坐标都对应一对信息，比如在身体某个位置的组织密度。当然，如果大脑中储存了“体素”，它们就不必被安置在大脑中的三维立方体里，任何更多的“体素”都被放置在电脑中的三维立方体里。重要的是，每个“体素”都有一组稳定的神经元专供使用，这样激活模式就能够记录“体素”的内容了。

不过，现在是提防“小幽灵”的时候了。一些软件守护程序、查询运算或神经网络从比例模型中获得信息，这种观点没有问题，只要我们清楚它是直接获得信息的：输入“体素”的坐标，输出“体素”的内容。只是不要认为查询运算会看到比例模型，那里漆黑一片，查询者没有晶体、视网膜，甚至没有一个观察点；他在任何地方、也在每个地方。没有投映、没有视角、没有视域也没有啮合。的确，比例模型的存在意义就是为了减少这些恼人的东西。如果你设想一个幽灵，想象在黑暗中一个城市的一个屋子那么大的比例模型。你可以进出其中，从任何方向来到一个大楼，触摸它的外部或将指头伸进窗户或门里探究其中。当你抓住一个大楼，它的侧面总是平行的，无论它伸臂可及还是离得更近。或是想想感觉你手里有一个小玩具，或是嘴里的一块糖果。

但视觉——即使是大脑千辛万苦才实现的，三维的没有错觉的视觉——却一点儿都不像这样。至多，我们有一个对周遭世界稳定结构的抽象理解；在我们眼睛睁开时，填充我们感知的、旋即而辉煌的色彩感和形式感是完全不同的。

第一，视觉不是环幕电影院。我们能形象体验到的只是我们眼前的景物；视域周围以外的世界和脑袋后面的世界只是以一种模糊的印象、几乎是用思想推理的方式为我们所知的。我知道我身后有一个书架，面前有一个窗户，但我只看到了窗户，却没看到书架。更糟糕的是，眼睛一秒钟从一点扫过另一点好几次，眼睛的中央凹之外所看到的事物其实非常粗糙。将手举到视线前几厘米处，你根本无法数指头。我不只是在温习眼球构造的解剖学。人们可以想象，人脑根据每一瞥得到的快照来拼一个拼贴画，就像一个全景相机曝光一帧胶卷一样，摄下精确的一部分景物，曝光到邻接的一段胶卷，再继续下去，最后得到一幅无缝的宽角度照片。但大脑不是一台全景相机。实验室研究表明，当人们移动眼睛或头部时，他们立刻就失去了他们刚看到的图像细节。

第二，我们没有X光的视觉。我们看表面而不是看体积。如果你看到我将一个物体放进一个盒子里或放到一棵树后面，你知道它在哪儿，但却看不到它，也说不出它的细节。同样，这也不只是为了提醒你说你不是超人。我们凡人本可以装备上一个照相机般的记忆，将之前看到的有关信息与现在看到的粘贴在一起来更新三维模型。但我们没有这样的装备。看不到有关具体的视觉细节就不在大脑里了。

第三，我们看物体时有视角。当你站在两根铁轨之间时，它们似乎交会于地平线。当然你知道它们没有真的交会，如果交会的话，火车就会脱轨。但你不可能看不到它们交会，尽管你的深度感觉提供了足够的信息使你的大脑能够抵消这个效果。我们还知道，移动的东西会放大和收缩。在一个真正的比例模型中，这些都不会发生。为了准确，视觉系统将视角减少到一定程度。除艺术家之外，其他人很难将桌子的近角投映为锐角，远角投映为钝角；现实中它们都是直角。但铁轨显示视角并没有完全消除。

第四，在严格的几何意义上，我们看到的是二维，而不是三维。数学家亨利·庞加莱（Henri Poincaré）得出一种确定某个物体维数的简单方法。找一个东西能够将该物体分为两部分，然后数数这个分隔东西的维数再加一。一个点不能被分割，所以它是零维的。一条线有一维，因为它能被一个点分割。一个面有二维，因为它可以被一条线分开，尽管它不能被点分开。一个球有三维，因为任何少于二维的刀片都无法劈开它；一个小球或一根针不能分开它。那么视域呢？它可以被一条线分开。例如，地平线将视域一分为二。当我们站在一条绷紧的电缆前面时，我们所看到的每件东西要么在这一边，要么在另一边。圆桌的周长线也分隔了视域：每个点要么在里面，要么在外面。给一条线加一维度你就得到了二维。根据这条标准，视域是二维的。顺便说一句，这并不意味着视域是扁平的。二维平面可以在第三维被弯曲，就像一个橡胶模具或是一个吸塑包装一样。

第五，我们没有立刻看到"物体"，即那些我们来计数、分类，并冠以名词标签的可移动物质块。就视觉而言，它甚至不清楚物体是什么。当戴维·马尔考虑如何设计一个能够发现物体的计算机视觉系统时，他不得不问：

> 鼻子是一个物体吗？脑袋算吗？如果它接到身体上还算吗？一个骑在马背上的人呢？这些问题说明，划分影像区域是一个多么困难的问题，其困难程度几乎与哲学问题不相上下。其实这些问题没有答案——所有这些东西可以是一个物体，如果你愿意那样想它们的话，或者它们也可以是一个更大物体的一部分。

一滴强力胶可以将两个物体变成一个，但视觉系统没办法知道这一点。

然而，我们对它们之间的表面和边界却有着非常明显的感觉。心理学中最著名的错觉来自大脑永无止境地竭力将视域雕刻为平面，并决定哪一个在另一个的前面。一个例子是鲁宾的人脸－花瓶（Rubin face-vase，见图 4-21），图像在一个高脚杯和一对两人面对面的轮廓之间闪变。人脸与花瓶不能被同时看到（即使有人想象两人用他们的鼻子举起高脚杯也不行），无论哪个形状主导“拥有”了区分界线，都将另一片限制作为模糊的背景。

图 4-21　鲁宾的人脸－花瓶

另一个例子是卡尼莎三角形（Kanisza triangle，见图 4-22），本来什么都没有，却组成了一个像真的，仿佛用墨水铭刻在其中的形状。

图 4-22　卡尼莎三角形

人脸、花瓶和三角形都是熟悉的物体，但错觉并不依赖于它们的熟悉性；毫无意义的斑块同样具有震撼力（见图 4-23）。

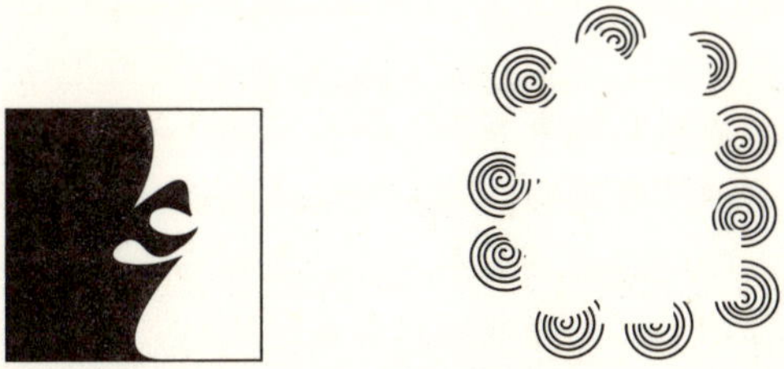

图 4-23　毫无意义的斑块

我们并不是主动地感知到平面，而是被我们视网膜中涌现出的信息所驱使的；与流行的观点恰恰相反，我们并不是看到我们所希望看到的。

那么视觉的产品是什么呢？马尔称之为二维半草图；其他人叫它能看到的平面表征。深度被降级为半维，因为它没有界定所带视觉信息的介质（不像左右和高低维度），而只是那个介质中所携带的一条信息。想想用几百个滑栓组成的玩具，你将这些滑扣按到一个三维表面上（比如说一张脸），在另一面就形成了一个栓扣轮廓组成的平面模板。这个轮廓有三维，但这三维不是相等的。从边至边和从上至下的位置是由特定的栓扣界定的；深度位置则是由栓扣突出多少决定的。对于任何一个深度都有许多栓扣；而对于任何栓扣则只有一个深度。

这个二维半草图看上去有些像图 4-24。

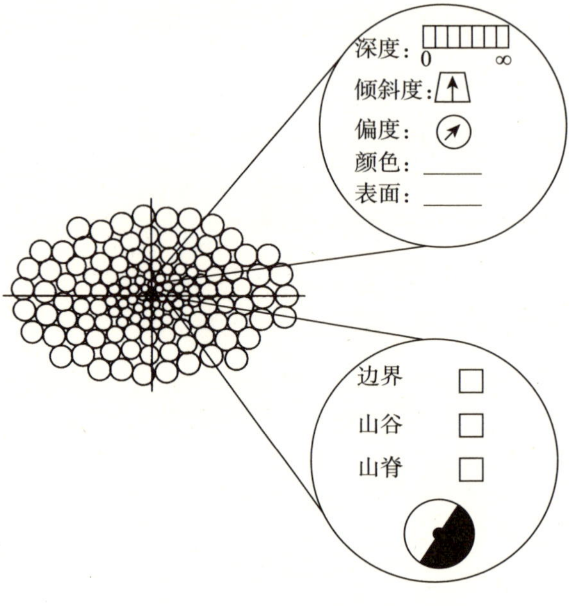

图 4-24　二维半草图

它是一个单元或像素的拼制图，每个单元或像素表示从中央独视眼观察点发出的一道视线。它的宽度比高度更长，因为我们的两只眼睛是并排安置在我们的头盖骨上，而不是一只在另一只的上方。视域中心的单位要比外围的更小，因为我们的解析度在中心更高。每个单元可以代表一个平面或一条边的信息，就好像它有两种空白表格需要填写。一块平面的表格中，有关于深度、倾斜度（平面向后或向前倾斜多少）、偏度（向左或向右偏斜多少）以及颜色的空格，还有一个标签表示它被看作属于哪块平面。一条边的表格中则有备选的方框，表示它是不是一个物体、沟槽或一道隆脊的边界，还有一个表示其方向的刻度盘，也显示（如果是物体边界的话）哪一边属于“拥有”边界的表面和哪一边只充当背景。当然，我们大脑中并不会真正发现这种表格。这个图形是一个描述二维半草图中信息种类的混合物。大脑估计会利用神经元簇和它们的活动来保留信息，这些信息会作为记录时得到的地图集合，被分配到不同的皮层片区。

为什么我们会看到两个半维度？为什么不是大脑中的一个模型？储存的成本和收益给出了部分答案。任何计算机使用者都知道，图形文件会占用大量储存空间。大脑没有将进来的千兆字节集聚成一个混合模型，这样的话一旦任何东西一移动，这个模型就会失效；大脑让世界自己来储存一眼无法分类的信息。我们的脑袋伸直了，我们的眼睛快速转动，一个全新的、最新式的草图就加载下来了。至于第三维度的次级地位，这几乎是无法避免的。不像其他两种维度，它们能在当时激活的视杆和视锥细胞中显示出来，深度则必须从数据中痛苦地提炼。尝试计算深度的立体图、轮廓、阴影和位移专家们有能力来传递有关相对于观看者的距离、倾斜度、偏度和咬合度的信息，而不是世界的三维坐标。他们至多能做的是聚集自己的努力，给我们提供一个与二维半草图似曾相识的东西，其表面就呈现在我们眼前。这就要靠大脑其余的部分来弄明白如何使用它了。

参考框架

这个二维半草图是视觉系统巧妙设计、协调运转设备的杰作。它只有一个问题：这个作品在交货时是没有用的。

二维半草图中的信息是被列注在一个视网膜的参考框架中的，这是一个以观看者为中心的坐标系统。如果一个特定单元说，“这儿有一个边缘”，“这儿”的意思是视网膜上那个单元的位置——比方说，当你正对着这条线观看的时候，这个位置指的就是你的正前方。如果你是一棵树，在看另一棵树，那没问题，但只要有东西一动——你的眼睛、你的头、你的身体、一个看到的物体——原有的信息便会悄悄地移动到阵列上的另一个位置栖息。阵列中的信息所引导的任何大脑部分都会发现，现在信息失效了。如果你的手被引导着伸向视域中心，因为那个地方有一个苹果，现在这只手伸向的地方只是一片空地。如果昨天你在看你车门把手时会记起你的车的图像，今天你所看到的车挡板将不符合这个图像；这两幅图景几乎不会重叠。你甚至无法做出简单的判断，比如两条线是不是平行的。还记得交会在一起的铁轨吧。

这些问题令人渴望在脑海中有一个刻度模型，但那不是视觉所提供的。使用视觉信息的关键不在于重塑它，而在于适当地获取它，这就要求有一个有用的参考框架或坐标系统。参考框架与位置的观念是纠缠在一起的。你如何回答“它在哪里”这个问题呢？通过命名一个提问者已经知道的物体——参考框架——并描述“它”相对于这个框架距离有多远，在什么方向。一个如“冰箱旁边”的语言描述、一个街道地址、指南针方向、经度纬度、全球定位系统卫星坐标——这些都表示相对于一个参考框架的距离和方向。爱因斯坦构建他的相对论是凭借质疑牛顿假定的参考框架，这个参考框架在某种程度上像空中楼阁一样，与其中任何东西都不相关联。

用二维半草图包装的参考框架是视网膜上的位置。因为视网膜在不断地旋转，它就像描述方向时说“在停在灯这儿的米色庞提亚克旁边与我会面”一样没有用处。我们需要一个在眼睛四处乱逛时，仍静止不动的参考框架。假设有一个回路能够将一个无形的参考框架滑过视域，就好像是配备在步枪的准星装置里可以在前景上来回滑动的十字标记一样。再假设从视域中淘取信息的任何机制都被锁定在来复枪瞄准视线界定的位置（例如在瞄准中心上面两个槽口或是左边一个槽口）。计算机显示器有一个有些类似的装置——光标。读写信息的命令相对于一个特定点来这样做，这个点可以在屏幕上被任意定位，当屏幕上的资料向上翻时，光标也随之移动，好与它原来所指向的图画或是文字资料保持在一起的状态。为了让大脑使用二维半草图的内容，它必须采用一个类似的机制，确切地说，是一些机制。

越过二维半草图移动的最简单参考框架是根植在大脑里的一个。感谢光学定律，当眼睛向右移动时，苹果的图像迅速溜到了左边。但是，让我们假想大脑将有关神经系统的命令传送给眼球肌肉的时候，同时也送了一份命令的副本给我们的视域，好让后者能够使用这些信息，将十字标记往相反的方向移动，与眼球移动相同的距离，如此一来，十字标记便能够持续停留在苹果上，而那些依靠这个标记由视域获得信息的心智过程也能持续得到正确的资料。这个过程可以自然地持续下去，就好像什么事也没发生过，尽管视域的内容已经滑转过来了。

这有一个对这种抄送的简单演示。移动你的眼睛，而世界没有移动。现在闭上一只眼睛，用你的指头轻触另一只眼睛；世界开始跳动。在这两种情况下，眼睛都在移动，视网膜图像都在移动，但只有当眼睛被指头轻推时，你才看到了移动。当你决定看某个地方而移动眼睛时，给眼睛肌肉的指令被抄送至一个将参考框架与滑动图像一起移动的装置，这样就抵消了你主观上对移动的感觉。但当你用手指推眼睛移动时，框架转换装置被绕过了，框架没有被转换，于是你把剧烈跳动的图像解释为来自一个剧烈跳动的世界。

或许还有补偿头部和身体移动的参考框架。它们为视域中每一小块平面赋予了一个相对于房间或地面的固定位置；这个位置在身体移动时仍保持不变。这些框架转换或许是由对颈部或身体肌肉的指令拷贝所驱动的，也可能是由跟踪视域内容滑动的回路所驱动的。

另一个便利的覆盖是标出世界上大小相等区域的不规则心理格子。一个我们双脚附近的格子标记会覆盖一大片视域；一个地平线附近的格子标记会覆盖一小片视域，但如果沿着地面测量的话，其实这两片视域具有相同的范围。因为二维半草图的每一点都包含了深度信息，格子标记对大脑来说比较容易计算。这个世界校准的参考框架使我们能够判断我们皮肤之外的事物的真实角度和范围。知觉心理学家吉布森（J.J.Gibson）认为，我们在视网膜映像上的确附加有这种真实世界的度量感觉，我们能够在心理上在使用它与不使用它之间迅速跳转。站在两根铁轨之间，我们能够推测到一个会看到铁轨交会的心理框架，或是另一个将之看作平行的框架。这两种态度被吉布森称为“视域”和“视界”，它们源于利用视网膜框架或世界校准的框架来获得相同的信息。

而另一个无形框架是重力的方向。心智的铅锤来自内耳的前庭系统，它是一个包括 3 个半圆形的、彼此定位角度适中的细管。如果任何人怀疑自然选择利用了人类后来才重新发现的设计原则，让他去观察刻画头盖骨的笛卡儿 XYZ 坐标轴吧！随着头的下垂、摆动和摇晃，管腔中的液体四处搅动，触发了记录移动的神经信号。大量的小颗粒贴到了其他膜上，它们记录了线性移动和重力方向。这些符号可以被用来旋转心理瞄准器，这样它们就总是正确地指向“上方”。这就是为什么世界似乎并没有倾斜，尽管人们的头几乎没有铅锤般笔直。眼睛在头上向顺时针或逆时针方向偏斜，但偏斜度只能抵消头的小幅偏斜而已。奇怪的是，我们的大脑并没有对重力做出多少补偿。如果补偿是完全的，当我们侧躺下甚至头朝下倒立时，世界看起来仍是正常的样子。当然，事实并非如此。你侧躺时，几乎无法看电视，除非你用手把头支起来；你也不可能看书，除非你把书斜着拿。或许因为我们是生活在陆地上的生物，我们在大多数情况下是用重力信号来使自己的身体保持直立，而不是把重力信号当作视觉输入不均衡时的补偿。

视网膜框架与内耳框架的协调以一种令人惊讶的方式影响了我们的生活：它导致移动眩晕。在通常情况下，你移动时，两个信号同步作用：视域中传来质地和色彩的冲击，内耳中传来关于重力和惯性的信息。但如果你在一个像汽车、轮船或轿子一样的代步工具中移动时——这在演化意义上是前所未有的移动方式——内耳会说，“你在移动”，但墙壁和地面会说，“你静止不动”。移动眩晕就是因为这种不匹配引发的，常规的处理方式会使你减轻这种感觉：不看书；看窗外；注视地平线。

许多宇航员会有长期太空眩晕，因为太空中没有重力信号，这时重力和视觉极度不匹配。太空眩晕用加恩（Garn）来度量，这个单位是以来自犹他州的共和党参议员杰克·加恩（Jake Garn）来命名的，他利用他在NASA（美国航空航天局）经费分组委员会的职位，争取到超级公款旅游——一次太空之旅。年轻的宇航员加恩创造了历史，成为古往今来无出其右的“呕吐状元”。更糟糕的是，航天器的内部并没有给宇航员提供一个世界校准的参考框架。因为设计者认为，在没有重力的情况下，“地板”“天花板”和“墙壁”都是没有意义的，因此他们还会将仪器放在所有6个平面上。不幸的是，宇航员带着他们的陆生大脑，因而就彻底迷惑了，除非他们停下来对自己说，“我将假装那个方向是‘上’，那个方向是‘前’”等。这会起一定作用，但如果他们向窗外看，看到他们上面的陆地，或是瞥见一个同事正大头冲下在飘浮，一阵恶心就会猛冲上来。太空眩晕对于NASA来说是一个值得关注的问题，不仅因为这导致了成本高昂的飞行期间工作效率的降低；你完全可以想象零重力下呕吐的复杂情况。它还会影响虚拟现实技术的萌芽，这种技术让人们戴上一个宽视野头盔，向人们展示一个呼啸而过的合成世界。《新闻周刊》评价道：“这是自过山车以来最让人反胃的发明了。我们更喜欢百威啤酒。”

为什么在地球上或在太空中，视觉与重力或惯性的不匹配会导致所有生物恶心呢？上下倒置是怎么影响肠子的呢？心理学家米歇尔·特雷斯曼（Michel Treisman）得出了一个很有说服力、但未被验证的解释。动物呕吐是为了在吃了的毒素还没对它们造成进一步损害之前将毒素驱除。许多自然形成的毒素作用于神经系统。这就提出了英格丽·褒曼（Ingrid Bergman）在《美人计》（*Notorious*）中面临的问题：你怎么知道你什么时候中毒的？你的判断力会被损害，但这会影响你关于你的判断力是否已被损害的判断！更一般地说，一个功能失常的监测器怎么能区分是大脑功能失常，还是大脑准确记录了一次不寻常的情况？古老的保险杠贴纸上写道：世界正经历着技术困境。不要调整你的思想。重力，当然是世界上最稳定的和可预测的特征了。如果大脑的两部分对它有不同意见，那么要么是其中一部分或两部分都功能失常，要么是它们得到的信号被延误或歪曲了。规则将是：如果你认为重力运转不正常，那么你已经中毒了；现在就驱除其余的毒素吧。

心理的上－下轴对我们感觉形状的功能发挥着有力的组织作用。看一下图4-25是什么？

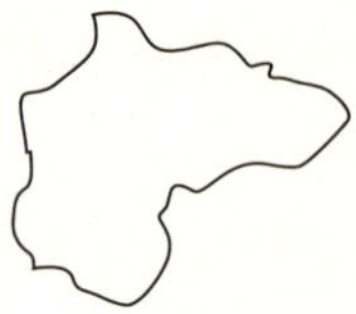

图 4-25 这幅图是什么

很少有人能认出它是一个旋转了90度的非洲轮廓图，即使他们把头逆时针偏过来也很难看出来。一个形状的心理表征——我们的心智如何“描述”它——不仅仅反映了它的欧式几何，也就是当形状旋转时，它的轮廓并不变化，它还反映了相对于我们上－下参考框架的几何。我们的心智认为，非洲是一个“顶上”有些扁平，“底端”有些偏瘦的东西。顶上和底端如果改变的话，它就不再是非洲了，即使不变动地图上任何一寸海岸线的形状，我们还是认不出它就是非洲。

心理学家埃尔文·罗克（Irvin Rock）找到了许多其他的例子，包括图4-26所示的这个简单的图形。

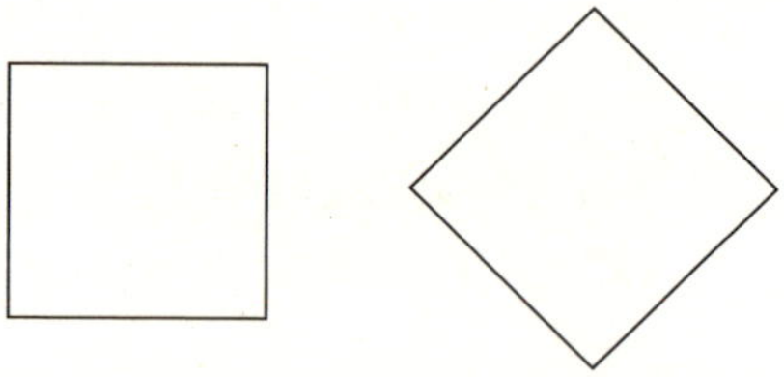

图 4-26 两个简单的图形

人们将这两幅图看作是两个不同的形状，一个正方形，一个菱形。但对一个几何学者而言，它们是相同的形状。它们是符合相同小洞口的木栓；每个角度和线段都是相同的。唯一的差别是，它们如何相对于观看者的上－下参考框架而进行校准，而这个差异就足以使它们在英语语言中获得不同的词汇。正方形顶部是平的，菱形顶部是尖的；我们没法回避“顶部”的问题，甚至很难看出这个菱形是由几个直角组成的。

最后，物体自身可以得出参考框架（见图 4-27）。

图 4-27　参考框架

图 4-27 顶端右边的图形在看上去像一个正方形和看上去像一个菱形之间跳转，这依赖于你在心理上是将它与左边 3 个图形归为一组，还是与下面 8 个图形归为一组。与图形排列相校准的想象直线成为笛卡儿参考框架——一个框架与视网膜上－下框架校准，另一个呈对角线倾斜——一个图形的心理描述是在一个框架中还是在另一个框架中，会导致它看起来有所不同。

如果你仍然对所有这些覆盖整个视域的、无色无味的参考框架心存怀疑，我给你一个心理学家弗雷德·阿滕尼夫（Fred Attneave）做过的巧妙和简单的展示。图 4-28 中左边的三角形怎么了？

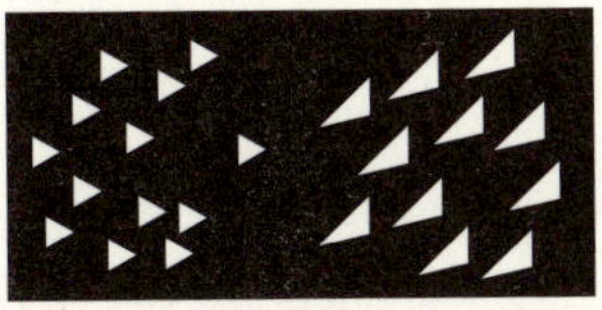

图 4-28　左边的三角形怎么了

如果你盯它们的时间足够长，它们会从一种样子迅速转变成另一种样子。它们没有移动，也没有在深度上翻转，但有些东西变了。人们将这种变化称为“它们指向哪个方向”。跃上纸面的不是三角形本身，而是覆盖这些三角形的一个心理参考框架。这个框架不是来自视网膜、头、身体、房间、书页或重力，而是来自这些三角形的一个对称轴。这些三角形有 3 个这样的对称轴，它们依次发挥主导作用。每条轴都有一个等价于南北极的东西，它赋予了人们对三角形指向的感觉。这些三角形一同跳转，好像是在一个合唱团里一样；大脑希望它的参考框架会包含整个周边的图形。图 4-28 右边的三角形变化更为急剧，它们在 6 种印象之间急速变换。它们可以被解释为平躺在书面上的钝角三角形，或是在深度上直立的直角三角形，每种情况都有一个参考框架，它可以用 3 种形式来放置。

形状是识别物体的重要线索

物体将参考框架引向自己的能力有助于解决视觉中的一个重大问题，也就是我们由基本的视网膜成像向上探索到抽象思考的过程里，必须面对的下一个问题——人们如何识别形状。一个普通成年人知道大约一万个物品的名字，其中绝大多数是凭借形状来区分的。甚至一个 6 岁的小孩也能叫出几千个物品的名字，学习效率为每几个小时就学会一个（从 0~6 岁）。当然，物体可以用许多线索来识别。有些可以用声音和味道来识别。而另一些，比如篮子里的衬衫，则只能根据它们的颜色和质地来识别。但大多数物体能够根据它们的形状来识别。我们在识别物体形状时，我们就像是一个纯粹的几何学家，研究空间中物质的分布并找到记忆中最接近的匹配。心理几何学家一定足够精明，因为一个 3 岁的孩子就能够仔细检查一盒动物饼干或是一堆鲜艳的塑料片，并根据它们的外形轮廓滔滔不绝地念叨出这些奇异动物的名称。

图 1-5 说明了为什么这是一个难度很高的问题。当物体或观看者移动时，二维半草图中的轮廓就变化了。如果你对形状的记忆——比如说箱子——是你最初看时的那个二维半草图的拷贝，那么移动后的版本就不再匹配了。你对箱子的记忆是“一个长方形的厚板和一个处于 12 点钟方向的水平把手”，但你现在看的把手不是水平的，也不在 12 点钟方向。你会目光茫然，不知道它是什么（见图 4-29）。

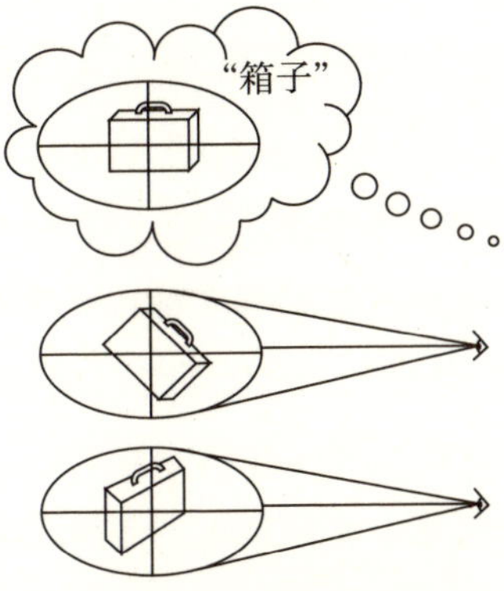

图 4-29 没有参考框架的情况

但假定你的记忆文件没有使用视网膜参考框架，而使用的是与物体本身校准的一个框架。你对箱子的记忆会是“一个长方形的厚板，有一个与厚板边缘平行且在厚板顶端的把手”。“厚板顶端的”部分意味着你记着那部分相对于物体本身的位置，而不是相对于视域的位置。然后，当你看到一个不认识的物体时，你的视觉系统会自动在上面校准一个三维参考框架，就像在阿滕尼夫的正方形和三角形合唱团式排列中所做的一样。现在当你看到的与你所记得的匹配一致时，这两个就符合了，无论箱子的方向如何。你认出了你的箱子（见图 4-30）。

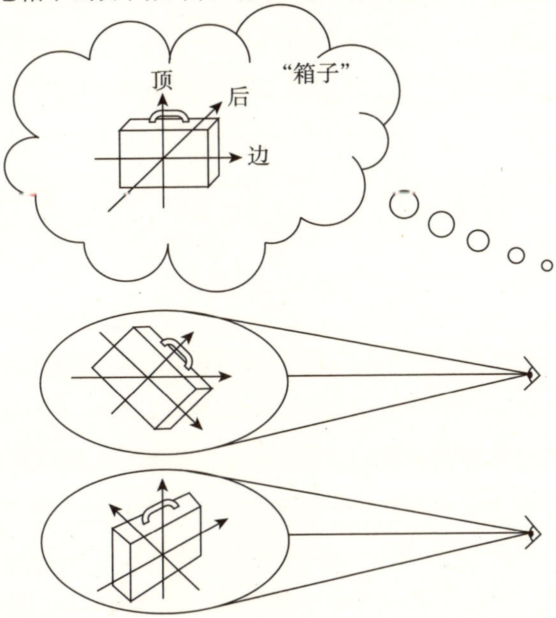

图 4-30 利用三维参考框架

简而言之，这是马尔如何解释形状识别的。他的核心想法是，形状记忆不是一个二维半草图的拷贝，而是以一种与之有两方面不同的格式加以储存的。首先，坐标系统以物体为中心——而不是像在二维半草图中一样，以观看者为中心。要识别一个物体，大脑要根据它的延长线和对称轴校准一个参考框架，并测量在这个参考框架中那部分的位置和角度。只有那时，视觉和记忆才得以匹配。其次，匹配者并不是将视觉和记忆一个像素一个像素地比较，就好像将一个拼图片放到一个缝隙中一样。如果那样的话，本该匹配的形状仍旧可能匹配不上。真正的物体有凹痕和摆动，而且有着不同的风格和模式。任何两个箱子的大小都不会完全相同，有的是圆角，有的是扁平把手或细长把手。所以要匹配的形状表征不应当是死板地记录下物体表面的每一个起伏。它应当归于较宽大的类别如“厚板”和“U 形的东西”。附属件也不能确切到毫米，而应当允许一些和稀泥的情况：不同杯子的把手都在“侧面”，但可能有的杯子把手高些，有的低些。

心理学家埃尔夫·比耶德曼（Irv Biederman）将马尔的两个观点形象化为一些简单的几何部件，他称其为“几何离子”，类比组成原子的质子和电子。图 4-31 展示了 5 个几何离子和它们的一些组合。

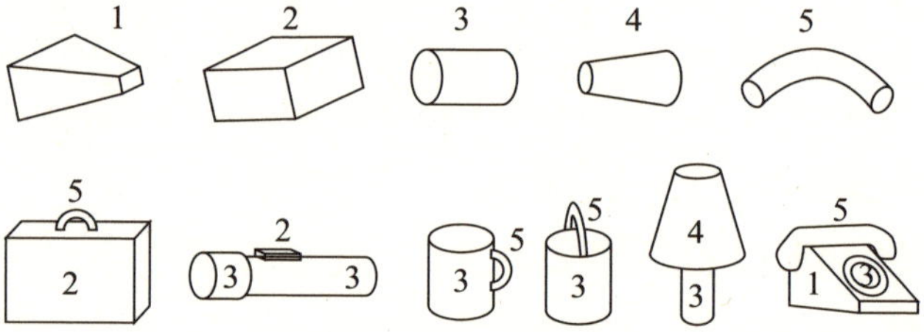

图 4-31 几何离子

比耶德曼一共列出了 24 个几何离子，包括一个圆锥、一个喇叭筒、一个橄榄球、一根管子、一个立方体和一段通心粉状弯件。从技术上讲，它们都是不同种类的锥体。如果一个冰激凌锥体是由一个其中心沿着一条直线移动的扩展圆扫出的平面，那几何离子就是由其他二维形状在沿着直线或曲线移动时，扩展或收缩而扫出的平面。几何离子用几个附加的关系如“上面”“旁边”“端对端”“端到偏离中心”以及“平行”就可以组合成物体。这些关系由以物体为中心的参考框架来界定（当然不是视域）；“上面”意为“主要几何离子的上面”，而不是“凹槽的上面”。所以当物体或观看者移动时，关系仍保持不变。

几何离子是组合的，就像语法一样。显然我们并不是用语言来向自己描述形状的，但几何离子组合是一种内部语言，是一种心理语言的方言。一些固定词汇的元素组合在一起构成了更大的结构，就像单词构成了词组和句子。句子不是单词的累加，而是要根据它们的句法进行组合；人咬狗不等同于狗咬人。与之类似，物体也不是它的几何离子的累加，而是要依赖于它的空间布局；一个圆筒边上有个弯手就是茶杯，一个圆筒顶上有个弯手就是提桶。就像少量的单词和规则组合成的句子数量是个天文数字一样，少量的几何离子和附件也组合成具有天文数字数量的物体。根据比耶德曼的说法，每 24 个几何离子分别有着 15 种大小和构造（有扁平的，有细长的），有 81 种方式组合它们。这就使得两个几何离子可以构成 10 497 600 种物体，3 个几何离子可以构成 3 060 亿种物体。从理论上讲，这足以超过我们所知道的几万种形状了。在实践中，仅用 3 个，甚至常常是 2 个几何离子，就很容易建成可以即刻识别出的日常物体的模型。

语言与复杂形状看起来更像是大脑中的邻居。左半脑不仅负责语言功能，还具有识别和想象由布置各部件而界定形状的能力。一位左半脑中风的神经系统患病者报告说：“当我试着想象一棵植物、一种动物或一个物体时，我只能回忆起一部分。我的内部视觉短暂且支离破碎；如果让我想象一头牛的头，我知道它有耳朵和角，但却想象不出它们的具体位置。”相对而言，右半脑负责测量整个形状，它能够轻易判断出一个长方形的高是否比宽更长，或者一个点在一个物体的一厘米之外还是之内。

几何离子理论的一个优点是，它对二维半草图的要求不是不合理的。将物体雕刻成部件、给部件贴上几何离子的标签，以及确定它们的布置，这些并不是不可克服的问题，而且视觉研究者已开发出了大脑如何来解决这些问题的模型。它的另一个优点是，对物体结构的描述有助于心智来考虑物体，而不仅是为了脱口叫出它们的名字。人们通过分析物体部件的形状和排列方式，从而理解物体运行的方式以及它们的作用。

几何离子理论认为，心智在最高水平的知觉，是将物体和部件“看”作理想化的几何固体。这就解释了人类视觉审美中一个长期被注意到的、令人好奇的事实。任何曾经参加过人体绘画班或去过裸体海滩的人都会迅速明白，真实的人体不像我们想象中的那样甜美。我们绝大多数人穿上衣服会更好看些。艺术史学家奎恩廷（Quentin Bell）在他的时尚史课程中给出的解释可能就是源自几何离子理论：

> 如果我们将一个物体包在某种纸袋中，这样凭借眼睛推断而非看到封存其中的物体，这个推断或想象的形式很可能比它被拆封后显现的样子更加完美。因此，一个用棕色纸盖着的方盒子可能会被想象成一个完美的正方形。除非心智得到了一些非常有力的线索，否则它不会想象到小洞、凹陷、裂纹或是其他一些特殊的质地。同样，如果我们将一块绸缎搭在大腿、腿部、胳膊或乳房上，它会被想象成具有完美的形态；一般不会想象到我们根据经验应当估计出的不规则形状和不完美之处。
>
> 我们知道，根据经验身体大概会是什么样子，但我们愿意搁置我们的怀疑，而倾向于人类的服装所虚构的想象。我认为，我们确实在自我欺骗的行为上付出了更多的心力。当我们套上我们最好的夹克，看到我们乏善可陈的肩膀被很艺术化地放大并具有了理想的形状时，我们的确，至少在短时间内提升了自己的自尊。

几何离子也不是万灵丹。许多自然的物体，比如山和树，有着复杂的分形形状，但几何离子将它们变作金字塔和棒棒糖。还有，尽管几何离子能够被构建为一个还凑合的普通人脸，像个雪人，但它几乎不可能构建一张特定脸的模型——约翰的脸，你奶奶的脸——这张脸有充分的不同，也不至于和其他脸混淆，但无论是微笑还是皱眉，发福还是衰老，这张脸都足够稳定，使得这个人总可以被认出来。许多心理学家认为，面部识别是特殊的。在我们这样的社会性物种中，面部非常重要，因而自然选择赋予了我们一个处理器，可以来记录所需的各种几何轮廓和比例，从而将之区分开来。婴儿在仅仅出生 30 分钟后，就会被脸部模样的模式所吸引，但对其他复杂和对称的布置安排却没什么兴趣，他们还迅速学会了认出母亲，大概早在生命的第二天就能做到了。

面部识别甚至可能使用大脑的专门部件。失去识别面部的能力被称为面容失认症。这和奥利弗·萨克斯（Oliver Sacks）著名的“错把老婆当帽子”的病例还不同：面容失认症患者能够将帽子和脸部区分开来；他们只是说不出它是谁的脸。但他们中的许多人都能认出帽子和几乎其他任何东西。例如，患者 LH 由心理学家南希·埃特科夫（Nancy Etcoff）和凯勒·凯夫（Kyle Cave）及神经病学家罗伊·弗里曼（Roy Freeman）进行测试。LH 是一个聪明、知识渊博的人，他在测试前 20 年发生的一次车祸中头部遭到创伤。自那次事故后，他就完全认不出人脸了。他认不出他的妻子和孩子（除非通过声音、气味或者步态），他也认不出镜子中他自己的脸，或是照片中的明星（除非他们有个像爱因斯坦、希特勒和披头士乐队在其全盛时期那样的标志性视觉特征）。他并不是辨别不出面部细节；他能够将他们的特征与整个面容对上号，即使在朦胧的侧光下也能做到，他还可以判断他们的年龄、性别和美丽程度。他实际上可以正常地认出不是脸的复杂物体，包括单词、衣服、发型、车辆、工具、蔬菜、乐器、办公座椅、眼镜、光点图形和像电视天线一样的形状。只有两种形状对他来说有些困难。他感到很尴尬，他不能叫出他孩子的动物饼干的名称；与之类似，在实验室中，他识别动物图画的水平也位居下游。他还在识别诸如皱眉、讥笑、恐惧神情等面部表情时感到困难。但无论是动物还是面部表情，对他来说，都不像识别脸那样困难，脸对于他来说完全是空白的。

脸对于我们的大脑来说并不是识别起来最困难的东西，以至于大脑一旦出现故障，脸部识别会最先受损。心理学家玛兰妮·伯赫曼（Marlene Behrmann）、莫里斯·莫斯克布维奇（Morris Moscovitch）和戈登·维纳克（Gordon Winocur）研究了一个头部被一辆卡车的后视镜击中的年轻人。他识别日常事物有困难，但识别脸却没问题，即使脸上有眼镜、假发、胡须做遮盖也可以被他认出。他的症状与面容失认症刚好相反，这说明脸部识别只是与物体识别有所不同，而非更加困难。

那么面容失认症是因为面部识别模块受损了吗？一些心理学家注意到，LH 和其他面容失认症患者在识别其他一些形状时有些困难，所以他们认为，面容失认症患者处理一些对于识别面部很关键的几何特征有困难，而这些几何特征对于识别某些其他形状也有作用。我觉得，区分识别面部和识别具有面部几何特征的物体是没有意义的。从大脑的角度来说，没有什么东西是一张脸，直到它被识别出来时它才是一张脸。有关一个知觉模块唯一特殊的东西是它要注意的几何特征，比如对称的两团泡泡的距离，或是撑在一个三维支架上的、里面塞着下层软垫和联结管的、两维弹性表面的弯曲模式。如果除了脸之外的其他物体（动物、面部表情甚至汽车）也具有一些这种特征，这个模块就只能分析它们了，即使它们对于脸是最有用的。将一个模块称为脸部识别器，并不是说它只能够处理脸部；而是说它是根据区分脸的几何特征而优化设计的，因为这个器官在演化历史中被选择具有了识别它们的能力。

几何离子理论很有意思，但它是事实吗？当然不可能是以它最纯粹的形式所阐述的：每个物体都有一个三维几何的描述，不受观察点推测的影响。大多数物体是模糊的，一些表面遮盖了另外一些。这使得几乎不可能从每个观察点得到对物体相同的描述。例如，当你站在房子前面时，你不可能知道房子的后面是什么样的。马尔回避了这个问题，他忽略了所有的表面而去分析动物的形状，就好像这些形状都是用水管建造的一样。比耶德曼的解释承认了这个问题，他在心理形状目录中为每个物体分配了几个几何离子模型，每个模型反映所有表面所需的视角。

但这个观点打开了通往形状识别的全然不同方式的那扇门。为什么不直接给每个形状许多内存文件，一个文件表示一个观察点呢？那样就不需要一个以物体为中心的参考框架了；它们可以用二维半草图中免费提供的视网膜坐标，只要有足够的文件涵盖所有的观看角度就可以。许多年来，科学家一直没有考虑这个想法。如果观看角度的连续体被切割成每隔一度的差异，每个物体就需要 4 万个文件来包括所有观看角度（这还只是为了包括观看角度；它们没有包含物体不是正中间的观看位置或不同的观看距离）。不能只列出一些视域就敷衍了事，就像建筑师的方案和立视图一样，因为从原则上讲，任何视域都有可能是关键的。这里有一个简单的证明：设想一个中空的球，里面用胶水粘着一个玩具，球上钻了一个小孔。只有通过小孔看这个玩具，才能看到它的整个形状。但最近这个观点又卷土重来。通过审慎地选择视域，并在视域之间插入一个模式关联器神经网络，当一个物体与现场看到的不匹配时，一个人可以只储存可数的易于管理的视域，至多 40 个。

但这好像依旧不大可能，人们从 40 个不同的角度看一个物体才能认出它来，不过我们还有另外一个窍门。还记得人们是依赖于上下方向来分析形状的吧：正方形不是菱形，横着的非洲就认不出来。这引出了纯粹几何离子理论的另一个延伸：像“在……上面”和“在……顶部”的关系一定来自视网膜（根据重力做一些调整），而不是来自物体。这个让步可能是无法避免的，因为往往在认出一个物体之前，没办法指出这个物体的“顶部”。但真正的问题是，人们如何处理最初不认识的横着的物体。如果你告诉人们，一个形状被转到横的方向，他们立刻就认出来了，就像我告诉你非洲那幅画是侧着放的一样。人们能够在心里把一个形状旋转到直立的位置，然后认出旋转后的图像。有一个心理意象旋转器可供使用，以物体为中心的几何离子理论框架就变得不那么必要了。人们能够储存从几个标准观察点看的一些二维半视域，就像警方查找嫌疑犯图片，如果他们前面的物体不符合其中一个图片，他们会在心理上旋转它，直到匹配为止。多重视域的一些组合和一个心理意象旋转器会使得以物体为中心的参考框架中的几何离子模型不太必要。

形状识别有这么多备选方法，我们怎么能弄清楚心智实际上究竟是怎么做的呢？唯一的方法是研究真正的人类在实验室中是如何识别形状的。一组著名的实验指向心理旋转是一个关键。心理学家林·库珀（Lynn Cooper）和罗杰·夏珀德（Roger Shepard）给人们看不同方向的字母——直立的、倾斜 45° 的、横向的、倾斜 135° 的，还有颠倒的。库珀和夏珀德没有让人们脱口说出字母的名称，因为他们担心有捷径：像圆圈或尾巴一样扭曲的独特笔迹无论是什么方向，可能都会被认出来。所以他们要求被试分析每个字母的整个几何特征，给被试看字母或字母在镜子中的影像，如果字母是正常的，就让被试按一个键；如果字母是在镜中的影像，就按另一个键。

当库珀和夏珀德测量人们需要花多长时间按下按钮时，他们观察到心理旋转的一个清晰符号。字母与它直立的形状偏离的方向越远，人们就需要花越长的时间。这正是如果人们逐渐将一个字母图像转回直立形状时可能发生的：它需要转得越多，转的时间就越长。那么或许人们识别形状就是依靠在心理上旋转它才做到的。

但也许不是。人们不只是在识别形状；他们在将这些形状与其镜中影像区分开来。镜中影像是特殊的。《爱丽丝漫游仙境》的续集叫作《爱丽丝魔镜之旅》，这是很合适的。形状与其镜中影像的关系在许多科学分支中引发了热议，甚至是悖论。马丁·加德纳、迈克尔·科波利斯和伊万·比勒所著的书对此都有精彩的深入探讨。想想服装模型上安装的左手和右手。从一种意义上讲，它们都是相同的：每只手上都有四根指头和一根拇指附在手掌上和一个手腕上。从另一种意义上讲，它们则完全不同：一个不能叠加到另一个上。差异仅在于其部件是如何相对于一个参考框架而校准的，这个参考框架中 3 条轴标有 6 个方向：上下、前后、左右。当右手指头向上、手掌向前时（就像“停止”的手势），它的拇指是指向左边的；当左手指头向上、手掌向前时，它的拇指是指向右边的。这是唯一的差别，但却是真正的差别。生命的分子有对左手或右手的习惯倾向；它们的镜中影像往往在自然中并不存在，它们也没办法在我们的身体里正常地运作。

20 世纪物理学的一个重要发现是，宇宙也有一个左右的习惯倾向性。乍一听这很荒谬。对茫茫宇宙中的任何物体和事件而言，你都没办法知道自己是看到了实际的事件，还是看到了它在镜中的映像。你可能会抗议说，有机分子和人造物体就是个特例，如字母表中的字母。标准版本随处可见而且人们都很熟悉；镜像则很少见，但会很容易被认出来。然而，对一个物理学家来说，那些都不算数，因为它们的左右倾向性是一个历史巧合，而不是被物理法则排除在外的东西。在另一个星球上，或者在这个星球上，如果我们能使演化的时光倒流，让它重新来一次，它们很可能沿着另一条路径走下去。物理学家过去常认为，这对宇宙万物均是如此。沃尔夫冈·保利写道："我不相信上帝是个虚弱的左撇子。"理查德·菲耶恩曼与一个人赌 50 美元（对方不愿意赌 100 美元），他认为没有任何实验会揭示出一条自然法则，证明自然定律在镜子里会表现出不一样的效果。但是最后他还是输了。钴 60 原子核据说会逆时针旋转，如果你从它的北极向下看的话就会看到。但这个说法本身就是循环论证，因为"北极"就是我们对那个旋转看起来像逆时针的轴端点的称谓。如果另有一些东西将所谓的"北极"与所谓的"南极"区分开来，这个逻辑圈就会破碎。这就是另外一些东西：当原子衰变时，电子更可能会被抛向我们称为"南"的那一端。"北"对"南"和"顺时针"对"逆时针"就不再是任意的标签，而是可以相对于电子喷射而区分开来的。这种衰变，以及宇宙，会在镜中看起来有所不同。上帝毕竟不是左右手同样灵巧的。

因此，右手版和左手版的东西，从亚原子粒子到生命原始物质再到地球的旋转，都是从根本上不同的。但心智通常把它们当作是相同的，且同等对待：

> 小熊看了看它的两个爪子。它知道其中一个是右爪，它还知道当你确定哪一只是右爪时，另一只就是左爪了，但它永远也记不得该如何开始。

我们都不善于记住如何开始。左右鞋看上去非常相似，所以必须得教给孩子们区分它们的窍门，比如将鞋子并排放好并估算间隔。一美分硬币上林肯面朝哪个方向？你答对的概率只有 50%，这和你抛硬币赌运气的概率一样。惠斯勒的著名油画如何呢？我指的是那幅《黑与灰的协奏曲：画的母亲肖像》。甚至英语对于左右也常常描述不清：beside 和 next to 表示并排的，而没有明确说明谁在左边，但没有像 bebove 或是 aneath 这样的词表示上和下，而不说明谁在顶上。我们对左 - 右的不在意与我们对上 - 下以及前 - 后的超级敏感形成了鲜明的对比。很显然，人类心智没有一个预设标签供它以物体为中心参考框架的第三个维度来使用。当它看一只手时，它可以用"下 - 上"来校准手腕 - 指尖的轴向，用"后 - 前"校准手背 - 手掌的轴向，但小指 - 拇指的轴向还空缺着。心智称其为"拇指朝向"，左右手在心理上成为同义语。我们对左右的不确定性需要一个解释，因为几何学家会说，它们从上还是下或从前还是后没有什么不同。

这个解释是，镜像困惑对于一个双边对称的动物来说很自然就形成了。从逻辑上讲，一个完全对称的生物是不能区分左右的（除非它能对钴 60 的衰变做出反应）。自然选择对于构建不对称的动物没什么激励因素，以至于它们能够在心理上表征与其映像不同的形状。事实上，这个可以反向推理为：自然选择的每个激励都是为了构建对称的动物，这样它们就不会表征与其映像不同的形状了。在一个动物生存的中观世界里（比亚原子粒子和有机分子要大，比天气云团要小），左和右没什么不同。从蒲公英到大山这样的物体，它们的顶端都与其底部明显不同；而绝大多数移动的东西，其前面也与后面有显著不同。但没有任何自然的物体，其左边会与右边有非随机性的差异，从而使其镜像版有所不同。如果一个猎食者第一次从右边来，下一次它可能会从左边过来。对于动物们来说，它们在第一次学习到的所有经验，都应该要自动地被归纳到与原来情境互为镜像的环境中才是。另一个表述的方式是，你拿来一张任意自然景致的摄影幻灯片，如果有人把它上下颠倒了，这会很明显；但如果有人把它左右翻转一下，你就不会注意到，除非这个景致中包含了一个人造的物体，比如汽车或文件。

这又将我们带回字母和心理旋转。在几项人类活动中，如驾驶和书写，左和右确实有差别，我们学会了区分它们。怎样做到的呢？人脑和身体都略微有些不对称。一只手是主导的，这要归功于大脑的不对称，我们也能够感受到这种差异。早期的字典中曾经将“右”定义为身体具有更强壮的手的那一侧，这是基于人们都是右利手的假设。晚近些的字典，可能是出于对被压迫的少数人群的尊敬，使用了一个不同的非对称物体——地球，将“右”定义为你面朝北时处于东边的那一侧。人们区分物体及其镜像的通常方式是，将它的面转向上方和前方，来看看有区别的那部分正指向他们身体的哪一侧——主导手的那一侧还是非主导手的那一侧。人的身体被用来作为非对称的参考框架，使得形状与其镜像之间的区分在逻辑上成为可能。现在，库珀和夏珀德的被试几乎就是在做相同的事情，他们是在心理上旋转形状而不是在世界中旋转。为了确定他们是看到了一个正常的 R 还是一个反转的 R，他们在心理上旋转了这个图像，直到它直立起来，然后再判断那个想象的圆圈是在他们的右侧还是在左侧。

所以库珀和夏珀德证明了心智能够旋转物体，他们还证明了物体内在形状的一个特点——它的惯用手倾向性——不是储存在一个三维几何离子模型中的。尽管有这个奇妙之处，惯用手倾向性仍是宇宙的一个特殊性质，因此我们还不能根据心理旋转的实验就对一般意义上的形状识别过多下结论。从我们目前所知的证据来看，人类的心智在观察一个物体的时候，可能是把一个三维空间的参考坐标系统覆盖在物体之上（以便进行对几何离子的查找工作），然后找出所有有关该物体的特征——但是这却不包括该物体在左右坐标轴上所呈现出的方向性。正如库珀和夏珀德所说，还需要更多的研究。

心理学家迈克尔·塔尔（Michael Tarr）和我做了更进一步的研究。我们创造了我们自己的形状小世界，并刻意地控制着人们对这些形状的接触程度，目的是对 3 个假设做出清晰的验证（见图 4-32）。

图 4-32　类似的形状

这些形状非常类似，人们无法利用像弯曲线那样的捷径。没有一个形状是其他任何一个的镜像，所以我们不会因镜子中世界的奇形怪状而被干扰。每个形状都有一个独特的小脚，这样人们在寻找顶端和底部的时候就不会有问题。我们让每个人学习 3 个形状，然后请他们识别：每当电脑屏幕上闪现一个形状时，就按 3 个按钮中的一个。每个形状以不同的方向不断出现。例如，形状（3）显现的形状可能有几百次是顶部处于四点钟方向的位置，而顶部处于七点钟方向的位置也可能出现几百次。所有的形状和倾斜度都是以随机的顺序打乱混在一起的。因而人们有机会在观看几次后会知道每个形状看起来像什么。最后，我们呈现给他们一些新实验：每个形状都以均匀直立的方向显现出来（同样随机排序）。我们想要看看，人们如何处理处于新方向上的旧形状。每个按钮时间被设定为 1/1 000 秒。

根据多重视域理论，人们通常应当为物体呈现的每个朝向的情况分别创建一个记忆文件。例如，他们会建立一个文件，显示形状（3）右侧朝上时看起来像什么（这就是他们如何习得的），然后再创建一个文件，显示其在四点钟方向的位置时会是什么样的，以及创建显示在七点钟方向位置时的样子的文件。人们应当不久后能很快认出这些方向下的形状（3）。但是当我们再用一些新方向下的相同形状让他们看时，他们应该要花长得多的时间才能认出，因为他们得在熟悉的形状之间插入新的物体并对之做出适应。所有新的方向都应当会花费更长的一段时间。

根据心理旋转理论，人们应当迅速认出直立的形状，越偏离方向的形状，识别的时间就越慢。颠倒的形状会花费最长的时间，因为它需要一个 180° 的旋转；四点钟方向的位置的形状应该会快一些，因为它只需要旋转 120°，以此类推。

根据几何离子理论，朝向不会有任何影响。人们将学会这个物体，在心理上描述以这个物体为中心的坐标系统中的各个枝干和交叉。然后，当一个测试形状闪现在屏幕上时，无论它是横向的、倾斜的还是颠倒的，应当都没有什么不同。人们应该都能以快速且万无一失的方式将一个坐标系统覆盖在物件的身上，而他们由相对于该坐标系统所得到的物件的描述，也应该总是能够与他们记忆中的物件模型相匹配才是。

快给我信封。最终优胜者是……

所有的候选者。人们一定储存了几个视域：当形状以一种习惯的朝向显现时，人们很快就认了出来。

人们也一定在心理上对形状做了旋转。当形状以一种新的、不熟悉的朝向出现时，把这个形状旋转到与过去常见方向相同的样子所需要的角度愈大，人们就需要花费越多的时间才能认出。

至少对于一些形状，人们使用一种以物体为中心的参考框架，就像几何离子理论中论述的一样。塔尔和我做了一个稍微有些变化的实验，其中的形状有着更为简单的几何特征（见图 4-33）。

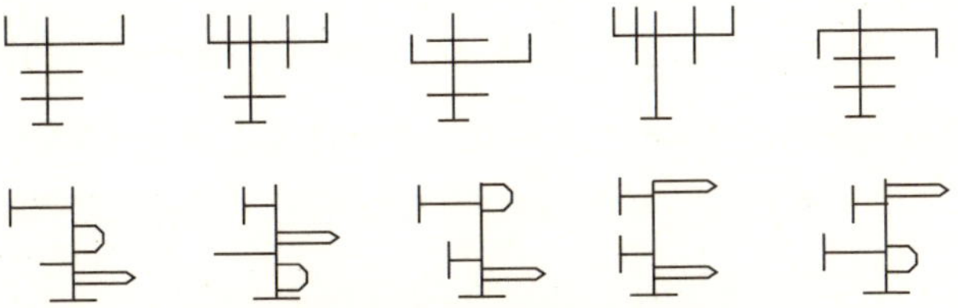

图 4-33　更多类似的形状

这些形状是对称的或几乎对称的，或是在每一侧都总有同种的褶边，这样人们就不需要在相同参考框架中描述这些部件的上 - 下和一侧 - 另一侧的布局了。有了这些形状，无论它们是朝哪个方向的，人们就都会迅速认出它们；颠倒的并不比右侧朝上的认得更慢。

这样看来，人们的确会用上所有可能的技巧来辨认形状。如果形状的两侧差异不大，他们就把它储存为以物体自身轴为中心的三维几何离子模型。如果形状更复杂些，他们就把看到的每个方向下的形状的样子都储存一个副本。当形状以一种不熟悉的朝向出现时，他们在心理上把它旋转到最接近的熟悉的形状。或许我们不应当感到奇怪，形状识别是个非常困难的问题，单一通用目标的算法不可能适合于每种观看条件下的每个形状。

作为实验者，让我在最快乐的时刻结束这个故事。你可能还对心理旋转心存怀疑。所有我们所知道的只是倾斜的形状认起来更慢。在前面，我只是随随便便地写到人们能在脑中旋转图像，但也许事实上，倾斜的形状更难分析或许有其他原因。有任何证据能表明人们事实上是在一度度地实时模拟实物旋转吗？他们的行为显示了一些旋转的几何特征，从而让我们确信他们是在脑中播放着一个有关这种过程的电影吗？

塔尔和我对我们的一项研究结果颇为困惑。在一项实验中，我们对人们的测试涉及在各种朝向下人们所研究的形状以及它们的镜像（见图 4-34）。

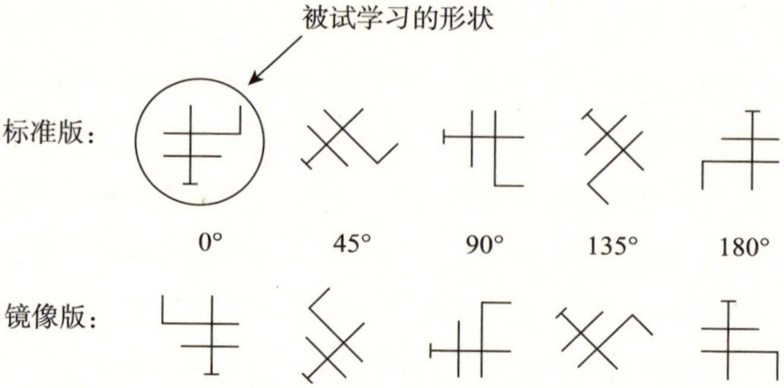

图 4-34 形状的标准版与镜像版

这不是一个镜像测试，与库珀和夏珀德的实验不同：人们被告知要把两种版本视为相同的，就像他们叫左手手套和右手手套都用同样的单词“手套”一样。这当然只是人们的自然倾向。但不知为何，我们的被试在对待它们时却有些不同。对于标准版（上面一行），他们会在倾斜程度较大的形状上花上较长的时间来完成辨识的工作：上面那行的每幅图片都比前一张花更长一点的时间。但对于镜像版（下面一行），倾斜则没有什么差异：每个朝向都花相同的时间。看上去似乎是人们在心理上旋转标准形状，而不是它们的镜像。塔尔和我心不甘情不愿地写出一篇文章，请求读者相信，人们使用不同的策略来识别镜像。在心理学中，使用“策略”来解释奇怪的数据是无能的最后庇护。但就在我们为最后的版本修改润色准备出版时，一个想法冒了出来。

我们记起一个关于几何运动的定律：一个二维形状总是可以通过旋转不超过 180° 而与其镜像相校准，只要这个旋转可以是在第三维度里围绕着一根特定的假想轴进行的。从原则上讲，任何我们在镜中逆向的形状都能够在深度上翻转以匹配标准直立的形状，而这种翻转将花费同样长的时间。0° 的镜像就像一扇回转的门一样，围绕着一根纵轴来回旋转。横向的形状会绕着一根横轴来旋转，就像这样：看看你的右手手背，指尖朝上；现在再看你的手掌，指尖朝左。不同的倾斜轴可以发挥为其他不同朝向形状的铰链作用；在每种情况下，旋转都是刚好 180°。它会完美地符合数据：人们可以在心理上旋转所有的形状，但使用的是最适合的旋转器，它在图片平面上旋转标准的形状，并围绕着最佳枢轴在深度上翻转镜中逆向的形状。

我们几乎不能相信它。人们能在知道形状之前就找到最适宜的轴吗？我们知道，这在数学上是可能的：对于特定形状的正常影像和镜像来说，我们只要在每个影像中给定三个不落在同一直线上的定点，人们就可以计算两个形状相互校准的旋转轴。但人们真的可以做这种计算吗？我们用计算机动画让自己信服了。罗杰·夏珀德曾展示，如果人们看到一个形状与一个倾斜的副本在不断交替，他们看到的是，它在来回摆动。所以我们给自己看的是标准的直立形状与它的一个镜像之间不断交替，每秒钟来回一次。大脑对翻转的知觉特别明显，我们都不必再去费事征召志愿者来确认了。当形状与它的直立映像来回交替时，它旋转起来就好像是洗衣机的搅拌器一样。当它与其颠倒映像来回交替时，它像在做后空翻。当它与其横向映像来回交替时，它围绕着一根水平轴来回迅速翻腾，诸如此类。大脑在每次的试验里总是能够找出最佳的旋转轴，实验里的被试比我们自己更加聪明。

塔尔在毕业论文中给出了定论。他用三维形状及其镜像复制了我们的实验，在图片平面上和深度上进行旋转（见图 4-35）。

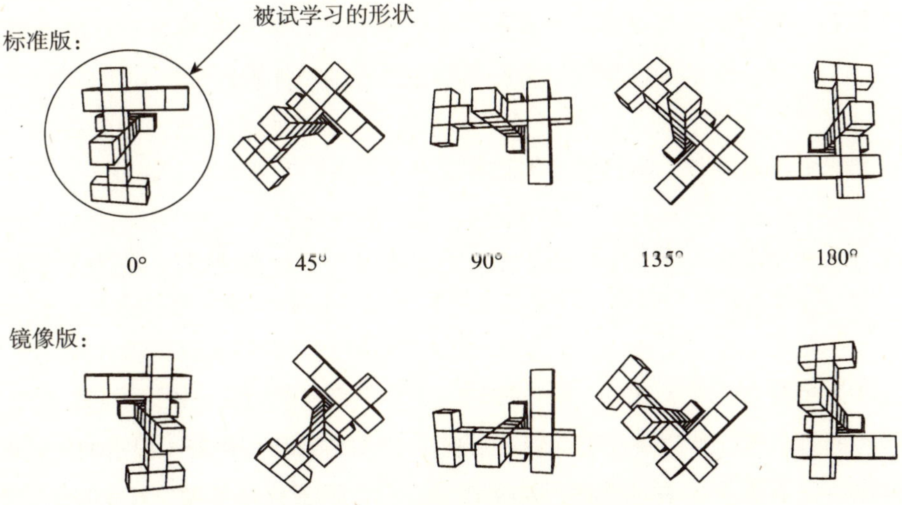

图 4-35 三维形状的标准版与镜像版

除了人们对镜像的处理，所有情况都与二维形状中的一样。正如一个朝向错误的二维形状可以通过在二维图片平面上加以旋转而与标准朝向匹配一样，它的镜像可以通过在第三维做 180° 的翻转而旋转到标准的朝向，一个朝向错误的三维形状（上面一行）也可以在三维空间中旋转到标准的朝向，而它的镜像（下面一行）也可以在第四维做 180° 翻转而旋转到标准位置。在 H. G. 威尔斯所著的《普拉特纳的故事》一书中，一次爆炸将英雄吹到了四维空间。当他回来时，他的心脏位于身体右侧，他的书写习惯也变为用左手由右向左倒着进行。唯一的差别是，真正的凡人应当不能在心理上在第四维旋转形状，我们的心理空间是严格的三维空间。所有的版本应当显示出一种倾斜效果，不像我们在二维形状中发现的镜像那样并不倾斜。情况就是如此。二维和三维物体之间的微妙差异解释了这个情况：大脑在三个维度中围绕一个最佳枢轴旋转形状，但不超过三个维度。心理旋转很显然是我们识别物体背后的一个技巧。

心理旋转是我们天才视觉系统的又一禀赋。它不只分析来自世界的外形轮廓，还以鬼魅般移动的图像形式创造了一些自己的轮廓。这将我们带到了视觉心理学中的最后一个主题。

心理意象，空间想象的引擎

猎犬的耳朵是什么形状的？你的客厅有几扇窗户？圣诞树和冻豆子，哪个颜色更暗些？豚鼠和沙鼠，哪个体型更大？龙虾有嘴吗？一个人笔直站立时，他肚脐高度比手腕的高度还高吗？如果字母 D 被翻转过来放到字母 J 的顶部，这个组合会让你想起什么？

绝大多数人说他们使用“心理意象”来回答这些问题。他们将形状视觉化，感觉上就像想象一幅图像以供心智之目检测。这种感觉与回答抽象问题的体验大不相同，比如：“你母亲的家族姓氏是什么？”或者：“公民自由和较低的犯罪率，哪个更重要些？”

心理意象是驱动我们思考空间中物体的引擎。要往车上装箱子或重新布置家具，我们在尝试之前要想象不同的空间布置。人类学家拿破仑·夏侬（Napoleon

Chagnon）描述了亚马孙雨林的雅诺马马印第安人对心理意象的巧妙运用。他们将烟向下吹进犰狳洞的开口处令其窒息，然后再弄清楚在哪里挖掘，把它从坑道里刨出来，但这有可能会深达地下数十米。一个雅诺马马印第安人琢磨出的想法是，搓出一根长藤，在顶端系个结，然后顺着洞口伸进去直到最远处。其余的人把他们的耳朵都伏在地面上，倾听藤结碰到洞穴侧面的声音，这样他们就能获得一种方向感，了解洞穴往哪个方向延伸。第一个人扯断长藤并拉出来，将藤沿着地面放好，然后开始挖掘长藤末端放置的地方。在几米之下，他们就抓到了犰狳。如果没有想象坑道、长藤和里面犰狳的能力，人们就不会联结这一系列的搓捻、倾听、猛拉、弄断、测量和挖掘行动，来试图找到一具动物尸体。在我们小时候常讲的一个笑话中，两个木匠在向房子侧面钉钉子，一个人问另一个人，为什么他从盒子里取出钉子时要检查一番并扔掉其中的一半，另一个木匠回答："它们有缺陷。"说着拿起一根说："尖的那一端的朝向错了。""你这个傻瓜！"第一个木匠大声说，"那些是用在房子另一侧的钉子！"

但人们并不只是用想象来重新布置家具或是挖出犰狳。著名心理学家 D. O. 赫布（D.O.Hebb）曾写道："在心理学中，你很难转个身而不碰到图像。"如果让人们记住一组名词，他们会将这些词与怪异的图像相联系。给他们支离破碎的问题，比如："跳蚤有嘴吗？"他们会想象跳蚤并"寻找"它的嘴。当然，给他们一个朝向不熟悉的复杂形状，他们会将其映像旋转成一个熟悉的图像。

许多有创造力的人自称在图像中"看到"了问题解决的方法。法拉第和麦克斯韦将电磁场想象为充满液体的小管子。凯库勒看苯环时幻想成蛇在咬自己的尾巴。沃森和克里克的心理旋转的模型后来成了双螺旋。爱因斯坦想象乘坐一束光或是将一枚硬币掉进正在迅速跌落的电梯中会怎样。他曾这样写道："我特别的能力不在于数学计算，而是在于对效果、可能性和结果的想象。"画家和雕塑家在脑海中尝试其想法，甚至小说家动笔之前也在心中想象场景和情节。

想象不但驱动着情绪，也驱动着智力。海明威写道："怯懦与惶恐不同，它几乎总是由对幻想缺乏遏制的能力造成的。"野心、焦虑、性唤起以及忌恨全都可以由图像所引发。在一个实验中，实验人员将志愿者连上电极，然后请他们想象自己配偶的不忠诚。实验人员报告说:“被试的皮肤导电度增加了 1.5 微西门子,他们眉头的皱眉肌显示出 7.75 微伏单位的收缩,他们的心律每分钟加速了 5 次,相当于坐在那儿喝了 3 杯咖啡。”当然,想象这种行为会让人在同一时间内重温诸多体验(包括非视觉方面的),但是心理意象特别能够将心智运作的模拟过程,转变得栩栩如生。

想象是一个产业。关于如何改善你的记忆力的课程教授一些古老的窍门,比如想象你家房间的物什,然后在心理上进行巡察,或者在一个人的名字中找到一个视觉暗示并将其联结到他的脸部(如果把你介绍给我,你会想象我穿着一件淡红色的休闲服装)。恐惧症的治疗常用一种心理上的巴甫洛夫式条件反射法,其中图像替代了铃铛。患者深度放松,然后想象蛇或蜘蛛,直到这个图像及其延伸的实物与放松建立关联。收入颇丰的“运动心理学家”让运动员在舒服的椅子上放松,并想象自己在运动中发挥出最佳状态的情形。许多技巧有效,尽管有一些极为怪诞。我对癌症治疗中患者想象他们的抗体奋力咀嚼肿瘤的作用心存怀疑。一位女士曾来电询问我,是否认为通过互联网这样做仍然有效。

那么,什么是心理意象呢?许多有行为主义者倾向的哲学家认为,这整个想法就是一个天大的错误。图像应该是大脑中的图片,但那样你就需要一个脑中小人。事实上,心智计算理论将这个概念阐述得非常明了了。我们已经知道,视觉系统使用的二维半草图在几个方面都像图片。它是一个镶嵌图,其中各元素代表视域中的点。元素是在二维中安排的,这样排列中的邻近元素代表着视域中的邻接点。形状的表征是通过以与形状投映轮廓相匹配的模式来填入一些元素而实现的。形状分析机制——不是脑中小人——通过加入参考框架、找到几何离子等来处理草图上的信息。一个心理意象只不过是二维半草图中的一个模式,它是从长期记忆中读取的,而非来自眼睛。一些推理空间的人工智能程序正是以这种方式设计的。

像二维半草图这样的描述与像几何离子模型、语义网络、英语句子或心语等提法有着鲜明的对比。在“一个对称三角形在一个圆的上边”这样的提法中,单词不代表视域中的点。像“对称”和“在……上边”这样的词无法对应视域中的任何部分,它们表示的是填入部分的复杂关系。

人们甚至可以训练有素地猜测心理意象的解剖结构。神经元中二维半草图的化身被称为地形上有组织的皮质图：一片皮质中，每个神经元对应于视域中的一部分轮廓，邻近神经元对应邻近的部分。灵长目动物的大脑至少有 15 张这样的图，从非常实际的意义上说，它们是大脑中的图片。神经学家可以在猴子盯着一个靶心的时候，给它注射放射性葡萄糖同位素。葡萄糖被活跃的神经元所吸收，这样人们实际上可以显影猴子的脑，就好像它是一幅胶卷一样。它源自一个在视觉皮层上摊着个扭曲靶心的暗室。当然，没有任何东西从上面“看”这个皮层；联结性是唯一重要的，而活动模式是由插入每幅皮层图的神经元网络来解释的。大概世界上的空间是由皮层中的空间所代表的，因为神经元与它们的邻近部分相联结，而将世界附近的一些东西一同来分析是很便利的事情。例如，边缘并不像大米一样散布在视域中，而是沿着一条线弯曲延伸，绝大多数表面并不是散落的群岛，而是连续的物质。在皮质图中，线和表面可以由相互紧密联结的神经元来处理。

大脑还准备好了应付想象系统的第二个计算要求，信息从记忆中流下来而不是从眼睛中流上来。通往脑视觉区域的光纤通道是双向的。它们从更高级、概念性的层面向下所携带的信息，与从更低级、感官性的层面向上所携带的信息一样多。没有人知道为什么这些上－下联结会这样，但它们可能是为了将记忆图像下载到视觉地图中。

一些心理意象可能是大脑里的图片。是吗？有两种方式可以找出答案。一种方法是，看看用图像来思考是否适用于大脑的视觉部分。另一种方法是，看看用图像来思考是更像用图形来计算，还是更像用一个命题数据库来计算。

在《理查二世》的第一幕中，被流放的博林布鲁克渴望回到他的祖国英格兰。朋友建议他幻想自己处于田园诗般的环境中，但他没有从中得到安慰：

> 哦，谁能只需想想严寒的高加索，

手中便握有火炬？

或是，仅仅想象一顿盛宴，

便填满辘辘饥肠？

又或，幻想着夏日的酷热，

即可赤身在腊月的雪中翻滚？

很显然，图像与真实事物体验是不同的。威廉·詹姆斯说，图像“缺乏辛辣和气味”。但在1910年的博士毕业论文中，心理学家谢弗斯·珀奇（Cheves W.Perky）试图证明，图像非常像微弱的体验。她请她的被试在一面空墙上形成一幅心理意象，比如一根香蕉。这面墙实际上是一个后部投影屏幕，珀奇偷偷地将一个真正的但比较朦胧的幻灯片投映在上面。任何来到房间那个位置的人都看到了幻灯片，但没有一个被试注意到它。珀奇称，他们已经将这幅幻灯片融入了他们的心理意象中，确实，被试报告他们图像的细节时，有些只能来自那张幻灯片，比如香蕉头朝下立着。从现代标准来看，这并不是一个很棒的实验，但最新的方法证实了这个发现的要点，现在它被称为珀奇效应：保持一个与看到微弱的具体视觉细节相互干扰的心理意象。

想象也能够以显著的方式影响知觉。当人们回答关于源自记忆的形状的问题时，比如在大写字母中挑出直角，他们的视觉－运动协调会颇觉费力。自从学习了这些实验后，我驾车时尽量不去专心收听冰球比赛的广播。有关线条的心理意象会像真正的线条一样影响知觉：它们使得判断校准更为容易，甚至可以导致视觉幻象产生。当人们看到一些形状并想象其他形状时，他们之后有时会很难记起哪个是哪个。

所以想象和视觉在大脑中共用空间吗？神经心理学家爱德华多·比夏克（Edoardo Bisiach）和克劳迪奥·卢扎蒂（Claudio Luzzatti）研究了两个右顶叶受损的米兰病人，他们罹患视觉忽略症状。他们的眼睛记录了整个视域，但他们只注意到右半部分：他们忽略了盘子左边的餐具，画一张脸没有左眼或左鼻孔，描述一个房间时，忽略了左面的细节——比如放有一架钢琴。比夏克和卢扎蒂请患者想象自己站在米兰大教堂广场上，面对大教堂，让他们叫出广场上建筑的名字。病人们只能叫出右侧能看到的建筑——却忽略了左半边想象空间！然后研究人员要求病人们心想着步行穿过广场，站在大教堂的台阶上，面对广场，描述广场上的景物。这次病人们提到了最初遗漏的那些建筑，却遗漏了他们提到过的建筑。每个心理意象都描述了从一个观察点看到的景致，患者不平衡的注意之窗对图像的检验就像他检验真的视觉输入一样。

这些发现暗指视觉脑就是想象的温床，近来对此有了一个正面鉴定。心理学家斯蒂芬·考斯林（Stephen Kosslyn）及其同事使用正电子发射断层成像技术（PET），观察当人们有心理意象时，哪部分脑最为活跃。每个被试在头上箍一圈监测器，闭上眼睛，回答关于字母表中大写字母的问题，比如字母 B 是否有曲线。枕叶或视觉皮层，即处理视觉输入的基本灰质亮了起来。视觉皮层根据高低形状绘制了出来——你可以说，它形成了图片。在一些测试中，被试们想象到了大字母，另一些时候，想象到小字母。默想大字母激活了表征视域周围区域的皮层部分；默想小字母激活了表征凹陷的部分。图像真的好像被放置在皮层表面一样。

激活会是大脑其他部分活动（在那里进行着真正的计算）的溢出效应吗？心理学家马莎·法拉（Martha Farah）证明并非如此。她测试了一位手术摘除一个脑半球的视觉皮层的妇女在术前和术后形成心理意象的能力。手术后，病人的心理意象萎缩至通常心理意象宽度的一半。心理意象存活在视觉皮层；确实，部分图像占据了部分皮层，就像部分景致占据了部分图片一样。

诚然，图像还不是一种即刻重放。它缺少辛辣和气味，尽管这不是因为它被漂白或冲淡：想象红色并不像是看到粉色。而且令人好奇的是，在 PET 研究中，心理意象有时比实际显示导致了更多的视觉皮层激活。视觉图像尽管与知觉共用大脑区域，但它们还是有些不同，或许这并不令人惊讶。唐纳德·西蒙斯注意到，重新激活视觉体验会有更多好处，但它也有成本，即将想象与现实混淆的风险。我们一从睡梦中醒来，就很快忘掉了对梦中情节的记忆，大概就是为了避免怪诞虚构对自传体记忆的影响吧。类似地，我们自发、清醒时的心理意象可能会诱使自传体记忆成为幻觉或错误记忆。

知道心理意象在哪里，对了解它们是什么或它们如何工作无甚帮助。心理意象真的是二维半草图中的像素模式吗（或是皮层图中的活跃神经元模式）？如果是的话，我们如何用它们来思考呢，又是什么令想象与其他形式的思维有所不同呢？

让我们来对排列或草图与其作为想象模型的另一方案——心语的符号性命题（类似于几何离子模型和语义网络）做个比较。图 4-36 的左边是排列或草图，右边是命题模型。图 4-36 将许多命题，如“熊有个脑袋”和“这个熊的尺寸是 XL 号”综合到了一个网络里。

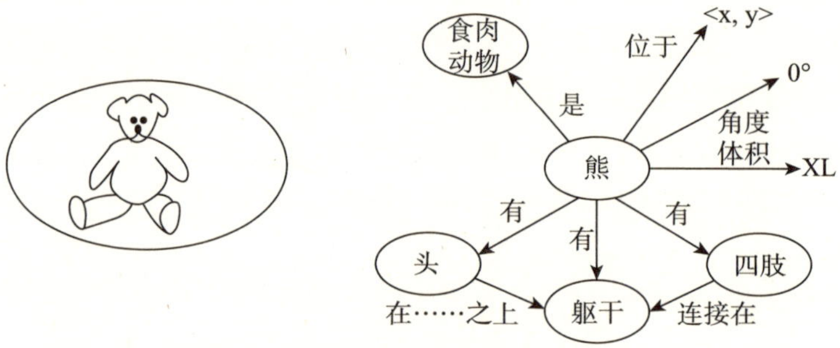

图 4-36　排列或草图与命题模型

这个安排简单明了。每个像素代表一小片表面或者边界；任何更为综合或抽象的东西在填满像素的模式中只是隐含的。命题式表征则大不相同。第一，它是纲要式的，充满了像“附着于”这样定性的关系，而且不是所有的几何细节特征都得到表征。第二，空间特征被分开并清晰地列明。形状（物体各部分或几何离子的布置安排）、大小、位置和朝向都有它们自己的符号，查询每个符号都与其他符号独立。第三，这些命题会将有关空间的信息——如组件及其相对位置——与概念性信息——如是否属于熊这个物种，以及是否为食肉动物等——混合起来。

在这两种数据结构中，图像排列最好地抓住了想象的特征。首先，图像是极其具体的。想想这个要求：想象一个柠檬和一根香蕉彼此挨着，但不要想象柠檬在左边或右边，只想着它挨着香蕉。你会抗议说，这个要求是不可能实现的；如果柠檬和香蕉在一幅图像中彼此挨着的话，其中一个只能在另一个的左边。命题式和排列式的对比是很严格的。命题式可以表征没有咧嘴笑的猫、咧嘴笑而没有猫或者其他任何不具形体的抽象概念：没有特定大小的广场，没有特定形状的对称，没有特定位置的附着物等。这就是命题式的好处：它是对某个抽象事实的严格陈述，不杂带无关细节。空间排列式因为只包括填充和非填充的小片，所以它们的数据结构是事物在空间上的具体安排。心理意象也是如此：形成一个“对称”的图像，而不想象其中相互对称的东西，是无法做到的。

心理意象的具体性令它们能够像一台便利的模拟计算机一样得以指派。艾米比阿比盖尔有钱；阿丽西亚没有阿比盖尔有钱；谁是最有钱的？许多人解决这种三段论是通过在一幅心理意象中，将人物从没钱到有钱进行排列。为什么这样会有用呢？想象背后的媒介中在每个位置都分配单元，并固定为二维的布置。这种排列方式，能够为我们在思考的过程中免费提供许多几何上的现象加以应用。例如，空间中从左到右的布置是可传递的：如果 A 在 B 的左边，B 在 C 的左边，那么 A 就在 C 的左边。任何在排列中找到形状位置的查询机制都会自动注意到可传递性；媒介的架构使其别无选择。

假设大脑的推理中心能够作用于将形状放在排列中的机制，这个机制还可以从中读取它们的位置。那些推理守护程序可以利用排列的几何特征作为孵化室，来记住某些逻辑约束。财富就像线上的位置一样，是可以传递的：如果 A 比 B 有钱，B 比 C 有钱，那么 A 比 C 有钱。通过用图像中的位置来将财富符号化，思考者利用了排列中位置可传递性的优势，而不必将其放入推导的连续步骤中。问题转变成放置和查找的过程。这是一个很好的例子，说明心理表征的形式如何确定什么思考起来比较简单或比较困难。

心理意象与排列式的类似之处还在于将大小、形状、位置和朝向糅合为一个轮廓模式，而不是清晰地将它们分解为分隔的论断。心理旋转是一个很好的例子。在评估物体的形状时，不能忽视它的朝向——假如这项信息能够被分离出来，并且明确地被标注在一个属于自己的陈述里的话，那么这会是一件简单的事情。相反，人们必须慢慢地轻移朝向，并观察形状的变化。朝向并不像数字电脑中的矩阵连乘一样需要重新计算；形状转得越远，旋转所需的时间就越长。排列上一定覆盖着一个旋转器网络，将单元内容围绕其中心转换几度。大一些的旋转需要反复旋转器，类似救火时救火的人排成一队传递水桶。关于人们如何解决空间问题的实验，打开了储备颇佳的图像操作心理工具箱，比如变焦、收缩、淘筛、扫描、跟踪和着色，判断两个物体是否位于同一条线，或两团不同大小的东西是否有同样的形状，这样的视觉思考将这些操作串到了心理动画序列。

最后，图像抓住的是物体的几何特征，而不是它的含义。让人们体验想象的可靠方法就是问他们一个物体形状或着色的模糊细节——猎犬的耳朵、B 的曲线或冻豆子的阴影。当存在一个值得注意的特点时——猫有爪子，蜜蜂有刺针——我们将它单列出来作为我们概念数据库中的显性陈述，以供日后即刻查询。但如果该特点不值得注意，我们就唤起对物体表象的记忆，并运行我们对图像的形状分析器。检查缺失物体先前未注意到的几何特性是想象的一个主要功能。考斯林还证明了，这个心理过程不同于捞取明显的事实。当我们问人们有关反复讲述事实的问题时，比如猫有没有爪子或龙虾有没有尾巴，回答的速度会依赖于物体与其部分在记忆中关联的强度。人们必须从心理数据库中提取答案。但当问题不太寻常时，比如猫是否有脑袋或龙虾是否有嘴，人们会寻求一个心理意象，回答速度依赖于该部分的大小；小的部分验证起来更慢些。由于大小和形状在图像中被混在一起，小形状的细节就更加难以分解。

十几年来，哲学家们一直认为，对“心理意象是描绘还是叙述的最佳测试”就是人们能否重新解读模糊图像，比如鸭 – 兔图（见图 4-37）。

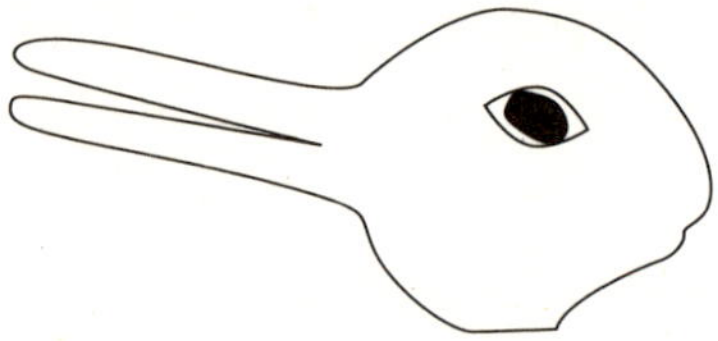

图 4-37 鸭 – 兔图

如果心智只储存描述，那么将鸭 – 兔图看成兔子的人应当只收藏了“兔子”的标签。他的标签中没有任何东西涉及有关鸭子的内容，所以之后，当被问及这个形状中是否潜伏着其他动物时，只看到兔子的人应当会感到困惑；因为模糊的几何信息已经被抛弃了。但如果心智中储存着图像，几何信息就还存在，人们应当能够回忆起图像来，并检查是否有新的解释。鸭－兔图本身其实是一个困难的情况，因为人们储存的形状有一个附加的前－后参考框架，要重新解释鸭－兔图需要翻转这个框架。但只要略微有一些外力（比如鼓励人们将注意力集中于脑袋后的曲线），许多人确实在兔子的图像中看到了鸭子，相反亦然。几乎每个人都能翻转简单一些的模糊图像。心理学家罗纳德·芬克（Ronald Finke）、玛莎·法拉和我让人们仅凭口头语言描述就重新解读图像，也就是在他们闭着眼的时候，我们大声读出来。在下面每个描述中，你"看到"了什么物体？

> 想象字母 D，向右旋转 90°。在上面放上数字 4。现在将这个 4 的水平线段移动至垂直线的右侧。
>
> 想象字母 B，向左旋转 90°。将一个三角形直接放在它的下面，其宽度相同、尖角朝下。移除水平线。
>
> 想象字母 K，将一个正方形挨着放在它的左侧。在正方形中放一个圆，再向左旋转 90°。

大多数人没什么困难就能说出，隐含在这些啰嗦的语言里的信息分别是帆船、爱心和电视机。

想象是一种美妙的能力，但我们一定不要因为脑袋里有图像，就忘乎所以。

第一，人们不能重构一幅整个视域的图像。图像是残缺的，不连续的。我们回想起模糊的部分，将它们安置在一个心理场景中，然后做一些修复的工作，在每个部分消退时进行恢复。更糟的是，每个模糊部分只记录了从一个观察点能看到的表面，而这是被视角所扭曲的。铁轨悖论就是一个简单的展示——大多数人不只在真实生活中看到轨道交会，而且在心理意象中也看到了交会。如果要记住一个物体，我们需要把它翻转过来或者绕着它走一圈，这意味着我们对它的记忆是一组从不同视角观看的照片集。整个物体的图像是一个幻灯片展示，或是东拼西凑的大杂烩。

这就解释了为什么在艺术中花了那么长的时间才发明出透视画法，每个人都以不同的视角看东西。没有文艺复兴式技艺的绘画看上去是不现实的，但不是因为它们完全缺乏透视角度。即使是克罗马农人的洞穴绘画也有对准确角度的度量。在通常情况下，远处的物体更小，不透明的物体将背景掩盖住，并遮住了背后的物体，而许多倾斜的表面则将透视缩短。问题是，绘画中不同的部分看上去像是从不同的观察点看时显现出的样子，而不是像从达·芬奇之窗后面的固定视觉标线所看到的样子。人类知觉者注定一次只能看一个地方，没有人能够体验到同时从几个观察点看一个景物，所以绘画并不完全符合人所看到的任何东西。当然，想象并不局限于一次一个地方，没有真实视角的绘画或许是对我们心理意象引人回味的再现，这倒有些奇怪。立体画派和超现实主义的画家们是心理学的狂热消费者，他们刻意在一幅绘画中运用多重视角，这或许唤起了厌倦摄影的观看者和幻灭的心智之目。

第二，图像是记忆组织的奴隶。我们对于世界的认识不可能符合一张大图片或地图。这好比将太多的层级（从高山到跳蚤）塞进一个固定米粒大小的载体里。而我们的视觉记忆也不是一个能够很好填塞照片的鞋盒。因为那样你会无法找到你所需要的东西，除非你逐个检查认出里面究竟是什么。照片和视频档案也具有类似的问题。记忆图像必须贴上标签并在一个命题式超级结构中加以组织，或许有点儿像在超媒体中的那样，在超媒体中图形文件被链接到一个大文本或数据库中的附属点上。

视觉思考在由我们用来组织图像的概念性知识所驱动时，往往比由图像本身的内容所驱动更为有力。国际象棋大师们以其对棋盘上棋子的出色记忆而闻名于世，但不是有着图像记忆的人都会成为国际象棋大师。大师们在记忆一盘随意布局的棋子方面并不比初学者更好。他们的记忆是抓住了棋子之间有意义的联系，比如棋子间的进攻和防卫，而不仅仅是棋子在空间上的分布。

另一个例子来自心理学家雷蒙德·尼克尔森（Raymond Nickerson）和玛丽莲·亚当斯（Marilyn Adams）所做的一次绝妙而低技术含量的实验。他们请人们根据记忆画出一美分的正反两面，这是每个人都看过几千遍的，都应有深刻的记忆。实验结果却发人深省。一美分硬币有 8 个特征：一面是林肯的头像、“我们信仰上帝”、年份和“自由”，另一面是林肯纪念堂、“美利坚合众国”、“合众为一”和“一分”。只有 5% 的被试把 8 个特征全部都画对了。特征被记住的中数是 3，而一半特征都被画错了。被胡乱塞进画中的有“一美分”、桂冠、麦束、华盛顿纪念碑，还有坐在椅子上的林肯。当被要求从一个清单中勾选出一美分的特征时，人们的表现好了一些。但当展示给他们 15 种可能的一美分绘图时，只有不到一半的人选择出了正确的那个。很显然，视觉记忆不是记住了整个物体的准确图像。

如果你确实画出了正确的一美分，再来试试下面这个测试。下面 5 个陈述中，哪些是正确的呢？

马德里比华盛顿特区更靠北。

西雅图比蒙特利尔更靠北。

俄勒冈州的波特兰比多伦多更靠北。

里诺比圣迭戈更靠西。

巴拿马运河的大西洋入口比它的太平洋入口更靠西。

这些陈述都是对的。但几乎每个人都答错了，他们的逻辑方式是这样的：内华达在加州的东边；圣迭戈在加州；里诺在内华达州，所以里诺在圣迭戈的东边。当然，这种推论是无效的，无论什么时候各地区域都不会组成一个棋盘。我们的地理知识不是一个巨大的心理地图，而是一组小地图，根据它们如何关联的陈述而组织起来。

第三，图像既不能作为我们的概念，也不能作为心理字典中词汇的含义。经验主义哲学和心理学的悠久传统试图主张，图像能够履行这种职能，因为它符合这样的原则：思想中没有什么不是来源于先前的感觉的。图像应当是退化或附加的视觉感受拷贝、打磨锋利的边缘和混在一起的颜色，这样它们就能够代表整个类别，而不是仅代表单个物体。只要你没有太努力思考这些复合图像看上去如何，这个观点就有一些可取之处。但那样的话，人该如何表征抽象的想法呢，即使是像三角形概念这样简单的东西？三角形是任何有三条边的多边形。但三角形的任何图像必须是等腰的、不等边的或者等边的。约翰·洛克神秘地宣称，我们对一个三角形的图像是"同时既全是又全不是这样"。柏克莱质疑这一点，他要求读者形成一个三角形的心理意象，这个三角形同时既是等腰的、不等边的和等边的，又都不是上述任何一种。但柏克莱没有抛弃"抽象观点是图像"这个理论，而是下结论说，我们没有抽象的想法！

20世纪早期，美国最早的一位实验心理学家爱德华·铁钦纳（Edward Titchener）对此提出了挑战。通过仔细地内省他自己的图像，他认为它们可以表征任何想法，无论这个想法有多抽象：

> 我完全可以得到洛克的图片，也就是一个不和任何三角形相同、却在同时又和所有三角形相同的三角形。它是一个昙花一现的东西，转瞬即逝；它提示了两个或三个红角，用红线在黑线基础上加深，并用暗绿色作为背景。我还不能断定是不是这些角联合起来形成了这个图形，甚至也不知道是否所有这三个必要的角都是给定的。
>
> 对我来说，马是一个双曲线和直立姿势，并有着可触摸的鬃毛；奶牛是一个略长的长方形，有着某种面部表情——一种夸张的噘嘴。
>
> 我这辈子都在思考意义。不仅是意义，还有内涵。一般的意义在我意识中是由另一个印象主义图画表征的。我把内涵看作是一种铲子的蓝－灰尖端，上面有一点儿黄（大概是把手的一部分），它刚刚挖到一种似乎是塑料的深色物质。我是接受古典式教育的；可以看出，这幅图画是对反复训诫要"挖掘出"一些古希腊或拉丁章节"内涵"的回音。

确实是夸张的噘嘴！铁钦纳的柴郡奶牛，他带着的甚至没有连在一起的红角的三角形，还有他的内涵铲子，都不可能是他思想背后的基础概念。他当然不相信奶牛是长方形的或三角形的，没有其中一个角也可以。他脑袋中的其他一些不是图像的东西，一定包含在那个知识之中。

这就是其他认为“所有思想都是图像”的说法的问题所在。假设我试图用一个原型人的图像来表示概念“男人”——比方说，弗雷德·麦克穆雷（Fred MacMurray）。问题是，什么使得这个图像会履行概念“男人”的作用，而不是概念“弗雷德·麦克穆雷”的作用？或是概念“高个男人”“成年人”“人”“美国人”或是“扮演一位受巴巴拉－斯坦威克诱惑而去杀人的保险推销员的男演员”？你区分某个人、一般意义上的人、一般意义上的美国人等都没有困难，所以你脑袋里一定有比一幅原型人图片更多的东西。

另外，一个具体的图像怎么能表示一个抽象的概念，比如“自由”？自由女神像已经被用了；大概它可以表示“自由女神像”的概念。你用什么来表示否定的概念，比如“不是长颈鹿”？长颈鹿的图像上画个红叉吗？那又用什么来表示“有一个红叉穿过的长颈鹿”的概念？选择性的概念（比如“猫或鸟”）或命题（比如“所有人终有一死”）又该如何表示呢？

图片是模糊的，而根据定义，思想是不会模糊的。你的常识所做的区分是图片自身做不到的；因此你的常识不仅是图片组成的集合。如果心理图片被用来表示一个思想，它需要伴有文字说明，即一组关于如何解读这幅图片的指示说明——要注意什么和忽略什么。指示说明本身不能是图片，否则我们又会兜回原点。当视觉褪去、思想开始时，我们无法不去使用一些抽象的符号和命题，来将特定物件的部分信息提供给心智使用，以便让它能够对该物件进行操控。

顺便说一句，图片的模糊性已经在图形化计算机界面和其他图标镶嵌的消费产品的设计者的设计中消失了。我的计算机屏幕是由一些小卡通装饰的，它们只需鼠标点击选择就可以做各种事情。在我的生命中，我记不起小双筒望远镜、滴管和银盘子是用来做什么的了。一图抵千言，但这并不总是件好事情。在凝视和思考之间的某一点，图像应该让位于思想。

How the Mind Works

05

心智能力二：推理

心智是为了人类进化的需要而过度设计的吗？还是超级智能明确地引导了人类的发展？实际上，自然选择并没有将我们每个人都塑造为科学家，而是让我们更好地应对所处环境。人们之所以要对事物进行分类，是因为心智需要根据类别进行推理。逻辑、算术和概率是3个最好的推理工具。

“我希望你还没有完全谋杀了你自己的孩子，同时也是我的孩子。”达尔文这样给阿尔弗雷德·鲁塞尔·华莱士（Alfred Russel Wallace）写道。作为生物学家，华莱士自己独立发现了自然选择。达尔文和华莱士相互倾慕，他们心气相投，甚至都是从同一位作者（马尔萨斯）那里得到启发，用几乎相同的词汇书就了相同的理论。然而，使这两位志同道合的战友分道扬镳的是对人类心智的看法。达尔文曾羞怯地预测：“心理学会被置于一个新的基础之上。”他的笔记本中从正面洋洋洒洒地论述了进化理论将如何导致心智研究的革命化：

> 人类起源已经被证明了。——形而上学一定会繁荣。——了解狒狒的人会比洛克对形而上学的贡献更多。
>
> 柏拉图说，我们“想象的理念”来自预先存在的灵魂，而不是来自经验。——然而预先存在的是猴子。

达尔文又继续写了两本关于人类思想和情感进化的书，即《人类的由来》（*The Descent of Man*）和《人类与动物的情感表达》（*The Expression of the Emotions in Man and Animals*）。

而华莱士则得出了相反的结论。他认为，心智是为了人类进化的需要而过度设计的，因此不能被自然选择所解释。相反，“一个超级智能以一个明确的方向，为了一个特殊的目的，引导了人类的发展”。当然，也包括引导你的发展！

当华莱士说觅食者——用19世纪的说法即“野蛮人”——在生物意义上等同于现代欧洲人时，他就成为创世论者了。觅食者的脑与人类具有相同的大小，他们还能轻松适应现代生活的智力要求。但在觅食者的生活方式中，也就是我们进化的祖先的生活方式，那种水平的智能是不需要的，也没有机会去展现它。那么它又是如何进化形成，来应对觅食的生活方式的呢？华莱士写道：

> 我们的法律、政府和科学不断要求我们对各种复杂的现象推导出期望的结果。甚至我们的游戏，比如国际象棋，也迫使我们将这种才能发挥到极致。拿这个与那种没有词汇来表示抽象概念的原始语言相比，野蛮人对前瞻性的高度要求超过了他们最简单的必需品；他们不能对任何没有即刻映入他们感觉的一般事物加以组合、比较或推导……
>
> ……一个比大猩猩的脑大一半的脑会完全满足野蛮人有限心理发展的需要；因此我们必须承认，他们实际拥有的硕大脑子绝不会由任何进化法则而得来，因为进化法则的核心是，它们形成的组织程度与每个物种的需要是恰恰相称的，而不会超过其需要。自然选择只能给野蛮人赋予一个比猿脑高级一些的脑，而实际上这个脑却与哲学家的脑无甚差别。

这就是华莱士悖论：人类智能证明了进化的无用性。这是心理学、生物学和科学世界观的一个核心问题。即使今天，像天文学家保罗·戴维斯（Paul Davies）这样的科学家仍旧认为，“金弹子打鸟式”的人类智能驳斥了达尔文主义，而呼唤其他一些具有“渐进进化趋势”的作用者，它或许是一种某一天将被复杂理论所解释的自组织过程。不幸的是，这并不比华莱士的“超级智能引导人类向确定方向发展”的观点更加令人满意。本书的许多内容，特别是这一章，旨在将华莱士悖论从一个基础动摇的神秘理论降格为具有挑战性却是人类科学中普通的一个研究问题。

斯蒂芬·杰伊·古尔德在一篇关于达尔文和华莱士的颇具启发的文章中，将华莱士看作是一个忽略了全适应可能性的极端适应论者。全适应的意思是，“合成后意外适合于其他功能”的适应结构（如颌骨变成了中耳骨），以及“形成时没有功能，但仍为之后的协同选择而保留的特征”（如熊猫的手指，其实是一个备用的腕骨）。

> 为明确的目的而设计的物体可能是其结构复杂性结果，也可以履行许多其他职能。工厂安装计算机可能只是为了印制工资支票，但这样的机器也能够分析选举结果，或者用井字游戏来折磨某人（或至少永远将他们束缚住）。

我同意古尔德的说法，大脑已经全适应于像微积分或国际象棋这样的奇妙的东西，但这只是像我们这样相信自然选择的人的信仰宣言：它几乎永远是正确的。这种说法提出了一个问题：究竟是谁或什么东西让全适应的结构开始进一步发展，或是让物种将它纳入使用？上面那个工厂的比喻并不妥当。除非有人重新设置程序，否则印制工资支票的计算机不可能会分析选举结果或玩井字游戏。

华莱士的离经叛道不是因为他是一个极端适应论者，而是因为他是一个糟糕的语言学家、心理学家和人类学家（如果用现代的标准来评判他的话，的确如此，虽然有些不公平）。他看到了觅食者简单、具体、即时的思维与对像科学、数学和国际象棋这样现代追求中实践的抽象理性之间的缝隙。但是，没有这样的缝隙。公平地讲，华莱士超越了他所在的时代，他认识到觅食者并不是处于某个生物阶梯的较低几级。但华莱士对他们的语言、思维和生活方式的看法是错误的。觅食者的繁荣是比做微积分或下国际象棋更难的问题。正如我们在第 3 章中所看到的，所有社会中的人们都有表示抽象概念的词汇，有超越简单必需品的前瞻性，以及能够组合、比较和推导不能即刻作用于感觉的一般性事物。而且所有地方的人们都很好地应用了这些能力，从而战胜了所处环境中的植物群和动物群。我们很快将会看到，所有的人从摇篮伊始，就进行着一种科学思考。我们都是直觉上的物理学家、生物学家、工程师、心理学家和数学家。凭借这些与生俱来的禀赋，我们超过了机器人，在这个星球上肆意为王。

另一方面，我们的直觉科学又不同于穿白大褂的人所做的事情。尽管我们中的绝大多数人不会同意《花生漫画》（*Peanuts*）中露西的看法，认为枞木（fir trees）给了我们毛皮（fur），麻雀会长成我们在感恩节吃的老鹰，还有你可以通过数树叶就得出树的年龄，但是我们的信念有时很疯狂。孩子们坚持认为，一片泡沫塑料没有重量，人们也认为他们知道他们没有亲眼所见或听说过的事件的结果。长大成人后，我们会认为从螺旋形管子飞出的球会继续沿着螺旋轨迹运行，而掷了一连串的硬币正面之后，更可能会出现硬币反面。

本章是研究人类推理的——人们如何理解和阐释他们的世界。要反向推理我们的推理能力，我们必须以华莱士悖论为开端。要分解它，我们需要将直觉科学和数学这种人类与生俱来的一部分权利，与大多数人觉得很困难的现代和制度化的科学与数学区分开来。然后我们就能探讨我们的直觉是如何工作的了，它们来自哪里，以及它们是如何得到精心设计和雕琢，进而给出现代文明的大师级表演的。

生态智能，合乎情理的推理

自从瑞士心理学家皮亚杰将孩子比作小科学家，心理学家们就不断拿普通人（无论老幼）与泡在实验室中的人进行比较。这个类比至少在一点上是合理的：科学家和孩子们都需要理解世界，而且孩子们是好奇的侦察员，努力想将他们的观察转化成有效的一般性归纳。曾经有一次，我的家人和朋友们一起过夜，当我妹妹在给我小外甥女洗澡时，有个 3 岁大的小男孩待在边上。在安静地注视了几分钟后，他说道："婴儿没有小鸡鸡。"这个男孩值得我们钦佩，钦佩的原因不是他结论的准确性，而是他充满科学精神的敏锐性。

然而，自然选择并没有将我们塑造为能在科学课上拿高分或能在权威学术刊物上发表文章的人，而是将我们塑造为能够掌控所处环境的人。这就形成了问题：我们该如何区分自然的思考与学术界所需要的思考之间的差异。

心理学家迈克尔·科尔（Michael Cole）和他的同事们对一群被称为格贝列人（Kpelle）的利比里亚人群进行了多年研究。格贝列人是一群口齿伶俐的人，很喜欢探讨和辩论。但是他们绝大多数人不识字也没上过学，他们会在一些我们觉得似乎很简单的测试中表现不佳。请看下面这个对话，它展示了问题所在。

实验者：Flumo 和 Yakpalo 总是一起喝甘蔗汁。Flumo 在喝甘蔗汁。Yakpalo 在喝甘蔗汁吗？

被试：Flumo 和 Yakpalo 一起喝甘蔗汁，但 Flumo 在喝第一杯的时候，Yakpalo 那天不在那儿。

实验者：但我告诉你 Flumo 和 Yakpalo 总是一起喝甘蔗汁。一天，Flumo 在喝甘蔗汁，Yakpalo 在喝甘蔗汁吗？

被试：Flumo 在喝甘蔗汁的那天，Yakpalo 不在那里。

实验者：理由是什么？

被试：理由是 Yakpalo 那天去了他的农场，而 Flumo 那天还待在城里。

这个例子是非常典型的；科尔的被试常说这样的话："Yakpalo 现在不在这儿；这件事你为什么不去问他？"选录这段对话的心理学家乌尔里克·耐希尔（Ulric Neisser）认为，这些回答一点儿都不愚蠢，它们只是没有回答实验者的问题而已。

你在学校时解决问题的一个基本规则是，你将推理建立在问题所提及的前提之上，同时忽略你所知道的其他任何事情。这个态度在现代学校学习中是很重要的。自文明出现的几千年来，劳动分工使得一批知识分子发展出可广泛应用的演绎方法，这些方法绝不是空洞无物的，而是可以通过书写和正规教育来传播的。除法竖式可以计算每加仑汽油可行驶的千米数，它也能计算人均收入。逻辑可以告诉你，苏格拉底不会长生不死，或者如刘易斯·卡罗尔的逻辑教科书中的例子，没有任何羊羔会习惯抽雪茄，所有面色苍白的人都是黏液质的，以及如果你要把一根跳绳借给一只跛脚的小狗，它不会说"谢谢你"。实验心理学的统计工具是从农学中借用的，这些工具是被发明用来测量不同的化肥对庄稼地的效果的。它们在心理学中同样有效。这些工具的效力在于它们可以被应用于任何问题——色彩视觉如何工作，怎样把人类送上月球，线粒体夏娃是不是非洲人——无论这个问题最初如何愚昧。为了掌握这种技术，学生必须佯装无知，并背负着这种无知在日后职业生涯中解决问题。一个做欧氏几何数学题的高中生拿出尺子来测量三角形，尽管这样肯定会得到正确答案，但他这样做拿不到学分。这门课的目的是灌输一种方法，使其日后可以应用于计算不能用尺子测量的东西，比如地球到月球的距离。

不过在学校之外，忽略你所知道的东西毫无意义。格贝列人如果问："嘿，你是不是想知道 Yakpalo 是否也在喝咖啡呀？"这样就合乎情理了。这对个人所获得的知识还是种群获得的知识均是如此。没有任何生物体需要应用到没有任何内容的算法，无论这种算法有多么深奥。我们的祖先在几十万年或几百万年前遇到某些问题——识别物体、制造工具、学习当地语言、寻找配偶、预测动物活动、寻找方向；但绝不会碰到另一些问题——把一个人送到月球上、培育更好的玉米、证明费马定理。解决一种熟悉问题的知识往往与解决任何其他问题没有关系。亮度的倾斜效果对于计算形状来说很有用，但对评估未来配偶的忠诚度而言却没用。说谎的语音语调对忠诚度评估有帮助，但无益于形状判断。自然选择不关心博雅教育的理想，也不会因为建立了狭隘的推理模块而有所愧疚。图比和科斯米德斯将我们这个物种的这种特定主体智能称为"生态理性"。

我们没有进化成真正的科学家的第二个原因是知识的成本。科学研究是昂贵的活动，这指的不仅仅是超导超级对撞机，而且还包括约翰·斯图尔特·密尔（John Stuart Mill）归纳法中分析因果问题的基本方法。最近，我对自己以前烘烤的面包不太满意，因为它太干也太蓬松了。所以我增加了水、减少了酵母并降低了温度。迄今为止，我仍不知道这些措施中哪一个起了作用。我脑中的科学家知道，合适的程序已在一个析因设计中尝试了所有 8 种逻辑组合：更多的水、相同的酵母、相同的温度；更多的水、更多的酵母、相同的温度；更多的水、相同的酵母、更低的温度；等等。但这个实验会花 8 天的时间（如果我想每个因子测两个增量将花 27 天，如果想测 3 个增量就会花 64 天），而且还需要一个笔记本和计算器。我想要的是好吃的面包，而不是对人类知识总量有所贡献，所以我一次性尝试多个因素的组合就足够了。在一个有着书写系统和制度化科学的大型社会中，花在进行大量试验上的成本，将能够从由此发现的定理给人类社会带来的好处中回收。这就是为什么纳税人会愿意资助科学研究的原因。但对于个人或小群体而言，好科学的收益抵不上它所带来的麻烦。

我们只是普通的科学家的第三个原因是，我们大脑的塑造是为了适应，而非为了真理。有时真理是适应性的，但有时不是。利益冲突是人类生存环境中固有的（见第 6 章和第 7 章），我们更倾向于让自己认为的真理盛行，而不是让真理本身盛行。

例如，在所有的社会中，专门技能都是分配不均的。我们理解世界的心理装置，甚至理解简单词汇含义的心理装置，都是被设计用来在一个社会中运转的。在这个社会中，我们可以在需要的时候咨询专家。哲学家希拉里·普特南（Hilary Purnam）承认，像绝大多数人一样，他对榆树和榉树的差异一无所知。但这两个单词对他或对我们来说都不是同义的；我们都知道它们指的是不同种类的树，如果我们需要知道具体信息的话，有专家会告诉我们哪个是哪个。专家是无价之宝，往往会赢得尊重和财富。然而我们对专家们的信赖却会让他们陷于受诱惑纠缠的处境。专家可以向我们展示一个充满奇迹的世界——神秘力量、愤怒的神、神奇药剂——这对于凡人来说高深莫测，但通过专业的服务就可以有所触及。部落巫师们就是欺诈的行家，他们将自己大量的实用知识与舞台魔术、药物诱发的催眠和其他一些廉价的把戏巧妙地结合在一起，像奥兹国的巫师一样，他们要求助神灵以便留下祈求他们的人，而这与对真理无私的探索是相冲突的。

在一个复杂的社会里，对专家的依赖令我们更容易被江湖术士所欺骗，从狂欢节上的蛇油兜售者，到那些建议政府采纳由他们自己来执行实施项目的达官显贵们。现代科学的做法，如同行评审、竞争性资助以及开放的相互批评，都旨在尽量减少科学家们在原则上、有时也是在实践中的利益冲突。在封闭社会中，神经质权威的独断会导致科学的丧失，这在历史上并不鲜见。

不仅科学会遭受权力的控制，文明亦然。人类学家唐纳德·布朗（Donald Brown）很疑惑地发现，1 000 多年来，印度人几乎没有留下什么历史记载，而隔壁的中国人的史料却汗牛充栋。他怀疑，世袭种姓制度社会的统治者认识到，学者四处去考察过去的记录没什么好处，他们没准儿能找到一些证据，削弱本来源自英雄和诸神的主张。布朗研究了 25 个文明，比较了那些世袭等级制度和其他制度。没有一个等级社会曾发展出对过去准确书面记录的传统；取代历史的是神话和传说。等级社会的特征还有，它们缺乏政治学、社会科学、自然科学、生物、现实主义肖像画和统一的教育。

好的科学是学究式的、昂贵的和具有颠覆性的。它不大可能是像我们祖先那样不识字的原始人群中的一种选择压力，我们也应当将人们天然的“科学”能力与真正意义上的科学区别开来。

分类就是推理

滑稽演员罗伯特·本切利（Robert Benchley）说，世界上有两类人：把世界上的人分作两类人的人和没有把世界上的人分作两类人的人。在第2章中，当我问到为什么心智会保持跟踪个体时，我假设心智形成了类别。然而，分类的习惯也值得商榷。人们将东西和人放到心理盒子里，给每个盒子起了名字，从而对盒子中的内容同样对待。但既然我们人类就像指纹一样，每个人都是独特的，而任何两片雪花也不一样，那为什么我们总是有着这种想要把事物分类的倾向呢？

心理学教科书通常有两种解释，但都说不太通。一种解释是，记忆容不下对我们感觉狂轰滥炸的所有事件；只有存储它们的分类，我们才能减少负荷。但大脑有成兆的突触，似乎不大缺少储存空间。如果说当这些实体是组合型的——如英语句子、国际象棋棋局、在所有位置的所有颜色和大小的形状——记忆就容纳不下了，因为组合型爆炸的数目会超过宇宙中的粒子数量，远远大于脑容量的最慷慨估测，这么说还比较合理。但相对于宇宙，人们只能存活微不足道的20亿秒，因而没有任何确定的原因知道，为什么大脑不能记录我们所体验经历的每个物体和世界。此外，我们往往既能记忆类别，也能记忆这个类别中的成员，比如月份、家庭成员、大洲和棒球队，因此类别增加了记忆负担。

另一种解释是，主张分类本来就是大脑的天性之一；没有类别，心理活动就会乱成一团糟。但出于自身的缘故，组织是没用的。我有一个强迫症朋友，他妻子告诉别人他不能接电话，因为他正在忙着将衬衫按照字母顺序摆放好。有时我会收到一些来自理论学家们冗长的手稿，他们宣称发现宇宙万物均归为3类：圣父、圣子和圣灵；质子、中子和电子；男性、女性和中性；休伊、杜威和路易[①]；诸如

① 唐老鸭的三个侄儿。——译者注

此类，长篇累牍。

心智需要分类的原因是，心智需要从类别中得到东西，这个东西就是推理。显然我们不可能知道关于每个物体的所有事情，但我们可以观察到它的一些特征，把它分配给一个类别，并根据这个类别推测我们所没有观察到的特征。如果 Mopsy 有长耳朵，它就是一只兔子；如果它是一只兔子，它就应该吃胡萝卜、蹦蹦跳跳地走、吃起东西来也像一只兔子。类别越小，推测越准确。知道 Peter 是一只美洲白尾灰兔，我们可以推测它会生长、呼吸、移动、母乳喂养，估计它生活在开阔的乡村或是林区的开阔处，传播兔热病以及传染黏液瘤病。如果我们只知道它是一个哺乳动物，这个清单就只包括生长、呼吸、移动和母乳喂养。如果我们只知道它是动物，上述清单就会缩小到仅包括生长、呼吸和移动。

另一方面，将 Peter 归类为美洲白尾灰兔要比将它归类为哺乳动物或动物难得多。要将它归类为哺乳动物，我们只需注意到它是长毛的和会动的，但要把它归类为美洲白尾灰兔，我们需要注意到它有长耳朵、短尾巴、长后腿，尾巴下侧是白色的。要识别特定的类别，我们需要检查太多的特征，以至于几乎没剩下几个可预测的特征了。绝大多数我们日常生活中的类别处于中间地带：“兔子”，而非哺乳动物或美洲白尾灰兔；“汽车”，而非车辆或福特天霸；“椅子”，而非家具或躺椅。它们表示了在识别类别的困难程度和类别对你的益处之间的一种折中。心理学家埃莉诺·罗斯（Eleanor Rosch）将其称为基础水平的类别。它们是孩子们学习关于物体的最初词汇，通常也是我们见到这些物体时给它们分配的初始心理标签。

是什么使得像“哺乳动物”或“兔子”这样的类别就比“以 H 开头的公司制造的衬衫”或“用精致的驼毛笔画的动物”这样的类别更好呢？许多人类学家和哲学家认为，类别是任意性约定，它们是我们在语言中被标准化的一些文化偶然事件中学到的。人文学科中的解构主义、后结构主义和后现代主义将这个观点推向极致。但类别只有在它们与世界运行的方式相契合时才是有用的。幸运的是，对我们来说，世界上的物体并不是以均匀且随机的方式呈现出每一种一堆堆群聚的分布状况。有着棉尾巴的生物一般也会有长耳朵，并生活在林地的开阔处；有鳍的生物一般也有鳞，并生活在水中。除了儿童书中让孩子自己拼贴的怪物之外，世上没有长着鳍的棉尾巴动物或耷拉耳朵的鱼。存在于我们心里的类别盒子之所以有用，正是因为这世上的事物本来就是以成堆的方式存在着的，而这一堆堆的事物又恰好能够被放进这些类别盒子里。

那是什么使得物以类聚？世界是根据科学和数学发现的规律来塑造和归类的。物理规律指定，比水密度大的物体会在湖底而不是在湖面被发现。自然选择和物理规律指定，迅速穿过流体的物体具有流线形状。遗传规律指定，子女与父母相似。解剖学、物理学和人类意图的规律使得椅子具有足以稳定支撑人体的形状和材质。

正如我们在第 2 章中看到的那样，人们会将事物分作两种形式的类别。我们把游戏和蔬菜当作具有成型规则、模糊边界和家族般相似性的类别。这种类别自然地落入模式 - 关联器神经网络中。我们将奇数和女性当作具有定义、非此即彼边界和贯穿其成员间共通主线的类别。这种类别自然由系统规则来计算。我们把一些东西同时放到这两种心理类别中——我们把“奶奶 / 姥姥”想作是头发灰白的松饼分配者；我们还把“奶奶 / 姥姥”想作是爸爸 / 妈妈的母亲。

现在我们可以解释为什么会有这两种思维方式了。模糊类别源自观察物体和不假思索地记录它们特征之间的关系。它们的预测效力来自相似性：如果 A 和 B 有一些共同特征，它们可能还有另外一些共同特征。它们的作用体现在记录现实中的聚类。相对而言，界定清晰类别的作用体现在挖掘出聚类存在的规律。它们源自人们对世界如何运转的最佳猜测的直觉理论。它们的预测效力来自推理：如果 A 包含 B，且 A 正确，那么 B 也正确。

真正科学的意义在于，超越模糊感觉的相似性，抵达其背后的规律法则。鲸不是鱼；人是猿；固态物质大多是空的。尽管普通人不完全像科学家一样思考，但他们在推理世界如何工作时，也让他们的理论超越相似性。例如，下面 3 个事物中，哪两个是属于一组的：白头发、灰头发、黑头发？白云、灰云、黑云呢？

大多数人说黑头发与其他两个不同，因为年纪大后头发先变灰然后变白，但白云与其他二者不同，因为灰云和黑云都会下雨。比方说我告诉你，我有一个 3 厘米的圆盘状东西，它与哪个更相似，一枚硬币还是一块比萨饼？它更可能是什么，一枚硬币还是一块比萨？大多数人说，它更类似于一枚硬币，但更可能是一块比萨饼。他们的推理是硬币的形状是标准的，而比萨饼形状会变化。在去一片未开发森林的旅途中，你发现了一条蜈蚣、一条长得像蜈蚣的毛毛虫和毛毛虫变成的蝴蝶。你共发现了几种动物，哪些是属于一类的？大多数人与生物学家一样，觉得毛毛虫和蝴蝶是相同的动物，但毛毛虫和蜈蚣不是，尽管从外观上看恰恰相反。你第一次观看篮球比赛时，你看到穿绿色运动衫的黄头发球员运着球向东边的篮筐跑，穿黄色运动衫的黑头发球员运着球向西边的篮筐跑。哨声响起，一个穿绿色运动衫的黑头发球员入场。他会向哪个篮筐跑？每个人都知道他是向东边的篮筐跑。

这些违背相似性的猜测来自有关衰老、天气、经济交易、生物学和社会联盟的直觉理论。它们都属于更大的系统，这些系统所包含的隐含假设是关于事物种类和决定种类规律的。这些规律可以在心理上加以组合运用，从而对未看到的事件进行预测和推断。每个地方的人都有一些朴素的观点，其中包括：关于物理学的，可以预测物体如何滚动和弹跳；关于心理学的，可以预测其他人想什么和做什么；关于逻辑学的，可以根据一些真理推导另一些内容；关于算数的，可以预测累积的效应；关于生物学的，可以对有生命的东西及其力量进行推理；关于亲缘关系的，可以对相关程度和遗传性进行推理；还有各种社会和法律规则系统。本章的大部分内容探讨了这些直觉理论。但首先我们必须考虑：什么时候世界使得理论（科学的或直觉的）有效，什么时候它迫使我们退回到由相似性和成型规则界定的模糊类别中。

我们的模糊相似性聚类源于哪里呢？它们只是源自那部分我们不大了解的世

界，以至于我们无从获知其背后的规律吗？还是世界真的有模糊的类别，即使我们有最好的科学理解力也是如此？这些问题的答案取决于我们所看的是哪部分世界。数学、物理和化学运用的是遵循公理和规律的确定类别，比如三角形和电子。但在任何历史发挥作用的领域中，比如生物学，成员们随着时间漂进漂出于法定的类别，使其边界参差不齐。一些这样的类别可以界定，但另一些却真的很模糊。

绝大多数生物学家认为，物种是法定的类别：物种是在繁殖上相对隔离并适应于所处环境的生物群落。适应于恰当的栖身之所和同种内繁殖使得群落同质化，所以在一个给定时间段，物种是世界中的一个真正类别，分类学家可以用界定清楚的标准对其进行识别。但表示一个先祖物种后裔的更高分类类别就不是那么清楚了。当祖先的生物体四散分布后，它们的后代失去了联系，并定居于新的家园，最初的美丽图案已然消失而需另起炉灶重新来过。知更鸟、企鹅和鸵鸟，都有一些共同的特征，比如羽毛，因为它们都是同一个适应了飞翔群落的曾曾曾孙子辈。它们各不相同是因为鸵鸟在非洲因而适应了奔跑，而企鹅在南极洲因而适应了游泳。飞翔，曾经是所有鸟类的象征，而现在仅仅是它们成型规则的一部分而已。

至少对鸟类来说，有一种明确的生物类别它们都能适合：一个进化分支，即生物体谱系图的确切一枝。这一枝代表了同一祖先群落的后裔。但并非所有我们熟悉的动物类别都能限定于一个分支。有时，一个物种的后裔彼此差异如此不均，以至于它们的后代几乎都认不出来了。这些小分支需要被删减，以保持我们所知晓的类别，因而主干就由于参差不齐的残株存在而显得面目全非。这样它就变成了一个模糊类别，其界限由相似性来界定，而没有一个明晰的科学定义。

例如，鱼并不占据生命之树的一个分支，鱼的分支之一肺鱼，产生了两栖动物，两栖动物的后裔包含爬行动物，爬行动物的子孙又包括鸟类和哺乳动物。没有清晰的定义来挑选出所有的且仅仅是鱼的范畴，生命之树中没有一枝仅包括了鲑鱼和肺鱼，却不包括蜥蜴和奶牛。分类学家们激烈地争辩着如何处理像鱼类这种对小孩显而易见、却没有科学界定的类别，因为它们既不是物种也不是进化分支。有些人坚持认为，没有像鱼这样的东西；它只是普通人的一种刻板印象。另一些人试图用计算机算法来为像鱼这样的日常类别重新复原，将生物体分为具有共同特征的聚类簇。还有一些人奇怪为什么这样大惊小怪；他们把像科和目这样的类别仅仅看作事关方便和偏好——那么，哪些相似性讨论起来更重要呢？

对于枝节被删减的残株，分类尤其模糊，所谓删减的枝节，就是一个新种群不幸灭绝的先祖物种。鸟类祖先的始祖鸟化石，被一位古生物学家描述为“一个穷光蛋爬行动物，不怎么像鸟”。不合时宜、削足适履地把灭绝的动物硬塞入它们所孵育的现代类别中，是早期古生物学家的一个坏习惯，古尔德在其著作《奇妙的生命》（*Wonderful Life*）中对此做了饶有趣味的描述。

因此，这个世界有时给我们展示了模糊的类别，而记录它们的相似性就是我们所力所能及的。现在我们可以把问题再转过来：世界曾经给我们展示了明确的类别吗？

语言学家乔治·莱考夫（George Lakoff）在他的著作《女人、火与危险事物》（*Woman, Fire and Dangerous Things*）（根据澳大利亚语言中一项模糊的语法类别所命名）一书中认为，原始的分类是编造的。它们是寻找定义的坏习惯所造的人工制品，这种坏习惯是我们从亚里士多德那里继承来的，而现在必须摆脱。他让他的读者去发现世界中泾渭分明的类别。转动显微镜，边界就会变得模糊不清。举一个教科书般的例子，“母亲”这个类别的定义似乎直截了当，就是“女性的父母”。哦，是吗？那代孕母亲呢？养母呢？卵子捐助者呢？或者以物种为例，一个物种应当有一个清晰的定义：通常情况下，物种是一群生物体，其成员能够通过交配来繁殖后代。但即使这个定义也经不起仔细的审查。有些四散分布的、逐渐变化的物种，其分布范围西侧的动物可以与中间的动物交配，中间的动物可以与东侧的动物交配，但西侧的动物却不能与东侧的动物交配。

这些观察都很有趣，但我认为，它们忽视了一个重要内容。规则系统是从现实的复杂方面中提炼抽象出来的理想化状态。它们在纯粹的形式上永远看不到，但绝不因此而少一丝真实。没有人曾经真正见到过一个没有厚度的三角形、一个没有摩擦的平面、一个点、一种典型气体或一个无限随机杂交的群落。这不是因为它们是无用的虚构之物，而是因为它们被世界的复杂性和有限性所掩盖，被许多层噪声干扰所屏蔽。“母亲”的概念在许多理想化的理论中界定得非常清楚。在哺乳动物遗传学中，母亲是总携带着一个 X 染色体的性细胞来源。在进化生物学中，她是更大配子的产出者。在哺乳动物生理学中，她是胎儿期生长和出生的场所；在系谱学中，她是直接的母系祖先；在一些法律情境中，她是孩子的监护人和孩子父亲的配偶。“母亲”的混合概念取决于对所有抽象化系统选出同一实体的抽象化：卵子贡献者养育了胚胎，生出了子女，并抚育他 / 她，同时嫁给了精子捐献者。就像摩擦没有驳倒牛顿一样，对遗传学、生理学和法律抽象化校准的外来干扰并没有使“母亲”在上述任何系统中变得更为模糊。我们的理论，无论是通俗的还是科学的，都能够从世界的混沌中抽象出来，揭示其背后的缘由动因。

当我们在读到人类喜欢将事物放进一个个以成型规则组织起来的小盒子时，很难不思考种族主义的悲剧。如果人们对兔子和鱼都会形成刻板印象，那么种族主义是我们与生俱来的吗？如果种族主义是与生俱来的和非理性的，那就是说，对成型规则的热爱是我们认知软件中的一个瑕疵吗？许多社会和认知心理学家会回答，是的。他们认为，种族成见还体现在对形成类别的过度热忱，以及对显示这种成见是错误的统计规律置若罔闻。一个神经网络建模者的互联网讨论组曾对哪种学习算法能最好地模拟阿齐 · 邦克展开辩论[①]。讨论者假定，人们当神经网络表现不佳或被剥夺好的学习例子时，他们就成为种族主义者。只要我们的网络能够使用适当的学习法则并输入足够的数据，它们就会超越错误的刻板印象，正确地记录人类平等的事实。

① 美国 20 世纪 70 年代情景喜剧《一家子》的主人公，保守的种族主义者。——译者注

一些种族刻板印象确实是基于错误的统计或根本没有统计；它们是自动给外来者抹黑的阴暗心理的产物（见第7章）。其他一些成见可能是基于对不存在的人群的正确统计，比如对我们日常在电影、电视上看到的虚构人物的统计：意大利黑手党、阿拉伯恐怖分子、黑人贩毒者、亚洲武术高手、英国间谍等。

但不幸的是，一些刻板印象也可能是基于对真实人群的正确统计。目前在美国，种族族裔群体之间在学校平均表现和暴力犯罪率方面都存在着真实和显著的差异。当然，统计数字对遗传性或其他任何推定原因没有任何解释力。普通人对这些差异的估计一般是准确的，在一些情况下，与某个少数群体有更多接触的人更为悲观些，同时不幸的是，他们也更为准确地估计了负面特征，如不合法和福利依赖性。一个好的统计类别制订者会发展出对种族的成见，并以此对个体情况做出精确而合乎理性却在道德上令人唾弃的决策。这种行为也是种族主义行为，不是因为它的非理性（在统计不准确的意义上），而是因为它藐视了“用种族或族裔群体的统计数据来判断个人是错误的”这条道德原则。因此固执的争辩不是源于对理性统计分类器的设计细节，而是源于一个规则系统，在本例中是伦理的规则，这个系统告诉我们何时关闭我们的统计分类器。

信念和欲望，解读事物的最好方式

你不断地转换频道，终于找到了《洛城法律》（*L.A.Law*）的重播，你想知道恶妇律师罗莎琳德·夏斯为什么在证人席上哭泣。如果有人解释说她泪腺的流体量增加了，直到压力超过表面张力，以致其流泪，你会喝止这种言论。你想了解的是，她希望打赢诉她前任雇主的案子，所以挤出鳄鱼的眼泪好让陪审团相信她，公司解雇她给她造成了毁灭性的打击。但如果你看了下一集，想知道她为什么意外地跨过那扇开着的门，跌入电梯井底，你会知道，她的动机与任何人无关，只是弗洛伊德式的疯癫。任何自由落下的物质，包括罗莎琳德·夏斯，以9.8米每平方秒的加速度下落。

解释一个事件有多种方式，其中一些比另一些更好。即使有一天神经科学家解开了大脑整个连线图的密码，真相估计也是人类行为需要用信念和欲望的方式来对其解释，而非用伏特和克的方式。物理学对狡诈律师的诡计给我们提供不了任何线索，甚至也不能解释我们有关生物的许多更简单的行为。正如理查德·道金斯所说："如果你把一只死鸟扔到空中，它会画出一道优雅的抛物线，完全按照物理书上所说的，然后掉在地上待在那儿。它的行为表现就像某种物质的固态实体在风阻力中应当表现的那样。但如果你将一只活鸟扔在空中，它不会画出抛物线然后掉在地面。它会飞走，或许都不会在这个县域着陆。"我们了解鸟和植物的内部结构。为了要知道它们为什么移动和生长，我们把它们切开，一点一点放到显微镜下。而对像椅子和铁撬这样的人工制品，我们需要另一种解释：对该物体功能的描述。要是为了理解为什么椅子有一个稳定的水平表面而把它们切开，一点一点放到显微镜底下，这就有些傻了。其解释是有人设计了椅子来支撑上面的一个人。

许多认知科学家相信，心智配备了固有的直觉知识理论或模块，这成为合理化认识世界的主要方式。心智配备的模块有关于物体和力的、关于生物的、关于人工制品的、关于心智的，还有关于像动物、植物和矿物这种自然种类的。别把"理论"这个习语太当真，正如我们看到的，人们并不真像科学家们那样工作。也别把"模块"这个隐喻太当真，人们能把自己理解世界的方式混杂和匹配。例如，像"扔"这样的概念将意图（直觉知识心理学）与动作（直觉知识物理学）结合在了一起。我们常常将思考的方式应用于它们本不是被设计用作的题材，比如滑稽幽默（人作为东西），万物有灵宗教（树或山有心智）以及拟人化的动物故事（动物有心智）。正如我提到的，我更愿意以解剖学的理解方式来思考，如心智系统、器官和组织，类似于免疫系统、血或皮肤。由于心智特殊的结构，它们实现了专门化的功能，却并不一定是以封装胶囊的形式包装的。我还要再补充一句，直觉知识理论、模块或理解方式的清单的确太短。认知科学家把人们当作是没有古怪耳朵的斯波克先生。一种更现实的库存清单还会包括对危险、感染、地位、统治、公平、爱、友谊、性、孩子、亲戚和自我的思考和感觉方式。我们将在稍后的章节中探讨以上内容。

不同的思考方式是固有的，这不等同于知识是固有的。很显然，我们需要学习有关飞盘、蝴蝶和律师的内容。讨论天生模块并不意味着尽量少学习，而是要去解释学习本身。学习所涉及的不只是记录经验，学习需要表述所记录的经验，以便它们以有用的方式加以一般化。VCR 在记录上非常出色，但没有人会把这种现代形式的白板看作是智能的范式。当我们观察律师工作时，我们对他们的目标和价值观下结论，而不是对他们的语调和肢体运动轨迹下结论。目标和价值观是我们在心理上表达体验的一种词汇。它们不像“动量”可由质量和速度组成，或者“功率”可由能量和时间组成，可以根据我们的物理知识由更简单的概念组成。它们是原始的或不能简化的，更高阶的概念是以它们来界定的。要理解其他领域的学习，我们也需要它们的词汇术语。

由于像词汇一样的组合系统可以产生海量的组合，那么人的思维是否可以由单个系统产生呢？是否存在一个心智的通用目的世界语呢？即使是一个非常高效的组合系统也有它的局限。一个计算器能够加减乘除海量的数字，但它永远不会拼出一个句子。一个精致的文字处理器能够用所有的字母组合打出无穷的藏书，但它永远不能把它拼读出的数字加起来。现代数字计算机可以用少量的东西做大量的事情，但所谓“少量”仍包括文本、图像、逻辑和几种数字的独特且基本的词汇。当计算机被设计了人工智能推理系统程序，它们需要被初始程序赋予对世界基本类别的理解：不能同时处于两个地方的物体、存活于一段固定时间的动物、不喜欢疼痛的人等。对人类心智来说也是如此。即使是十几个固有的心理词汇——批评者认为这是一个疯狂的想法——也将会是这少量的数目组成了整个人类思想和感情，包括从《牛津英语大字典》中的 50 万个单词到《天方夜谭》中的 1 001 个故事。

我们生活在物质世界之中，因此，在我们生命当中第一件必须弄明白的事，就是物体相互碰撞的方式。直到最近，所有人都以为婴儿的世界是一个感觉的万花筒，用威廉·詹姆斯著名的话来说就是“万物生长，杂乱无章”。皮亚杰认为，婴儿是感觉运动的生物，不知道物体的黏着性和一致性，也不知道世界的运转是根据外部规律而不是自身的行动来决定的。婴儿就像唯心主义哲学的那首著名打油诗中的那个人一样：

> 曾经有个人这样说：
> “上帝一定会特困惑，
> 理由是因为他发现：
> 这树依然葱绿如昨；
> 院中却已无人故我。”

有观点认为，世界是一个幻象或者物体在你不看它们时就不存在，哲学家指出，这种观点无法被任何观察所驳斥。婴儿终其一生都将体会到万物生长、杂乱无章的感受，除非他被安设了一个心智装置，来把这些蓬勃生长和杂乱噪声解释为物体遵循一致的机械规律的外部符号。我们应当期望，婴儿在生命之初会显示出对物理的一定理解。

只有细致的实验室研究才能告诉我们婴儿像什么——而不是曾像什么。不幸的是，婴儿是最为困难的实验对象之一——他们甚至比老鼠和大二学生还要难对付。让他们产生条件反射不太容易，而且他们不讲话。不过由心理学家伊丽莎白·斯波尔克（Elizabeth Spelke）和瑞内·巴尔亚容（Renée Baillargeon）完善的一种巧妙的技术充分利用了婴儿擅长的一项本领：失去兴趣。当婴儿不断重复看到相同的旧东西时，他们就转看别处来表示厌倦。如果出现一个新东西，他们就抬起头来盯着看。这样，观察者心中就有了“旧东西”和“新东西”之分。通过观察什么激起了婴儿的兴趣，什么拖长了他们的厌倦，我们可猜出婴儿把什么东西看作是相同的，把什么东西看作是不同的——这就是他们如何给体验分类。特别说明问题的是，当一块幕布开始挡住婴儿的一部分视线然后移开时，我们可以试着读出婴儿是如何来思考那部分看不见的世界的。如果婴儿的目光只是暂时被吸引，然后就去看别处了，我们可以推断出，景物一直就在婴儿的心中。如果婴儿注视的时间很长，我们可以推断，景物的出现令他们感到奇怪。

3~4 个月大的婴儿通常是接受测试中月龄最小的，既因为他们的行为比再小些的婴儿更好，也因为他们的立体视觉、移动感知、视觉注意和视觉敏锐度刚刚成熟。测试本身不能确定什么是天生固有的，什么不是天生固有的。3 个月大的婴儿不是前一天才出生的，所以在理论上讲，他们所知道的任何事都可能是习得的。而且 3 个月大的婴儿仍在许多方面有待成熟之处，所以他们稍后将知道的任何事也可能是无须学习而自动出现的，就像牙齿一样。不过通过研究婴儿在这个年龄知道些什么，这一实验缩小了备选的范围。

斯波尔克和菲利普·凯尔曼（Philip Kelman）想看看婴儿把什么看作是一个物体。我在第 4 章中提过，即使是对于一个成年人来说，说出一个“物体”是什么也并非易事。一个物体可以被界定为具有光滑侧影的视域延伸，也可以被界定为一个具有同样颜色和质地的延伸，或是一个具有若干共同移动部分的集合体。依照这些定义，我们可以尝试抽出这些相同的部分，但如果做不到，表明它们确实是共同移动的。当各个组成部分共同移动时，我们把它们看作是一个物体；当组成部分各走其道时，我们把它们视为分开的物体。物体的概念是有用的，因为彼此附着在一起的物质通常是共同移动的。自行车、葡萄藤和蜗牛或许是由不同材料装配到一起的，但如果你选择了一端，另一端也会一起走。

凯尔曼和斯波尔克从一个宽幕布的顶端和下面伸出两根棍子来让婴儿厌烦。问题是，婴儿是否把小棍子看作单个物体的一部分。当幕布移走时，婴儿或者看到一根长棍子，或者看到两根中间有缝隙的短棍子。如果婴儿把它想作单个物体，那么看到一个物体会感到厌倦，两个则会让他们惊讶。如果他们以为每根棍都是一个物体，那么看到一个物体就会令其惊讶，而看两个就会觉得厌倦。控制实验测量了婴儿在事先没看任何东西的情况下，看一个物体和看两个物体分别持续多长时间，并减去基础时间。

人们估计，婴儿会把两件东西看作是两件，或者，他们如果在心理上把这些东西联结起来，会利用物体特征之间的所有相关来作为标准：光滑的侧影、共同的颜色、共同的质地以及共同的移动。但很显然，婴儿在生命早期就有了对物体属格的想法判断，这种判断也是成人概念的核心内容：一起移动的部分。当从幕布背后伸出的两根小棍一同来回移动时，婴儿把它们看作是一个物体；如果幕布升起后显示是两个物体，它们会感到惊讶。当它们不同时移动时，婴儿不认为它们是同一个物体，即使可见的部分有着同样的颜色和质地。当一根小棍从上边伸出，一个参差不齐的红色多边形从下边伸出，它们一同来回移动时，婴儿会以为它们是连在一起的，即使这两个东西除了共同的移动外没有其他任何共同之处。

在直觉知识物理学的其他原则中，孩子是成人的父母。第一个原则是，一个物体不能像幽灵一样穿过另一个物体。瑞内·巴亚尔容指出，当一个立方体前面的一块板设法向后跌落，平躺在地上，正好穿过立方体应当占据的空间时，4 个月大的婴儿会感到奇怪。斯派尔克和同事证实，婴儿不认为一个物体会穿过一道比物体还要窄的障碍或缝隙。

第二个原则是，物体沿着连续的轨迹移动：它们不会在一个地方消失，又在另一个地方现身，就像《星际迷航之进取号》中的转运室一样。当婴儿看到一个物体从左侧幕布的左侧后面经过，然后似乎又从右侧幕布的右边重新出现，而没有穿过两块幕布之间的缝隙时，他就估计自己看到了两个物体。当他看到一个物体从左侧幕布后经过，又出现在这块幕布的另一边，穿过缝隙，然后经过右侧幕布后面，他就推测自己是在看一个物体。

第三个原则是，物体是具有内聚性的。当一只手拿起一个看上去像一个物体，但这个物体的一部分却留在后面的东西时，婴儿会感到惊讶。

第四个原则是，物体只有通过接触才会互相移动——也就是说，物体之间是不可能存在远距离的相互作用的。在不断看到一个物体从后面经过，而另一个物体弹出来后，婴儿们会期望看到像台球一样一个引发另一个的情况。当幕布显示一个球停止一小会儿后，第二个才刚升起来时，他们会感到惊讶。

所以 3~4 个月大的婴儿能看到物体、记住它们并期望它们在移动时遵循连续、内聚和接触的法则。婴儿们不像詹姆斯、皮亚杰、弗洛伊德和其他思想家那样顽固不化。正如心理学家戴维·杰尔瑞（David Geary）所说，詹姆斯的“万物生长、杂乱无章”是对父母生活的良好描述，而不是针对婴儿生活的描述。这个发现还推翻了认为婴儿通过操控物体、绕着它们走、谈论它们或者听到人们谈论它们而让世界停止运转这样的看法。3 个月大的婴儿几乎不能辨别方向、看、触摸和伸手拿东西，更不用说操控、行走、谈话和理解了。他们不可能用标准的互动、反馈和语言技巧来学习任何事情。尽管如此，他们还是在聪明地理解着一个稳定和有规律的世界。

自豪的父母还没到给麻省理工学院招生办公室打电话的时候。小婴儿至多对重力有着不确定的理解。他们对“当一只手把桌子上的盒子推下去而盒子仍悬在空中”的事情，会感到惊讶；但只要用桌子边缘或指尖轻轻一触，就足以令他们觉得一切正常了。而且当幕布升起显现出一个下落的物体抗拒了重力，停在半空中时，他们也没觉得有什么异样。看到一个球滚过桌上的一个大洞而没有掉进去，他们也没有不知所措。婴儿对惯性也不大了解。例如，当看到一个球滚向一个盖住的盒子的一角，却出现在另一角时，他们没显示出多大兴趣。

但成人对于重力和惯性的掌握也不那么坚实。心理学家迈克尔·麦克劳斯基（Michael Mclloskey）、阿方索·凯拉马萨（Alfonso Garamazza）和伯特·格林（Bert Green）向大学生们提出这样的问题：当一颗球从一个弯曲的管子中弹射出去会发生什么，或者当旋转的绳球被割断了绳子会怎样。令人沮丧的是，有不少学生，包括许多曾经修过物理课的人，都猜测它会继续沿着弧线轨迹运动（牛顿第一定律断言，一个移动的物体会沿着一条直线持续运动，直到有一个力作用于它）。这些学生解释说，这个物体获得了一个“力”或者“动量”（一些学生记着的是不明其意的术语而不是概念，称其为“角动量”），这个“力”或者“动量”会推动着它沿着曲线运动，直到动量被耗尽，轨迹才变成直线。他们的信念正出自中世纪的理论：一个物体受到一种“原动力”的推动，使其保持运动，然后逐渐散逸。

这些大笑话源自有意识的理论化：它们不是人们心理有准备看到的。当人们把他们的答案用计算机动画模拟时，他们爆发出大笑，仿佛是看到大笨狼把必必鸟追赶到悬崖边，在直扑向前时停在了半空中。但认知误解远甚于此。我把一个球直扔上去，它离开我的手后，上升时，到顶峰时，下降时，都有哪些力作用于它？人们几乎不可能不认为动量带着球挣脱重力上升，到达顶峰时二力相当，然后重力越来越强并把它拉下来。正确答案是，重力是唯一自始至终作用的力。语言学家莱昂纳多·泰尔米（Leonard Talmy）指出，原动力理论灌注在我们的语言之中。当我们说“球在不停地滚，因为风在吹它”时，我们的推论是，球本身有一种固有的静止趋势。当我们说笔架把铅笔保持在桌子上，我们在暗示铅笔有着移动的倾向，更不用提对牛顿第三定律（作用力与反作用力）的蔑视，而给笔架灌注了一种更大的力了。泰尔米像大多数认知科学家一样，相信概念驱动语言，而不是语言驱动概念。

当研究更为复杂的移动时，甚至连知觉也辜负了我们。心理学家丹尼斯·普洛菲特（Dennis Proffitt）和戴维·吉尔登（David Gilden）曾问过人们一些关于陀螺、滚下斜坡的轮子、碰撞的球、“阿基米德在浴缸中的位移”等简单问题。如果不允许在纸上玩弄等式，甚至连物理学教授都猜错了结果。（如果允许用纸笔计算，他们会花一刻钟算答案，然后宣称这个问题“太小儿科”。）对于这些位移，对不可能事件的视频动画看起来很自然，确实，可能的事件看上去不自然：一个倾斜而不跌倒的陀螺对我们大家来说都是一个奇妙的物件，即使对物理学家也是如此。

发现心智是非牛顿力学的，这并不令人奇怪。经典力学中理想状态的移动只有在真空中无摩擦平面上移动的弹性质点上才能看到。在现实世界中，牛顿定律被空气中、地面上和物体自身分子的摩擦所掩盖。摩擦减慢了所有东西的移动并使静止的东西保留在原地，所以人类很自然就觉得物体有着静止的固有趋势。正如科学史学家所言，要说服一位正想方设法要把陷在泥里的牛车弄出来的中世纪欧洲人，运动的物体是以不变的速度沿着一条直线持续运动的，除非受到一个外力的作用，想必是一件非常困难的事。像旋转的陀螺和滚动的轮子这样复杂的运动有着双重劣势。它们依赖于有着可以忽略的摩擦，而且它们的运动是由许多变量同时相关的复杂等式所支配的。我们的直觉知识系统即使是在最好的条件下，一次也只能处理一个问题。

即使是最聪明的婴儿也有许多要学习的内容。孩子成长的世界中有沙子、尼古拉带、胶水、内尔夫塑胶球、摩擦气球、蒲公英种子、回飞飞镖、电视遥控器、还有无数的其他物体，它们的奇特性质都推翻了牛顿定律的一般预测。婴儿们在实验室中所展示的早慧并不意味着他们不需要学习关于物体的知识，而正是这种早慧才使得学习成为可能。如果孩子们不把世界刻画成物体，或者如果他们乐于相信物体会神奇地消失再出现于他处，他们就会无处依托，来证实他们对于黏着、蓬松、粘稠等特性的发现了。他们也发展不出亚里士多德理论、原动力理论、牛顿理论或是大笨狼理论中所体现的直觉知识了。总之，直觉物理学若要能适用于中观世界，它就一定得运用上物体的性质和运动的规律；而从生命的初期开始，婴儿正是通过这些观点来看待这个世界的。

这儿有一个电影情节。主人公想方设法要达到一个目标，对手则在阻挠。在一个帮手的协助下，主人公终于取得了成功。这个电影描绘的不是一个虚张声势的英雄在一个浪漫友人的帮助下挫败了卑鄙小人的故事。可以将演员们看成三个点。一个点沿着一条倾斜的线向上移动一定距离，退了下来，又上去，直到它快到顶端。另一个点突然猛撞了过去，第一个点又退了回来。第三个点温柔地和第一个点接触并一起移动直到斜线的顶端。我们把第一个点看作是试图爬上一座小山，把第二个点看作是阻挡它，把第三个点看作是帮助第一个点达到目标，是一件几乎不可能的事。

社会心理学家弗里茨·海德尔（Fritz Heider）和 M. 西梅尔（M.Simmel）是影片的制作人。他们与许多发展心理学家一道得出结论，人们不是把移动作为他们直觉知识物理学中的特例（或许是当作有弹性的怪异物体），而是把它当作不同种类的实体。人们将某些物体解释为有生命的行为体。对行为体的识别是根据它们违背直觉知识物理学的能力，这种违背体现在无须外部推力的启动、停止、转弯或加速，特别是当它们持续地接近或避开另一些物体时。这些行为体被认为是具有一种内部的、可重续的能量、力、动力或魅力来源，这些行为体以其来推动自身，通常用于实现一个目标。

这些行为体就是动物，当然也包括人。科学告诉我们，这些行为体就像其他宇宙万物一样，也遵循物理学规律，只不过移动的物质中在肌肉和大脑里包含了微小的分子。但在神经生理学实验室之外，普通的思考者们则要把它们分配到一种无根由的不同类别中。

婴儿在生命早期就把世界分为有生命的和无生命的两种。3 个月大的婴儿看到一张脸突然静止不动会烦躁不安，而看到一个物体突然停止移动则不会觉得异样。他们靠推东西来试图把物体拿到身前，而靠发出声音来让人们靠近自己。到 6~7 个月大时，婴儿就能够辨别到底是手作用于物体还是其他物体作用于物体了。他们对于什么使人移动和什么使物体移动有着相反的估计：物体彼此启动靠碰撞；人的启动和停止靠自身。到 12 个月大时，婴儿在解释运动点的卡通动画时，仿佛把点看作是在追寻目标。例如，一个点在去往另一个点的途中原本要跳过一个障碍，当障碍被移除时这个点就走了捷径，对此婴儿并不感到惊讶。3 岁大的孩子对卡通点的描述基本上与我们的描述是相同的，他们也能够区分自己能够移动的东西（如动物）和自己不能移动的东西（如玩具娃娃、雕像和栩栩如生的动物小人像）。

对于自我推动的行为体的直觉知识与另外三个重要理解方式有所重叠。大多数行为体是动物，而动物像植物和矿物一样，是自然赋予我们感觉的类别。一些自我推动的东西，如汽车和摆动玩具小人，则是人工制品。还有许多行为体不仅接近或回避目标，其行为还出自信念和愿望；也就是说，它们有心智。下面我们来分别看看每一类。

每一个人都是一位优秀的业余生物学家。我们喜欢观察动植物，将它们归入生物学家能识别的分类，预测它们的运动和生命周期，把它们的汁水作为药物、毒药或食品添加剂。这些让我们得以适应环境的技能，来自一种理解世界的方式，我们称之为民间生物学，或许“民间自然历史”是一个更恰当的术语。人们对于自然种类有着某种直觉知识——大致说，就是在自然历史博物馆中找到的那类东西，比如动物、植物和矿物——这些东西不能应用于人工制品，如咖啡壶，或是直接由规则规定的种类，比如三角形和首相。

狮子的定义是什么？你或许会说“狮子是一种生活在非洲的大型凶猛猫科动物”。但假如你了解到，10 多年前狮子在非洲已被猎捕至灭绝，现仅存于美国的动物园中。假设科学家发现狮子并不是天生凶猛；它们只有在不健全的家庭中成长才会那副样子，否则就会像《绿野仙踪》中的伯特·拉尔那么善良。假设我们发现狮子甚至不属于猫科。我有一个老师认为狮子实际上属于犬科，尽管她错了，但她本来有可能是对的，就像鲸结果被发现是属于哺乳动物，而不是鱼一样。但如果这个思维实验被证明是正确的，你大概会觉得，这些“温驯的美国狗”实际上仍旧是狮子，即使上述定义中已没有一个词还存在。狮子没有定义，甚至不能根据字典中那个词定义旁边狮子的图片判断出来。一个栩栩如生的机器狮子不能算作是真狮子，而人们可以想见，一个身上裹着一条毯子的狮子看上去虽然更像老虎，但却可以是狮子。

哲学家们说，自然种类术语的含义来自对隐含特征或要素的直觉知识，这种特征或要素为种类成员所共有，其最初的例子被称为这个术语。人们不需要知道要素是什么，只需知道有个要素即可。有些人大概认为狮子的资格在于血液；另一些人可能嘀咕关于 DNA 的一些东西；还有另外一些人没什么想法，但会感觉到狮子都有这个要素，并将其传给后代。即使知道了一个要素，它也不是一个定义。物理学家告诉我们，金是有 79 号原子的物质，这是我们所期望的好要素。但如果计算错误，结果发现金是 78 而铂是 79，我们不会以为单词“金”现在指的是铂，或是体会到我们对金的判断方式有多大变化。拿这些直觉知识与我们对于像咖啡壶这样人工制品的感觉相比较，咖啡壶是煮咖啡用的壶。所有的咖啡壶都有一个要素，且科学家有一天会发现该要素，或者我们对于咖啡壶的感觉完全错误，以及它们确实是煮咖啡的壶的可能性可以上《蒙蒂·派森的飞行马戏团》了。

如果民间物理学背后的驱动直觉知识是连续的固态物体，而生命性背后的驱动直觉知识是一种内部的、可重续的能量来源，那么自然种类背后的驱动直觉知识则是一种隐含的要素。民间生物学是本质主义的，其要素本质与驱使动物运动的能量是有共同之处的，它还被理解为给动物提供了形式、驱动着动物的成长，并协调组织进行类似呼吸和消化这样的营养过程。当然，现在我们知道，这一生命冲动实际上只是每个细胞中微小的数据带和化学工厂。

关于要素本质的直觉知识在很久以前、在很多地方都被发现了。即使在达尔文之前，专业生物学家所使用的林奈分类系统也是由一种对“不是基于相似性而是基于基本构造”的适当类别感觉所指导的。孔雀和雌孔雀被划分为相同的动物，就像毛毛虫和由它变成的蝴蝶一样。一些相似的动物——大花蝶和总督蝶，老鼠和鼩——则被划入不同的群体，因为它们的内部结构或胚胎形式有微妙差异。分类系统是层级性的：每种生物都属于一个物种，每个物种都属于一个属，以此上推还有科、纲、目、族，直到植物和动物界，所有的物种都处于生命之树当中。再拿这个系统与人工制品的分类加以比较——比方说，音像店里的录音录像带，它们可以根据题材来分类，比如正剧和音乐剧；根据时间来分类，比如新上市的和经典的；根据字母顺序分类；根据出品国家或者根据各种交叉分类标准来分类，比如国外新上市的或经典的音乐剧。没有一个完全正确的录像带之树。

人类学家布兰特·伯林（Brent Berlin）和斯科特·艾特兰（Scott Atran）发现，世界各处的民间分类学的作用方式都像林奈分类一样。人们把所有当地的植物动物分类组成种类，对应于生物学家的“属”。因为在一处环境中通常每一属中只有一个物种，所以它们的类别往往也与生物学家的“物种”相匹配。每个民间的属都属于一种单一的“生命形式”，比如哺乳动物、鸟、蘑菇、草本植物、昆虫或爬行动物。这种生命形式要么是动物、要么是植物。人们在对生物分类时以外表形状来覆盖归纳，例如，人们把青蛙和蟾蜍放在一起。人类用类别来推理动物运作的方式，比如推论出某只特定的动物能够和哪些动物进行交配等。

达尔文对于进化的最佳论述是，它解释了为什么生物是按层级划分成群的。生命之树是家族之树。一个物种的成员似乎共有一种要素本质，因为它们是一个共同祖先传承下来的后裔。而物种之所以会属于一层层更高阶的类别，是因为它们在发展的过程中会与更早期的祖先分离得越来越远。胚胎和内部特征是比表面外形更为合理的评判标准，因为它们更好地反映了相关程度。

达尔文曾与他同时代的直觉知识本质主义相斗争，因为从极端上讲，这暗示着物种是不能变化的。爬行动物有爬行动物的要素本质，因而不能进化成鸟，就像数字 7 不能演变成一个偶数数字一样。到了 20 世纪 40 年代，哲学家莫蒂默·阿德勒（Mortimer Adler）认为，就像不会有三条半边的三角形一样，动物和人之间也不会有任何中间地带，所以人不可能是进化而来的。达尔文则指出，物种是成员各有差异的种群，而不是理想样板；在过去，它们可能曾逐渐变成过介乎二者之间的形式。

今天，我们走到了另一个极端。在现代学术圈中，把一个人称作是“本质论者”可以说是最糟糕的称呼了。在自然科学中，本质先于存在论，等同于创世论。在人文学科中，这个标签表示这个人认同非常愚蠢的信念，比如性别不是社会建构的，存在着普遍的人类情感，真实世界是存在的等。而在社会科学中，“本质论”已经与“简化论”“决定论”“物化论”一起成为滥用的术语，被猛掷向任何试图解释而非复述人类思想和行为的人们。我认为“本质论”成为一种标签是很不幸的，因为究其根源，它只是寻常人类的好奇心，想发现“是什么使得自然事物运转”罢了。化学、生理学和遗传学的成功背后都有着本质主义，即使今天的生物学家也在进行人类基因组计划（但每个人都有不同的基因组）工作或打开《格氏解剖学》时，按照惯例奉行着本质主义的“异端邪说”。

本质主义思维根植得有多么深？心理学家弗兰克·凯尔（Frank Keil）、苏珊·盖尔曼（Susan Gelman）和亨利·韦尔曼（Henry Wellman）把哲学家提出有关自然类事物的假想实验来询问小朋友的意见。医生们取来一只老虎，把它的毛漂白，再缝上鬃毛。它是狮子还是老虎？7 岁的孩子说，它还是老虎，但 5 岁的孩子说它现在是狮子。这项研究发现，从表面上看，对于动物，大一些的孩子是本质论者，但小一些的孩子则不是。无论任何年龄的孩子都不是关于人工制品的本质论者——如果你把一个咖啡壶做得像一个鸟食器，孩子们会像成人一样，说它就是一个鸟食器。

但深入发掘之后，人们发现，即使在学龄前儿童身上，也有关于生命体的本质论者直觉知识的证据。5 岁大的孩子否认一个动物可以跨越深层界限被做成植物或人工制品。例如，他们说，看上去好像是仙人掌或毛刷的刺猬，事实上不是仙人掌或毛刷。学龄前儿童还认为，一个物种只有在其转变影响到动物构成的永久部分时，才能转变为另一个物种，而不是仅仅变换外形即可。例如，他们否认狮子的装束就能把老虎转变为狮子。他们称，如果你去除了狗的内脏，而外形仍不变，那么尽管它还看上去像条狗，但已经不是狗了，既不能像狗那么叫也不能吃狗食。但如果你去除了狗的外部构造，使得剩下的东西看上去一点儿也不像狗，但它仍然还是条狗，做狗能做的事情。学龄前孩子甚至对遗传性也有一个大致的感觉。告诉他们一头小猪被奶牛养育，他们知道小猪长大后仍会发出猪的哼哼声，而不是牛的哞哞叫。

孩子们不只像分类棒球卡一样给动物归类，而且用它们的类别来推理动物如何工作。在一个实验中，实验者把一只火烈鸟、一只燕八哥和一只很像燕八哥的蝙蝠图片分别展示给 3 岁大的孩子看。孩子们被告知，火烈鸟喂养幼鸟糊状食物，而蝙蝠给幼子哺乳，然后问他们认为燕八哥喂幼子什么。在没有其他信息的情况下，孩子们根据外形判断，说燕八哥像蝙蝠一样哺乳。但如果告知他们，火烈鸟是鸟，孩子们就认为它们会像燕八哥一样工作，尽管它们外形不同，并推测燕八哥给它们的幼子提供的也是糊状食物。

孩子们还感觉到，生物体的特性是为了其存活和帮助其发挥功能。3 岁大的孩子说，玫瑰花有刺是对玫瑰花有帮助的，但却没说铁丝网有刺是为了帮助网。他们说钳子对龙虾有好处，而没说虎钳牙对老虎钳有好处。这种对适合或适应的感觉不只是心理需求和生物功能之间的混淆。心理学家波多野谊余夫（Giyoo

Hatano）和稻垣加代子（Kayoko Inagaki）表明，孩子们对不自觉的身体过程有着清楚的感受。他们知道，一个男孩不能将饭消化得更快些以便给甜食腾点儿空间，也不能单凭愿望就使自己变得胖起来。

本质主义是习得的吗？生物过程太缓慢、隐含了，无法展示给厌倦的婴儿来看，但测试婴儿只是显示在缺乏经验时知识的一种形式。另一种是衡量经验本身的来源。3 岁大的孩子还没上过生物课，他们没什么机会来拿动物的内部结构和遗传特征做实验。他们关于核心本质所学的任何东西都应当来自父母。格尔曼和她的学生们对母亲向孩子谈论动物和人工制品的 4 000 多个句子进行了分析，母亲基本上没有讲过内部结构、起源或核心要素，她们只是讲过几次人工制品的内部结构。孩子们没有经过父母帮助就是本质主义者了。

在人成为人之后，才有了人工制品。我们制造工具，而随着我们的进化，我们的工具也制造了我们。一岁大的婴儿对物体为他们所能做的事情深深好奇。他们着迷地胡乱修补物品，用小棍子推、用布和绳子拉、用支座撑起东西。孩子们在 18 个月左右被测试使用有关工具的能力，他们表现出一种理解力，了解工具要与它们的材料产生接触，以及工具的刚度和形状要比其颜色和装饰更为重要。一些脑损伤的病人叫不出自然物体的名称，却能叫出人工制品，或者情况相反，这说明人工制品和自然种类在脑中有可能以不同的方式储存。

什么是人工制品？人工制品是一个适合达到某种目的的物体，而这个物体正是被人打算用来达到那个目的的。机械学与心理学的混合使得人工制品成为一种奇怪的类别。人工制品不能根据它的形状或构成来界定，而只能根据它们所能做的事情和人们在某些情况下想要它们做的事情来界定。我家所在的社区有一家商店，除了椅子外什么也不销售，但它和百货公司一样有各式各样的存货。有凳子、高背餐桌椅、躺椅、吊床、木制立方体、塑料的 S 形，还有发泡的橡胶圆柱体。

我们把它们都叫作椅子，因为设计它们是用来支撑人体的。一个树桩或一只象脚也可以成为椅子，如果有人决定要这么用的话。大概在世界上的某处森林里，就有树的盘根错节不可思议地组装成了一把椅子。但润物细无声，直到有人决定把它当作一把椅子，它才会成为一把椅子。凯尔的小小被试们愉快地将咖啡壶变成鸟食器，他们显然明白这个观点。

一位外星人物理学家或几何学家会对一些我们以为存在于这个世界中的人工制品感到困惑，除非他也有我们的心智。乔姆斯基指出，我们可以说，约翰正在写的书出版以后会重两公斤；“这本书”既是约翰脑袋中的思想流，又是一个有质量的物体。我谈论房子被烧毁然后再重建，在一定程度上这是同样的房子。如果我们说，“伦敦是这么不快乐、丑陋和污染严重，它应当被摧毁，然后在 100 千米外再重建”，那么想想“城市”该是个什么样的物体。

当艾特兰宣称民间生物学反映了专业生物学时，他遭到了批评，因为像“蔬菜”和“宠物”这样的民间类别无法与林奈分类相匹配。他回应说，它们是人工制品。它们不仅由它们所服务的需求所界定（美味多汁的食物；温顺的同伴），而且它们实际上就是人类的产品。几千年的选择繁殖将玉米从草中、胡萝卜从根茎中创造出来。人们只需想象一群群狮子狗在原始森林中游荡，就会认识到大多数宠物也都是人类的创造。

丹尼尔·丹尼特提出，心智在处理人工制品时采取的是“设计立场”，并辅之以对像岩石这样物体的“实体立场”和对心智的“意识立场”。在设计立场中，人把意图归因于一个真实或假设的设计者。有些物体非常适合于完成不大可能的结果，因此这种归因很容易。正如丹尼特写道：“斧头是什么，或者电话是什么没有什么疑问；我们基本不需要去查询贝尔的传记以便获得他内心想法的线索。”然而，人们对于其他像是绘画和雕塑等物品的设计动机，却可以提出许多种不同的解释。——这些东西有时候就是被故意设计成让观察者猜不透它背后的设计动机的。人工制品由于依赖人类意图，所以取决于解释和评判，就好像它们是艺术，丹尼特称之为“人工制品解释学”的一种活动。

现在我们来讨论心智解读其他心智的方式。我们都是心理学家，我们分析心智不只是为了跟随肥皂剧的情节，而是为了理解最简单的人类行为。

心理学家西蒙·巴伦－科恩（Simon Baron-Cohen）用一个故事阐述了这一点。玛丽走进卧室，走了一圈，然后走了出去。你对此怎么解释？或许你会说，玛丽在找什么她想要的东西，以为会在卧室里。或许你会说，玛丽听到卧室里有什么声响，她想看看是什么发出的声音。又或者你会说，玛丽忘了她要去哪儿，可能她实际上是想去楼下。不过你一定不会说，玛丽每天这个时间都这样做：她就是走进卧室，走一圈，然后走出去。用物理学家的语言——时间、距离和质量——来解释人类行为将会很不自然，而且也是错的。如果你明天回来检验这个假设，它一定不成立。我们的心智用信念和意愿来解释他人的行为，因为他人的行为事实上是由那些人的信念和意愿所控制的。行为主义者是错误的，每个人在直觉上都知道这一点。

心理状态是看不见的，也没有重量。哲学家们把它们定义为“一个人与一个主张的关系”。关系是一种态度，就像相信什么、想要什么、希望什么、假装什么一样。主张是信念的内容，有些像一个句子的含义——例如，“玛丽找到了钥匙”或者“钥匙在卧室里”。信念的内容与世界的事实处于不同的领域。“剑桥食堂里有独角兽在用餐”是错的，但“约翰以为剑桥食堂里有独角兽在用餐”可以是非常正确的。要把一个信念归于某人，我们不能只是以一种寻常方式产生一个想法，否则我们在自己不相信独角兽的情况下就无法得知约翰相信独角兽。我们要把一个想法，用心理引号括在一边，然后想，“这是约翰所想的”（或者想要的、希望的、猜测的）。我们所能想的任何事情，也是我们认为其他人可以想的事情（玛丽知道约翰以为有独角兽）。这种洋葱般的想法之中套想法需要一个计算架构（见第 2 章），另外，当我们在与他人沟通时，还需要乔姆斯基所提出的递归语法，对此我在《语言本能》中进行了解释。

身为凡人，我们不能直接读出他人的心理。但根据他们所说的，他们从字里行间透露出的言外之意，他们眉目神情所显示的，以及他们的行为表现，我们能够做出很好的猜测。这是我们这个物种最杰出的一项禀赋。读完第 4 章后，你可能对人们能认出一条狗感到惊讶，现在想想，在哑剧中要认出一条狗需要什么能力吧。

但孩子们却能做到。这种心智背后的技能首先是在摇篮里练习的。2 个月大的婴儿盯着成人的眼睛；6 个月大的婴儿知道这些目光是不是也在看他；一岁的婴儿能望向父母盯着的东西，当他们不确定父母为什么做某事时，他们会去看父母的眼睛；18 个月到 24 个月之间，孩子们开始把他人心智的内容与他们自己的信念区分开来。他们以一种骗人的简单本事来炫耀这种能力：假装。当一个走路摇摇晃晃的小孩和妈妈玩耍时，妈妈递给他一个香蕉并告诉他电话响了，他是在区分家长假装的内容（香蕉是电话）和他自己信念的内容（香蕉是香蕉）。2 岁大的孩子能使用心理动词“看”和“想要”,3 岁大的孩子使用的动词则有“认为、知道和记得”。他们知道一个看某物的人一般想要他所看的东西。他们也理解“想法”的概念。例如，他们知道关于苹果的记忆是不能吃的，以及人们只能通过向盒子里看才能说出里面有什么。

到 4 岁时，孩子们通过了一项了解他人心智的非常严格的测试：他们能够把他们认为错误的信念归于他人。在一项典型的实验中，孩子们打开聪明豆盒子，惊讶地发现里面有铅笔。然后实验者问孩子们，一个走进屋子的人会期望在盒中发现什么。尽管孩子们知道盒子里装的是铅笔，他们却将此知识搁置一边，从新来者的角度出发，回答“聪明豆”。3 岁大的孩子要把他们的知识置于一边比较困难；他们坚持认为新来者会期望在糖果盒中发现铅笔。但要说他们缺乏对他人心智的想法则不大可能。因为当错误的答案不那么诱人或孩子被引导稍微努力些思考时，他们就也会把错误的答案归于他人。在多个国家重复这个实验时，结果都是相同的。

想到其他人的心智是如此之自然，以至于它几乎就像智能本身不可或缺的一部分了。我们难道能想象不去想其他人也有心智会怎样吗？心理学家艾莉森·高普尼克（Alison Gopnik）的想象会是这样：

> 在我视野的顶端是一个鼻子的模糊边缘，前面是摇晃的手……在我周围，皮囊在椅子上悬空架着，塞着一片片的布；它们以意想不到的方式变换和凸出……顶部附近的两个黑点不停地来回转来转去。黑点下有一个洞塞满了食物，从中发出一串串噪声……这个嘈杂的皮囊突然向你移动过去，它们的噪声越来越大，你不知道为什么……

巴伦－科恩、阿兰·莱斯利（Alan Leslie）和犹他·福里斯（Uta Frith）指出，确实有人这样想。我们称这些人患有自闭症。

1 000个孩子中就有一个自闭症儿童。他们认为自己“被拉到贝壳里与世隔绝、独自生活”。当被带进一个屋子时，他们不关心人，径自奔向物体。当有人向他们伸出一只手，他们把手当作机械玩具来玩。他们对可爱的玩具娃娃和毛绒玩具没多大兴趣。他们对父母也不大注意，别人呼唤时他们也不做回应。在公众场合，他们像对待家具一样对他人触摸、闻或者无视。他们不与其他孩子玩。但一些自闭儿童的智力和知觉能力如传奇一般（特别是在达斯汀·霍夫曼在《雨人》中的出色表演之后这吸引了广泛关注。）。其中一些人能学会乘法表、拼拼图（甚至是倒着的），拆卸再重新组装器械，读出远远的车牌号，或者即刻计算出过去或将来哪个秋天中任何一个日子是那周的星期几。

像许多心理学专业的本科生一样，我学习自闭症始于精神分析学家布鲁诺·贝特尔海姆（Bruno Bettelheim）在《科学美国人》中发表的一篇著名的文章《机械男孩乔伊德》。贝特尔海姆解释说，乔伊德自闭症是由感情上疏远的父母（“冰箱母亲”成了很受青睐的术语）和早年过于严苛的大小便训练造成的。他写道：“乔伊德不幸不大可能降临在除我们自己之外的任何时间和文化中。”据贝特尔海姆说，第二次世界大战后的父母过于轻易就可以给孩子们提供物质享受，以至于孩子们从中得不到什么乐趣，而孩子们对于自己基本需求的满足也没有发展出一种价值感受。贝特尔海姆宣称已经治愈了乔伊德，起初是通过让他使用废纸篓而不是马桶。他承认，这种治疗“给他的治疗师们带来了一些麻烦”。

现在我们知道，自闭症在任何国家和社会阶层都有可能出现，它会持续一生（尽管有时状况会有些改善），我们也不能为此而责怪母亲。自闭症几乎一定是由于神经病理和遗传方面的原因，尽管具体原因还没有被确定。巴伦－科恩、福里斯和莱斯利表示，自闭症孩子是不理解心智的：他们将心智归于他人的模块损坏了。自闭症孩子几乎从不假装，不能解释苹果和对苹果的记忆的差异，不能区分有人向盒子里看和有人触摸盒子的差异，他们知道一张卡通脸在向哪儿看，却猜不出它想要看的东西，他们也通不过聪明豆（错误信念）测试。值得注意的是，他们通过了一项测试，这是一项逻辑上与错误信念任务相同却不是关于心智的。实验者将橡皮鸭子从浴缸中取出来，把它放到床上，照一张快照，再把它放回浴缸。正常的 3 岁大的孩子会莫名其妙地认为照片上会显示鸭子在浴缸中。自闭症儿童则知道它不会。

心智盲不是由真正的眼盲造成的，也不是由像唐氏综合征这样的智力障碍造成的。这是一个生动的提醒，说明世界的内容不只是在那儿供了解的，而是需要用合适的心智设备来掌握的。在某种意义上，自闭的孩子是正确的：宇宙就是运动的物质，而不是其他。一个卵子和一股精液可以产生一个思考和感觉的场所，而一个血块或一枚金属弹头则可以终结它，我的“正常”心智设备令我长期以来对此目瞪口呆。它给了我幻想，让我以为伦敦、椅子和蔬菜都属于世界物体的存货清单，甚至物体自身也是一种幻想。巴克敏斯特·福勒（Buckminster Fuller）曾写道：“你所学过的每一件事……随着你开始研究宇宙，‘显然’越来越不显然。例如，宇宙中没有固体，甚至没有一个物体的暗示。宇宙中没有绝对的连续体，没有表面，也没有直线。”

当然，在另一种意义上，世界确实有表面，有椅子，有兔子，也有心智。它们是物质和能量的节点、模式和涡旋，遵循着它们自己的规律，像涟漪一样传过我们芸芸众生身处其中的空间与时间。它们不是社会建构，但对于一个未装备的心智，它们也可能根本就不存在。正如心理学家乔治·米勒（George Miller）所言，“大脑登峰造极的智力成就是现实世界……我们体验的现实世界的所有基础方面就是对真正物理世界的适应性解释”。

三个好工具：逻辑、算术和概率

中世纪的课程设置包含有 7 项人文学科，分作低阶的三艺（语法、逻辑和修辞）和高阶的四艺（几何、天文、算术和音乐）。三艺最初是指三条路，后来意为交叉道路，再后来意为寻常事物（因为普通人都在交叉路口闲逛），最后是不足道的或琐碎的事物。在某种意义上，这个词源是恰当的：除了天文，没有人文学科是关于任何事情的。它们不解释植物、动物、岩石或人；相反，它们是可以应用于任何领域的智力工具。就像学生抱怨代数从来不会在现实世界中有所帮助一样，人们也可能会有疑问，自然选择把这些抽象工具灌输到我们脑中是否有用。我们来看看修改后的三艺：逻辑、算术和概率。

从技术上说，逻辑指的不是一般范畴上的理性，而是从一些陈述的事实推出另一个陈述的事实，基于的仅仅是它们的形式，而不是它们的内容。当我做如下推理时，我在运用逻辑。P 是真的，P 包含 Q，所以 Q 是真的。P 和 Q 是真的，所以 P 是真的。P 或 Q 是真的，P 是假的，所以 Q 是真的。P 包含 Q，Q 是假的，所以 P 是假的。我可以推导出所有这些事实，而无须知道 P 是否意为“花园里有一只独角兽”“马里兰州生长大豆”或者“我的汽车被老鼠咬了”。

大脑做这种逻辑推理吗？大学生在逻辑问题上的表现不容乐观。例如，房间里有一些考古学家、生物学家和国际象棋棋手。没有考古学家是生物学家。所有的生物学家都是国际象棋棋手。根据这三点，你能得出什么结论？一大部分学生得出结论，没有考古学家是国际象棋棋手，而这是个无效的结论。没有一个人得出“一些国际象棋棋手不是考古学家”这个有效结论。事实上，有 15% 的学生称这些前提条件得不出有效的推论。

斯波克总是说，人类是没有逻辑的。但正如心理学家约翰·迈克纳马拉（John Macnamara）所争辩的，这个观点本身就不合乎逻辑。逻辑规则最初被视为思想规律的形式化。这有些过誉，逻辑事实是真实的，无论人们怎么想。但如果一个物种的大脑在找到逻辑事实时没有给它一种确定的感觉，我们很难想象它会发现逻辑。对于“*P*、*P* 包含 *Q*、所以 *Q*”，有一些特别引人注目，甚至是不可抗拒的东西。只要有足够的时间和耐心，我们就会发现为什么我们自己的逻辑错误是不正确的。我们对于“哪些事实是必要的”彼此达成一致。我们教授他人不是通过权威的强迫，而是苏格拉底式的，让学生们用自己的标准来识别事实。

人们当然确实用一些逻辑进行思考。所有的语言都有逻辑术语，比如“不、和、相同、等同和相反”。孩子们在不到 3 岁的时候就已经恰当地使用“和、不、或者和如果”了，不仅在英语中如此，在 6 种所研究的其他语言中也是如此。逻辑推断在人类思维中无处不在，特别是当我们理解语言时。这儿有一个心理学家马丁·布雷恩（Martin Braine）列举的简单例子：

> 约翰去吃午饭。菜单上标明有一个特价汤和沙拉，还送免费啤酒或咖啡。另外，如果你点牛排会附送一杯红酒。约翰选了特价汤、沙拉和咖啡，还有另外一些饮料。
>
> （a）约翰得到免费啤酒了吗？（是的，没有，说不出）
>
> （b）约翰得到免费红酒了吗？（是的，没有，说不出）

实际上，所有人都推出（a）的回答是“没有”。我们对于餐馆菜单的知识告诉我们，“免费啤酒或咖啡”中的“或”的意思是“不是两者都”——你只能免费得到其中之一；如果你想要另一个，你得花钱买。进一步推导，我们知道约翰选了咖啡。从前提“不是啤酒和咖啡两者都免费”和“免费咖啡”，根据逻辑我们推断出“不是免费啤酒”。（b）的回答也是“没有”。我们对餐馆的知识提醒我们，食物和饮料不是免费的，除非菜单上明确那么讲。所以我们增加了“如果不是牛排，就没有免费红酒”这个条件。约翰选择了汤和沙拉，这表示他没选牛排；

所以我们用逻辑得出结论，他没有得到一杯免费红酒。

在根据通过语言从他人那里获知的零碎事实和某人自己的综合归纳，从而推导出关于世界的真实事件中，逻辑是不可或缺的。那么为什么在考古学家、生物学家和国际象棋棋手的问题中，人们似乎无视逻辑呢？

一个原因是，在英语这样的日常语言中，逻辑词汇是含糊的，却往往表示一些正式的逻辑概念。英语单词“或”有时可以表示逻辑联结词“或”（*A* 或 *B* 或两者都），有时可以表示逻辑联结词“排他的或”（*A* 或 *B* 但不是两者都）。语境往往会表示清楚讲话者想用的是哪个，但若是以意想不到的形式出难题，读者可能会猜错。

另一个原因是，逻辑推断不可能是随意推出的。任何真实的陈述都能衍生出无数个真实却没用的新陈述。从“马里兰州生长大豆”中，我们可以推导出“马里兰州生长大豆，或者奶牛跳到了月亮上”，“马里兰州生长大豆和要么奶牛跳到了月亮上要么没有”，如此类推，以至无穷（这是第 1 章中介绍的“框架问题”的例子）。除非有完全足够多的时间，否则即使是最好的逻辑推断者也只能猜测应该探索哪个含义，以及哪些含义可能是死胡同。有一些规则必须被抑制，因此，有效的推断将无可避免地会缺失。猜测本身不可能源于逻辑；一般来说，它来自假设讲话者是一位传递相关信息的合作性谈话伙伴，而不是一位恶意的律师或是一位判分严格、试图给人挑错的逻辑学教授。

或许最重要的阻碍是，心智逻辑不是一个掌上计算器，乐于接受任何 *A*、*B* 和 *C* 这样的输入。心智与我们关于世界的知识系统是交织在一起的。心智逻辑的特定步骤一旦启动，就不依赖于世界知识，但它的输入和输出直接传递着知识。例如，在餐馆的故事中，推断的联系在关于菜单的知识和逻辑应用之间交替进行。

一些区域的知识有它们自己的推断规则，可以强化逻辑规则，或者与逻辑规则跨用途应用。一个著名的例子来自心理学家彼得·沃森（Peter Wason）。沃森受到哲学家卡尔·波普（Karl Popper）的科学推理理想的启发。即如果对一个假说的证伪都失败了，那么这个假说就是可接受的。沃森想看看普通人是如何来证伪的。他告诉被试一套卡片的一面有字母，另一面有数字，然后请他们检验“如果一张卡片在一面有一个 D，它在另一面就有个 3”这个法则，这是一个简单的 *P* 包含 *Q* 的陈述。实验者给被试们看 4 张卡片，然后问他们，如果法则成立，那么他们应当翻开哪张卡片。试试这个：

D	F	3	7

大多数人要么选择 D 卡片，要么选择 D 卡片和 3 卡片。正确答案是 D 和 7。只有“当 *P* 是正确的和 *Q* 是错误的”时，“*P* 包含 *Q*”才是错误的。3 卡片是无关的；法则说 D 卡片有 3，而不是 3 卡片有 D。7 卡片很关键；如果它的另一面有 D，法则就错了。只有 5%~10% 接受测试的人选中了正确的卡片。甚至上过逻辑课的人也选错了。顺便说一句，不是人们把“如果 D 那么 3”解释为“如果 D 那么 3，反之亦然”。如果他们确实那样解释，但在其他方面却表现得像个逻辑学家的话，他们会翻看所有 4 张卡片。从这个实验中，可以看出有非常可怕的延伸含义。民众们没有理性、不讲科学、总是去证实他们的偏见，而不是寻求证据来证伪偏见。

但当这些枯燥的数字和字母被现实世界的事件所取代时，有时——尽管只是有时——人们变成了逻辑学家。你是酒吧的一名保镖，在执行“如果一个人在喝啤酒，他必须是 18 岁以上”这条规则。你可以检查人们喝什么或者他们多大岁数。下面什么是你必须检查的：一名喝啤酒者、一名喝可乐者、一名 25 岁的人和一个 16 岁的人。大多数人正确选择了喝啤酒者和 16 岁的人。但仅有具体性是不够的。规则“如果一个人吃红辣椒，那么他喝冷啤酒”并不比 D 和 3 更容易被证伪。

科斯米德斯发现，当规则是一项契约、一种利益交换时，人们会得出正确答案。在那些情况下，展示规则是错误的等同于揪出欺骗者。契约的含义是指“如果你从中获益，你必须符合一定的要求”；欺骗者没有符合要求而从中获益。酒吧的啤酒就是人们通过证明自己已经成年而获得的收益，而欺骗者则是不到年龄的饮用者。吃了红辣椒再喝啤酒只是因与果，所以饮用可乐（在逻辑上必须确认）

似乎并不相关。科斯米德斯表明，当人们把 P 与 Q 解释为收益和成本时，人们就是在做合乎逻辑的事情，即使这些事件很奇特，像吃小羚羊肉或发现鸵鸟蛋壳一样。不是一个逻辑模块被开启了，而是人们在使用不同分组的规则。这些规则适用于检测欺骗者，有时与逻辑规则相吻合，有时不吻合。当翻到成本和收益术语时，就像在“如果一个人付 20 美元，他就收到一块表”中，人们仍旧选择欺骗者卡片（他收到那块表，他没有付 20 美元）——在逻辑上既不正确，也不是毫无意义的卡片造成的典型错误的选择。事实上，同样的故事可以引出合乎逻辑或者不合逻辑的选择，这取决于读者对于谁是欺骗者的解释（如果有欺骗者的话）。“如果员工得到养老金，他已经工作了 10 年。谁违背了规则？”如果人们站在员工的角度，他们寻找工作了 12 年而没有养老金的工人；如果他们站在雇主的角度，他们寻找工作了 8 年就持有养老金的工人。这一基本研究发现已经在施威阿尔人（厄瓜多尔的原始部落）中得到了印证。

心智似乎有一个具有自己逻辑的欺骗者监测器。当标准逻辑和欺骗者监测器逻辑相符时，人们的行为像逻辑学家一样；当它们有分歧时，人们在寻找欺骗者。是什么给了科斯米德斯寻找这个心理机制的想法？是对利他主义的进化分析（见第 6 章和第 7 章）。自然选择没有选择公德心；自私的突变很快会繁殖，超过它的利他竞争对手们。自然界中任何无私的行为都需要一个特殊的解释。一个解释是交换报答：一个生物可以给予帮助以期换取未来的帮助。但恩惠交易对欺骗者来说总是脆弱的。为了进化成这样，它必须辅之以一个认知装置，用来记住谁已经接受帮助并确保他们给予回报。进化生物学家罗伯特·特利弗斯（Robert Trivers）预测人类——动物王国中最著名的利他主义者，应当已经进化出一个复杂的欺骗者监测器算法。科斯米德斯似乎已经找到了它。

所以在逻辑学家的意义上，心智符合逻辑吗？有时符合，有时不符合。一个更好的问题是，在生物学家的意义上，心智是良好设计的吗？这里“是”的含义要更强些。逻辑本身可能分拆琐碎的事实，却错过重要的事实。心智似乎确实使用逻辑规则，但它们根据语言理解过程来吸收、混合以世界知识，辅之或代之以适合内容的特殊推断规则。

数学是我们与生俱来的一部分能力。出生刚一星期的婴儿看到物体从 2 个变成 3 个（或相反的情况）时都会活跃起来。婴儿在 10 个月大时就能注意到摆放着多少个物品（不超过 4 个），而且无论这些东西是同质的还是异质的，捆在一起的还是散开的，甚至无论是物体还是声音。根据心理学家凯伦 · 韦恩（Karen Wynn）的实验，5 个月大的婴儿甚至可以做简单的算术。实验者给他们看米奇老鼠，然后用幕布盖住，把第二只米奇放进去。婴儿们在幕布拉开时会期待看到两只米奇，如果只显示一只的话，他们会感到惊讶。给其他婴儿看两只米奇，然后把一只移到幕布后面。这些婴儿会期待看到一只米奇，当发现有两只时会感到奇怪。到 18 个月大时，孩子们知道了数字不但不同，而且有顺序，例如，可以教孩子们选择图片。在一些动物身上实验也发现了类似的能力，或者这些能力也可以学习。

婴儿和动物真的能数数吗？这问题听起来可能很荒谬，因为这些生物没有语言。但记下数量并不依赖于语言。想象一下，每当你听到一次敲鼓声都打开水龙头一秒钟，那么玻璃杯中水的数量将代表着敲鼓的次数。大脑或许有着相似的机制，它积聚的不是水，而是神经冲动或者激活的神经元数量。婴儿和许多动物都似乎具备了这种简单的数数能力。这会有许多潜在的选择优势，这些优势取决于动物所处的环境，它们包括从估计在不同地方觅食的回报率，到解决诸如“三只熊走进山洞；两只出来了。我该进去吗？”这样的问题。

成年人使用不同的方式来表征数量。一个是相似体——对“多少”的感觉——它可以被解释为像一个数字线图像的心理意象。但我们还给数量分配了数字单词，并用这些单词和概念来度量、更准确地数数、加和减较大的数。所有的文化都有表示数字的词，尽管有时只是“一”“二”和“许多”。在你窃笑之前，记住数字的概念与数字的词汇量无关。无论人们是否知道表示大数的词（像

“4” 或者 “1 000 的 6 次幂”），他们都会知道，如果两个集合是相同的，你给其中一个集合增加 1，那这一集合就会更大些。无论这两个集合是有 4 项还是有 1 000 的 6 次幂项，上述论断都成立。人们知道他们可以通过把两个集合中各项逐个配对来看看剩余多少，这样比较两集合的大小；甚至数学家们在对无限集合的相对大小做奇怪论断时，也不得不使用这一技术。没有表示大数的词的文化往往采用一些手法，比如举起手指，按顺序指向身体的部位，或者两三个一组抓住或排列开物体，来达成计数的目的。

两岁大的孩子喜欢数数、排列集合和进行数字感引导下的活动。学龄前儿童数较小的集合，即使是在他们必须把各种物体混在一起，或是必须把物体、行动和声音混在一起时也在数。在他们真正掌握数数和度量之前，他们已理解了许多其中的逻辑。例如，他们会试着切开一支热狗，把它平均分配，给每人两块（尽管每块可能大小不同）；当一个数数的木偶数漏一项或重复计数时，他们会冲着它大喊大叫，尽管他们自己数时也总是犯相同的错误。

正规的数学是我们数学直觉的延伸。算术显然源于我们对数字的感觉，几何则源于我们对形状和空间的感觉。著名数学家桑德斯 · 迈克 · 莱恩（Sanders Mac Lane）推测，基本的人类活动是每个数学分支的启发来源：

数数→算术和数论

度量→实数，微积分，分析

形状→几何，拓扑学

构形（如建筑中的）→对称，群论

估计→概率，测度论，统计学

移动→机械学，微积分，动力学

计算→代数，数值分析

证明→逻辑

猜谜→组合学，数论

分组→集合论，组合学

莱恩认为，“数学起始于各种人类活动，用来解决许多一般性而不是任意的概念，然后将这些概念及其各方面的互动关系加以形式化”。数学的力量在于形式的规则系统可以“将各种初始人类活动的深刻和微妙特性加以编码”。所有人——甚至蹒跚学步的幼童——都本能地知道从 A 径直到 B 然后再到 C 的路程距离要长于从 A 径直到 C 的距离。所有人还都能视觉想象出一条线如何界定一个正方形的边缘，以及形状如何能邻接一起组成更大的形状。但需要一个数学家来证明三角形斜边的平方等于另外两边的平方之和，这样人们就能计算 AC 捷径所节约的路程，而无须亲历跋涉。

有人认为，学校数学源于直觉数学，这并不是说它来得很轻松。戴维·吉里认为，自然选择赋予了孩子们一些基本的数学能力：确定小集合的数量，理解“多于”“少于”和较小数字的排序，加减小集合，以及用数字词汇来简单地数数、度量和算术。但也就到此为止。他认为，孩子们在生物上并没有被设计能够运用大数字词汇、大集合、基于 10 的系统、分数、多列加减法、进位、借位、乘法、除法、根和指数。这些技能发展得非常缓慢、不均衡或者根本没有。

在进化基础上，如果孩子们在心理禀赋上具备了学习数学的技能，那才会令人惊讶。这些工具只是在较晚近的历史和少数几个文化中才被发明，要是贴上人类基因组的标签，这在时间上太晚、地域上也太局部了。最初孕育这些发明的是农业文明中农产品剩余的记载和交易。由于有了正规的学校教育和书写语言（其本身也是一项最近的、非本能的发明），这些发明可以经过几千年的积累，简单的数学运算可以组成越来越复杂的运算。书写符号可以作为计算的媒介来克服短期记忆的局限，就像今天的硅芯片一样。

人们怎么能用他们石器时代的心智来运用高技术的数学仪器呢？第一种方式是，让心智模块能够作用在与当初设计不同的物体身上。通常，线条和形状这样的信号输入是由我们负责空间感觉的意象和心智组块来分析的，而大量的东西则是由我们的数字机能来分析的。但为了实现莱恩解决从狭隘中提炼通用的理想（例如，从一堆石头的数目这样的狭隘概念中，清理出数量的通用概念），人们可能需要将他们的数字感觉应用到一个起初觉得好像不属于适当种类的物体上。例如，人们在分析一条沙地中的线时，可能并不需要连续扫描和切换的习惯性意象运作，而是要从一端到另一端来报数虚拟线段。

第二种方式是练习。这种方式类似于获得在卡耐基音乐厅表演机会的方式。数学概念来自把旧的概念以一种有用的新方式组合在一起。而那些旧的概念也是更旧的一些概念的组合物。每种组合、子组合都是由被称为组块和自动化的心理铆钉联结在一起的：通过大量的练习，概念黏合成更大的概念，步骤顺序被组合为单个一步。自行车是由框架和轮子组成，而不是由管子和辐条组合而成；食谱讲怎样做调味汁，而不是讲怎样拿勺子开启罐子。就像它们一样，数学学习是将已经大量学习的惯例结合在一起。微积分老师哀叹学生们觉得这门课难，不是因为导数和积分是深奥的概念——它们不过是比率和累积而已——因为你无法做微积分，除非你的代数运算已经是第二天性了，而绝大多数学生上这门课时，代数的掌握程度还是不行，因此需要在此集中耗费他们大量的心理能量。数学是残酷的累积性学科，向前一直追溯到从一数到十。

进化心理学对于儿童教育学颇有启示，这在数学教学方面尤为明确。美国儿童在数学才能测试方面处于工业化发达国家中表现最差的行列。他们并非天生蠢材，问题在于，教育的设置忽视了进化因素。在美国，数学教育的主导哲学是建构主义，混合了反文化和后现代意识形态的皮亚杰式心理学。孩子们必须在一个社会性环境中主动积极地为自己构建数学知识，而这种环境的内驱力中则对概念的含义没有达成一致。老师提供了材料和社会性氛围，但不做讲授或引导讨论。演练和练习，通向自动化的途径，被称为“机械论”和不利于理解的。正如一位儿童教育者明白地解释道：“对于具体数学概念的可能建构范畴是由孩子们对此概念所做的可能修改决定的，或者是作为数学学习环境中互动沟通的一个结果。”这种结果，另一位教育者宣称：“有可能让学生来为自己建构，历史上花费了几千年才进化而来的数学知识。”

正如吉尔瑞所指出的，建构主义对于自然发于所有孩子的小数字和简单算术直觉来说是有价值的。但它忽略了我们先天具有的设备与人类文明在后天加装在我们身上的辅助工具之间的差异。将我们的心智模块设置为针对并非设计所用范围的材料而工作，这非常困难。孩子们不能自发地把一串珠子看作是一个集合中的元素，或是把一条线看作一些数字。如果你给他们一堆积木，让他们将这些积木一起用来做些什么，他们会用积木来练习他们的直觉物理学和直觉心理学，但不一定练习他们的直觉数字感。更好的教学安排是，明确指出各种理解方式之间的联系。可以告诉孩子们来用三种不同方式做每一道算术题：数数、画图和把各部分摆成一条数字线。如果没有练习过把暂停的序列步骤加入一个心智反射中，学习者就总是会从最小的螺母螺栓开始构建数学结构，就像从未分组块装配过表的制表匠每次因接电话而停下来手中的活计后，都不得不重新从零开始工作一样。

精通数学会有丰厚的回报，但这种回报是辛勤工作换来的，而辛勤工作本身并不总令人愉快。不像在其他文化中常见的，努力赢得的数学技能会受到尊重，在美国的文化中，对数学的掌握不大可能兴旺繁荣。令人悲哀的是，同样的事情正在美国的阅读指导教育方面重演。在其称为“整体语言”的主导技术中，语言是自然发展的人类本能这一洞见已经被断章取义为这样一种论断，即阅读是自然发展的人类本能，而这在进化上是不可能的。旧式的将字母与发音建立联系的练习，被专注于丰富文本的社会环境所取代，而孩子们则没有学习阅读。如果不了解心智在我们进化的环境中被设计所做的事情，所谓正规教育这样的非自然活动就不大可能取得成功。

“我永远也不会相信上帝在和这个世界掷骰子。”这是爱因斯坦的一句名言。无论爱因斯坦关于量子力学和宇宙的说法是否正确，他对人们在日常生活中游戏规则的声明都一定是错误的。生命不是国际象棋而是西洋双陆棋，每一轮都要掷骰子。结果就是，很难做出预测，特别是对未来的预测（正如约吉·贝拉所宣称的那样）。但在一个由所有规律构成的宇宙中，根据过去所做的决策要比随意做出的决策更好些。这一直是对的，所以我们估计有机体，特别是像人类这样偏好信息的物种，会进化出关于概率的敏锐直觉。概率论的创始者们，像逻辑学的创始者们一样，想象他们只是在将常识感觉形式化了而已。

但为什么用马西莫·皮亚泰里·帕尔马里尼（Massimo Piattelli-Palmarini）的话来说，人们似乎常常是“概率盲”呢？许多数学家和科学家总是悲叹，普通人在对风险推理时表现出数学盲。心理学家阿莫斯·特沃斯基[①]和丹尼尔·卡尼曼[②]积累了大量巧妙的事例，来展示人们对机遇的直觉把握似乎蔑视了概率理论的基本规则。这里有一些著名的例子：

人们怀着赌博的心态购买州政府彩券，有时被称为“愚蠢税”。但既然赌博场馆必须盈利，赌徒一般而言，就必定会输。

人们对飞机的恐惧更甚于汽车，特别是在看（听）到一条残酷的飞机失事新闻之后，尽管统计数字表明，乘飞机要比坐汽车安全得多。人们害怕核能，尽管更多的人因煤炭而残疾或丧命。每年有 1 000 名美国人死于意外触电，但摇滚明星们没有发起活动来降低家居电压。人们鼓噪着要禁止杀虫剂残余和食品添加剂，尽管它们与植物为了阻止虫子吃掉自己而进化出的数千种自然致癌物相比，致癌的风险微乎其微。

人们觉得如果轮盘在一排中黑的那里已经停下过 6 次，它就该在红的那里停了，尽管轮子没有记忆，每次旋转也都是独立的。一大批自封的预言家形成一个产业，在股票市场的随机游走中产生幻觉倾向。篮球迷们相信篮球运动员在“手热”的时候，投篮命中率如有神助，尽管他们空心入筐和打板弹出的接连顺序其实与掷硬币也没什么两样。

下面这个问题是提给哈佛大学医学院的 60 名学生和员工的：“如果对一种发生率为 1/1 000 的疾病检验呈现阳性的错误率为 5%，一个人被发现有阳性结果而事实上也罹患这种疾病的概率是多少，假定你对这个人的症状一无所知的话？”最

① 著名的心理学家、行为科学家。其著作《特沃斯基精要》包含了他一生的 14 篇精华之作，能够充分体现他的思想和研究的特点。该书中文简体字版已于 2022 年由湛庐引进、浙江教育出版社出版。——编者注

② 诺贝尔经济学奖得主，行为经济学之父。卡尼曼在《噪声》一书中分析了人类判断出错的原因，并指出噪声是影响人类判断的黑洞。该书中文简体字版已于 2021 年由湛庐引进、浙江教育出版社出版。——编者注

常见的回答是 0.95。回答的平均值是 0.56。正确答案是 0.02，只有 18% 的专家猜对了这个答案。根据贝叶斯定理，这个答案可以用发生率或基本率（1/1 000）乘以检验的敏感性或击中率（检验呈阳性的患者比例，假定为 1），再除以阳性检验结果的整体发生率（检验结果呈阳性的情况下，分别相对于病人和健康人患该病机会加总的百分比——也就是说，检验呈阳性的患病者 1/1 000 × 1 和检验呈阳性的健康人 999/1000 × 0.05 之和）。这个问题的令人头痛之处在于，许多人把“错误的阳性比率”误解为健康人中呈阳性结果的比例，而没有解释为呈阳性检验结果的健康人比例。但最大的问题是人们忽视了基本率（1/1 000），这个比率本应当提醒他们这种疾病非常罕见，因此对于某个患者而言，即使检验结果呈阳性，也不大可能患有该病。他们很显然犯了“因为斑马有马蹄声，所以马蹄声暗示着斑马”这样的谬误。调查显示，当病人对于一种罕见疾病的测试呈阳性时，许多医生常会无必要地吓唬这些病人。

来试试这个问题：“琳达 31 岁，单身，为人坦率，非常聪明。她的专业是哲学。作为一名学生，她非常关注歧视和社会公正方面的问题，她还参与了反核武器的示威活动。琳达是一名银行出纳员的概率是多少？琳达是一名银行出纳员而且积极参与女权主义活动的概率是多少？”人们有时把“她是一名女权主义银行出纳员”的概率比“她是一名银行出纳员”的概率估计得还要高。但“A 且 B”比单独“A”的概率还要高，这是不可能的。

当我在课堂上讲授这些研究发现时，一个学生大声说：“我真为我所属的物种而感到丢脸！”其他人也感到了这种羞愧，如果不是为他们自己的话，那就是为街上的路人。特沃斯基、卡尼曼、古尔德、皮亚泰里 · 帕尔马里尼，还有许多社会心理学家都得出结论，认为心智并没有被设计为掌握概率法则，尽管这些法则和规律支配着宇宙。大脑能够处理有限量的信息，所以它没有来计算定理，而是使用粗略的经验法则。

一个法则是：一个事件越令人记忆深刻，它就越可能发生（我能记得最近一次恐怖的飞机失事，所以飞机不安全）。另一个是：一个人越类似于一种刻板印象，他就越可能属于那种类别（比较我对于银行出纳员心理意象的符合程度，琳达更符合我对于女权主义银行出纳员的心理意象，所以她就更可能是女权主义银行出纳员）。有着渲染性标题的畅销书籍对坏消息的传播更加推波助澜:《非理性：内心中的敌人》《注定的幻觉：理性的错误如何控制我们的心理》《我们如何知道不是如此：日常生活中人类理性的谬误》。我们作为直觉统计学家的不称职解释了人类愚蠢和偏见的沮丧历史。

特沃斯基和卡尼曼的论证是心理学中最发人深省的研究之一，这项研究还使人注意到我们对社会和个人风险的公共讨论，其知识水平之低下令人沮丧。但在一个概率的世界中，人类心智真的对概率这么不在意吗？对于人们常会搞砸的问题，其解决方法可以在一个廉价计算器上敲几个键就算得出来。许多动物，甚至蜜蜂，在它们觅食时都能计算精确的概率。这些计算真的超过了有数以兆计突触的人脑的信息处理能力了吗？这难以让人相信，人们也不必相信它。人们的理性不像它最初看起来的那么傻。

首先，许多风险选择不过就是选择，这毋庸置疑。以赌徒、飞机恐惧者和化学物质远离者为例，他们真的不理性吗？有些人在等待那些能彻底改善他们生活的事件结果时，感到很愉快。有些人不喜欢被困在一个封闭空间里，然后脑子里不断充斥着一种令人恐惧的死亡方式的念头。有些人不喜欢吃蓄意掺和了毒药的食物（就像有些人大概不会选择去吃添加了无害虫子肉的汉堡包一样）。上述这些选择比起在香草冰激凌和巧克力冰激凌中选择前者来说，一点儿也没有更不理性。

心理学家格尔德·吉仁泽（Gerd Gigerenzer）、科斯米德斯和图比指出，即使当人们对于概率的判断远离事实时，他们的推理也可能是有逻辑的。任何心理能力都不是万能的。颜色视觉被钠气路灯所愚弄，但并不意味着它的设计就很差。它的设计很好，在记录不断变化照明中恒常的颜色方面远超过任何照相机（见第 4 章）。但在这个无法解决的问题上，它对于这个世界默认的假设还有待改进。当这个假设在一个人造的世界里不再成立的时候，颜色视觉就失灵了。对于我们的概率估计器来说，情况也是如此。

以著名的“赌徒谬误”为例：期望硬币正面的连续出现会增加硬币反面出现

的机会，仿佛硬币有记忆而且希望公平一样。我还记得自己十几岁时在一次全家度假时一回丢脸的经历。我父亲说，已经连续下了几天雨使我们不能尽兴，好天气该到了，然后我纠正他，说他犯了赌徒谬误。但受困几日的爸爸是对的，是他无所不知的儿子错了。冷锋没有在一天结束时掠过地球，第二天早晨又来新的冷锋。云的覆盖一定有一般的大小、速度和方向，如果一周的多云天气确实预示着云层后缘的临近和即将到来的拨云见日，这并不让（现在的）我感到惊讶，就像一列行进的火车中第 100 节车厢比第 3 节车厢更可能预示着车尾的临近。

许多事件都像这件事一样。它们有着一段有生命的历史，一个随时间推移而发生的变化着的概率，统计学家们称之为风险函数。一个精明的观察者应当犯赌徒谬误，并尝试根据事件现有的历史来预测它下一次的发生，这种统计被称为时间序列分析。有一个例外：被设计用来导致事件独立于其历史而发生的设备。哪种设备会这样做？我们把它们称为赌博机器。它们存在的原因就是为了挫败喜欢将模式转化为预测的观察者。如果我们对模式的热爱是拙劣的，因为随机性随处可见，那么赌博机器会很容易建造，赌徒们也很容易被欺骗。事实上，轮盘赌、老虎机、骰子、扑克和硬币都是精密的仪器；它们对制造的要求很高，但也易于被击败。在二十一点中犯“赌徒谬误”的算牌者记住发的牌，并赌它们不会很快再次出现，他们是在拉斯维加斯不受欢迎的人。

所以在除了赌场之外的任何世界，赌徒谬误都几乎不是一个谬误。如果只是因为我们无法赢过赌博机器，就把我们对事物直觉式的预测能力称作谬误，这显然是一种因果倒置的说法。赌博机器根据定义就是设计来击败我们直觉预测的。这就像说，我们的手设计不佳是因为它们难于脱开手铐。对于“手热”错觉和体育迷们的其他谬误也是同样道理。如果篮球投篮易于预测的话，我们也就不再把篮球称为一项运动了。有效率的股票市场是另一项被设计用来击败人类模式监测的发明。它的设立是为了让交易员迅速根据随机游走的偏差来利用资本，从而也就消除了这种偏差。

其他所谓的谬误可能也是由欺骗我们概率计算器的进化玩意儿所引发的，而不是由天生的设计缺陷所导致的。“概率”有许多含义。一个是长期的相对频率。“一分硬币面朝上停下来的概率是 0.5”的意思是，扔 100 次硬币，50 次会是面朝上。另一个意思是对于单个事件结果的主观置信。从这个方面讲，“一分硬币面朝上停下来的概率是 0.5”的意思是指在 0 到 1 的刻度上，你对扔下一次面朝上的置信是在确定它会发生和确定它不会发生的中间值。

表示单个事件概率的数字只有作为主观置信的估计才有意义，这在现在很常见：明天下雨的概率有 30%；加拿大人队今晚击败悍鸭队的概率是 5 ∶ 3。但心智或许进化成将概率认为是长期的相对频率，而不是对单个事件置信的数字表示。概率数学的发明只是 17 世纪的事情，用比例或百分比来表示则出现得更晚。百分率是在法国大革命后同其余的计量系统一起出现的，最初是用作利率和税率。输入公式算概率则是更晚近的事了：群体收集数据、书写记录、检查误差、积累档案以及刻度计算得出数字。我们祖先最接近概率的含义是对未知有效性的传闻，再加上像“很可能”这样的粗糙标签。我们祖先可用的概率一定来自他们自身的体验，其意思是指频率：多年以来，长紫斑的人中 8 个有 5 个第二天就死掉了。

吉仁泽、科斯米德斯、图比和心理学家克劳斯·费尔德勒（Klans Fiedler）注意到，医疗决策问题和琳达问题询问的是单个事件概率：这个病人患病的可能性有多大，琳达是银行出纳员的可能性有多大。习惯于相对频率的概率本能会觉得这种问题超过它的势力范围了。只有一个琳达，她要么是银行出纳员，她要么不是。“她是银行出纳员的概率”是不可计算的。所以他们交给人们这个难解的问题，但表述方式却是以频率的方式，不是单个事件概率。1 000 个美国人中有一个患这种疾病；1 000 个健康人中有 50 个检验呈阳性；我们收集了 1 000 个美国人；有多少个检验呈阳性的人们患有这种疾病？ 100 个人符合对琳达的描述，有多少人是银行出纳员？有多少是女权主义银行出纳员？现在大多数人——多达 92%——表现得像个好统计学家了。

这种认知疗法有着巨大的实际意义。许多艾滋病毒检验呈阳性的人估计也劫数难逃。一些人甚至采取了极端性措施，包括自杀，尽管他们既知道大多数人没有患艾滋病（特别是不属于众所周知的风险群体的人），也知道没有任何测试是十全十美的。但医生和病人们很难使用这些知识来校准他们被感染的概率，即使他们都知道这些概率。例如，最近几年在不属于艾滋病高风险群体的德国男人中，艾滋病毒呈阳性的占 0.01%，典型艾滋病毒测试的敏感度（击中率）为 99.99%，错误阳性率大约为 0.01%。测试呈阳性病人的前景听起来似乎不太妙。但假设医生这样给病人解释："想想 10 000 名像你这样的男人，我们预计有一名感染了这种病毒，他基本上确定检验结果呈阳性。在 9 999 名没有感染的男人中，还有另外一人检验呈阳性。这样我们有两个检验呈阳性的，但只有其中一个真正感染上了这种病毒。目前我们所有知道的就是你的检验呈阳性。所以你实际感染这种病毒的概率是五五开。"吉仁泽发现当概率以这种方式（像频率一样）表述时，人们（包括专门医师）在预测医疗测试后患病的概率方面准确性有极大的改善。对于其他不确定条件下的判断，比如刑事审判中的犯罪认定，情况也是如此。

吉仁泽认为，人们将概率等同于频率的直觉认识不仅使他们计算起来像统计学家，还使他们在思考概率概念本身（一个相当含糊和矛盾的概念）像统计学家。单个事件的概率到底是什么意思？出版商们愿意捏造一些无法审核的数字，比如迈克尔·杰克逊（Michael Jackson）和拉托亚·杰克逊（LaToya Jackson）是同一个人的概率是 500：1；或者玉米地里的圆圈发自缶波斯（火星的一个卫星）的概率是 1 000：1。这些陈述正确吗？错误吗？基本正确吗？我们怎么知道呢？一个同事告诉我，我讲话时他会来的可能性是 95%。可他没有来，他撒谎了吗？

你可能会想：假定单个事件概率就只是主观置信，用相对频率来校准置信难道不是理性的吗？如果日常生活中人们不那么做，难道他们就不理性了？呵，不过，是什么的相对频率？要数频率，你得确定要数的一组事件，而单个事件属于无限多数的组。理查德·冯·米塞斯（Richard von Mises）是概率理论的一位倡导者，给出了一个例子。

在一组 35~50 岁的美国妇女的样本中，4% 的人在一年内患上乳腺癌。因此史密斯夫人，一位 49 岁的美国妇女，在下一年患上乳腺癌的可能性为 4% 吗？没有答案。假定在一个 45~90 岁妇女的样本中——史密斯夫人也属于这个集合——11% 的人在一年中患上乳腺癌。史密斯夫人的患病概率是 4%，还是 11%？假定她母亲患有乳腺癌，而 45~90 岁且母亲患有乳腺癌的妇女中，22% 的人会患上该病。她的患病概率是 4%，11% 还是 22%？她还吸烟，住在加州，在 25 岁前和 40 岁后各生了一个孩子，是希腊人的后裔……我们应该拿她来比较哪个群体，才能发现"真实的"概率？你可能会想，所属集合越具体，就越好——但所属集合越具体，它的容量就越小，频率也就越不可靠。如果世界上只有两个人特别像史密斯夫人，其中一个人患有乳腺癌，有人会说史密斯夫人的患病概率是 50% 吗？极端地讲，真正同史密斯夫人在所有细节上都可比的集合就只包含史密斯夫人自己。但在一个只有一个元素的集合中，"相对频数"没有任何意义。

这些关于概率含义的哲学问题不是学术性的；它们影响到我们所做的每个决策。当一个吸烟者理性化地认为，他 90 岁的父母几十年来每天都抽一包烟，所以全国范围的概率不适用于他，他可能非常正确。在 1996 年总统选举中，高龄的共和党候选人成为一个问题。《新共和》杂志刊登了如下信件：

> 致编辑：
>
> 在贵刊题为《多尔太老了吗？》的社论（4 月 1 日）中，你们的保险统计信息是误导人的。平均 72 岁的白人男性在 5 年内有 27% 的死亡危险，但健康和性别之外的因素还必须考虑到。那些还在工作中的人，就像参议员鲍勃·多尔那样，有着长得多的寿命。此外，统计数字显示良好的健康状况与更长的寿命相关。将这些特征考虑在内后，平均 73 岁（多尔如果任职总统，他当时的年龄即 73 岁）的人在未来 4 年内将死亡的概率是 12.7%。

是的，那么平均 73 岁，富有而且在工作，出生于堪萨斯，不吸烟，在炮弹下仍幸免于难的白人男性的概率又是多少？一个更具戏剧性的差异出现于 1995 年 O.J. 辛普森谋杀案的审判中。律师阿兰·德肖维茨在探讨此案的辩护时在电视上说，在虐待妻子的男性中，只有 1/1 000 的人会进一步谋杀他们的妻子。在给《自然》杂志的一封信中，一位统计学家指出，在虐待妻子而之后他们的妻子被谋杀的男性当中，有一半多的人就是谋杀的凶手。

许多概率理论家下结论说，单个事件的概率无法计算，这个过程都是毫无意义的。一位数学家曾经说，单个事件概率是“完全无意义的话”。另一位数学家也语带讥讽，说这些计算应该被交由“精神分析，而不是概率理论”来处理。这不是说人们能够相信他们对单个事件想要的任何事情。说我和迈克·泰森打一架，我输的可能性要大于赢的可能性，或者说我今天晚上不大可能被外星人绑架，这样的陈述并不是毫无意义。但它们不是数学上精确的真或假的陈述，质疑它们的人们也没有犯基本谬误。关于单个事件的陈述无法用一个计算器来决定；它们需要通过权衡证据、评估论证的说服力、改造陈述使其易于评估，以及所有凡夫俗子对不可知的未来进行推断猜测时容易犯错的其他过程，这样才能确定结果。

所以根据许多数学家所说的，即使是人类蠢行中最明显的错误——说琳达更可能是一个女权主义银行出纳员而不是银行出纳员——也不是一个谬误。既然单个事件概率在数学上是无意义的，人们就不得不尽可能地将这个问题合理化。吉仁泽认为，因为频数是有讨论余地的，而人们在直觉上没有给单个事件赋予数字，它们有可能转换到第三种，非数学的概率定义，“由刚刚提供的信息确保的信念程度”。这个定义在很多字典中都找得到，还用于法庭上，对应于比如合理的根据、证据的重要程度，以及合理怀疑这样的概念。如果关于单个事件概率的问题促使人们进入这个定义——如果被试们非常合理地推测认为，实验者已经出于某种原因涵盖了琳达的概略，那么这就是他们所做的自然解释——他们会把问题阐释为，在多大程度上，根据琳达所提供的信息能够确保得出结论说，她是一个银行出纳员吗？一个合理的回答是，不太大。

概率概念最后一个令人费解的问题是一种认为世界是呈现稳定状态的信念。概率的推导是基于昨天搜集的频率而在今天做出的预测。但那是那时，这是现在。你怎么知道世界在这间歇中没有变化？在一个变化的世界中是否有任何概率的信念是真正理性的，概率哲学家对此进行着辩论。精算师和保险公司担心的甚至更多——一个当前事件或生活方式的变化使得保险公司的表格过时，这会令这些公司破产。社会心理学家关注一些倒霉蛋，他们拒绝购买具有很好维修记录统计的汽车，只是因为听说一个邻居的同款式汽车昨天出了故障。吉仁泽提出了一个相似的例子，一个人不让他的孩子在一条从未出过事的河里玩耍，因为他听说一个邻居的孩子那天早晨在那儿遭到鳄鱼的攻击。两个情形的差异（除了后果的程度不同之外）在于我们判断汽车的世界是稳定的，因此旧的统计数据可以适用；而河流的世界是变化的，所以旧的统计数据就值得商榷。街上的路人更看重一件最近的逸闻，而不是一沓统计数据，这并不一定就是不理性。

当然，人们有时推理确实存在谬误，特别是在今天数据泛滥的情况下，但是每个人也都应当学习概率和统计。但一个没有概率本能的物种是学不会这门课程的，更不用说发明它了。当人们得到的信息格式与他们自然思考概率的方式相吻合时，他们可以做到惊人的准确。宣称我们的物种是概率盲的论断，正如他们所说的，是不大可能真实的。

“我们赖以生存的隐喻”

我们几乎就要能反驳华莱士认为原始人心智会算微积分的悖论了。我们看到，人类心智没有配备进化的复杂机能来学习运用科学、数学、国际象棋或其他内容。它配备的技能是洞悉所处环境，并在智力上超过在同一环境中的其他生物。人们构建概念，并在世界相关部分中发现集合。他们有几种知晓的方式或直觉理论，适应于人类经历中主要的实物种类：物体、能动的东西、自然的种类、人工制品、心智，还有我们后两章中将要探讨的社会约束和社会力量。这些推理工具支配着像逻辑元素、算术和概率这样的内容。现在我们想知道的是，这些能力来自什么地方，它们是如何被应用到现代智力挑战中去的。

这里有一个观点，它是从语言学中的一个发现得到启发的。瑞·杰肯铎夫（Ray Jackendoff）提出下面这样的句子：

> The messenger *went from* Paris *to* Istanbul.（信使从巴黎去伊斯坦布尔。）
> The inheritance finally *went to* Fred.（遗产最终给了弗雷德。）
> The light *went from* green to red.（灯光从绿色变为红色。）
> The meeting *went from* 3:00 to 4:00.（会议从 3 点开到 4 点。）

第一句的意思简单明了：有人从一个地方移动到另一个地方。但在其他三句中，东西是原地不动的。当宣读遗嘱时，弗雷德可能会变成百万富翁，即使没有现金易手，而只是银行账户划转而已。交通信号灯设在便道上，不能移动，会议甚至都不是能动的东西。我们在用空间和位移作为更抽象观点的隐喻。在弗雷德那句中，拥有物是物体，所有者是地点，给予就是移动。而对于交通信号灯，可变化的东西是物体，它所表示的（红和绿）是地点，变化就是移动。对于会议，时间是一条线，现在是一个移动点，事件是旅程，开始和结束是始发地和目的地。

空间隐喻不仅在关于变化的交谈中可以被发现，而且在关于不变状态的交谈中也能被找到。对“所有物、事物带有某种特性以及日程安排”的分析，仿佛它们就是位于一个地方的界标：

> The messenger *is in* Istanbul.（信使在伊斯坦布尔。）
> The money *is* Fred's.（钱属于弗雷德。）
> The light *is* red.（信号灯是红色的。）
> The meeting *is at* 3:00.（会议安排在 3 点。）

这种隐喻在“使得某事 / 其物保持一种状态时”仍然起作用：

> The gang *kept* the messenger in Istanbul.（团伙把信使留在伊斯坦布尔。）
> Fred *kept* the money.（弗雷德保留了这些钱。）
> The cop *kept* the light red.（警察使红灯一直亮着。）
> Emilio *kept* the meeting on Monday.（艾米莉欧按照计划参加了周一的会议。）

我们为什么会使用这些类比呢？我们不只是为了接纳词汇，而且是为了接纳它们的推理机制。一些应用于位移和空间的推论也很好地适用于拥有、环境和时间。这将空间推理机制被借用于对其他具有类似性质物体的推理。例如，如果我们知道 X 去向 Y，我们可以推出 X 之前不在 Y，现在在 Y 了。通过类比，如果我们知道一个所有物去向一个人，我能够推出这个人之前不拥有这个东西，但现在拥有了。这个类比非常接近，尽管永远不会完全一致：在信使移动时，他从巴黎到伊斯坦布尔占据了一系列地理位置，但当弗雷德继承遗产时，钱则不是随着遗嘱的宣读，而逐渐地归他所有的，其转移是瞬间进行的。所以地点位置的概念不可能与拥有、环境条件和时间的概念完全融合，但它可以借用它们的一些推导规则。这种共享使得地理位置和其他概念之间的类比对某些事情有好处，而不只是吸引我们眼球的相似之处而已。

心智用具体的形式来表达抽象的概念。不只是将词汇借用为隐喻，而且还借用了整个语法规则。双宾语结构——米妮把大理石送给玛丽——是专门用于关于给予的句子的。但这种结构还可用于表示谈论沟通问题：

> Minnie told Mary a story.（米妮告诉玛丽一个故事。）
> Alex asked Annie a question.（阿历克斯问安妮一个问题。）
> Carol wrote Connie a letter.（卡萝尔写给康妮一封信。）

在这里，想法是礼物，问题是给予，讲话者是发送人，听者是接收人，知晓是拥有。

空间位置是语言中两个基本隐喻之一，它可以用于数千个含义。另一个基本隐喻是力量、动作和因果。莱昂纳德·泰尔米（Leonard Talmy）指出，下面每一对句子中，两句话指的都是相同的事件，但两种表述方式却能带给我们不同的感受：

> The ball was rolling along the grass.（球沿着草滚动。）
> The ball kept on rolling along the grass.（球不停地沿着草滚动。）
>
> John doesn’t go out of the house.（约翰没走出屋子。）
> John can’t go out of the house.（约翰不能走出屋子。）
>
> Larry didn’t close the door.（拉里没关上门。）
> Larry refrained from closing the door.（拉里抑制住不关上门。）
>
> Shirley is polite to him.（舍莉对他很有礼貌。）
> Shirley is civil to him.（舍莉对他很文明。）
>
> Margie’s got to go to the park.（玛姬得去公园。）
> Margie gets to go to the park.（玛姬可以去公园了。）

不同之处在于第二句使我们想到一个动作者施加力量，想到克服阻力或想到超过另外一种力量。在球在草中那句话中，第二句的力量实际是物理上的力。但约翰那句，第二句力量则是一种愿望：一种被限制的想出去的愿望。类似地，第二句中的拉里似乎具有一种驱使他去关门的内心力量和另一种超越了这种力量的力。对于舍莉来说,这些心理动力就是通过选择使用“文明”这个形容词来传递的。在第一个玛姬句子中，她被一种外力驱使去公园，尽管有内部的阻力存在。第二句中，她被一种克服了外部阻力的内部力量所驱使。

驱力和阻力的隐喻在下面一组句子中甚至更为明显：

> Fran forced the door to open.（弗兰让门开着。）
> Fran forced Sally to go.（弗兰强迫萨莉离开。）
> Fran forced herself to go.（弗兰迫使自己离开。）

同一个单词“*force*”可以在字面意义上使用，也可以隐喻地使用，都有着一个我们易于理解的共同含义。关于运动的句子和关于愿望的句子都暗示着桌球式的动力学，主动机有个内在的倾向要移动或休息，并受到一个弱一些或强一些的对抗机的反抗，使得一方或双方都停止或运动。这是我在本章前面部分曾讨论过的原动力理论——人们直觉物理理论的核心。

空间和力在语言中无处不在。许多认知科学家（包括我）根据对语言的研究得出结论，少数一些关于地点、路径、位移、动作和因果的概念，成为数万个词汇和建构的字面含义和延伸含义的基础，这不仅在英语中，而且在每一种曾被研究过的其他语言中均是如此。句子“米妮把房子给了玛丽”背后的想法大抵是“米妮使得房子在所有权上从米妮那里转移到玛丽那里”，这些概念和关系看上去似乎是心语（思想的语言）的词汇和句法。因为思想语言是组合性的，这些基本的概念可以组合为越来越多的复杂想法。对心语词汇和句法部分的发现，是对莱布尼茨“卓越思想”观点的证明：“一种人类思想的字母表是能够得出来的，任何事物都可以通过比较这个字母表的字母和分析字母构成的词汇，来发现并加以评判。”心语元素的发现是以空间和推动力为基础的，这对于思想语言来自何方，以及我们在现代生活中如何加以运用都有着重要意义。

其他的灵长目动物或许不考虑故事、遗产继承、会议和交通信号灯，但它们确实考虑石头、棍子和洞穴。进化的变化发展往往是通过复制身体部件，再修补这些复制品的方式进行的。例如，昆虫的嘴部是修正后的腿。类似的过程可能也赋予了我们思想语言。假设对空间和力进行推理的祖先回路被复制，那么复制品到眼睛和肌肉的联结就得以实现，对实体世界的参照也得到过滤。这些回路可以像一个台架一样，槽内填满了更为抽象问题的表征符号，比如状态、所有权、观点和愿望。这些回路会保留它们的计算能力，继续推测某一时间、某一状态中的存在体，从一个状态转到另一状态，克服具有相反效价的存在体。当新的、抽象的范畴有一个反映移动着的物体的逻辑结构时——交通信号灯一次有一种颜色，但在两种颜色之间跳转；竞争的社会互动关系是由两个意愿中更强烈的一个决定的——旧的回路可以做有效的推导工作。它们通过隐喻的运用（一种退化的认知工具），泄露了它们作为空间和驱力模拟器的世系。

我们有任何理由可以相信这就是我们的思想语言进化的方式吗？有几种理由。黑猩猩，估计还有它们与我们物种共同的祖先，都是好奇的物体操控者。当训练它们使用符号或姿势后，它们能够令这些符号或姿势表示去一个地方或者把一个物体放在一个位置。心理学家戴维·普利迈克（David Premack）指出，黑猩猩能够将原因分离出来。交给它们一对事前和事后的图片，比如一个苹果和一对半个苹果或者一张乱写的纸和一张白纸，它们能挑选出导致变化的物体，前例中是刀子，后例中是橡皮。由此看来，黑猩猩不但具有能在真实世界里自由行动的能力，还能够对相关的事件拥有独立自主的思维。也许当躲藏在黑猩猩这些思维背后的回路机制被传递给我们的时候，它们被转变成了一种能让我们对更抽象的因果关系进行思考的能力。

我们怎么知道现代人类心智真的理解相似类比呢？比方说社会和物质压力之

间或者空间和时间之间的？我们怎么知道人们不是在莫名其妙地使用着已经废弃的隐喻，就像我们在谈论 breakfast（早餐）时不会把它想成打破一次禁食（breaking a fast）呢？首先，空间和驱力的隐喻已经在全世界几十种语系中出现，且被一次又一次地重新发明。更具启发性的证据来自我自己的主要研究领域——儿童语言习得。心理学家梅丽莎·鲍尔曼（Melissa Bowerman）发现，学龄前儿童自发地新创他们自己的隐喻，其中空间和位移代表着所有权、环境条件、时间和因果关系：

> You put me just bread and butter.（你给我面包和黄油。）
> Mother takes ball away from boy and puts it to girl.（妈妈从男孩那儿把球拿走，把它放到女孩那里。）
>
> I'm taking these cracks bigger [while shelling a peanut].（我在把这些裂缝弄大［在剥一个花生］。）
> I putted part of the sleeve blue so I crossed it out with red [while coloring].（我把袖子部分弄蓝，这样我用红色来混合［在涂色］。）
>
> Can I have any reading behind the dinner?（我能在晚饭后看会儿书吗？）
> Today we'll be packing because tomorrow there won't be enough space to pack.（今天我们要打包，因为明天就不会有足够的时间了。）
> Friday is covering Saturday and Sunday so I can't have Saturday and Sunday if I don't go through Friday.（星期五盖住了星期六和星期日，所以如果我不过星期五，我就没有星期六和星期日。）
>
> My dolly is scrunched from someone...but not from me.（我的娃娃在被人嘎吱嘎吱……但不是被我。）
> They had to stop from a red light.（他们得停在红灯那儿。）

孩子们不可能是从先前的讲话者那里继承隐喻，将空间等同于抽象想法是自然地来到他们脑中的。

空间和驱力对于语言非常基本，以至于它们几乎都不是什么隐喻了，至少不是在诗歌和散文中使用的修辞意义上的隐喻。在日常交谈中要谈论所有权、环境和时间，不可能不使用像 going（去），keeping（保持）和 being at（在）这样的词。当我们面对一个修辞时，我们都会知道。正如杰肯铎夫指出的，人们很自然地会说，“当然，世界并不真的是一个舞台；但如果是的话，你可以说婴儿期是第一幕”。但如果下面这样说就很古怪，“当然，会议并不真的是移动的点；但如果是的话，你可以说这个点是从 3:00 去 4:00”。空间和驱力的模式作用起来并不像修辞一样，旨在传递新的洞见；它们似乎更接近于思想媒介本身。我猜测，我们心理装置中供时间、生命体、心智和社会关系的那部分是我们在进化过程中，从我们与黑猩猩共有的直觉物理模块那儿复制和修正得来的。

隐喻可以构建出隐喻，当我们把观点和词汇延伸、涵盖新的范畴时，我们会不断地借鉴具体的思想。在英语中，空间和时间的基本建构与莎士比亚的伟作之间，存在着大量的日常隐喻，它们表示着我们丰富的生活体验。乔治·莱考夫和语言学家马克·约翰逊（Mark Johnson）收集了一组“我们赖以生存的隐喻”清单——它包含数十种表述的心理等式：

> 辩论是战争：
>
> Your claims are *indefensible*.（你的主张是难以捍卫的。）
>
> He attacked every *weak* point in my argument.（他攻击了我论证中的每一个弱点。）
>
> Her criticisms were *right on target*.（他的批评正中靶心。）
>
> I've never *won* an argument with him.（我同他辩论从来没赢过。）
>
> 美德至上：
>
> He is *high-minded*.（他心性高洁。）
>
> She is an *upstanding* citizen.（她是一位正直的公民。）
>
> That was a *low* trick.（那是一个下作的把戏。）
>
> Don't be *underhanded*.（不要那么卑劣。）
>
> I wouldn't stoop to that; it is *beneath* me.（我不会屈尊将就；它与我不相称。）
>
> 爱是一个病人：

This is a *sick* relationship.（这是一种病态的关系。）
They have a *healthy* marriage.（他们有一个健康的婚姻。）
This marriage is *dead*—it can't be revived.（这个婚姻死掉了——它不可能再复活。）
It's a *tired* affair.（这是一场让人疲惫的恋爱。）

想法是食物：
What he said *left a bad taste in my mouth*.（他所说的让我感觉不是滋味。）
All this paper has are *half-baked* ideas and theories.（这篇文章所讲的是半生不熟的观点和陈腐过时的理论。）
I can't *swallow* that claim.（我无法接受那个论断。）
That's *food* for thought.（那是思想的养料。）

一旦你开始注意到这样平凡的诗歌，你会发现它随处即是。想法不只是食物，还是建筑、人、植物、产物、商品、钱、工具和时尚。爱是一种力、疯癫、魔术和战争。视域是一个容器，自尊是一个易碎的物体，时间是金钱，生命是一场概率游戏。

无处不在的隐喻使我们更加接近华莱士悖论的一个解析。问题“为什么人类的心智会演化出能对任意的抽象概念进行思考的能力？”的答案是，它真的没有这样。不像计算机和数学逻辑规则，我们不是用 F 和 x y 来思考的。我们已经继承了一套表格形式，来抓住物体和力中遇到的关键特征，以及人类环境其他主题（诸如战斗、食物和健康）的特征。通过抹去内容并用新的符号来填写空白，我们能够让我们继承的表格去适应更加深奥的范畴。这其中一些修订可能发生在我们的进化当中，从最初为直觉物理学设计的表格形式中赋予了我们基本的心理类别，比如所有权、时间和意愿。其他的修订发生在我们生活的过程中和在新知识领域探索的时候。

即使是最深奥的科学推导也是心智隐喻的集合。我们想尽方法使我们的机能与它们起初被设计运行的范畴脱离开来，用它们的装备合理运用于与旧范畴相似的、抽象的新范畴。我们借以思考的隐喻运行不仅来自像移动和碰撞这样的基本情形，而且源于整体理解模式。要做学术生物学，我们运用我们理解人工制品的方式，将其应用于有机体。要做化学，我们把自然分类的精髓看作是细微、有弹力和黏性物体的集合。要做心理学，我们把心智视为一种自然分类。

数学推理既从心智的其他部分借鉴，也为它们做贡献。我们灵长目借助图表，用我们的眼睛和心智之眼来掌握数学。函数是形状（线形、扁平、陡峭、交叉、光滑），其操作就是在心理意象（旋转、外推、填充、追溯）中胡涂乱抹。作为回报，数学思维提供了理解世界的新方式。伽利略写道："自然之卷是用数学语言书写的；没有它的帮助，连一个词都理解不了。"

伽利略的名言不仅出现在物理系写满等式的黑板上，也应用于我们认为理所当然的基本事实上。心理学家卡萝尔·史密斯（Carol Smith）和苏珊·凯莉（Susan Carey）发现，孩子们对于物质有着奇怪的信念。孩子们知道一堆大米有一定重量，却说一粒大米没有重量。当被问及想象一片钢被不断地切割成两半，他们说最后那片会小得根本没占空间或者里面没有任何钢。孩子的心智并不是不合理。每个物理事件都有一个阈限，在此之下，没有人或仪器能够检测到它。不断分割一个物体会导致物体小得检测不到；但小得在阈限之下的物体汇聚在一起就可以被检测到。史密斯和凯莉指出，我们觉得孩子们的观点很傻，因为我们能用我们的数字概念来分析事物。只有在数学领域，不断地分割一个正的数量才总是产生正的数量，不断地叠加零则总还是得出零。我们对于物理世界的理解比孩子们的理解更为复杂，因为我们已经把对物体的直觉和对数字的直觉融合在一起了。

因此，视觉是为数学思考服务的，它帮助我们看到这个世界。受教育的理解是一个巨大的部分里面嵌套入部分的设计。每个部分都是由基础的心智模型或是被复制的理解方式构建而成的，也违背了它们初始的内容，与其他模型相联结，并打包成更大部分，再到还要大的部分，如此往复，以至无穷。因为人类思想是组合性的（简单部分组合一起），也是循环递归的（部分里面可以嵌套部分），所以人类可以用有限的心智工具来对爆炸性扩展的知识进行探索。

天才的奥秘

那么天才呢？自然选择如何解释莎士比亚、莫扎特、爱因斯坦、“天勾”贾巴尔、简·奥斯汀、梵高和塞隆尼斯·蒙克呢？他们这些人是如何在更新世大草原上赢得一席之地的呢？

我们都是有创造性的。每次当我们在摇晃的桌腿底下垫个东西，或是想出一个办法哄骗孩子穿上睡衣时，我们都是在创造。但创造性天才的杰出之处不仅在于他们出色的工作，而且在于他们心智的出色运作方式；他们不应当思考得如同你我。他们崭露头角，就像非凡奇才、桀骜不驯的孩子或激进分子一样。他们聆听自己的默想，蔑视传统的贤哲。他们在才思激荡时工作，并收获洞见，而我们其余的人则沿着已经成形的路径亦步亦趋、奋力跟随。他们将一个问题搁在一边，让它在无意识中自由孵化；然后，毫无警示地，灯泡就亮了，一个构思完善的方案就自动浮现了出来。啊哈！天才给我们留下杰作，这是对无意识创造性未加压抑的传奇。伍迪·艾伦在“如果印象派画家曾是牙医”的故事中抓住了这一精髓。在他虚构的梵高写给弟弟的一封信中，梵高充满了苦闷和绝望。“索尔·施威默夫人控告我，说我任由感觉制作她的牙桥，并不适合她荒谬的嘴巴！说得没错！我不能像一个普通工匠一样根据订单工作！我认为她的牙桥应当是巨大而翻出的，野性的、爆发的牙齿如火一般朝每一个方向张开！现在她觉得不痛快，因为这不适合她的嘴！……我试图把人造假牙床塞进去，但它仍凸出来像一个吊灯一样。不过，我仍觉得很漂亮。”

这种意象源自200年前的浪漫主义运动，现在它们已占据了坚实的阵地。创造力咨询师们从大公司那里赚去了数百万美元，召开呆伯特式的研讨会进行头脑风暴、横向思考以及发动右脑，保证把每个工程师都变成爱迪生。他们还建立了精致的理论来解释梦幻无意识的神秘问题解决力量。像华莱士一样，有些人下结论说，不可能有任何自然解释。莫扎特的手稿据说从没修改过。那些乐曲一定来自上帝的心智，上帝选择通过莫扎特来表达他的声音。

不幸的是，创造性的人最具创造性的时候是在他们写自传的时候。历史学家仔细检查了他们的日记、笔记本、手稿和通信，来寻找那些定期被无意识之矢射中的、性情暴躁的先知征兆。哎呀！历史学家发现创造性的天才更像是萨列埃里（传因嫉妒而毒害莫扎特），而不是莫扎特。

天才都是勤奋工作的人。典型的天才在做出任何具有传世价值的作品之前，都付出了至少 10 年的努力（莫扎特 8 岁作交响曲，但作的曲子并不很好；他的第一部杰作出现在他音乐生涯的第 12 个年头）。在学徒期间，天才们将自己沉浸在他们的作品中。他们吸取了数万个问题和解答，所以没有任何难题对他们来说是全新的，他们可以利用大量的要点和策略。他们关注竞争和形势走向，在选择问题时要么有鉴别力，要么比较幸运。运气不佳的人，无论多么有天赋，也不会成为天才。天才很在意别人的尊重和自己在历史中的地位。物理学家理查德·费曼写了两本书描述他多么才华横溢、恃才傲物和备受推崇，其中一本他起名为《你管别人怎么想》（*What Do You Care What Other People Think*）。天才夜以继日地工作，留给我们许多非天才的作品。华莱士在职业生涯的晚期，试图与亡者交流沟通。天才远离问题的间歇很有帮助，不是因为问题在潜意识中激荡，而是因为他们已精疲力竭，需要休息（可能这样会使他们避免走入死胡同）。他们不压抑问题，而是进行“创造性的担忧”，顿悟不是神来之笔，而是先前努力的结果。天才无休止地修正，逐渐接近他们的理想。

当然，天才或许是天生就有一副好牌。但他们不是心智与我们完全不一样的怪人，他们的心智与我们想象的没什么不同，也是由进化而来的。天才能创造好的想法，而我们都能创造好的想法。这是我们组合性的适应心智当初被设计时旨在达成的目标。

How the Mind Works

06

心智能力三：情感

不论是巴布亚新几内亚的原住民，还是美国人或欧洲人，他们的欢喜、悲伤、恐惧、惊讶等情感都是相通的。我们都喜欢优美的环境，渴望浪漫的爱情。只不过在不同的文化背景下，人们公开表达情感的方式不同而已。情感是适应而来的，是整个心智不可或缺的一部分。

1996 年 3 月 13 日，托马斯·汉密尔顿（Thomas Hamilton）走进苏格兰邓布兰的一所小学，拿着两把左轮手枪和两支半自动手枪。在打伤试图抓住他的校方人员后，他跑到体育馆里，当时一整个学前班的学生们都在那里玩。他射中了 28 名孩子，其中 16 名死亡，他还枪杀了孩子们的老师，最后将枪口对准自己。"魔鬼昨天来到了我们这里，我们不知道为什么，"该校的校长第二天说，"我们无法理解，我想我们永远也不会理解。"

我们大概永远也不会理解，是什么促使汉密尔顿犯下如此恶劣的极端罪行。但关于一个充满怨恨的孤独者进行无意义报复的报道并不鲜见，这颇令人困扰。汉密尔顿曾被怀疑是恋童癖，因而被迫从一个童子军领导的岗位上辞职，然后他组织了自己的青年人团体，这样他的工作环境依旧充满着男孩子。这个团体中的其中一个小组曾在邓布兰学校的体育馆里举行活动。但学校管理人员接到孩子家长对汉密尔顿怪异行为的投诉后，把他驱逐了出去。汉密尔顿成为人们嘲弄和流言蜚语的靶心，别人称他"怪胎先生"。在他极端行为发生的几天前，他给媒体和伊丽莎白女王分别寄了信，以捍卫自己的名誉，并要求恢复他在童子军活动中的工作。

邓布兰悲剧令人震惊，因为没有人想到悲剧会发生在那里。邓布兰是一个牧歌般相对封闭的村庄，从没听说那里发生过严重的犯罪。它远离"疯狂之地"美国。在美国，枪支和人的数量一样多，愤懑的邮差犯下极端的谋杀罪行相当常见

（在12年里就有12起），以至于美国有一个俚语把控制不住脾气的人描述为"going postal"（变得邮政的）。但乱砍乱杀的现象并非美国独有或仅局限在西方国家，甚至是仅发生于现代社会。Amok（神经错乱）是一个马来西亚词汇，意为遭受丧失爱、钱财或面子痛苦的孤独的东南亚男人偶尔犯下杀人的暴力行为。对这种症状的描述甚至出现在离西方更为遥远的文化中：巴布亚新几内亚尚处于石器时代的原始人。

神经错乱的人显然已经丧失了心智，全然忘却了他周遭的情境，不为他人的恳求或威胁所动。但其极端行径经过了对行动成败的长期仔细考虑，也是在忍无可忍的情况下精心策划的一种释放压力的途径。神经错乱的状态也是一种令人不寒而栗的理性认知。它并不是由一个刺激物、一个肿瘤或是大脑化学物质的随机喷出所激发的，而是源于一个想法。这个想法甚至很标准化，下面这段话是一位精神病医生在1968年所作的对神经错乱者的心智概述。这位医生访谈了7位在巴布亚新几内亚住院治疗的神经错乱者，这段话是对远隔大洋、数十年前的大屠杀罪犯之思想的最恰当描述：

> 我不是一个重要的人或"大人物"。我拥有的只有自己的尊严。我的生活已经被一种无法容忍的侮辱剥夺得一无所有。因此，我没有什么可以失去的，除了我的生命，它也是无足轻重的。所以我用我的生命来交换你们的生命，因为你们的生命是有特权的。这种交换对我来说是有利的，因为我不但要杀死你们，而且要杀死很多，与此同时，恢复我自己的地位，就在群体目光的注视下恢复，而我也是群体中的一员，尽管在这一过程中我可能也会被杀死。

这种神经错乱的症状是人类情感之谜的极端例子。乍一看很怪异，但在仔细审视后会发现，它们其实是通用的：典型的非理性，且与抽象思考紧紧地联系在一起，有着它们自己的冰冷逻辑。

不同的文化，相同的情感

夸耀一个人名利心的一种常见策略就是告知听者，一些文化中缺少我们拥有的某种情感，或是具有某种我们没有的情感。据称：因纽特人没有表示生气的词汇，也感觉不到这种情感；塔希提人识别不出内疚、悲伤、渴望或孤独，他们把我们所称的忧伤描述为疲倦、恶心或是身体上的痛苦；斯巴达人的母亲在听到儿子战死沙场后会微笑；在拉丁文化中，男子气概占统治地位，而日本人则心怀让家庭丢脸的恐惧。我在接受关于语言的访谈时被问及，除了犹太人外，哪种语言中还用 naches 这个词表示对孩子所获得的成就的自豪感？德语中的单词 Schadenfreude 表示幸灾乐祸，这岂不是说日耳曼民族心理中也有一些深刻的情感吗？

当然每种文化中的成员对各种情感的表达、谈论和行动的频率有所差异。但这与不同文化中的人的真实感情如何并无关联。有证据表明，我们这个物种中的所有正常成员的情感都是相通的。

对情感最容易理解的符号是坦率的面部表情。在准备《人类和动物的情感表达》（*The Expression of the Emotions in Man and Animals*）一书时，达尔文向与五大洲的原住民有过交流的人发放了一份调查问卷，这些原住民也包括与欧洲人少有接触的一些群体。达尔文要求他们根据观察而不是记忆详细回答，并描述原住民是如何表达惊讶、羞愧、愤慨、专注、忧伤、振奋、轻蔑、执拗、厌恶、恐惧、服从、生气、内疚、害羞、嫉妒，还有“肯定”和“否定”的。例如：

> 当情绪低落时，嘴角是压低的吗？眉毛的内角，即在法语中称为“忧伤肌”的那块肌肉是抬起的吗？在这种状态下，眉毛变得稍微有些倾斜，内端有点隆起；前额中部横向起皱，但没有横跨整个宽度，与惊讶时那样眉毛抬起的样子不同。

达尔文总结了这些回复：“同样的心智状态在表达方式上全世界都具有惊人的一致性，这一事实本身就像人类所有种族在身体结构和心理倾向方面密切相似一样令人感兴趣。”

尽管达尔文在问题表述时可能会对问卷回答者造成一定的误导，但当代的研究却是根据他的结论而来的。心理学家保罗·埃克曼（Paul Ekman）在 20 世纪

60年代开始研究情感时，面部表情被认为是婴儿习得的随意符号，因为婴儿随机的面部表情都会得到奖励或惩罚。如果表情是通用的，那么可能是因为西方的模式已经变得通用——没有任何文化超出了约翰·韦恩（John Wayne）和查理·卓别林（Charlie Chaplin）所能表现的范围。埃克曼收集了人们表达6种感情的照片，并把这些照片拿给许多文化中的人看，包括巴布亚新几内亚与世隔绝的前觅食原始人，让他们识别每个照片中表达的感情，或者虚构这个人经历了什么。每个人都识别出了欢喜、悲伤、生气、恐惧、厌恶和惊讶。例如，一个原始人被试说，照片中表现出恐惧的美国人一定是看到了一只野猪。之后，埃克曼调整了程序，拍摄他的原始人受访者，让他们表演一些情形，如“你朋友来了，你很高兴”“你的孩子死了”“你很生气，要打架”，还有“你看到一只死猪在那里躺了很长时间”等。照片中的表情清晰无误。

当埃克曼开始在20世纪60年代末的一次人类学家会议上报告他的研究发现时，听众们义愤填膺。一位著名的人类学家从听众中站起来大喊，不该让埃克曼继续讲下去，因为他的论断是种族主义的。在另一个场合中，一位非裔美国激进主义分子称埃克曼为种族主义者，因为他说黑人的面部表情和白人没什么不同。埃克曼感到很困惑，因为他认为，如果他的研究工作中有任何政治意味的话，那也是主张团结和兄弟情谊。不管怎样，这些结论还是被不断证实，现已得到某种形式上的广泛认可（尽管还有些争议，既然那些表情是通用的，那么需要多少语境才足以给出解释，以及这些表情本身又是如何与每种情感联系在一起的）。达尔文的另一个观察也得到了证实：天生眼盲耳聋的孩子们脸上的表情和普通人全无二致。

那么，为什么会有这么多人认为不同文化之间的情感也是不同的呢？他们的证据比起达尔文的问卷回答者和埃克曼的实验来说要间接得多。它来自读出人们心理的两种并非完全可信的来源：语言和观点。

对于一门语言中是否有一个表示某种情感的词的一般评论没有多大意义。在《语言本能》一书中，我认为，语言对思维的影响被夸大了，语言对感情的影响更被夸大了。一门语言中是否有一个表示某种情感的词，取决于翻译者的技巧和语言的语法和发展史。对一门语言有些许影响力的语言大师在与其他语言有所接触后，会从旧词汇中形成新词汇并在公众中普及（这使得创造的新词成为流行语），这门语言就积聚了大量的词汇，其中自然包括表示情感的词汇。当一门语言缺乏这些激励因素时，人们在描述自己的感觉时就会啰啰嗦嗦，转而用隐喻、转喻词和提喻法。当一名塔希提妇女说“我丈夫死了，我觉得恶心时”，她的情感状态一点儿也不神秘，我们可以断定她一定不是在抱怨胃酸消化不良。即使是词汇丰富的语言,也只有一小部分表示情绪体验的词汇。作家 G. K. 切斯特顿（G. K. Chesterton）写道：

> 人们知道心灵的色彩比秋天森林的颜色更加令人迷惑、数不清和难以名状……但人们真的相信，所有这些东西都能够以它们所有的全音和伴音，混杂和融合,被一个咕咕噜噜和哼哼唧唧的任意系统准确地表征。他们相信，一个有教养的股票经纪人确实能够从他自己内部产生出表示所有神秘记忆和欲望痛苦的嘈杂声音来。

讲英语者第一次听到 Schadenfreude 这个词时，他们的反应不是“让我想想……对别人不幸的愉悦……那怎么可能呢？我无法理解这个概念，我的语言和文化没提供给我这样的类别”，而是“你是说有一个词来表示它？那真不错”。这确实是一个世纪之前把 Schadenfreude 这个词引入书面英语的作者们心里所想的。表示情绪的新词很快就被接受了，无须复杂的定义解释，它们可能来自其他语言，如 ennui（厌倦），angst（担心），naches（快乐），amok（暴怒）；来自亚文化，如 blues（感伤），funk（恐怖），juiced（喝醉），wasted（没用的），rush（猛冲），high（醉了），freaked out（吓坏）；以及来自一般俚语，如 pissed（呸），bummed（乞讨），grossed out（令人作呕），blown away（大吃一惊）。我从没听说过一个表示情绪的外来词，人们不能即刻就理解它的意思。

人类的情感非常相似，因此就需要一位哲学家才能打造出一个真正的外星人所能感受到的情感。在一篇名为《疯狂的疼和火星人的疼》（*Mad Pain and Martian Pain*）的文章中，大卫·刘易斯（David Lewis）把“疯狂的疼”定义为：

> 有这么一个奇怪的人，他有时会像我们一样感到疼，但他的疼痛和我

们的在因果关系上有显著不同。我们的疼通常是由切割、烧伤、压力等诸如此类的事件导致的，而他的疼则是由空腹锻炼所致。疼痛一般会分散我们的注意力，而他的疼痛却使他在心理上更趋数学化，促使他能够在数学上集中注意力，但会分散在其他方面的注意力。剧烈疼痛不会令他呻吟或翻腾，却会使他交叉双腿和打响指。他没有一点让他阻止或驱除疼痛的动机。

人类学家曾发现过能感觉到同样疯狂的疼痛或是拥有其他同样怪异的情绪的人吗？如果你只看刺激和反应的话，似乎可能就是这样。人类学家理查德·施威德（Richard Shweder）指出："要罗列出西方观察者的情感，判断出与原住民的评价性反应不相符的前因事件，这对于任何人类学家来说都不是难事，它包括喝奶牛尿、父亲去世5天后吃鸡肉、亲吻男婴的生殖器、被人恭维自己怀孕、鞭打孩子、摸某人的脚或肩膀、让妻子称呼自己的小名等。"确实如此，但如果你再略微深入思考一下应如何给这些刺激因素归类，这些类别引出的情感就会让你觉得很熟悉。对我们来说，奶牛的尿是污染物，而奶牛分泌的乳汁则是营养品；但在另一种文化中，这些分类也许颠倒过来了，但大家都对污染物感觉恶心。对我们来说，被配偶直呼小名没什么不尊重的，但被陌生人直呼小名可能会觉得不被尊敬，而被妻子按你信仰的宗教来称呼可能也让人觉得不被尊重。在各种情况下，不尊重都会让人生气。

但如果有人声称，没有我们的某种情感的原住民，他们又是怎么回事呢？我们的情感对他们来说像是疯狂的疼痛吗？大概不是。因纽特人称他们感觉不到生气，但这已被他们的行为证明是假的：他们认得出外族人是不是在生气，会打自家的狗对其进行管教，会使劲挤压自己的孩子使其感受到疼痛，还会不时变得"温度升高"。玛格丽特·米德（Margaret Mead）散布了一些让人觉得不可思议的观点，她称萨摩亚人没有激情——父母与孩子之间不会生气，或者给他人戴绿帽者与引诱他人红杏出墙者之间没有仇恨，没有持久的爱或伤痛，没有母亲的关爱，没有性的紧张，没有青少年的骚动。德里克·弗里曼（Derek Freeman）和其他一些人类学家发现，实际上萨摩亚社会中广泛存在着青少年的憎恨和不法行为，对童贞的狂热迷信，也常有强奸和强奸受害者家庭的报复，冷漠，对孩子的严厉惩罚，性嫉妒以及强烈的宗教情绪。

对这些差异，我们无须感到惊讶。人类学家雷纳托·罗萨尔多（Renato Rosaldo）指出：“传统人类学家的描述就像一本礼仪书。你所得到的所谓的文化智慧并不比一些陈词滥调更深刻，马屁精波洛尼厄斯（《哈姆雷特》中的人物）的智慧以及琐事中的习俗惯例，并不具有启发性的意义。它可能会告诉你正式的规则，但它不会告诉你生命应如何度过。”而具体到情感而言，它们常常被正式的规则约束着，因为它们是对一个人兴趣的断言。对我而言，它是我内心感受的坦白，但对你来说，它是牢骚和悲叹，你很可能会让我就此打住。对那些手握权力的人来说，其他人的情感甚至更令他们厌烦——它们会带来一些麻烦事，比如女人想要男人做丈夫和儿子而不是当炮灰，男人们彼此打架而不是与敌人战斗，孩子们会与和自己心心相印的人坠入爱河而不是接受一个能巩固一项重要交易的未婚夫（妻）。许多社会对付这些麻烦事的方法是试图约束、规范情感，并散布情感根本就不存在的假情报。

埃克曼证明了文化最大的不同在于，如何在公众场合表达情绪。他偷偷拍摄了美国学生和日本学生在观看一次原始人成年礼的可怕画面时的表情。（情绪研究者收集了大量这类恶心的材料。）如果一个穿白大褂的实验人员在房间里对他们进行集体访谈，日本学生会在看到令美国学生吓得往后缩的场景时仍礼貌地面带微笑。但当被试们单独待在房间里时，日本学生与美国学生的面部表情都是同样的惊惧。

情感源于进化

哲学、文学和艺术中的浪漫主义运动大约开始于200年前，自那以后，情感和理智就被分配到了不同的领域。情感源于自然，存活于身体中，它是热烈的、非理性的冲动和直觉，遵循着生物学的法则。理智则源于文明，存活于心灵里。它是一个冷静的商议者，通过时时检查情感，来服从自己和社会的利益。浪漫主义者相信，情感是智慧、清白、真实和创造力的源泉，不应当被个人或社会所压制。浪漫主义者往往也承认情感的负面因素，但这是我们必须为伟大的艺术所付出的代价。当安东尼·伯吉斯（Anthony Burgess）的《发条橙》（*A Clockwork Orange*）中的非正统主角为自己的暴力冲动所控制时，他丧失了对贝多芬的作品欣赏的能力。浪漫主义者主导了当代美国流行文化，比如摇滚乐中的酒神精神、与你的感觉建立联系的通俗心理学法则、睿智的傻瓜和因循守旧的雅皮士的好莱坞式电影。

大多数科学家都心照不宣地接受了浪漫主义的前提假设，即使他们并不同意它的道德取向。非理性的情感和对理智的压抑不断以科学的伪装形式出现：本我与超我，生物驱力和文化规范，右脑半球和左脑半球，边缘系统和大脑皮质，我们的动物祖先的演化包袱和将我们推向文明的一般智能。

在本章中，我将阐释一个不浪漫的情感理论。它综合了心智计算理论和对生物系统的复杂设计进行反向工程的现代演化理论。我将说明的是，情感是一种适应，它是与理智一道和谐运行、设计良好的软件模块，它也是整个心智机能不可或缺的一部分。情感的问题不在于它们是不可驯服的力量或是我们过去作为动物的遗迹，而在于它们的设计是为了传播构建了它们自身的复制基因，而不是为了提升幸福、增进智慧或完善道德价值。当一个行为对社会群体有害，从长远上看会损害行为者的幸福，不可控制并不受劝说，或是自我欺骗的产物时，我们常会称这个行为是“情绪性的”。不幸的是，这些结果并不是功能失调，而正是我们所认为的设计良好的情感应该具有的。

情感是被当作非适应的包袱而被过早注销的另一部分心智。神经科学家保罗·麦克莱恩（Paul MacLean）把情感的浪漫主义信条转化为一个著名但却不正确的理论，即三脑一体理论（Triune Brain）。他将人类大脑描述为一个三层的演化羊皮纸。底层是基底节或爬虫类脑，它是驱动“4 个 F”——Feeding（喂食）、Fighting（战斗）、Fleeing（逃跑）和 Fucking（性行为）的基础情绪和自私情绪的所在地。嫁接到上面的是边缘系统或原始哺乳动物脑，它用于更善良、更温柔、更社会性的行为，比如为人父母。最外面的一层是现代哺乳动物脑，它是在人类进化时迅速生长的新大脑皮层，这里收容了理智。认为情感是动物遗产的信念在通俗动物行为学纪录片中常常会看到，咆哮的狒狒延续为暴乱的足球流氓，而与此同时，画外音焦灼地探询着，我们是否会从本能中升华，避开核武器的厄运。

三脑一体理论的其中一个问题是，演化的力量不只是在一个不变的基础上的堆砌层。自然选择必须根据已经有的东西运作，但它也能够修订已经发现的东西。人的身体的绝大部分都来自古代哺乳动物以及在此之前的古代爬行动物，但这些部分已经经过了很大程度的修改，以便适合人类的生活方式，比如直立行走的姿势。尽管我们的身体带着过去的痕迹，但身体上很少有不加修改只适应先前物种的部分。即使是阑尾，现在也在被免疫系统使用。因此，情感的回路也不是没有被改动过。

我们承认，某些特征已经成为一个生物体构建计划的明确部分，而自然选择对此已无力修补。情绪软件已经被深深地"焊"入大脑里，所以生物体注定会像他们的遥远祖先那样被感受到。是这样吗？有证据表明并非如此。情绪软件很容易就可以改写程序。对于不同物种、性别和年龄的动物，它们的情感部分也大相径庭。在哺乳动物中，我们发现了狮子和羊。即使在狗这一个物种里（单一物种），几千年的驯化也为我们带来了比特犬和圣伯纳德狗。和我们最相近的种类包括普通的黑猩猩，它们中的雄性帮派会屠杀敌对帮派，雌性则会谋杀另一只雌性的婴儿；还有俾格米黑猩猩（倭黑猩猩），它们的哲学则是"做爱而不是作战"。当然，某些反应是跨越物种的，比如，被约束后的恐惧。但之所以保留这些反应或许是因为它们对所有生物体都是适应的。自然选择或许没有绝对的自由来改变情绪软件，但它确实有很大的自由。

人的大脑皮质没有骑在古老的边缘系统的背上，或是作为始于那里的处理流的终点。系统是串联运行的，综合了许多双向联结。杏仁体——埋在每个颞叶中的杏仁状器官，容纳了渲染我们的情感体验的主要回路。它不仅接收从脑的低端站点发来的简单信号（比如巨大的噪声），还接收从脑的最高中心发来的抽象复杂的信息。杏仁体接下来把信号发到脑的几乎所有其余部分，包括额叶的决策制订回路。

解剖学也反映了心理学。情绪并不仅仅是逃离一只熊。它可以被心智所能承担的最复杂的信息处理所启动，例如阅读一封爱人的信件或是回家发现路边停着一辆救护车。情绪还有助于将逃离、复仇、野心和求爱等复杂情节共同谋划。正如萨缪尔·约翰逊（Samuel Johnson）写道："依情况而定，先生，当一个人知道他两星期后将被绞死，这将非常有助于他的思维的专注。"

反向工程推理情绪的第一步是试着想象没有情绪的心理会是怎样的。估计火神的智多星斯波克先生没有情感（除了他人类的一面偶尔闯入和一次七年之痒驱使他回到祝融星养儿育女），但斯波克的毫无感情只是因为他达到了控制自己、不冲动并能冷静地讲出令人不愉快的事实的程度。他一定是被某些动机或目的所驱使，或者有一些事使得斯波克没通过将 π 计算到 1 000 次幂或是记忆曼哈顿的电话号码簿来打发时间。还有一些事驱使他探索新奇的世界，寻觅新的文明以及无畏地前往无人曾到过的地方。这大概就是求知欲，一种确定和解决问题的驱力，并与所有的情感团结一致。当面对敌人或入侵的克林贡人时，斯波克会怎么做呢？倒立吗？证明四色图定理吗？他的一部分大脑大概会迅速运转以确定如何逃走并采取行动来避免将来可能会陷入的危险境地。也就是说，他害怕了。斯波克也许不会冲动或感情外露，但他一定有动机驱使他发挥聪明才智，从而趋利避害。

一个传统的计算机程序是机器执行的一系列指令，直到遇到 STOP 命令。但外星人、机器人和动物的智能需要更加灵活的控制方法。回想一下，智能是遇到障碍仍能继续追寻目标。如果没有目标，智能的概念就毫无意义。我忘了带钥匙，要想进入锁着的公寓，我可以撬开一扇窗户、叫来房东或是通过门上投信的缝隙够到插销。要想达到上述每个目标，都需要一系列的子目标。我的手指够不到插销，所以子目标就是找到钳子。但我的钳子锁在屋里，所以我就确定了一个找商店买新钳子的子目标，以此类推。大多数人工智能系统都是围绕方法和目标来建立的，就像第 2 章中讲到的产出系统：将许多目标符号展示在公告牌上，由软件“小幽灵（后台程序）”对这些目标做出回应。

但最顶端的目标来自哪里，那个其余部分的程序都试图获得的最终目标到底是什么？人工智能系统来自程序设计者。程序员可以设计它来诊断大豆的疾病或是预测第二天的道琼斯工业指数值。而对有机体来说则是来自自然选择。大脑努力地将它的主人置于促使其祖先繁殖的同样的环境中去。（大脑的目标不是自身的繁殖；动物并不知道生命的事实，而知道生命事实的人类则愉快地用避孕的方式颠覆了这一目标。）预设在智人这个解决问题的社会种群中的目标不仅仅是 4 个 F，其目标清单的顶端是了解环境和确保与他人合作。

这就是我们具有情感的原因。动物不能同时追寻所有的目标。如果一个动物又饿又渴，它不会站在浆果丛和湖的中间位置，就像寓言中那个最终饿死在两个干草垛之间的优柔寡断的笨蛋一样。动物也不会啃一口浆果，然后走到湖边喝一口水，再走回去吃一粒浆果，如此往复。这个动物一定会在一段时间里将身体付诸一个目标，这个目标也必须与实现它们的最佳时刻相匹配。《旧约 · 传道书》上说，大千世界中，万物皆有其时，一切深意自有彰显之时：哭泣之时、欢笑之时、爱之时和恨之时。不同的目标适合于不同的情境：被狮子看到时，孩子哭泣时，或是对手当众骂你笨蛋时。

情绪是给大脑确立最高级别目标的机制。一种情绪一旦在恰当的时刻被引发，就会引出大量的子目标和再下一级的子目标，我们将其称为思考和行动。由于这些目标和手段被编织成了一个嵌套了多重子目标的网状控制结构，所以思考和感觉之间并没有明确的区分界限，思考也并不必然先于感觉或反之（尽管心理学界对孰先孰后争论了一个世纪）。例如，恐惧是由一种迫在眉睫的伤害信号所引发的，如捕猎者、悬崖或一个口头威胁。它导致了逃跑、克服或改变危险的短期目标，并将此目标优先考虑，令我们产生一种紧迫感。它还引发了未来避免险境和记住我们从中获得的教训的长远目标，这是由我们所感受到的压力解除状态引发出来的。许多人工智能研究人员相信，机器人要想做到自由行动（相对于那些拴在装配线上的机器人而言），就需要被设计加入一些类似情绪的程序，使它们在任何时候都知道下一步该怎么做。而这些机器人是否会感知到这些情绪则是另一个问题，正如我们在第 2 章中所看到的那样。

恐惧还触发了一个使我们的身体准备好行动的按钮，它被称为“战斗或逃走”反应。（这个别名有些误导，因为这个反应是使我们准备好采取任何紧迫的行动，比如抓住一个正在爬向楼梯井顶端的孩子。）加速跳动的心脏将血液供应到肌肉，血液在肚子和皮肤里改变方向，留下胃里翻腾和黏糊糊的感受。呼吸加速有助于摄取更多氧气。肾上腺素在肝那里释放燃料利于血块凝结，还会令我们的面部表情就如黑夜开车时撞到一头鹿一样充满惊恐。

每种情绪都会调动人的心智和身体，来应对认知生态中生存和繁衍的某个挑战。其中有一些挑战是以有形的方式提出的，情绪的应对也采取了明确的方式，如恶心、恐惧和对自然之美的欣赏。另一些挑战则是由人造成的。对付人的挑战，人们能以其人之道还治其人之身。情绪通过进化来应对其他人的情绪，如生气、感激、羞愧和浪漫之爱，就像对弈国际象棋一样，它们引发了误导浪漫主义者的激情和密谋。首先我们来探讨关于有形之物的情绪，然后再说关于人的情绪。

买房三原则：位置、位置、位置

“离水之鱼”的说法提醒我们，每个动物都有适合自己的栖息地。人类也不例外。我们一般会以为，动物会去自然属于它们的地方，但这些动物也一定体会到了驱动它们的情绪，这和人类并无两样。有些地方之所以吸引它们，可能因为很宁静或美丽；而另一些地方则让它们感到压抑或恐惧。生物学中“栖所选择”这个主题，对于人类而言，就像地理学和建筑学中的“环境审美”：哪些地方让我们乐于身处其中。

我们的祖先直到晚近都是以游牧为生的，他们消耗尽那里可食的植物、动物后就离开了，但决定下一个去处并不是一件小事。科斯米德斯和图比写道：

想象一下，你一生都过着野营生活。由于要经常从小溪里取水，拣树枝点火，人们很快就认识到其中一些露营场所相较于另外一些场所的优势所在。不得不整天待在户外使得人们很快就意识到能挡风遮雨的庇护之所的好处。对于狩猎采摘者来说，没有办法不选择这样的生活方式，因为没有超市可以去挑选食物，没有电话，没有紧急服务设施，没有人工用水供应，没有燃料供给，没有笼子和枪，也没有动物管控人员来保护你不受捕食动物的伤害。在这些境况下，人的生命依赖于某种功能机制的运行——使他更倾向于选择可以提供充足的食物、水、庇身处、信息和安全的地方，而避免选择不能满足这些条件的地方。

智人适合栖息于两种自然环境。一个是非洲大草原，人类演化的大部分阶段都是在那里完成的。对于人类祖先这样的杂食者来说，草原相较于其他生态环境而言是更适宜的地方。沙漠的生物量太少，因为水太少。温带森林的生物量虽多但大都集中于树木。热带雨林，或者曾被称为热带丛林，树冠太高，使得地面的杂食动物进化为食腐动物，只能依靠搜集从高处落下的零星食物为生。而大平原——零星点缀着些许树木的草原则具有丰富的生物量，其中许多都是大型动物，因为草原上的草被吃掉后会迅速再生。而且，大多数生物都生活在地面上一两米之高。大草原还提供了开阔的视野，这样捕食者、水源、道路都能被远远看到。那些树木则提供了荫凉和逃避食肉动物的去处。

第二个栖息地便是世界上的其余地方。人类的祖先从非洲大草原演化之后，散布到了这个星球上的几乎每个角落。率先离开大草原的先行者随着人口的增长和气候变化，又迁徙到了其他区域。另一些人则是寻找安全的避难者。原始部落彼此不容，他们常常袭击邻近部落的属地，或者杀死任何闯入他们领地的外来者。

人类的智力足以满足这种旅行癖。人类探索一片新的地域，画出一幅心智资源图，其中包括了水、植物、动物、路线、庇所等细节。如果条件允许，他们便会在大草原上建立一处新家。印第安人和澳洲原住民曾经烧掉大片的林地，将其开拓成可以定居的草原。这种人造的草原能吸引来易于猎捕的食草动物，也能在外来者还没离太近时就发现他们。

生物学家乔治·奥丽安斯（George Orians）是一位鸟类行为生态学方面的专家，他最近更加关注人类的行为生态学。他和朱蒂斯·西尔瓦根（Judith Heerwagen）、斯蒂芬·卡普兰（Stephen Kaplan）、瑞切尔·卡普兰（Rachel Kaplen）等人一同撰文指出，我们对于大自然的美丽感受是一种功能机制，这种感受令我们的祖先去往合适的栖息地。我们内心深处发现了大草原的美丽，而我们也喜欢易于探索和记忆的景致，以及我们居住时间已经很长、能够深入了解的地方。

在关于人们选择居所偏好的实验中，实验人员让美国儿童和成人观看不同景致的幻灯片，问他们更喜欢住在哪里或到哪里旅游。孩子们更喜欢草原，尽管他们并没有去过那里。大人们也喜欢草原，但他们同样喜欢落叶和针叶森林——这与美国大多数可居住的地方相似。没人喜欢沙漠和雨林。一种解释是，孩子们的喜好显示出了我们这个物种天生的居所偏好，而成人则辅之以他们成长熟悉的地方。

当然，人们并没有一种对古老家园的神秘渴望。他们只是对大草原普遍具有的特征感到愉悦。奥丽安斯和西尔瓦根调查并了解了园艺师、摄影师和画家的专业知识，并从中学习哪种风景会让人们觉得美丽。他们将这些知识作为另一类关于人类对栖息场所偏好的数据，补充了人们对幻灯片反应的实验。他们发现，人们最喜欢的风景是这样一种大草原：半开放式的空间（既不完全显露出来，这样会易于受损；也不过度生长，这会阻碍视线和移动），地表植物分布均匀，视线直达地平线，有大树和水源，高度有起伏变化，还有多条路径延伸出去。摄影师杰·艾普利顿（Jay Appleton）简明地概括了吸引人的风景的特征：郁郁葱葱，还有庇所，可以看得很远而不被看见。这些特征的综合使得我们能够安全地了解地形特点。

这片土地自身还必须能够提供食物。任何人在密林小径中迷路，或看到四面八方有连续的沙丘或雪堆时，都明白缺乏参考框架的环境是多么恐怖。一处风景就像一个庞大的物体，我们了解复杂物体的方法是通过确定各个部分在一个所属物体的参考框架中的位置（见第4章）。心智地图中的参考框架是大的地标——树、岩石、池塘、长长的路或边界，比如河流和山脉。没有这些路标，风景再好也不可定居。卡普兰夫妇发现了另外一个通往自然美丽的密钥，他们称之为神秘之处。小路蜿蜒环绕在土丘之间，小溪弯弯曲曲，树叶错落，地面起伏有致，视野被部分地阻挡，这都能提起我们的兴致，暗示此处或许有些重要的特征，我们要进一步探索才能发现。

人们还喜欢观看动物、植物，特别是花朵。如果你是在家中或其他由人工营造的舒适氛围中阅读本书的，只要找一找，你就会发现装饰物中有动物、植物或花朵的主题。我们对于动物的热衷显而易见。我们吃它们，它们也吃我们。但我们对花的喜爱就需要解释了，除了在一些价格高昂的餐厅的沙拉中会吃一些花朵外，我们基本上不吃这种东西。我在第 3 章和第 5 章中简单提到过，人们是直觉型植物学家，而一朵花是一个具有丰富数据的来源。植物混杂在一片绿色的海洋里，往往仅能通过它们的花朵辨认出来。开花时的先兆，标志着那个地方未来可以生长水果、坚果或块茎，只要够聪明的生命都能记住它们。

大自然中的一些事物可以唤起人类深深的记忆，如日落、雷声、云堆和火。奥丽安斯和西尔瓦根注意到，这些事物都预示着一些迫切且会产生很大影响的变化：黑暗、暴雨或大火。因此引发的情绪是显著的，迫使动物停下来提起注意，并为即将来临的事件做准备。

对环境的审美是我们生活中的一个重要因素。情绪取决于周围的环境：设想处在汽车站的候车室里或是一个湖边的木屋中。一个人一生中最大的一笔消费可能就是他们的住宅，购买房子的三条原则——位置、位置、位置！即除了临近基本生活设施外，还要考虑草地、树木、水和风景。房子本身的价值取决于它的庇护容量（舒适的空间）和神秘之处（角落、弯曲、窗户、复式楼层）。在最不适宜居住的生态系统中的人们努力获得一片草原，然后据为己有。在新英格兰地区，任何一片未经打理的土地很快就会变成一丛蓬乱的落叶林。我间或在郊区生活时，每一个周末，我和我的邻居们就会拖出我们的割草机、吹叶器、杂草去除器、枝条修剪机、修枝剪刀、枝干切段器、木材削片机永不停歇地工作，以免使森林迫近。在圣巴巴拉，土地将成为一片干燥的灌木，但几十年前，城市创建者们筑坝节蓄了大量的天然溪流，并穿山挖掘隧道将水引至干涸的草坪。在最近一次干旱时，住户们极度渴望着青翠的环境，以至于将他们满是灰尘的庭院喷上了绿漆。

恶心的妙用

> Great green gobs of greasy grimy gopher guts,
> Mutilated monkey meat,
> Concentrated chicken feet.
> Jars and jars of petrified porpoise pus,
> And me without my spoon!
> 许多绿油油、滑腻腻、又脏兮兮的地鼠肠，
> 砍掉四肢的猴子肉，
> 浓缩了的鸡爪子。
> 一罐罐变硬的海豚浓汁，
> 我没带勺子就直接上手！
> **——深刻怀念的一首夏令营歌曲，曲调是《老灰母马》（*The Old Gray Marce*）的旋律，词作者不详**

恶心是一种普遍的人类情绪，标志性符号是其独特的面部表情，在任何地方都有一定的食物禁忌。像所有情绪一样，恶心对人类事务有着深刻的影响。在第二次世界大战期间，太平洋战场的美国飞行员们宁可饿着，也不吃蟾蜍和虫子，尽管他们曾被告知这些东西都绝对安全。食物厌恶是很难改变的族裔特征，甚至在其他传统已经被废弃后很久，这种特征仍然还被保持着。

根据现代科学的标准来判断，恶心显然是不合理的。因想到吃某个令人恶心的东西而感到作呕的人们会说，它是不卫生的或有害的。但他们会觉得，一个消毒后的蟑螂与碗柜里的新鲜蟑螂一样令人恶心，如果这只消毒后的蟑螂稍微在饮料里泡了一会儿，他们就会拒绝喝这瓶饮料。人们不会去喝用一个全新的盛尿液的容器储存的果汁，而医院食堂却发现，这是防止偷窃行为的一个极好方法。人

们不会去喝盛在全新便盆里或是用一个新梳子或苍蝇拍搅拌的汤。对大多数人来说，你付钱让他们吃烤成狗屎形状的奶油糖，或是让他们在新奇商品店用嘴含着橡胶呕吐物，他们也不会干。一个人不嫌弃自己的唾液，只要它还在自己的嘴里，但大多数人不会去喝一碗他们已经在里面吐过唾沫的汤。

大多数西方人都无法忍受吃昆虫、蟾蜍、蛆、毛毛虫或蛴螬，但这些都是营养水平很高的食物，而且历史上大多数人都吃过。我们的理性思维一点儿都不合理。昆虫传染疾病，是因为它们接触的是粪便或垃圾吗？但其实许多昆虫都非常卫生。例如，白蚁只吃木头，但西方人一样不觉得吃它们会舒服些。拿这些昆虫与鸡做个比较，鸡肉被认为是口感极佳的代表（“尝尝这个——它吃起来像鸡肉！”），但鸡却常吃垃圾和粪便。我们还喜欢吃肥美多汁的西红柿，但它却是用粪便作为肥料灌溉的。昆虫携带疾病吗？所有其他种类的动物也同样携带病菌。只需像其他人那样做就是了——做熟它们。昆虫的翅膀和腿不能吃吗？拽掉它们，就像剥掉虾皮吃虾一样，或者只吃蛴螬和蛆。昆虫的味道不好吗？这里有一份来自一位英国昆虫学家的报告，他研究的是老挝人的饮食方式，并获得了研究对象的第一手数据：

> 没有哪种昆虫是味道不佳的，有一些甚至相当可口，特别是大水虫。它们大多并没有什么味道，除了一股淡淡的蔬菜味，但是，第一次尝面包的人难道不奇怪为什么会有人吃这种没有味道的食物吗？烤后的金龟子或软体蜘蛛尝起来外脆里嫩，像蛋奶酥一样，味道绝佳。通常要加一些盐，有时也可以加点干辣椒或香菜叶，有时与米饭同吃或加在汤或咖喱里。它们的味道特别，很难辨别，但我想生菜与白蚁、蝉和蟋蟀的味道最为接近；人面大蜘蛛的味道和生菜以及生土豆的味道差不多，浓缩奶酪的味道与大水虫（田鳖）的味道相仿。我吃完这些昆虫后没有任何不适的反应。

心理学家保罗·罗辛（Paul Rozin）巧妙地总结了恶心的心理原理。恶心是一种对将令人不适的物质合并入体内的恐惧。吃，是合并一种物质最直接的方式，正如我怀念的那首夏令营歌曲中所显示的，它是一种令人恶心的东西所能引起的最可怕想法。闻和触摸也没什么吸引力。恶心阻止人们吃某种东西，或者，如果晚点的话，会让人吐出来或从胃里翻出来。面部表情表现得一览无余：鼻子皱缩起来，堵住鼻孔，嘴张开，舌头推向前方，好像要把不适的东西驱除出去一样。

恶心的东西往往来自动物，包括整个动物、动物的某部分（特别是食肉动物和食腐动物的某部分），还有动物身体的产物，特别是黏糊糊的物质，如黏液、脓液，更有甚者——粪便，这些都是普遍被认为令人恶心的东西。腐烂的动物及其身体部分都令人作呕。相比而言，植物有时味道不佳，但味道不佳和令人恶心是不同的。当人们不吃植物时，比如不吃利马豆或花椰菜，往往是因为它们尝起来发苦或辛辣。不像令人恶心的动物类食物，植物类食物吃起来的感觉并不是那么糟糕或肮脏。大概人们绞尽脑汁所能想到的味道最差的蔬菜是大律师克拉伦斯·达罗（Clarence Darrow）的辩词："我不喜欢吃菠菜，我很高兴我不喜欢，因为如果我喜欢吃的话，我就会讨厌它。"对于无机的、毫无营养的东西，像沙子、布和树皮，我们只是不吃而已，但并没有那么强烈的反感。

不仅恶心的东西多来自动物，而且来自动物的东西几乎总是令人恶心。不令人恶心的动物部分少之又少。有史以来，在所有动物的所有身体部分中，人们只吃极其微小的一部分，而其他身体部分都是不能触及的。许多美国人只吃牛、鸡、猪和少量鱼邻近骨骼的肌肉部分。其他的部分，如肠子、脑、肾、眼睛和脚都是不可容忍的；其他不在食物清单上的动物包括：狗、鸽子、水母、蛞蝓、蟾蜍、昆虫以及其他几百万种动物种类，它们也都不予考虑。还有一些美国人更挑剔，拒吃鸡肉的红肉部分或带骨的鸡肉。即使是爱冒险的食客也只愿意对动物王国中的一小部分小做尝试。并非只有娇生惯养的美国人才对不熟悉动物的身体部分反呕抗拒。人类学家拿破仑·夏侬为保护他的花生酱和热狗不让接受采访的雅诺马马人吃掉，便告诉他们那是牛的粪便和阴茎。喜欢吃毛毛虫和蛆的雅诺马马人虽然根本不知道牛是什么，但一听便立刻胃口全无，让查冈独自静静享用了。

一个令人恶心的东西会传染到它所接触的所有东西，无论这种接触多么短暂或效果多么不明显。拒喝被苍蝇拍搅过或浸过一只被消毒后的蟑螂的饮料，其背后的直觉是那些看不到的传染的东西——孩子们称之为虱子，已经被留在里面了。一些东西，如一把新梳子或便盆也会令人觉得污秽，只是因为它们是被设计用来接触一些令人恶心的东西的，而另一些如狗屎模样的巧克力也会令人觉得肮脏，那只是因为外观相似。罗辛根据观察得出，恶心的心理原理遵循的是许多传统文化中都具有的两条“巫术”定律：传染律（一旦接触，就永远接触）和相似律（类似导致类似）。

尽管恶心普遍存在，不令人恶心的动物的清单则因文化背景不同而异，这暗示了一个学习的过程。每个做父母的人都知道，两岁以下的孩子会把所有东西都放到嘴里。精神分析学家们站出来解释说，这是因为婴儿没有对粪便的厌恶。罗辛和同事们研究了恶心心理的发展，他们把美国成年人认为恶心的各种东西交给孩子们。令旁观的父母们觉得恐怖的是，62% 的学步幼童吃了狗屎的模拟物（用花生酱和味道浓郁的奶酪制作的逼真仿制品），31% 的幼童吃了蚂蚱。

罗辛认为，恶心是在学龄中期习得的，或许是当孩子们在接触一个令人恶心的东西时遭到父母斥责或看到父母的面部表情而逐渐习得的。但我认为这种可能性不大。首先，所有年龄大于学步幼童的被试的行为表现都和成年人一样。例如，4 岁的孩子不会吃屎的模拟物或喝里面有只蚂蚱的果汁；他们与成人的唯一不同是，孩子们对短暂接触的传染并不那么敏感。孩子们直到 8 岁都不会拒绝短暂浸泡过一只蚂蚱的果汁或狗屎模拟物。其次，两岁以上的孩子是出了名的挑剔，父母绞尽脑汁想让他们吃新的东西，而不是吃熟悉的东西。人类学家伊丽莎白·卡什丹（Elizabeth Cashdan）记录了孩子们在过了 3 岁生日后，尝试新事物的愿望急转直下。再次，如果孩子们需要学习不吃什么，那么所有的动物都会是可口的，除了少数被排斥的动物。但正如罗辛自己指出的，所有的动物都令人恶心，除了少数一些被允许吃的。没有孩子被教过斥责油腻肮脏的地鼠肠和被肢解的猴子肉。

卡什丹有一个更好的主意。她提出，最初两年是学习任何与食物有关知识的敏感期。那段时间，母亲控制着孩子们食入的食物，孩子们只能吃到被允许吃的东西。然后，他们的味觉自然而然地就缩减了，只能吃得下那些在这段敏感期被给予的食物。不爱吃某些食物的偏好可以一直延续到成年期，尽管成人偶尔会出于各种动机克服厌恶：与他人一同进餐，为了表现出男子汉气概或是老成世故的模样，追求刺激，或者当熟悉的食物短缺时避免挨饿。

恶心是用来做什么的？罗辛指出，人类面临着“杂食动物困境”。不像考拉主要吃桉树叶，当桉树叶稀缺时就濒临危险的境地，杂食动物可选择的可食食物种类很多。不好之处在于，其中许多种类都是有毒的。许多鱼类、两栖动物、无脊椎动物都含有剧烈的神经毒素。通常无害的肉类可能寄居绦虫这样的寄生虫；一旦被寄生虫破坏，肉很可能就变成足以致命的，因为导致腐烂的微生物会释放毒素以阻止食腐动物，从而将肉据为己有。即使在工业化国家，食品污染也是一项主要危险。直到最近，炭疽和旋毛虫病都还是严重的威胁，公共卫生专家们已建议采取严格的卫生检查措施，以确保人们在吃下一份鸡肉三明治时不会接触到沙门氏菌。1996 年的一次世界性危机是由疯牛病引发的，其症状首先出现在一些英国病牛身上，它们的脑子变成了海绵状，而这种病可能还会传染到吃了病牛的人的身上。

罗辛大胆提出，恶心是阻止人类祖先吃有危险的动物类食物的演化适应。粪便、腐肉还有又软又潮的动物身体部分都是有害微生物的温床，应当远离。人类在孩童时期学习有关食物知识的动态理论恰恰适应了这种情势需要。哪些动物的部分是安全的，取决于所处环境中的生物种类和当地的风土病，因而特定的口味不可能是天生的。孩子们利用他们的长辈亲戚，就像国王利用试菜官一样：如果尝试者吃了这些东西还活着，那么这些东西就没有毒。所以，年幼的孩子对父母让他们吃的任何东西都来者不拒，而当他们大一些自己去寻觅食物时，就会避免去吃任何其他的东西。

但又该如何解释相似性的非理性效应——厌恶橡胶呕吐物、狗屎模样的巧克力和消毒后的蟑螂呢？答案是，这些东西被做成会引发人们反应的物体的模样，它们也会引发相同的反应。这就是为什么新奇商品商店销售橡胶呕吐物的原因。相似性效应只能说明，由一个权威或某人自身信念导致的宽慰并不能切断一种情绪反应。这种反应并不比其他对于现代幻象的反应更为不理性，比如被一部电影吸引，被色情图片唤起，在过山车上感到恐怖，等等。

那么，为什么我们觉得恶心的东西会传染到它们所接触的所有东西上呢？它是对生命世界里的一个基本事实的直接适应：细菌繁殖。微生物与植物制造的那种化学毒素有本质上的区别。化学品的危险取决于它的剂量。有毒的植物尝起来很苦，因为对于植物和吃植物者而言，吃植物者只吃一口就停下来对二者都有好处。但对于微生物来说，并没有什么安全剂量，因为它们会呈指数级迅速繁殖。单个看不见且味道不佳的细菌能够翻倍增长，迅速饱和，成为任何大小的物质。当然，因为细菌是通过相互接触传播的，因此任何接触了恶心物质的东西，其本身也就变得恶心了，这并不令人奇怪，即使它看上去和尝起来的味道都没变。恶心是直觉微生物学。

为什么昆虫和其他像虫子和蟾蜍这样的小生物——拉美人称之为“animalitos”，很容易被人厌恶呢？人类学家马文·哈里斯（Marvin Harris）认为，当社会文化中有大型动物可吃时，这些“animalitos”就会令人感到恶心；当没有大型动物可吃时，人们就会吃这些小东西。其解释与卫生状况无关，因为虫子比肉更安全。这一解释源于最佳觅食理论，即对于动物应当分析如何分配时间来最大化所吃食物的营养含量，而且事实也是如此。“animalitos”很小且分布得很分散，要多次捕捉和准备，才能得到一公斤蛋白质，而一只大型动物则是活动着的几十公斤肉（1978 年，有谣传称麦当劳巨无霸汉堡中的肉原料中有蚯蚓，但如果该公司像谣传意图暗示的那样贪婪，这谣言就不可能是真实的：虫子肉要比牛肉昂贵得多）。在大多数环境中，吃较大型的动物不仅更有效率，而且小型动物根本就不应当吃——若把搜集它们的时间花在猎捕更大型动物上会有更好的回报。因此，小动物便从那些能够猎捕到更大型动物的人类文化的菜单中消失了，在食客的心中，任何不许吃的东西都是被禁止的，是他们的文化让他们觉得那些东西恶心。

食物禁忌是怎么回事？例如，为什么印度教禁食牛肉？为什么犹太人禁吃猪肉和有壳类水生动物，还禁止把肉、奶和在一起吃？几千年来，犹太教士们已经为犹太教的饮食戒律提供了巧妙的理论。这是一些列在《犹太百科全书》（*Encyclopedia Judaica*）上的内容：

> 公元前一世纪，阿里斯提亚说："禁食律条在目的上是合乎道德的，因为戒除食荤可以向人们灌输对杀生的恐惧，从而抑制人类的暴力本性……禁止食用猛禽是为了证实人类不应当猎捕其他动物。"
>
> 伊萨克·本·摩西·阿拉马说："所有有关饮食禁令背后的原因不在于可能会导致任何对身体的伤害，而是在于这些食物弄脏、玷污了灵魂，令智力迟钝，从而导致了混乱的思想和对不正当、野蛮食欲的贪求，而这些将会把人类带向毁灭，也就破坏了创世的目的。"
>
> 迈蒙尼德说："《摩西五书》中禁止我们吃的所有食物对身体都有一些坏的和破坏性的作用……教律禁食猪肉的主要原因是在猪的生活环境中，它的习惯和食物都是很脏的且令人生厌的……肠的肥肉也被禁食是因为它增加下腹部脂肪，并破坏其功能，还产生了又冷又黏的血……煮在奶中的肉无疑是油腻的食物，会使一个人吃得过撑。"
>
> 亚布拉罕·伊本·以斯拉说："我认为在母亲的乳汁里煮一个孩子是件残酷的事情。"
>
> 纳迈德说："规定鳍和鳞片的原因是，有鳍和鳞片的鱼生活得接近水面，一般可以在淡水区域发现……而没有鳍和鳞片的鱼则生活在较低的多泥层，那里非常潮湿、没有热量。它们靠吃发霉的沼泽为食，因而吃这种鱼会对健康有害。"

我无意对犹太教的古老智慧表示不敬，这些论断可以被任何12岁大的聪明孩子予以驳倒，作为一间寺庙的主日学校的前任讲师，我可以证实这些论断平常是怎么说的。许多成年犹太人仍相信，禁食猪肉是基于公共卫生的举措——为了预防毛线虫病。但如哈里斯所说，如果那是事实的话，律条将仅仅建议禁食未经煮过的猪肉："汝不应进食猪肉，除非猪肉已被煮熟。"

哈里斯认为，食物禁忌往往有着生态上或经济上的意义。希伯来人是沙漠部落，猪则是森林动物。猪会与人竞争水和有营养的食物，比如坚果、水果和蔬菜。而与之相比，清洁可食的动物则是反刍动物，如绵羊、牛和山羊，它们可以靠沙漠中极其稀少的植物为生。在印度，牛很珍贵，不能屠宰，因为它们被用来提供牛奶、肥料并能拉犁。哈里斯的理论就如犹太教教士们的一样巧妙，而且更加有道理，尽管他承认这个理论不能解释所有的事。游荡在炎热的犹地阿沙漠中的古老部落几乎都没有将资源挥霍到饲养虾和牡蛎中去，所以不清楚为什么波兰犹太后裔小镇或布鲁克林的社区邻里痴迷于仅吃沙漠反刍动物的进食习惯。

食物禁忌很显然是一种族裔标志，但通过对它本身的观察无法解释任何事情。人们起初为什么会带上这种民族标志呢？况且这种标志可能成本不菲，甚至他们可能禁食一种营养来源。社会科学不加质疑地推测，人们会将自己的口味偏好淹没在群体中，但若从演化的角度来看，这是不太可能的（正如我们将在下一章中看到的那样）。对此我持有一种犬儒主义观点。

在任何群体中，那些年轻的、贫穷的和被剥夺了公民权利的成员都可能会叛变，投向其他群体。而那些有权势的人，特别是家长，则乐于将他们收容进来。任何地方的人都能通过一起吃饭而组成联盟，无论是宴会、酒席，还是商业午餐或约会共餐。如果我不能和你一起吃饭，那我就不能成为你的朋友。食物禁忌往往禁止食用邻里部落的某道美味食物，这在许多犹太人的饮食律条中出现。这说明，食物禁忌是留住潜在的叛逃者的武器。首先，他们将与外来者合作的前奏——一起掰面包，当作是公然的违抗行为。更有甚者，食物禁忌还利用了恶心的心理作用。在学习食物偏好的敏感期是没有食物禁忌的，这就使得孩子们要在长大后自己发现令他们恶心的东西，这阻止了他们与敌人变得亲密。（"他邀请我去他家，但如果他们上……我该怎么办，太恶心了！"）。确实，这个策略可以永远延续下去，因为孩子们长大后成了父母，他们不会喂他们的孩子吃自己觉得恶心的东西。食物禁忌的实用效果往往会被注意到。小说中关于移民经历的一个熟悉情节就是，主角忍受折磨，品尝禁忌食物。越过边界可以浅尝融入新世界的滋味，却引发了与父母和所属社群的公开冲突。在《波特诺依的抱怨》（*Portnoy's Complaint*）中，阿历克斯描述他的母亲在说 hamburger（汉堡包）时的发音像 Hitler（希特勒）。但因为年长者们没兴趣令其社群将食物禁忌置于阳光下公开讨论，所以他们就用塔木德式的诡辩和晦涩的谈话将之遮掩起来。

恐惧的含义

语言爱好者知道，每一种恐惧都能以一个专门的词来表示。你害怕葡萄酒吗？那么你有恐酒症。你坐火车会吓得发抖？你罹患了火车恐惧症。对丈母娘心怀不安叫岳母恐惧症，害怕花生酱粘在你的腭部叫花生酱恐惧症。还有富兰克林·罗斯福的痛苦——恐惧恐惧本身，叫恐恐惧症。

但没有一个专门的词来表示一种情绪并不意味着这种情绪不存在，而有一个专门的词来表示这种情绪也并不表明这种情绪就存在。词语观察者、词语狂热者和“长词爱好者”热爱这种挑战。对于他们来说，休闲时光就是找到一个包含了按照字母顺序排列的所有元音的最短动词，或是写一部不含字母 e 的小说。而另一种词汇带来的快乐就是，寻找假想恐惧的名字，而这就是那些不一定真实存在的恐惧的来源所在。现实中，人们不会一提到某个悦耳的希腊或拉丁词根就吓得发抖，害怕和恐惧的通用词汇清单上所列的其实并不多。

蛇和蜘蛛总是令人害怕的。在对大学生的恐惧之物的研究中，它们是最常见的害怕和厌恶对象，而且在我们漫长的演化历史中也是如此。D. O. 赫布（D. O. Hebb）发现，圈养下出生的黑猩猩第一次看到蛇时就会害怕地尖叫。灵长目动物学家马克·豪泽（Marc Hauser）发现，在他实验室里喂养大的绢毛猴（一种南美猴）第一次看到地上的一条塑料管时，也发出了警觉的叫声。艾尔文·德沃尔

（Irren Devore）简洁地描述了原始人的反应："狩猎采集者的生活中最不堪忍受的就是一条蛇。"在崇敬蛇的文化中，人们仍旧极度小心地对待它，甚至连印第安纳·琼斯也害怕它呢！

另一些常见的恐惧是高度、暴风雨、大型食肉动物、黑暗、血、陌生人、拘禁、深水、社会监督和独自离家。这些正是将我们的祖先置于危险境地的事物或情形。蜘蛛和蛇往往是有毒的，特别是在非洲。绝大多数其他类型的恐惧对于原始人的健康显然都有危险，社会监督则会对其社会地位构成威胁。恐惧是一种情绪，激发了我们的祖先留意可能会面对的危险。

恐惧很可能是多种不同的情绪。害怕有形的东西，害怕社会监督，害怕独自离家，不同的恐惧要分别采用不同种类的药物予以治疗，这说明它们是由不同的大脑回路来计算的。精神病医生伊萨克·马克斯（Isaac Marks）证明，人们对于不同的令人害怕的东西，会呈现出不同的反应方式，每种反应对于危险来说都是适当的。动物会引发逃逸的冲动，而悬崖则引发僵立不动。社会性威胁引起害羞和绥靖的手势。有些人看到血真的会晕倒，因为他们的血压会降低，这是一个人在尽量减少自己的血液继续流失的反应。恐惧是适应而不只是神经系统缺陷的最好证据是，在没有捕猎者的岛屿上演化的动物丧失了它们的恐惧，它们看到入侵者会全无防卫——所以对其的表述为"犹如死了的渡渡鸟"。[①]

现代城市居民恐惧的其实早已不存在了，但人们还是恐惧它们带来的危险。我们害怕枪支、开车过快、驾车不系安全带、打火机液和浴缸边上的烘干器，而不是害怕蛇和蜘蛛。公共安全人员利用从统计数字到血腥照片等各种方式，试图引起公民们心中的恐惧，但通常并没什么效果。父母们大声呵斥并惩罚他们的孩子，以阻止他们玩火柴，或者阻止他们追着球跑到街道上。但当芝加哥的学生们被问到最怕什么时，他们列出的是狮子、老虎和蛇，而这些在一个城市不太可能成为危险物。

当然，恐惧确实随着人的经历而有所变化。几十年来，心理学家一直以为，

① 引申为完全过时、失效的意思。—译者注

动物习得新恐惧的方式和巴甫洛夫的狗学会听到铃声分泌唾液的方式一样。在一次著名的实验中，行为主义心理学派创始人约翰·B. 华生（John B. Watson）在一个 11 个月大的小男孩正与一只温顺的小白鼠玩耍时出现在其身后，突然将两根钢条撞得铿锵作响。多响了几次之后，小男孩就变得害怕白鼠和其他白色毛绒的东西了，包括兔子、狗、海豹皮大衣和圣诞老人。那只老鼠也学会了将危险与以前的中性刺激联系在一起。老鼠在白色屋子里遭到电击后，即使电击源已经不插电很久，它仍每次都会从白色屋子迅速逃离到黑色屋子。

但事实上，生物并不能通过建立条件反射，对任何先前的东西都产生恐惧。孩子们对老鼠感到神经紧张，老鼠对明亮屋子神经紧张，这在任何条件反射建立之前就已如此，他（它）们会很容易将之与危险建立联系。如果将老鼠转换成一些随意的物品，如观看歌剧的眼镜，孩子们就永远也学不会害怕它。在黑屋子里而不是白屋子里电击老鼠，这个夜间动物习得这种联系的速度也会更慢，而且习得消退得会更快。心理学家马丁·塞利格曼[①]（Martin Seligman）认为，只有当动物在演化上准备好接受某种联系时，恐惧才容易被建立起条件反射。

即使一个人有病态恐惧，它也很少与那些曾与某种心理创伤成对出现的中性物体有关。人们甚至会在还没见过一条蛇时就害怕它。经历过一次令人感到恐怖或造成痛苦的事件后，人们会对造成这次事件的原因更加谨慎小心，但他们并不害怕它；人们不会对电源插座、锤子、汽车或防空洞产生病态恐惧。尽管电视上大加渲染，但大多数从创伤性事件中幸存的人并没有每次面对有关线索暗示时就精神崩溃。越战退伍军人痛恨那种刻板印象：似乎只要有人打碎一只玻璃杯，他们就会迅速卧倒。

理解恐惧习得的一个更好方式是，认真思考演化中的需求。这个世界充满了危险，但我们的祖先不可能总是畏缩在山洞里度过一生，他们需要采集食物、赢得配偶。他们需要根据所处环境中的实际危险（毕竟，不是所有的蜘蛛都有毒）和自己的能力，来应对典型危险带来的恐惧，很多事物尽管危险但还不至令人过

① 积极心理学之父，了解更多作品，请阅读湛庐引进、浙江教育出版社出版的“幸福四部曲”。——编者注

于害怕：毕竟祖先已经拥有很多专门知识、防御技术和安身之所。

马克斯和精神病医生伦道夫·内西（Randolph Nesse）认为，病态恐惧是从未习得过的天生恐惧。恐惧是孩子们自然而然发展出来的。在他们出生后的第一年里，婴儿害怕陌生人和分离，当然他们也应该如此，因为杀婴和被掠夺对于弱小的原始狩猎采集人是严重的威胁。电影《暗夜哭声》（*A Cry in the Dark*）展示了一个掠夺者是如何轻易掠走一个无人照看的婴儿的。这很好地回答了每个父母的问题：为什么被独自留在黑暗卧室里的婴儿会像被血腥谋杀般尖叫。在3~5岁间，孩子们变得开始害怕所有典型的病态恐惧物——蜘蛛、黑暗、深水等。然后，他们逐个学会了控制对这些物体的情绪。大多数成人病态恐惧都是从未消退的孩提时的恐惧。这就是城市居民会最害怕蛇的原因。

就像学习哪些是安全的一样，对所处环境中的危险的最好向导就是那些历经危险而幸存的人。孩子们看到自己的父母害怕什么他们就害怕什么，而往往在看到其他孩子成功应付时，他们也就不再害怕了。成人也同样易受影响。战争时期，勇气和恐慌都具有传染性，一些针对恐惧症的治疗会让患者看着助手扮演一只巨蟒，或是让一只蜘蛛爬在助手的胳膊上。甚至连猴子也是通过彼此观察来调整自己的恐惧的。实验室中养大的恒河猴初次看到蛇时并不害怕，但如果它们看到电影中的另一只猴子被蛇吓坏时，它们就会感到害怕了。电影中的猴子并没有被灌输恐惧，同样也没有唤醒恐惧，因为如果电影中的猴子见到一朵花或一只兔子而畏缩后退的话，观看者并没有培养出同样的恐惧来。

有选择地征服恐惧是本能的一个重要组成部分。处于极度危险中的人，比如战斗中的飞行员或第二次世界大战中遭到大规模空袭时的伦敦人，能够令人叹服地镇静下来。没人知道为什么在其他人都已丧失自控能力时，有些人还能够保持头脑清醒，但使其保持镇定的原因是可预测性、周遭的联盟伙伴以及一种胜任与控制感，这些被作家汤姆·沃尔夫（Tom Wolfe）称为“正确的东西”。他那本同名书讲述的就是测试飞行员如何成为水星宇航员，沃尔夫将“正确的东西”界定为“（飞行员）在一个机械件飞驰脱离而去时，挺身而出，甘冒生命危险，凭借人格力量、生理反应和经验，在机械件即将断开的最后一刻将它拉回的能力”。

那种控制感来自“挑战极限”：小步尝试，多高、多快、多远的动作才不致带来灾难性的后果。挑战极限是一种强大的动机。休闲活动以及被称为“兴奋”的情绪，来自看似是古老的危险但持久且相对安全的活动。这包括绝大多数非竞争性体育运动（潜水、攀岩、探洞等）和被称为“惊悚”体裁的书和电影。温斯顿·丘吉尔曾说过：“生活中没有什么事能够像被子弹击中却又没有任何不良后果那样令人兴奋了。”

“幸福跑步机”

追求幸福是一项不可剥夺的权利，《独立宣言》如是说，并将其列入不言自明的真理之列。杰里米·边沁（Jercemy Bentham）写道，最大多数人的最大幸福即是道德的基础。要说每个人都想快乐，听起来像是老生常谈，且几乎是被循环论证过的废话，但它提出了一个关于人之所以为人的深刻问题：人们奋力争取的到底是什么。

起初，幸福对于生物合理性（更确切地说，是使得我们所演化环境合理的状态）来说似乎是锦上添花。当我们健康、衣食无忧、舒适、安全、运气好、博学、受人尊重、有人相伴和被爱时，我们会更幸福。另一方面，这些奋力争取的目标有助于繁衍。幸福的功能将是开动脑筋寻求达尔文式适应的密钥。当我们感到不幸福时，我们为这些会令我们幸福的东西而努力；当我们感到幸福时，我们保持现状。

问题是，多大程度的合理性值得人们去努力奋斗呢？冰川期的人们如果因为缺少野营火炉、青霉素和来福猎枪，或是为这些东西而不是为一个更好的洞穴和长矛努力奋斗的话，那他们就是在浪费光阴。即使对于现代的原始觅食人群而言，在不同的时间和地点也会有差异很大的生活标准。若能避免好高骛远，追求幸福应当根据当前环境中通过合理努力所能获得的回报而加以相应的调整。

我们怎么知道什么是能够被合理获得的呢？一个良好的信息来源就是看他人

已经得到了什么。如果他们能得到，那么或许你也能得到。古往今来，许多致力于研究人类处境的观察者都会发现一个人间悲剧：当人们觉得自己比邻居更好时，他们就会觉得快乐；当觉得自己不如邻居时，就感觉不快乐。

威廉·莎士比亚（《皆大欢喜》）

不过，唉！通过另一个人的眼睛来看待快乐是多么悲哀的事情啊！

安布罗斯·比尔斯（Ambrose Bierce）

幸福，名词。一种缘于注视他人痛苦而产生的愉悦感受。

戈尔·维达尔（Gore Vidal）

光自己成功还不够，其他人必须得失败。

意第绪语谚语

Ven frait zich a hoiker? Ven er zet a gresseren hoiker far zich.

罗锅什么时候高兴？当他看到一个人背了一个更大的罗锅时。

关于幸福心理学的研究已经证实，生活中存在充满负能量的人。卡尼曼和特沃斯基给出了一个日常生活中的例子：你打开工资单，高兴地发现自己得到了5%的提薪——这种高兴的心情延续到你得知你的同事都拿到了10%的提薪时为止。据坊间传言，著名女歌唱家玛丽亚·卡拉斯（Maria Callas）明确规定，她所演唱的任何一家歌剧院须向她支付比该剧院向下一位收入最高歌手所支付的出场费高一美元。

今天的人们比历史上任何时候的人都活得更加安全、健康、营养好、寿命也更长，但我们并没有快乐得像腾云驾雾，估计我们的祖先也没有长期闷闷不乐。现在西方国家中许多穷人的生活条件是过去的贵族们做梦也想不到的，指出这一点并不算极端反动。不同阶层、不同国家的人往往对自己的生活状况还算满意，直到他们拿自己和更富裕的人相比较。而一个社会里出现暴力行为的频繁程度，也并不是取决于这个社会的贫穷程度。20世纪后半叶，第三世界以及后来第二世界的不满，主要归因于他们通过第一世界的大众传媒所获悉的情况。

关于目标可实现性的另一个重要线索是你现在的幸福程度。你现在所拥有的是可实现的（根据定义），还有可能做得更好一点。演化理论预测，一个人所能做到的应当超过他所掌握的，但不会超过太多。这就有了关于幸福的第二个悲剧：人们适应环境（无论好坏）的方式，就像他们的眼睛适应阳光或黑暗的方式一样。中立地看，改进就是幸福，丧失就是悲惨。同样，圣人们早有教诲。E.A. 罗宾逊（E. A. Robinson）诗歌的朗诵者（以及后来西蒙和加芬克尔歌曲的演唱者）艳羡着“走路时熠熠发光”[①]的工厂主理查·克里。

> 于是我们继续工作，等待光明，
>
> 虽然餐餐无肉，顿顿面包，味同嚼蜡；
>
> 而理查·克里，却在一个宁静的夏夜，
>
> 回到家中，让一颗子弹，穿过他的头颅。

徒劳的奋斗令许多黑暗的灵魂否定了幸福的可能。对于演艺界名人奥斯卡·莱文特（Oscar Levant）来说，“幸福不是你所经历的，而是你所回忆的”。弗洛伊德说，心理治疗的目标在于“将歇斯底里的悲惨转变为普遍常见的不幸福”。一位同事通过邮件咨询我一位让人头疼的研究生的情况时写道：“有时我希望自己还年轻，然后我就记起来年轻时同样也没什么好的。”

但在这里，脾气不佳且牢骚满腹的人仅仅说对了一半。人们在历经从好运气到坏运气这种跨度极大的变化时的感觉并没有什么差异。但一般而言，人们所适应的基准线不是悲惨而是满意。确切的基准线因人而异，这在很大程度上是遗传决定的。心理学家大卫·迈尔斯（David Myers）和埃德·蒂耶纳（Ed Diever）发现，工业化国家中约 80% 的人报告说，他们至少“对生活还算满意”，约有 30% 的人说他们感觉“非常快乐”。就我们所知，这些报告是真实的。这个概率对于所有年龄、性别和肤色，都是相同的，而且经过了 40 多年的经济增长后也没有什么变化。正如迈尔斯和蒂耶纳所观察到的：“与 1957 年相比，美国人的人均汽车拥有量翻了一倍——还有了微波炉、彩电、录像机、空调、留言机和每年总价值 120 亿美元的全新名牌运动鞋。所以，美国人比 1957 年时要快乐了吧？没有。”

① 罗宾逊的一首诗以及西蒙和加芬克尔的一支歌曲的名字。——译者注

在工业化国家中，钱只能买来一点儿快乐：财富与满意度成正比，但这种相关性很小。抽中大奖者在最初的激动平息之后，又会回归之前的情绪状态。正面地看，遭受巨大创伤损失的人也是这样，比如高位截瘫者和大屠杀的幸存者。

这些研究结论并不必然与歌手苏菲·塔克（Sophie Tucker）所说的相冲突，她说，“我穷过，也富过。富更好”。在印度和孟加拉国，财富要比在西方能更好地预示幸福。在24个西欧和美洲国家中，人均国民生产总值越高，国民就越觉得快乐（尽管对此有许多种解释）。迈尔斯和蒂耶纳指出，财富就像健康：没有它会令你觉得悲惨，但拥有它并不保证幸福。

幸福的悲剧还有第三种表现：负面情绪（恐惧、悲伤、焦虑等）的数量通常是正面情绪的两倍，损失比相同程度的获得能被更敏锐地感觉到。网球明星吉米·康纳斯（Jimmy Connors）曾经这样总结：“我讨厌输更甚于我喜欢赢。”这种不对称性已经在实验室中得到了证实，实验显示，人们愿意下更大的赌注来避免一个确定的损失，更甚于改善一个确定的获得，这体现在人们的情绪在想象一项损失（例如，在课程成绩上或与异性的关系上）时跌落的幅度，要比想象一个等价收获时情绪得到改善的幅度更大。心理学家蒂莫西·凯特勒（Timothy Ketelaar）指出，幸福显示着资源在提升身体健康方面的效果。随着情况变好，健康程度的提升显示出回报递减的效果：更多的食物是好的，但顶多只是好到某一点。但随着情况变糟，健康程度的下降会令你出局：食物不足的话，你就会死。让情况变得无限糟糕的方式有许多种（如感染、饿死、被吃掉、坠落等），却没有很多方式能够显著改善情况。这使得可能的损失比可能的收获更值得关注；令我们不高兴的事情要比令我们高兴的事情更多。

研究快乐心理学的早期演化心理学家唐纳德·坎贝尔（Donald Campbell）将人类描述为处在一个“幸福跑步机”上，福利的改进在长期并没有令我们更加快乐。确实，对幸福的研究听起来往往只是对传统价值观的布道。有数据显示，快乐的人并不是那些富有的、有特权的、强壮的或相貌好看的，而是那些有配偶、有朋友、有宗教信仰和有一份具有挑战性且有意义的工作的。这一研究结果可能被过分强调了，因为他们只代表平均水平，而不能说明单个个体，况且原因和结果很难被分开：结婚可能会使你快乐，但快乐可能会使你结婚并维持婚姻状态。但坎贝尔在总结这项研究时总结了几千年来充满智慧的男男女女的状况："对幸福的直接追逐会导致不幸的生活。"

延迟满足

当我们说有人被情绪主导而不是被理性主导时，我们的意思常常是说，这个人为了短期的满足而牺牲了长期的利益。这些例子包括发脾气、向诱惑缴械、迅速花光当月薪水以及在牙医门前掉头走人。是什么令我们如此短视呢？

延迟回报的能力被称为自我控制或延迟满足。社会学家往往将它看作是智力和预测未来并做出相应计划的标志。但折现未来（正如经济学家这么称呼），对任何活得比片刻长的行为者来说都是选择逻辑的一部分。追求迅速回报而不是远期收益往往被称作是一种理性策略。

假定没有通货膨胀，现在的一美元或一年后的一美元，哪个更好？你可能会说，现在的一美元，因为可以用它来投资，一年后得到的就会多于一美元。不幸的是，这个解释是循环论证：利息最初存在的理由，正是因为银行愿意付钱给那些宁愿要现在享用这一美元，而不愿意等到一年之后才能动用这笔钱的人，要他们现在先放弃使用这一美元的权利。但经济学家指出，即使这个解释放错了地方，答案也是正确的：现在确实是更好的。首先，如果在少于一年的时间里出现了一个紧迫的需求或机会，当前的一美元是可供使用的。其次，如果你现在放弃了这一美元，你并不能保证一年后还能把它拿回来。再次，你在一年内可能会死，那就永远也享受不到这一美元带来的好处了。因此，折现未来是理性的：现在就消费资源，除非拿它来投资可以带来足够高的回报。你应当要求的利率取决于这笔钱现在对你来说有多重要、你把它拿回来的可能性有多大以及你估计自己会活多久。

奋力争取繁殖也是一种经济，所有的有机体，甚至包括植物，都必须"决定"是现在就使用资源还是把资源留作将来使用。这些决策中的其中一些是由身体做出的。我们的年龄越大就越脆弱，因为我们的基因将会折现未来，以削弱年老的身体为代价来构建强壮的年轻身体。这种交易历经数代是划算的，因为一次事故可能会导致身体在年老前就死去，这样的话，任何为长寿而放弃的活力都将付之东流。但大多数关于未来的决策都是心智做出的。在任何时候，我们都会在当前的好事情和将来的更好的事情之间进行选择，无论是有意识的还是无意识的。

有时理性的决策是“现在”，特别当人们常说生命短暂或是没有明天时。这个逻辑在一个有关执行死刑的笑话中被朴素地表达了出来。罪犯在行刑前被给予仪式性的最后一根香烟，他却回答说：“不，谢谢，我正在试图戒烟。”我们笑了是因为我们知道，他这样推迟享受毫无意义。另一个经典笑话清楚地说明了安全行事为什么并不总是首选。一对中年犹太夫妇穆雷和爱丝特去南非旅游。一天，穆雷无意中拍摄到了一个秘密军事装置，士兵们推搡着将夫妇俩送进监狱。他们被严刑拷打了三个礼拜，要他们说出他们在自由解放运动中联系人的名字。最后他们被拖到一个军事法庭上，被判处间谍罪并将执行死刑。第二天早晨他俩并列站在一面墙前，军士问他们有没有最后的要求。爱丝特想与她在芝加哥的女儿通个电话。军士说那不可能，然后转向穆雷。“这太荒谬了，”穆雷叫道，“我们不是间谍！”然后他将唾沫吐在军士脸上。“穆雷！”爱丝特哭喊道，“别，请别惹麻烦！”

在大多数情况下，我们很清楚自己不会在几分钟后就死去。但人终有一死，如果我们将某些享受的机会推迟得太久，就会冒着丧失这个享受机会的风险。在我们祖先游牧式的生活方式下，他们没能力囤积财物或指望像银行或保险公司这样长期稳定的社会机构，所以消费的收益自然更高。但即使不是这样，当下享受的某种渴望也一定已经根植于我们的情绪中了。更可能的是，我们演化出了一种机制来预测在不同选择下（现在吃还是稍后吃，停下露营还是继续前进）自己的寿命、机遇和风险，并对情绪做出相应的调整。

政治学家詹姆斯·Q. 威尔逊（James O. Wilson）和心理学家理查德·赫恩斯坦（Richard Herrnstein）指出，许多罪犯的行为似乎都是在迅速折现未来。犯罪就是一种赌博，回报是即刻的，而可能的成本则体现在未来。他们将这种折现归因于低智力。心理学家马丁·戴利（Martin Daly）和马戈·威尔逊（Margo Wilson）对此则有一种不同的解释。在美国城市内的贫穷区域，年轻男性的预期寿命很低，他们也知道这点。在一部关于芝加哥贫民区一群玩篮球年轻人的励志纪录片《篮球梦》（*Hoop Dreams*）中，有一个引人注目的场景是，其中一个男孩的母亲为他在 18 岁生日时还活着而高兴。此外，对他们来说，确保投资得以回报的社会地位和长久的对物质的所有权都是空洞的。这些构成了一种环境条件，使得迅速折现未来具有适应性——承担风险、消费而不是投资。

更令人困惑的是“短视折现”：我们一般会优先考虑大的远期回报，而不是小的近期回报；但随着时间的推移，两种回报都日渐临近时，我们会改变自己的优先偏好。一个熟悉的例子是，在正餐前为了减肥（大的远期回报）决定不吃那道甜点（小的近期回报），但当服务生拿来甜点菜单时，却又能屈从于诱惑。短视折现在实验室中很容易产生：给人们（或者鸽子）两个按键，一个给予小的现时回报，另一个给予更大稍后的回报，被试会随着小回报的临近而从选择大回报转向选择小回报。意志的薄弱在经济学和心理学等学科中都是一个未解决的问题。经济学家托马斯·谢林（Thomas Schelling）提出了一个关于“理性消费者”的问题，它也可以从心智演化适应的角度来阐述：

> 我们应该怎样概念化描述这种理性消费者？我们对他心知肚明，我们中的一些人甚至就是这种人：他刚刚还毅然决然把香烟碾灭在垃圾桶，信誓旦旦这次他绝不再冒罹患肺癌、让孩子成为孤儿的风险，三小时后却又满大街地寻找有没有开着的商店可以买到香烟；他明知会后悔还是吃了顿高热量的午餐，也确实后悔了，还不能理解自己为何会失去控制，并决定作为补偿吃一顿低热量的晚餐，结果却明知会后悔还是吃了一顿高热量的晚餐，也确实后悔了；他粘坐在电视机前，明明知道第二天要早早起来，结果全无准备、冷汗涔涔地参加晨会，而会议内容很大程度上将决定他的职业生涯；他因为控制不住情绪发脾气破坏了去迪士尼乐园度假旅游的兴致，他发脾气是因为他的孩子做了他知道他们将会做的事情，而他本已决定当孩子们做这种事时不发脾气。

谢林阐明了我们用来应对自我敷衍的一些奇怪方法：将闹钟放在房间的另一

头，这样我们就必须关掉它无法继续入睡；授权我们的雇主将每笔薪水的一部分扣下来以备退休后使用；将诱惑人的零食放在我们不能伸手可及的地方；把闹钟定在提前5分钟响；奥德修斯让他的船员在他耳朵里塞上蜡，并把自己绑在船桅杆上，这样当他听到海妖们充满诱惑的歌声时，不至于调转船舵驶向她们而撞到礁石上。

尽管短视折现还没有得到合理的解释，但谢林抓住了这一心理的一些重要东西，他将这种自我控制悖论归根于心智的模块性。他描述道："有时，人们的行为让人看起来似乎他们有两个自我，一个想要干净的肺并活得长些，另一个则喜欢烟草；或者一个想要苗条的身材，而另一个则想吃甜食；或者一个渴望通过阅读亚当·斯密的著作来加强自制，而另一个则宁愿对着电视看一部老电影。这两个自我在不停地竞争着控制权。"当心有余而力不足时——比如对着一份会破坏节食计划的甜点犹豫踌躇，我们能感觉到内心两种差异巨大的动机在激烈斗争：一个是对看到的和闻到的做出反应，另一个则是对医嘱做出反应。当两种回报是同类的时，比如今天的一美元和明天的一美元进行比较会产生怎样的结果？或许，一个即刻的回报涉及的是大脑处理确定事务的回路，而远期回报涉及的则是对不确定的未来下赌注的回路。显而易见，一个胜过了另一个，仿佛整个人是被设计要相信双鸟在林不如一鸟在手。在现代环境中，对未来的可靠知识，往往会导致非理性的选择。但是在过去的世界里，我们的祖先却比较有可能能够清楚分辨出什么是现在就确定能立即享用的好处，以及哪些只是猜测中或是谣传里在未来可能会出现的更大好处。即使在今天，延迟满足有时也会因人类知识的匮乏而遭到惩罚：退休基金不幸破产，政府食言不履行承诺，以及医生宣布他们曾说的所有对你不利的事情现在对你却是好的，抑或反之。

利他

我们最强烈的情绪并非缘于风景、蜘蛛、蟑螂或沙漠，而是缘于其他人。一些情感，如生气，让我们想伤害别人；另一些情感，如爱、同情和感激，却让我们想帮助别人。若要理解这些情感，首先要理解为什么生物体该被设计为相互帮助或者相互伤害。

看过一些大自然纪录片后，你可能会相信，狼吃掉衰老孱弱的鹿会保持整个鹿群的健康，旅鼠自杀是为了整个群体免于饿死，或者雄鹿彼此冲撞争夺繁殖权是为了让最健硕的雄鹿将种群持久延续下去。这种假设——动物的行为是为了生态系统整体或整个物种的利益，似乎遵循了达尔文的理论。如果曾有 10 种旅鼠，其中 9 种因滥食而使得整个种群最终因饥饿而灭绝，还剩最后一种旅鼠，它们中的一些个体会牺牲自己以使其他旅鼠存活下来，那么第 10 种旅鼠便会幸存下来，因此，如今的旅鼠便愿意做出终极牺牲。这种信念得到了广泛的传播。每个曾探讨过社会情感的心理学家都曾论述过其对整个群体的好处。

当人们说动物的行为是为了群体的利益时，他们似乎没有意识到，这个假设实际上严重背离了达尔文主义，而且几乎肯定是错的。达尔文写道："自然选择绝不会在一个生物体中产生任何一种对该生物体有害而不是有利的结构，因为自然选择的作用只是根据并且为了每个个体的利益。"只有在每个群体都能履行一个协议并保证其所有成员都保持无私的条件下，自然选择才会选择这个具有无私成员的群体。但如果没有相关协议的执行，任何事情都不能阻止一个变异或者外来的旅鼠作如是想："去他的吧！我会让所有其他旅鼠都去跳悬崖，然后独自享用它们剩下的食物。"这只自私的旅鼠会收获其他旅鼠无私的回报，而自己无须支付任何成本。凭借这一优势，它的后裔会迅速占据整个群体，尽管整个群体的利益在不断恶化。这就是任何自我牺牲者的最终命运。自然选择是不同复制体相对成功的累积性效应。这意味着，它选择了可以最好地复制自身的复制体，也就是，自私的复制体。

自然选择适应使复制体受益，这一无可避免的事实最初由生物学家乔治·威廉姆斯提出，后来由理查德·道金斯在《自私的基因》一书中进行了详细阐述。几乎所有的演化生物学家现在都接受了这一观点，尽管对其他一些问题尚有争议。群体之间进行选择在纸面上是可能的，但绝大多数生物学家都怀疑，那种使其得以发生的特殊环境在真实世界中能否被找到。在生命之树的分支之间进行选择是可能的，但那与生物体是否被设计为无私的毫无干系。动物个体绝不会在乎自己的群体、物种或生态系统发生了什么。狼捉住年老衰弱的鹿是因为它们是最容易被捉住的。饥饿的旅鼠出发去寻找更好的觅食区域时会碰巧跌落或淹死，并非自杀。雄鹿彼此冲撞是因为各自都想产仔，但当失败不可避免时会有一只主动撤退，这或许只是一种策略，这种策略在应对采取同样策略的对手时一般都会奏效。彼此争斗的雄性对于群体来说是一种浪费——确实，当雄性构成了种群的一半时，它们通常都是浪费，因为仅有少量的种马就可以繁殖下一代而无须吃掉一半的食物。

生物学家常常将这种行为描述成自利的，但导致这种行为的是脑的活动，特别是负责情绪和其他情感的脑回路的活动。动物表现得自私是因为它们的情绪回路就是如此联结与设定的。我饱胀的胃、我的温暖、我的性高潮，对我来说要比对你来说感觉更好，我想要我的快乐，我也会去寻求我的快乐，而不是你的。当然，一个动物不能直接感受到另一个动物的胃，但它可以通过观察后者的行为而间接地感受到。所以，这是一个很有意思的心理学事实：动物通常不会将其他动物可观察到的幸福作为它们自己的愉悦。而一个更有意思的事实是，它们有时也会那样。

之前我说过，自然选择选中的是自私的复制体，因此如果生物体是复制体，那么所有的生物体都应当是自私的。但生物体并没有得到复制。当你的父母拥有你时，他们并没有复制自身，因为你和你的父母中的任何一位都不完全相同。构成你的草图——你的基因组，与构成他们的草图并不相同。他们的基因是在被搅乱之后，随机抽样制成了精子和卵子，然后在受精时彼此组合，从而创造出不同于他们的新的基因组合和新的生物体。实际上唯一被复制的东西是基因和基因片段，它们的复制生成了你，而你又会将它们中的一部分再传递给你的孩子，以此类推。事实上，即使你的母亲克隆了自己，她也不能得以复制，而只是她的基因被复制了。那是因为，她生命中所经历的任何变化——断了的手指，文了的文身，穿刺了的鼻翼等都没有传递给你。你所能继承的唯一变化是长成了你的卵子中的一个基因的变异。基因，而非身体，得以被复制，这就意味着，基因，而非身体，才应当是自私的。

当然，DNA 是没有感觉的："自私"意味着"行为方式使得自己的复制更加有可能"。基因在一个有脑的动物中所做的就是连线设定其大脑，这样，这个动物所感受到的快乐和痛苦能使它的行为方式导致更多的基因复制。这常常意味着，动物会享受那种能令它生存和繁衍的状态。饱腹的肚子令动物满足，因为饱腹的肚子能使动物继续活着、移动和繁殖，这带来了更多的基因复制，而更多的基因复制构建了对饱腹的肚子感到满足的大脑。

通过构建一个觉得"吃"有意思的脑，基因有助于传播自己埋藏在动物性腺的复制体。当然，真正有助于构建大脑的 DNA 并不是自己传递到卵子或精子里的，只不过是性腺内的基因复制体传递了过去。但这里有一个重要的转折：动物性腺里的基因并不是构建大脑的基因唯一存在的复制体，它们只是帮助构建大脑的基因进行复制的最便利的复制体。在世界上任何地方、任何能够进行复制的复制体本身就是合理的目标，只要它能够被识别出来并能够采取步骤帮助自己复制。努力复制位于其他动物性腺中的自己的复制体的基因所做的，可以和努力复制位于自己性腺中的自己的复制体的基因所做的完全相同。就基因而言，复制体就是复制体，而与它究竟位于哪个动物体中并无关系。对于构建大脑的基因，动物性腺唯一特别的地方只是基因的复制体将确定能在哪些性腺中被找到（这种确定性源于动物体内的细胞是基因的克隆这一事实）。这就是为什么构建大脑的基因会令动物如此之享受它们自己的幸福的原因。如果基因能够构建一个可以分辨出自己的复制体是否位于其他动物体的性腺中的大脑，那么它会令大脑体享受其他动物的幸福，并使其行为方式增加其他动物的利益福祉。

何时一个动物中的基因复制体同时也位于另一个动物体中呢？当动物们彼此相关时。在绝大多数动物中，一方父母的所有基因会有一个复制体位于其后代体内只有一半的概率，因为子女从每方父母中均得到一半的基因。还有一半的概率，一个基因会位于同父同母的兄弟姐妹体中，因为同父同母的兄弟姐妹从同样的父母那里继承了他们的基因。还有 1/8 的概率一个基因会位于一个一级堂表亲的体内，以此类推。如果一个基因能够建造出一种头脑，让拥有这种头脑的人会对自己的亲戚们伸出援手，那么它就等同于在以一种间接的方式帮助了自己。生物学家威廉·汉密尔顿指出，如果对亲戚的益处乘以基因共享的概率超过了该动物付出的成本，基因就会在总体内得到传播扩散。汉密尔顿发展了一个观点并将之加以理论形式化，这个观点之前也曾被其他一些生物学家用作戏谑之语，其中最著名的要数生物学家 J.B.S. 霍尔丹（J.B.S.Haldane）的俏皮话了。当有人问霍尔丹是否愿意为了他的一个兄弟而放弃自己的生命时，他回答说："不。但为了两个兄弟或者 8 个姑表亲或姨表亲就可以。"

当动物的行为以自己受损为代价而使另一个动物受益时，生物学家便将这称作利他行为。当利他行为得以演化，因为利他者与受益者相关，从而使导致利他行为的基因令自己受益时，生物学家称之为亲属选择。但当我们认真研究动物如此行为的心理后，我们可以给这种现象另起一个名字：爱。

爱的本质是为他人的幸福而感到高兴、为他人受伤而感到痛苦。这些感受激发了使被爱者受益的行为，如抚育、喂养和保护。我们现在理解了为什么许多动物（包括人）爱他们的孩子、父母、祖父母、孙子（女）、外孙（女）、兄弟姐妹、姑姑阿姨、叔伯舅舅、侄子外甥、侄女外甥女和姑（姨）表兄弟姐妹：人们帮助亲戚等同于在基因上帮助自己。为爱做出的牺牲是由相关程度来控制的：人们为孩子会比为他们的侄子侄女做出更多的牺牲。这种牺牲还由受益人的预期繁殖生命来调节：父母为子女比子女为父母牺牲得更多，因为子女还有更长的预期生命。他们还由受益人自己对爱的感受来调整。人们爱他们的祖母不是因为预期他们的祖母会生育，而是因为他们的祖母爱他们，爱其他的家庭成员。也就是说，你帮助那些喜欢帮助你和帮助你的亲戚的人。这也是为什么男人和女人会坠入爱河的原因。我的孩子的另一位父母和我具有同样对孩子的遗传利害关系，所以对其有好处的对我也有好处。

许多人认为自私的基因这一理论说的是"动物努力传播它们的基因"。这不符合事实，对这一理论的理解也是错的。动物，包括绝大多数人，对遗传学一无所知，也不关心。人们爱自己的孩子不是因为他们想传播自己的基因（有意识的或无意识的），而是因为他们禁不住这样做。这种爱使他们努力为孩子提供温暖、养育和安全。自私不是人的真实动机，而是构建人的基因的隐喻化动机。基因通过设定动物的大脑来“努力”传播扩散自己，所以动物爱它们的亲属，努力为它们提供温暖、养育和安全。

这种混淆是由将人的基因当作他们真实的自我，把基因的动机当作人最深刻、最真实的无意识动机造成的。这样就很容易得出愤世嫉俗且不正确的道德观，认为所有的爱都是虚伪的。这混淆了人的真实动机和基因的隐喻化动机。基因不是木偶大师。它们设置完大脑和身体，然后就撒手不管了。它们生活在另一个平行却不相干的宇宙中，散布于躯体之间，沿用着它们自己的规律与进程。

大多数对利他主义生物学的讨论实际上并不是真的与利他主义的生物学有关。我们很容易就会明白，为什么自然纪录片出于值得称道的动物保护主义的道德标准，大力宣传动物行为是从其种群的利益出发，其潜台词就是：别痛恨刚刚吃了小鹿班比的狼，它的行为只是出于更高层次的善。另一个潜台词是，保护环境自有大自然的方式，我们人类改善好自己的行为就行了。与此相反的自私的基因理论受到严厉抨击是出于一种恐惧，即害怕这个理论会证明电影《华尔街》（*Wall Street*）中投资家高登·盖克的哲学——贪婪好、贪婪管用，贪婪是正当合理的。于是，又有一些人相信自私的基因理论，但敦促我们面对这样一个令人难过的事实：特蕾莎修女打心底里是自私的。

我认为，道德科学对道德并不好，对科学也很糟糕。无论生物学学术期刊上刊登了什么，在约塞米蒂国家公园铺上水泥路的做法都是不明智的，高登·盖克是坏人，特蕾莎修女是好人。但我估计只有人类在知道自己由什么构成时，才会感到战栗。因此，我这里提出一个对自私基因更积极的诠释方式。

身体是同理心最终的障碍。我怎么也不能像你一样感受到你牙疼时的那种痛感。但基因并没有被囚禁在身体内，相同的基因同时生活在许多家庭成员的身体里。分散的基因副本借助情绪控制身体并彼此相互联系。爱、热情和同理心是联结不同身体内基因的无形纤维。这些情感是我们对他人牙疼最接近的感受。当父母希望他们能代替自己的孩子做手术时，使他具有如此最无私的情感的不是他所属的物种、群体或他的身体，而是他自私的基因。

动物们并不只是对它们的亲戚好。生物学家罗伯特·特里弗斯（Robert Trivers）根据乔治·威廉姆斯提出的另一种利他主义如何演化的观点，又发展出了一种理论（这里，利他主义仍被定义为使另一个生物体受益，却令施与者受损的行为）。道金斯用一个假想的例子进行了解释。设想有一种鸟为一种携带疾病的扁虱所苦，必须花费很多时间用自己的喙来清除扁虱。它的喙可以触及全身各处，除了头顶。如果每只鸟都为其他鸟清理头顶的扁虱，那么所有鸟都会受益。如果群体中所有的鸟一看到别的鸟把头伸过来，就会去帮助清理扁虱，那么整个鸟群就会繁荣发展。但如果有一只变异的鸟把头伸出去享受别的鸟的帮助，但从来不帮其他的鸟清理，那会怎样呢？这种搭便车者身上会没有扁虱，而且可以节省给别的鸟找扁虱的时间来寻找食物。有了这个优势，它们最终将占整个鸟群的大多数，但这会使得整个群体更易于灭绝。心理学家罗杰·布朗（Roger Brown）解释道："人们可以想象到一个可悲的结局——所有的鸟都将头伸出去指望别的鸟帮它找扁虱，却没有一只会帮忙。"

但假使一只不同的、记仇的变异鸟出现了，这只变异鸟为陌生鸟找扁虱、为过去曾给它找过扁虱的鸟清理羽毛，却不给那些曾拒绝给它找扁虱的鸟清理。一旦一些这样的鸟获得了一定的基础后，这些记仇的鸟就会快速繁殖，因为它们会相互清理扁虱，但不给欺骗者清理。一旦它们确立了地位，那么无论是不经鉴别的扁虱清理者还是欺骗者都无法将它们驱逐出去，尽管在某些情形下，欺骗者可能作为少数派潜伏下来。

这是一个假想的例子，说明了非亲属关系间的利他行为——特里弗斯称之为互惠利他主义。人们很容易将假想实验和真实观察混淆起来，布朗讲道："当我在教学中用这个例子时，有些学生在考试时会在答卷上答成真实的鸟，往往是'斯金纳的鸽子'，也有时是黑头鸥，还有一次是知更鸟。"实际上，有些动物种群确实会实行互惠利他行为，但并不多见，因为这种行为的演化只会在特定的条件下发生。动物必须能以对自己很小的成本来换得其他动物很大的收益，这种方式的逆转也必须很普遍。这些动物必须将大脑的一部分用来将彼此识别为独特的个体（见第 2 章），如果自己示好后回报会随之而来的话，一部分大脑还要记住谁帮助了它们以及谁拒绝了它们，并决定如何据此相应地施与和不施与其友善行为。

人类当然是一个大脑很发达的物种，血缘无关的人们彼此帮助的事件在动物学上也颇为罕见（见第 3 章）。我们的生活方式和心智特别适应对互惠利他主义的需求。人类有食物、工具、帮助和信息可以相互交换。有了语言，信息就成为理想的交易物品，因为它对于给予者的成本与接受者的成本相比而言是微乎其微的，给予者的成本仅为几秒钟的呼吸。人类痴迷于独特的个体，还记得第 2 章中的布里克双胞胎吗——其中一个咬了警察，但两人谁都不会被惩罚，因为两人都得益于合理怀疑原则的推断：不是他而是另外一人干的。人类的心智配备了目标设定的小人，会根据利害关系管理施与；对于亲属指向的利他主义，互惠利他主义是行为主义者对一整套思想和情绪的缩写。特里弗斯和生物学家理查德 · 亚历山大（Richard Alexander）说明了对互惠利他主义的需求是如何成为许多人类情绪的来源的。它们集合在一起构成了道德感的一大组成部分。

最基本的设备是欺骗者监测器，而记住卑劣的欺骗者并采取针锋相对的策略会更加有帮助。卑劣的欺骗者就是那个拒绝相互回报或是回报太少而无法补偿利他者最初施与的成员。在第 5 章中科斯米德斯已经证明，人们对欺骗者的推断能力确实非同一般的好。但真正的诡计来自特里弗斯的观察：还有一种更为狡诡的欺骗方式。狡猾的欺骗者会相互回报，但回报的程度仅仅够得上利他者的耗费，却比自己所能提供的回报要少，或者少于如果情况逆转利他者将会做出的施与。

这将利他者置于一个尴尬的境地。在某种程度上，他被欺骗了。但如果他坚持要平等的话，狡猾的欺骗者会与之彻底断绝关系。既然半块面包总比没有强，利他者就陷入了困境。当然他还有一种选择：如果群体中还有其他不欺骗的交易伙伴，或是虽然狡猾但不至于太吝啬的成员，他就可以转而与这些成员合作。

游戏变得愈加复杂。当利他者没有发现欺骗者或是即使发现欺骗行为仍坚持自己的利他主义时，选择就会优先倾向于欺骗。这会催生出更好的欺骗者监测器，然后又催生出更巧妙的欺骗，接着会导致应对更巧妙欺骗的监测器，再导致侥幸逃脱更巧妙欺骗监测器监测的更加巧妙的欺骗策略，如此类推。每个监测器都会引发一个情绪小人来确立适当的目标——继续互惠利他、断绝关系等等。

下面是特里夫斯如何将道德情感反向工程作为互惠游戏中的策略的。他对每种情绪的原因和结果的假设都得到了实验社会心理学文献和对其他文化研究结果的支持，尽管这些无甚必要，因为会有大量实际生活的例子涌入脑海。

“喜欢”是一种启动和维持利他伙伴关系的情绪。大致而言，它就是一种希望帮助别人的意愿，而帮助的对象是指向那些似乎也愿意回报帮助的人。我们喜欢对我们好的人，我们也对我们喜欢的人好。

“生气”保护了那些因为自己的善意被欺骗而易于受到伤害的人。当发现自己被利用时，人们将这种欺骗行为视为不公平，体验到愤怒的感受，并想要做出正义的回击：把断绝关系作为惩罚，有时甚至去伤害欺骗者。许多心理学家强调，这种生气有着道义上的暗示作用，几乎所有的气愤都是正义的气愤。愤怒的人觉得受了委屈，必须对这种不公做出弥补。

“感谢”是一种能够根据当初行为所付出的成本和收到的回报来调整与对方进行互惠行为动机强弱的情绪。我们会对那些给我们施以大力帮助而这种帮助对他们来说成本高昂的人深怀感激。

“同情”是一种想帮助那些需要援助的人的愿望，或许是为赢得感激的一种情感。如果人们在最需要援手时表现出最大程度的感激，那么需要帮助的人就为利他行为提供了最佳机会。

“负疚感”会使身处被发现险境的欺骗者饱受折磨。H.L. 门肯将良知定义为“一种警示我们他人可能在看着我们的内心的声音”。如果受害者的回应是断绝未来所有的援助，那么欺骗者将会支付昂贵代价。他有利益动机来通过掩盖错误行为并不再欺骗他人从而避免这种关系破裂。人们对私下的罪过心怀负疚，因为这些罪过可能会公之于众；在被发现前就承认一项罪过是真诚的表现，这给了受害者将关系保持下去的理由。羞愧是在罪过被发现后的反应，引发的是公开展示的悔悟，毫无疑问也是出于同样的原因。

莉莉·汤姆林说：“我试着去愤世嫉俗，但很难保持下去。”特里夫斯指出，一旦这些情绪已然演化而来，人们就有一种诱因去模仿这些情绪，从而利用他人对真实情感的反应。伪装的慷慨和友谊可以诱使真实的利他回报。在并未发生真正欺骗时而伪装出来的正义的愤怒可能依然会赢来补偿。伪装的负疚可以使对方相信，欺骗者已经改过自新，即使欺骗者其实还会再犯。假装水深火热可以引发真实的同情。看上去似乎会提供帮助的假装同情会诱发真实的感激。假装感激会使利他者错误地以为他的帮助会得到回报。特里夫斯指出，这些伪善行为并不必然是有意识的，确实，正如我们所见到的那样，在无意识的时候才是最有效的。

下一轮的演化竞争，当然就是发展出一种能力，来区分真实情感和伪装情感。我们了解了信任和不信任的演化。当我们看出某人是在假装慷慨、同情或感激，并没有表现出真实的情感时，我们将不愿意去合作。例如，一个骗子会调整精心设计的行为方式，而不是出于可信的负疚，当情况允许他侥幸逃脱时，他还会再次欺骗。对信赖度符号的搜寻使我们成为读心者，会对任何与某种伪装情绪相违背的瞬间感觉或不符之处保持警觉。既然在人们交换看法时，虚伪最容易被揭露，对信赖度符号的搜寻就使我们酷爱传播和接收小道消息。因此，我们的声誉成为我们最有价值的财产，我们有充分的动机去炫耀展示我们的慷慨、同情和正直，从而捍卫（甚至吹嘘）自己的名声，并在声誉受到指摘时表达内心的愤慨。

你明白了吗？伪装情感的能力可以反过来作为抵御真实情感的武器。人们可以将错误的动机归咎于他人，从而维护自己的欺骗行为——比方说一个人不是真的委屈、友善、感激、内疚，但那人的情感其实是真实的。难怪特里夫斯是第一个提出人脑的扩张是由认知军备竞赛所驱动的人，而竞赛的动力就是用来约束互惠利他行为的情感。

和亲缘选择一样，互惠利他主义一直被判定为一幅绘画，甚至说法再宽松一些，是一幅关于人类动机的黯淡图画。同情仅仅是收买感激的廉价方式吗？善意只是一种经营策略吗？当然不是。你尽可以从最坏的角度想象伪装情感，但人之所以能感受到真实情绪的原因不在于指望这些情绪会对感受者有所帮助；而在于它们实际上是帮助了感受者的祖先。不仅不应该因为父亲的罪过而惩罚孩子，而是父亲一开始就没有犯错。最初感到同情和感激的变异之所以繁荣发展，不是因为人们精心计算，而是因为这种感受使得他们的邻居认为值得与他们进行合作。每一代人对情绪本身的感受应该都是真情实意的；确实，一旦伪装情感监测器演化出来后，它们只有在善意和真诚时才会最有效率。当然，从隐喻上讲，基因赋予人们仁慈情感其实是出于自私，但谁会在乎脱氧核糖核酸的道德价值观呢？

许多人仍坚持认为，自然选择对道德情感的设计是为了使个体长期利益最大化，从而最终有利于他们的基因。如果我们每个人在对群体最好时都感觉享受，难道不是更好吗？公司不会污染环境，工会不会罢工，公民都回收旧瓶子并乘坐公共汽车而不是自驾车，精力旺盛的少年不会开着马达轰鸣的摩托车毁掉人们一个安静的周六午后。

我想再度重申，将心智如何工作与心智应当如何工作混为一谈是不明智的。但或许可以采取一些安抚之举来以不同的方式看待事物。或许我们应当为人类情绪不是为群体最优而设计的感到高兴才对。令某个群体受益的最佳方式往往是取代、征服或消灭邻近的群体。一个群落中的蚂蚁彼此密切相关，每一只都是无私的完美典范。这就是为什么蚂蚁是少数几种进行战争并役使奴隶的动物之一。当人类领导者操纵或胁迫人们将自己的利益淹没于所在群体的利益中时，其结果就是历史上一些最为凶残的暴行。在电影《爱与死》(*Love and Death*)中，伍迪·艾伦笔下的绥靖主义者角色被敦促去服兵役来保卫沙皇和祖国俄国时，意外地获知如果沦为法国统治，他将不得不蘸着浓酱吃牛角面包和油腻食物。人们渴望自己、家人和朋友能过上舒适生活的愿望可以抑制许多帝王的野心。

末日机器

时间是 1962 年，你是美国总统。你刚刚获知苏联向纽约投放了一颗原子弹。你知道他们不会再进行攻击了。你面前有接通五角大楼的电话，还有那个众所周知的按钮，按下它你就能向莫斯科投下一颗报复性的原子弹。

你打算按下这个键。这个国家的政策是应对核攻击要采取同样的手段予以报复。政策的设计是为了威慑攻击者，如果你不实施的话，这种威慑就沦为一种欺诈。另一方面，你在考虑，损害已成事实。杀害几百万苏联人也不会令几百万死去的美国人复生。原子弹还会增加大气中的放射性沉降物，伤害自己的国民。而且你还将成为历史上一位最残暴的大屠杀凶手而遗臭万年。现在的报复纯粹是泄愤。

然而，正是这种思维逻辑使得苏联敢于进攻。他们知道一旦投下原子弹，你进行报复就会有百害而无一利。他们认为你不过是在虚张声势，所以你最好进行报复，告诉他们你不是在虚张声势。

但进一步说，现在证明你当时不是在虚张声势又有什么意义呢？现在无法影响过去。事实仍然是如果你按下按钮，你将使数百万条生命毫无理由地消失。

且慢——苏联知道你在他们揭露你虚张声势后再证明自己没有虚张声势是毫无意义的。这就是为什么他们说你是在虚张声势。正是因为你以这种方式来思考这一事实才引起了这个灾难——所以你不应当用这种方式来思考。

但现在不以这种方式思考已经太晚了……

你诅咒着自己的自由。你的困境在于，你有选择进行报复的自由，而既然报复对你无利，你可以选择不去报复，正像苏联预测的那样。要是你无可选择就好了！要是你的导弹已经被连线固定在一个可靠的核火球监测器上可以自动发射就好了。苏联就不敢攻击了，因为他们知道报复是确定的。

这一系列推理因果循环的逻辑结论是根据小说及电影《奇爱博士》（*Dr. Strangelove*）而来的。一个疯狂的美国军官下令发射一颗原子弹攻击苏联，命令无法撤回。总统及其顾问与苏联大使在作战室会晤，同时打电话给苏联领导人，尽力说服他们，即将发生的攻击纯属意外，希望苏联不要报复，结果却得知已经太迟了。苏联已经安装了末日武器：一套地下核弹网络，一旦该国遭到攻击或者任何人试图拆除它，这套系统就会自动启动。放射性坠尘将会摧毁地球上所有人类和动物。苏联安装这套装置是因为这比精确制导导弹或轰炸机的成本更低廉，还因为他们害怕美国可能已经建造了一个同样的系统，所以想赶上末日武器的差距。穆夫利总统（彼得·塞勒斯饰演）与美国最优秀的核战略专家、杰出的奇爱博士（彼得·塞勒斯饰演）一同协商：

> "但是，"穆夫利总统说，"它真的既可能被自动引发，同时又不可能被不引发吗？"
>
> ……奇爱博士立刻说："完全正确。总统先生，这不仅是有可能的，也是最关键的。这正是这种机器的核心所在。威慑的艺术就在于使敌人产生害怕而不敢攻击。所以，正是因为这种自动而不可撤回的决策过程排除了人的干涉因素，末日武器才这样令人恐惧，易于理解，并完全确凿可信。"……
>
> 穆夫利总统说："但这真不错，奇爱博士。它是怎么被自动启动的呢？"
>
> 奇爱博士说："先生，这样做非常简单。你只要掩埋核弹，没有数量的限制……掩埋好后，将它们联结到一个巨大的复杂计算机系统。将核弹爆炸的具体而清晰界定的环境条件都设置到内存记忆储存带里……"奇爱博

士转过身来，以便直接看着苏联大使。“只是有一件事我不明白，大使先生。如果你们把末日武器当作秘密而不公之于众，那就丧失了它的关键所在。为什么你们不昭然天下呢？”

大使转过身。他轻声但清晰地说：“我们本计划在周一的会议上宣布。你知道，总理喜欢惊喜。”

这位德国口音、戴着皮手套、坐在轮椅里的奇爱博士，在行纳粹军礼时不安地抽搐着，他一直是这个影片中最令人恐惧的角色。这个角色是用来象征在公众心目中颇为重要的一种知识分子：核战略专家。他们专门想那些一般人想不了的事情，并以此谋生。这些人，包括亨利·基辛格（Heny Kissinger，塞勒斯就是以他为原型的）、赫尔曼·卡恩（Herman Kahn）、约翰·冯·诺伊曼（John von Neumann）以及爱德华·泰勒（Edward Teller），人们对他们的刻板印象就是些无道德准则的书呆子，他们将核战争中百万人的死亡以及确保相互摧毁的核战略化作公式在黑板上详加演算，并以此为乐。或许关于他们最可怕的是他们似是而非的结论——例如，核时代的安全来自将自己的城市暴露于外，而去保护自己的核弹。

但这种令人不安的核策略悖论适用于任何利益部分竞争、部分共享的各方之间的冲突。一般来说，胜利会落在智力最优秀、最自利、最冷静、选择最多、权力最大以及沟通最清晰的一方。这种常识是错误的。所有这些优势在策略竞争中都可能成为不利条件（这与机遇、技能或力量的竞争相反），在这种竞争中，要根据估计另一方将如何做出回应而对行为进行计算。托马斯·谢林说明了这些悖论在社会生活中无处不在。我们将会看到，这些悖论对于情绪，特别是对令浪漫主义者断言情感与理性相对的执着激情而言，提供了非常好的思路与见解。但首先，我们暂且不论情绪，只探讨策略冲突的逻辑性。

我们以讨价还价为例。当两个人对一辆汽车或一座房子讨价还价时，如果一方做出最后让步，则议价结果就最终确定了。他为什么要让步？因为他确信另一方不会让步。另一方不会让步的原因是另一方认为他会让步。另一方认为他会让步是因为另一方认为他认为另一方认为他会让步。以此类推。总有一个价格范围让买方和卖方都能够接受。即使在这个价格范围中，虽然某个特定价格不是一方的最优价格，但它仍比直接取消交易更划算。当一方发现另一方除非达不成交易别无选择后，则后者很可能被迫按照最不愿接受的价格确定交易。但当双方都能猜到这个价格范围时，在该范围内的任何一点价格，都至少有一方愿意不再议价并就此交易，而且另一方也知道应该如此。

谢林指出，赢得有利地位的要诀在于“一个自愿的、不可逆的、对选择自由的牺牲放弃”。你如何劝说某人相信你不会付高于16 000美元的价格来买一辆对你来说价值20 000美元的汽车。你可以和一个第三方进行一个公开、可执行的5 000美元的打赌，赌你不会支付高于16 000美元的价格。只要16 000美元能给经销商带来利润，他就别无选择只能接受。劝说是没有用的，妥协将违背你的利益。通过自缚双手，你改善了你的议价处境。这个例子有些夸张，但现实生活中这样的例子很多。经销商要求销售人员无权签署少于一定价格的销售单子，即使销售人员想卖也不行。如果银行的评估人员说房屋购买者付的价格太高，他将得不到抵押贷款。房屋购买者利用这种支付能力的欠缺从卖方那里获得更优惠的价格。

不仅能力可能在策略冲突中成为一种不利条件，沟通手段也同样可以。当你通过一个付费电话和朋友商讨在哪里见面吃饭时，你可以只宣称你将在63街的明亮餐馆与对方见面，然后就挂断电话。如果你朋友想要和你见面的话，他就不得不依从。

似是而非的策略也参与构成了许诺的逻辑。只有在诺言的受益者有合理的理由相信诺言会兑现时，诺言才能确保有利的作用。因而当受益者知道许诺者受他的诺言限制约束时，许诺者就会处在更有利的位置。法律授予了公司起诉和被诉的权利。被诉的权利？这是哪种“权利”？这种权利赋予了一种许诺的能力：去达成契约、筹借资金以及进行商业合作，而对方有可能会在交易中受到损害。与之类似，法律授权银行可以对一笔抵押贷款取消赎取权，这使得银行值得去发放这笔抵押贷款，与此同时，借款者也会受益。谢林指出，在一些社会中，阉人能得到最好的工作是因为他们做不了的事。绑架者为了不让人质在法庭上指认出自己而要杀他，这个人质应该怎样劝说绑架者不要杀自己呢？一个选择是故意弄瞎眼睛。另一个好一些的选择是坦白一件不可告人的秘密，这样绑架者可以用此作为要挟。如果他没有不可告人的秘密，他可以让绑架者拍摄自己做一些无法言状的下作行为，从而创造出这种秘密。

威胁和防威胁是奇爱博士真正受人尊重的领域。有一些令人乏味的威胁，威胁者实施这种威胁对自己有利——例如，当房主威胁盗贼他将打电话报警时。有意思的是，当实施威胁对威胁者的成本很高时，威胁的价值仅仅就是一种威慑。再次重申，自由是有成本的；只有当威胁者别无选择、只能实施，而且被威胁者也知道这点时，威胁才是可信的。否则的话，被威胁者可以反过来用拒绝遵从来威胁威胁者。末日武器就是个明显的例子，尽管它的保密性损害了它的目的。威胁如果有人试图反抗就炸掉飞机的劫机者，如果他全身绑着稍加挤撞就会引爆的炸药,那他实现劫持目的的机会将会更大。在十几岁少年比谁胆儿大的游戏中(两辆汽车相对着以高速冲向对方，谁先偏离方向谁就丢脸认输)，一个获胜的好方法就是，大庭广众之下拆除你那辆车的方向盘，然后把它扔一边去。

有了威胁，就像有诺言一样，沟通也可以成为一种不利条件。绑架者在提出赎金要求后，就保持不与外界联系，这样别人就无法劝说他放弃人质以换取少一些的赎金或者安全地逃脱。理性也是一种不利条件。谢林指出，“如果一个人敲着门，说除非你给他 10 美元否则他要自己刺伤自己，他更可能得到这 10 美元——假如他的眼珠子瞪得充血的话”。对于恐怖主义者、绑架者、劫机者、小国家的独裁者来说，当他们表现出心理上失衡时，对他们更有利。缺乏自利也是一种优势。自杀炸弹袭击者几乎是无法阻拦的。

要想保护自己不受威胁，就得使威胁者无法对你提出一个你不能拒绝的提议。再次重申，此时的自由、信息和理性都是不利条件。“不知保险柜密码的司机”[①]——运货卡车车尾的贴纸上这样写着。担心自己女儿被绑架的男人可以放弃他的财富、离开城市不与外界联系、游说通过一项法律将支付赎金定为犯罪，或者弄断自己签支票的手。入侵的军队可以烧掉身后的桥梁，使得后退不再可能。大学校长告诉抗议者他对所在城市的警界没有影响力，也真心不想施加任何影响。

① safe 既是“保险柜”也是“安全”的意思。——译者注

如果歹徒在附近时，被敲诈者确保自己不在家的话，讹诈钱财的歹徒就无法敲诈保护费。

由于昂贵的威胁是一把双刃剑，它可以使自己丧失能力的循环往复。抗议者为了阻止一个核电站的建立，躺在通往该处铁路的铁轨上。理性的火车司机别无选择，只能停车。铁路公司做出反击，告诉火车司机将用节流杆确定位置使火车可以慢速行驶，然后跳下火车在旁边走。抗议者一定会争先恐后地爬起来。下一次抗议者将自己铐在铁轨上，火车司机就不敢离开火车了，但抗议者必须确定司机看到他们的时间足以使火车停下来，但公司将下一班火车的运行交班给了一个近视眼司机……

这里的许多例子都源自谢林的表述，这种似是而非的力量来自像手铐或对警界的机构性约束这样的实际限制。但强烈的热情可以起到同样的效果。比方说，议价者公开宣布他不会以高于 16 000 美元的价格购买一辆车，每个人都知道他不会忍受自食其言的羞耻。无法避免的羞耻感与可执行的赌博同样有效，所以他将会按照自己的价格拿到那辆车。如果特蕾莎修女向你卖她的汽车的话，你不会坚持索要保修单，因为她本质上应该是不可能骗你的。一个会随时爆发的急性子享受的策略优势，与可能随时会真的爆炸的劫机者享受的优势是一样的。在电影《马耳他之鹰》（*The Maltese Falcon*）中，山姆·斯佩德（亨弗莱·鲍嘉饰演）挑衅凯斯帕·加特曼（西德尼·格林斯特里特饰演）的亲信杀了他，明知他们需要他来找回那只鹰。加特曼回答说：“那是一种态度，先生，它要求对双方进行最细致的判断，因为你知道，先生，在行动的热血上涌时，人们很可能会忘记哪里才是符合他们最好的利益所在，而任他们的情绪带着走。”在电影《教父》中，维托·克里昂告诉另一个黑社会家族的首领说：“我是个很迷信的人。如果一些不幸的事故降临在我儿子身上，比如我儿子被闪电击中的话，我会责怪这儿的一些人的。”

奇爱博士遇见了教父。激情是一种末日武器吗？脑子里充斥着骄傲、爱或者暴怒的人已经失去了控制力。他们可以是无理性的。他们可能会采取有悖自身利益的行动。他们可能对恳求和呼吁充耳不闻。暴怒中的人让人想起了已经被启动的末日武器。尽管这有些疯狂，但他们确实有存在的意义。这种意愿和理性的丧失，在构成我们社会关系的无数次讨价还价、诺言和威胁中，确实是非常有效的战术策略。

这一理论将浪漫主义模型踩在脚下。激情不是以往动物性遗留的痕迹、不是创造性的源泉，也不是理智的敌人。理智被设计为放松对激情的控制，使其能够成为理智提议、许诺和威胁的保证，以免它们被怀疑是虚报低价、两面三刀和虚张声势。激情与理性之间的防火墙界限不是大脑建构中必然出现的一部分，它已被精巧地设计其中，因为只有在激情得以控制时，它们才能成为可信的保证条件。

末日武器理论分别由谢林、特里夫斯、戴利和威尔逊以及经济学家杰克·赫舒拉罗（Jack Hirshleifer）和经济学家罗伯特·弗兰克（Robert Frank）独立提出。正当的愤怒以及随之而来的弥补或报复，是可信的威慑物，如果它是无法控制的，而且不考虑威慑者成本的话。尽管长期来说这种冲动是有用的，但可能会使人们为远超过自己份额的利益而努力斗争。1982 年，阿根廷吞并了英属福克兰群岛，这些岛屿实际上根本没有任何经济或战略价值。如果是早几十年，对英国来说保卫它们还有些意义，就当作为对那些觊觎帝国其他所属地方的对手的直接威慑，但 1982 年那时已经没有什么帝国要去捍卫了。弗兰克指出，英国重新夺回那些岛屿的领土主权所付出的成本，足可以给每一位福克兰群岛的居民送一座苏格兰城堡和终身的养老金了。但大多数英国人都感到很自豪，他们可以昂首站立在阿根廷人面前。同样是对于公平的感觉，使我们耗费不菲的诉讼费来讨回金额不大的权利，或是坚持索要质量低劣产品的货款偿还，而全然不顾繁文缛节使我们搭上的误工费早已超过了产品的价值。

复仇的欲望是一种尤其令人恐怖的情绪。全世界被杀害者的亲人们朝思暮想的，都是能以命偿命那一苦乐参半的时刻，从而最终找到内心的平静。这种激荡的情绪令我们感觉如此原始和恐怖，因为我们已经与政府约定为我们伸张正义。但在许多社会中，一种无法撤回的复仇渴望是一个人抵抗致命袭击的唯一保护方法。在实施报复的过程中所要付出的成本，在不同的个体之间可能会有所差异。既然这种解决方法只有在公之于众时才能最有效地产生威慑，它就伴随着一种传统上被当作是荣耀的情绪：公开报复的欲望，哪怕是对最微不足道的侵犯和侮辱。荣誉感和复仇的一触即发根据环境可以被调整到威胁的程度。荣誉感和复仇在一些法律执行范围之外的社群中被提升到了神圣美德的高度，比如偏远的园艺从业者和牧民、西部荒原的开拓者、街头黑帮、有组织的黑社会家族以及国家与国家之间的对抗。但即使在现代社会中它已经没有了存在的意义，复仇的情绪仍不能轻易熄灭。大多数法学理论，甚至是来自最有智慧的哲学家们的理论，都承认惩戒是处罚犯罪的合理目标之一，其优先性超过了威慑潜在罪犯以及剥夺罪犯行为能力、威慑和改造罪犯的目标。被激怒而实施犯罪的受害者长久以来被美国的法律系统所忽略，他们一直在施加压力，要求在认罪辩诉和量刑决策方面享有发言权。

正如奇爱博士所解释的，如果你秘而不宣的话，末日武器的关键所在就失去意义了。这条原则可以解释长久以来关于情绪最令人困惑的一个问题：为什么我们要把情绪表露在脸上。

达尔文自己从不认为面部表情是自然的选择适应。事实上，他的理论是十足的拉马克主义。动物的脸部活动自有其实用价值：露出牙齿是为了咬，睁大眼睛是为了看得更广，收回耳朵是为了在战斗中保护它们。这些方式变成了动物的行为习惯，只要预测到有事情要发生，它们就会表现出来。这种习惯也遗传给了它们的子孙后代。这看起来可能有些奇怪，达尔文在其最著名的一本著作中竟然不是达尔文主义，但请记住，达尔文仍要在两方面对这一问题做出解释。他需要对自然适应做出解释，来说服他的生物学家同人们；同时还要解释人的许多毫无意义的特征和动物的遗留痕迹，来和创世论者们辩论（他们主张功能性设计是上帝杰作的标志）。达尔文曾质疑，如果上帝真的信手设计了人，为什么他要在我们身上设置一些毫无用处的特征，而这些特征又和动物身上的有用特征类似呢？

许多心理学家仍不能理解一个人将自己的情感状态表露出来会有什么好处。难道公开表露恐惧的气味不正激发了他们的敌人吗？一位心理学家试图重新复兴一个古老观点——认为面部肌肉像止血带一样，将更多的血液流到需要应付当前挑战的那部分大脑。且不论这种理论在液压原理上的不可能性，它也不能解释为什么我们在周围有其他人时，表情会更加丰富。

但如果激荡的情绪是威胁和诺言的保证条件，情绪外显就是它们存在的理由。但这引发了一个问题，还记得真实的情绪会使伪装的情绪也应运而生吧。当你能模拟狂怒来威慑敌人，又无须因复仇失败而遭到报复时，干吗还要劳神真正地陷入狂怒呢？让其他人去做末日武器吧，你可以直接收获他们创造恐怖效果带来的好处。当然，当伪装的面部表情开始驱逐真实表情时，人们会揭露对方的虚张声势，这时的面部表情，无论真假，都变得毫无价值了。

面部表情只有在很难模仿时才是有用的。事实上，它们确实很难被模仿。人们并不相信笑嘻嘻的空中小姐们是真的看到乘客而高兴，那是因为礼节性微笑与真正发自内心喜悦的微笑相比，是由不同的面部肌肉组合构成的。礼节性微笑是由可以主动控制的大脑皮层中的回路发出的，而发自内心喜悦的微笑则是由自动的边缘系统和其他脑部系统中的回路执行的。

生气、害怕和悲伤调动的也是不能主动控制的肌肉，真实的表情是很难伪装的，尽管我们能够大致表演出来。演员需要模拟面部表情，并以此为生，但许多人的表演看起来都不自然。一些伟大的演员，如劳伦斯·奥利弗（Laurence Olivier）是曾经顽强学习控制每一块肌肉的高度协调的运动家。另一些人，则学习康斯坦丁·斯坦尼拉夫斯基（Konstantin Stanislavsky）倡导的方法，演员通过回忆或想象一次强烈的经历来感受一种情绪，从面部表情中反射性地呈现出来。

这个解释是不完整的，因为它提出了另一个问题：为什么我们从来没有演化出控制自己表情的能力呢？不能简单说如果表情的伪装循环下去，它就会伤害所有人。虽然事实确实如此，但在满是诚实情绪者的世界中，伪装者会迅速增加，所以伪装者应当总会将情绪真实者驱逐淘汰。动物学家也担心同样的问题：在一个潜在伪装者的世界中，真实的动物信号，比如哭泣、姿势以及健康的标志是如何演化的呢？一个答案是，如果伪装的成本很高，真实的信号就有了演化的空间。例如，只有健康的孔雀能够拥有光彩夺目的尾巴，所以健康的孔雀承担着累赘的尾巴这个负担，以显示这种招摇的消费只有它们偿付得起。当最健康的孔雀自我炫耀时，健康程度稍差一些的也就别无选择只能跟随，因为如果它们隐藏自己健康的话，雌孔雀便会往坏处想，认为它们离死不远了。

如果将情绪表达纳入主动控制的范畴，其成本会变得非常昂贵吗？这里只是一种猜测。在设计人类的其他部分时，自然选择有很好的工程设计理由，将主动的认知系统与控制日常生活和基础维护的功能区分开来，如对心跳、呼吸、血液循环、汗腺分泌、眼泪以及唾液的控制。你的意识和思想与你的心跳应该多快毫不相关，所以让你控制它没有任何意义。事实上，这么做反而极度危险，因为当你分神时，你有可能忘了给自己的心脏供血，或者尝试自己草率的想法来选择自认为最佳的脉搏频率。

可以说，自然选择对每种情绪都用一种生理控制回路加以限制，回路的活动是观察者看得到的，如脸涨红、脸羞红、脸变苍白、冒汗、发抖、声音颤抖、声音沙哑、哭泣以及达尔文曾讨论过的面部反射。观察者将有充分的理由相信，这种情绪是真实的，因为人们无法伪装这些反应，除非他能主动控制他的心脏和其他器官。就像苏联想要向所有人展示其末日武器的设置，来证明它的自动性和不可撤回性以及他们的描述绝非虚言一样，人们也应当有利益上的动机向所有人展示，他们的情绪控制了他们的身体，而他们愤怒的言语也不是虚张声势。如果是这样的话，这就解释了为什么情绪与身体如此紧密地联系在一起，这个事实令威廉·詹姆斯和他之后的心理学家们困扰了一个世纪之久。

这种束缚对于自然选择来说很容易，因为人类的主要情绪似乎都源于演化前兆（生气源于战斗，害怕源于逃跑等），每种情绪都用了一套自动的生理反应（这或许是浪漫主义和三脑一体理论中为数不多的一点儿真理吧：现代人的情绪或许是利用了古老反射机制的自动性，尽管这些反射并不是天生遗传来的）。一旦这些束缚出现在诚实的情绪表达者身上，其他人也就没什么选择了，只能依样照办，就像不健康的孔雀也被迫开屏一样。而一个人长期面无表情则只会暗示更糟的事情：这个人用言语和行动所表示的情绪都是伪装的。

这一理论未经证实，但没人能否认这种现象。人们对伪装的情绪非常有警觉性，而对于非自主的生理表现则给予最多的信赖。这反而阐明了信息时代中一种讽刺现象的根本原因：长途电话、电子邮件、传真以及电话会议本应淘汰掉面对面的业务会谈，但面谈会议依旧是企业一项主要的开销费用，并独立支撑着像宾馆、航空和汽车租赁等行业。为什么我们非要坚持亲自见面才能办事呢？因为我们不会相信一个人，直到我们亲眼看到在哪种情形下他会冒汗为止。

爱

为什么浪漫的爱情令我们心醉神迷，寝食难安又满心疑惑呢？它会是又一个似是而非的战术策略，就像将自己自缚于铁轨上吗？很有可能。愿意与某人共度一生并共同养育子女，将是你做出的最重大的承诺，而当承诺者无法食言时，这个承诺将最为可信。下面是经济学家罗伯特·弗兰克（Robert Frank）如何利用反向工程推理疯狂的爱的。

不感情用事的社会科学家和单身的退伍军人都同意男女间的约会堪称一个市场。不同的人在作为未来婚姻对象的价值上也有所差异。几乎所有人都同意合适的丈夫或妻子应当是貌美、聪明、善良、稳重、幽默和富有的。人们在能够接受自己的人中选择自己最想要的，这就是为什么大多数婚姻中的新郎新娘彼此之间的爱慕程度都大致相等的原因。然而，伴侣选择只是浪漫心理学的一部分，它解释了伴侣选择的统计数字，而不是最终的选择。

在这个有着70亿人口的世界的某个角落，总会住着一个最漂亮、最有钱、最聪明、最风趣，也最善良的人和你刚好般配，但你的意中人却像是干草垛中的一根针一样，如果你执意守候对方出现的话，你很可能临死还孑然一身。独身生活是有成本的，比如孤独、无子嗣，独自借酒浇愁，晚餐（有时早餐）都无人共享。从某种程度上讲，与你目前所能找到的最佳人选共建爱巢是有好处的。

但这种计算将会使你的爱侣极为不稳定。概率法则认为，总有一天你会碰到一个更心仪的人，如果你总是在寻找能找到的最佳人选的话，到那一天你会甩掉你现在的伴侣。但是你的伴侣已经付出了金钱和时间，与你共同养育儿女，并放弃了其他亲密关系的机会。如果你的伴侣是世界上你最想要的人，他（她）自然没什么可担心的，因为你永远也不会背弃他（她）。但如果不是这样，这个伴侣进入这种亲密关系就会显得很傻。

弗兰克拿婚姻市场与租赁市场做了比较。房东希望租房给最好的租户，但最终确定的只是他们所能找到的最好的租户；租房者想要最好的公寓，但最终确定的只是自己所能找到的最好的公寓。双方在公寓上都做了投资（房东可能刷了租户最喜欢的颜色的漆；租户可能布置了永久的装饰），所以如果任何一方突然终止合约的话，对方都会受损。如果租户可以离开去一个更好的公寓，房东就得承担公寓空租和寻找新租户的成本，并会收取更高的租金来涵盖这一风险，并且不愿刷漆。如果房东能够赶走现有的租户而把房子租给一个更好的房客，原租户就得再找一个新家，那么他就会只愿支付较低的租金，而且不愿意费事保持公寓整洁无损，尤其是当他不得不承担可能被赶走的风险的话。如果最好的租户租到了最好的公寓，这种担心倒无须考虑，任何一方都不愿意终止合约。但既然双方都做了妥协，他们通过签订租约来保护自己，使对方违约的成本高昂。鉴于同意限制自己收回所租房屋的自由，房东可以收取较高的租金。鉴于同意限制自己离开的自由，租户可以要求较低的租金。缺少选择对双方的利益都有好处。

婚姻法的作用就有些像租约，但我们的祖先需要在有这种法律之前就找到某种方式使自己忠于婚姻。你怎么能确定未来的伴侣不会做出理性的选择而转身离去呢——比方说当一位完美无缺的人刚刚做了你家的新邻居。一种答案是，不要接受一位最初喜欢你是因为某些理性原因的伴侣，而是要找一位伴侣，其承诺和你在一起就是因为你就是你。用什么承诺？用情绪承诺。一种这个人无法决定具有的情绪，因而也不能决定不具有。一种不是由你的客观的作为伴侣的价值所引发的情绪，因而也不会由于某人具有更高的作为伴侣的价值而疏远你。一种确定不是伪装的情绪，因为它有生理上的成本，如心跳过速、夜不能寐和茶饭不思。一种像浪漫之爱一样的情绪。“对爱敏感的人没有能力爱。”道格拉斯·叶慈（Douglas Yates）写道。即使是被最完美的求婚者追求，人们也不允许自己坠入爱河，这往往使月老、求婚者甚至他们自己感到疑惑不解。相反，匆匆一瞥、一个笑容、一个举止，就能偷走一个人的芳心。还记得第 2 章中，双胞胎中的其中一人的配偶对双胞胎的另一人并没有产生吸引；我们是与这个人坠入爱河，而不是与这个人的特质。积极的一面是，当丘比特罢工时，热恋着的人在对象眼中会愈发值得信赖。不停地念叨着你爱的这个人的长相、赚钱能力和智商符合你的最低标准，这十有八九会毁掉浪漫的爱情，尽管这些声明在统计意义上是正确的。俘获一个人内心的方法是宣称相反的内容——你恋爱了因为你情难自已。且不论蒂帕·戈尔的父母音乐资源中心，满脸不屑、身着刺青、将吉他摔碎的摇滚歌星一般不会歌唱毒品、性或撒旦。他歌唱爱。他追求女人是通过唤起别人注意他欲望的非理性、不可控性以及生理上的成本。我是如此想你，想得几近疯狂、茶饭不思、夜不能寐，我的心脏跳动得如一面大低音鼓，你是我的唯一，我不知道为什么会如此爱你，你让我疯狂，我不能停止爱你，没有人能够像你这样令我神魂颠倒，我喜欢你的款款信步，我喜欢你的嫣嫣笑语等。

当然，人们可以料想女人不会被这些甜言蜜语的声明弄得神魂颠倒（或者男人也不会被来自女人的这种宣言所俘获）。它们开启了求爱过程中对另一要素的一盏警示灯——聪明购物。格劳乔·马克思（Groucho Marx）说过，他将不属于任何会把他列作成员的俱乐部。通常人们并不想要那些想他们想得太迫切的求爱者，因为这说明这位求爱者太绝望以至不顾一切（所以他们应该等待更好人选的出现），还因为这说明这位求爱者的热忱太容易被启动了（因而也容易被其他人启动）。求爱过程的冲突——昭示你的渴望的同时表现出难以得到，源自浪漫之爱的两部分：为配偶市场的候选人确定最低标准，并由着性子将身体和心灵付诸其中一人。

悲伤

心理活动往往感觉像一个内在议会。思想和感觉激烈地争夺着控制权，仿佛双方都是充满谋略的代理人，目标是接管你整个人。我们的心智代理人相互之间也采用似是而非的战术策略吗——自缚双手、末日武器、与第三方不可违背的契约？这个类比不太完美，因为自然选择设计的是人参与竞争，而不是让器官，包括心智代理人去参与竞争；整个人的利益才是至关重要的。但一个人可能会有多个目标，比如食物、性、安全，而这需要在心智代理人之间根据不同的优先顺序和各自的专长进行劳动分工。代理人受到一种联盟关系的制约，使整个人在一生的时间内长期受益，但从短期而言，代理人可能以欺诈的策略相互角力。

自我控制是心智各部分之间确定无疑的策略争斗。谢林观察到，人们用来自我控制的策略和人们用来控制他人的策略是可以互换的。你怎样防止你的孩子在睡梦中抓挠他的荨麻疹？给他戴上手套。你怎样防止自己在睡梦中抓挠你的荨麻疹？给自己戴上手套。如果奥德修斯没有塞住他同船伙伴的耳朵的话，他们自己也会塞上的。那个想要苗条身体的自我在能够控制的恰当时刻扔掉了巧克力蛋糕，从而胜过了那个想要甜食的自我。

所以，我们也会对自己使用似是而非的策略。取得控制权的代理人曾一度做出让整个身体放弃选择自由的主动且不可撤回的牺牲，从而在长期得以随心所欲。这就是关于自私的基因和末日武器令人沮丧的讨论中的亮点。社会生活并不总是等同于全球核战争，因为我们具有未来远见的那部分自我在控制身体时，能够为其他时刻的身体考虑主动牺牲选择的自由。我们签署合同、提交法律裁定，将我们的声誉与对朋友和伴侣的公开忠诚宣言相联系。这些不是为了击退其他人的策略，而是为了击退我们自己那部分黑暗自我的策略。

关于人的头脑中的争斗还有一个推测。没有人知道悲伤是为了什么，如果它有目的的话。很显然，失去爱人让人悲伤，但为什么会令人如此悲痛欲绝？为什么这种令人脆弱的痛苦使人不吃、不睡、免疫力降低，甚至无法继续生活？简·古多尔（Jane Goodall）描述了一个年幼的黑猩猩弗林特在深爱它的母亲死后变得情绪低落，最后自己也死了，仿佛是死于心碎。

有人认为，悲伤是一种为重新评估而强制实行的中间插曲。生活永远不会相同，所以人们必须花时间来计划如何应对这个被颠覆的世界。或许悲伤给了人们思考的时间，去思考他们的一次过失可能会带来死亡，所以他们应当如何在今后更加小心应对。这种说法或许有正确的地方。亲人的亡故使人们认识到，每当他们发现要修改一个既定的习惯，比如多摆放一副餐具或是购买两个人的日常食物时，他们都会再次感到锥心的痛苦。责备自己是一种常见的症状，然而悲伤的痛楚使得从长计议更为困难，而不是更容易。而且，悲伤作为一项有用的策略太过极端且持续时间也太长。

威廉·詹姆斯（William James）写道："要让放任的心智学会逐渐对自然的东西感到奇怪，这样它才会去询问'为什么'人类的本能行为会如此这般。"尽管这对科学家来说非常在理，但"为什么我们会悲伤"这个问题从常理来看却颇为古怪。如果你对某人的死不感到悲伤，你怎么可能在他活着的时候爱他呢？这在逻辑上是可能的，但在心理上似乎是不可能的；悲伤是爱的另一面。答案可能是：或许悲伤是一种内在的末日武器，一旦关闭便无意义，而只有在作为一种威慑力时才有用。哪些父母没有曾因想到失去孩子的恐惧而夜不能寐？或是一想到孩子故去或丢失的可怕情形，自己就担心得要命？这些想法都是有力的提醒，让我们保护和珍视所爱的人，纵然还有许多其他的需求需要人们去花时间和思考。像所有的威慑力一样，悲伤只有在确定和可怕的情况下才会有效。

讲真话的撒谎者

剧作家杰尔姆 · K. 杰尔姆（Jerome K.Jerome）曾说过："讲真话总是最好的策略，当然，除非你是一个极其出色的撒谎者。"要成为一个出色的撒谎者很难，即使是出于你自己的意愿，且谎言只有你才能验证。意愿来自情绪，情绪则根据演化体现在脸部和身体上。除非你精通斯坦尼拉夫斯基的方法，否则你很难伪装情绪；事实上，很可能正是因为情绪难以伪装，所以才能演化而来。更糟糕的是，撒谎是很有压力的，而焦虑也有它自己的蛛丝马迹。它们是测谎仪的理论依据，人们也演化成了谎言检测者。于是就有了这个恼人的事实：一些论断能在逻辑上推导出另一些。既然你所说的总有一部分是真实的，你就总是处于暴露自己谎言的危险之中。正如印第绪谚语所说的，撒谎者一定有很好的记忆力。

特里夫斯将他的情绪理论推演出了逻辑性的结论，他指出，在满是活人谎言监测器的世界中，最佳策略就是自己相信自己的谎言。如果连你都不认为它们是你的意图的话，你不可能泄露你的隐藏意图。根据其自我欺骗理论，有意识的心智有时对自己隐瞒事实比对别人隐瞒得更好。但真相依旧是有用的，所以它应当在心里的某个地方做个记录，与同别人相互作用的那部分隔离开来。这与弗洛伊德的无意识和本我的防御机制理论（如压抑、映射、否认和理性化）有明显的相似,尽管两种解释完全不同。乔治 · 奥威尔（Gecoge Orwell）在《1984》中这样说："统治的秘密是将对自己绝无过失的信念和从过去错误中学习的能力结合起来。"

神经科学家迈克尔 · 加扎尼加[①]（Michael Gazzaniga）证实了大脑欣欣然地编织着对其动机的错误解释。裂脑患者的大脑半球被手术切断联结，以治疗癫痫。语言回路在左脑，而左半边视野被记录在割裂的右脑，所以裂脑人能够讲话的那部分意识不到他的左半边世界。然而患者的右脑仍然是活跃的，能够执行左边视野中呈现的简单命令，如"行走"或"笑"。当患者（事实上是患者的左脑）被

① 著名认知心理学家，其代表作《谁说了算》中文简体字版已于 2013 年由湛庐引进、浙江人民出版社出版。——编者注

问及他为什么走出来时（我们知道这是对呈现到右脑指令的回应），他会有创意地回答："去拿杯可乐。"当被问及他为什么笑时，他说："你们这些人每个月都来测试我。这种谋生方式真不错啊！"

我们的虚构正将我们一览无余地呈现出来，这并非巧合。社会心理学中差不多有几百个实验都证实了这一点。滑稽演员加里森·凯勒（Garrison Keillor）这样描述杜撰的沃伯根湖社区："那里的女人都很强壮，男人都很英俊，所有孩子的素质都在平均水平之上。"确实，大多数人都宣称，他们在任何你提到的正面特质方面都超过平均水平，无论是领导能力、精明程度、运动技能、管理能力，甚至驾驶水平。他们通过寻找那些特质中可能确实表现不错的某个方面来使自夸显得合理。开车慢的人说他们在安全性方面超过平均水平，开车快的人说他们在反应能力方面超过平均水平。

更一般地说，我们会在自己如何仁慈和高效方面欺骗自己，这种结合被社会心理学家称为"益效"。当被试在进行由实验人员暗地操纵的游戏时，他们将自己的成功归因于自己的技能，将失败归咎于运气不佳。当他们在一个假装的实验中被骗而以为自己在向另一个被试实施电击时，他们会贬损受害者，并暗示受害者理应得到惩罚。所有人都听说过"减少认知失调"，意为人们会发明一个新想法来缓解内心中的某种冲突。例如，如果一个人已同意向其他人推荐某项任务可以得到微薄的报偿，他会回忆他很享受一项令人乏味的任务（如果这人被诱使去推荐这项任务以换取不菲的报酬，他则准确地回忆出了这项任务很乏味）。正如心理学家利昂·费斯廷格（Leon Festinger）所言，认知失调是一种无法解决的感受，它源于人们自身信念的不一致。但这是不对的："任务很乏味"的提法与"我受到压力而撒谎说这项任务很有意思"的提法之间是没有冲突的。另一位社会心理学家艾略特·阿伦森（Eliot Aronson）将其明确地表示了出来：人们篡改自己的信念只是为了减少与"我是好人，也能够自我控制"的论断的冲突。当你能够找到一些鲜明的证据，证明你并不是和你想让别人感受到的那般仁慈而有效力的时候，认知失调这种感受就会被激发出来。随之而来的那种想要降低失调状况的渴望，就是一种迫使你去重新找到一种自圆其说的故事的力量。

有时，我们对自我欺骗也会感到模糊。什么时候一种负面的评论会让我们如芒在背，有切肤之痛，撞击着我们的神经？当我们的一部分知道那是事实的时候。如果我们的每个部分都知道它是真的，这个评论就不会让我们难受了，它就是陈年旧闻了。如果没有一个部分认为它是真的，这个评论就滚到一边去了，我们会因为这是错的而不加理会。特里夫斯对一种大多数人都很熟悉（至少我很熟悉）的经历进行了重新审视。他的一篇文章遭到了一篇公开发表的文章的批评，这在当时令他觉得充满恶意且被冒犯了，满篇都是讽刺和诽谤。几年后当他重读那篇文章时，他却惊奇地发现那篇批评文章的用词柔和了些，质疑也比较合理了，态度并没有他记忆中的那样偏颇。其他许多人也有这样的发现，它们几乎就是“智慧”的定义。

路德维希·维特根斯坦（Ludwig Wittgenstein）

如果有一个动词的意思是“错误地相信”，它将没有任何显著的第一人称、现在陈述语气形式。

马克·吐温（Mark Twain）

有一种方式可以检查一个人是否诚实：直接问他。如果他说是，你就知道他不诚实。

弗朗索瓦·拉·罗什福科尔德（Francois La Rochefoucauld）

我们的敌人看待我们的观点比我们本身看待自己的观点更接近事实。

罗伯特·伯恩斯（Robert Burns）

哦，多希望有一种力量能够赐予我们能力：让我们看待自己就像别人看待我们一样！

没有人能在审视情绪时，不把它们看作是很多人类悲剧的源泉。我认为我们不应当把一切归咎于动物，显而易见，是自然选择设计了我们的本能来适应我们的需要。我们也不能怪罪自私的基因。它们赋予了我们自私的动机，但同样也赋予了我们爱的能力和正义感。我们应该感激和畏惧的是情绪自身的精巧设计。它们的许多具体设计都不是为了获得快乐和理解：想想“幸福跑步机”、女妖之歌、伪装情绪、末日武器、浪漫之善变，还有悲伤的无意义惩戒。但自我欺骗可能是所有情绪中最粗劣的动机，它让我们在做错时感觉自己是对的，在应当投降时却让我们无畏地战斗。特里夫斯这样写道：

> 设想两个具有紧密关系的人的一次争论，比如夫妻之间。双方都相信，一方是长期的、动机相对纯粹的，且多是滥用的利他主义者，而另一方的特征则在数百件事例中表现出自私的情形。他们只是对谁是利他、谁是自私的意见不一致。值得注意的是，争论似乎是自然而然爆发的，很少有、甚至没有任何预演，然而随着事态的进展，两幅信息处理的整体画卷似乎又是早已准备与组织好的，只等着气愤的引子将它们展示开来。

在卡通片和电影中，坏人都是胡髭卷曲的堕落分子，干坏事得逞时发出刺耳的怪笑。而在现实生活中，坏人则深信自己的诚实正直。许多研究邪恶人物的传记作家在开始写作时都推测，他们的写作对象是毫无理想的机会主义者，却不情愿地发现，这些邪恶人物实际上是理论空想家和道德说教者。如果希特勒是演员的话，那么结论就是，他是一个相信自己就是所演角色的演员。

仍旧要感谢我们心智的复杂性，幸亏如此，我们不必永远被自己的欺骗所愚弄。心智有许多个组成部分，一些部分的设计是为了美德，一些是为了理性，还有一些更聪明的设计是为了胜过那些既无美德也不理性的部分。一个自我可能欺骗另一个自我，但总会有第三个自我看到真相。

How the Mind Works

07

心智能力四：社会关系

在竞争环境下，人们彼此之间发生冲突的动机天然存在。但是，心智有很多组成部分，适应而来的不仅有动机，还有爱、友谊、合作、公正和预测我们行为后果的能力。人们对自己的父母、子女、兄弟姐妹、配偶、朋友和敌人，都有着独特的思想和感情。

让我们一起冲着你的兄弟微笑吧！大家聚在一起，努力彼此相亲相爱。这是大同时代的黎明：和谐与理解、志同道合与相互信赖；不再有误解或嘲笑，金色的梦想成为现实，神秘的水晶给予启示，还有心智的真正自由。想象一下，没有私人占有，但我怀疑你能否做到。贪婪和饥饿无处藏身，到处充满人与人之间的兄弟之情。想象一下所有人分享自己的所有。你可能会说，我是一个做梦的痴人，但我不是唯一一个这样的人。我希望有一天，你能加入我们，那时，这个世界将会是大同世界。

尽管听起来似乎难以置信，但许多人都曾相信过这种甜蜜的憧憬。20世纪六七十年代的一个流行观点是，人们之间的猜疑、妒忌、竞争、贪婪和操控人的欲望都是社会制度下的产物，而这些制度已经到了亟须变革的时候了。一些人认为它们是不必要的、邪恶的产物，就像奴隶制或否定女性的选举权利一样。其他人则认为它们是被大家忽视的、守旧的、低效的传统，就像那位搞明白了收费桥梁可以对单行车辆征收1美元，而不必对双行车辆征收50美分的天才。

这些观点不只是来自摇滚音乐人，也来自美国最出色的社会批评家。耶鲁大学法学院教授查尔斯·赖克（Charles Reich）在他1970年出版的一本名为《绿色美国》（*The Greening of America*）的书中宣布，由大学生一代领导的一场非暴力革命即将来临。他说，美国的年轻人已经演化出一种新的意识形态——少一些罪恶和焦虑、没有评判、没有竞争、非物质至上、热情、诚实、不被操控、不具侵略性、共有共享、不多关注地位和职业。这种新型意识形态仿佛沿路盛开的花朵，体现在他们的音乐、社群、搭便车旅行、赏月、致意，甚至他们的服饰中。他说："喇叭裤给踝关节赋予了一种特殊的自由，仿佛是邀请它在大街上翩翩起舞。"这种新型意识形态承诺了"一种新的理性，一个更具人性的社群和一个全新的、自由的个人。它的最终创造将是一种新式的、持久的整体和美——一种人类与自身、与他人、与社会、与自然、与地球的全新关系"。

《绿色美国》一书在几个月内就销售了100多万册。它还在《纽约客》上连载，《纽约时报》围绕该书登载了10多篇讨论文章，当时的一些重要知识分子也发表了大量评论文章。约翰·肯尼思·加尔布雷思（John Kenneth Galbraith）对该书给予了正面评价（尽管他在文章题目中表达了一种告诫——"谁在负责事务？"）。此书还出了一个25周年版本。

赖克是在耶鲁大学的餐厅里撰写这本书的，内容的基础是他与学生们在那里进行的一些谈话。当然，那些学生是人类历史上最有特权和最幸运的一些个体了。爸爸妈妈为他们支付账单，周围的人都来自上流阶层，常春藤联盟的资历背景将他们直送进20世纪60年代蓬勃发展的经济之中，因而很容易就会以为所有他们所需要的就是爱。毕业典礼后，赖克描写的这一代成为20世纪八九十年代穿古驰、开宝马、拥有联排别墅、崇尚美食，并且正在养育宝宝的都市专业人士阶层。普世和谐观就像喇叭裤一样只是一种短暂的生活方式，这种身份象征使他们区别于狭隘保守的大老粗，头脑简单、四肢发达的运动迷和那些不谙时尚的预科生。就像20世纪60年代后期摇滚歌手埃尔维斯·科斯特洛（Elvis Costello）提出的一个问题："想象一下一无所有的那个人是个百万富翁吗？"

伍德斯托克的国度不是第一个被粉碎的乌托邦。在19世纪的美国，自由恋爱群体的分崩离析是由于社群内成员产生了性妒忌的情绪，且两性成员对社群领袖喜欢招募年轻情妇的憎恶情绪。在人类学中，一个又一个南洋岛屿天堂最终被发现其既下流又野蛮的本质。玛格丽特·米德说，冷淡的性爱使得萨摩亚人感觉满意，因而消除其犯罪感，而实际上，男孩子之间彼此传授着强奸的技巧。米德称阿拉佩什人“性格温和”，而实际上他们会割掉对手的头颅作为战利品。她说，德昌布利人的性别角色意识是与我们颠倒的，男人戴卷发并且化妆，而实际上，男人们打他们的妻子，消灭邻里部落，将蓄意杀人视为年轻男子成长过程中的里程碑，使得他们有资格在脸上涂抹在米德看来非常女人气的油彩。

在《普遍的人性》（*Human Universals*）一书中，人类学家唐纳德·布朗将我们截至目前在所有人类文化中发现的特性组合在一起——包括声誉和地位、权力和财富的不均等、财产、遗传、互惠、惩罚、性谦虚、性管制、性嫉妒，男人喜欢年轻的女人做性伴侣，根据性别的劳动分工（包括女人承担更多抚养孩子的责任，男人负责更多的公共政治统治任务），对其他群体的敌意，群体内的冲突（包括暴力、强奸和谋杀）。这个清单对于任何熟悉历史、当代事件或文学的人来说，都没有任何奇怪之处。在这个世界上的小说和戏剧中只有少数一些情节例外，学者乔治·波尔蒂（Georges Polti）宣称已经将它们全部列出了。在这些所有可能的情节里，有超过 80% 的内容都可以由敌人这个概念（通常都牵涉谋杀），或是在亲属和爱情上可能会发生的悲剧，又或者以上两种一块儿定义出来。在现实世界中，我们的生活故事大多充满了冲突：包括父母、兄弟姐妹、孩子、配偶、情人、朋友以及竞争者给予的伤害、罪责和敌对。

本章是关于社会关系的心理学。姑且不论大同时代，这里所说的社会关系心理学基本上意味着促使我们彼此间产生冲突的天生动机。既然我们的大脑是由自然选择塑造的，它很难长成其他样子。自然选择是由基因的相互竞争而驱动的，基因为能够表现在下一代上而彼此竞争。繁殖导致后代按几何级数增长，在一个有限的星球上，不是一代中存活的所有有机体都能在之后几代繁衍出后代的。因此在某种程度上，有机体的繁殖是以另一些有机体为代价的。如果一个有机体吃了一条鱼，这条鱼就不能再被其他有机体吃掉。如果一个有机体与另一个有机体交配，它就否决了与第三个有机体共担父母职责的机会。每一个在今天还生存的人，在他们前面都存在着数以百万计世代的祖先，而尽管这些祖先当中的每一个人当初都是生存在前面所述的这些限制之下，但他们还是成功地完成了繁衍的目的。这意味着，今天每一个人的存在都要归功于他们作为胜利者的祖先，而今天存在的每一个人，至少在某些情形下，都是为了竞争。

这并不意味着，人（或是任何其他动物）都有一种侵略性的欲求必须发泄出来，或是有一种无意识的死亡意愿、贪婪的性驱力、占据领地的倾向、嗜血的渴求，或其他常常被误认为等同于达尔文主义的残酷本能。在电影《教父》中，索洛佐对汤姆·哈根说：“我不喜欢暴力，汤姆。我是一个商人。鲜血是一笔昂贵的费用。”即使是在最严酷的竞争中，有智慧的有机体也必须是一个战略家，能够评估他的目标能否通过撤退、和解或彼此共存的方式得到最佳实现。正如我在第 5 章中所解释的，是基因而不是有机体必须去竞争或者死亡；有时，基因的最佳策略是设计合作的有机体，是的，甚至去冲他们的兄弟微笑以及彼此相亲相爱。自然选择并不禁止合作和慷慨；它只是使得它们成为很难的工程问题，就像立体视觉。构建一个具有立体视觉的有机体的困难，并没有阻止自然选择在人类身上安置立体视觉，但是，如果我们以为它只是随着双眼的转动自然就能做到，而没有去寻找实现这一功能的复杂神经设计的话，那我们将永远无法理解立体视觉。与之类似，构建能够合作和慷慨的有机体的困难，并没有阻止自然选择在人类身上安置合作和慷慨，但如果我们以为它们是随着群居生活而来的，那我们将永远无法理解这些能力。社会性有机体，特别是人类，所搭载的“计算机”应当运行复杂的软件程序，用以评估当前的机会和风险，并相应地进行竞争或合作。

一个物种的成员之间的利益冲突并不一定会导致让记者和社会科学家们所害怕的一项保守党的政治议程。有些人担心，如果我们的动机使我们与他人发生冲突，盘剥和暴力将会在道义上被正名；既然它们如此糟糕，那么冲突最好从我们的本性中去除。这种推理当然是错误的：没人说，本性必须是好的，而且人们想做的也并不必然就是他们应该做的。另一些人担心，如果冲突的动机是不可避免的，试图减少暴力和盘剥的努力将会是徒劳的；我们当前的社会安排应当是我们所能希望的最佳安排。但这其实也不合逻辑。在现代西方社会中，谋杀率（每年每百万人）从 20 世纪前半叶冰岛的 0.5，到目前大多数欧洲国家的 10，到加拿大的 25，再到美国和巴西的 100 不等。在我们面临是否能将谋杀率减少至零的学术问题之前，已有足够的实际操作空间来降低谋杀率。此外，有多种方式可以减少冲突，而不是梦想着一个充满无歧视的爱的金色未来。所有社会里的人不仅会实施暴力犯罪，也会强烈谴责犯罪。所有地方的人都会采取措施减少暴力冲突，比如惩戒条款、赔偿、谴责、调解、流放和法律。

我希望这些讨论能冲击到你的固有成见，这样我就可以继续这一章的内容。我的目的不是让你相信，人们有时候会将他人的利益放在一边的这个事实，而是要试着解释什么时候以及为什么这就是正确的。但有时，必须明确说出成见。冲突是人类生存状况的必然部分，尽管这有些老生常谈，但仍与一些时髦的观点相抵触。有种表述将社会关系的依附、约束和凝聚性比作胶水。另一种观点则假设是我们不假思索地扮演着社会赋予我们的角色，社会变革是对角色的重新改写。我怀疑，如果你要求一些学术界和社会批评人士表达自己的观点，你会发现他们观点中的乌托邦意味不会比查尔斯·赖克更少。

如果心智是由自然选择设计的计算器官，那么我们的社会性动机则应当是根据我们所参与的竞争手段量体裁衣的策略。人们应当对亲属与非亲属，对父母、子女、兄弟姐妹、情人、伴侣、熟人、朋友、对手、联盟和敌人，都有着明显区别的思想和感情。下面我们来顺次进行探讨。

亲戚朋友

“冲着你的兄弟微笑。”年轻血液乐队这样唱道。“人类的兄弟之情。”约翰·列侬（John Lennon）这样唱道。当我们谈到善行，我们用与亲缘有关的语言：我们的天父、上帝父亲、神父、圣诞（之父）老人、父亲般的长者、爱国主义（大地恩情）；母国、教会母堂、女修道院院长（嬷嬷）、母亲之情与苹果派、母系；亲兄弟、黑人兄弟、战友兄弟、兄弟情谊、庙堂兄弟情、教友弟兄、大学兄弟会；姐妹情谊、姐妹城市、灵魂姐妹、慈善修女会会员、女生姐妹联谊会；人类大家庭、犯罪家族、一个欢乐的大家庭。

亲缘关系的隐喻传递着一个简单的信息：善意地对待某些人，就像对待你的血缘之亲一样。我们都能理解这个预设前提：亲缘之爱是自然而然的；非亲缘之爱则不然。这是一个社会性世界的基本事实，指导着我们从小到大的成长，乃至帝国和宗教的兴衰。对其的解释是直截了当的：亲属间共有的基因要比非亲属间多得多。因此，如果一个基因使得一个有机体令一个亲戚受益，那么它使自己的一个复制因子获益的可能性也很大。有了这样的优势，帮助亲属的基因的数量就会在代际之间增加。动物王国的绝大多数利他行为都是使施与者的亲属受益。亲属导向的利他行为的最极端例子就是像蚂蚁、蜜蜂这样的社会性昆虫，其中，单个工蚁 / 工蜂将它们的一切都奉献给了所在的群体。它们永远不能繁衍后代，会用自杀性的策略保卫其群体，比如朝入侵者喷出有毒的化学物质而这却会毁掉自身，或者用毒刺蜇敌人而毒刺拔出时自己的身体也随之分裂。这种奉献很大程度上缘于一种不寻常的遗传系统，使得它们与姐妹们的关系比与自己的儿女（如果有的话）的关系更为紧密。通过保卫群体，它们帮助母亲们繁衍姐妹，而不是繁衍自己的后代。

基因不能彼此打电话联系或是直接操控对方的行为。在人类中，“亲缘利他行为”和“使一个人的基因受益”是对两组心理设施的简略表达：一个是认知的，一个是情感的。

人类具备学习其家族谱系的愿望和能力。家谱学（genealogy）是一种特殊的知识。第一，其关系是数字式的。你要么是某个人的母亲，要么不是。你可以有 80% 的把握确信比尔是约翰的父亲，但这不等同于认为比尔是约翰 80% 的父亲。当我们讲到半兄弟时（half-brother），每个人都知道这指的是同父异母或同母异父的兄弟。第二，亲戚是一种关系。没有人是单纯的父亲或姐妹，他们必须是某个人的父亲或姐妹。第三，亲戚是拓扑网状的。每个人都是一个网中的一个结点，这个网的联结由父母身份、辈分和性别来界定。亲戚关系的术语是可以从这个网的几何和标记中读取的逻辑表述。例如，“平行表亲”是指一个人的父亲的兄弟的孩子或者母亲的姐妹的孩子。第四，亲戚是独立的。年龄、出生地、熟悉程度、地位、职业、星座，还有所有其他我们可以用来将人归类的类别，都与亲缘类别处于不同的平面，而且在我们计算亲缘关系时无须参照这些类别。

智人痴迷于亲属关系。在世界各地，当人们谈论自己时，他们都会首先讲到自己的出身和家庭关系。在许多社会中，特别是在前农业文明群体中，人们会不假思索地说出他们的一长串家族谱系。而对于被收养者、儿童难民或是奴隶的后裔来说，对生物亲缘关系的好奇能够成为一生追寻的驱动力。（企业家们希望利用这一动机，他们寄送一些由计算机印出的明信片，称可以提供服务追溯史蒂芬·平克的祖先，找到平克的家族印鉴和盾形纹章。）当然，人们一般不会去检测彼此的DNA，而是会通过间接的方法评估亲属关系。许多动物是通过嗅觉。人类则通过几种信息：和谁一起长大的，谁和谁相像，人们如何相互交流，可靠的来源怎么说，以及从其他的亲属关系中可以用逻辑推断出什么。

一旦我们知道了我们是如何与其他人相关的，亲属关系心理学的另一个成分就破门而入了。我们会对亲戚们感受到一定程度的团结、同情、容忍和信任，并添加到我们对他们本来就有的其他感受上去。（据罗伯特·弗罗斯特的诗歌描述："家，就是一定程度上你不必配得上的东西。"）这种人们对亲属多加的良好意愿是根据一种情感来定量发放的，这种情感反映了善行有助于亲戚传播自己基因的副本。而这又取决于该亲戚与自己在家族谱系中的亲密程度、人们对这种亲密的信心，以及这种善意对亲戚繁殖前景的影响（这依赖于年龄和需要）。所以，父母爱他们的孩子甚于其他任何人，表（堂）兄弟姐妹彼此相亲相爱，但程度不如亲兄弟姐妹之间的情谊等。当然，没有人会鼓捣遗传和精算数据，然后决定爱多少。相反，亲缘之爱的心理程序在演化过程中得以校准，这种爱与祖先环境中的概率相关，即爱的行为会使基因传播因爱而受益的概率。

你或许会认为这只不过是血浓于水的老调重弹。但在当今的学术界，这种提法是一个令人骇异、激进的论点。一个想要从社会心理学教科书中了解人类相互交流影响的火星人，会对人类对待他们的亲戚和对待陌生人之间的差异一无所知。一些人类学家认为，我们的亲缘感与生物相关性毫无干系。女性主义学者和咖啡馆知识分子的传统智慧会得出一些令人惊讶的结论：丈夫、妻子和孩子组成的核心家庭是在过去的若干世纪和非西方世界中不为人知的历史性异常行为；在原始部落中，婚姻是不常见的，人们的性关系混乱且杜绝嫉妒心；在整个历史中，新郎和新娘在他们的婚姻中没有发言权；浪漫之爱是中世纪普罗旺斯的行吟诗人所发明的，它是由骑士对已婚女子的通奸之爱组成的；小孩曾经被认为是微型的成人；在古代，孩子的死亡率很高，以至于母亲在丧失孩子后都不会受太大的影响；

对孩子的关爱是最近的发明。这些观点都是错误的。血的确浓于水，只要有人类存在的地方都不可能免受我们这一部分心理的影响。

在所有的社会中，家庭都是重要的，家庭的核心是母亲和她生物意义上的孩子。所有的社会都有婚姻。一个男人和一个女人公开达成一种联盟，其基本目标是为了孩子；男人有“权利”在性方面独占女人；双方都有义务为他们的孩子做出投资。具体细节往往会因所在社会的血缘关系模式而有所不同。一般而言，当男人确信他们是他们妻子的孩子的父亲时，核心家庭就形成了，通常是在丈夫的扩展血亲附近。在一些较少数的社会中，若男人对此不太确信（例如，当他们离开较长时间去服兵役或从事农活时），核心家庭就居住在离母亲亲属较近的地方，而孩子们主要的男性捐助人是他们最近的血亲，即他们的舅舅。即使那样，生物血缘上的父亲身份也是被认可和看重的。双方的大家庭都从婚姻和孩子中获益，孩子感觉父母双方大家庭都团结一致，哪怕正式的出身规则只认可其中一方（正如我们自己的姓可以根据父系的家庭估计出来）。

当女人住在她们的亲戚附近并让男人也搬过去时通常会过得更好，因为她们周围有父亲、兄弟和叔伯，可以在她们与丈夫发生纠纷时赶来援助。这种动态关系形象地反映在电影《教父》中，当马龙·白兰度（Marlon Brando）扮演的角色的儿子桑尼·柯里昂发现他的妹夫殴打他妹妹时，他几乎杀了他的妹夫。生活在 20 年后复制了电影情节，现实生活中白兰度的儿子克里斯蒂安·白兰度（Christian Brando）发现他妹妹的男朋友殴打她时，就真的杀了那个男人。当女人不得不离开自己家而住在丈夫家附近时，她的丈夫就有可能残酷地对待她而免于惩罚。在许多社会中，姑（姨）表亲之间的婚姻是受到鼓励的，而这种婚姻也相对和谐，因为丈夫与妻子之间的争吵通常被他们彼此间作为血亲的同情缓解了。

近些年来，谈论父母之爱与生物血缘关系的相关性是不礼貌的，因为这听起来像是对许多收养子女和继子（女）的父母的诋毁。夫妇双方当然都爱他们收养的孩子；如果他们不是异乎寻常地愿意承担责任，模拟自然的家庭情形，他们开始就不会收养。但是继父母家庭则有所不同。继父母寻找的是一个配偶，而不是孩子；孩子是作为达成婚姻契约的一项成本。继父母的声名不佳，甚至在《韦氏大词典》中，“继母”的两个定义中的一个就是这样写的：“没有付出适当关爱或关注的人。”心理学家马丁·戴利和马戈·威尔逊评论说：

> 对继父母的负面特征化绝不是我们的文化所特有的。参阅斯蒂斯·汤姆森（Stith Thompson）的大部头《民间文学主题索引》（*Motif-Index of Folk Literature*）的民俗学者会碰到这样精炼的概要，如“恶继母命令继女去死”（爱尔兰神话故事），还有“恶继母在商人丈夫不在时令继女工作至死”（印度）。为方便起见，汤姆森将继父的故事分为两类：“残暴的继父”和“色情贪婪的继父”。从因纽特人到印度尼西亚人，几十个传说故事中，继父母没有一个不是坏蛋、恶棍的。

戴利和威尔逊注意到，许多社会科学家推测，困扰继父母子女关系的难题是由“残暴的继父母的神话传说”所造成的。他们问道，那为什么在这么多文化中，继父母就同样都是被诽谤中伤的目标呢？他们自己的解释则更为直接。

> 灰姑娘故事的普遍性……确实反映了人类社会某种基本的、经常性的紧张状态。女性在人类历史中一定是常常连同未成年的孩子一起被抛弃的，父亲和母亲常常过早地鳏寡独居。如果幸存者希望组成新的婚姻家庭，那么孩子则会成为问题。在提科皮亚人和亚诺马莫人中，丈夫要求他的新妻子和前夫生的孩子去死。其他的解决办法包括将孩子留给绝经后的母系亲属，以及利维拉特婚姻中一种广为流行的风俗：寡妇和她的孩子被死去男人的兄弟或其他近亲所继承获得。在缺乏这类安排时，孩子们不得不作为继子（女）由没有血缘关系的人来照看，而看护者对这些孩子幸福与否并不特别在意。所以，孩子们当然有理由感到惊慌了。

在一项对情绪健康的美国中产阶级家庭的研究中，只有 1/2 的继父和 1/4 的继母称他们对继子女有“为人父母般的感情”，而称“爱”继子女的人则更少。

无数关于重新组建家庭的通俗心理学著作都围绕着一个主旨：应对敌意对抗。许多专业人士建议，存在敌意对抗的家庭应当放弃复制一个生物血亲家庭的理想。戴利和威尔逊发现，继父母的身份是指认虐待儿童最有力的风险因素。在最严重的虐待——杀人案中，一个继父母比一个亲生父母杀死年幼孩子的可能性要高40~100倍，即使考虑到了一些可能的干扰因素也是如此——贫穷、母亲的年龄、倾向再婚的人的性格特质等。

继父母并不比其他任何人更残暴。为人父母在所有人类关系中以其单方面性而尤显独特。父母给予；孩子接受。出于显而易见的演化原因，人们生来就想要为自己的孩子，而不是为任何其他人做出这些牺牲。正如我们将看到的那样，更糟的是孩子们生来就要求成人承担关爱而做出牺牲，这就使得那些除父母和近亲之外的人深感厌烦。作家南希·米特福德（Nancy Mitford）说："我爱孩子，特别是当他们哭时，因为那样就有人把他们带走了。"但如果你是和孩子的父母结婚，则没有人会把他们带走。继父母对于继子女的冷漠，甚至敌意，只是一个人对另一个人的自然反应而已。而亲生父母的那种永无止境的耐心和慷慨才是特别的。这一点不应当减少我们对许多善良继父母的感激之情；如果有的话，就应当将其发扬光大，因为他们才是极其善良且乐于自我牺牲的一群人。

常常有人说，你更可能被家里的一个亲戚而不是街头的劫匪杀死。这在任何对演化理论有所了解的人听来，都很可疑，而且它也被事实证明是错误的。

蓄意谋杀的统计数字是人类关系理论的一项重要证据。正如戴利和威尔逊所解释的，"杀死一个人是终极的冲突解决技术，我们的祖先早在他们成为人之前就发现这点了"。杀人不能被当作是一个病态心理或病态社会的产物而轻易注销。在大多数情况下，杀人是未经计划的，也并非出于本意；它是一个逐步升级战斗的灾难性顶点，其中的紧急应对措施实施得过了头。每一次杀戮的背后都必定有无数次冷静下来的争论和无数次没有实施的威胁。这使得谋杀成为对冲突及其原因的最佳鉴定。不同于那些程度较轻的冲突，只能通过参与者敷衍了事的报告才能发现；他杀留下来的是一个失踪的人或是一具死尸，这是很难被忽略的，蓄意谋杀案都要经过仔细认真的调查和记录。

人们有时确实会谋杀他们的亲属，包括杀婴（infanticides）、杀害亲生孩子（filicides）、杀害亲生父母（parricides）、杀害母亲（matricides）、杀害父亲（fratricides）、杀害亲兄弟姐妹（siblicides）、杀妻（uxoricides）、杀害家庭成员（familicides），以及其他一些没有命名的杀害亲属的种类。在一个美国城市收集的典型样本中，1/4 的谋杀是由陌生人实施的，1/2 是由相识的人做的，还有 1/4 是“亲戚”干的。但绝大多数亲戚都不是血亲。他们是配偶、姻亲，或者是继父母与继子女的关系。只有 2%~6% 的受害者是被他们的血亲杀害的。事实上，这一估计数据也过高了。人们见他们的血亲的次数比见其他人更为频繁，因此亲戚更常处于攻击距离之内。当人们专注于考察那些经常住在一起的人时，这样相互作用与影响的机会就被保持恒定了，人们发现被一个非亲属的人杀害的风险要比被一个血亲杀害的风险高至少 10 倍，甚至还有可能更高。

血亲之间冲突的降级是更大模式的亲戚团结的一部分，这被称为任人唯亲。这个词的日常运用指的是对亲戚赐予恩惠，比如说提供一份工作或社会阶层的特权。制度性的任人唯亲在社会中是不合法的，尽管它在实际中有广泛的运用，在大多数社会中，人们如果听到说这种任人唯亲是合法的反而会感到奇怪。在许多国家，一位新上任的政府官员会公然开除他下属的所有公务员，并代之以自己的亲戚。亲戚是天然的盟友，在发明农业和城市之前，社会的组织围绕的正是血缘氏族关系。人类学最基本的一个问题就是，原始人群是如何被分为不同的群落或村庄的，通常是 50 人左右为一单位，尽管根据时间和地点的不同会有所差异。拿破仑·夏侬搜集了大量细致的族谱，这些族谱反映了他研究长达 30 年的亚马孙热带雨林的采集种植原始人群——雅诺马马人的几千个成员之间的联系。他的研究证明了亲缘关系是如何像黏合剂一样将村落凝聚在一起的。近亲之间的打斗较少，在打斗中相互助拳的更多。当村里人口增长时，村子就会逐渐分裂了，村民们彼此之间的联系也不再亲密，且越来越相互厌烦和提防。当争斗发生时，忠诚是根据血缘而区分的，其中一方会带着较近的亲属出走组成另一个新的村落。

配偶是虚构亲属的一个最熟悉的例子：虚构亲属指的是关系是亲属但遗传上不相关的人，但他们能感受到通常亲属之间才能感受到的情感。生物学家理查德·亚历山大（Richard Alexander）指出，如果配偶是忠诚的，如果双方都是代表婚姻家庭中的孩子而不是其他血亲而行动，如果婚姻对双方都是终身的，那么夫妻双方的基因遗传利益就是相同的。他们的基因紧密地联结在一起，联结在孩子身上，对婚姻中一方有好处的事情必然对另一方也有好处。在这种理想化的条件下，婚姻之爱应当比任何其他种类的爱都强烈。

在现实中，人们的血亲确实会表现出一些忠诚，但没有人能确定配偶是100%忠实的，这种确定远小于对配偶永不会背弃或死去的确定程度。在一个心智简单的物种中，配偶之爱的强度大概被设定在某个中等适宜的水平，并反映出任人唯亲、不忠行为、背弃和鳏寡生活的总体概率。但人类对婚姻的细节很敏感，并针对性地在情绪上做出相应的微调。公婆或岳父母、不忠、继子女是婚姻主要的冲突来源，这并不令生物学家感到奇怪。

由于配偶双方的基因是相互关联的，而两方也都与他或她各自的亲属共享基因，所以亲属对于这对配偶的婚姻既有兴趣也攸关利益[①]。如果你儿子娶了我女儿，我们基因的运气部分地与我们共同的（外）孙子/女联系在一起，以至于对你好的对我也好。婚姻使得姻亲成为天然的联盟，这就是为什么在所有文化中，婚姻是两个家族间的联盟，而不仅仅是配偶双方联盟的一个原因。另一个原因是当父母对成年子女具有权威时，就像在所有文化中他们一直都拥有的那样，孩子

① 原文为 interest，有“兴趣”和“利益”两个含义。——译者注

是极好的交易物品。既然我的孩子们不想彼此之间结婚，你又有我需要的东西——我孩子的配偶，因而嫁妆和聘礼在人类文化中十分普遍，尽管地位和与第三方冲突时表现出效忠也是交易时要考虑的因素。像所有的商业交易一样，成功地出售或交易子女证明了各方的诚意，使得他们在未来更加可能相互信任。所以，姻亲既是基因遗传上的合作伙伴，也是生意上的伙伴。

对于眼光长远的父母来说，应当仔细认真地选择姻亲关系。父母不仅要评估未来亲家的资产和诚信度，还应估量随着（外）孙子／女共同遗传利益而免费搭送的美意是否会用到最佳用途上。它可能要被浪费在本已安全的联盟或不能改变的对手身上，但也可能极大地改善相互有一定共同基础的氏族关系。策略性的匹配是亲缘心理学的一个结果，另一个结果是有关谁能和谁结婚的规则。在许多文化中，和自己的交叉（堂）表亲结婚是被鼓励的，而和自己的平行（堂）表亲结婚则是被禁止的。交叉（堂）表亲是你母亲兄弟的孩子或是你父亲姐妹的孩子；平行（堂）表亲是指你母亲姐妹的孩子或你父亲兄弟的孩子。这有什么区别呢？设想最常见的包办婚姻，即在有亲戚关系的男性氏族之间交换女儿，想象一下你自己为在几个（堂）表兄弟（姐妹）之间选择与谁结婚而大费脑筋（你是男是女没有关系）。如果你娶（嫁）你的交叉（堂）表亲，你的婚姻是与一个已证实的交易伙伴在交换：你自己的家庭（由你爷爷主持的家庭）以前曾与这个氏族交换过新娘（你母亲和你姨母）。如果你娶（嫁）的是你的平行（堂）表亲，要么你的婚姻是氏族内部的（如果你父亲和你未婚妻〈夫〉的父亲是兄弟），因而没带来任何外部物品，要么你是在与一个陌生氏族的成员结婚（如果你母亲和你未婚妻〈夫〉的母亲是姐妹）。

这些阴谋策划产生了两个现代亲缘关系神话：在传统社会中，人们对自己和谁结婚没有发言权；亲属关系与遗传的相关程度没有关系。第一个神话的可信之处在于，任何地方的父母都会尽可能地运用自己所能发挥的权力来影响他们的孩子同谁结婚。但是，孩子并不会被动地接受父母的选择。任何人对自己想与谁结婚都有着有力的情绪表达——即浪漫之爱。订婚往往表现出父母和孩子之间尖锐的意愿冲突。即使父母有最终的决定权，孩子也会夜以继日地游说父母，以便其了解自己的感受，而这种感受几乎总是会影响决策。肖洛姆·阿莱赫姆（Sholem Aleichem）的《泰维埃与他的女儿们》（*Tevye's Daughters*，改编为音乐剧《屋顶上的小提琴手》）中的场景表达的就是这种冲突，而类似的场景也见于世界各处。

孩子们的私奔，是父母的不幸。关乎一生的交易或策略机会也许就此付诸东流。更糟糕的是，有时候父母在多年前就对此婚姻许下诺言——这往往经常发生，因为孩子的出生时间不同，而交易必须等到孩子都达到可结婚的年龄才能达成——父母如今无可交易了，只好寄望于高利贷的怜悯了。或者父母碍于他人的眼光，去为出走的孩子购买一个配偶。因子女出走而无法履行婚姻协议是传统社会中世仇和战争的主要原因。由于利益如此攸关，难怪父母一代总是传教说，浪漫之爱是愚蠢可笑的或者根本就不存在。那些下结论说浪漫之爱是中世纪行吟诗人或是好莱坞编剧的新近发明的知识分子，只不过是轻信了这种教条宣传的表面说法而已。

那些将虚构亲属视为亲缘关系与生物学无关的证据的人同时也接受另一个官方学说。婚姻规则的一个大问题是有时一个孩子可能会没有符合条件的配偶，比如强制实行交叉（堂）表亲之间的通婚，会导致一个群体的年龄和性别混合有所波动，就会出现这种情况。在这些规则下，挑战在于如何能既照其行事，而又不使之成为闹剧。一个显而易见的解决方法就是重新界定谁与谁有关系。一个符合条件的单身汉可以被称作是交叉（堂）表亲，即使家谱图并不这样说，这样就能使得一个女儿免于孤独终老，而又没有为其他孩子开可以任意选择喜欢的人结婚的先河。但在本质上，没有人会被这些维护面子的方法所愚弄。还有一种类似的虚伪行为适用于另一种虚构亲属。由于亲缘情感是如此强烈，控制者会试图通过将非亲属称呼为非亲属的亲属，从而增强非亲属间的团结。这种策略自古以来屡见不鲜，从部落首领到现代传道者，再到感情丰富的摇滚歌手。但即使在最郑重地公开认同虚拟亲属的部落，如果你私下里追问某个人，他会承认谁和谁其实并不是他的兄弟或（堂）表兄弟。当人们在争议中露出本色时，这种本色将会与血缘亲属联系在一起，而不是与虚构亲属联系在一起。许多现代父母会告诉他们的孩子将家庭的友人称呼为叔叔和阿姨。当我还是个孩子时，我和我的朋友们常把他们称作是我们的假叔叔和假阿姨。而孩子们通常也会更加坚决地抗拒普遍的压力，不叫他们的新继父母为爸爸妈妈。

几千年来，亲缘情感甚至塑造出了最大的社会。父母之爱甚至能够通过赠予礼物和继承延伸到几代人之后。父母之爱引出了政治的最基本悖论：没有一个社会能够同时保持公正、自由和平等。如果它是公正的，更努力工作的人就能积累得更多。如果是自由的，人们会将他们的财富交给他们的孩子。但那样就不可能是平等的了，因为有些人会继承到遗产，而有些人则没有。自从柏拉图在他的《理想国》中让人注意到这种交替取舍关系，绝大多数政治意识形态都可以根据它们对这些理想所采取的立场来界定。

亲缘团结的另一个令人惊讶的结果是，家庭是一个颠覆性组织。这个结论公然对抗认为教堂和国家一直是家庭的坚定维护者的右翼观点，以及认为家庭是被设计用来压迫女性、削弱阶层团结和制造易控制消费者的资产阶级的、由男性主宰的机制的左翼观点。记者费迪南·芒特（Ferdinand Mount）记录的历史上每一次政治和宗教运动都是在寻求削弱家庭。原因很明显，家庭不仅会与其他机构竞争一个人的忠诚，而且还是一个有着不平等优势的竞争对手：亲戚间生来就比同志间更加关心彼此。他们相互之间赠予裙带关系的收益，容忍通常会消极影响其他组织的日常摩擦，毫无顾虑地对成员的错误行为加以报复。纳粹主义以及其他极权主义意识形态总是要求一种新的、“高于”家庭维系并与之相反的忠诚。宗教从早期的基督教到统一教会都是如此（“我们现在是你的家人了！”）。

成功的宗教和国家最终认识到，它们不得不与家庭共同存在，但它们竭尽所能控制家庭，特别是那些最有威胁性的家庭。人类学家南希·桑希尔（Nancy Thornhill）发现，在大多数文化中，创造禁止乱伦的法律并不是为了处理兄弟姐妹的通婚，兄弟姐妹一开始就不想结婚。尽管兄弟姐妹乱伦可以包含在禁令之内并有助于使禁令合理化，但该项法律的真正目标是禁止那些威胁到法律制定者利益的婚姻。法律禁止关系较远的亲戚，如（堂）表兄弟姐妹之间通婚，这是由等级社会的统治者制定颁布的，旨在阻止财富和权力聚集到家庭中，因为这可能会伤害未来的对手。人类学家劳拉·贝齐格（Laura Betzig）解释了中世纪教堂对性和婚姻的统治也是反对家族式王朝的武器。在封建社会的欧洲，父母无法将地产分为均等的几份遗赠给所有的孩子。小块土地不能再细分给每一位后代，否则太小的土地就没有用了，土地的所有权只能落在一位继承人身上。长子继承制的惯例就应运而生了，所有的东西都归最年长的儿子所有，其他的儿子们要自己上路追寻各自的生活，往往是加入军队或是教会。因此，教会中满是些得不到继承权的年轻儿子们，他们控制了婚姻的制定规则，使得财产所有者和持有者们难于保有合法的继承者。如果他们死后无子，财产所有权将会归到本没有继承权的兄弟或者他们所服务的教会那里。根据他们制定的法律，一个男人不能与没有孩子的妻子离婚，不能在她们还在世时再婚，不能领养继承人，不能与比第七重（堂）表姐妹还近的女人生育具有继承权的孩子，或不能在不同的特殊日子行房事累计超过半年。亨利八世的故事提示我们，大量的欧洲历史都是在围绕着试图利用家庭感情来谋取政治收益——战略性婚姻来争取有继承权的且有权势的人，与试图阻止他们达到目的的另一些有权势的人之间的斗争。

父母与孩子

对一个由自然选择而设计的有机体而言，留下后代是其存在的理由，也是所有辛劳和奋斗的目标。父母对孩子的爱应当是巨大的，实际上也确实如此。但它不应当是没有边界的。罗伯特·特里弗斯发现了遗传对家庭心理学的一个微妙但深刻的意义。

在大多数物种中，父母将自己 50% 的基因遗传给每一个子女。在下一代中最大化基因数量的一个策略就是，尽可能快又多地繁衍婴儿。大多数有机体都是这么做的。但婴儿有机体比成年有机体更易受伤害，因为他们很小又缺乏生存经验，在大多数物种中，大多数婴儿都没能活到成年。所有有机体因而面临着一个分配自己时间、热量和风险的“选择”：是照顾一个现有的子女提高其存活概率，还是快速制造出大量新的子女让他们自谋生计。根据物种具体所处的生态环境和身体构造的不同，每种策略在遗传上都可能是有利可图的。鸟类和哺乳类动物选择照顾它们的子女，哺乳动物甚至演化出器官，从自己身体里分泌出营养并打包起来供子女食用——称作乳汁。鸟类和哺乳类动物为子女投入热量、时间、风险和自己身体的损耗，其回报体现在子女预期寿命的延长上。

在理论上，父母可以走得更极端些，终生照顾自己的初生儿——比方说，为它哺乳，直到父母因年迈而死去。但这样做没什么意义，因为在某个时候，转化为乳汁的热量可以更好地用到养育和哺乳另一个新生子女身上。随着初生儿的逐渐长大，每一克额外的乳汁对其生存也越来越不重要，新生儿会变得越来越强壮，并足以自己寻觅食物。因此，年纪更小的子女便成了更好的投资对象，所以母亲就应该给年纪大的子女断奶。

父母应当将投入从年长的孩子转到年幼的孩子身上，尤其当这样做为年幼孩子带来的收益超过年长孩子所承担的成本时。这种推测是基于两个孩子与父母同等相关的事实。但这种估算是从父母的角度来说的，第一个孩子则不这么看。他有 50% 的基因与他的弟弟或妹妹相同，但他与自己共享着 100% 的基因。他所关心的是，父母应当继续为他投入，直到弟弟妹妹从对他们的投入中获得的收益两倍于他所承担的成本。父母的遗传利益与孩子的遗传利益就此分歧。每个孩子想要的父母关爱都比父母愿意给予的要多，因为父母想对所有的孩子都给予相同的投入（相对于他们的需要而言），而每个孩子都想要父母给自己的投入更多一些。这种紧张状态被称为父母 - 子女冲突。本质上，这是一种兄弟姐妹之间的对抗：兄弟姐妹之间竞争获得父母的投入，而父母最高兴的情况则是每个孩子都能接受相对于各自需要的同样比例的投入。但兄弟姐妹间的这种对抗也可能和父母产生。从演化的意义上讲，父母不向一个孩子投入全部的唯一原因就是他想把投入留给将来的孩子。一个孩子与其父母的冲突实际上是与未出生的兄弟姐妹之间的对抗。

一个实际的例子就是断奶的冲突。若母亲将热量转化为乳汁，生育新的孩子的可能性就会降低，所以，在某种程度上，养育抑制了排卵。在某些时候，哺乳动物母亲给她们的幼崽断奶，这样她们的身体就能准备好再生育一个孩子。当它们这样做时，幼兽就会不断吵闹，纠缠母亲使其不忍拒绝，这样在接受断奶前还可以再吃上几个星期或几个月。

我在安慰我的一个同事时提到了父母－子女冲突的理论，这位同事的小儿子出生后，他两岁的大儿子变得非常讨人厌。他却不耐烦地说："你说半天的意思就是，人都是自私的！"由于好几个星期睡不好觉，他这样误解我的意思还是可以被谅解的。很显然，父母不是自私的；父母是已知的宇宙中最不自私的生物了。但他们也不是无限度的无私，否则孩子的每一次哭闹和耍性子在他们听起来都是仙乐飘飘了。同时，这个理论也不是说孩子就完全是自私的。如果是的话，他们就会谋杀每个新出生的兄弟姐妹，从而使父母所有的投入都转给他们自己，而且会要求终生被哺乳。他们没这样做是因为他们部分地与他们现在和将来的兄弟姐妹有关联。一个孩子谋杀他新出生妹妹的基因同样也有 50% 的概率毁坏了他自己基因的复制品，在大多数物种中，这样做的成本超过了独占母亲乳汁的收益。（在有些物种中，比如斑鬣狗和一些猛禽，其成本没有超过收益，兄弟姐妹确实会互相残杀。）使得一个 15 岁的孩子仍然想要被哺育的基因会使母亲没有机会在其他兄弟姐妹身体中制造这个基因的新复制品。这两种成本都超过了两倍的收益，所以大多数有机体的心中都挂念着其兄弟姐妹的利益，尽管相对于他们自己的利益而言要打些折扣。这个理论的要点不在于孩子们想要或是父母不想给，而是孩子们想要的要多于他们的父母想给的。

父母－子女冲突在子宫里就开始了。怀着孩子的母亲仿佛笼罩着一团抚育与和谐的光芒，但在满面红光下，其身体内正进行着巨大的争斗。胎儿正努力在母亲体内掘取营养，以减弱母亲未来生育新孩子的能力为代价。母亲则是个环境保护主义者，试图保存身体以供后来的子嗣之用。人类胎盘是胎儿的一个组织，用于侵入母亲身体、接入她的血管。通过它，胎儿会分泌出一种激素，与母亲的胰岛素相连，提高母亲的血糖水平以供胎儿自己使用。但由此导致的糖尿病会累及母亲的健康，而随着演化的进程，母亲通过分泌更多的胰岛素进行回击，从而促使胎儿分泌更多的激素与胰岛素相连，以此类推，直到激素浓度达到它们通常浓度的 1 000 倍。生物学家大卫·黑格（David Haig）首先注意到怀孕期的父母－子女冲突，他指出，升高的激素水平就像升高的噪音，这是一个冲突的标志。在类似的拔河争夺中，胎儿增加母亲的血压，强行获得更多的营养，却以母亲的健康为代价。

这种冲突一直持续到婴儿的出生。母亲的第一个决策就是要不要让新生儿死去。杀婴现象出现在世界上所有的文化中。有人可能会认为这是一种达尔文主义自杀的形式，并证明了其他文化的价值观与我们的文化无法相提并论。戴利和威尔逊证明了这两种观点都是错误的。

所有物种的父母都面临着一种选择，即是否持续对新生儿给予投入。父母的投入是宝贵的资源，如果新生儿可能会死去，哺育它直到羽毛长齐就像花钱打水漂一样没有意义。时间和热量可以更好地用于哺育其他子女，重新养育新子女或等待情形变好。所以，大多数动物都会听任它们营养不良或生病的子女死去。人类的杀婴也基于类似的计算。在原始人群中，女性大约在 20 岁时生下她们的第一个孩子，在之后营养匮乏的 4 年根据需要养育孩子，之后会有许多孩子在未成年之前就死去。如果一个女人幸运的话，她可以将 2~3 个孩子一直养大到成年。（外）祖父母的一大群孩子使农业发生了历史性畸变，因为农业为母亲的乳汁提供了替代品。即使只是将少数孩子养大成人，母亲也得做出艰难的选择。在世界上的各种文化中，女性会任由婴儿死去，如果婴儿的生存概率很低的话：在孩子是畸形、双胞胎、没有父亲或父亲不是这个女人的丈夫时；以及母亲年纪还很小（所以还有尝试机会），缺乏社会支持，新生儿是在上一个孩子出生不久就有的，年长的孩子带来太多负担，或者是养育这个孩子会导致处于绝望的境地（如饥荒）时。在现代西方社会，杀婴行为也是类似的。有统计数字表明，任她们的婴儿死去的母亲都比较年轻、贫穷并独身。虽然有许多种解释，但在此方面与世界上其他文化的一致性不太可能是巧合。

杀婴的母亲并非狠毒无情，即使在婴儿死亡率很高时，人们也绝不会随意处置生命。母亲经历自己的杀婴行为就是一场无法避免的悲剧。她们为孩子感到悲痛，并且终生回忆起来都会心怀痛楚。在许多文化中，人们试图疏远与新生儿的感情，直到他们确定这个婴儿能存活下来。他们可能对婴儿不加触摸、不起名或者不授予法律认可的身份直到危险期结束，这很像犹太人的洗礼和割礼习俗。

新任母亲的情绪会驱使她做出保留婴儿还是任其自生自灭的决定，而她的情绪又会受到这些经过精确计算的事实的影响。产后抑郁已经被认定是一种由分泌激素而造成的妄想症，但正如对所有复杂情绪的解释，人们必须提出疑问：为什么大脑会做此设计，从而让激素发挥它的效应。在大多数人类演化史中，新妈妈有充分的理由停下来做出判断。她要面临着在一个确定的悲剧和几年后可能更大的悲剧之间做出决策，这个决策不是那么容易做的。即使在今天，一个抑郁新生儿母亲典型的反复思量——我将如何应对这个负担，也是一个真实存在的问题。新任母亲的这种抑郁在世界上另一些地方表现得更为严重，甚至会导致母亲的杀婴行为，这种恶劣情形包括贫穷、婚姻冲突以及母亲单身等。

一种刻板印象认为，如果女人在婴儿出生后的一个关键期和他或她相互交流，那么她就会与孩子建立终生的情感依赖，所谓“纽带”的情感反应也一定比这种刻板印象更为复杂，就像《仲夏夜之梦》（*A Midsummer Night's Dream*）中小精灵的捉弄对象，热恋上了它们醒来后看到的第一个人。母亲似乎从最初的对婴儿及其当时前景的冷静判断，到大约一周后将婴儿视为独特的、美妙的个体，再到之后几年中培养起逐渐浓厚的爱。

婴儿是获益的一方，它用所能使用的唯一武器——可爱，来为自己的利益斗争。新生儿对母亲的反应超前地敏感：他们微笑、保持目光接触、听到母亲讲话就更加活跃，甚至模仿妈妈的面部表情。这些神经系统发挥作用的昭示足以融化母亲的心，在是否保住这个婴儿的细致决策中使天平发生倾斜。行为生物学家康拉德·洛伦茨（Konrad Lorenz）指出，婴儿的几何形状——大脑袋、像球一样的头盖骨、大眼睛在脸的较低位置、胖乎乎的脸蛋和短短的四肢，会引发温柔和爱。这种几何形状源自婴儿加工的过程。头那端在子宫中生长得最快，另一端在出生后才赶上来；婴儿的脑和眼睛是逐渐长成的。洛伦茨证明了有同样几何形状的动物，如鸭子和兔子，也会用可爱来打动人。在其《致米奇老鼠的生物学敬辞》（*A Biological Homage to Mickey Mouse*）论文中，斯蒂芬·杰伊·古尔德认为，卡通画家利用这一几何特性使他们的人物更有吸引力。可以想象，基因也利用了它，夸大了新生儿的幼稚特征，特别是那些表示健康状况良好的特征，会使得自己在母亲眼里更加可爱。

一旦孩子被允许活下来，不同代际之间的冲突就会持续下去。子女如何在冲突中支撑下去呢？正如特里弗斯指出的，婴儿不能将母亲掼倒在地，想要照顾时就索取到，他们得使用心理策略。婴儿得操纵父母真心为其利益着想，诱使他们比原本想付出的给予更多。既然父母可以学会忽略那些“狼来了”的哭闹，这些策略就得更加阴险些。婴儿比父母更了解自己的状况，因为婴儿的大脑与全身的感觉器官都联系在一起。父母和婴儿对父母回应婴儿的需求都有好处，比如当他饿时喂他，当他冷时抱他。这就给了婴儿一个好由头去诱使父母比原本想的付出更多照顾。婴儿可以在不那么冷或饿时哭闹或保持一个微笑直到他的目标得逞。婴儿实际上不需要假装。既然父母会随演化而识别出假哭，婴儿最有效的策略可能就是真的感觉到很悲惨，即使在没有生物学意义上的需求时。自我欺骗或许很早就开始了。

孩子还可以用勒索的方法，在晚上嚎叫或是当众发脾气，父母讨厌噪声持续下去，所以易于投降。更糟的是，父母对孩子健康的关心使孩子们将他们自己作为人质，比如剧烈地发脾气时搞破坏或拒绝做双方都知道自己会喜欢做的事情。谢林指出，孩子们非常善于使用自相矛盾式的策略（见第 6 章）。他们可以捂上耳朵、尖叫、不看父母的怒视或者倒退，所有这些都使他们无法接收或理解到父母的威胁。这就是顽童的演化。

另有两个颇为流行的观点可以替代父母－子女冲突理论。一个是弗洛伊德的俄狄浦斯情结，它假设男孩子们有一种无意识的愿望想和母亲发生性关系并杀死父亲，因而害怕父亲阉割了自己。（类似地，在恋父情结中，小女孩们想和父亲们发生性关系。）事实上的确有个事实需要解释，在所有文化中，年幼的孩子有时归母亲所有，对母亲的配偶颇为冷漠。父母－子女冲突对此提供了直截了当的解释。爸爸对妈妈的兴趣吸引走了妈妈对我的关注——更糟糕的是，这还威胁到可能再创造一个弟弟或妹妹。孩子们很可能演化出策略，通过减少母亲对性的兴趣，使父亲远离母亲，从而尽量推迟这一令人难过的时刻的到来。这也是断奶冲突的直接延伸。这个理论解释了，为什么所谓的俄狄浦斯情结对于女孩和男孩同样普遍，从而能避免那种荒唐的观点，认为小男孩想要和母亲做爱。

戴利和威尔逊提出了这种替代理论，他们相信弗洛伊德的错误是将两种不同的父母－子女冲突混为一谈。年幼的孩子和父亲发生冲突争夺母亲，但他们并不是性方面的对手。年长的孩子或许与父母（特别是父亲）有性方面的冲突，但并不是对母亲的争夺。在许多社会中，父亲与儿子明确地或者暗地里竞争性伴侣。在一夫多妻制社会中，父亲与儿子有可能确实在竞争同一个女人。而在绝大多数社会中，无论是一夫多妻制还是一夫一妻制，父亲必须资助他的儿子追求到一个妻子，而且以他的其他孩子或者他自己的欲望难以满足为代价。而儿子或许等不及父亲开始将资源转移给他就已经不耐烦了，一个仍旧强壮的父亲是儿子生涯的路障。许多社会中的杀子或杀父行为就是由此竞争而引发的。

父母们也包办婚姻，这是他们出卖或交易子女的礼貌说法。这里会再次出现利益冲突。父母可能会设计出一个打包交易，使得其中一个孩子获益，而另一个孩子受损。在一夫多妻制社会中，父亲可以拿女儿做交易，来为自己换取多个妻子。无论女儿是被用来换得儿媳还是妻子，她的价值都取决于她的童贞状态：男人不会愿意娶一个可能怀着另一个男人孩子的女人。（有效的避孕措施是最近才有的，而且还远未普及。）因此，女儿对父亲在性方面上的兴趣看似像恋父情结，但其实双方彼此之间并没有性吸引。在许多社会中，男人采取许多令人震惊的方法来确保女儿的贞节。他们会把女儿锁起来，将女儿从头到脚遮盖起来，用那种美其名曰“女性割礼”的残暴风俗来根除女儿对性的兴趣。当这些措施无效时，他们会处死不正派的女儿，以维护所谓的家庭“荣耀”。（1977 年，一位沙特公主被当众处以石刑。由于她在伦敦时的一次轻率风流事给她的爷爷，亦即国王的兄弟，带来了耻辱。）父母－女儿的冲突是对女性性所有权的冲突的特例，这个主题我们后面还会提到。

另一个颠覆父母－子女冲突的流行理论是生物－文化的差异理论，它认为婴儿有一堆未经开化的本能，父母会将他们社会化为能胜任的、适应良好的社会成员。根据这种传统智慧，个性是在性格形成时期由父母培养的。父母和孩子都希望孩子在社会环境中茁壮成长，所以既然孩子不能塑造自己，社会化过程就代表了一种对他们利益的汇集。

特里弗斯推断说，根据父母－子女冲突理论，父母在试图社会化教养子女时，并不一定会全心为子女的利益考虑。正如父母行为常常与子女利益相悖一样，他们也试图教养孩子使其行为有悖于孩子自己的利益。父母想让每一个孩子对兄弟姐妹的行为都比孩子所情愿做的更加无私利他。这是因为当一个孩子表现得无私利他时，只要对一个兄弟姐妹的收益超过对这个无私孩子的成本，父母就会获益；但对这个孩子而言，只有兄弟姐妹的收益至少两倍于对自己的成本时，利他行为对他自己才划算。对于更远的亲戚，比如同父异母或同母异父的兄弟姐妹以及姑（姨）表亲，父母利益与子女利益之间的差异就更大了，因为父母比孩子与这些亲戚之间的关系更为密切。类似地，父母会试图说服子女，待在家中帮助料理家务、同意自己在婚姻中被交易以及其他一些对父母有好处的结果。在各方面的冲突中，父母会欺骗并让孩子自我欺骗（因为孩子不是傻瓜）。所以，即使子女由于自己年龄尚幼且别无选择而暂时顺从了父母的奖励、惩罚、例证和规劝，但根据理论，他们不应当任由自己的个性被这些招数所左右。

特里弗斯冒着风险提出了这个预测，他认为父母塑造孩子的观点太过根深蒂固，以至于大多数人都没认识到它是一个可检验的假设，而不是不言自明的真理。这个假设现在已经得到了检验，且得到了心理学史上最令人惊讶的一个检验结果。

个性差异至少体现在 5 个主要方面：是好社交还是好独处（外向 – 内向）、是常忧虑担心还是平静而自我满足（神经质 – 情绪稳定）、是礼貌而值得信赖还是粗鲁而令人怀疑（随和 – 对抗）、是自信认真还是不自信认真（勤勉尽责 – 没有目标）、是敢于冒险还是循规蹈矩（开放 – 不开放）。这些性格特征都是哪儿来的呢？如果它们是遗传的，同卵双生子就应当具有相同的性格，即使他们一出生后就被分开养育，有血缘关系的兄弟姐妹之间就应该比收养的兄弟姐妹之间具有更多的相同性格。如果这些性格是父母社会化养育的产物，收养的兄弟姐妹就应当有相同的性格，而在同一家庭里长大的双生子和有血缘关系的兄弟姐妹应当比长在不同家庭中的孩子有更多的相同性格。几十项研究对许多国家的数千人检验了这种预测。这些研究考察的不仅是这些人格特征，还包括生活中的实际状况，比如离婚和酗酒。研究结果很明确并可以复制，它们包含了两项令人震惊的内容。

一项结果已为人所共知。个性中的许多差异——大约 50% 是有遗传原因的。刚一出生就分开养育的同卵双生子性格仍很相近；一同养育的血亲兄弟姐妹比收养的兄弟姐妹更相像。这意味着另外 50% 一定是源自父母和家庭，是吗？不是的！是否在一个家庭中养育至多能解释人们性格差异的 5%。一出生就分开的同卵双生子不仅相像，而且相像程度和在一起养育的同卵双生子没有差别。在同一家庭中收养的兄弟姐妹不仅不相似，而且不相似程度和人群中随意选出的两个孩子之间的差异一样大。父母对孩子最大的影响是在受孕的那一刻。

我要赶紧再加一句，父母仅仅是在论及他们之间的差异和他们已长大孩子之间的差异时才是不重要的。在这些研究中，对所有正常父母所做的、影响所有孩子的任何事情都没有度量。年幼的孩子当然需要神志正常的父母的爱、保护和教导。正如心理学家朱蒂斯·哈里斯（Judith Harris）所说的，这些研究仅仅是暗示，如果你把孩子们置于同样的家庭和社会背景中，而只是调换父母的话，孩子们仍会成长为相同的成人。

没人知道其余的45%来自哪里。或许性格是由镌刻在成长的大脑中的独特事件所塑造的：胎儿在子宫中的位置、母体中血液转向的数量、出生时的挤压方式、是否有某些病毒残存在大脑中或在新出生的几年中被感染等。或许性格是由独特的经历所塑造的，比如被狗追逐，或者感受到一个老师善意的行为。或许父母的特质和孩子的特质也在以复杂的方式相互作用，因而相同父母抚育大的两个孩子的确具有不同的性格。一种父母可能会奖励喧闹的孩子而惩罚安静的孩子；另一种父母可能会刚好相反。对于这些情形并没有很好的证据，我觉得还有另外两种情况更为合理，它们都把性格视为对父母和子女之间利益差异的一种适应。一个是孩子与其兄弟姐妹竞争的斗争方案，我会在下一节进行讨论。另一个是孩子在其同伴群体中竞争的斗争方案。

朱蒂斯·哈里斯搜集了大量的证据，证明任何地方的孩子都是被他们的同伴群体而不是被父母所社会化的。在各个年龄段，孩子们会加入各种玩耍群体、圈子、团伙、死党、沙龙，在这些群体中谋求地位。每个群体都是一个文化，从群体外吸收一些惯例，并形成它们自己的惯例。孩子们的文化遗产——街头游戏的规则、俚语歌曲的旋律和歌词以及认为要是你杀了谁，你就得给他买块墓碑，在孩子们之间口口相传，有时甚至延续几千年。随着孩子们逐渐长大，他们从一个群体转换到另一个群体，直到最后进入成人社会。在一个层次中获得的声誉会使这个孩子在下一个层次中先发一步。最重要的是，青少年帮派中的头头总是第一个约会的。在各个年龄段，孩子们都努力想弄明白怎样在同伴中获得成功，并将此作为他们优先考虑的策略性做法，而把父母强加的任何东西置于脑后。疲惫不堪的父母知道他们没办法和孩子们的同伴抗衡，只好想方设法搬到最好的学区，在那里把孩子养大。许多在孩提时代移居美国的成功人士一点儿都没有受到在文化上笨手笨脚的父母的影响，而他们的父母也一直没学会这个国家的语言和习惯。作为一个语言发展的研究者，我总是惊诧于孩子们能够如此迅速地跟上同伴们的语言（特别是口音），尽管他们和父母待在一起的时间更长。

为什么孩子们没有听任父母摆布呢？像特里弗斯和哈里斯一样，我怀疑这是因为孩子们的遗传利益只是与他们父母的部分重叠而已。孩子们从父母那里得到热量和保护，因为父母是唯一愿意提供这些服务的人，但孩子们的信息则是从他们所能找到的最好来源中获取的，并为了他们自己的生命而构建应对策略。他们自己的父母不一定是周边最有智慧、最博学的成人，更糟糕的是，家中的烦琐规则往往更偏向于这些孩子刚出生或还未出生的兄弟姐妹们，而不是对他们自己有利。就繁殖而言，家庭是一条死胡同。孩子得学会竞争获得配偶，以及在此之前竞争获得要找到并保住配偶而必需的地位身份，这些竞争的战场不在家庭中，也需要不同的规则。孩子们最好掌握这些规则。

在我们关于孩子的公共讨论中，父母与子女之间的冲突一直没有得到承认。在大多数时候和地方，这种状况对父母有利，他们可以像残酷的暴君一样施加他们的权力。这种情况在 20 世纪发生了逆转。儿童福利专家们撰写的养育指南充斥了所有书店，政府政策也受到这些专家建议的很大影响。所有的政客都把自己描绘成孩子们的朋友而把竞争对手说成是孩子们的敌人。育儿指南过去曾为妈妈们如何安排一整天的活动提供建议，而以斯波克博士为代表的新型育儿指南则将关注重点转移到了孩子身上，妈妈成了没地位的人，她的作用只是让孩子心智健康以及在孩子出现问题时作为被责怪的对象。

儿童福利革命是有史以来最伟大的自由运动之一，但就像所有的权力被重新调整了一样，这项运动可能走得太远了。女性主义社会批评辩称，母亲们的利益都被这些育儿大师们抹杀了。莎莉·瑟洛（Shari Thurer）在其著作《母亲的神话》（*The Myths of Motherhood*）一书中这样写道：

> 最为普遍的说法就是否认母亲具有矛盾心理：母亲实际上既爱也讨厌她们的孩子。对这种矛盾的心理感受，目前没有人讨论……具有这种心理无异于是一个坏母亲。在我的临床实践中，生气与愤怒是很常见的。孩子们永无休止地索要，他们就是要将母亲榨干。母亲本不该觉得自己就应当满足孩子的所有要求。但普遍流行的说法认为，母爱是自然的，而且无时无刻都不会停止发挥作用。

即使是母亲权益的拥护者们也往往觉得，他们必须将他们的主张限定在孩子的利益上（一个负担过重的母亲是一个坏母亲），而不是限定在母亲的利益上（一个负担过重的母亲是不快乐的）。

更多保守的社会批评也开始注意到父母和孩子们的利益会有所不同。芭芭拉·达福·怀特黑德（Barbara Dafoe Whitehead）回顾综述了一些研究数据，这些数据显示，性教育在它所宣扬的减少青少年早孕的作用方面并没有取得成功。当今的青少年都知道关于性及其危险后果的有关知识，但一些女孩子最终还是会怀孕，这很可能是因为她们并不在乎是否怀孕。如果这些青少年的父母在乎的话，他们可以通过控制这些孩子（有年长女伴监护和宵禁）来确保她们的利益，而不仅仅是通过教育。

我提到这些辩论不是为了表明我是支持还是反对，而是为了强调父母-子女冲突可能涉及的范围广度。进化论思维往往被视作"一种简化论方式"，旨在将所有的社会和政治问题重新界定为生物学的技术问题。与这种批评所称的恰恰相反，不考虑演化的讨论才是将育儿当作是确定哪种做法能够养育出最佳儿童的技术性问题，而这种论调在过去几十年里一直颇为流行。特里弗斯的洞见在于，关于孩子养育的决策本来就是关于如何分配一种稀缺资源——父母的时间和精力，对这一分配各方均有其合理的主张。如上所述，育儿总会部分地成为伦理学和政治学问题，而不仅仅是心理学和生物学问题。

兄弟姐妹

自从该隐杀害了亚伯，兄弟姐妹之间的情感就变得复杂起来。正如彼此相熟的同代人，兄弟姐妹之间也像独立的个体一样会相互做出反应：他们可能彼此喜欢或不喜欢，如果是同性可能会竞争，如果是异性可能会在性方面相互吸引。作为近亲，他们会感到程度更深的情感和团结，尽管他们共享彼此 50% 的基因，但每个人与自己共享的基因则是 100%，所以兄弟姐妹之爱是有局限的。作为相同父母的子女，兄弟姐妹在争取父母的投资方面是对手，无论是断奶还是遗嘱内容。尽管基因上的重叠使一对兄弟姐妹成为自然的联盟，但同时也使他们相互之间几乎不会结婚生育，基因炼金术阻碍了他们之间的性爱之情。

假如人们只会生出一连串彼此完全相同的 *n* 胞胎的话，那么父母 - 子女的冲突就会是兄弟姐妹之间赤裸裸的斗争，每个人要求的都比他应得的那一份多。但所有的孩子都是不同的，即使不考虑他们出生时间的不同。父母不会想把自己的精力平均分成 *n* 份投入给他们的 *n* 个孩子，而会像精明的投资组合经理，试图挑出优胜者和失败者，分别做出相应的投资。这种投资决策并非是对每个孩子预计生出的（外）孙子 / 女数目所做的有意识的预测，而是由自然选择调节的情感反应得出的结果，从而在我们所演化的环境中使这个数目最大化。尽管开明的父母极力试图不表现出偏心，但他们往往做得并不成功。在一项研究中，有整整 2/3 的英国和美国母亲们承认她们更爱自己其中的某一个孩子。

父母如何做出这种“苏菲的选择”，而在环境迫使的情况下牺牲一个孩子呢？演化理论预测，主要标准应当是年龄。儿童时期是一片雷区，孩子越长大，其父母就越幸运，而这个孩子作为预计的（外）孙子 / 女的源泉就越是不可替代，一直到性成熟的青春期。（从那时起，生育繁殖的时间就开始不断消耗，这个孩子预计的后代数量也会逐渐下降。）例如，精算表显示，在原始社会中，一个 4 岁大的孩子给父母带来的（外）孙子 / 女数量是新生儿带来的 1.4 倍，8 岁的孩子带来 1.5 倍，12 岁的孩子带来 1.7 倍。所以，如果父母在一个婴儿出生时已经有了一个孩子，而不能两个都哺育的话，他们应当会牺牲这个婴儿。在任何一个人类社会，父母都不会在年幼的孩子出生时，去牺牲年长的孩子。在我们的社会中，父母杀死孩子的概率随着孩子年龄的增加会显著下降，特别是在脆弱的新生儿出生的头一年。当父母们被问及设想丧失一个孩子时，他们会说失去一个年长的孩子会令他们更悲伤，悲伤程度的上升一直到孩子的青春期。这种预计悲伤的起落与狩猎采集时代孩子的预期寿命相关度几乎完全吻合。

年幼的孩子由于更无助，父母会给予更多的日常看护。父母们说他们对年幼的子女有着更温柔的情感，尽管他们似乎认为年长的子女更有价值。而当父母逐渐变老时，这种计算就开始变化了，新生的孩子可能是他们的最后一个了，因此没有什么可保留的了，这种家庭出生的婴儿很可能会被溺爱。父母还会更喜欢那种更有活力、长相更好看、更有天赋的孩子，有人可能会以一种冷血的方式称之为——更好的投资。

既然父母都会偏心眼，子女根据自然选择就应当操纵父母的投资决策以利于自己。孩子们对偏心眼极度敏感，这种能力一直持续到自己成年和父母去世之后。他们应当计算出如何最好地利用自然赋予他们的资质以及他们与生俱来的如纸牌游戏般的动态策略。历史学家弗兰克·萨洛韦（Frank Sulloway）认为，个体性格中难以解释的非遗传部分其实是一组策略，用于与兄弟姐妹竞争来得到父母的投入，这就是为什么同一家庭中的孩子会如此不同。每个孩子在不同的家庭氛围中成长，会形成不同的方案计划，以便能够活下来长大成人。（这个观点也是哈里斯观点的替代主张，哈里斯认为，性格是在同伴群体中应对的策略，当然可能两者都正确。）

第一个出生的孩子被发现有几个优势。与更小的孩子相比，第一个孩子单凭幸存到现在这么大，对父母来说就已经是更宝贵的了，而且只要前者还仍是个孩子，与后来者比较起来当然就更大、更强壮，也更聪明。在独享父母之爱一年或几年之后，第一个出生的孩子将后出生者视作是“篡位者”。因而他应当与利益一致的父母打成一片，抗拒对现状的改变，因为之前的状况对他来说一直颇为不错。他还应当学会如何最好地运用命运施与他的权力。简而言之，第一个出生的孩子应当是一个保守主义者和横行霸道者，第二个出生的孩子不得不应对他们的世界中存在着这样一个对上阿谀奉承、对下颐指气使的人。既然第二个孩子无法通过暴行和拍马屁来随心所欲，只得发展出相反的策略变成绥靖主义者和合作者。由于维持现状对他们的益处不大，他们应当会接受变化。（这些动态演变还要取决于兄弟姐妹性格中天生的那部分以及他们性别、数量和出生时间间隔，毕竟每个人所处的具体情况会有所不同。）

后出生者不得不灵活些，还出于另外一个原因。对那些显示出最有希望会在这个世界上获得成功的孩子，父母会投入得更多。第一个出生的孩子已经昭示了他所最擅长的个人人格与技能。后出生的孩子再在那个地盘竞争则没有意义，因为任何成功都将不得不以年长的、更有经验的哥哥姐姐为代价，他将迫使父母选择出一个优胜者，而他获胜的概率不大。相反，应当找到一个其能够胜出的不同定位。这给了父母一个机会可以多样化他们的投入，因为他在与家庭外的竞争中对他哥哥姐姐的技能给予了补充。一个家庭中的兄弟姐妹会放大他们之间的差异，这与生态系统中物种演化出不同的形式，是基于同一个原因：每一个定位都只支持一个占有者。

家庭治疗师们对这些动态策略已经讨论了几十年，但有确凿的证据吗？萨洛韦从 196 项对于出生顺序和性格充分控制的研究中分析了 120 000 个人的数据。正如他预测的，第一个出生的人通常不太开放（更循规蹈矩、传统，与父母更为一致），更加勤勉认真（更负责任、成就导向、严谨和有组织），更有对抗性（不太好相处、不太随和或受欢迎），还更神经质（不太易于调整，更加容易紧张）。他们还更为外向（更有主见、更有领导力），尽管这项证据不那么清楚，因为他们更加严谨认真，这使得他们似乎更为内向。

家庭政治影响的不仅仅是人们在纸笔测试中所说的，还影响到他们在实际生活中利益攸关时所做的。萨洛韦还分析了很多重要人物的数据，包括 3 894 名主张激进科学革命的科学家（比如哥白尼主义革命和达尔文主义）、893 名 1793—1794 年恐怖时期法国国民议会的成员、700 多名新教改革时的积极主导者和 62 次美国改革运动（如废奴运动）中的领导者。在每次风起云涌中，后出生的人都更可能支持革命，而先出生的人更可能是反对变革者。这种效应不是家庭大小、家庭态度、社会阶层或其他干扰因素的副产品。当进化论最初被提出还颇具争议时，后出生者10倍于先出生者更有可能支持这一理论。对激进主义其他所谓的原因，诸如国别和社会阶层，只有很微小的效应。（例如，达尔文自己就属于上等阶层，但却是后出生者。）后出生的科学家还更少倾向于专业化，而是倾向于涉及更广泛的科学领域。

如果性格是一种适应，为什么人们应当将这种在游戏里应用的策略一直带到成年呢？一种可能性是兄弟姐妹从来没有完全脱离父母的轨道，而在独自竞争中生活。这在传统社会中确实如此，包括在原始社会中。另一种可能性是，有主见和保守主义这样的策略和其他策略同样是一种技能。随着年轻人在磨炼这种技能上投入得越来越多，他就越来越不愿意在学习曲线上回头，重新培养新的应对他人的策略。

在同一个家庭里长大的孩子并不比放到不同星球上长大的孩子更为相近，这一发现表明，我们对性格的发展了解是多么的少。我们唯一所知的就是关于父母影响的金科玉律是错的。我怀疑，最有希望的假设源于认识到儿童时期就是一个丛林，孩子们生命中面临的第一个问题就是如何在兄弟姐妹和同伴当中坚持住且不被打败。

兄弟与姐妹之间的关系又更加曲折：一个是男的，一个是女的，这也是性关系的组成部分。人们的性活动和结婚对象往往是那些与之沟通交流最多的人——他们的同事、邻家女孩或男孩以及最像自己的人，如隶属于同一个班级、相同的宗教、种族甚至外表长相相配。性吸引的力量应当像磁石一样将兄弟姐妹拉在一起，即使熟悉感会引起一些厌恶，可能只有很少一部分兄弟姐妹会彼此投缘，那也应该有数百万的兄弟姐妹们想要相互做爱、结婚。但事实上却根本没有。我们的社会没有，在任何已被研究透彻的社会中都没有，在大多数野生动物中也没有。（青春期前的孩子们有时会进行一些性游戏，但我这里所说的是成熟兄弟姐妹之间的真正性生活。）

兄弟姐妹之间避免交配是因为父母不鼓励这样吗？几乎肯定不是。父母试图让孩子们彼此相亲相爱（去——亲亲你妹妹！），而不是减少交往。如果他们确实不鼓励性活动的话，那将是所有人类经历中性禁止唯一管用的一次——十几岁的兄弟姐妹没有偷偷摸摸躲在公园里或汽车后座上幽会。

乱伦禁忌——公开禁止近亲之间的性活动或通婚，这在一个世纪以来一直是人类学研究的热点，但却并没有解释是什么将兄弟姐妹分开。避免乱伦普遍存在，但乱伦禁忌则不是，而且大多数乱伦禁忌无关核心家庭内部的性活动。其中一些是关于与虚构亲人之间的性活动，它会加强性妒忌。例如，一夫多妻的男人会通过法律让儿子们远离他们年轻的妻子（法定“继母”）。正如我们看到的，大多数禁忌都禁止远亲，比如姑（姨）表亲之间的通婚（而不是性活动），这是统治者用来防止财富在对手家庭中积聚的伎俩。有时，家庭成员之间的性活动会受到反对乱伦的更一般性准则的约束，但在任何社会中它本身都不是这些准则的主要目标。

兄弟姐妹之间就是不会在性方面相互吸引。这是一种不充分的说法：有关性的想法会让他们感到极其不舒服或是充满厌恶。（没有异性兄弟姐妹一同长大的人是无法理解这种情绪的。）弗洛伊德称这种强烈的情绪本身就是一种无意识欲望的证明，特别是当一个男人在想到与自己的母亲性交时会大呼恶心。若以这种逻辑，我们也可以得出结论，人们有一种无意识的欲望去吃狗屎和把针往眼睛里插。

对与兄弟姐妹发生性关系感到恶心的情绪感受，在人类以及其他寿命较长的可运动脊椎动物中非常普遍且强烈，因而这很可能是一种适应，其作用会是避免近亲繁殖的成本：后代健康的概率降低。有民间说法认为，乱伦会“导致血稠”，还有那些对有智障的偏远山区居民和皇家弱智成员的刻板印象，这背后有一定的生物学道理。有害的基因变异会逐渐渗入基因库中：有一些是显性的，会严重损害它们的承载者，但大多数都是隐性的，暂时没有害处，直到数量累积起来并在两位携带者交配时遇到了它们的副本。由于近亲之间共享基因,如果他们交配的话，就会冒着非常高的风险，使得有害的隐性基因的两个副本在他们的后代身上交会。既然我们所有人都携带着大约 1~2 个致命的隐性基因，当一对兄弟和姐妹交配时，他们就很可能会危及他们的一个子女，这在理论上和已经进行的度量这种风险的研究中均是如此。母亲－儿子和父亲－女儿间的交配同样如此（而更远的亲戚之间交配的风险程度要小一些），所以很明显人类（和许多其他动物）已经进化出一种情感，使得自己与家庭成员之间发生性关系的想法令人恶心。

避免乱伦展示出我们对他人情感背后的复杂工程设计。我们对家庭成员会比对熟人或陌生人感到更强烈的亲情纽带。我们会清楚地感知到家庭成员的性吸引力，甚至看着他们就会觉得愉悦。但这种情感和对美的欣赏并没有转化为交配的欲望，而如果是一名非亲属引发了同样的情感，这种性渴望将会是无法抗拒的。若得知其中的血亲关系就会将性欲望变成惊恐，这种情节在许多小说、戏剧中都被用来加强戏剧性效果，波尔蒂将此归类为“不自觉的爱的犯罪”，其中以索福克勒斯的《俄狄浦斯王》（*Oedipus Rex*）最为著名。

避免乱伦也会经历一些曲折。其一，在家庭中不同的性结合有着不同的遗传成本和收益，对参与者和旁观者均是如此。我们因此估计性嫌恶会相应地进行调整。无论对于男性还是女性来说，与一个直系家庭成员生一个孩子的收益是，这个孩子包含 75% 的每个父母的基因，而不是通常的 50%（这额外的 25% 来自父母因是血亲而共享的基因，这部分基因也因此被传递给了孩子）。成本是出现有缺陷孩子的风险和放弃与其他人生个孩子的机会。然而，这种放弃的机会对于男女是不同的。此外，孩子们总能确定他们的母亲是谁，但不能确定父亲是谁。基于这两个原因，对于一个家庭中每对可能的性结合都要分别计算成本。

无论对于母亲还是儿子来说，母亲与儿子的父亲结合都比母子乱伦能带来更多的好处，前者可以抵消遗传风险。而由于男人一般不会被年纪大得可以做他母亲的女人所吸引，其最终结果就是母亲－儿子乱伦几乎从来都没有发生过。

对于父女之间和姐弟、兄妹之间的乱伦，成本收益计算会因我们采取的出发点不同而有所差异。假设一个女孩被其兄弟或父亲致使怀孕，那么她在 9 个月的孕期内将不能再怀上一个非亲属的孩子，而且如果她打算要这个孩子的话，之后的 2~4 年哺育这个孩子的时间里，她也不可能再怀孕。她浪费了一个宝贵的机会，却是在生育一个可能是畸形的孩子。乱伦应当被极度嫌恶。而一个使他的姐妹或女儿怀孕的男人可以增加他所生子女的数量，因为女人的怀孕并不能排除他使其他人受孕的机会。这个孩子有畸形的风险，但如果不是的话，这个孩子就是一个纯粹的奖励（更确切地说，是那个孩子包含的他额外的基因是奖励）。乱伦嫌恶对男性来说可能会更为微弱，使得他更可能去跨越界限。这其实是男性较低生育成本和较弱性欲望鉴别力的一个特例，我们后面还会再提到这一点。

另外，父亲并不能确定女儿是不是他的，所以对他来说，遗传成本为零。这比起兄弟的遗传成本来说，更削弱了其对欲望进行压抑的能力，而姐弟或兄妹可以确定相互为血亲是因为他们有同一个母亲。对继父和继兄弟来说，就一点遗传成本都没有了。所以毫不奇怪，在所报道的乱伦案例中，有 1/2~3/4 是在继父女之间发生的，其中绝大多数是由继父发起的。其余的大部分是在父女之间发生的，几乎全部都是由父亲强迫的。有一些是在女孩和年长的男性亲属之间，女方也几乎都是被迫的。母亲从她的丈夫和女儿之间的媾合中得不到任何遗传收益（与女儿和女婿之间的结合相比），却要承担有一个畸形外孙（女）的成本，所以她的利益与女儿是一致的，她应当是一支反对乱伦的力量。如果母亲不在身边的话，对女孩的乱伦剥削就会更为常见。这些斗争都受强烈的情感所驱动，但情感并不是遗传分析的替代物；遗传分析解释的是为什么它们存在。当然，科学研究就和侦探工作一样，努力找出犯罪动机并不是为了宽恕犯罪。

人们无法直接感觉到他们与另一个人的基因重叠，就像对其他事物的感知一样，大脑必须将来自感官的信息与对世界的假设结合起来，再做出智能化的猜测。第 4 章说明了当现实违背这种假设时，我们会坠入幻觉，在感知亲属关系时的情况也完全一样。19 世纪人类学家爱德华·韦斯特马克（Edward Westermarck）推测，在早年成长时期与一个人保持亲近关系时脑所用的关键信息，将这个人归入“兄弟姐妹”的类别。类似地，当一个成人养大一个孩子时，这个成人应当将孩子视作“儿子”或“女儿”，孩子应当把大人看待为“母亲”或“父亲”。这种分类继而否定了性欲望。

这些计算假设，被一起养育长大的孩子是生物学意义上的兄弟姐妹，反之则不是。这对于原始社会的人来说当然是正确的。孩子们和母亲一起长大，通常也和父亲在一起。当这个假设错误时，人们就应该成为亲属关系错觉的牺牲品。如果他们和一个不是血亲的人一同长大，他们就应当在性方面相互不感兴趣或排斥。如果他们没有和一个血亲的人一同长大，他们则不应当在性方面排斥彼此。被不厌其烦地告知你约会的对象实际上是你的兄弟或姐妹足以破坏浪漫的情绪，但在幼年关键期就起作用的无意识烙印机制当然会更有影响力。

对这两种错觉早已有所记录。以色列被称为基布兹的社区村是由乌托邦计划者在20世纪早期建立的，旨在打破核心家庭。同样年龄的男孩和女孩在出生不久就同住在同一处宿舍直到青春期，并且由护工和教师共同抚养。当他们性成熟之后，一起长大的孩子们之间很少有通婚的，甚至都少有性爱，尽管他们之间的婚姻并没有遭到反对。在中国的一些地方，新娘往往要住到公婆家，你可以想象这会产生多少摩擦。父母们想到了一个非常聪明的主意：在儿媳妇很小的时候就把她收养到家里，确保她会永远听从婆婆的指令。他们没有想到的是，这种安排模仿了心理学上兄弟姐妹情谊的情形。当小两口长大后，相比传统的夫妇双方而言，他们彼此都不再觉得对方有性吸引力，因此他们的婚姻也很不幸福、不忠诚、乏味且短暂。在黎巴嫩的部分地区，父系叔伯的堂兄弟姐妹会在一起长大，就像亲兄弟姐妹一样。父母施加压力迫使这些兄妹、姐弟之间结婚，但他们却在性方面对彼此毫无兴趣，基本上不生孩子，而且倾向于离婚。非传统的育儿安排被发现在各大洲都有着相同的结果，而其他各种可能的备选原因都可以被排除。

反过来，有乱伦行为的人往往不是在一起长大的。在芝加哥的一项针对兄妹、姐弟乱伦的研究发现，唯一打算结婚的那一对是被分开养育长大的。性虐待女儿的父亲一般在女儿儿时只花了较少的时间和她们在一起。如果继父和生父与女儿在一起的时间同样长，那么继父并不比生父更有可能虐待女儿。有传闻说，被收养的人在寻找生父母和亲兄弟姐妹时，往往发现自己在性方面吸引了对方，尽管我还没听说过任何相关的科学对照研究。

韦斯特马克效应解释了所有乱伦者中最著名的一例：俄狄浦斯。底比斯王拉伊奥斯被一个神使警告说他的儿子将会杀了他。当他的妻子约卡斯塔生下一个儿子时，他便把这个婴儿（俄狄浦斯）绑起来扔到了一座深山里，一位牧羊人发现了俄狄浦斯并养育了他，然后他又被科林斯国王收养为自己的儿子养大。在去德尔菲的一次访问中，俄狄浦斯得知他命中注定会杀父娶母，因此他离开了科林斯并发誓再也不回来。在去底比斯的途中，他遇到了拉伊奥斯并在一次争执中杀了他。然后他又智胜斯芬尼斯狮身人面像，他的奖励就是底比斯的王冠和牵手守寡的王后约卡斯塔——他成长过程中没和他在一起的生母。在他最终得知真相之前，他们已经共同生育了 4 个孩子。

但韦斯特马克理论的最终胜利已被约翰·图比证明。男孩想与他的妈妈做爱的想法令绝大多数男人瞠目，认为这是他们听过的最荒谬的事情。但显然，这对弗洛伊德来说并非如此。他写道，儿时的他曾经在看到母亲换衣服时产生了性反应。但弗洛伊德有一个奶妈，因而他或许并没有体会到那种幼时的亲密感，而这种亲密感本可以告知他的感知系统：弗洛伊德夫人就是他母亲。韦斯特马克理论比弗洛伊德还要弗洛伊德。

男人和女人

当然，有的时候，也可能合适。一个男人和一个女人可以坠入爱河，关键要素是相互付诸承诺，这正如我们在第 6 章中所看到的那样。男人和女人都需要对方的 DNA，因而可以享受性爱。男人和女人在他们的孩子身上拥有共同的利益，他们持久的爱也是演化而来保护这种利益的。丈夫和妻子可以是彼此最好的朋友，并可以终身依赖、相互信任，这正是友谊的基础（后面会进一步探讨）。这些情感根植于这样的事实：如果男人和女人是一夫一妻、共谋生计、不偏心向着各自的家庭，那么他们的遗传利益就是一致的。

不幸的是，那是一个大大的“如果”。即使是最快乐的一对儿，打起架来也像猫和狗那样，当今美国的婚姻有 50% 最终都以离婚而告终。萧伯纳写道：“当我们想看看爱情结束时人们的行为表现时，该阅读些什么？去看看谋杀案专栏吧。”男人与女人之间有时甚至会产生致命的冲突，这说明性爱并非人类事务中的凝聚力，而是会造成分裂的力量。陈词滥调仍须再次强调，因为传统的智慧对此予以否认。20 世纪 60 年代的一个乌托邦理想是对极度情色、彼此享受、没有负疚、情感开放、终身一夫一妻制的彼此约束，自性学大师卢斯提出后得到了不断响应。另一种观点来自反主流文化，提倡极度情色、彼此享受、没有负疚、情感开放、循环无尽的狂欢。两种观点都可以归因到我们的原始人类祖先、更早阶段的文明或是至今尚存于地球某一隅的原始部落。二者都像伊甸园一样神秘。

性别之战并不只是不相干的个人之间战争的前哨战，而是一场会发生于不同场地的战斗，其原因由唐纳德·西蒙斯首先做出了解释。“至于人类在性方面的事儿，”他写道，“有一种女人天性和男人天性，这些天性极度不同，男人和女人在性天性上有差异，因为在人类演化历史中漫长的狩猎采集阶段，分别适应彼此性别的性欲望和活动始终都是为了生育繁殖。”

许多人都否认不同性别之间有任何值得讨论的差异。在我所在的大学，选修性别心理学的学生曾在课堂上学到，男人与女人之间唯一禁得起质疑的差异就是：男人喜欢女人、女人喜欢男人。西蒙斯的两种人性论被斥为“性别刻板印象”，似乎这就是这种理论错误的证据。认为蜘蛛结网而猪不结也是一种刻板印象，但这并不能证明它是错的。正如我们将看到的，一些关于性感受的刻板印象已然经合理的质疑而得到了验证。事实上，性别差异的研究者们已经发现，许多对性别的刻板印象都低估了已经证实的性别间的差异。

为什么要以性为开始呢？查斯特菲尔德勋爵（Lord Chesterfield）注意到，性爱的“快乐是瞬间的，体位是怪异的，而代价却该死的高”。从生物学意义上讲，其成本确实是该死的高，那为什么几乎所有的复杂有机体都是有性繁殖呢？既然儿子缺乏生育下一代的设备而只能去做精子捐献者，为什么女人不能无须性爱就生育出克隆她们自身的女儿，而要浪费一半的怀孕机会去生儿子呢？为什么人们和其他有机体要为获得物种中另一成员的基因而换出自己的一半基因，以至于为了多样化而使自己的后代多样化呢？这不是为了更快地演化，因为有机体的选择是根据对当前的适应。这也不是为了适应环境变化，因为一个已经适应的有机体中的一个随机变化很有可能会更糟而不是更好，难以适应的方式要比适应良好的方式多得多。最佳理论是由约翰·图比、威廉·汉密尔顿（William Hamilton）等人提出的，这个理论现在已经得到了几种证据的支持。它认为，性是一种对寄生虫和致病微生物的防御机制。

从细菌的角度来看，你是一大堆香甜可口的奶酪蛋糕，放在那里就等着被吃掉。你的身体则有着不同的观点，而且已演化出一套防御机制，从你的皮肤到免疫系统，将细菌拒之门外或是直接干掉。在宿主和致病菌之间进行着一场演化的军备竞赛，尽管更好的一个比喻可能是撬锁者与锁匠之间一场不断升级的竞赛。细菌很小，它们演化出毒辣的招数渗入并劫持细胞的设备，撇去它的原材料，将自己混充成身体自身的组织以逃避免疫系统的监视。身体回之以更好的安全系统，但细菌有一个天生的优势：它们的数量更多，繁殖速度要比身体快几百万倍，这使得它们演化得也更快。它们能够在宿主的一生中大幅度地演化。无论身体演化出什么分子锁，致病菌都能够演化出开锁的钥匙。

如果有机体是无性繁殖，那么一旦致病菌攻破身体的安全防线，它们也就攻破了宿主的孩子和兄弟姐妹的安全防线。有性繁殖是一种改变一次安全锁的方式。

通过将一半基因换为不同的另一半，有机体给了它的子女在与当地细菌竞赛中的一个有利开端。它的分子锁有着不同的销钗组合，所以细菌不得不从头开始演化新的钥匙。恶意致病菌是世界上那些为了改变而改变的事物获得的奖励。

性还提出了第二个疑问：为什么我们有两种性别。为什么我们制造一个大卵子和许多小精子，而不是大小相等的两滴像水银一样合并在一起？这是因为将会变成婴儿的细胞不能只是一包基因，它需要细胞其余部分的新陈代谢设备。这个设备中的一部分就是线粒体，它有自己的基因，著名的线粒体 DNA 在追溯演化分裂时间上非常有用。像所有的基因一样，线粒体中的基因经选择而无情地复制着。这就是为什么由两个相等细胞融合而成的细胞会面临问题。一方父母的线粒体与另一方父母的线粒体为了在细胞体内存活会进行残酷的战争。每方父母的线粒体都会杀死对方，而将融合后的细胞置于危险的动力不足的境地。细胞剩余部分的基因（细胞核内的基因）则要遭受细胞的严重损害，所以它们演化出一种方式来阻止这场自相残杀的战争。在每一对父母中，一方“同意”单方面裁军，它贡献出一个不提供新陈代谢的设备，而只供给新细胞核所需的裸 DNA 的细胞。物种的繁殖凭借着将一个包含一半基因和所有必需设备的大细胞，与一个仅仅包括一半基因别无他物的小细胞融合而成。大细胞被称为卵子，小细胞被称为精子。

一旦有机体迈出这第一步，其性细胞的专业化就只能不断升级下去。精子小而便宜，所以生物体不妨制造很多精子，给它们装上舷外马达使它们可以迅速抵达卵子，并提供一个器官可以将它们发射到途中。卵子大而宝贵，所以生物体最好给它包裹上食物和一道保护层，使它有领先优势。这又使得它更加贵重，所以生物体为了保护投资而演化出器官，让受精卵在体内生长并吸收更多的食物，而只有当新的子女足够大并可以存活时再将它释放出体外。这些结构被称为雄性和雌性生殖器官。少数动物雌雄同体，将两种器官置于每个生物个体中，但绝大多数动物更加专业化，将生物个体分为两种，每一种都将它们所有的生殖组织分配给单一的一种器官。它（他）们被称为雄（男）性和雌（女）性。

特里弗斯弄明白了雄性与雌性之间所有的这些显著差异是如何源于它们在子女身上的最小投资差异的。请记住，投资是一方父母为了增加子女幸存机会所做的任何事情，但同时这又降低了父母生育其他可存活后代的能力。这种投资可以是能量、营养、时间或风险。根据定义，雌性开始时有着较大的投资——更大的性细胞，而且在绝大多数物种中，雌性会将自身甚至更多都付诸对子女的这种投资。雄性则只贡献小小一包基因，通常仅此而已。因为每个子女都需要父母双方的投资，雌性的贡献对可以生育多少子女进行了限制：她创造并培育的一个卵子至多可以长成为一个子女。这种差异带来了两个后果。

首先，单个雄性能够使几个雌性受孕，这迫使其他雄性找不到配偶，这就导致了雄性之间为获得雌性而进行竞争。一个雄性可以打败其他雄性以阻止他们接近一个雌性，或者竞争交配所需要的资源，或者追求一个雌性令她选择自己。因此，雄性在繁殖方面获得成功的形式有多种。胜利者可以生育许多子女，失败者会孑然一身。

其次，雄性繁殖的成功取决于他和多少雌性交配，而雌性繁殖成功则并不取决于她和多少雄性交配。这使得雌性更具鉴别力。雄性追求雌性并与任何接受他的雌性交配。雌性慎重选择雄性，并只与最好的雄性交配：所谓最好就是那些有着最好基因的，最愿意也最有能力供养和保护其子女的，或是其他雌性一般会优先选择的雄性。

雄性竞争和雌性选择在动物王国中很普遍。达尔文呼吁关注这两种其称为性选择的情况，但他却很疑惑为什么应当是雄性竞争、雌性选择而不是相反。父母投资的理论解决了这个疑问。投资较大的性别一方来选择，投资较少的性别一方去竞争。因而，相对投资是性差异的原因。所有其他的因素——睾丸素、雌激素、阴茎、阴道、Y 染色体、X 染色体，都是次要的。雄性竞争、雌性选择只是因为卵子中稍微多一些的投资，而正是这些投资使雌性之所以成为雌性，而且一般会由于动物其他的繁殖习惯而连翻数倍。在少数一些物种中，所有动物对卵子和精子投资的最初差异颠倒了过来，因而在这些情况下雌性应当竞争而雄性应当选择。这些例外情况确实证实了这条法则。在一些鱼类中，雄鱼将幼仔孵在一个袋子中。在一些鸟类中，雄鸟坐着孵蛋并哺育幼鸟。在这些物种中，雌性非常具有侵略性，并试图追求雄性，而雄性则仔细小心地选择配偶。

然而在典型的哺乳动物中，雌性做了几乎所有的投资。哺乳动物选择了一种身体方案，其中雌性将胎儿携带在体内，用自己的血液滋养它，并在它出生后养育保护它，直到幼子长大到足以保护自己的程度。雄性贡献了几秒钟的交配和一枚重达十万亿分之一克的精子细胞。毫无疑问，雄性哺乳动物要竞争与雌性哺乳动物交配的机会，具体细节取决于该种动物的其他生活方式。雌性动物独居或者群居，生活在小群体中或者大群体中，在一个稳定的或者临时性的群体中，她们运用着合理的标准来确定生活方式，比如食物在哪里、哪里最安全、在哪里她们可以最容易地生育和抚养幼崽以及她们是否需要大量的力气。雌性动物到哪儿，雄性动物就追随到哪儿。例如，雌海象聚集在沙滩沿岸，在那里雄海象可以轻易地巡逻。单个雄海象可以独占整个雌海象群，雄海象之间则殊死搏斗来争得大奖。体格大的海象在战斗中有优势，所以雄海象已演化为 4 倍于雌海象的个儿头大小。

猿类则有着多样的性安排。顺便提一句，这也意味着，没有所谓的“猿的遗产”可供人类必须去效仿。大猩猩群居生活在森林边缘，它们的每个小群体由一个雄性和几个雌性组成，雄性大猩猩之间为争夺控制雌性而争斗，因而雄性大猩猩演化出两倍于雌性的大小。雌性长臂猿独居而且散落地分布，雄性长臂猿在找到一个雌性的领地后就扮演着一位忠实配偶的角色。由于其他雄性长臂猿远在其他地域，它们彼此争斗的次数并不比雌性长臂猿之间更多，而且体格也并不会更大。雌猩猩也独居但彼此住得比较近，所以一头雄猩猩可以独占两头或更多雌猩猩的领地，它的个头儿约是雌猩猩个头的 1.7 倍。黑猩猩群居，群体数量大且不稳定，所以没有雄性能够统治。雄黑猩猩与雌黑猩猩住在一起，雄性之间竞争统治权，这会赋予更多交配的机会。雄黑猩猩的大小大约是雌黑猩猩的 1.3 倍。由于周围有很多雄性，雌黑猩猩有激励因素去和多个雄性交配，这样单个雄黑猩猩永远也不能确定小黑猩猩是不是它的，因而不会为了让雌黑猩猩可以生自己的后代而去杀死幼崽。雌性黑猩猩几乎是胡乱杂交的，雄性之间争斗得较少，且体格也和雌性大致相同。它们的竞争是以一种不同的方式：在雌性的体内。

精子可以在阴道里存活几天，所以一只滥交的雌性能够有几只雄性的精子在其体内竞争使卵子受孕的机会。一只雄性制造的精子越多，它的其中一个精子首先抵达的机会就越大。这就解释了为什么黑猩猩有着相较它身体大小而言巨大的睾丸。大睾丸能制造更多的精子，因而在滥交的雌性体内有更好的机会。大猩猩的重量是黑猩猩的 4 倍，但它的睾丸大小却只有黑猩猩的 1/4。被它锁在深闺的雌性没有机会去和任何其他雄性交配，所以它的精子不必去竞争。长臂猿是一夫一妻制，它们的睾丸也比较小。

在几乎所有的灵长类动物中（事实上，是几乎所有的哺乳动物中），雄性都是饭桶爸爸，贡献给他们子女的除了 DNA 外，什么都没有。其他物种则更有父爱一些。在大多数鸟类、许多鱼类和昆虫以及像狼这样的群居性动物中，都有保护和抚养子女的雄性。有些事情有助于雄性父母投资的演化。一是体外受孕，这见于大多数鱼类，雌鱼将卵产在体外，雄鱼在水中使卵受孕。这样雄鱼可以确定受精卵携带着它的基因，而由于受精卵还在未发育时就被释放出体外，因此雄鱼有机会帮忙。但在绝大多数哺乳动物中，其繁殖过程则不会导致有一个溺爱的父亲。卵子被卷在母亲体内，因而其他的雄性也可以使之受孕，所以一个雄性动物永远也不能确定一个子女是不是它的。它面临着将自己的投资浪费到另一个雄性的基因上的危险。此外，胚胎大部分的生长时间都是在母亲体内进行，父亲没办法直接帮上忙，因而父亲很容易就背弃离开，而去尝试与另一个雌性交配，留下母亲体内无法除去的胎儿或子女；雌性则不会背弃，因为这样它就不必再次经历漫长的培育胚胎的过程。当一个物种的生活方式使其收益超过成本时，父亲表现得就会更像个父亲：比如当子女没有父亲就会很易受伤时，当它很容易给子女提供像肉一样的高营养食物时，以及当年幼的子女容易被保护时。

当雄性成为忠诚的父亲时，交配的游戏规则就发生了变化。雌性可以根据雄性的能力和对投资于子女的意愿来选择配偶，只要它能判断的话。雌性，而不仅是雄性，要通过竞争才能获得配偶，尽管奖励是不同的：雄性竞争是为了使愿意交配的雌性受孕，雌性竞争是为了吸引愿意投资的雄性。一夫多妻制不再是一个雄性击败所有其他的雄性或是雌性都想要被最凶猛的或最漂亮的雄性授精。当雄性的投资比雌性多时，正如我们已经看到的那样，物种可以是一妻多夫制的，由强硬的雌性来控制雄性的地域（哺乳动物的身体方案已经排除了这种选择）。

当一个雄性比其他雄性有更多资源可投资时（比方说，它控制了一片更好的地域），雌性们共同分享它——一夫多妻制，就比每个雌性拥有自己的配偶要更好，因为一大块资源的一部分会比一小块资源的全部要更好。当雄性的贡献更平均时，对一方心无旁骛的关注就变得更有价值，物种就确定为一夫一妻制。

许多鸟类似乎都是一夫一妻制的。在电影《曼哈顿》（*Manhattan*）中，伍迪·艾伦对黛安·基顿（Diane Keaton）说："我觉得人们应当为了生命而交配，像鸽子和天主教徒一样。"影片上映后，鸟类学家才开始将鸟送去做DNA检测，令他们感到震惊的是，结果显示鸽子们也不忠诚。在一些鸟类中，1/3的幼鸟都含有一只非雌鸟配偶的雄鸟的DNA。雄鸟滥交是因为它们试图在跟一只雌鸟养育子女的同时与其他雌鸟交配，希望自己的其他子女能够自己存活下来，或者顶多被一个戴绿帽子的雄鸟所抚养。雌鸟滥交是因为它有机会鱼和熊掌兼得：最健壮的雄性的基因和最情愿的雄性的投资。被戴上绿帽子的配偶最惨，还不如彻底没有哺育下一代好，因为它已经将它全部的努力都奉献给了竞争者的基因。所以在雄性投资的物种中，雄性嫉妒不仅指向雄性对手，而且还指向雌性。雄性会守卫着雌性，围绕在雌性四周，不断地与雌性交配，并远离表现出最近刚交配过体征的雌性。

人类的交配体系和任何其他动物的都不一样，但这并不意味着他摆脱了统治交配系统的法则，这些法则已经在几百个物种中得到了证实。任何诱发一个雄性被戴上绿帽子，或是让一个雌性得不到幼崽的父亲足够帮助的基因，都会很快被从基因库中剔除。任何使得一个雄性可以令所有雌性受孕，或是让一个雌性生育出最佳雄性的最放纵后代的基因，都会迅速地占据主导。这些选择压力不小。要想让人类的性活动变得可以"社会建构"并独立于生物学，正如流行的学术观点中所说的，它不仅需要奇迹般地摆脱这些强有力的压力，还必须承担另一种同样强劲的压力。如果一个人发挥出社会建构的职能，其他人就会改变角色，以他或她为代价而兴旺发展。有权势的人会操纵其他人的思想，使他们喜欢独身或是被戴绿帽子，从而把女人留给有权势的人自己。任何情愿接受社会建构的性别角色的基因都将被选择剔除出去，而抗拒这些角色的基因会取而代之。

智人是一种怎样的动物？我们是哺乳类动物，所以一个女人做母亲的最小投资也要远远大于一个男人做父亲的投资。母亲贡献了 9 个月的时间来怀孕（自然情况下），2~4 年的时间哺育幼儿。父亲贡献了几分钟性爱和一勺精液。男人的体型约是女人的 1.15 倍大小，这说明在我们的演化历史中是男人在竞争，一些男人与几个女人交配，而另一些男人则孤独终老。我们和独居、一夫一妻、性别区分比较不明显的长臂猿不同，和散落分群、后宫云集、性别区分同样不明显的大猩猩也不同。我们群居，男人女人混居成一大群，时常面临着和异性配对的机会。相比身体而言，男人的睾丸比黑猩猩的小，但比大猩猩和长臂猿的大，这说明人类祖先的女人没有大肆地淫乱，但也并不总是一夫一妻。孩子们出生时很无助，而且在很长的一段人生岁月中需要依赖成人，这大概是由于知识和技能对人类的生活方式非常重要。所以孩子们需要父母的投资，而且由于男人们从狩猎中得到了肉和其他资源，他们也有东西可用于投资。男人的实际投资远远超过了他们的最小投资，而他们的生理解剖本来会使他们只需付出最小投入就可脱身而逃；但实际上，他们却养育、保护和教育他们的孩子。这就使得男人们很重视是否会被戴绿帽子，而女人们看重的则是男人们给孩子们投资的意愿和能力。由于男人与女人们像黑猩猩一样一起群居，而男人又像鸟类一样给后代投资，所以我们发展出了婚姻：一个男人和一个女人组成一个生殖同盟，这就是为了限制第三者对性方面和父母投资方面的要求。

这些生命的事实从来没有变过，但其他事实却在改变。直到最近，一直都是男人狩猎、女人采集。女人在青春期后很快就结婚了，没有避孕、没有机构化办理的非亲属收养和人工授精。性就意味着繁殖，反之亦然。没有家养植物或动物提供的食物，所以没有婴儿配方奶粉；所有的孩子都是母乳喂养。没有付费的托儿所，也没有全职爸爸；婴儿和幼儿一直在母亲或者其他女人周围晃荡。在我们 99% 的演化历史中，这些情况一直都持续着，并塑造了我们的性爱。我们对于性的思考和感受适应的是这样一种世界：性爱就会产生婴儿，无论我们当时是否想要造人。在这样的世界中，抚育孩子的任务，多半是落在母亲身上，而不是父亲身上。当我们使用“应当”“最好”和“最优”这样的词汇时，它们只是一个简称，代表了会导致在这样的世界中取得繁殖成功的策略。我指的不是在现代世界中什么是道德上正确的、可以做到的或是会有利于获得幸福的，那些完全是不同的事情。

关于策略的第一个问题就是想要多少个伴侣。请记住，当给孩子的最小投资对于女性而言更大时，男性如果和许多女性交配就可以拥有更多的子女；但如果一个女性和许多男性交配的话，她并不会有更多的子女——一次受精就足够了。假设一个原始人可以和一个妻子有 2~5 个孩子。一次婚前或婚后私通而带来一个孩子，就会将他的繁殖产量增加 20%~50%。当然，如果这个孩子由于父亲不在身边而饿死或是被杀掉的话，这个父亲在遗传意义上并没有得到好处。最佳的策略就是和一个已婚女人私通，而且她的丈夫会把这个孩子抚养长大。在原始社会中，育龄妇女几乎都是已婚的，所以通常都是和一个已婚的女人发生性关系。即使她没结婚，没父亲的孩子活着的也比死去的多，所以和一个没结婚的人私通也能增加繁殖概率。无论哪种算法都不适用于女人。因此，男人心智的一部分就应当是，纯粹是为了想要多个性伙伴而想要多个性伙伴。

你以为男人与女人之间的唯一差异就是男人喜欢女人、女人喜欢男人吗？你问的任何酒保或老奶奶都会说，男人的眼睛更不老实，但或许这只是一个老式的刻板印象。心理学家戴维·巴斯（David Bass）寻找刻板印象的对象是那些最有可能否认他们具有这种偏见的人——政治敏感性高涨的女性主义革命之后一代中精英的、自由主义的、美国大学中的男人与女人们。他的研究方法令人耳目一新，特别直接。

他用秘密调查问卷问了一系列问题。“你寻找配偶的愿望的强烈程度如何？”男女的答案大致是相同的。“你寻找一夜情的愿望的强烈程度如何？”女人们说，不怎么强烈；男人们说，非常强烈。“你在下个月将会有几个性伙伴？今后两年呢？你一生中呢？”女人们说，下个月有 4/5 个性伙伴正合适。今后两年中，她们想要一个，一生中有 4~5 个。男人们在下个月想要 2 个性伙伴，今后两年中 8 个，一生中 18 个。“你会考虑和一个已相识 5 年的理想伙伴发生性关系吗？相识两年的呢？相识一个月的？一周的？”女人会对相识一年以上的男人说“应该可以”，对相识 6 个月的表示“中立”，对认识一周或更短时间的说“绝对不行”。男人则只要认识这个女人一周就会说“应该可以”。男人认识女人时间有多短，他就可以说绝对不会和她发生性关系呢？巴斯一直没能得出答案，他的量表没有细化到“一小时”的标准。当巴斯就这些研究结果在一所大学做报告时，他从父母投资和性选择的角度做了解释。当时一个年轻女子举起手说：“巴斯教授，我对你的数据有一个更简单的解释。”“是吗，”他说，“那是什么？”“男人就是烂泥。”

男人真是烂泥吗，还是只是试图装成烂泥？或许在问卷中男人试图夸大他们是优秀的种马，而女人则想要避免被看得太轻浮。心理学家 R.D. 克拉克（R.D. Clark）和伊莱恩·哈特菲尔德（Elaine Hatfield）雇用了一些俊男美女，让他们在大学校园里接近陌生的异性并向对方说：“我在校园里注意你好多次了，我觉得你很有魅力。”然后问下面三个问题中的一个：（1）“你今晚愿意和我约会吗？”（2）“你愿意今晚到我宿舍吗？”（3）“你愿意今晚和我上床吗？”有一半女人同意约会，有一半男人同意约会；6% 的女人同意去宿舍，69% 的男人同意去宿舍；没有女人同意发生性关系，75% 的男人同意发生性关系，剩余的 25% 中，许多人表示抱歉，并问能否过几天再行好事，或者解释说他们不行是因为未婚妻没出远门儿。这个实验在美国好几个州都得出了相同的研究结果。当进行这项研究时，避孕已经很普及，安全性行为也在被大力推广，所以不能仅仅由于女人可能会对怀孕和性传播疾病更为小心而简单否定这一研究结论。

新的伙伴对男性性欲的唤醒被称为柯立芝效应（Coo lidge effect），它源自一个著名的逸闻。一天，美国前总统卡尔文·柯立芝（Calvin Coolidge）和他的妻子访问一家政府农场，被分别带领着参观。当展示给柯立芝夫人公鸡的生殖器时，她问公鸡是不是每天交配不止一次。“几十次。”向导回答道。“请把这个告诉总统。”柯立芝夫人要求说。当总统看到鸡的生殖器并被告知关于公鸡的事情时，他问道："每一次是和同一只母鸡吗？""噢，不是，总统先生，每次都是不同的一只。"总统说："把这个告诉柯立芝夫人。"当每一次交配后又出现一只心甘情愿的雌性时，许多雄性哺乳动物都是不知疲倦的。它们不会因实验者遮掩起前一个性伙伴或是掩盖它的气味而被愚弄。这恰恰说明,雄性的性欲并不完全是"不加区分的"。雄性或许不在乎它所交配的是哪种雌性，但它们对于自己所交配的是哪个雌性超级敏感。这又是一个说明了个体和种类的逻辑区分非常重要的例子，我在第 2 章中批评关联主义时已经强调过这一点。

男人没有大公鸡那样的性耐力，但从长期而言他们在自己的欲望中显示出一种柯立芝效应。在许多文化，包括美国的文化中，男人报告说他们对妻子的性热情在结婚的最初几年就消退了。是单个个体的概念，而不是她的长相或其他品质引发了这种衰退；对新的性伙伴的口味并不仅仅是为了寻求多样性来调剂人生，就像吃腻了草莓冰激凌想换巧克力味的一样。在艾萨克·巴什维斯·辛格（Isaac Bashevis Singer）的故事"头号倒霉蛋"中，一个从神秘村庄海乌姆来的傻瓜出发去旅游，但却迷了路，不经意地回到了家。他以为他在经过另一个村庄，而特别巧的是这个村庄和自己的村子非常像。他碰到一个女人看起来长得也和他已经厌倦了的妻子一模一样，他却觉得这个女人非常迷人。

雄性性心智的另一部分是会被可能的性伙伴轻易地性唤起的能力——确实如此，只要一个可能的性伙伴最微弱的暗示即可。动物学家已经发现，许多物种的雄性都会去追求和雌性有些模糊的相似之处的多种物体：其他雄性、其他物种的雌性、是同一物种的雌性但实际却是被钉在板子上的毛绒填充玩具，或者毛绒填充玩具雌性动物的一部分，比如一颗悬浮在半空中的头，甚至是毛绒填充玩具雌性动物的部分却缺少了眼睛和嘴这样的重要特征。人类物种中的雄性一看到裸体女人就会被性唤起，不仅是对真人，而且对在电影、图片、绘画、明信片中的女人，甚至是对玩具娃娃都会有反应。男人从这种错误的身份识别中获取愉悦，支持了全世界的色情产业，单单在美国，色情业的年度总产值就达 100 亿美元，几乎与体育产业和电影业的产值加起来一样多。在原始文化中，年轻男子在岩石悬垂上用碳块画出乳房和阴户，还在树干上雕刻出来、在沙子上画出来。色情在全世界都很相似，在一个世纪前和现在也差不多。它用有图形的身体细节描绘，传承下来的匿名裸女们渴望着随意的、与个人无关的性爱。

看到一个裸体男人就被轻易地性唤起，这对一个女人来说没有任何意义。一个正值生育期的女人从来都不缺少心甘情愿的性伙伴，在这样的买方市场中，她可以找到可供选择的最佳丈夫、最好基因或是对她有性偏好的其他回报。如果她见到裸体男人就会被性唤起，男人们就可以通过暴露自己来引诱她发生性关系，这样她的讨价还价优势就会被大打折扣。男女对裸体的反应大不相同：男人将裸体女人看作是一种邀请，女人将裸体男人看作是一种威胁。1992 年，一个在加州大学伯克利分校全校闻名的被称为“赤裸的家伙”的学生，他选择光着身子慢跑、上课、在餐厅吃饭，以此作为对西方社会压抑性传统的抗议。他最终被开除，因为一些女学生抗议，认为他的行为应当被归类为性骚扰。

女人们并不想看到陌生男性的裸体，或是匿名的性表演，实际上，色情业并没有女性市场。《花花太妹》（*Playgirl*）应当是反例，但很显然，它服务于同性恋男人。它当中没有任何女人会买的产品的广告，当女人作为好玩的礼物收到杂志的订阅单时，她们会发现自己被列入了同性恋男性色情和性玩具的邮寄名单。在实验室中，一些早期实验称男人与女人对一个色情信息会有相同的性生理唤起。但男人在控制条件下对于中性信息做出的反应比女人对于色情信息做出的反应还要强烈。所谓中性信息是由女性调研者选择的，它描述的是一个男人和一个女人在聊一个人类学专业对医科预科生的相对优势的话题。男人们发现这个信息非常色情！当女人同意看性爱场面时，有时会被性唤起，但她们不会去主动寻求。西蒙斯指出，女人对于允许性爱与否要比男人更挑剔，但是一旦她们同意了，就没有理由认为她们对于性刺激的反应没有男人强烈。对于女人来说，最接近于色情物品的大众市场商品是浪漫小说和英雄救美的言情小说，其中，性是在情感和关系的背景下被描述的，而不是被描绘为连续的身体撞击。

对性多样的欲望是一种不寻常的适应，因为它贪得无厌。大多数健身商品都表现出回报递减的趋势或有一个最优水平。人们并不追求海量的空气、食物和水，而且希望既不热也不冷。但男人与越多的女人发生性关系，他就会留下越多的后代，永远不会满足。这使得男人对于随意性伙伴的胃口永不知足（或许对于祖先的环境中可以带来多个性伙伴的物品，如权力和财富也是如此）。日常生活中大多数男人没什么机会去探测这种欲望是否有止境，但偶尔会有一个很富有、很有名、很英俊，也足够不道德的男人去尝试。乔治·西姆农（Georges Simehon）和休·赫夫纳（Hugh Hefner）宣称有过几千个性伙伴，威尔特·张伯伦（Wilt Chamberlain）估计自己有 20 000 个。假如我们大胆地调整他的夸口，推测张伯伦将他的估计夸大了 10 倍，那仍意味着 1 999 个性伙伴也是不够的。

西蒙斯注意到，同性恋的关系对每种性别的性欲望提供了一个清楚的窗口。每对异性恋关系都是男人需要和女人需要的折中，这样性别间的差异一般会减少到最小。但在同性恋之间则没什么可折中的，他们的性生活以更纯粹的形式展示了人类的性活动（只要他们性别脑的其余部分的构成模式不像和他们相反性别的脑的构成模式一样）。在出现艾滋病之前，对旧金山同性恋的一项研究中，28% 的男同性恋报告说有过 1 000 多个性伙伴，75% 的报告说有过 100 多个。从没有女同性恋报告说有 1 000 个性伙伴，只有 2% 女同性恋的报告说有 100 个性伙伴。男同性恋的其他性欲望，如对色情作品、妓女和有吸引力的年轻性伙伴，也反映出或放大了男异性恋的性欲望。凑巧的是，男人的性要求是相同的，无论他们的要求是指向女人还是指向其他男人。这一事实驳斥了认为男性欲望是压迫女性的工具这种理论。这并不是说每一个男同性恋都会过度沉溺于对性爱的享受，他们只不过是把自己的性欲拿来与男性的性欲互为呼应，而不是与女性的性欲相互作用罢了。西蒙斯写道："我想说明，男异性恋与男同性恋同样有可能经常与陌生人发生性关系，在公共澡堂匿名参加性乱交聚会以及在下班回家的路上在公共卫生间逗留 5 分钟来次口交，前提是女人们对这些活动感兴趣的话。但女人们对此并不感兴趣。”

在异性恋中，如果说男人比女人更想要多种多样，经济学入门课告诉我们应该怎么做。交配应当被视为一种女性服务，是女人能够给予的一种恩赐，或者她们也可以保留不给男人。许多比喻都将和女人发生性关系看作是一件珍贵的商品，无论是从女人的角度（保留你自己、献出去、感觉被用过了）还是男人的角度（得到任何东西、性口味、幸运地得到）出发。而且性交易常常遵循市场原则，正如所有派别的犬儒主义者早就认识到的。女性主义理论家安德烈·德沃金（Andrea Dworkin）写道：“男人想要女人所拥有的——性。他可以偷（强奸）、劝说她放弃（引诱）、租借（嫖娼）、长期租赁（美国的婚姻），或是直接拥有（大多数社会中的婚姻）。”在所有社会中，几乎全都是男人追求女人、求婚、引诱女人、使用爱情魔力、送礼物来换得性、支付彩礼（而不是收取嫁妆）、花钱召妓和强奸。

当然，性经济学也取决于个人的欲望，而不只是各性别的平均欲望。人们为性而付出，如现金、承诺、好感——当对象令他们比他们令对象更满意时。由于女人比男人更挑剔，一般男人就需要为与一般女人发生性关系而付出。一般男人可以吸引比随意性伙伴质量更高的妻子（假定婚姻承诺也是一种支付的话），而女人则能吸引比丈夫质量更高的随意性伙伴（后者什么也无须付出）。理论上讲，最高质量的男人应当有大量愿意和他发生性关系的女人。丹·沃瑟曼（Dan Wasserman）的一幅卡通作品描绘了一对夫妇在看完电影《桃色交易》（*Indecent Poposal*）后离开电影院，丈夫说：“你愿意为了 100 万美元和罗伯特·雷德福德睡觉吗？”妻子回答：“愿意，不过得给我一段时间凑够这笔钱。”①

卡通画家的风趣实际上是利用了我们的惊奇感，但我们不会期望现实生活中就会是这样的。对女人来说最有魅力的男人不会把自己像妓女一样租出去，他们自己甚至还会招妓女。1995 年，演员休·格兰特（Hugh Grant）可能算是世界上最帅的男人了，他因与一个妓女在其车前座上进行口交而被拘禁。简单的经济学分

① Would you sleep with Robert Redford for a million dollars? 既可理解为雷德福德为此支付 100 万美元，也可理解为你为此支付 100 万美元。——译者注

析在这儿失效了，因为钱和性不是完全可互换的。正如我们将看到的那样，男人的一部分魅力来自他们的财富，所以最有魅力的男人不需要钱。而女人最希望接受的付出不是现金而是长期承诺，这即使是对于最英俊、最富有的男人来说也是一种稀缺资源。对休·格兰特事件的经济学分析可以在另一部电影里的一场交易中得到很好的概括，这是根据好莱坞老鸨海迪·弗莱斯（Heidi Fleiss）的故事改编而来的。一位应召女郎问她朋友，为什么她英俊的主顾还需要花钱来买春。“他们不是为了性而付给你钱，”朋友解释道，“他们付你钱是让你完事后走人。”

男人是习得性性多样的吗？或许这是一种为达到某种目的的手段，而目的就是我们在社会中的地位。唐·璜被尊为一头潇洒的“种马”，他臂弯中的美女就是奖杯。当然，那些人人都想要而又稀少的东西都可以成为一种身份地位的象征。但这并不意味着，所有人人都想要的东西都是由于它们是身份与地位的象征而被人们所追求。我怀疑，假如让男人们选择是和许多漂亮女人秘密发生性关系，还是享有和许多漂亮女人发生性关系的名声但实际上却没有，他们会选择前者。不仅因为性本身就是足够的激励，而且因为这种与许多女人发生性关系的名声是一种抑制。唐·璜不但没有激发起人们的尊崇，特别是女人们的尊崇，反而激发了男人们的嫉妒——一种不同而且不那么令人舒服的反应。西蒙斯评论道：

> 男人们似乎总是如此冥顽不化，他们拒绝习得不去向往多样性，尽管有各种这样或那样的障碍。比如，基督教及其关于罪的教义、犹太教及其关于好人的信条、社会科学及其关于同性恋压抑和性心理不成熟的理论、关于一夫一妻制配对结合并约束限制的演化理论、支持并崇尚一夫一妻制的文化传统、对多样性渴望实际上无法被满足的事实、时间和精力，还有追求多样性带来的无数种实际的和情感上的风险，还有学会在性方面满足于一个女人就会带来的、显而易见的潜在回报。

一双不安分的眼睛，无论是习得还是天生，都不是男人心智的唯一组成部分。尽管欲望常常会导致行为，它也常常不导致行为，因为其他的欲望更强烈，或者因为一些自我控制的策略产生了效力（见第 6 章）。男人的性口味可以被调整和推翻，这取决于男人的吸引力、可供选择的对象，还有他对于调戏成本的评估。

丈夫和妻子

从演化意义上说，有短期婚外性关系的男人是在赌他的不合法孩子无须他的帮助就能幸存下来，或是指望被戴绿帽子的丈夫会把这孩子当作自己的孩子养大。如果男人能承担得起，一个最大化后代数量的确定方法是寻求多个妻子，并为所有的孩子投资。男人自然想要许多妻子，而不只是许多性伙伴。事实上，在超过80% 的人类文化中，有权力的男人都被允许一夫多妻制。犹太教实行一夫多妻制直至基督教时代，直到 10 世纪时才被宣布其不合法。摩门教一直鼓励一夫多妻制，直到 19 世纪晚期美国政府宣布其不合法，即使在今天也有人认为在犹他和其他一些美国西部的州中仍有数以万计的秘密一夫多妻制婚姻。只要一夫多妻制是被允许的，男人就会寻求更多的妻子和吸引她们的手段。富有和享有声望的男人有不止一个妻子，不负责任又懒惰的男人则一个妻子也没有。一般来说，已经结婚一段时间的男人会去寻找更年轻的妻子。年长的妻子仍然是他的红颜知己和伙伴，并掌管家务；而年轻的妻子则成为他的性趣所在。

在原始社会中，财富无法积累，但少数几个猛男、老到的领导者以及优秀猎人可以有 2~10 个妻子。随着农业的发明和大规模不平等的出现，一夫多妻制已经到了荒谬的比例。劳拉·贝茨格已经记载下来的是，一个文明接着一个文明，独裁的男人已经践行了终极的男性幻想：将数以百计的适龄女子关在深宫，严密守卫（往往是由太监来做），这样任何其他男人都不能接触到她们。类似的安排也在印度、中国、伊斯兰世界、撒哈拉以南非洲地区以及美洲各国出现。所罗门国王有 1 000 个嫔妃。罗马皇帝将嫔妃称作奴隶，中世纪的欧洲国王称之为服务女佣。

相比之下，一妻多夫制则少之又少。当环境非常恶劣，一个男人如果没有女人就无法幸存时，男人们偶尔会共享一个妻子，但一旦条件改善，这种安排就会自然瓦解。因纽特人偶尔会有一妻多夫制婚姻，但几个丈夫之间总是相互嫉妒，甚至会彼此仇杀。如前所述，亲属关系会减少敌意。

婚姻安排通常都是从男人的角度来描述的，不是因为女人的欲望与之无关，而是因为有权势的男人通常能够自行其是。男人的体格更大也更强壮，因为他们已被选择互相争斗，他们还可以组成有力的氏族，要知道在传统社会中，儿子住得离家庭很近，而女儿则会搬走。最花心的一夫多妻者总是那些不怕报应而杀戮的暴君。根据吉尼斯世界纪录记载，史上有最多孩子——888 个——的男人是一个摩洛哥的皇帝，名如其人，他的名字叫嗜血的穆莱·伊斯梅尔（Moulay Ismail The Bloodthirsty）。超级一夫多妻者不仅必须防御几百个被他夺走了妻子的男人，还必须压迫他的后宫。婚姻多少都会有一点互利互惠之处，在大多数实行一夫多妻制的社会中，男人可能会出于自己情感和财务的需要而放弃多余的妻子。暴君则会监禁并恐吓他的妻子们。

但奇怪的是，在一个相对自由的社会，一夫多妻制并不一定就对女人不好。基于经济以及根本上的演化缘由，女人可能更愿意分享一个富有的丈夫而不是独占一个穷光蛋，甚至从情感的角度来说也是如此。劳拉·贝茨格概括了其中的原因：你愿意当约翰·F. 肯尼迪的第三个妻子还是小丑波索的第一个妻子？多个妻子之间往往相处得还可以，她们分享彼此的专长并共担育儿责任，尽管在下一级家庭之间往往会爆发嫉妒；一夫多妻制家庭很像继父母家庭，只不过它有更多的派系和成年参与者。如果婚姻真的是一个自由市场，那么一夫多妻制社会中男人对供应有限的伴侣的更大需求和他们固有的性嫉妒会给女人们带来好处。履行法律的一夫一妻制则对女人不利。经济学家斯蒂文·兰德斯伯格（Steven Landsburg）解释了这个市场原则，他的例子用的是劳动而不是金钱：

> 今天，我妻子和我对谁该洗碗发生了争论，在开始时我们还大致势均力敌。如果一夫多妻制是合法的话，我妻子可能就会暗示她已考虑离开我嫁到我们的邻居艾伦·辛迪他们家——而我则会不得不退让，落得个刷锅洗碗满手油污的下场。
>
> ……反垄断法律[①]是卡特尔理论的一个教科书式的例子。起初是竞争性

① 疑原文 Antipolygamy 有误，应为 antitrust 或 anti-monopoly。——译者注

的生产商勾结在一起，与公众作对，或者更确切地说，与他们的顾客作对。他们达成协议，每家公司都将限制产量，从而保持高价格。然而高价格诱发欺骗，也就是说，每家公司都试图扩大自己公司的产量——超过协议所规定允许的产量。最终，卡特尔土崩瓦解，除非有法律规定强制实施，即使如此，违规者也甚众。

这个故事在任何经济学教科书中都会讲到，它也是浪漫爱情产业中男性“生产商”的故事。他们起初激烈地竞争，然后阴谋勾结在一起，对抗他们的“顾客”——他们将在婚姻中牵手的女人们。在达成这个阴谋的协议下，每个男人都会限制他的浪漫企图和行动，以增加男人们整体讨价还价的地位。但男人们地位的改善引发了欺骗，也就是说，每个男人都试图追求比协议规定数量更多的女人。卡特尔只是由于法律规定强制实施才得以幸存下来，但即使这样，违规者也大有人在。

法定的一夫一妻制在历史上是那些有一定权势和无甚权势的男人们之间达成的协议，而不是男人与女人之间达成的协议。与其说它是为了盘剥浪漫产业中的“顾客”（女人），还不如说它是为了使“生产商”（男人）之间的竞争的成本最小化。在一夫多妻制下，男人们争夺的是异乎寻常的达尔文式利益——许多妻子 vs 孑然一身，这种竞争是非常残酷的。许多凶杀和大多数部落战争都直接或间接地事关女人。当首领们需要联盟那些没什么权势的男人们，并需要他的臣民同敌人战斗而不是彼此争斗时，他们就从法律上废除了一夫多妻制。早期的基督教吸引了穷人，部分原因是它对一夫一妻制的承诺令穷人也有机会讨到老婆，并在社会中有一席之地，因为平等主义和一夫一妻制的关系就像暴君独裁和一夫多妻制的关系一样，是一对孪生现象。

即使在今天，不平等已经使得另一种一夫多妻制得以迅速发展。富人养得起一个妻子和一个妾，或者在结婚 20 年后和妻子离婚并付给她生活费和子女抚养费，再去和另一个更年轻的女人结婚。记者罗伯特·赖特（Robert Wright）推测，轻易的离婚和再婚就像公然的一夫多妻制，会导致暴力的增加。适龄女人们被富裕的男人们所垄断，导致较低社会阶层中的妻子的供应量紧缺，这迫使最穷的年轻男人们陷入绝望的竞争之中。

所有这些尔虞我诈都只来自性别之间的一项差异：男人比女人更想要多个性伙伴。但是，男人也不是完全不必选择，女人也并不是在所有社会中都没有发言权，只是在暴君独裁的社会中才是如此。男性和女性都有各自选择私通和婚姻对象的标准。就像其他难以改变的人类口味一样，这些选择标准似乎也是适应而来的。

两性都想要配偶，男人比女人更想要私通，但这并不意味着女人不想私通。如果她们从来不想的话，男性想玩弄女性的企图就不会演化而来，因为这种企图永远不会得到回报（除非玩弄者总是可以欺骗他的征服对象，令其以为他想追求她作为妻子——但如果这样的话，一个已婚女人就应当永远不会有婚外情，或成为被调戏的对象）。男人的睾丸比例就不会演化得比大猩猩还大，因为他们精子的数量永远也不会处于被超过的危险中。对妻子的妒忌之情也不会存在。但正如我们所见，它确实存在。人种志记录表明，在所有社会中，两性都会滥交，女人并不总是饮鸩自尽或是跳楼轻生。

远祖的女人们从私通中能得到什么，从而使这种欲望能够演化而来呢？一种回报是资源。如果男人想要性是出于性本身的目的，女人则可以让男人为此而付出代价。在原始社会中，女人会从情人那里公开索要礼物，通常是肉类。当想到我们的远祖母亲为一顿牛排大餐而献出自己时，你可能会觉得被冒犯了，但对于艰难岁月中的远古人来说，肉绝对令人痴迷，因为那时的高质量蛋白质太稀缺了。在《卖花女》（*Pygmalion*）中，当杜立德想把女儿伊莉萨卖给希金斯时，平克林大喊道：“你不要道德了吗，爷们儿？”杜立德回答：“我付不起啊，长官。你要是像我这么穷，你也一样的。”乍一听这似乎是卖淫，但对于身处其中的人来说，这不过是寻常的礼仪。这很像在我们现代社会中，如果一个比自己更有钱的情人从不带她外出用餐，也不为她花钱的话，一个女人会感觉到受侮辱，尽管双方都会否认两人有任何交换报偿的关系。在调查问卷中，女大学生报告说，奢华的生活方式和送礼物的意愿是在选择短期情人时考虑的重要因素，尽管在选择丈夫时不是这样。

像许多鸟类一样，一个女人可以寻求最优质雄性的基因，同时也兼有自己丈夫的投资，因为他们不大可能是同一个男人（特别是在一夫一妻制下，当她对自己的婚姻没有什么发言权时）。女人们报告说，外表和力量对情人比对丈夫更为重要；正如我们将看到的那样，外表是基因质量的指示符。当女人们有婚外情时，她们一般会选择比丈夫地位更高的男人，而带来地位的品质几乎一定是可遗传的（尽管对高地位、高声望情人的品位还会有助于满足第一个动机——获取资源）。与更优秀的男人私通还可以让一个女人检验自己在婚姻市场中的交易能力，这样或者可以热热身，或者可以改善她在目前婚姻中进行讨价还价的地位。西蒙斯将私通中的性别差异归纳为：女人有婚外情是因为她觉得那个男人在某种程度上比她丈夫更优秀，或者是她丈夫的一个补充；而男人有婚外情则是因为那个女人不是他的妻子。

男人们对于随意性伙伴的要求除了两条 X 染色体之外还有别的吗？有时，答案似乎是：没有。人类学家布罗尼斯拉夫·马林诺夫斯基（Bronislaw Malinowski）报告说，特罗布里恩岛的一些妇女因过于令人憎恶而被禁止性交。尽管如此，这些女人还是能够设法有几个子女，这被特罗布里恩岛的居民看作孤雌生殖的确凿证据。但更系统的研究显示，男人，至少是美国的大学生们，确实对短期性伙伴有偏好。他们看重外表；正如我们将看到的那样，美是生育能力和基因质量的一个符号。滥交和性经验也被视为一种资产。就像梅·韦斯特（Mae West）所解释的："男人喜欢有过去的女人，因为他们希望历史会自动重复。"但当这些男人被问及作为长期伴侣时，这些资产就变成了负债。他们认同臭名昭著的"麦当娜－妓女"二分法，将女性分为可以像易于征服的猎物一样转手打发的轻浮女人和可以看作未来妻子的腼腆女子。这种心理往往被称作是厌女症的症状之一，但对于所有物种中给自己的后代投资的雄性来说，这却是一个最优遗传策略：和任何接受你的雌性交配，但同时确保你的配偶不和任何其他雄性交配。

女人在丈夫那儿应该寻求些什么呢？ 20 世纪 70 年代的一个保险杠贴纸上这样写道："一个没有男人的女人就像一条没有自行车的鱼。"但至少对于原始社会中的女人来说，这个论断有些言过其实。当一个远古社会中的女人怀孕、哺乳、育儿时，她和她的孩子们很容易受到饥饿、蛋白质缺乏、捕猎、强奸、绑架和谋杀的威胁。任何让她生出这些孩子的男人都应当被好好利用，协助其哺育孩子并保护她们。从她的角度来看，这是他应做的最重要的事情；但从他的角度来看，还有另外一个选择：去竞争和追求其他的女人。男人们在给孩子投资的能力和意愿上各有不同，所以，女人应当谨慎地选择。她应当被财富和地位所打动，或者，对于那些太年轻，以至于还没有拥有这些的男人们，女人应当看重他们未来获得财富与地位的征兆，比如野心和勤奋。然而，这些都毫无用处，除非这个男人在这个女人怀孕时照顾左右，而男人们无论是否真心实意，他们都说自己会照顾左右，因为这对他们有好处。正如莎士比亚所写的："男人的誓言是女人的叛徒。"因此，女人应当寻找稳定和真诚的迹象，而自我保护的能力倾向迟早也会派得上用场。

男人该在妻子那儿寻求些什么呢？忠诚可以确保他的父亲身份，除了忠诚外，她还应当能够尽可能地多生孩子。一如既往地，我们的品位也是被这么设计出来的；但这并不能推导出一个男人真的想要许多许多的婴儿。她应当很丰腴，这意味着她很健康，过了青春期，但还没到停经期。但是，一个女人当前的生育能力与一夜情的相关度应当比与终身婚姻的相关度更大。重要的是，男人从长期关系中所能估计出的子女的数量。尽管一个女人可以每几年生育并抚养一个孩子，但她的育儿年限是有限的，新娘越年轻，未来的家庭就越大。即使最年轻的新娘，即十几岁的少女，在某些程度上比二十出头的女人的生育能力要差些，但上述论断也是正确的。具有讽刺意味的是，对于男人是烂泥的理论，看重适龄女子可能是出于婚姻和父亲身份的缘故才演化而来的，而不是基于一夜情的目的。黑猩猩父亲的职责结束于交配，对它们而言，一些满身皱纹、胸部下垂的雌性是最性感的。

这些预测只是些老式的刻板印象吗？巴斯设计了一个调查问卷，询问性伴侣们对 18 项品质的重要性的看法，他将问卷发放给了 6 大洲和 5 个岛屿上 37 个国家的 10 000 多人——他们所处的文化有一夫一妻制也有一夫多妻制，有封建的也有自由的，有社会主义也有资本主义。所有地方的男人与女人们都最看重智力、善良和通情达理这些品质。但每个国家的男人与女人对其他品质的看重程度上都有所不同。女人比男人更看重谋生能力；差异的大小从 1/3 到 1.5 倍不等，但差异总是存在的。几乎在所有国家，女人都比男人更看重地位、野心和勤奋。在绝大多数国家中，她们都比男人更看重可靠性和稳定性。在所有国家中，男人都比女人更看重年轻和外表。一般来说，男人想要个比他小 2.66 岁的新娘，女人想要个比他大 3.42 岁的新郎。这些调查结果在许多同类研究中都有同样的结论。

人们的行为也验证了这一结论。根据个人征婚 / 友广告的内容，男找女找的是年轻和外表，女找男找的是财务状况安全、身高和真诚。一家月老服务机构的所有者注意到，“女人们确实仔细读了我们提供的个人资料表格，但男人们只看照片”。在已婚夫妇中，丈夫比妻子平均大 2.99 岁，似乎他们已经分开了彼此偏好的差异。在原始社会文化中，所有人都同意其中一些人比其他人更性感，这些人通常是年轻貌美的女人和声望很高的男人。例如，雅诺马马男人说最想要的女人是 moko dudei——形容水果时表示其完全成熟，形容女人时的意思是 15~17 岁的女性。当观看幻灯片时，西方观察者无论男女都同意雅诺马马男人的看法，认为 moko dudei 的女人最有吸引力。在我们的社会中，对一个男人财富的最好预示是他妻子的长相，对一个女人长相的最好预示是她丈夫的财富。像亨利 · 基辛格（Henry Kissinger）和约翰 · 塔沃尔（John Tower）这样外貌丑陋的内阁总理也被叫作性感标志和追女仔。像保罗 · 盖迪（Paul Getty）和霍华德 · 马歇尔（Howard Marshall）这样年逾八旬的石油大亨娶的女人年轻得都足以做他们的重孙女了，比如模特安娜 · 尼科尔 · 史密斯（Anna Nicole Smith）。不那么英俊的摇滚明星像比利 · 乔（Billy Joel）、罗德 · 斯图尔特（Rod Steward）、莱勒 · 拉维特（Lyle Lovett）、里克 · 奥卡塞克（Rick Ocasek）、林格 · 斯塔尔（Ringo Starr）和比尔 · 怀曼（Bill Wyman）都娶了非常漂亮的女演员和超级模特。但前众议员帕特里克 · 施罗德（Patricia Schvoeder）说，她注意到，中年女国会议员没有像中年男国会议员一样，对异性放射出相同的动物磁性。

一个显而易见的反驳是女人更看重富有和有权势的男人，是因为男人才拥有财富和权力。在一个性别歧视的社会中，女人只有嫁给男人才能获得财富与权力。

这种替代解释已经经过检验而被否定。享有高薪水、研究生学历、社会地位高的职业以及高自尊的女人比其他女人更加看重丈夫的财富和社会地位。女性主义者组织中的领导者们也是如此。穷光蛋男人并不比其他男人更看重妻子的财富或赚钱能力。在喀麦隆的贝克维里人中，女人比男人更富有、更有权力，她们仍坚持让男人挣钱。

滑稽演员弗兰·列勃维茨（Fran Lebonitz）在一次访问中曾说："因为相爱而结婚的人犯了一个荒谬的错误。和你最好的朋友结婚要更合理得多。你对你最好朋友的喜欢程度要胜过对你将要爱上的任何人。你不会因为你最好朋友的漂亮鼻子而选择其做朋友，但你对象的漂亮鼻子却可能是你们成婚的理由；你会说，"我将与你共度余生，由于你的下嘴唇"。

这是一个谜，要想找到答案，最明显的做法就是要注意下列事实：你没有和你最好的朋友生孩子，你和你的配偶生孩子。或许我们在乎这几厘米的肉体，是因为它是一种无法直接度量的、代表深刻特质的感知标识符：要想成为你孩子的另一个父母，这个人的身体究竟如何。母兽或种马的健硕就像这个世界上的其他任何特征，它没有明写在标签上，却一定能从外表上推断得出，只要运用对世界是如何运转的这一假设即可得出结论。

我们真的具备一只审美的内眼吗？那《国家地理》杂志中的印第安人呢？他们将牙齿归档，脖子上套着一叠环，在脸颊上烫出伤疤，嘴唇上放着盘子。鲁本斯油画中的胖女人和20世纪60年代的纤细女子呢？难道这些没有说明美的标准是随意且反复无常的吗？它们没有说明。谁说过人们在自己身上做的任何事情都是为了要显得更性感？那是《国家地理》杂志论断背后的隐含假设，但它显然是错误的。人们装饰自己的身体可能出于很多原因：为了看起来更富有、看起来社交广泛、看起来很强悍、看起来是"圈内的"，通过忍受一次痛苦的入门仪式而获得一个精英群体的成员资格。性吸引力则不同。一个文化之外的人通常也同意这个文化内的人对“什么是美而什么不是”的评判，任何地方的人都想要好看的配偶，甚至连三个月大的婴儿也更喜欢看一张漂亮的脸。

怎样才能变得性感？无论男女都想要一个发育正常、没有传染病的配偶。不仅因为一个健康的配偶精力充沛、没有传染病，也更有生育能力，而且因为这个配偶对当地寄生虫的遗传抗阻性将会遗传给孩子们。我们没有演化出来听诊器和压舌板，但审美内眼的功能与这些仪器有一些类似之处。对称、没有畸形、干净、无瑕疵的皮肤、清澈的眼睛和完好的牙齿在所有文化中都是吸引人的。牙齿矫正医生们发现，一张好看的脸的牙齿下颚相对位置是利于咀嚼的最佳对齐方式。浓密茂盛的头发也总令人愉悦，可能因为它显示的不仅是当前的健康状况，还表明了多年前的健康记录。在头发从头皮中长出来时，营养不良和疾病就会削弱头发，在发轴上留下一块脆弱的地方。长头发意味着长时间良好的身体状况。

基因良好的微妙标识符处于平均水平。当然不是指在吸引力上处于平均水平，而是指脸的每个部分的大小和形状都处于平均水平。对当地人口中某个特质的平均度量，就是对自然选择所青睐的优化设计的良好预测。如果人们对周围异性的脸进行合成，他们就能得出最适应自然选择的理想配偶的脸部特征。当地种族或族裔群体确切的脸部几何特征是不需要内设的。事实上，一张合成的脸，无论是通过将放大的负面特征叠加起来，还是通过复杂的计算机图形运算，都比现实生活中原型个体的脸要更漂亮或更英俊。

一张平均水平的脸是一个好开端，但有些脸比处于平均水平的脸更有吸引力。当男孩子到青春期时，睾酮会令他们的下颚骨、眉骨和鼻梁更突出。女孩的脸则更匀称。三维几何模型呈现出的差异使我们可以区分出男人的头和女人的头，即使它们都是秃顶无毛的。如果一张女性脸的几何特征类似于男性的，她的长相就很普通；如果不怎么相似，她就更漂亮。女人的美丽来自短而精致、曲线柔和的颚骨，小下巴，小鼻子和小上颚，还有没有眉脊的光滑前额。漂亮女人的“高颧骨”根本就不是骨头而是软组织，高颧骨显得美是因为一张美丽的脸的其他部分（下巴、前额和鼻子）相比起来都很小。

为什么拥有男人相的女人就不那么有吸引力呢？一个解释是，如果一个女人的脸长得像男人，很可能是她的血液里有太多的睾酮（许多疾病的征兆）；如果她血液里有太多的睾酮，她很可能不能生育。另一个解释是，漂亮监测器实际上就是女性脸的检测器，其设计是用来把女性脸从世界上所有其他物体中选择出来，并调节到使对男性脸的错误报警提示风险最小化的状态，因为男性脸是最接近于女性脸的物体。脸部越不男人化，监测器的蜂鸣声就越大。相似的工程设计还可以解释为什么有着非女性化脸的男人更英俊：长着一个宽大有棱角的颚、大而有力的下巴，还有突出前额和眉骨的男人，毫无疑问是一个有着正常男性激素分泌水平的成年男性。

根据自然选择冷酷无情的推算，还没生过孩子的年轻女人是最好的妻子人选，因为她们未来还要经历最长时间的生育期，也没有同别的男人生的孩子跟随她们左右。年轻和从未怀过孕应当令一个女人更漂亮。十几岁的少女有着更大的眼睛，更饱满红润的嘴唇，更光滑、湿润、紧致的皮肤和更坚挺的乳房，所有这些都被识别为美丽的要素。衰老拉长并加粗了女人的面部骨骼，怀孕也会如此。所以，一张小下巴、骨骼轻盈的脸是 4 项生育优点的证明：女性、有适当的激素、年轻、没有怀过孕。在年轻和美丽之间画等号常被责怪是由于美国太迷恋年轻，但如果按照这样的逻辑进行推理，每种文化都很迷恋年轻。要真说起来，当代美国并不是那么年轻人导向的。《花花公子》杂志模特的年龄几十年来一直在增长，而在大多数时候，20 多岁的女人被认为已经过了最风华正茂的时候了。随着男人年龄的增长，他们的外表并不会变化得那么快，这不是因为我们社会中的双重标准，而是因为男人的生育能力没有随着年龄的增长而衰退得那么快。

青春期时，女孩的臀部开始变宽，因为她们的骨盆在生长，也因为脂肪在臀部的堆积，热量的储备是为了供应身体在怀孕期的需要。育龄期的妇女腰臀比例降低到 0.67~0.80 之间，而绝大多数男人、小孩和绝经期后妇女的比例则在 0.80~0.95 之间。女人的低腰臀比例已被发现与年轻、健康、生育能力、没有怀孕以及从未怀过孕都相关。心理学家德文德拉·辛格（Devendra Singh）将不同身材体形女性的全身照片和计算机产生的图像展示给数百名年龄、性别和文化各异的人，每个人都觉得 0.70 或更低的腰臀比例是最吸引人的。这个比例验证了对沙漏体型、蜂腰和“36-24-36”理想身材的传统观点。辛格还度量了 70 多年来《花花公子》杂志插页女郎和选美竞赛优胜者的腰臀比例，发现她们的体重在下降，但她们的腰臀比例一直没有发生变化，甚至几万年前雕刻的旧石器时代晚期的维纳斯雕像们都有着恰当的腰臀比例。

美的几何特征曾经是年轻、健康和没有怀孕的标志，现在却不一定是了。如今的女人比起她们的祖先，生的孩子更少、生育年龄更晚，较少暴露在风吹雨打与烈日暴晒中，营养更好，也较少受到疾病的侵袭。她们直到中年也可以看上去像祖先时代的十几岁少女那样。女人还有一种技术来模仿和夸大代表她们年轻、女性特征和健康的标志：眼部化妆（使眼睛更大）、唇膏、修眉（来减弱男性化眉脊的样子）、化妆（利用了第 4 章中阴影表现形状的原理），增加头发光泽、厚度和颜色的产品，模仿年轻乳房的胸罩和衣服，还有几百种宣称能使皮肤保持年轻的护肤品。节食和锻炼可以使腰部更细、腰臀比例更低，还可以通过紧身衣、紧身胸衣、环箍、衬布、裙撑、腰带、褶皱、锥度和宽带子的设计来造成一种错觉。女人的时尚史上从未流行过笨重的腹带。

除了科学文献外，关于女人体重的文章要比任何其他有关美的方面的文章都要多。在西方，图片中女人的体重在过去几十年越来越轻。这被当作来证明美的随意性和对女性压迫的证据，并希望女性遵守这些标准，无论它们多么不合理。苗条的模特们被普遍责怪为十几岁少女患神经性厌食症的原因。一本书名叫《肥胖是一个女性主义问题》（*Fat Is a Feminist Issue*）。但体重可能是美最不重要的一部分了。辛格发现，非常胖的女人和非常瘦的女人都被评判为缺乏吸引力（事实上她们的生育能力也较差），被认为吸引人的体重是有一个范围的，体形（腰臀比例）比大小更重要。对瘦的大肆宣传更适用于为其他女人摆姿势的女人们，而不适合于为男人扭胯摆臀的女人们。20 世纪 60 年代的纤纤女子和凯特·莫斯（Kate Moss）是时尚模特，不是招贴画女郎；玛丽莲·梦露（Marilyn Monroe）和杰恩·曼斯菲尔德（Jayne Mansfield）是招贴画女郎，不是时尚模特。体重大多数情况在女人为地位的竞争中才算是一个因素，这种竞争所处的时代是：富有的女人更可能比贫穷的女人苗条，这与通常的关系恰好相悖。

即便如此，今天为两性都摆姿势的女人们要比她们历史上的同行们更苗条，其原因可能不仅是地位标志的变化。我自己的推测是，今天苗条的插页女郎和超级模特们放在历史上的任何时候都不会发愁找对象，因为她们并不像几个世纪前所忌讳的瘦削女人。身体的各个部分并不是彼此独立地变化。高个子的男人一般有双大脚，有肥腰的人一般也会有双下巴，依此类推。营养不良的女人一般可能会有更为男性化的身体，而营养良好女人的身体则更为女性化，所以历史上的漂亮女人或许也更重一些。这两种女人的体形都不是所能察觉到的最美丽的——比如，兔子杰西卡，因为真实的身体并没有演化得像卡通人物一样性感诱惑，它们综合了吸引力、奔跑、上举、生育、哺养和在饥荒中幸存等各种需求。或许现代技术所制造的性感尤物，并不是运用卡通人物的画笔，而是利用了人工选择。在一个 70 亿人口的世界中，一定会有长着宽脚和小脑袋的女人、大耳朵和细脖颈的男人和你能想到的任何其他身体部分的组合。也会有几千个魔鬼身材的女人，她们组合了纤细腰身、平坦小腹、大而坚挺的乳房和曲线玲珑而大小匀称的臀部——这种视错觉将人们生育能力和尚未生育的测量仪表的指针指向了红色警示区域。当不断有人说她们可以利用自己的魔鬼身材来获得名誉和财富时，她们就甩开手头的粗活，用化妆、锻炼和富有魅力的摄影技术来进一步强化她们的天赋。啤酒商业广告中的美妙胴体也许是历史上前所未有的。

美丽并不像一些女性主义者所宣称的那样，是男人们的一种合谋，用以物化和压迫女人。真正种族歧视的社会用披风把女人从头到脚都遮起来。在整个历史中，对美的评判来自有权势的男人、宗教领袖，有时是年长的女人，还有医生，他们总是会说现在对美的狂热是对女性健康有害的。热衷者是女人自己，其解释是简单的经济学和政治学分析。这却不是正统的女性主义者分析——顺便说一下，后者才是对女性的极大中伤。因为根据这种理论，女人是被洗了脑的傻瓜，她们努力争取的其实并不是她们想要的东西。在开放社会中，女人们想要看起来漂亮，因为这给她们带来优势去竞争丈夫、地位和有权势人的关注。封闭社会中的男人憎恨美丽，因为这会使他们的妻子和女儿不加鉴别地吸引到其他男人，从而给了女人们一定程度的对她们自身性别所带来的利益的控制，并从男人那里拿走这种利益（对女儿而言，是从母亲那里拿走控制权）。类似的经济学分析使得男人也想要看起来漂亮，但这种市场驱力要更弱且不同，因为女人对男人外表的重视比男人对女人外表的重视要少。

尽管美的产业不是针对女人的一种合谋，它也不是无害的。我们根据所看到的人来校准我们对美的审视，这些人包括我们在大众传媒中看到的虚幻邻居。每天都要消费些魔鬼般美丽的虚拟人物，这会重新校对我们的量表，使真实的人物，包括我们自己，看起来丑陋无比。

与鸟类一样，两种生殖习惯使得人类的生活很复杂。男性 / 雄性对子女投资，但受孕发生在看不见的女性身体内，所以男性 / 雄性永远不知道哪个子女是自己的。相比而言，女性 / 雌性可以确定，凡是出自她身体的婴儿 / 蛋，都携带着她的基因。一个戴绿帽子的男性 / 雄性从演化争斗的意义上讲，比一个独身的还要糟，因而雄鸟对此演化出一种防御机制。人类也是如此。性嫉妒广泛见于所有文化中。

两性一想到配偶不忠都会感到强烈的嫉妒，但他们的情感表现则不同。女人的嫉妒似乎置于更复杂的机制控制之下，她们可以对情况进行评估判断，来确定男人的行为是否对她们的终极利益产生威胁。男人的嫉妒则更原始，也更容易被激起。但女人的嫉妒一旦被激发，也似乎与男人的一样强烈。在大多数社会中，一些女人愿意分享一个丈夫，但在任何社会中，男人都不愿分享一个妻子。女人如果和另一个男人发生性关系，就会对其丈夫的遗传利益构成威胁，因为这可能会愚弄她丈夫为竞争者的基因而辛苦劳作；而和另一个女人发生性关系的男人则并不必然威胁到他的妻子的遗传利益，因为他的不合法孩子是另一个女人的麻烦。只有当这个男人将他的投入从妻子和他们的孩子身上转移到另一个女人和另一个孩子那里时，这才构成威胁，无论这种投入转移是暂时的，还是永久的（在遗弃的情况下）。

所以，男人与女人应当对不同的东西产生嫉妒。男人应当为想到他们的妻子或女朋友与另一个男人发生性关系而抓狂；女人应当为想到她们的丈夫把时间、资源、关注和感情给予另一个女人而愤怒。当然，没有人会乐意自己的配偶把性或爱送给其他任何人，但即使那样，原因也有所不同：男人可能会因爱而难过，因为爱可能会导致性；女人可能会因为性而伤心，因为性会导致爱。巴斯发现，男人和女人在想到性背叛和感情背叛时，都会产生同样的嫉妒，但当被问到在两种痛苦中选择其一时，大多数男人说，想到配偶的性不忠比情感不忠更令他们难过，而大多数女性的反应则刚好相反。当男人与女人想象他 / 她们的配偶在性和感情上都不忠诚，并被问及哪方面的背叛更令他 / 她们烦恼时，发现结果存在同样的差异。这说明性差异不仅仅是男人与女人对他 / 她们配偶行为的预期差异，即男人担心发生了性关系的女人一定也坠入了爱河，而女人担心恋爱中的男人一定也会发生性关系。巴斯接着把电极片接在被试身上，请他 / 她们想象两种背叛。男人在想到性背叛的情形时会出更多的汗、更频繁地皱眉和心跳加速；女人在想到情感背叛时会出更多的汗、更频繁地皱眉和心跳加速。我在第 4 章中引用了这个实验，来描绘心理意象的强大力量。在欧洲和亚洲几个国家的研究中都发现了类似的结果。

通奸行为需要两个人才能完成，而男人们——这个总是倾向于更暴力的性别，将他们的怒火指向私通的双方。虐待配偶和杀害配偶的最大原因是性嫉妒，而且几乎总是男人们的嫉妒。男人们会殴打并杀害自己的妻子或女朋友，以惩罚她们的异心或想象的不忠，从而阻止她们背叛或离开自己。女人殴打和杀害丈夫常常是被虐待多年后出于自卫。对女性主义的批评常会利用一些偶然的统计数字，大力宣称美国男人被他们的配偶殴打和杀害的次数几乎与女人被殴打和杀害的次数一样多。但这对于绝大多数社群来说都是不正确的，即使在少数社群中的情况确实如此，丈夫的嫉妒和恐吓几乎总是悲剧的原因。一个病态嫉妒的男人常常将妻子囚禁在家里，把每个来电都认为是妻子不忠的证据。当女人们威胁要离开或确实离去时，她们面临的安全风险最大。被离弃的男人会跟踪、追捕、杀害她，这几乎都是出于同样的理由：“如果我不能拥有她，那么其他任何人也不能。”这种犯罪是毫无意义的，但它是一种诡异策略的不情愿后果，是一种末日武器。每一起杀害妻子或女朋友的犯罪背后一定有数千次的威胁，这表明这个男人已愤怒得发狂，且会不顾一切地实施杀戮。

许多所谓的专家谴责对女性的暴力体现在美国社会这样或那样的特征中，比如割礼、战争玩具、詹姆斯·邦德或橄榄球。但这些事物全世界都有，包括原始社会也有。在雅诺马马人中，怀疑妻子不忠的男人可能会用一把砍刀砍伤她，用一支箭射她，用烧红的木炭烫她，甚至杀死她。即使在南非卡拉哈里沙漠过着田园牧歌般生活的 !Kung 人中，当男人们怀疑妻子不忠时也会殴打她们。顺便提一句，所有这些观点并不是在“纵容”暴力，或是暗示“这不是男人的错”，确实有时会有人这么说。那些不当结论可以依附在任何解释上，比如通常的女性主义理论，即认为崇尚对女性暴力的传媒形象给男人们洗了脑。

全世界的男人都会痛殴和杀死给他戴绿帽子或者涉嫌给他戴绿帽的人。回想一下，为女人而与人争斗是原始人进行暴力、凶杀和战争的首要原因。

然而与鸟类不同，人类将他们的性嫉妒插入了一种怪异的认知机器中。人们用隐喻来思考，最常用的隐喻是将妻子比作财产。威尔逊和戴利在他们的文章《错把老婆当动产的男人》（*The Man Who Mistook His Wife for a Chattel*）中，说明了男人不只想要控制他们的妻子并击退对手，他们还宣称对妻子的所有权，特别是对妻子生殖能力的所有，等同于一个所有者对无生命财产的权利一样。一个所有者可以出售、交换或处置他的所有物，可以不受干涉地修改它们，还可以对偷窃或损坏的行为要求恢复原状。这些权利得到了社会其他成员的认可，并可以通过集体报复强制实施。在所有文化中，男人配置了他们全部的所有权认知仪器来设想他们与妻子的关系，直到现在他们都一直将这种隐喻形式转化为法律规定。

在大多数社会中，婚姻是将对一个女人的所有权从她父亲那里公然转移到她丈夫那里的行为。在我们自己的结婚典礼上，新娘的父亲仍然是将女儿“送出去”，但更常见的是父亲将女儿卖出去。在 70% 的社会中，两人结婚时总有人要付钱，其中 90% 的情况是新郎或他的家庭付给新娘的家庭，有时是以现金或付出一个女儿的形式，有时是以新郎服务的方式——新郎为新娘的父亲工作一段时间。在

《圣经》中，雅各布为拉班工作了 7 年，以便换得娶她女儿瑞秋的权利，但拉班在婚礼上用他另一个女儿莉娅掉了包，所以雅各布只得继续工作 7 年，才能得到瑞秋作为他的第二个妻子。嫁妆则更常见，它并不是彩礼的镜像，因为嫁妆给的是新结婚的小两口，而不是给新娘的父母。丈夫通告其他男人他所有权的风俗惯例至今仍被许多现代夫妇所保留。女人而不是男人，戴订婚戒指，改姓丈夫的姓，并且被冠以一种新的称呼——夫人（Mrs.）或“……的太太”的简称。

人们可以控制自己的财产，丈夫也已经控制了妻子的性（在丈夫之前，是父亲和兄长实现了控制）。他们曾用过女伴、面纱、假发、大披风、性别隔离、禁闭、裹脚、切除生殖器官以及许多设计巧妙的贞操带。暴君不仅控制了后宫，而且还守卫着后宫。在传统社会中，“保护一个女人”是保留她的贞操的委婉说法。梅·韦斯特注意到，“男人总说他们在保护你，但他们从不说保护你远离什么”。只有育龄妇女被用这种方式加以控制，孩子和绝经后的女人则享有更多的自由。

单词 adultery（通奸）与单词 adulterate（掺杂）有关，意为通过引入一种不当的物质而使一个女人不纯洁。一个性不检点的已婚女人会比同样的男人受到更严厉的惩罚，这种臭名昭著的双重标准在各种社会的法律规定和道德准则中都很常见。其理由在以下对答中得到了简洁的概括，当詹姆斯·波斯维尔（James Boswell）说：“男人的不忠罪行和他妻子的不忠罪行有很大的区别。”萨缪尔·约翰逊（Samuel Johnson）回答道：“这种区别是茫茫无边的。男人不能给他的妻子强加一个私生子。”已婚女人和她的情夫通常都会被惩罚（一般是死刑），但这种对称是一种假象，因为是女人的已婚身份而不是男人的已婚身份使之成为罪犯，具体来说就是对她丈夫的犯罪。一直到最近，大多数国家的法律体系都将通奸罪视作财产侵害或侵权。丈夫有权对损失要求补偿：退还彩礼、离婚或暴力报复。强奸是对这个女人丈夫的侵犯，而不是对这个女人的侵犯。私奔被视为从父亲那里绑架了他的女儿。直到最近，丈夫对妻子的强奸都不是一种犯罪，甚至都不是一个合乎逻辑的概念：丈夫享有和他的妻子发生性关系的独家占有权。

在整个英语世界，普通法在三种情况下会将谋杀认定为误杀：自我防卫、为近亲进行防卫、发现第三者和自己的妻子有染的情况下时。威尔逊和戴利注意到，这是对达尔文主义适者生存的三种主要威胁。在美国的几个州，如得克萨斯，直到 1974 年，一个男人将他的妻子捉奸在场，遂怒杀其妻的情人，最终被判无罪。甚至在今天的许多地方，这种凶杀都不予起诉，或者杀人者会被从轻处理。目睹妻子通奸而妒火发作被视为一个“理性”男人可以被预见到的一种作为。

我本希望可以讨论性的演化心理学而无须顾及女性主义理论，但在当今的思想文化风气下，这是不可能的。达尔文主义对性的研究方法往往被诟病为反女性主义的，而这恰恰是错误的。其实，这种指责仅仅是困惑于达尔文主义的表面，对于许多发展并检验了这一理论的女性主义者来说更是如此。女性主义的核心当然是以结束性歧视和性剥削为目标，这种道义和政治立场不可能受到任何科学理论和发现的反驳，即使是科学研究的精神也没有对女性主义的理想构成威胁。已被记录在案的性差异是关于繁殖心理学的，而没有任何经济或政治价值，而且，它们表现的是对男性的反感，而不是对女性的反感。这些差异强调的是对乱伦、剥削、骚扰、盯梢、殴打、强奸（包括约会强奸和婚内强奸）和歧视女性的法律法规的关注。如果这些研究结果表明，男人尤其容易犯某些针对女性的罪行，其意义就在于对男性的阻止措施应当更加明确、更加严厉，而不是说这些犯罪在某种程度上并不那么可憎。即使对传统性别劳动分工的演化解释也并不表示它是不可改变的，或者这是“自然”的，或者说应当将某些事情强加给并不想要它的个别男人或女人身上。

演化心理学挑战的不是女性主义的目标，而是现代正统学说中关于心智的部分，这种正统学说已经被女性主义思想基础所占据。一种观点认为，人们被设计来执行其所属阶层和性别的利益，而不是从他们自己的信念和欲望出发去行动。另一种观点认为，儿童的心智是由其父母所塑造的，成人的心智则是由语言和传媒形象所塑造的。第三种观点是浪漫主义学说，认为我们天生的倾向是好的，那些卑鄙的动机都来自社会。

许多反对达尔文人类性理论的观点的隐含前提都是自然的就是好的。它的推断是畅快无忌的性爱是自然的、好的，所以如果有人宣称男人比女人更想要这种性爱，那就说明男人的心理是健康的，而女人则是神经质和心态压抑的。这个结论让人难以接受，所以这种认为男人比女人更想要无拘无束的性爱的说法是不可能正确的。与此类似，性欲望是好的，所以如果男人实施强奸是为了性（而不是为了表达对女人的愤怒），那么强奸就不应当是罪恶的。强奸本身就是罪恶的，所以认为男人实施强奸是为了性的说法自然也是错误的。还有一种更普遍的说法，人们本能喜欢的就是好的，所以如果人们喜欢美，那么美就应当是一种价值符号。但美并不是一种价值符号，所以认为人们喜欢美的说法也不可能是正确的。

以上论证综合了糟糕的生物学（自然的就是好的）、糟糕的心理学（心智是由社会创造的）和糟糕的伦理学（人们喜欢的就是好的）。女性主义如果放弃这些东西，并不会损失什么。

对手

任何地方的人都在竭力争取一种幽灵般的物质，它被称作权威、权力、尊严、统治、名誉、自尊、面子、职位、卓越、声誉、等级、尊敬、尊重、地位、境界或者身份。人们忍饥挨饿、冒着生命危险、耗尽财富，去追求那些彩带和勋章。经济学家索尔斯坦·凡勃伦（Thorstein Veblen）注意到，人们牺牲了如此之多的生命必需品就是为了给他人留下深刻的印象，他们似乎是在回应一种“更高的精神需求”。身份和美德在人们心中是相似的，正如我们看到的以下词汇：chivalrous（有骑士精神的），classy（优雅的），courtly（温文儒雅的），gentlemanly（绅士风度的），honorable（体面的），noble（高贵的）和 princely（王子般高贵的）；它们的反义词是 ill-bred（缺乏教养的），low-class（低级的），low-rent（廉价的），mean（卑下的），nasty（龌龊的），rude（粗鲁的），shabby（破旧的）和 shoddy（低劣的）。当论及个人外表的细节时，我们巧妙地运用一些伦理隐喻，如 right（对的），good（好的），correct（正确的）和 faultless（完美无缺的），以表达我们的尊敬，而谴责俗气时则用一些通常用来描述罪恶的词汇，这种态度被艺术史学家昆汀·贝尔（Quentin Bell）称为“裁缝道德”。

这是构建有机体的一种方式吗？这些有力的动机都是来自哪里呢？

许多动物都会被毫无意义的装饰和仪式所驱动，这种自然选择的原因早已不再神秘。以下是一些很重要的原因。不同的生物在伤害或帮助其他生物的能力上有所差异。比如，其中一些更强壮、更凶猛或毒性更大，或者有更好的基因，或有更多禀赋的生物想要所有生物都知道它们是强大的，而那些它们能侵犯的生物也想知道哪些生物是强大的。但是，若要所有生物都能探究彼此的DNA、肌肉质量、生物化学构成、凶恶程度等特质是不可能的。所以，高大威猛的生物就会用一种信号来昭示它们的价值。不幸的是，一些无足轻重的生物可以伪造这一信号来攫取收益，这就贬低了信号对其他生物的价值。这种竞赛仍在持续进行，高大威猛的生物会制造出一种难以仿制的展示信号，无足轻重的生物则会变得更加善于伪造，而第三方的鉴别能力也在不断提高。这就像纸币一样，它发出的信号花哨无比，其实毫无内在价值，却被视为有价值的，它也确实是有价值的，因为所有人都这么认为。

这种信号背后展示的宝贵东西可以分为两类：统治力——可以伤害你的，身份地位——可以帮助你的。它们常常结合在一起，因为可以伤害你的人也可以通过伤害别人来帮助你。但把它们分开来看更为方便。

大多数人都听说过在动物王国已经司空见惯的统治等级、权势等级和头牌雄性。同一物种的动物并不是每次为了竞争一些有价值的东西而战斗至死。它们有一种仪式化的争斗，或军备展示，或互瞪比赛，然后其中一方就会退却。康拉德·洛伦茨（Konrad Lorenz）和其他早期的动物行为学者认为，投降者的身体姿态有助于使该物种避免血腥的自相残杀，而人类由于缺乏这种姿态表达而处于危险的境地。但这种观点源于认为动物演化是为了物种利益的谬见，它无法解释为什么一个来势汹汹的遗传突变会永不屈服，而杀死臣服者的突变基因则不会在竞争中获胜并很快将物种赋予这一特征。生物学家约翰·梅纳德·凯恩斯（John Maynard Smith）和杰弗里·帕克（Geoffrey Parlcer）给出了一个更好的解释，他们用模型模拟了动物们可能采用的不同进攻策略，这些策略是如何叠加起来针对对方以及如何令自己反受其制的。

对动物来说，每次争斗都战斗至最后一刻是一种糟糕的策略，因为很有可能它们的对手经演化也采取相同的策略。战斗对失败者而言成本很高，因为它会受伤甚至死去,所以还不如在一开始就放弃目标。对胜利者而言,成本也可能会很高，因为它们在胜利的过程中可能会受伤。如果双方提前判断出谁会获胜，而处于劣势的一方干脆退让，那么结果对双方而言都会更好。所以，动物们会相互打量看谁的块头更大，或是比画着它们的武器看谁的更具杀伤性，或是扭作一团直到明显分出谁更强大。尽管只有一方会获胜，但双方都会走开。失败者会退却，因为它可以到别处去碰碰运气，或是留得青山在，待到条件成熟时再图起事。当动物们相互打量时，它们演化出了各种方式来夸大它们的身量大小：顶毛、气圈、鬃毛、毛发直立、耸起后脊，还有低吼，因为低音展示了动物体内共鸣腔的空间很大。如果争斗的成本很高，胜利者也不容易预测，孰胜孰负可能会靠一些任意的差异来决定，比如谁先到的，就像人类的敌对双方可以用掷硬币来迅速解决争端一样。如果动物们势均力敌，且目标利害攸关（比如为争夺对一群雌性动物所在区域的统治权），那么一场全力以赴的战斗就会随之而来，甚至以一方在争斗中死去告终。

双方如果都在战斗结束后走开，之后失败者会臣服于胜利者。当一群动物中的许多个轮流相互掂量并彼此较劲时，其结果就是权势等级的形成，具体的排序与每个动物在决斗中的获胜概率有关。当概率变化时——比方说，当一个领头动物年老或受伤时，或当一个下属积聚好力量或经验时，这个下属就可能会发起挑战，而等级顺序可能就会改变。黑猩猩的统治力不仅取决于其战斗力，还取决于政治敏锐性：聚集一处的一群动物可能会罢黜掉一个更强大但独来独往的对手。许多群居灵长类动物都有两种统治等级，分别由两种性别占据。雌性为食物竞争，雄性为雌性竞争。处于统治地位的雄性交配得更多，既因为他们能够将其他雄性推赶在外，也因为雌性更愿意和它们交配。对雌性动物来说，如果没有其他影响因素的话，地位高的性伴侣一般会繁殖出地位高的儿子；而地位高的儿子与地位低的儿子相比，能给这个雌性带来更多的子孙。

人类没有严格的尊卑顺序，但在所有的社会中，人们都认识到有一种统治等级制度，特别是在男人中。等级高的男人可以命令他人服从，在群体决策中有更大的影响力，通常占有更多份额的群体资源，并总是有更多的妻子与情人，有更多与其他男人的妻子进行婚外情的机会。男人们竭力争取地位与等级，所采用的手段其中一些类似于动物群体，另一些则是人类独有的。善斗者常常有更高的等级地位，善于斗争的男人也有着更高的地位等级。在这个将自己称为理性动物的物种中，绝对身高的作用大得让人惊讶。词汇“领导者”（leader），在大多数原始社会中的意思是“高个子男人”，而事实上，领导者们通常也都是高个子男人。在美国，高个子男性的就业率更高，能得到更多的晋升，挣得更多（年薪 1 厘米 300 美元），被选作总统也更多：高个子候选人赢得了 1904—1996 年间 24 次总统选举中的 20 次。随便瞥一眼征婚广告就会发现，女人想要个子高一些的男人。就像其他由雄性竞争的物种一样，在人类中，男性比女性的个子更高大，甚至还演化出了看上去显得更高大的方式，如低沉的声音和胡须（使得头看上去更大，狮子和猴子也各自演化出了这种方式）。勃列日涅夫称他之所以能身居最高层是因为他的眉毛。任何地方的男人都会夸大自己脑袋的型号（用帽子、头盔、头饰和皇冠）和肩膀的大小（用垫衬、板子、肩章和羽毛）。在一些社会中，男人甚至还会夸大他们的阴茎（用令人叹为观止的鳕鱼片和叶鞘，有些长达一码）。

但人类也演化出了语言和一种新的方式来传达有关统治力的信息：声誉。长久以来，社会学家一直感到很困惑的是：为什么美国城市中的谋杀案的最大动机，不是抢劫、毒贩子内讧或其他有形的外界刺激因素，而是一类被称为“以相对琐碎的小事为起因的口角，如侮辱、咒骂、争抢等”。两个年轻人争论该谁用酒吧的台球桌。他们彼此推搡，相互辱骂对方。失败一方觉得在众目睽睽下被羞辱，暴怒之下抄起一把枪又折返了回来。这种谋杀是“无意义暴力犯罪”的典型缩影，犯下这种罪行的男人往往被视为疯子或动物。

戴利和威尔逊指出，这些男人的行为表现出了比谁占用台球桌重大得多的利害关系：

> 男人被他们的同伙们分为“可以被欺负的那种”和“浑不吝的那种”；说到做到的人或是夸夸其谈的人；你可以和他的女朋友闲扯淡而不怕被他追究的男人或是你不愿去招惹的男人。
>
> 在绝大多数社会环境中，一个男人的声誉部分地取决于他对一个可信的暴力威胁的维护。利益冲突在社会中很普遍，一个人的利益很有可能被竞争者所侵犯，除非这些竞争者服从于他。有效的威慑就是使我们的对手信服：任何打算以牺牲我们为代价而谋求他们利益的企图，都会导致严厉的惩罚，这种惩罚将使得竞争行为会以他们无法承受的惨痛损失而告终。

威慑的可信性会因为没有勇敢面对一次公开挑战而被削弱，即使这次挑战并没有任何实质性的利害关系。此外，如果挑战者知道他的目标是一个冷静的成本收益计算专家，他可以威胁采用对双方都很危险的争斗来逼迫对手退缩。但一个会不惜一切捍卫自己声誉的莽汉（一台末日武器）则是不受任何事务逼迫的。

贫民窟的黑帮成员捅了对他不敬的家伙，这在世界各地都屡见不鲜，且颇受推崇。荣耀（honor）的意思在许多语言中（包括它在英语中的一个含义）就是指对侮辱的断然报复，如有必要甚至不惜流血牺牲。在许多原始社会中，一个男孩只有在他杀过人后才能获得男子汉的身份。而一个男性得到的尊荣会随着他杀害人数的剧增而快速提升——因此种种如割头皮或猎人头的残忍风俗才会应运而生。“荣耀之士”间的决斗在美国南方是一种传统，许多男人升至领导地位都得益于他们在决斗中的胜利。10 美元钞票上的男人——财政部部长亚历山大·汉密尔顿（Alexander Hamilton）死于与副总统艾伦·波尔（Aaron Burr）进行的一场决斗；20 美元上的男人安德鲁·杰克逊（Anelrew Jackson）总统，赢过两场决斗，还企图对他人寻衅滋事。

为什么我们没见过牙周病大夫或是大学教授为了一个停车位而决斗呢？首先，在他们生活的世界中，国家垄断了对暴力合理合法的运用。在国家政府触及不到的地方，像城市的地下党或边远乡村，或是在国家不存在的时候，例如原始氏族部落时期，一种可信的暴力威胁是一个人仅有的自我保护手段。其次，牙周病大夫和教授们的资产，比如房子和银行账户，很难被偷窃。当有必要对威胁做出快速反应时（因为一个人的财富可能被其他人带走），“文化的尊严”就应运而生了。它们是在原始游牧人群中发展起来的，因为他们的动物可以被偷走；而在种植庄稼的原始人群中则比较少见，因为他们的土地搬不走。“文化的尊严”还发展于其财富有着其他流动形式的环境中，比如现金。但也许最大的原因是牙周病大夫和教授们不是男人，也不穷，岁数也不小了。

男性迄今为止是暴力的最大风险因素。戴利和威尔逊从 14 个国家的谋杀案统计记录中抽取了 35 个样本，这些国家包括原始的、尚未出现文字的社会和 13 世纪的英国。在所有的记录中，男人杀死男人的次数以压倒性优势超过女人杀死女人的次数——平均而言，高出 26 倍。

另外，台球厅的复仇者和受害者们都是一些社会底层的小人物：没受过教育、没结过婚、事事不顺，往往还都没有工作。在像人类这样实施一夫一妻制的哺乳动物中，雄性的繁殖成功率彼此差异很大，而最激烈的竞争就在社会底层，在那些前景处于零与非零之间摇摆不定的雄性之中。男人凭借财富和地位来吸引女人，所以如果一个男人没有这些而又没有办法得到的话，他就身处一条不归路上，其终点就是在遗传上一无所获。小鸟在快饿死时会冒险进入危险的地域；冰球教练会在比赛仅剩一分钟就结束而球队仍落后一球时将守门员也遣上场，权当多一名冰球手；一个没结婚又没前途的男人将会愿意承担任何风险。正如鲍勃·迪伦所说的：“当你一无所有时，你就没什么可失去的了。”

年纪轻的话会让情况变得更糟糕。人口遗传学家艾伦·罗杰斯（Alan Rogers）曾根据精算数据得出：年轻男子的未来折现率曲线会非常陡峭，实际情况也确实如此。年轻男人犯罪、超速驾驶、无视疾病，还会选择危险的生活习惯，如极限运动、在电车车顶和自动扶梯上玩滑板等。男性、年轻、拮据、没有希望，还有无政府状态，各种因素综合在一起，使得年轻男人在捍卫他们的声誉方面异常鲁莽。

教授们（或是任何处于竞争激烈职业中的人们）是否会为争台球桌而决斗，这一点并不太清楚。学界人士被他们的同行分为“可以被欺负的那种”和“不会接受任何妥协的硬汉”；说到做到的人或是夸夸其谈的人；你可以批评他而不怕被他追究的家伙或是你不愿去招惹的家伙。在学术会议上剑拔弩张或许有些不合时宜，但在稿件评审和科研基金项目评估中，总会有尖锐的问题、致命的还击、义愤填膺的发作、毁灭性的谩骂、愤怒的反驳，还有各种实际行动的方式。当然，学术机构试图尽量减少这种情绪发作，但很难杜绝。争论的目标是使一个观点强大有力（注意这个隐喻），以至于怀疑者被迫相信它——他们在宣称理性的同时无力对此观点做出反驳。原则上，应该是思想观点本身令人信服，但观点的胜利并不会摒弃那些有助观点传达的语言统治力，其中包括恐吓（“很显然……”）、威胁（“……将是不科学的”）、权威（“正如波普所表明的……”）、侮辱（“这项研究缺乏对于……的必要论证”），还有贬低（“现在很少有人真的相信……”）。或许这就是为什么 H.L. 门肯（H. L. Mencken）写道：“如果是教授而不是学生参加的话，大学橄榄球比赛会更有意思。”

身份地位是一种公共知识，即知晓你拥有一定的资产使得你可以帮助别人，前提是你愿意的话。这种资产可以包括美丽、不可替代的天赋和专长、有权势之人的信赖，尤其是财富。身份地位和有价值的资产一般可以互换。财富可以带来关系，反之亦然。美丽可以作为赌注转化成财富（通过礼物或婚姻），能够吸引到重要人士的关注或者招来众多的追求者，令美丽之人招架不住。因此，资产持有者不仅仅是持有其资产的人，他们散发出一种芬芳或人格魅力，使人们愿意蒙受他们的恩典。人们也倾向于接受他们的恩宠、听从他们的召唤，所以身份地位本身就值得去觊觎。人生有限，奉承者总要选对他要讨好献媚的人，所以身份地位是一种有限的资源。如果 A 拥有更多，那么 B 就拥有更少，所以他们必须竞争。

即使在由部落领导的狗咬狗的世界中，身体上的统治力也并不是全部。查冈报告说，雅诺马马人的某些首领的确是飞扬跋扈的恶霸，但另一些则是通过精明和审慎才获得了他们的位置。例如，有个人名叫 Kaobawa，尽管没什么能耐，但他通过倚靠兄弟和堂（表）兄弟们的支持，并和那些他与之交易妻子的男人们形成了联盟，因此赢得了权威。他只在确信所有人都会跟随时才发号施令，从而保住了权威；又通过治理打架斗殴、解除挥舞砍刀的疯子的武装，并在入侵者已确定犯进时勇敢地独自探察村落，从而他的权威更加发扬光大。他的这种低调的领导风格的回报是 6 个妻子和多次婚外情。在原始社会中，身份地位也青睐于优秀的猎手和渊博的博物学家。假定我们的祖先偶尔也会任人唯贤，那么人类的演化就并不总是彪悍者生存了。

浪漫的人类学家曾常常声称，原始人不会被财富所打动，那是因为他们所研究的原始人什么财富也没有。20 世纪从事狩猎采集的原始人在某一方面对人类而言是不具代表性的。他们居住的土地是没人愿意住的，也无法进行耕种。他们也许并不那么喜欢住在沙漠、雨林和苔原，只不过像我们这样的农业人群已经占据了其他地盘。虽然狩猎采集人群中没有出现源自种植和储存食物的大规模不平等，但他们中的确存在不平等现象，这既体现在财富上也体现在声誉上。

加拿大太平洋沿岸的夸扣特尔人享受着一年一度迁徙来的“鲑鱼潮”和数量充足的海生哺乳动物和浆果。他们以村落的形式定居，由富有的酋长负责领导，每位酋长都曾在被称为“炫富宴”的竞争性宴请中试图胜过其他人。“炫富宴”的客人们被鼓励狂吃海塞三文鱼和浆果，作为主人的酋长炫耀性地提供给客人们一箱箱鱼油、一篮篮浆果和一堆堆毛毯。遭到羞辱的客人们灰溜溜地回到村里，谋划更大的盛宴来报复对方，在宴席上他们不仅会奉送有价值的东西，还招摇摆阔地毁掉有价值的东西。这个酋长会在自己房子的中心点燃熊熊篝火，将鱼油、毛毯、毛皮、独木舟桨、独木舟都投入其中当作燃料，有时甚至将房子本身都付之一炬。这种令人惊叹的消费方式恐怕除了美国酒吧的成人礼之外别无仅有了。

凡勃伦提出，威望心理过程受三种“金钱上的经典口味”所驱动：显赫性休闲、显赫性消费和显赫性浪费。对身份地位象征的标榜和垂涎，并不一定是因为它们有用或吸引人（卵石、雏菊和鸽子都很美丽，当它们令小孩子喜不自禁时，我们才对其作用有了新的发现），而往往是因为它们非常稀少、奢靡，甚至毫无意义，但只有富人才支付得起。这些东西包括极度精致、体积庞大、精巧或者易于染色的衣服，作为日常使用太易破碎或由很难得到的材料制成的物品，耗费了巨大劳力制成又毫无实际功能的物品，消耗能量的装饰品，苍白的皮肤（所在地的平民们是在田野里工作）以及棕黑色的皮肤（所在地的平民们是在室内工作）。这种逻辑是：你看不到我所有的财富和赚钱的能力（我的银行账户、我的土地、我全部的盟友和仆人），但你能看到我的黄金浴室设备。任何没有充足财富的人都付不起它们，所以你一定知道我有钱了。

炫耀性消费有些反直觉，因为挥霍财富只能减少它，使得挥霍者降到其对手的水平。但如果获得他人的尊敬值得这样破费，而且并没有牺牲掉所有财富和赚钱能力的话，这样做就是有用的。如果我有 100 美元，你有 40 美元，我可以给出 50 美元，而你不能；那么，我就可以让别人对我印象深刻，同时仍旧比你更有钱。这条原则正被一个来源不太可靠的证据所证实，这个来源是演化生物学。自达尔文以来的生物学家对像孔雀尾巴这样的展示一直感到很困惑，它打动了雌孔雀，却消耗了营养、阻碍了移动并招来捕食者。生物学家阿莫茨·扎哈维（Amotz Zahavi）提出，这种展示的演化是因为它们确实是一种缺陷。只有最健康的动物才支付得起这种缺陷，而雌鸟会选择最健康的雄鸟来交配。理论生物学家起初持怀疑态度，但阿兰·格拉芬（Alan Grafen）后来证明了这个理论是合理的。

当只有最有钱的人才能支付得起奢侈品时，炫耀性消费就起作用了。当等级结构松动或者奢侈品（或好的仿制品）随处都能买得到时，上层中产阶级就能够看齐上流阶层，中产阶级能够看齐上层中产阶级，以此类推，往下递延。一旦上流阶层落入与庶民相类似的境地时，他们大多不会袖手旁观：他们必须采用新的外观修饰。但接着这种外观再次被上层中产阶级看齐，并开始递延下去，这进而促使上流阶层再度跳跃到一种不同以往的外观，如此往复。其结果就是时尚。在一个年代显得别致的外观到了下一个年代就变得寒酸或放荡、书呆子气或浮华俗气，时尚风格的混乱周期被解释为制衣商的阴谋、民族主义的表现、对经济的反映，不一而足。但昆汀·贝尔在其对时尚的经典分析《人类服饰》中表明，只有一种解释说得通：人们遵循这样的规则，“设法看上去像在你之上的人；而如果你处于顶端，就设法看上去和你下面的人有所不同”。

动物又一次发现了个中伎俩。动物王国的另一个花花公子——蝴蝶，其多样色彩的演化并不是为了打动雌性。其中一些品种的演化是为了具有毒性或使其口味不佳，并用华丽俗气的颜色来警告它们的捕食者。另一些有毒的品种复制了这些颜色，利用了业已传播开的恐惧。但接着，一些无毒的蝴蝶也复制了这些颜色，从而能既受到保护又避免把自己弄得味道不佳。当这种模仿被泛化后，色彩就不再能传递同样的信息，也不再能阻止捕食者了。口味不佳的蝴蝶又演化出新的色彩，之后又被可口的蝴蝶所模仿，如此循环往复。

财富并不是人们标榜和艳羡的唯一资产。在一个复杂的社会里，人们会在多个团体中竞争，并非所有的团体都是由财阀统治的。贝尔在凡勃伦的清单上添加了第 4 种“金钱上的经典口味”：炫耀性侮辱。绝大多数人都需要他人的赞许与承认。我们需要得到老板、老师、父母、客户或者未来岳父母 / 公公婆婆的首肯，这就需要一定程度的尊重和恭谨。肆意妄为昭示了一个人对自己的位置或能力充满信心，所以他敢于危害别人的善意，而不会因此遭到排斥或落得一贫如洗。这等于说，“我这么有才华、富有、受欢迎或者人脉广泛，所以我有本钱得罪你”。19 世纪有穿着长裤、叼着雪茄的乔治·桑（George Sand）男爵夫人和穿着过膝马裤、留着长发、手拈一枝向日葵的奥斯卡·王尔德（Oscar wilde）。20 世纪后半叶，炫耀性狂漫已经成为一种惯例，我们有幸见识了一连串乏味的展示：反叛、暴徒、粗野之徒、放荡不羁的文化人、离经叛道的吸毒者、朋克、杂谈节目主持人、异性癖、茅茅党人、坏男孩、黑帮歹徒、性感女歌手、上位女王、吸血女鬼、长途流浪者，还有物质女郎。嬉皮士精神取代优雅格调成为时尚的原动力，但身份地位的心理是一样的。潮流确立者是上流阶层的成员，他们采用了下层社会的风格，以示自己与中产阶级的区分，后者死也不会穿着表现得像下层社会的风格，因为他们正是那些很容易被错认为下层社会的主儿。这种风格渗透的错置，使得嬉皮士只好再度出发去寻找新形式的桀骜不驯。随着传媒和商家更高效地学会营销推广每一次新潮流，时尚前卫的旋转木马走得更快，也更加暴烈了。都市报纸的一个定期专栏就是友情通告一支“另类”乐队的演出，通知后面还跟着一些傲慢的来信建议说乐队在没什么知名度时就正好，而现在他们的专辑都销售一空了。汤姆·沃尔夫（Tom wolfe）的讽刺社会评论［《涂写之词》（*The Painted Word*）、《从包豪斯到家宅》（*From Bauhaus to our House*）、《激进的时尚》（*Rallical Chic*）］记录了以嬉皮士精神的形式对身份地位的渴求是如何驱动着文化精英阶层的艺术、建筑和政治世界的。

朋友圈

即使在彼此没有血缘关系也没有性趣时，人们也会相互扶持和提携，甚至连最自私的生物体也可能会这么做，这并不难理解。如果彼此交换帮助，双方都会得益，只要他们所得的价值大于他们所放弃的价值即可。一个典型的例子就是边际效用递减的商品。如果我有两斤肉但没有水果，而你有两斤水果却没有肉；第二斤肉对我而言的价值要少于第一斤肉（因为我一次只能吃得了那么多肉），而你对第二斤水果也是同样的感受。如果我们用一斤肉换一斤水果的话，双方都会更好。经济学家把这种收益称为贸易所得。

当交易者同时交换商品时，合作是很容易的。如果另一个家伙食言的话，你就抓着你的肉不松手或是把它夺回来。但是绝大多数恩惠是撤不回来的，比如信息分享、救起一个快淹死的人或者在打架中助拳。另外，绝大多数帮助也无法同时交换。需求可能会变化，如果我现在帮了你，作为回报你要保护我尚未出生的孩子，那么直到孩子出生前我都不能收回这种回报。而且剩余往往也发生重叠：如果你和我刚刚猎取到羚羊，交换完全相同的羚羊尸体是毫无意义的。只有你今天猎取了一只，而我一个月内也会猎取一只，这样的交易才有意义。钱是一种解决方法，但它是一种新近发明，不可能是在我们的演化中谋划出来的。

正如我们在第 6 章中看到的那样，延迟交换或互惠回报的问题在于，有可能出现欺骗，即现在接受帮助而之后不给予回报。很显然，如果没有人欺骗的话，对每个人都会更好。但只要另一个家伙可能会欺骗（这在个体有差异时是不可避免的），我就不太愿意向他伸出援助之手，尽管相互帮助长期来看对双方都有利。这个问题已经被压缩成一个寓言，被称为“囚徒困境”。犯罪的两个同伙被分开关在不同的牢房里，检控官答应提供给每人一笔交易。如果你出卖你的同伙而他闭口不言，你就会获得自由而他被判 10 年；如果你俩都拒绝承认，你俩都被判 6 个月；如果你俩都招供，你俩都被判 5 年。同伙之间不能交流，谁也不知道对方会怎样。每个人都会想：如果我的同伙招供，我死抗到底，我就会被判 10 年；如果他招供我也招供，我会被判 5 年；如果他死抗到底我也死抗到底，我会被判 6 个月；如果他死抗到底我招供，我就无罪释放。那么不管他怎么做，出卖他对我来说都是更好的选择。在这种心理驱使下，每个人都出卖了同伙，结果两人都被判了 5 年——比每个人都信任对方的结果要糟糕得多。但两人都无法抓住这个机会，因为如果对方不信任自己的话，自己就会受到更严厉的惩罚。几十年来，社会心理学家、数学家、经济学家、道德哲学家以及核战略家都为这个悖论大费脑筋，因为没有人有解决之道。

然而，真实生活从某种程度上来看并不是一场囚徒困境。神秘的囚徒只会置身于他们的困境一次，而现实中的人则要一次又一次地处于合作的困境中，因而人们能够记住他人曾经的背信弃义或是知恩图报，并据此采取相应的行为。他们能够感到同情并表现出善意，感到委屈而寻求报复，觉得感激并投桃报李，或是感觉懊悔而做出调整。回忆一下特里弗斯提出的构成道义感的情绪，它的演化是由于各方不断地重复互动、相互影响，用之后的合作来回报现在的合作，用之后的背叛来惩罚现在的背叛。罗伯特·阿克塞尔罗德（Robert Axelrod）和威廉姆·汉密尔顿在一次单循环计算机比赛中证实了这一推测，比赛中的参赛者运用不同的策略相互竞争，重复应对“囚徒困境”的博弈情境。他们将困境简化到最基本的要点，给予等同于使监狱时间最短的策略奖励分值。一个被称为“针锋相对”（Tit-for-Tat）的简单策略——起初合作，然后根据你的同伙在前一轮的行为做出相应的行动——击败了其他 62 种策略。然后他们进行了一次人工生命模拟仿真，将每种策略根据获胜的比例予以“繁殖”，再在这些副本策略之间进行新的单循环竞争。他们将这个过程重复了许多代，发现“针锋相对”策略占据了整个“人口”。当各方不断重复互动，记住彼此的行为，实施投桃报李或以牙还牙后，合作就演化而来了。

正如我们在第 5 章和第 6 章中看到的，人们很善于发现欺骗者且具备一定的道德情感，从而促使他们惩罚欺骗者并回报合作者。这意味着“针锋相对”策略是人类合作的基础吗？它当然是在我们社会中许多合作的基础。收银机纸带、考勤打卡器、火车票、收据、会计账簿，还有其他不依赖于人们“尊严系统”的交易装备，都是机械化的骗子识别器。欺骗者，比如内盗的员工，有时会被控犯罪，但更多时候他们只是被剥夺将来互惠互利的机会，即被解雇。类似的情况是，欺骗顾客的公司很快就会失去其顾客。不受拘束的求职者、打一枪换一个地方的流动商贩，还有来电称“有投资机会”的陌生人往往都会遭到排斥，因为他们看上去像是在玩一锤子买卖，而不是重复递延的合作游戏，故而不受制于“针锋相对”策略。即使是要好的朋友私下里也都记着最近收到的对方的圣诞礼物和餐会邀请，并计算合适的回报方式。

所有这些计较都是由于资本主义社会中我们的异化和小资产阶级布尔乔亚价值观吗？许多知识分子都喜欢的一种信念是，在有些文化中，所有人都会自由免费地分享。但在许多原始社会中，人们主要是和他们的亲戚交流互动，所以从生物学的意义上讲，他们是在与延伸的自己分享。许多文化中还有一种理想化的共享，但那没什么实际意义。当然，我会宣称，当你做到与人分享时是多么棒，但问题是，轮到我时，我会与人分享吗？

确切地说，原始人的确会与非亲非故的人分享，但这并非出自不加区别的慷慨大方或是对道德原则的谨遵恪守。来自人类学的数据表明，分享是由成本收益分析和对互惠的仔细心理记录而驱使的。如果不分享就无异于自戕时，人们就会分享。一般来说，如果采集食物的成功变数很大时，各个物种都会愿意分享。比如，这几周我比较幸运，搞到了我吃不完的食物，但后面几周我可能运气不佳，濒临饿死的境地。我怎么能在富裕的几周储存下额外的食物，用来熬过收获不佳的几周呢？冷冻冷藏的方法先不作考虑。我可以现在狼吞虎咽把它转化成肥膘储存，不过那样做收效甚微：我做不到一天吃撑，之后一个月都不饿。但我可以把它储藏在其他人的身体和脑子里，化作记忆的形式，让他们记住我的慷慨大度，并使其感到有义务在时运逆转时做出回报。当前景充满风险时，共担风险是有好处的。

这个理论已经在非人类的物种中得到了证实，比如吸血蝙蝠。对人类也有两项设计精巧的研究对此加以证实。这些研究通过在一种文化中对比分享形式，从而控制了文化间差异的影响因素。巴拉圭的阿奇人狩猎并采集植物性食物。狩猎很大程度上是凭运气：一名阿奇人猎手平均每天有 40% 的概率空手而归。而采集则在很大程度上靠努力：你工作的时间越长，你带回家的食物就越多，空手回家的采集者很可能是由于懒惰而不是运气不佳。不出意料，阿奇人只在直系家庭中分享植物性食物，但在整个氏族部落分享肉食。

卡拉哈里沙漠的布希曼人或许是世界上最接近于原始平均主义的族群了。对他们来说，分享是神圣的；而夸耀和囤积是可耻的。他们在严酷、易遭干旱侵袭的生态系统中狩猎采集，交换食物和水洼的使用权。这群人邻近的一支部落——Gana San 人，则种植储水的西瓜、养山羊。他们不像布希曼人那样在丰收的日子和收获不佳的日子之间摇摆不定，不同之处还有，他们通过囤积食物发展出了财富和身份地位的不平等。阿奇人和布希曼人都分享变数高的食物，而囤积变数低的食物。

这些人并没有掏出计算器计算其中的利差。他们在决定分享时心理过程是怎样的呢？科斯米德斯和图比指出，这种心理并非神奇得难以捉摸；它和我们的公平感和恻隐心相吻合。想一想是什么促使人们或多或少都愿意帮助无家可归的人。那些敦促我们都应当与无家可归者分享的人们是在强调，我们应当从那种随机的、由变数驱动的视角来看待无家可归者。无家可归的人值得被援助，因为他们运气正不佳。他们是某种环境条件的不幸牺牲者，如失业、歧视或者心理疾病。赞成帮助无家可归者的人们敦促我们去思考，“你现在这样不过是因为运气好”。而另一方面，那些反对分享的人们则强调，我们的社会会对任何愿意投入工作的人给予回报。无家可归的人不值得帮助，因为他们有能力工作但却懒得去做，或者选择酗酒或吸毒而自作自受。为无家可归者辩护的人回应说，酗酒本身就是一种疾病，这种疾病可能发生在任何人身上。

即使是在他们最雍容大度的时候，原始人的行为表现的也并不是真正出自充满仁爱的内心。他们在实施分享的道德规范时，对曾经帮助过的人有着极其详细的记忆，对回报有着明确的期盼，并会传播谣言诋毁那些不协力参与贡献的人。所有这些仍旧不能抹去自私的感受。人类学家迈尔文·康诺尔（Melvin Konner）曾与布希曼人一起生活多年，他充满敬意地记录下了他们的生活方式，并告诉他的读者们这样一段话：

> 自私、傲慢、贪财、贪心、暴怒、垂涎，所有这些形式的贪欲，就像简单的贪吃一样，在他们传统的情境中都要予以抑制：换句话说，它们没有发生是因为环境不允许，而不是像有些人假定的那样，因为他们本身或是他们的文化在某种程度上更好。我永远也不会忘记有一次，一个布希曼人——一个家庭的父亲，大约40岁，在社群中很受尊重，从任何方面讲都是一个好人、实在人，他请我帮他保留一只他刚杀死的羚羊的腿。他已经把这只羚羊的大部分都给出去了，因为他不得不这么做。但他看到有个机会可以藏一些，以便日后留给他自己和他的家人，他找到了我。当然，通常情况下，偌大的卡拉哈里沙漠都不会有地方藏：要么因为食腐动物而不安全，要么由于掠夺成性的远亲而藏不住。但外来人的出现提供了一个与另一个世界的接口，他想顺走这块肉，通过这个接口的空子，暂时放进这个唯一可想到的隐藏之处。

当论及友谊时，互惠利他主义听起来就不像是真的了。被邀用餐的客人掏出钱包，向主人提出要为这顿饭付钱，那一定是为人处世有问题。第二天晚上立刻就回请主人也好不到哪里去。一报还一报无法使友情更牢固，反而会使关系更紧张。对好朋友来说，没什么比在他们之间进行商业交易更让人尴尬了，比如买卖一辆车。对一个人一生中最好的朋友——配偶来说，情况也一样：对对方为自己所做的事情保持密切关注的夫妻，是最不快乐的两口子。

伴侣之爱，这种在紧密友谊和持久婚姻纽带背后的情感（这种爱既不是罗曼蒂克式的也不是性爱），有着它自己的心理过程和状态。朋友或配偶觉得彼此好像都欠着对方的债，这却是一笔无法衡量的债务，而偿还这笔债务也不会是一项艰巨的任务，但完成它却又能带给当事人极深的满足感受。人们在帮助朋友或配偶时，会感到一种自发的愉快，而没有期盼回报，或者即使永远也没有回报也不后悔已经施与的恩惠。当然，这种恩惠可能会在内心的某个地方被悄悄记录下来，如果这本账簿变得太不均衡时，人们可能会召回债务，或者取消今后的信用——终止友谊。但这种债务的信用额度很大，而且偿还条款很宽松。所以，伴侣之爱实际上与互惠利他主义理论并不冲突，但它确实体现了一种弹性化的变体。其中，情感的担保——喜欢、同情、感激和信任，都被延伸至了极限。

关于伴侣之爱的事实已经够清楚的了，但它是怎么演化来的呢？图比和科斯米德斯提醒人们关注交易逻辑的一个方面——他们称之为“银行家悖论”，借此来反向推理友谊的心理过程与状态。许多心力交瘁的借款者都领悟到，银行会借给你钱的数额恰好是你能证明你已有的数额。正如罗伯特·弗罗斯特（Robert Frost）所表述的：“银行是这样一个地方，它们在天气不错时借给你雨伞，然后在开始下雨时要求归还。”银行会说，它们只有那么多用来投资的钱，每笔贷款都是一次赌博。它们的资产组合必须带来利润回报，否则它们就会倒闭，因此它们会对信用风险进行衡量，淘汰掉最差的。

同样残酷的逻辑也适用于我们祖先之间的利他行为。一个为是否施与一次大恩惠而苦苦思索的人就像一家银行。他不仅要担心骗子（受益人愿意偿还吗），还要担心不良信用风险（受益人有能力偿还吗）。如果接受恩惠者死了，伤残了，身无分文了，或是离开所在的群体了，那这次恩惠就作废了。不幸的是，正是那些具有不良信用风险的——患病的、濒临饿死的、受伤的和被排斥的人最需要帮助。任何人都有可能走背运，特别是过着严酷生活的原始人。一旦被抛弃，受到打击的原始人就会不久于世。那么，由此可能会演化出怎样的思想和感情，可以作为一种保险，即使坏运气可能使你面临风险时，仍然确保他人会给你延展“信用”呢?

一种策略是使你自己变得不可替代。通过培养发展所在群体中无人能复制的专业技能，如工具制造、寻路或冲突调解，使自己被需要，如果被所在群体抛弃，他们会付出高昂成本：因为每个人都依赖于你，所以，任由你去死的风险太大。今天的人们也在花费大量的社会生活来广而告之他们独特、有价值的才能，或是寻找一个派系团伙使自己的才能在其中展示出独特的价值。这种对身份地位的追求，也是为使自己变得不可替代的一种动机。

另一种策略是与一种人建立关联，这种人从中获益的东西也能令你得益。过你的生活，追逐你自己的利益，单凭这样，作为副效应你就能提高其他一些人的利益。婚姻就是最明显的例子：丈夫和妻子在他们的孩子的幸福上有着共同的利益。

第三种策略是拥有令他人受益的同时也使自己受益的技能，比如善于找到回家的路。其他的例子还有，和喜欢同样室温的人或是喜欢同样音乐的人住在一起。所有这些例子都是一个人的行为使一些人受益，而其行为表现无须是生物学意义上的利他；由于这种行为并不需要他付出额外的代价，因此他就不会期待对方在将来会有所回报。利他主义的挑战吸引了众多关注，以至于自然界中一种更为直接的帮助形式往往遭到低估：共生现象。即两种生物体，如组成青苔的藻类和真菌相互关联，因为彼此生活方式的副效应恰好使另一方受益。共生生物既施惠也受益，但任何一方都没有付出成本。对音乐有着同样口味的室友就是共生的一对，每个人都看重对方，且无须交换施惠。

一旦你对他人有价值，这个人对你也就变得有价值了。你看重他，因为如果你碰到麻烦，为你解困与他们也有利害关系——尽管是自私的利害关系。但既然你看重这个人，他们也应当更加看重你。你的价值不仅体现在你的才能或习惯上，还体现在困难时刻挽救他于你也利害相关。你越看重这个人，这个人就越看重你，如此往复。这个你追我赶的过程就是我们所称的友谊。如果你问两个人他们为什么是朋友，他们很可能说："我们喜欢同样的东西，而且我们知道我们总是会在对方需要时立刻出现。"

友谊，像其他的利他行为一样，容易受到欺骗者的破坏，对这些骗子有个特殊的称呼：酒肉朋友。酒肉朋友会与一个有价值的人建立关系并从中受益，并努力模仿出友好的样子，以使自己也变得有价值。但稍微有些风吹草动，他们就不见了踪影。人类天生有一种情感反应，似乎就是设计来驱逐酒肉朋友的。在我们最需要帮助的时候，一只援助之手会令人没齿难忘。我们会心怀感动，永不忘记这种慷慨大度，并感到有义务告诉这个朋友自己对此永远不会忘怀。唯有艰难时刻才会让你知道谁才是真正的朋友。那是因为朋友的意义，用演化的术语来讲就是在艰难的时刻帮助了你，而其他人则不愿为此劳力费心。

图比和科斯米德斯继续推测，人类友情的设计或许解释了为什么现代社会中会有如此多的人感受到异化和孤独。明确的交易和依序互惠是当友谊缺乏、信任度降低时，我们退却而依赖的一种利他行为。但在现代市场经济中，我们以前所未有的频率与陌生人交换帮助和恩惠。这或许造成了一种知觉，即以为我们没有与同伴真正融洽相处，且在困难时刻容易被他人抛弃。具有讽刺意味的是，舒适的环境使我们在身体上更加安全，但同样也可能会使我们在情绪上感觉更加不安全，因为身体安全尽可能地减少了危机，而危机才会告诉我们谁才是真正的朋友。

盟友与敌人

任何对于人类关系的描述如果缺乏对战争的讨论都算不上完整。战争不是普遍的，但所有文化中的人都会觉得他们才是一个群体中的成员（群落、部落、氏族或者国家），并怀有对其他群体的敌意。而战争本身就是远古部落生活中的一项主要事务。许多知识分子认为，在远古社会中，战争很少见，而且这些战争都具有形式温和又高度仪式化的特性，或至少在高尚的野蛮人与西方人接触且被污染前是这样的。但这是罗曼蒂克式的胡说八道，因为战争从来都是地狱。

雅诺马马人的村落相互间会永无休止地彼此侵袭。所有 40 岁以上的成年人有 70% 都曾因暴力而失去一位家庭成员，30% 的男人被其他男人杀死，40% 的男人杀过人。雅诺马马人把自己称作凶猛的人，但其他原始部落也给出了相似的数字。考古学家劳伦斯·基利（Lawxence Keeley）记录了新几内亚人、澳大利亚原住民、太平洋岛屿的居民以及印第安人都曾被战争蹂躏，特别是在不列颠统治下世界上的许多地方结束这种滋扰，而代之以殖民管理前的几个世纪中尤其如此。在原始战争中，调动更加完备，战斗更加频繁，伤亡率更高，俘虏更少，武器也更具破坏力。说得客气一点，战争，是一种主要的自然选择压力，既然它在我们的演化史中似乎是一种经常性事件，它一定对我们的一部分心理进行了塑造。

为什么人们会如此愚蠢地发动战争呢？部落人可以因任何有价值的东西而战斗，部落间战争的根源就像第一次世界大战的根源一样难以解开。但有一个令西方人惊讶不已的动机一遍又一遍地出现。在原始社会中，男人进行战争是为了得到或保留女人——并不一定是武士们的明确目标（尽管往往的确如此），却是使战斗的意愿得以发展的最终报偿。获得女人是男性繁殖成功的限制性因素。有两个妻子可以使一个男人的孩子数量翻两倍，有三个妻子可以翻三倍，以此类推。对一个没有濒临死亡的男人来说，再没有其他任何资源能对演化适应产生同样大的影响了。部落战争最常见的战利品就是女人。

有时，雅诺马马人谋划侵犯仅仅是为了绑架女人。更经常的是，他们谋划侵犯是为了报复曾经遭受的杀戮或者绑架，但他们也总会试图绑架女人。为报血海深仇，亲戚们要拿命偿命——杀人者的命或者是他的亲戚的命；这是任何地方暴力泛滥的主要原动力，这种驱使他们的动机有着明显的威慑作用，如我们在第 6 章中所看到的那样。血海深仇可以持续几十年或更长，因为每一方所记录的数字都不同，所以任何时候双方都会记着那些必须血洗的不公。设想一个邻居杀害了你丈夫、你兄弟，还有你儿子，或者强奸并绑架了你妻子、你女儿，还有你姐妹，你对他会有什么感受。但报世仇者绝不只限于以牙还牙、以眼还眼，如果他们看到有机会可以屠杀对手，从而一劳永逸地除掉眼中钉，他们一定会这样做，还会加上女人作为额外的激励。对女人的欲望不仅让世仇之火烧得更旺，而且还有助于点燃这把火。通常第一次杀戮就是为了一个女人：一个男人诱惑或绑架了某人的妻子，或食言反悔一项出卖女儿的交易。

现代人难以相信原始部落会为了女人而发动战争。一位人类学家给查冈去信写道："女人？为了女人而战斗？黄金和钻石我可以理解，但是为了女人？绝不会。"这种反应从生物学上讲当然是颠倒黑白的。其他人类学家则辩称，雅诺马马人身体里缺乏蛋白质，因此为猎物而战斗。但当测量他们的蛋白质摄入量时，结果发现比正常的还要多。全世界吃得最好的原始人是最喜欢打仗的。当查冈对他的雅诺马马人访问对象提到这个肉类缺乏假设时，他们不相信地笑了。他们说："尽管我们喜欢肉，但我们对女人的喜欢要多得多。"查冈指出，他们跟我们没多大差异。"星期六的晚上去常发生打架事件的酒吧看看，人们打架常为了什么？难道这些起冲突的人是因为对方的汉堡包里放了比较多的肉吗？或者研究一下西部乡村歌曲的歌词，有哪句歌词写着'别把你的奶牛带到城里'吗？"

西方人的战争在许多方面都不同于原始人的战争，但至少在一方面是相似的：入侵者强奸或绑架女人。

根据《伊利亚特》(*Iliad*)，特洛伊战争是缘于对特洛伊海伦公主的绑架。第一次十字军东征期间，基督教士兵们从欧洲到君士坦丁堡的一路上都在强奸妇女。莎士比亚描写亨利五世在百年战争期间威胁一个法国村落说，如果他们不投降，那就是他们的错，导致他们"贞节的少女落入被暴烈强奸的境地"。

女性主义作家苏珊·布朗米勒（Susan Brownmiller）记录了实施大规模有组织强奸的进犯苏格兰高地的英格兰人、第一次世界大战中入侵比利时和第二次世界大战中入侵东欧的德国人、侵略中国的日本人、入侵孟加拉国的巴基斯坦人、大屠杀期间的哥萨克人、迫害亚美尼亚人的土耳其人、美国南部的三K党人，还有，程度稍轻的，仅驻柏林的苏联士兵和越战中的美国士兵们。波斯尼亚的塞尔维亚人和卢旺达的胡图人也把自己加入了这个清单。嫖娼，在战争期间往往很难与强奸区分，后者是对士兵们的一种普遍的额外津贴。领导者们有时会用强奸作为一种恐吓策略来实现其他的目的，正如亨利五世所做的，这种策略之所以极其有效，是因为士兵们非常渴望去实施它，就像亨利煞费苦心地去提醒法国人。事实上，它往往事与愿违，为抵抗者继续战斗提供了一种无法估量的激励，很可能是出于这个原因，而不是由于对敌人女人的同情，现代军队中才取缔了强奸。即使当强奸不再是我们战争中的突出部分时，我们仍赋予我们的战争领袖莫大的威望，正如雅诺马马人所做的，到目前为止，你当然知道这种威望的效果体现在了一个男人的性吸引力以及他繁殖上的成功。

战争，或者一伙人联盟起来进行的侵犯，在动物王国里很少见。你可能会想到第二、第三和第四强大的海象会联合起来杀死最强大的雄海象，并瓜分它的后宫，但实际上它们从没这样做过。社会性昆虫不寻常的遗传系统使它们成为一个特例，除它们外，只有人类、黑猩猩、海豚，或许还有长臂猿，会勾搭 4 个或数目更多的同伙来进攻其他雄性。这些是大脑体积最大的一些物种，暗示出战争可能需要复杂的心智设备。图比和科斯米德斯推断出了联盟进犯的自然适应性逻辑，以及支持它所需的认知机制。当然，这并不意味着他们认为战争是不可避免的，或者“自然的”，进而说是“好的”。

人们往往被招募参军，但有时他们本身就对入伍饶有兴致。激发沙文主义是惊人的轻而易举，即使无须因稀缺资源去搏杀争取。在亨利·泰费尔（Henri Tajfel）和其他社会心理学家所做的无数实验中，人们被分作两组，实际上是随机划分的，但表面上是根据一些细微的标准，比如他们是否低估或高估了屏幕上一个点的数目，或者他们是更喜欢克利的油画还是康定斯基的作品。一旦被划分后，每一组人立刻就开始不喜欢另一组的人，认为对方更差劲，并在行为表现上拒绝给他们奖励，即使这样做对他们自己的小组来说成本也很高。即使实验人员是用点或画做猜谜游戏，当着他们的面通过掷硬币进行的分组，也能够激起这种即刻的种族优越感！其行为后果绝非不重要。在一个经典实验中，社会心理学家莫扎弗·谢里夫（Muzafer Sherif）仔细选择了一群适应环境能力良好的中产阶级美国男孩组成了一个夏令营，随机将他们分作两组，然后进行体育运动和戏剧小品的竞赛。没过几天，两组男孩就开始用棍子、棒球棒和包在袜子里的石块，相互施暴和袭击对方，迫使实验人员不得不介入干涉以保护孩子们的安全。

战争之谜即为什么人们会自愿参与一项死亡概率很高的活动。玩俄罗斯轮盘赌的欲望是怎么演化来的？图比和科斯米德斯的解释是根据这一事实：自然选择青睐于那些可以平均而言提高适应性的特质。对每一项特质有贡献的基因都会包含在许多代的许多人的身体中，所以如果一个携带这种基因的个体死了且没有子嗣，那么其他携带这种基因的人的成功可以给予弥补。设想一下俄罗斯轮盘赌的游戏，如果你没被杀死，就会多一个后人。加入这个游戏的一个基因会被选择出来，因为有 5/6 的概率它会在基因库里多留下一个复制品，只有 1/6 的概率它什么也留不下。平均而言，这会比不参加这个游戏多产出 0.83 个基因复制品。这与加入包含另外 5 个男人的同盟能虏获 5 个女人，但其中一个男人会死掉的选择结果相同。这里的关键思想是，一个同心协力的联盟能够收获其成员独自做不到的收益，并且赃物是根据共同承担的风险来分配的。虽然涉及一些复杂变体，但都不会改变这一要点。

事实上，如果赃物确定且分配均匀的话，危险的程度是没有关系的。比方说，你的同盟有 11 个成员，可以伏击 5 个人的敌人团伙，抢走他们的女人。如果你的同盟中有一个成员很可能会被杀，你就有 10/11 的幸存机会，这使得你有权以 1/2 的机会（5 个虏获的女人，10 个男人）得到一个妻子，期望收益为 0.45 个妻子（对有这些回报的许多情境予以平均所得）。如果有两个成员可能会被杀死，那么你就有更小的生存机会（9/11），但如果你确实幸免于难，你就会有更大的机会获得妻子，因为你死去的盟友不会拿走她们。平均收益（9/11 × 5/9）是一样的，0.45 个妻子。如果有 6 个成员可能被杀死，这样你的生存概率会降至不足一半（5/11），而如果你幸存的话，你将确保能得到一个妻子，期望收益仍然是 0.45 个妻子。

图比和科斯米德斯的计算假定一个男人即使死了，他的孩子也一样能生活，所以死亡导致的适应损失是零，而不是负数。当然这不是真的。但他们指出，如果群体相对而言比较兴旺的话，失去父亲的孩子的幸存机会可能不会降低得太多，所以男人去侵略还是值得的。他们预测，当所在群体在食物上比较安全时，男人们应当比缺乏食物时更愿意去战斗，这和蛋白质缺乏假设恰好相反。数据也支持了他们的预测。另一个推断是，女性应当从未有兴趣发动一场战争（即使她们有武器或同盟来弥补她们较小的体格带来的劣势）。女性从来都没有演化出同伙一起侵犯邻里村落抢夺丈夫的需求，原因是女人的繁殖成功并未受到可供男性的数量的限制。所以，任何因寻求额外配偶而给其生命带来的风险，都是对预期适应的净损失。（然而，原始女人们确实鼓励男人们去战斗以保卫群体，并为被杀害的家庭成员复仇。）这一理论还解释了为什么在现代战争中，大多数人都不愿意派女人去战斗，以及当女人伤亡时会感到道义上的愤怒，尽管并没有任何伦理上的论证说明女人的生命比男人的更宝贵。直觉认为，战争是一场令男人受益的游戏（对人类的演化历史来说，这也是事实），这种直觉很难动摇，所以男人应当承担风险。

这一理论还预测，只有当男人对胜利有信心、而且没有人提前知道谁会受伤或被杀死时，才会愿意集体战斗。如果有可能被击败，那么继续战斗就没有意义了。如果你承担了超过你份额的风险——比如，如果你的战友因去寻找自己的藏身之处而将你置身于危险中，那么继续战斗也就毫无意义了。这两个原则塑造了男人参与战争的心理过程。

在原始社会，交战各方通常是同一拨人的内部派系，他们有着同样的武器装备，所以人类演化历史中对胜利的预测结果只是数目。有更多战士的一方是难以征服的，而胜利的概率可以根据各方的人力来预测。雅诺马马人痴迷于自己村落的大小就是基于这个原因，他们常常组成联盟或者考虑脱离联盟，因为他们知道较小的村落在战争中是无助的。即使在现代社会中，你这一方的一大群人可以壮胆，而对方的一小群人则更容易示弱。召集一大群人是激励爱国主义的一种常见策略，群众示威游行即使在军队支撑的统治下也能够引发恐慌。战场策略的一个主要原则是包围敌人的部分队伍，使胜利看起来唾手可得，并造成恐慌和溃败。

同样重要的是公平地分配风险。战争一方面临着利他主义的问题。每个成员都有诱因去欺骗，使自己远离危险，而将他人置于更大的风险中。这就像善意的合作无法演化而来，除非恩惠的施与者查处并惩罚欺骗者一样；侵犯的合作也无法演化而来，除非战斗者查出并惩罚懦夫或逃兵。战士执着于勇敢和纪律，这影响着一切——从士兵想和谁同处一个散兵坑，到诱导士兵以为风险均等以及奖励英勇、惩罚背弃的指挥结构。战争在动物王国中很罕见，因为动物像人一样，也是胆小懦弱的，除非它们能够组成多派别联盟来分担风险。和远祖人类不同，动物没有认知设备，能够让他们自然而然地演化出能够用来执行这种契约关系的计算能力。

关于战争的逻辑和心理还有另一个特殊之处。一个男人应当会同意待在联盟中，只要他不知道自己将会死去。他也许知道这个概率，但他不可能知道死亡轮盘正在逐渐缓慢地在他这里停下来。但到了一定时候，他可能就会看到死亡的来临。他可能会瞥见弓弩手正将他瞄准在射程内，或者察觉一次临近的伏击，或者注意到自己已经被派往履行一次自杀式的使命。就在那一刻，所有的事情都会改变，唯一理性的动机就是逃离。当然，如果不确定性的坍塌仅仅是在死前的几秒，那就太晚了。一个战士能越早提前预测到自己将成为一名无名烈士，他就越容易逃跑，而联盟也就越容易被拆散。在动物联合进攻另一支联盟或单个个体时，如果一个进攻者被选定为反攻对象，会有一些警示，它能够在自己被追逐之前就逃之夭夭。正因为这一原因，动物联盟很容易就会被拆散。但人类所发明的武器——从长矛和弓箭到子弹和炸弹，使得命运直到最后一秒仍是未知的。在这个无知的面纱背后，男人被激励战至最后一刻。

在图比和科斯米德斯推出这个逻辑的几十年前，心理学家阿纳托尔·拉波波特（Anatol Rapoport）用第二次世界大战中的一个悖论对此进行了描述。（他相信这个情景是真实的，只是无法进行验证。）在太平洋的某个轰炸机基地，一位飞行员在执行任务时只有 25% 的机会生还。有人计算如果将每架飞机搭载的炸弹增加一倍的话，完成任务就只需要一半的飞机。但增加搭载量的唯一方法就是减少燃油，这意味着飞机将只能飞一次单程任务。如果飞行员们愿意抽签，赌 1/2 的概率去飞一次确定的死亡任务，他们生还的机会会增加一倍：只有一半的人会死，而不是 3/4。不用说，这个提议永远没办法实施。很少有人会接受这样的出价，尽管它完全公平，还会挽救许多生命，其中有可能还包括我们自己的生命。这个悖论耐人寻味：我们的心智被说服自愿在联盟中承担死亡的风险，但这只在我们不知道死亡何时降临时才会如此。

人性中的善

那么，我们应该干脆现在就吞下毒药，就此了结吗？有些人认为，演化心理学宣称，已经发现人性是自私和邪恶的，但他们是在奉承任何宣称发现了相反情况的研究人员或他人。没人会需要一个科学家来测量人类是否天生倾向于邪恶。对这个问题的回答，在历史书、报纸、人种志记录以及给安·兰德斯（Ann Landers）的信中都已经有所记录了。但人们似乎把它当成了一个开放性问题，好像有朝一日科学可能会发现，这只是一场噩梦，而我们会从梦中醒来发现彼此相爱才是人的本性。演化心理学的任务不是去度量人类本性，这个任务最好还是留给其他人吧。它是为了给只有科学才能提供的那种令人满意的见解添砖加瓦：将我们对人性的所知与我们对这个世界如何运转的知识联系起来，并用最少的假设来解释最多的事实。社会心理学研究中的很大一部分已经在实验室和实地现场得到了验证，无非都是基于亲缘选择、父母投入、互惠利他和心智计算理论的少数几个假设。

人类本性注定了我们的人生就是一场被残酷无情的适应最大化者盘剥的噩梦吗？同样，向科学寻求答案是愚蠢的。每个人都知道人们能够表现出巨大的善行和牺牲精神。心智中有许多组件，适应而来的不仅是丑陋的动机，还有爱、友谊、合作、公正感和预测行为后果的能力。心智的不同部分奋力踩下或松起行为的离合器踏板，因而坏的想法并不总会导致坏的行为。吉米·卡特（Jinmy Carter）在其著名的《花花公子》访谈中说："我曾色眯眯地看过许多女人。我曾在心中多次犯下了通奸罪。"但喜欢窥探的美国新闻界还没有找到证据，证明他在现实中曾经犯过哪怕一次。

在更大的舞台上，由历史见证的一些滔天大祸已经永久地消失了，数年的血腥杀戮之后，仿佛一股烟雾瞬时即散。奴隶制、妻妾成群的暴君、殖民征服、血海世仇、女人被虏为财产、制度化的种族主义和反犹太主义、童工、隔离制度、法西斯主义还有战争，都已经从世界上的绝大部分地方消失，而那些广袤的土地曾经饱受它们摧残长达数十年、数百年，甚至上千年之久。最凶险的美国都市丛林中的谋杀率也只有许多原始社会中的1/20。现代英国人被谋杀的可能性只是他们中世纪祖先的1/20。

如果大脑没有在这几个世纪间发生变化，人类的境遇怎能得到如此改善呢？我认为，部分答案是由于识字、知识和观点的交流已经削弱了一部分盘剥与利用。并非人们有一眼善良的心泉，并由道义规劝使之行善，而是信息可以表达为一种方式使得盘剥者看起来像是伪君子或傻瓜。我们的一项基础本能——以仁慈和能力为借口而自称权威，可以被狡猾地运用到其他人身上。当所有人都看到人们遭受苦难的画面，就不可能再宣称没有人造成任何伤害。当受害者用加害者可能会使用的第一人称进行表述时，就很难再坚称受害者只是一种更低下的人类存在。当发言人被发现是在附和敌人的话语，或是呼应其政策导致灾难的以往发言人的调子，他的权威就会崩溃。当和平的邻国被广泛传播，就很难再坚称战争是不可避免的。马丁·路德·金说："我有一个梦想，终有一天这个国家将会巍然提升，并实践它信条的真正含义：'我们坚信这些事实是不言自明的，所有人都生来平等。'"当他这样说时，就使得种族隔离者们不可能再维持爱国者的形象，反而看上去更像是骗子。

正如我在一开始就提到的，尽管冲突是一种人类的普遍现象，但消除冲突的努力也是普遍现象。人类心智在严酷的经济状况下，偶尔也会抓住一抹微光，对手们会放下干戈，均分和平创造的剩余，使得双方都从中受益。甚至一些雅诺马马人也看出了他们所用方式的徒劳无功，渴望找到一种手段来打破这种冤冤相报的循环。在人类历史中，人们发明了巧妙的技术将心智的一部分用来对付另一部分，对并非因为善良而被选择的人类本性做出了文明的增补：修辞、揭露、保住面子的方法、契约、威慑、机会均等、冥想、法庭、强制执行的法律、一夫一妻制、对经济不平等的限制、放弃报复等。乌托邦的理论家看到这些实践智慧时，应当会自愧不如。这些做法，比起改变育儿方式、语言和传媒的“文化”提议，以及扫描黑帮成员的大脑和基因以排查侵犯性和在贫民窟派发反暴力药丸的“生物”提议来说，可能会更为持续且有效一些。

活出生命的意义

人不是仅靠面包活着的，也不是仅依赖于经验诀窍、安全、孩子或性活着的。任何地方的人都会花费他们所能支付得起的、尽可能多的时间在另外一些活动上，这些活动从努力生存和繁殖的角度来看，似乎是毫无意义的。在所有文化中，人们都会讲故事或背诵诗歌，他们开玩笑、大笑或相互嘲笑，他们唱歌、跳舞，他们打扮自己，他们举行仪式，他们想知道幸运和不幸的原因，他们信仰与自己对这个世界所知的其他事情相冲突的超自然现象，他们编织关于宇宙和他们所在的这个世界的理论。

仿佛这些活动还不难理解，从生物学角度来看，这些活动越无聊越空虚，人们就越赞美它们。艺术、文学、音乐、幽默、宗教和哲学被认为不仅能令人心神愉悦，而且还优雅高贵。它们是心智的最佳作品，使得人们不枉此生。为什么我们会追求这些琐碎、无益的东西，还能从中感受到崇高的体验呢？对许多受过教育的人来说，这个问题似乎俗不可耐，甚至是不道德的。但对任何对现代智人的生物学伪装感兴趣的人来说，这个问题都是无法回避的。我们这个物种中的某些成员会做出一些疯狂的行为，比如发誓要独身生活、为他们的音乐而活，还有人去读研究生。为什么？这本书的基调是“心智是自然选择的神经计算器”，但在这一基调下，我们又该如何理解艺术、幽默、宗教和哲学的心理过程呢？

每所大学都有一个艺术院系，它不仅在人数上占优，而且能博得最多的公众关注。但数以万计的学者和几百万页的学术文献对“人们为什么追寻艺术”这个问题却没有给出丝毫启发。艺术的功能几乎是公然地含混晦涩，为什么会如此，我认为有以下几个原因。

一是因为艺术涉及的不仅是审美的心理过程，还有身份地位的心理过程。艺术的毫无用处使得它对演化生物学来说不可理解，但对经济学和社会心理学而言却是太容易理解了。你会把钱花在一些装饰物和技艺上，它们既不能填饱肚子，又不能遮风挡雨，却需要珍贵的材料、多年的练习、对晦涩文本的掌握，或者与精英阶层的亲密关系，还有什么比这更能证明你有充足的钱可供挥霍呢？索尔斯坦·凡勃伦和昆汀·贝尔对品位和时尚的分析认为，精英阶层对消费、休闲和恶行的炫耀性展示为下层民众所效仿，从而驱使精英们寻找新的难以模仿的展示。这种分析很好地解释了艺术法则难以理解的古怪之处。一个世纪的辉煌风格到了下个世纪就变得俗不可耐，正如我们在那些既是时代标志又是滥用术语的单词中所看到的那样（哥特式、风格主义、巴洛克、洛可可）。艺术品的不变主顾是贵族和那些想要加入他们的人。大多数人如果知道一张音乐唱片正在超市的收款台或午夜电视商城里销售，就会对它丧失兴趣。即便是比较著名的艺术家如皮埃尔·奥古斯特·雷诺阿（Pierre Auguste Renoir）的作品，当它在一次广受欢迎的轰动性博物馆展览中被展示时，也引来了讥讽的评论。艺术的价值在很大程度上与审美无关：一幅无价的作品如果被发现是赝品，就会变得毫无价值。当艺术圈说汤罐和漫画是高雅艺术时，它们确实就变成了高雅艺术，然后就可以开出炫耀性的浮夸价格。现代和后现代作品的意图不是令人愉悦，而是为了确认或搅乱一群批评家和分析家的理论，去打动有钱人，或者去阻拦乡巴佬。

艺术的心理过程部分上就是身份地位的心理过程，这种陈词滥调已经被不止一次地指出，不仅犬儒主义者和粗俗的人这么认为，连博学的社会评论家如昆汀·贝尔和汤姆·沃尔夫等人也这么讲。在现代大学中，却没有人这么提，确实，它是不可言说的。学界人士和知识分子是文化秃鹫[①]。在如今精英们的聚会中，取笑你无法通过《给诗人们的物理学》和《给普通人的摇滚乐》这样的课程且一直都对科学懵懂无知是完全可以接受的，尽管科学素养对于做出有关个人健康和公共政策的明智选择非常重要。但如果说你从来没听说过詹姆斯·乔伊斯（James Joyce）或者你曾经有一次试着去听莫扎特却更喜欢安德鲁·劳埃德·韦伯（Andrew Loyd Webber），这种笑话就像你用袖子抹鼻涕或是宣布你在自己的血汗工厂里雇用童工一样令人震惊，尽管你在休闲时光的活动品位显然与任何事情都无关。艺术、身份地位和美德在人们心智中搅作一团，这是我们在第7章中遇到的昆汀·贝尔的裁缝道德的一个延伸：去除所有琐碎的必需品之后，在一个光荣而又无用的存在符号中，人们找到了尊严。

我提这些事实不是为了诋毁艺术，而是为了澄清我的主题。我希望你们看待艺术的心理过程（以及稍后的，幽默和宗教），可以从一个试图理解人类物种的外来生物学家的冷漠客观的视角出发，而不是从作为这个物种中对艺术的作用颇为关心的一员的视角出发。当然，我们从对艺术作品的沉浸思考中可以获得愉悦和启迪，尽管并非所有的感受都是因与杰出人士分享而产生的自豪，但是要想抛开身份地位心理来理解剩余的艺术心理过程，我们必须不害怕别人将我们误认为是更喜欢安德鲁·劳埃德·韦伯而不是莫扎特的那种人。我们需要从民歌、低俗小说以及黑色天鹅绒上的涂鸦开始，而不是从马勒、艾略特和康定斯基开始。这并不意味着靠夸张“理论”中的伪装卑微题材来代替去底层社会的采风（对《花生漫画》的符号学分析、给阿奇·邦克进行精神分析、对杂志《时尚》进行解构）。它意味着提出一个简单的问题：让人们从形状、色彩、声音、笑话、故事和神话中获得快乐的心智到底是什么样的？

这个问题或许还易于回答，而关于艺术的一般性问题就不那么容易回答了。艺术理论蕴含着自我毁灭的种子。在一个任何人都能买CD、油画和小说的时代，艺术家们的谋生手段依靠的是找到途径来避免陈腐的腔调，挑战厌倦的口味，将行家从业余爱好者中区分出来，并嘲弄关于何谓艺术的当前智慧（所以对艺术定

① 古典文化艺术的狂热爱好者。——译者注

义的尝试几十年来一直都徒劳无果）。任何没有认识到这一动态性的讨论都注定不会有什么结果。它永远也不能解释为什么音乐可以令耳朵愉快，因为“音乐”被定义为包括无调爵士乐、半音阶作曲和其他一些智力运动。它永远也不会理解淫秽的笑和欢乐的戏谑这些对人们生活如此重要的东西，因为它将“幽默”定义为奥斯卡·王尔德的一次调皮机智的表现。卓越和前卫被设计服务于复杂的趣味，这种趣味是多年浸淫于一种流派并熟悉其传统惯例和陈词滥调的产物。这种艺术理论依赖于高人一等的做派、晦涩难懂的典故和精湛技巧的展示。尽管它们引人入胜，也值得我们支持，但它们一般会混淆审美的心理过程，而不是阐明审美的心理过程。

艺术心理之所以晦涩的另一个原因是，从生物学家的字面意义上看，它们是不适应的。到目前为止，这本书一直都是关于心智主要部件的演化设计，但这并不意味着我相信心智所做的任何事情在生物意义上都是适应的。心智是一台神经计算机，它用组合算法对植物、动物、物体和人进行因果和概率分析，从而适应自然选择。心智的目标是服务于对我们祖先环境的生物适应，比如食物、安全、为人父母、友谊、身份地位和知识。但这个工具箱也能被用来解释打发休闲时光的活动，尽管它们的适应性价值颇为可疑。

心智的某些部分通过给予我们一种愉悦感来证实逐渐获得的适应性。其他的部分则利用因果推理的知识来实现目标。将它们放在一起，你就得到了一个心智来应对生物学上毫无意义的挑战：弄清楚如何抵达大脑中的愉悦回路并传递些许的享受，而无须劳神费力地从严酷的现实世界中榨出真正的新增适应。当老鼠通过一个杠杆，将电脉冲传到植入它内侧前脑束的电极时，它狂暴地按着杠杆，直到最后精疲力竭为止，并自愿放弃了吃、喝和性交配的机会。人们还没有选择通过神经外科手术，将电极植入自己的愉悦回路，但我们已经找到了其他物质来刺激它们。一个典型的例子是娱乐性药物，它们渗入了愉悦回路的化学作用中。

通往愉悦回路的另一条途径是感官，当它们处在曾导致过去数代人适应的环境中时，就会刺激这些回路。当然，能促进适应的环境自己无法直接表白。它释放出声音、情景、气味、味道和感觉等模式，感官就是被设计用来记忆这些模式的。那么，如果心智设备能够识别出这些给予快乐的模式，提纯并浓缩它们，这样大脑就能自我刺激而无须纷繁混乱的电极或药物了。大脑可以给自己释放强烈的人工剂量的情景、声音和气味，而这些东西一般都是在健康环境中才有的。我们喜欢草莓乳酪蛋糕，不是因为我们演化出了对它的口味的享受，而是我们演化出的大脑回路，使我们能够从成熟水果的甜味、坚果的油在口中的滑腻感觉以及淡水的清凉爽口中感到丝丝享受。乳酪蛋糕包含了一种自然界中任何东西都不具有的感官冲击力，是因为它酝酿了大剂量的宜人刺激成分，这种刺激成分是我们为迅速揿下快乐按钮的目的而炮制的。色情图片和电影则是另一种快乐的技术。在本章中，我将建议艺术作为第三种快乐的技术。

还有一种形式，心智的设计会急匆匆地投入到迷人却在生物意义上毫无作用的活动中。智力的演化是为了击溃自然和社会中的事物的防御系统，组成它们的模块是为了推导物体、人工制品、有机生物、动物还有其他人类的心智是如何工作的（见第 5 章）。宇宙中还有与此不同的问题：宇宙来自何方；物质肉体如何产生出有意识的心智；为什么好人身上会发生不好的事情；我们死的时候思想和感情会怎么样。我们可以提出这样的问题，但可能不具备能力来回答它们，即使这些问题是有答案的。既然心智是自然选择的产物，它应当不具有通晓所有真理的神奇能力；它具有的能力应当仅仅足以解决与我们祖先面临的世俗挑战相似的问题。这就像一句谚语说的：如果你把一把锤子交给一个男孩，整个世界就变成了一个钉子。如果你让一个物种对力学、生物学、心理学有了基本的掌握，整个世界就变成了一台机器、一片丛林和一个社会。我认为，宗教和哲学在一定程度上就是心智工具应用到了它们所没有被设计解决的问题上。

一些读者可能会奇怪地发现，在前面 7 章对心智主要部件的反向工程推理后，我会主张我们所认为的最深刻的一些活动是非适应的副产品，并以此为本书的结语。但这两种论点都来自一个标准——生物适应的标准。将语言、立体视觉和情绪一律划为演化的意外事件是错误的，因为它们具有普遍、复杂、可靠发展、良好构建、促进繁殖的设计；基于同样的理由，为那些缺乏这种设计的活动生造强加功能，仅仅是出于我们想要用生物的适应性来使其尊贵高尚，这也是错误的。许多作家曾说艺术的“功能”是凝聚社群，帮助我们以新的方式看待这个世界，赋予我们与宇宙的和谐感，使我们体会到崇高的感情等。所有这些说法都是对的，但没有一种是关于本书所讨论的适应性原则的。所谓适应性，即产生如下效应的一种机制：它在我们所演化的环境中增加了构建此机制的基因复制品的数目。我认为，艺术的某些方面在这个意义上确实有作用，但绝大多数都没有。

艺术让人快乐

有一种技术被设计用来撬开守护我们快乐按钮的密锁，并能以不同的组合按下这些按钮，视觉艺术就是这样一个完美的例子。回想一下，视觉是如何解决从视网膜上的投映来恢复对世界的描述这个难以解决的问题的，它是靠做出关于世界是如何组合在一起的假设来回答这一问题的，比如平滑的磨砂底纹、黏着的表面以及毫不锐利的边缘接合。错觉——不仅对谷物包装箱的材料，更是对那些使用了达·芬奇之窗手法的绘画、摄影、电影和电视作品，巧妙地违背了这些假设，并发出光的模式愚弄着我们的视觉系统，使其看到虚假的景象。这就是“溜门撬锁”。快乐按钮就是这些错觉的内容。日常摄影和绘画（记住——去想“汽车旅馆房间”而不是“现代艺术博物馆”）描绘了植物、动物、风景和人。在前面的章节中，我们看到了美的几何学是如何成为适应方面有价值物体的视觉标志的：安全、食物丰盛、可探索和可掌握的栖息地，还有丰富而健康的约会、交配和生育。

不那么明显的是，为什么我们会从抽象的艺术中得到快乐：人们用于装点其地位和身体的那些曲折线条、格子图案、花式呢绒、波尔卡圆点、平行线条、圆形、正方形、星形、螺旋形，还有斑斑驳驳的色彩，视觉研究者们断定正是这种图案，是我们的知觉分析系统在试图理解外部的表面和物体时所锁定的世界特征（见第 4 章）。直线、平行线、平滑曲线和直角是视觉系统寻找的非意外属性，因为它们是包含了固态物体或被运动、张力、重力和内聚力所塑造的那部分世界的免费赠品和典型标志。不断重复同一模式的一片视域来自世界的一个表面，比如树干、田野、岩石表面或者一泓水。两个区域的显著界限通常源于两个平面之间的咬合。双边对称几乎总是来自动物、一部分植物或者人工制品。

我们认为好看的另一些模式有助于我们根据物体的三维形状来识别它们。参考框架被套用到有界限、被拉长的形状，对称的形状和有着平行或近似平行边缘的形状上。一旦适合，这些形状在与记忆匹配比较之前，就在心理上被雕刻成了引力电磁（圆锥、立方体和柱体）。

上面两段列出的供视觉分析的所有光学几何特征在视觉装饰上都很流行，但我们又该如何解释这种重叠呢？为什么视觉加工用的最理想的原料看上去会很漂亮呢？

首先，看着那些纯粹、集中的几何模式。当我们将自己置身于信息丰富的环境中、调整视觉以便得到清晰的图景时，这些几何模式就会传递给我们些许淡淡的细微的满足感，我们从中似乎也就获得了愉悦。想想当一部电影被放映到你双目聚焦之外时你会有多么郁闷，以及放映师从打盹中醒来再度转动并调整好镜头时你如释重负的心情。这种模糊的图像和你没有适当配好眼镜镜片时自己视网膜上的成像是比较类似的。不满意是适应调整的原动力，当你适应好了你自会觉得满意。明亮、鲜艳、饱和、对比度高的图像，无论来自价格不菲的电视机还是彩色油画，都会夸大我们得到的愉悦感受，只要我们将眼睛调整合适即可。

其次，盯着一个视觉条件不佳的景象会令人困扰，甚至恐惧——从遥远处看、在晚上看，或透过阴霾、水或叶簇来看时令人无法辨认出是头还是尾。比如，不知道某个东西是个洞还是块路面凸起；或者一个平面到哪里结束，而另一个从哪里开始。清晰划分固态形状和连续背景的油画可以减弱焦虑不安的感受，我们会发现，观看条件会将视域解析为不再模糊的表面和物体。

最后，我们发现，这个世界有一些部分很时髦，而另一些虽沉闷乏味，但所传递的信息却是一些关于难以置信、信息丰富且重要的物体及力量。想象一下，将你面前的整个景象舀出来，放进一个巨大的液化搅拌器中，然后再把拌完的碎屑倒回你面前，这个景象将不再包含任何令人感兴趣的内容。所有的食物、捕食者、庇护所、藏身处、观察点、工具和原材料都已经被研磨成泥浆了。那它看上去像什么？它没有线、没有形状、没有对称，也没有重复。它是棕色的，就像你小时候把所有的颜料混在一起时得到的颜色一样。它没什么可看的，因为里面什么也没有。这个思维实验说明，乏味无趣源于一种什么都无法提供的环境，而它的反面就是，视觉魅力来自值得关注的物体和环境。因此，我们被设计得对暗淡、无特色的场景感到不满，而为色彩斑斓、富有模式的景象所吸引。我们用鲜亮的人造色彩和模式按下了快乐按钮。

音乐是一个谜。在喜剧《无事生非》（*Much Ado About Nothing*）中，班纳狄克问道："羊的内脏会将灵魂从男人身体中强拖出来，这难道不奇怪吗？"在所有文化中，某种节奏的声音会给听者传递强烈的快感和发自内心的情感。将时间花费在这种充满叮咚噪声的物什上，或是明明没有人死去却心怀感伤，这有什么好处呢？许多人认为，音乐能凝聚社会群体，协调行动，强化仪式，释放压力，但他们只是将音乐这个谜传递了下去，并没有解释它。为什么有节奏的声音能凝聚群体，释放压力？就生物学意义上的因果关系而言，音乐是没用的。它没有表现出任何征兆说明其设计是为了获得某个目标，比如寿命延长、子孙增多或者对世界准确的感知和预测。相较于语言、视觉、社会推理和实际生活技巧，音乐完全可以从我们这个物种中消失，而我们其余的生活方式几乎不会因此有任何变化。音乐似乎纯粹是一种用于享乐的技术，一个放满娱乐性药物的什锦拼盘，我们通过耳朵摄入，并即刻刺激到大量的愉悦回路。

"音乐是一种通用语言。"俗话这样说，但这是误导。20 世纪 60 年代，乔治·哈里森（George Harrison）将印度拉格音乐改编成嘻哈音乐后，任何经历过那种狂热的人都会理解，音乐风格是因不同文化而各异的，而人们最喜欢的是他们成长过程中熟悉的风格。哈里森在孟加拉国举行的演唱会上，当听众为拉维·香卡（Ravi Shankar）演奏自己的锡塔琴而热烈鼓掌时，哈里森感到羞愧不已。音乐的复杂性也因人、文化和历史阶段而异，这种差异程度连语言也是不及的。所有神经正常的孩子都会自发地讲出并理解复杂的语言，而话语的复杂性在不同文化和时期的差异都很小。比较而言，尽管所有人都喜欢听音乐，但许多人唱歌跑调，能够学会一种乐器的人更少，而那些会演奏乐器的人则需要明确的培训指导和大量的练习。而对音乐的复杂性，不同的风格在不同的时间、文化和亚文化中的差异更大。音乐传递的是看不见摸不着的情感，别无他物，即使像“男孩遇见女孩，男孩失去女孩”这样简单的情节都无法用任何音乐风格中的一组音调来叙述。所有这些都说明，音乐和语言大不相同，它是一种技术，而非一种适应。

但音乐与语言之间也有一些相似之处。我们将看到，音乐可以借用一些供语言使用的心理软件。另外，正如世界上的语言都遵循着一种抽象的通用语法，世界上的音乐风格也都遵循着一种抽象的通用音乐语法。首先，酝酿这种观点的是作曲家和指挥家伦纳德·伯恩斯坦（Leonard Bernstein），他在《未回答的问题》（*The Unanswered Question*）一书中充满热情地试图将诺姆·乔姆斯基的观点应用到音乐中。其次，对于通用音乐语法，内容最丰富的理论由雷·杰肯多夫（Ray Jackendoff）提出，他与音乐理论家弗雷德·勒代尔（Fred Lerdahl）合作，综合了在他们之前的许多音乐学家（其中最著名的是海里因希·申克）的观点。根据这个理论，音乐是由现有的音符和一套规则制造而成的。这套规则将音符组合成一个序列，将它们组合为三级层次结构，所有结构都叠加在相同的音符串上。要理解一首曲子，就要在我们听它时将这些心理结构组合起来。

一种音乐风格的构建组件是其现有的音符——大致说，就是一件乐器被设计可以发出的不同声音，所演奏和听到的这些音符被当作是有着开始和结束以及目标音高或音色的各自分立的事件。这将音乐与其他大多数声音流区分开来，这些声音流连续地滑上滑下，比如呼啸的风、机器的轰鸣或是演讲的抑扬之声。音符的差异在于听者感觉到的稳定度。其中一些会给人一种终结或确定的感觉，适合于作曲的结尾。另一些则感觉不稳定，当演奏这些音符时，听者会感觉到一种紧张感，直到曲子回归到更稳定的音符时这种紧张感才会消除。在有些音乐风格中，音符是有着不同音质（音色或质量）的鼓点声。而在另一些音乐风格中，音符则是从高到低的音高排列，但音程位置并不精确。但在许多音乐风格中，音符是有着固定音高的调子，被冠名为“哆、来、咪……”或者“C、D、E……”。音高在音乐上的显著性无法以绝对的术语来界定，而只能通过音高的音程和一个参考音高界定，这个参考音高通常是这组音符中最稳定的一个。

人对音高的感觉是由声音振动的频率决定的。在大多数有调音乐形式中，现有的音符与振动频率直接相关。当一个物体被设置进入一种持续的振动中时（弦被拨动、中空的物体被击打、一股空气在回响），这个物体立刻就会以几种频率振动。最低的往往也是声音最大的频率——基础频率，一般确定了我们所听到的音高，但这个物体也在以两倍于基础频率（但通常强度没那么大），三倍于基础频率（强度更小），四倍于基础频率（强度尤其小）等频率振动。这些振动被称为谐波或泛音。它们感知起来并不像与基础音有明显区别的音高，但当它们合在一起演奏时，就赋予了一个音符的饱满度和音质。

不过现在想象一下，分解一个复杂的音调并以同样的音量分开演奏每一个泛音。比方说，基础频率是每秒 64 次振动钢琴上中央 C 下面的第二个 C。第一个泛音是以每秒 128 次周期的振动，两倍于基础频率。演奏这个音本身，听起来要比基础音更高，虽然音高是相同的；在钢琴上，它对应于沿着键盘往下的下一个 C，即中央 C 下的那个 C。两个音符的音程被称作八度音阶，所有的人——确切地说，是所有的哺乳动物对有着同样质地音高但隔着一个八度的音调都会感觉出不同。第二个泛音振动至三倍于基础频率，每秒 192 次，对应于中央 C 下的 G；两个音高的音程被称作全阶第五音。第三个泛音，四倍于基础频率（每秒 256 次振动），是中央 C 上面的两个八度。第四个泛音，五倍于基础频率（每秒 320 次振动），是中央 C 上面的 E，由一个被称为大调第三音的音程分开。

这三个音高是西方音乐和许多其他风格音乐的核心音高。在我们的例子中，最低最稳定的音符 C，被称作主音。绝大多数旋律一般会回归到它并以它为结束，从而给予听者一种和谐感。全阶第五音，或称 G 音符，被称为优势音，旋律一般会趋向它，并在旋律的中间时点那里稍作停留。大调第三音，或称 E 音符，在许多情况下（但不是所有的），给予人一种明亮、愉悦或欢快的感觉。例如，比尔·哈雷（Bill Haley）的《昼夜摇滚》（*Rock Around the Clock*）以主音开始（“One o’clock，two o’clock，three o’clock，rock” < 一点钟、两点钟、三点钟，摇滚 >），继续进入到大调第三音（“Four o’clock, five o’clock, six o’clock, rock” < 四点钟、五点钟、六点钟，摇滚 >），再到优势音（“Seven o’clock, eight o’clock, nine o’clock, rock” < 七点钟、八点钟、九点钟，摇滚 >），并在那儿停留几个节拍，然后开始进入主旋律，每段旋律都以主音为结束。

更复杂音高的填充是靠在主音和优势音上添加音符，常常在音高上对应一个复杂振动越来越高（而且越来越柔和）的泛音。我们参考音符的第七泛音（每秒 448 次振动）接近于中央 A（但由于一些复杂的原因，并不确切是这个音）。第九音（每秒 576 次振动）是中央 C 上面八度的 D。将这五个音高一起放在相同的八度，你就得到了五主音或五声音阶，这在全世界的各个音乐体系中都很普遍。至少，这是对音阶从何而来的一个流行解释，尽管并不是所有人都同意这个观点。再加上上下两个不同泛音的音高（F 和 B），你就得到了七主音或自然音阶，它组成了所有西方音乐的核心，从莫扎特到民谣歌曲，到朋克摇滚，再到绝大多数爵士乐。再加上额外的泛音，你就得到了半音音阶——钢琴上所有的黑白键。即使对于门外汉不可理解的 20 世纪深奥的艺术音乐，一般也会坚持使用半音音阶的音符，而不是使用任意频率的组合。除了绝大多数音符“想要”回归主音（C）之外，音符之间还有其他一些张力态势。例如，在许多音乐情境下，B 想要到 C 上面，F 想要被拖向 E，A 则想要到 G 那儿去。

现有的音高可能还包含一些音符，可以增添一种情感色彩。在 C 大调音阶中，如果 E 的音高被降低半调降到 E 大调，形成了相对于 C 的一个音程被称为小调第三音，那么与它对应的大调相比较而言，就会引发出一种悲哀、痛苦或感伤的情感。小调第七音是另一个“忧伤音符”，它会引发一种淡淡的忧郁或悲切感。其他的音程传递出的感情曾被描述为坚韧、向往、渴求、端庄、不和谐、胜利、恐怖、有缺陷和坚定。当音符被作为一首旋律的部分连续奏出，或者作为和弦或和声的部分同时演奏时，都会引发这些情感。音乐音程的情感内涵并不一定是普遍一致的，因为人们需要熟悉一种音乐风格才能体会到它们，但它们也不是随便选择的。4 个月大的婴儿更喜欢有协和音程的音乐，如大调第三音，而不太喜欢有着像小调第二音这样不协和音程的音乐。要想学习具有更为复杂的情感色彩的音乐，人们不需要被巴甫洛夫式地条件化，也就是说，无须凭借听有着欢快或忧伤歌词的音乐音程，或者在有欢快或忧伤情绪时听这些音乐音程。一个人只需多听某种音乐风格的旋律，吸收其音乐模式，对各个音程进行对比，这样情感内涵自然而然就能培养发展出来。

这些是音高，而它们又是如何串成旋律的呢？杰肯多夫和勒代尔说明了旋律是如何由几组音高组成的，这些音高又是以三种不同的方式同时组织在一起的，每种组织模式都由一个心理表征所记录。以伍迪·格思里（Woody Guthrie）的《这片土地是你的土地》（*This Land Is Your Land*）开篇为例：

This land is your land; this land is my land, from Ca-li- for- nia, to the New York Island.

（这片土地是你的土地，这片土地是我的土地，从加利福尼亚到纽约岛）

第一个表征被称为一个分组结构。听者会感觉到几组音符聚在一起构成基调模式，基调模式接下来又组成乐句，乐句又组成行或节，行或节再组成章节、乐章和曲篇。这种树形层次类似于一个句子的词组结构，当音乐有歌词时，二者部分地重合在一起。这种分组结构在这里用音乐曲谱下的括号来表示。旋律中“This land is your land”和“this land is my land”的部分，是这个结构里长度最短小的群组。当它们组合在一起时，就形成了一个更大的组块。这个更大的组块与综合组块“from California to the New York Island”联合在一起构成一个还要大的组块，以此类推。

第二个表征是一个韵律结构，我们报数为“一－二－三－四，一－二－三－四”的强弱节奏的重复序列。整个模式用音乐符号归纳起来作为拍子，如 4/4，结构本身的主要边界由竖线来划定，将乐曲分为小节。每小节包含四拍，在不同的音符之间分配，第一拍最强，第三拍中强，第二拍和第四拍都保持弱。本例中的韵律结构由音符下的点行来表示。每一行对应节拍器的一次滴答声。一行中的点越多，那个音符的重音就越强。

第三个表征是一个简式结构。它将旋律分解为基本部分和装饰。装饰剥离后，基本部分被进一步分解为更加基本的部分和对它们的装饰。这种简约持续下去直到旋律被约减成少数一些显著音符的光秃秃的架构。下面就是《这片土地是你的土地》一曲首先被归结为一半的主音，然后到四个主音，再到只剩两个主音。

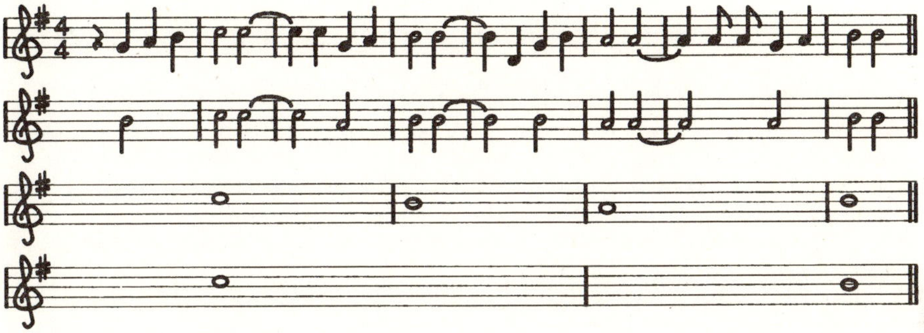

整个段落基本上就是从 C 到 B 的一种花哨方式。我们在节奏吉他的和弦中可以听到一首旋律的简式结构。此外，乐队为踢踏舞者伴奏时，在结束时间会演奏一段章节，其中在本来留给整行曲子的位置击打同一个音符，从而使踢踏声更容易被听到，这也是我们听过的简式结构。当我们听出古典音乐或爵士乐中一首曲子的变调时，我们会感受到简式结构。旋律的架构被保留下来，而装饰部分则因不同的变奏而异。

杰肯多夫和勒代尔提出，实际上有两种方式可以将旋律分解为越来越简化的架构。我已经给你看了第一种方式，时间跨度的简约，它与分组和旋律结构一起，将一些音组和节奏指定为另一些音组和节奏的装饰部分。杰肯多夫和勒代尔将第二种方式称为延长简约。它记录了音流穿过音节的感觉，在整个曲子的演奏过程中越来越长的章节里所积聚和释放的张力感，以及在曲终时最大程度平和栖息感的汇集。当旋律从较稳定的音符离开到较不稳定的音符时，紧张感集聚起来；当旋律回归稳定音符时，紧张感得到释放。紧张和释放的轮廓还可以被概括界定为从不协和和弦到协和和弦的变化，从非重音音符到重音音符的变化，从较高音到较低音的变化，以及从延长音到非延长音的变化等。

音乐学家德里克·库克（Deryck Cooke）提出了一个延长简约的情感语义学理论。他解释了音乐是如何通过在不稳定和稳定音程间的转换来传达紧张和释然感，以及通过在大调和小调音程间的转换来传递欢快和悲伤的感觉。他说，仅由四五个音符的简单模式就可以传递出像“纯粹、神圣的欢乐”“恶魔般的恐怖”“持续的、令人快乐的渴望”和“极度苦恼的发作”这样的感受。较长的延伸以及模式中套模式的乐段，可以传达复杂细致的情感基调。正如库克所分析的，一个乐段表达出了“痛苦情绪的激烈迸发感，它没有进一步抗争，而是退而接受认可——一种悲痛的起起落落。既不是完全抗争也非完全接受，它有一种焦躁不安的悲哀效果”。库克用几个有着一致诠释力的例子来支持他的分析，许多曲子配有歌词，这提供了额外的证据。一些音乐学家对库克的理论嗤之以鼻，给他的每一种论断都找到了反例。但这些例外一般都来自精美的古典音乐，它们运用间插交错、嵌入式和含糊暧昧的乐行来挑战听者对曲子的简单期待，它们针对的是老练、富有经验的听者。库克的独特分析或许还有待探讨，但他认为音程模式和情感模式之间存在合理联系这一观点显然是正确的。

这就是音乐的基本设计。但如果音乐没有赋予任何生存优势，那它来自何方，又为什么起作用呢？我怀疑音乐就是块听觉乳酪蛋糕—— 一种精致的点心，用来骚动我们至少 6 个心理官能的敏感之处。一首标准的曲子能够同时触及这 6 处，但我们可以从各种不那么正宗的音乐中分别看到这些成分，因为这些音乐或许会将一个或几个成分遗漏在外。

1. 语言。我们可以给音乐填词，当一个懒惰的词作者将重音音节和非重音音符或是反过来将非重音音节和重音音符排在一起时，我们会唯恐避之不及。这说明，音乐从语言那里借了一些心理设备——具体而言，就是从语调节律扩展至许多音节的声音轮廓。强弱节奏的韵律结构、音高起落的音调轮廓，还有乐句套乐句的层次分组，所有这些在语言和音乐中都以相似的方式发挥着作用。这种类似之处或许解释了这一直觉：一首乐曲传达出一种复杂的信息，它通过引入主题并予以置评做出论断以及它会强调某些部分而对另一些部分浅吟低语。音乐被称为“效果更强的演讲”，它确实可以被归入演讲。一些歌手不经意间表演成“根据音高来讲话”，而不是和着旋律，比如鲍勃·迪伦、娄·里德（Lou Reed）和《窈窕淑女》（*My Fair Lady*）中的雷克斯·哈里森（Rex Harrison）。他们听起来像介乎于活生生、滔滔不绝的话唠和音盲跑调歌手之间的状态。说唱音乐、传教士们响亮干脆的演讲，还有诗歌也是其中介形式。

2. 听觉场景分析。就像眼睛收到一堆混杂的马赛克碎片，必须将平面从它们混乱的背景中分离出来一样，耳朵也会收到一堆混乱的杂音频率，必须将出自不同来源的音流分离开来——交响乐团中的独奏者、嘈杂房间里的一个说话声、鸟鸣啁啾的森林中一只动物的叫声、叶子沙沙作响中的呼啸风声。听觉感知是反向声学：输入的是声波，输出的是发出它的声音制造者的具体描述。心理学家阿尔伯特·布莱格曼（Albert Bregman）提出了听觉场景分析的原则，并且表明大脑是如何将旋律中的音符串在一起的，就像这支旋律是来自唯一一个声音发出者的音流一样。

大脑识别声音发出者的一个窍门是，注意和音关系。内耳将“嘟嘟”声分解为它的组成频率，然后大脑将其中一些部分又黏合起来，并将它们感知为一个复杂的音调。具有和音关系的组成部分——其中一部分是一个频率，另一个部分双倍于那个频率，还有一个部分三倍于那个频率，以此类推。它们被组合在一起，感知起来就像单一的音调，而不是分开的音调。大脑很可能就是这样把它们黏合在一起的，并促使我们对声音的感知可以反映现实。根据大脑的猜测，在和音关系中同时发出的声音，大概就是源自外部世界的一个声音发出者的单一声音的泛音。这个推测很合理，因为许多谐振器，比如被拨动的弦、被击打的中空物体，还有叫唤的动物，都会发出由许多和音泛音组成的声音。

这与旋律有什么关系？有调旋律有时被说成是“序列化的泛音”。构建一支旋律就像把一个复杂的和谐音切割成多个泛音，把它们从头至尾按照特定的顺序摆放排列。或许，旋律令耳朵感到愉悦的原因和对称、规则、平行、重复的涂鸦令眼睛感到愉快的原因是一样的。它们放大了处于一种环境中的体验，这种环境包含了来自有趣又有影响力的物体的强烈清晰而又可分析的符号。一种无法被清晰看到或者由同质的污泥所组成的视觉环境，看上去就像一大片毫无特征的棕色或灰色的海。一种无法被清晰听到或者由同质噪声组成的听觉环境，听起来就像一道毫无特征的静止无线电波。当我们听到一组协和的音调时，我们的听觉系统很满意它已经成功地将听觉世界雕琢为属于外部世界重要物体的各个部分，即谐振共鸣的声音发出者，如人、动物和中空的物体。

延续这个思路，我们会观察到，音阶中比较稳定的音符对应符合于同一声音发出体所产生的较低沉、一般也更大的泛音，因而可以确定地和这个声音发出体的基本频率（参考音）分组在一起。不太稳定的音符对应于较高且一般较弱的泛音，尽管它们也可能来自相同的声音发出体，如参考音，但这种分配并不那么确定。与之类似，由一个大调音程分开的音符一定来自同一个谐振器，而由小调音程分开的音符则可能是很高的泛音（因而也很弱且不那么确定），或者它们可能来自一个有着复杂形状和材质，不能发出很清晰优质音调的声音发出体，或者它们根本就不是来自同一个声音发出体。或许，小调音程来源的模糊性给了听觉系统一种不安全感，这种感觉被转化为处于大脑中其他地方的忧伤感。风铃声、教堂钟声、火车汽笛声、克莱斯克顿号角声，还有颤抖的警报器声都能引发一种有着恰好两个和谐相关音调的情绪反应。回想一下，音调间的几个跳跃是一首旋律的核心，而其余所有部分则是一层又一层的装饰。

3. 情感呼唤。达尔文注意到，许多鸟类和灵长类动物的叫声都是由具有和音关系的、离散的音符组成的。他推测，它们的演化是由于其易于被一次又一次地再复制传递。（如果达尔文生活在一个世纪之后，他就会说数字表征比模拟的更容易被不断复制。）达尔文暗示，人类的音乐源于我们的祖先求偶交欢时的叫声，虽然这一观点听起来并不那么有道理。但他的观点如果被扩展到包括所有情感叫声的话，可能会更为合理。呜咽、哀鸣、哭泣、哀哭、呻吟、咆哮、“咕咕”叫、大笑、吠叫、低吠、欢呼，还有其他的叫声，都有着声学的特征。或许，旋律强烈的情绪是因为它们的架构类似于我们这个物种情感叫声的数字化模板。当人们试图用语言来描述音乐章节时，他们把这些情绪叫声用作比喻。灵魂音乐家将他们的歌唱与咆哮、叫喊、呻吟和呜咽混杂在一起，伤心恋曲和乡村西部音乐的歌手们则运用了哽咽、裂声、犹疑迟钝，还有其他情感痉挛。假造代用情绪是艺术和娱乐的一个惯常目标。我会在随后的一节讨论其原因。

4. 栖息地选择。我们关注视觉世界的特征，它们是显示安全不安全，或是正处于变化中的栖息地的信号，如远处的景象、绿色植物、云的聚集，还有落日（见第 6 章）。或许我们也关注表示安全不安全，或栖息地变化的听觉世界特征。雷声、风声、湍急的水流声、鸟的鸣叫声、嗥叫声、脚步声、心跳声，还有树枝的折断声，都有着情绪效应，这大概是因为它们是由外部世界值得注意的事件所发出的声响。或许，一首旋律核心中一些被简约后的特征和节奏就是唤起感情的环境声音的简化模板。作曲家使用被称为音调渲染的装置，从而在一首旋律中有意唤起自然界的声音，比如雷声或鸟鸣声。

体现音乐的情感牵引作用的例子或许可以在电影配乐中找到。许多电影和电视剧实际上从一开始到结束都在用准音乐的编排协调控制观众的情绪。它们没有真正的节奏、旋律或分组，却能够将影迷们从一种情绪调动到另一种情绪中：默片中的高潮逐级上升、老式黑白电影的肉麻场面配上悲恻凄婉的弦乐（做拉小提琴状讽刺姿势的来源，意为“你在试图操纵我的同情心”）、《大白鲨》（*Jaws*）中不详的双音符基调、《碟中谍》（*Mission Impossible*）系列剧中充满悬念的铙钹和鼓声以及打斗和追逐场面中愤怒的不和谐音。尚不清楚这种伪音乐是否渗透到了自然声响、讲话、情感叫声或其他一些组合的框架中，但不可否认它是很有效的。

5. 运动控制。节奏是音乐的通用组成部分，在许多音乐风格中，它甚至是基本或者唯一的组成部分。人们跟着音乐跳舞、点头、摇晃、摆动、迈步、鼓掌和打响指，这强有力地说明音乐进入了人的运动控制系统。重复性的动作，像走、跑、切、刮和挖都有一种最优的节奏（通常是节奏中套节奏的优化模式），它是由身体的阻抗和工具或所操作平面的阻抗所决定的。推孩子荡秋千是一个很好的例子。一个不变的节奏模式是调整这种运动速度的最优方式，保持这种模式就能使我们体会到适度的乐趣，运动员把这称为进入状态或者找到了感觉。音乐和舞蹈或许是这种愉悦刺激的浓缩剂量。肌肉控制也包含了紧张和放松的依次更迭（例如，在跳跃和击打中），动作执行的紧急、热情或是倦怠，以及反映出自信、屈服或抑郁的身体姿势的直立或萎靡。一些偏重心理学的音乐理论家，包括杰肯多夫、曼弗雷德·克林斯（Manfreed Clynes）和大卫·爱泼斯坦（David Epstein）都认为音乐再造了运动的动机和情感组成部分。

6. 其他一些东西。即一些解释了整体是如何大于部分之和的东西。一些东西解释了，为什么观看一张幻灯片进入和离开聚焦范围，或者拖着一个文件柜爬上一段楼梯不会把灵魂从人们的躯壳中拽走。或许是大脑中与一道声波同步激活的神经元和情感回路中一次自然振荡之间的谐振共鸣？左脑负责讲话的区域对应右脑未使用的部分？某种拱侧或狭小空隙，或者短路，或者以一种与听觉、情绪、语言和运动回路在大脑中组合在一起的方式相同的方式伴随而生的结合？

对音乐的如上分析是推测性的，但它很好地补充了本书其余部分对心理机能的讨论。我选它们为主题，是因为它们表现出作为适应最清晰的标志；而选择音乐是因为它表现出非适应的最清晰标志。

“事实上，我看电影时很快乐，即使是看一部很烂的片子。其他人则很珍视他们生命中值得记忆的时刻，我是这样读到的。”至少沃克·珀西（Walker Percy）的小说《影迷》（*The Moviegoer*）的朗读者承认这一差异。电视台常会收到肥皂剧观众的来信——他们对反面角色进行死亡威胁，给失恋的角色提供建议，给婴儿角色寄去婴儿袜。墨西哥影迷们因用子弹把屏幕打成筛子而举世闻名。演员们也会抱怨,粉丝们把他们与他们所饰演的角色搞混。伦纳德·尼莫伊(Leonard Nimoy)写了一本回忆录名叫《我不是间谍》(*I Am Not Spook*),然后放弃并又写了另一本名叫《我是斯波克人》(*I Am S-pock*)。这些轶闻经常出现在报纸上,通常是为了暗讽现在的人是区分不出幻想和现实的笨蛋。我怀疑人们实际上并不是被欺骗,而是愿意走极端,把从虚拟中丧失自我而得到的愉悦感放大并强化。那么,这种在任何人身上都能找到的动机从何而来呢?

古罗马抒情诗人贺拉斯(Horace)写道,文学是"为了愉悦和指导"。这种功能在几个世纪后得到了约翰·德莱顿(John Dryder)的呼应,他将戏剧定义为"一种对人性恰当而鲜活的形象,代表了它的热情和幽默以及制约它的命运的机遇;为了使人类愉悦并给予指导"。将愉悦(或许是为按下我们的快乐按钮的无用技术的产物)和指导(或许是认知适应的一个产物)区分开来是很有帮助的。

虚构的技术传递了一种对人生的模拟仿真,观众或听众可以身处舒适的山洞、沙发或影院座位而在心理上介入其中。语言能够引发激活部分脑区的心理意象,这种激活记录了我们实际所感知的外部世界。其他技术违背了我们的感知系统的假设,通过对我们看到和听到的实际事件进行部分复制而生成幻觉来糊弄我们。这些技术包括服装、化妆、布景、音效、摄影和动画。或许在不久的将来,我们可以把虚拟现实也加到这张清单中。在更远的未来,还会有《美丽新世界》(*Brave New World*)中能看、能摸、能闻味道的电影娱乐。

当幻觉起作用时,"为什么人们喜欢享受虚构"这个问题就没什么神秘之处了,它就等同于"为什么人们喜欢享受生活"这个问题。当我们沉浸于一本书或一部电影时,我们会看到壮观的风景,与重要的人物产生共鸣,与迷人的男人或女人坠入爱河,保护所爱的人,实现不可能实现的目标以及打败邪恶的敌人。这一切只需要花几十块钱,这可真是一笔不错的交易!

当然,不是所有的故事都有快乐的结局。为什么我们要花几十块钱来购买使我们感到悲惨的模拟生活呢？有时，就像看艺术电影一样，是为了借助文化大男子主义而获得身份地位。我们之所以忍受情感上的折磨是为了将自己与去看电影只为了享受的粗鲁庸人区别开来。有时，这是我们要满足两种不相容愿望而支付的代价：有着快乐结局的故事和有着无法预测结局的故事，它们保留了对现实世界的幻想。一定有一些故事中，杀人犯追不上地下室中的女主角，否则我们就永远不会在她逃脱的故事中感受到悬念和如释重负。经济学家史蒂文·兰兹伯格（Steven Landsburg）注意到，快乐的结局占主导地位，因为导演们都不愿牺牲自己所执导影片的票房而去成就电影，使总体上更有悬念，因而他们会让电影有更好的结果。

但我们如何解释那些催泪电影，那些目标受众是一些喜欢被虚假的故事带入悲伤状态的观众的电影？心理学家保罗·罗辛把催泪电影和其他良性受虐狂的例子归在一起，比如吸烟、坐过山车、吃辣椒和蒸桑拿。回忆一下，良性受虐狂就像汤姆·沃尔夫作品中的试飞驾驶员一样，将机能推到极限以外，小幅增量地测试一个人能够多么近距离地接近灾难边缘而不坠入深渊，从而拓宽了生命的备选范围。当然，如果理论对每一种令人费解的行为都提供了巧舌如簧的解释，那么这种理论便是空洞的。如果它预测人们会花钱把钉子钉在自己指头里，这种理论就是错的。但这个观点要更微妙一些。良性受虐狂还必须确信不会有严重的损害降临在自己身上。他们必须将痛苦或恐惧的增量控制在可度量的范围内，并且还要有机会控制和减轻这种损害。催泪电影的技术似乎符合这种要求。影迷们始终知道当他们离开电影院时，他们会发现自己所爱的人不会受到伤害。女主角是被一种慢性绝症夺走性命，而不是因为心脏病或者一块热狗噎在嗓子里致死，所以我们可以为这场悲剧的酝酿准备我们的情感。我们只需接受女主角会死的这一抽象前提，而无须见证可能有争议的细节。葛丽泰·嘉宝、艾尔丽·麦古奥（Ali MacGraw）和德博·温格（Debra Winger）看上去都很可爱——当她们因肺结核或癌症而逐渐消瘦时。而观众必须再找到下一个心仪对象，同情她们所抗争的苦难，并确信生活还会继续。催泪电影模拟了与悲剧斗争的凯旋。

甚至密切注意普通虚构人物在他们生活中的缺点也会按下一次快乐按钮，这个按钮的标签叫“流言”。流言蜚语是所有人类社会中最受喜爱的消遣方式，因为知识就是力量。知道谁需要帮助而谁能提供帮助，谁值得信任而谁是个说谎者，谁还（或很快就会）名花无主（或空有梧桐树尚无凤凰来）而谁受到妒忌心强的配偶或家庭的保护——所有这些在生命的游戏中都给予了明显的战略优势。这一点在信息尚未广为人知的时候尤其如此，那么，第一个得知此消息的人可以利用其中的机会，堪称具有等价社交性的内部交易。在我们心智演化过程中的小规模氏族部落中，每个人都彼此相识，所以，所有的流言蜚语都是有用的。现在，当我们窥视虚构人物的私人生活时，我们是在给自己传播同样的谣言。

然而，文学不仅使人愉悦，还给人以指导。计算机科学家杰瑞·霍布斯（Jerry Hobbs）在一篇文章中试图反向设计虚构的叙事，他打算把这篇文章叫作“机器人会有文学吗？”他下结论说，小说的作用就像实验。作者将一个虚构角色放在一个模拟现实世界的假设情境中，这个模拟世界遵循着通常的事实、法则与规律，作者允许读者去探索结果。我们可以想象都柏林有个人名叫列奥伯德·布卢姆，他有着詹姆斯·乔伊斯赋予他的性格、家庭和职业，但如果我们突然得知当时的英国君主不是爱德华国王，而是埃德温娜女王，我们就会表示反对。甚至在科幻小说中，我们被要求暂时停止对一些物理学定律的信奉，比如为了把男主人公送到邻近的星系，但除此之外，所有事件应当根据合乎规律的因果关系来逐步展开。一个超现实故事，如卡夫卡的《变形记》（*Metamorphosis*）即从一个反事实的前提条件开始——一个人可以变成一只昆虫，然后在一个所有其他事情都一样的世界中发展故事情节和结果。男主人公保留了他的人类意识，我们关注着他的变形发展，人们对他的反应就像真人对一只巨大昆虫的反应一样。只有在有关逻辑和现实的虚构小说中，如《爱丽丝漫游仙境》（*Alice's Adventure in Wonderland*），任何奇怪的事情才都有可能发生。

一旦虚构世界被建立起来，主角就会被赋予一个目标，我们注视着他克服障碍去追求这个目标。对情节的这种标准定义和我在第 2 章中提议的对智能的定义完全相同，这并非巧合。虚构世界中人物所做的和现实世界中我们的智能让我们做的完全一样。我们观看他们发生了什么并做心理记录，记下他们在追求目标时使用的战略战术及其带来的结果。

这些目标是什么呢？一个达尔文主义者会说，有机体只有两个目标：生存和繁殖。这些也是驱动虚构小说中人类生物的确切目标。乔治·波尔蒂目录里的 36 种情节中，绝大多数都是由爱、性或对主角或其亲属的安全构成的威胁（例如，“错误的嫉妒”“血亲间的复仇”“发现爱人的不忠”）来定义的。儿童小说和成人小说之间的差异通常被概括为两个单词：性和暴力。伍迪·艾伦对俄国文学的尊崇被冠名以“爱和死亡”。宝琳·凯尔（Pauline Kael）给她所著的一本电影评论书的起名取自一张意大利电影招贴画，据她说包含了“对电影基本的吸引人之处所能想到的最简洁的陈述”：《小贼、美女和妙探》（*Kiss Kiss Bang Bang*）。

性和暴力并不仅仅是低俗小说和垃圾电视剧热衷的题材。语言学家理查德·莱德勒（Richard Lederer）和计算机程序员迈克尔·吉尔兰（Michael Giueland）列出了下面这些小报标题：

> 芝加哥汽车司机扼死老板女儿，然后肢解尸体塞入壁炉
>
> 医生妻子被曝怀上当地牧师的私生女
>
> 青少年双双自杀，其家庭誓言终结世仇
>
> 学生承认斧刃当地典当铺老板及其助手
>
> 车库主暗中跟踪富裕商人，然后将其枪杀于其游泳池中
>
> 疯女人被长年囚禁于阁楼，因房子着火而跳下摔死
>
> 前学校教师原来一直是妓女，被判处关进疯人院
>
> 王子为报复父亲谋杀却杀死母亲，居然被判无罪

听起来熟悉吗？应该很常见吧。

当阻挠主人公实现目标的障碍是追求不相容目标的其他人时，小说就尤其令人感兴趣了。生活就像国际象棋，情节就像记录经典棋局的那些书，认真的

棋手会研究它们，这样如果一旦发现自己身处类似的困境，他们就能有所准备。这些书很便捷，因为国际象棋是组合性的。在任何阶段，都有太多可能的移动步骤和对策顺序而无法一一浮现在人的脑海中。一般的策略如“早些走出你的皇后”太过含混而没什么大用处，因为这些规则适用于数以万亿计的对局情形。一种好的训练方式是构建一个包括几万种难解棋局及其移动对策的心理目录，使得好的棋手可以熟练掌握这些棋局。在人工智能中，它被称作基于案例的推演。

生活比国际象棋有更多的移动可能。从某种程度上讲，人们总会处于冲突之中，他们的移动步骤和应对举措翻倍将繁衍出无法想象的相互作用与影响。伙伴就像假设悖论中的囚徒，在这一步和随后的步骤中，可以与你合作也可以背叛你。父母、子女和兄弟姐妹则因为部分的基因重叠，彼此之间既享有共同的利益也有相互冲突的利害关系，任何一方针对另一方的行为可能会是无私的、自私的或者二者的混合。当男孩遇见女孩，任何一方或双方都可能把对方视为一个配偶、一个一夜情对象或两者都不是。配偶可能会忠诚或者私通。朋友也可能是伪朋友。盟友承担的风险可能会比他本应公平分担的要少，或者可能会在命运之神转向他时背叛逃跑。陌生人可能会是竞争者或根本就是敌人。由于这些可能的欺骗（使得话语和行为亦真亦假）和自我欺骗（使得真诚的话语和行为亦真亦假），游戏被置于更高的维度。又基于一轮轮看似矛盾的策略和对策，它们被扩展至更高的维度。这其中，个人的惯常目标——控制、理性和知识，自动服从于一些直接目的，比如使某人看起来不受威胁、值得信赖或者过于危险而不敢挑战。

人们在冲突中的阴谋之举能够以太多的方式翻倍增加，没有人可以在心目中尝试所有行动过程的后果。小说叙事提供给我们一份事关生死难题的心理目录，我们有一天可能会面对这些难题，而应对策略的结果我们也可以从中效仿。如果我怀疑我的叔叔杀了我的父亲，霸占了他的位置并娶了我母亲，我该如何对付他？如果我那倒霉的兄长在家里不受尊重，在什么情况下他会背叛我？如果我的妻子和女儿不在家的某个周末我被一位客户诱惑，最坏的结果是什么？假如身为乡村医生妻子的我，为了要在单调的生活里寻找乐趣而与其他男人发生了性关系，我所面临的最坏下场会是什么？当强盗今天就想要强占我的土地时，我怎样做可以避免以卵击石的对抗，但又不至于看上去像个懦夫，从而让我可以拖延至明天再把土地割让给他们？这些答案可以在任何书店或者录像商店中找到。生活模仿了艺术的陈词滥调是正确的，因为一些艺术的作用就是让生活去模仿它。

任何事情都能被说成是有关优秀艺术的心理吗？哲学家纳尔逊·古德曼（Nelson Goodman）在检视艺术和其他符号形式的差异时有了一个顿悟。假设由于巧合，一张心电图和葛饰北斋所画的一幅富士山画作都包括了相同的锯齿状线。两幅描摹都代表了些什么内容，但心电图唯一重要的部分是线条所经过的每个点的位置。它的色彩和厚度，图的大小，还有纸的颜色和背景都是不相干的。如果这些要素都改变了，图形仍然是相同的。但在葛饰北斋的画作中，这些特征都不能被忽略或随意变更，任何变化可能都是艺术家精心为之的。古德曼将这种艺术的特性称为“完备性”。

一位优秀的艺术家会充分利用完备性，将一个媒介的各个方面都发挥到极致。他已经拥有观众或听众的关注和倾听，而作品本身并没有实际用途，无须满足苛刻的机械性的规范要求；每一部分都是虚位以待，等待被有心人捕捉。希斯克利夫[①]总找个由头来展现他的热情和愤怒，所以干吗不选择风雨交加、阴森森的约克郡沼泽呢？一个场景总得需要画笔来描绘，所以干吗不用不和谐的旋涡来渲染繁星点点的夜空，或是在脸上乱抹绿色来表现出斑驳的影像，从而烘托出田园风光的基调呢？一首歌需要旋律和歌词，在科尔·波特（Cole Porter）的《每次当我们说再见时》（*Every Time We Say Goodbye*）中，一行乐句是用一个大调和一个小调的交替韵律来演唱的，歌词是这样的：

① 《呼啸山庄》中的人物。——译者注

> When you're here, there's such an air of spring about it.
> I can hear a lark somewhere begin to sing about it.
> There's no love song finer,
> But how strange the change from major to minor,
> Every time we say goodbye.
> 当你在的时候，这里充满春的气息。
> 我能够听到云雀，在某个地方清啼。
> 再没有任何爱的歌曲，可以比它更加美丽，
> 它的歌声婉转旖旎，忽高忽低，或欢喜，或悲戚，
> 每一次，当我们依依作别、不舍离去。

这首歌讲的是与恋人离别时从欢乐到悲伤的情感变化：旋律从欢快变得忧伤，歌词也运用了从欢喜到悲伤的旋律为隐喻，来表现情绪从欢喜转变为哀愁的过程。在努力营造音流引发情绪变化的过程中，什么元素都没有白费。

娴熟运用完备性打动我们的不仅是同时利用多个通道引发愉悦的情感。一些部分在最初可能是不协调的，在解决这种不协调性的过程中，我们发现了一些方法，利用这些方法，艺术家们将媒介的不同部分加以编排，从而可以同时发挥同样的效果。我们会问，为什么要突然刮起呼啸的狂风？那位女士的脸颊上为什么要有块绿斑？为什么一首情歌要述说关于音调的内容？在解决疑惑的过程中，观众或听众被引导着开始注意这个媒介中某个通常不起眼的部分，而渴望的效果也因此得到了加强。这个顿悟来自亚瑟·库斯勒（Arthur koestler）关于创造性的杰作《创造性行为》（*The Act of Creation*），并构成了他对另一个人类心理难解之谜——幽默的高妙分析的基础。

“笑”有何用？

下面是库斯勒如何引入幽默这个问题的：

> 我们常常会无法抑制自己与某种噪声相关联的 15 块面部肌肉不自觉的

> 同时收缩，这一动作对我们的生存有何价值？大笑是一种反射，但它的独特之处在于，它没什么明显的生物学用途；人们可以称它为一种奢侈的反射。它唯一的实用性功能就是能让人从功利性的压力中获得暂时的放松。从笑产生的演化水平上看，一种轻佻的元素似乎潜入了一个由热力学定律和适者生存法则统治的、毫无幽默感的宇宙之中。
>
> 这个悖论可以用另一种不同的方式来讲。它之所以会打动我们，其实非常自然合理，就像一束强光照进眼睛会使瞳孔收缩，或是别针扎到脚里会让脚立刻回缩一样——因为“刺激”和“反应”都处于同一生理水平。但一种复杂的心理活动，比如阅读瑟伯的一页书，应当会引起反射水平上的某种特定运动反应，这成为自古以来困扰哲学家们的一种畸形现象。

让我们把库斯勒的分析、演化心理学的最新研究，还有对幽默和笑的实际研究中的线索组合在一起看看吧。

库斯勒写道，笑是一种不自觉地制造噪声的行为。正如所有的学校老师都知道的，它会干扰讲话者的注意力，使讲话难以继续。而且，笑是具有传染性的。心理学家罗伯特·普罗文（Robert Provine）记录了人类的笑习性学，他发现，与他人在一起时比他们独处时笑的次数要多30倍。即使在人们独自大笑时，他们也往往在想象和他人在一起：他们在阅读其他人的话语，听收音机里其他人的声音，或者观看电视里的其他人。人们在听到笑时也会笑，这就是为什么喜剧会用笑声背景来弥补现场观众的空缺。杂耍表演演员在讲笑话时不时穿插强调的鼓边敲击或鼓声就是一种前兆。

所有这些都说明了两件事。其一，笑声很聒噪不是因为它释放了被压抑的心理能量，而是因为这样其他人才会听见；它其实是一种沟通交流的方式。其二，笑是不自觉的，这和其他情绪展示也是不自觉的原因一样（见第6章）。大脑通过传达源自计算系统的控制，来播放对心理状态诚实、不可伪装和昂贵的“广而告之”。在计算系统控制的基础之上，才由身体工厂的低层次管理者负责自觉主动行为。这就像对生气、同情、羞愧和恐惧的表现一样，大脑会努力使“广告对象”相信表现出的心理状态是发自内心的，而不是一种伪装。

笑在其他灵长类动物中似乎也有类似的对应物。人类习性学家伊瑞诺斯·艾伯·亚贝费特（Irenaus Eibl-Fibesfeldt）听到猴子们聚集起来威胁或进攻一个共同敌人时会发出围攻叫声，这种叫声里就包含有节奏的笑声。黑猩猩会发出一种不同的噪声，灵长类动物学家称之为笑声，这种声音是在呼气和吸气时都能发出的喘息声，它听起来更像是锯木头的声音，而不是人类笑声所发出的“哈哈哈”声。（也可能黑猩猩还有其他种类的笑声。）当黑猩猩相互胳肢对方时会“笑”，就像孩子们一样。胳肢是指在模拟攻击中触及身体脆弱的部位。许多灵长类动物和孩子们都会采用这种胡乱的玩耍作为打斗的练习。练习打斗使打斗者面临这样一种矛盾境地：这种扭打应当足够真实才能作为有用的攻防练习，但每一方都想另一方知道进攻是假装的，这样打斗不至于升级也不会造成真正的伤害。黑猩猩的笑和其他灵长类动物的扮鬼脸都演化为一种信号，表示侵犯就如我们所表现出来的，都是在闹着玩。所以，我们有两个备选答案作为笑的前兆：一个是集体进犯的信号，另一个是假装进犯的信号。它们并不是相互排斥的，二者都可能会给人类的幽默提供前兆。

幽默常常是一种侵犯。谁都不愿意被嘲笑，因为感觉上那就像受到了攻击。喜剧效果往往是建立在闹剧和侮辱上的，在不那么文雅的场合中，包括人类的原始社会，幽默可以是公然的残酷虐待。孩子们在看到其他孩子弄伤自己或者遭受不幸时，常常会歇斯底里地大笑起来。文献中对原始人之间的幽默的许多报告也都很相似。当人类学家雷蒙德·汉默斯（Raymond Hames）和亚马孙雨林的Ye'Kwana印第安人住在一起时，有一次他的头撞到了小屋门口的横梁上，然后踉跄地跌坐在地上，当时血流如注，他痛得身体都扭曲了起来。旁观者却在笑声中越聚越多。和这些印第安人相比，我们也没好到哪里去。英格兰的死刑犯处决现场曾经也是整个家庭聚在一起观看行刑的场所，当死刑犯被套上绞刑架绞死时，看客们会欢呼大笑。在《1984》中，奥威尔借温斯顿·史密斯的日记对流行娱乐进行了辛辣讽刺，令人有些不舒服的是，那个场景颇为类似于当下电影院里的某个寻常夜晚：

> 昨晚去看电影，全是战争片。有一部还不错，讲的是一艘装满难民的船在地中海某处遭到空袭。观众们在看到一个大胖子想要游开，以便逃脱

> 追他的直升飞机的一幕时都觉得很好玩。起初你看到他像一头海豚一样在水里浮沉，后来你会通过直升飞机的瞄准器看到他，最后他全身都是枪眼，四周的海水都被染红了。他突然下沉，好像枪眼里吸进了海水一样，下沉的时候观众笑着叫好。接着你看到一艘装满儿童的救生艇，上空有一架直升飞机在盘旋。有个中年妇女坐在船头，大概是个犹太女人，怀中抱着一个大约三岁的小男孩。小男孩吓得哇哇大哭，把脑袋躲在母亲的怀里，好像要钻进她的胸口里去似的，那个妇女用胳膊搂着他，安慰着他，尽管她自己的脸色也吓得发青。她一直用自己的胳膊尽可能地掩护着他，仿佛她以为自己的胳膊能够抵御子弹不让他受伤似的。接着，直升飞机在他们中间投了一颗20公斤的炸弹，引起了可怕的爆炸，救生艇四分五裂，成了碎片。接着又出现一幕很精彩的镜头：一个孩子的胳膊飞了起来，越飞越高越飞越高，直到天空中，一架机头装着摄像机的直升飞机一定在跟着这只胳膊，电影院里爆发出雷鸣般的掌声……

我都几乎不忍再读下去了，但另一方面，我不记得当看到电影中印第安纳·琼斯掏出枪来射杀龇牙咧嘴、挥舞弯刀的埃及人时，我是否也笑得很起劲。

奥威尔对受害者恐怖遭遇的悲惨描述所引发的震惊，表明了单单残酷本身并不会启动幽默。被嘲笑的对象一定要被看成是在要求一些他配不上的尊严和尊重，而幽默事件一定要把他折辱一番。幽默是排场和礼仪的大敌，特别是当这些排场和礼仪支撑的是一个对手或上司时尤其如此。最吸引人的奚落对象是老师、牧师、国王、政客、军队军官，还有其他有权有势之人。当我们被告知他们是微型的小人，而哈默斯是个魁梧的美国人时，甚至连 Ye’Kwana 人的幸灾乐祸也让人感觉更加熟悉了。现实生活中我见过最好笑的事大概是在哥伦比亚卡利的一次军队游行。位于游行队伍前面的一位军官在骄傲地昂首阔步，他前面有一个七八岁、衣衫褴褛的小孩在骄傲地昂首阔步，孩子的鼻子翘到了天上，两只胳膊雄赳赳地摇摆着。那位军官试图猛踢几下顽童且又不打乱自己的步伐，但那个男孩总是成功地向前跳跃几步，刚好保持了不被踢到的距离，并一直带领着游行队伍穿过街道。

尊严的降格还构成了荤段子和污秽幽默的广泛吸引力的基础。世界上的绝大多数幽默都更类似于喜剧电影《动物屋》（*Animal House*）式的搞笑，而不是像阿尔冈琴圆桌会议间的文字游戏。当香农开始在雅诺马马人中收集宗谱数据时，他必须得解决他们不允许提到显赫人士的禁忌（有点像我们文化中的如“先生”和“阁下”这种称呼形式背后隐含的敏感性）。香农请他的受访者把一个人及其亲戚的名字低声在耳边告诉他，然后他再笨拙地重复这些名字，以确保他听到的是正确的。当被叫名字的人怒视他，而旁观者咯咯直乐时，香农才能确信他记下了这个人正确的名字。经过几个月的工作，他终于制成了一份详尽的谱系表，在一次去邻近村子拜访时，他想要炫耀一下，于是假装无意地说出了首领妻子的名字。

> 之后是一阵错愕的安静，然后全村爆发出无法控制的大笑声、笑的岔气声、上气不接下气声，还有狂啸声。似乎是我认为首领娶了一个名叫“毛茸茸阴部”的女人。还有，我把首领叫作“长洞”，把他兄弟叫作“鹰狗屎”，把他的一个儿子叫作“屁眼”，还有一个女儿叫作“屁的气息”。血一下涌上了我的太阳穴，我意识到我5个月来费心劳力的谱系数据收集努力，最终换来的却是一堆毫无价值的东西。

当然，我们绝不会笑如此幼稚的小儿科。我们的幽默是“猥亵的”“粗俗的”“淫秽的”“近乎淫猥的”“淫荡的”“下流的”或是“拉伯雷[①]式的粗俗”。性和排泄物提醒了，任何人宣称始终如一的尊严都是脆弱空洞的。所谓的理性动物对交媾配对、云雨翻腾和粗喘呻吟有着不顾一切的冲动。正如伊萨克－迪内森（Isak Dinesen）所写的：“什么是男人？当你开始考虑这个问题时会发现，他其实是一台经仔细设定的巧妙机器，有着无限的巧夺天工之处，用来将红葡萄酒转化成尿液。”

但奇怪的是，幽默也是一种有价值的修辞和智力争论策略。对于老练的辩论家来说，幽默可以成为一把可怖的长剑。罗纳德·里根（Ronald Reagan）作为总统很受欢迎，很大程度上要归功于他能够用只言片语的幽默化解批评与纷争，至少是暂时地化解。例如，当转向关于堕胎权利的问题时，他会说：“我注意到每个赞成堕胎的人都已经出生了。”哲学家津津乐道着一个关于理论家的真实故事。这位理论家在一次学术会议上宣布，尽管有些语言会用双重否定来表示肯定，却没有哪种语言会用双重肯定来表示否定。一位站在大厅后面的哲学家用单调的节

① 法国讽刺作家。——编者注

奏大声喊道："耶、耶。"尽管这可能是对的，就像伏尔泰写的，"幽默的话语什么也证明不了"，但伏尔泰自己却不摒弃使用幽默，而且还以此闻名于世。绝妙的讽刺给了讲话者一种即刻的胜利，无论他是否配得上，而且能让对手陷于张口结舌的窘境。我们时常觉得一句聪明的格言所概括的真理，需要用其他方式花大量的篇幅才能加以辩护。

这里我介绍了库斯勒对反向工程推理幽默的尝试。库斯勒是在行为主义仍占统治地位时对认知科学的一位早期理解者，他号召关注心智的现有规则系统、解释方式、思考方法或者参考框架。他说，幽默始于某个参考框架中的一组想法遭遇了一种不规则的阻碍：一个事件或陈述在先前的情境中会显得毫无道理和意义。这种不规则或反常可以通过转换到另一个不同的参考框架加以解决，在新的框架里，事件就变得合乎情理了。而在这个框架里，某人的尊严却被贬损了。他将这种转化称为"双关联"。库斯勒的幽默例子还没有过时，所以我将用其中一些我觉得好笑的内容来阐述这一理论，其代价就是解释笑话等于毁了这笑话。

阿斯特女勋爵（Lady Astor）对温斯顿·丘吉尔说："如果你是我丈夫，我会把毒药放在你的茶水里。"丘吉尔回答："如果你是我妻子，我就会把它喝下去。"这回答在谋杀的参考框架下是反常的，因为人们抗拒被谋杀。而当把这种反常放在自杀的参考框架内时，不协调就解决了——为了逃离悲惨不幸的生活而宁愿去死。在这个框架下，阿斯特女勋爵是婚姻不幸的原因，即一个可耻的角色。

一位登山者失足滑下悬崖，紧抓住一根绳子悬在峭壁之外的300米之下。在恐惧和绝望中，他仰天大喊道："上面有谁能帮帮我吗？"上面传来一阵隆隆的声音："如果你表现出你对信仰的忠诚，松开绳子，你就得救了。"这个人看了看下面，又看看上面，大叫道："那儿还有别的人能帮我吗？"这个回答在宗教故事的框架下是不协调的，因为在宗教故事中，上帝施与奇迹来回报对信仰忠诚的表现，而人们会对这种交换感激涕零。当它进入日常生活的框架中时，这种不协调就解决了，因为在这个框架中，人们对物理学定律有着正常的预期，并怀疑任何挑战这些定律的人。在这个框架下，上帝（还有非直接的宗教体制中他的传道者们）可能就变成了狡猾诡诈的艺术家——当然如果上面的应答者不是骗子的话，这个登山者的常识就会毁灭他自己。

W. C. 菲尔兹曾被问道："你相信为年轻人开设的俱乐部（club）吗？"他回答说："只有在仁慈不起作用时，我才相信。"这个回答对一个有关娱乐团体的问题是不合逻辑的，问题中的 club 是通常的含义，但当转到另一个含义"武器"时，不一致就解除了。（"Do you believe in clubs for young people?"的问题被理解为："你相信对年轻人施以棍棒有用吗？"）年轻人从被行善的对象转变为被惩戒的对象。

库斯勒的幽默三元素——不调和、解决和贬损，已经在许多关于什么使笑话充满乐趣的实验中得到了验证。闹剧式的幽默是在心理框架（其中，人是信念和欲望的发出者）和物理框架（其中，人是遵循物理定律的一团物质）之间展开的冲突。低俗幽默是在心理框架和生理框架（其中，人是令人恶心的物质的生产者）之间展开的冲突。黄色幽默是在心理框架和生物学框架（这一次，人是有着体内受精所需的所有本能和器官的哺乳动物）之间展开的冲突。文字游戏是联系在一个单词两种意思之间的冲突，其中，第二个含义往往比较少用，比较敏感且带有侮辱的意味。

库斯勒理论的其余部分受困于两种过时的观点：心智的液压模型，即心理压力不断积聚，因而需要一个安全阀；侵犯的驱力，即侵犯带来压力。为了完整地回答"幽默是为了什么"这一问题，我们需要 3 个新观点。

首先，尊严、身份、名望，还有幽默所刺伤的靶子，都是第 7 章中讨论过的统治力和身份地位复合体的一部分。统治力和身份地位令那些拥有它们的人获益，其代价是没有它们的人受损，所以劳工总是有动机向高高在上的管理者发动挑战。在人类社会中，统治地位不仅是争斗获胜的战利品，而且还是一个朦胧笼罩的光环，来自对其在所有人类互动的竞技场上高效表现的认可：英勇、专长、智力、技能、智慧、外交、联盟、美丽或财富。对高名望地位之人的诸多断言大多是从旁观者的眼睛中看到的，如果旁观者改变他们对构成名人价值的优劣势的权重比例，那么这些论断就会土崩瓦解。而幽默就会成为一种反统治力的武器。挑战者唤起了对一种不那么高尚的品质的注意，而这种欠高尚的品质属于每一个凡人，无论这个人的地位有多高或者这个人多么有权势。

其次，统治力往往在一对一的情境中可以实施，但在团结的暴民面前就无能为力了。一把枪里只有一颗子弹的人可以劫持十几个人质，如果这些人质没办法做出哪怕是一瞬间的行为来制服他的话。没有政府能够控制全部民众，所以当事件迅速发生，人们同时对政权的权威性丧失信心时，他们就能够推翻它。这可能就是将笑——这种不自觉、具有破坏性，而且高度传染的信号带入了幽默服务的动态机制中。当分散的窃笑像核链式反应一样汇聚成齐声大笑时，人们是在告知，他们都注意到了一个高高在上的攻击目标的那点相同的薄弱之处。单独一个侮辱者会冒着被攻击目标报复的风险，而一群明确地合谋指认攻击目标缺点的侮辱者则是安全的。安徒生所讲的《皇帝的新装》是一个很好的寓言，说明了集体幽默的破坏性力量。当然，在日常生活中我们不必去推翻暴君或者使国王威信扫地，但我们确实需要对那些数不胜数的吹牛大王、大话专家、欺人恶霸、废话篓子、道学先生、假装虔诚之徒、自命不凡之徒、无所不知之徒还有爱慕虚荣之徒的虚伪做作行为大加揶揄、不吝诋毁。

最后，心智会反射性地解释他人的言语和姿势，它会竭尽所能地让它们显得合理和正确。如果言语粗略或不一致，心智会慷慨地填补缺失的前提，或是转换到新的参考框架中，以便使它们合理化。如果没有这个“相关原则”，语言本身将会是不可能的。即便是一个最简单的句子背后的思维也是错综复杂的，如果我们完整地表达出来这种思维，那我们的讲话听起来将会像法律文件中绕来绕去的废话一样。比如，我想告诉你，“珍妮听到叮当响的冰激凌货车来了，她跑过去从衣橱抽屉中取出她的小猪存钱罐，然后开始摇晃。终于有一些钱掉了出来”。尽管我没有用下面这么多的话来说，但你知道珍妮是一个孩子（不是一个87岁的老太太），她摇晃的是小猪存钱罐（不是衣橱），掉出来的是硬币（不是纸币），还有她拿钱是想去买冰激凌（不是要吃这些钱、去投资或是去贿赂司机不要发出叮当的响声）。

滑稽演员操纵着这种心理机能以使观众或听众从一种违背他们意愿的陈述——调和了不一致性的陈述中获得娱乐。人们之所以能轻易理解贬损式陈述的真实含义，是因为它并不像人们通常都会拒绝的宣传词那样露骨地断言，而是由他们自己推断出的一个结论。这个陈述必须至少具有一点点合理的根据，否则观众或听众就无法从其他事实中将之推导出来，也无法明白这个笑话的意思。这就解释了这样一种感觉：一个诙谐说法抓住的实质可能会因太复杂而很难被清晰有力地表达，所以幽默是一种有效的武器——来迫使人们，至少是暂时地同意他们原本会否认的事情。里根关于“堕胎权拥护者都已经出生”的俏皮话是如此地平凡又正确——每个人都已经出生了，所以乍一听似乎没有任何意义。但在基于如下的假设下确实有意义：有两种人，已出生的和未出生的。这些措辞就是堕胎的反对者们想要表达这一问题的方式，任何理解这个讽刺的人都已经隐约承认这种表达结构是可能的。在这个结构框架中，堕胎权拥护者拥有了一个权利，但却想否认别人的拥有权，因而他们是伪君子。这个论证并不一定合理，但驳斥它却需要比里根所用的十几个词多很多的单词才够。在“更高”形式的幽默例子中，听众或观众的认知过程被违心地强行绑架，从一个他们无法否认的前提中推导出一个贬低污蔑的陈述。

并非所有的幽默都是恶意的。朋友之间会花大量的时间彼此打趣逗笑，并没有人从中受到伤害。确实，和朋友们一起笑着度过一个夜晚是人生的一大乐事。当然，这种快乐的大部分都来自贬损他们这个圈子之外的人，这更加深了友谊，其原则就是我的敌人的敌人就是我的朋友。但其中也有许多是适度的自我贬低和温和的自嘲，每个人似乎都从中获得了愉悦。

友善的幽默不仅不那么具有侵犯性，而且也不那么逗乐。在对幽默指手画脚的2 000年历史中，罗伯特·普罗文做了一些从没有人曾想过要去做的事情：他走出去观察是什么让人们发笑。他派助手们在大学校园里闲逛，凑近正在交谈的人群，偷偷记下是什么引发了他们的笑声。他发现了什么？一个典型的笑语是“我们回头见”，或者“这应该是什么意思”。他们在说这些话时，你要在现场。只有大约10%~20%的情节可以被归类为幽默，而那也是根据最宽松的标准。在多达120个例子中最逗笑的话是：“你可以不喝酒，卖酒给我们喝就行”“你是跟你的同一物种约会吗”和“你是在工作呢，还是就为了看上去很忙”。普罗文写道：“拥挤的社交聚会中常听到的笑声不是因为客人们所讲的笑话很精彩，大多数的笑前对话就跟一个极没天赋的作家所写的没完没了的电视情景喜剧中的台词一样。”

我们又如何来解释这种几乎毫无幽默感的戏谑是怎么引发大多数的人发笑的呢？如果幽默是一剂反统治的毒药，一种关乎尊严的自杀，它不必只用于有害的目的。第7章的重点在于，人们在互相影响时，需要从一个不同的社会心理清单中进行选择，每种心理都有着不同的逻辑。统治力和地位的逻辑基于隐含的威胁和贿赂，当身居高位者不再能从中获利时，这种逻辑就消失了。友谊的逻辑基于对相互不计较的援助的承诺，无论发生什么。人们想要获得地位和统治力，但他们也想要朋友，因为地位和统治力可能消逝，而朋友还会在那里，无论在任何情况下都是如此。这二者是不相容的，所以这就提出了一个释放信息的问题。假定有两个人，一个总是比另一个更强壮、更聪明、更富有、更漂亮或者人际关系更广。引发出统治－顺从或名人－粉丝关系的诱因总是存在的，但双方谁也不愿意两人的关系朝那个方向发展。通过反对使你可以对你的朋友作威作福或者你的朋友可以对你大加摆布的某种性质，你是在传递这样的信息：你们之间关系的基础，至少在你看来不是地位或统治力。如果这种信号不是刻意的，那就会更好，因为它很难被伪造。

如果这个观点是正确的，它就能解释成人的笑以及对讥笑嘲弄的反应与孩子们和黑猩猩们的搔痒游戏之间的同源性。笑声是在说：看上去似乎是我试图要伤害你，但我所做的其实是我们俩都需要的。这个观点还解释了为什么开玩笑是衡量一个人与另一个人关系如何的精确工具。你不会去戏弄一个上司或是陌生人，但如果你们中的一个人试着去开了个玩笑，对方没有恼火的话，你就知道坚冰已在融化，你们的关系正在转向友谊。而如果这个玩笑引发的是阴郁的干笑或是冷淡的沉默，这是在告诉你，这个不高兴的人没兴趣成为你的朋友（甚至还可能打断这个笑话，以表示一种咄咄逼人的挑战）。好朋友之间你来我往的相互取笑表明，他们关系的基础仍然是友谊，但一方总是不断企图占上风。

超越心智：我们的思想与情感都是大自然的杰作

“最常见的蠢事，”H.L. 门肯写道，“是充满热情地相信本可察觉的错误。这是人类的首要工作。”在大多数文化中，人们相信人死后灵魂还活着，仪式与典礼可以改变物质世界并预言真理，而疾病和不幸的产生和减弱都是由于幽灵、鬼、圣人、仙女、天使、恶魔、巨灵、魔鬼和神。根据调查，今天超过 1/4 的美国人相信巫婆，几乎一半的美国人相信有鬼，一半人相信有魔鬼，一半人相信《创世纪》中所写的确实是真的，69% 的人相信有天使，87% 的人相信耶稣是死后复生的，96% 的美国人相信有一个造物主或者万物有灵。宗教是如何适应于一个本以为是被设计来拒绝可察觉之错误的心智的呢？通常的回答是：人们认为，一位仁慈的守护者，一项无所不包的计划，或者一个来世，会让人感觉更舒服。但这个回答并不令人满意，因为它只是提出了另一个问题：为什么心智的演化会从信仰明显看出是错的事情中找到慰藉呢？一个快冻僵的人不会因相信他是温暖的就能感觉舒服，而一个与狮子面对面的人不会因确信那是只兔子就身心放松。

什么是宗教？就像艺术心理学一样，宗教心理学已经被学者们在理解它的同时企图提升它的努力搞得乱七八糟了。宗教不能等同于我们更高层次的、精神的、人文的、伦理的渴求（尽管它有时会与这些有所重叠）。《圣经》中包含了对种族灭绝、强奸和破坏家庭的指示，即使是《十诫》，如果联系语境来读的话，也仅仅禁止部落内部的谋杀、撒谎和偷窃，而其禁戒并不针对部落外的人。宗教带给了我们石刑、烧死巫婆、宗教裁判、圣战、教令、自杀式炸弹袭击、堕胎诊所的专业人士，还有溺死自己儿子的母亲（这样他们就能够高兴地在天堂重聚了）。正如布莱士·帕斯卡（Blaise Pascal）写的："人们在干邪恶的勾当时，从来没有像当他们的动机是出于宗教信仰时那样，干得那么彻底、那么欢欣鼓舞。"

宗教不单单是一个主题。现代西方称为宗教的东西，是法律和习俗之外的另一种文化选择，它们由于欧洲历史中的巧合事件而与那些单一民族的国家一道幸存下来。宗教像其他文化一样，产生了伟大的艺术、哲学和法律，但它们的习俗和惯例也像其他文化一样，往往服务于散布它们的人。信奉祖先对于将要成为祖先的人来说是一个颇有吸引力的想法。随着一个人的来日无多，生活开始从一个重复的囚徒困境（背叛会被惩罚，合作受到奖励）转移到一个一次性囚徒困境（执行惩罚或奖励将是不可能的）。如果你能使你的孩子确信你的灵魂会一直活下去并从上面注视着他们，他们就不太会在你还活的时候斗胆背叛。食物禁忌使部落成员保持不与部落外的人产生亲密关系。成年礼仪式界定那些被赋予社会类别特权的人们（胎儿或家庭成员，儿童或成人，单身或已婚），从而取代对任何灰色区域的争论不休。痛苦的加入仪式淘汰掉了任何想要获得成员收益却不愿承诺付出代价的人。巫婆往往是婆婆或岳母和其他令人不易接近之人。巫师和祭司就像《绿野仙踪》（*Wizards of Oz*）里的巫师一样，使用特殊效果（从变戏法和腹语术到豪华奢侈的庙宇和教堂）让其他人确信，他们是通往权力和奇迹的关键人物。

下面让我们集中在宗教心理学的真正独特部分。人类学家鲁思·本尼迪克特（Ruth Benedict）率先指出了所有文化中宗教活动的共同之处：宗教是为了获得成功的一种技术。安布罗斯·比尔斯（Ambrose Bierce）将“祈祷”定义为“代表一个自认不配的请愿者，请求将宇宙法则宣布无效”。所有地方的人们都恳求神和圣灵能让他们从疾病中康复，在情场或战场上取胜以及有一个好天气。宗教是一种危急时刻人们求助的手段，这种时刻常常利害攸关，他们也穷尽了所能获得的所有有助于成功的技术——药物、策略、求偶以及束手无策（在企盼天气的情况下）。

什么样的心智会做这些没用的事，比如发明幽灵并贿赂它们得到好天气？这与认为理性源于一个被设计来弄清世界如何运转的模块系统这一观点有什么一致之处呢？人类学家帕斯卡·博耶和丹·斯珀伯（Dan Sperber）表明，它们非常一致。首先，不识字的人不是无法区分幻想和现实的精神病患者。他们知道有一个由惯例驱动的人与物的平凡世界，而他们也发现其信仰体系中的鬼和神灵之所以令人害怕而又异常迷人，正是因为它们违背了自己对世界的寻常直觉。

其次，鬼神、咒符、预言家和其他神圣的实体从来就不是凭空发明出来的。人们从某个认知模块物体、人、动物、自然物质或人工制品中取出一个概念构想，然后勾画出或者新写入一种属性，让这个概念构想保留它其余的标准特性。工具、武器或物质会被赋予一些额外的因果力量，但除此之外，其功能与作用应当与以前一样。比如，它一次只能待在一个地方，不能穿透过固态物体等。神灵被描述成可以不受一项或多项生物学（成长、衰老、死亡）、物理学（固态性、可见性、由接触而产生因果关系）或心理学（思想和欲望只有通过行为才能获知）规则的约束。但除此之外，神灵被认为也像人或动物一样。神灵能看也能听，有记忆，有信念和欲望，行动的条件是基于它们相信会带来想要的效果，会做决策，也会做出威胁和讨价还价。当年长者传播宗教信仰时，他们从来不必劳力费心地讲出这些隐含内容。没有人会说，“如果神灵许诺给我们好天气作为收取祭祀品的交换，他们知道我们想要好天气，他们也预测我们会供奉祭品”。他们不必这样说，因为他们知道小孩子们的心智会自动从他们心理的隐含知识中提取这些信念。信徒们也不会特意去弄清楚对寻常事理稍加修订的逻辑后果。他们不会停下来思考为什么一个知道我们意图的神还需要停下来听我们的祈祷，或者神怎么会既能看穿未来，又在乎我们当下如何行动。与现代科学让人费解的观点相比，宗教信仰以其缺乏想象力而著称（上帝是一个很有嫉妒心的人、天堂和地狱是个地方、天使是有着小嫩芽翅膀的人）。这是因为宗教概念就是做了少量修改的人类概念，这些修改使得宗教概念显得不可思议；而这些被修改后的人类概念还具有一长串标准特性，使得它们从我们通常的认识方式来看是合乎情理的。

但人们是从哪里弄来这些修改的呢？为什么他们要浪费时间虚构编造些没用甚至还有害的观点呢？他们为什么不能接受“人类的知识和力量是有限的”这一观点，并把精力留到他们可以发挥用处的领域呢？实际上，我已经暗指了一种可能性：对奇迹的需求创造了一个为成为牧师或祭司而竞争的市场，他们可以靠利用人们对专家的依赖取得成功。我允许牙医钻我的牙齿，允许外科大夫切开我的身体，尽管我不可能亲自去验证他们用来解释其损毁行为合理性的那些假设。同样的信任会促使我在一个世纪前求助于庸医，在几千年前去索要巫医的护身咒符。当然，巫医们必须有些业绩记录，否则他们就失去了所有的可信性，他们会把戏法花招和真正的实用知识混杂在一起，这些实用知识包括草药治疗的方法和一些比碰运气准确一点的事件预测（例如天气）。

而关于神灵世界的信仰并非空穴来风，它们是试图对某些阻碍我们日常理论的数据做出解释的假说。早期人类学家爱德华·泰勒（Edward Tylor）指出，万物有灵论的信仰根植于普遍的经验。当人们做梦时，他们的身体待在床上，其他某些部分则会升起来前往世界各自游荡。精神和身体处于因重病或迷幻剂导致的昏睡状态时也会相互分开。即使在我们清醒时，在平静水面上看到的自己的倒影似乎也携带着一个人的精髓，但不带有质量、体积或时空的连续性。人在死去时，身体失去了在活着时赋予它生命的某种无形力量。一个将这些事实综合在一起的理论就是，灵魂在我们睡着时出来闲逛，潜伏在影子中，从池塘的湖面向我们看，在我们死时离开尸体。现代科学对于影子和倒影给出了一个更好的理论，但科学在解释做梦、想象和指导身体的自我意识上又做得怎么样呢？

有些问题仍然持续困扰着现代心智。正如哲学家柯林·麦金（Colin McGinn）对此所做的总结概括："脑袋在混乱的理论中编织架构，对它本身却没有任何解释，怪异的本体论在隐隐迫近。有一种强烈困惑的感觉，但对于这种困惑位于哪里却没有清晰的想法。"

我在第 2 章中讨论了其中一个问题：感知或主观体验意义上的意识（而不是信息获取或自我反省意义上的）。神经信息加工的某个事件是如何导致牙疼的感觉，或柠檬的味道，或紫的色彩呢？我怎么知道一条虫子、一个机器人、碟子中的一片脑切片，或者你是有意识的呢？你对红的感知和我的一样吗，还是会和我对绿的感知一样？死是什么感觉？

另一个无法解释的是自我。什么或者哪里是意识的联合中心——那个成为存在又离开存在的意识，那个随着时间改变但又保持相同实体的意识，那个有着最高道德价值的意识。为什么 1996 年的"我"应当因 1976 年的"我"的所作所为而收获奖励或遭受惩罚？比如，我让某个人将我的脑成像扫描到计算机中，毁掉我的身体，然后再根据每个细节、记忆和所有事情重新构建一个我，这个过程等同于我睡了一小觉，或者自戕一次吗？如果重新构建了两个我，我的快乐会翻一倍吗？在裂脑人的头盖骨中有多少个自我？在连体双胞胎的部分聚合的脑中又是怎样的呢？在我死之前，有多少脑组织会死掉？

自由意志是第三个谜（见第 1 章）。如果我的行为完全是由我的基因、我所接受的养育和我的大脑状态所导致的，我又该怎么为我的行为选择而负责呢？一些事件是注定的，一些事件是随机的；一项选择怎么能两者都不是呢？当一个手持武器抢我钱包的人威胁我，若不从就会杀了我时，我把钱包递过去，这是一个选择吗？如果一个手持武器的人威胁说，如果我不去杀一个孩子他就杀了我，这是一个选择吗？如果我选择做某事，我就本可以不这么做——但在唯一一个根据规律随着时间不断展开的宇宙中，在这个我只能经历唯一一次的宇宙中，这又意味着什么呢？我面临着一个重大的决策，对人类行为有着99%成功率的专家预测，我会选择在这种情况下似乎是最糟糕的那个行动方案。我该继续苦恼挣扎，还是应当节省时间去做那个不可避免的行动呢？

第四个困惑是意义。当我谈论行星时，我可以指宇宙中所有的行星——过去的、现在的、未来的。但此时此刻，就在我的家中，我怎么能与500万年后的一个遥远的星系中将会创造的某颗行星有任何关系呢？如果我知道“自然数”的意义是什么，那么我的心智就是在与一个无限的集合发生交流——但我是一个有限的生命，对于自然的数目仅仅浅尝了一二而已。

知识同样令人困惑。我正坐在自己舒服的椅子上，手边又没有三角板和卷尺，怎么就能确凿地得出结论，直角三角形斜边的平方等于另外两边的平方之和适用于所有时空呢？我怎么知道我不是一个被放在缸里的脑子①，正在做梦，或者活在一个邪恶神经科专家设计的程序幻觉中，抑或宇宙不是5分钟前才被创造的，但却有着完整的化石、记忆和历史记录呢？如果到目前为止我所见到的所有绿宝石都是绿的，为什么我应该得出结论说“所有的绿宝石都是绿（green）的”，而不是“所有的绿宝石都是grue的”，这里的“grue”是指“要么是在2020年之前所观察到的是绿的，要么就不是，那时被观察到的是蓝的”呢？我所见过的所有绿宝石都是绿的，那么我所见过的所有绿宝石都是grue的。这两个结论同等合理，但一个预测我在2020年见到的第一颗绿宝石将会是草的颜色，而另一个则预测它会是天的颜色。

最后一个难题是道德。如果我悄悄地砍了一个不快乐的、被人鄙视的当铺老板，这一行为的罪恶性在哪里？说我“不该”这么做的含义是什么？“应该”是如何从由粒子和行星、基因和身体组成的宇宙中浮现而出的呢？如果伦理的目的就是使快乐最大化，难道我们不应当放任不管一个从杀人中能获得快乐的精神病

① 哲学家们的一个著名思想实验，假设人脑被取出身体放入一个密闭的缸中，缸里盛着的液体使所有脑细胞组织都还活着，将神经元联结到一台超级计算机中，输入模拟正常现实世界的电脉冲刺激。——译者注

患者吗，如果他从杀戮中获得的快乐要超过他的受害者从生活中所获得的呢？如果伦理的目的是使生命最大化，难道我们不应当公开处决一个被栽赃诬陷的人吗，如果这可以威慑 1 000 个杀人犯的话？或者征集一些人类豚鼠（实验品）进行致命实验，以挽救几百万人的生命？

这些问题人类已经思考了几千年，但如何解决却没什么进展。它们给了我们一种迷惑感和智力上的眩晕感。麦金指出了思想家们多年来是如何在这 4 种解决方案之间转圈的，但没有一种令人满意。

哲学问题总给人一种神圣的感觉，在大多数时候大多数地方，最受欢迎的方法是神秘主义和宗教。对于我们每个人来说，意识都是一簇神圣的火花。自我是灵魂，一种飘浮于现实事件之上的非物质幽灵。灵魂就是那么存在的，或者它们是由上帝创造的。上帝赋予了每个灵魂一种道德价值和选择的力量。他规定了什么是好的，将每个灵魂的善恶都镌刻在了生命之书上，并在灵魂离开身体后对其进行奖励或惩罚。知识被上帝授予给了先知和预言家，或者以上帝的诚信和无所不知向我们所有人做出保证。在对那首关于为什么树还依旧在而院中已无人的打油诗的答复中，对其解决方法做了解释：

> 尊敬的先生，您的惊愕很是怪异：
>
> 我一直在园中四处巡视。
>
> 为什么那棵树，
>
> 依然葱绿如昨，
>
> 因为关爱照顾它的是，
>
> 您诚挚的，主。

门肯指出了宗教解决方案存在的问题，他写道，“神学是试图用不值得知道的事情来解释无法知道的事情”。对任何有着持久求知欲的人来说，宗教的解释是不值得获知的，因为它们在原来的难题上又堆砌了一些同样难解的谜。是什么给了上帝心智、自由意志、知识以及判断是非的能力？他是怎么把这些灌输到一个根据物理法则似乎已经运转得很不错的宇宙中的？他是怎么让幽灵般的灵魂和实实在在的物质相互作用的？最令人困惑的是，如果世界是根据一个智慧而充满仁慈的计划逐渐展开的，为什么它还包含有那么多苦难？正如意第绪语中的谚语所说的，“如果上帝住在人世间，人们一定会砸烂他家玻璃的”。

现代哲学家尝试了其他三种解决方法。第一种方法是，神秘的东西是宇宙不可复归的一部分，就任由它吧。我们可以得出结论，宇宙包括空间、时间、重力、电磁、核力量、物质、能量和意识（或者意志、自我、道德、意义，或者以上全部）。那么，宇宙为什么会有意识？对于这个问题的好奇心的回答是，“别钻牛角尖了，它就是有”。仿佛有种被欺骗的感觉，不仅因为我们没有得到任何启示，而且因为我们还知道意识、意志和知识的细节都与大脑的生理构造息息相关。而这种不可复归理论将此归结为巧合。

第二种方法是否认问题的存在。我们已经被模糊含混的思考或者听似迷人实则空洞的话语所误导，比如代词“我”。关于意识、意志、自我和道德的陈述声明无法通过数学证明或经验来证实，所以它们是无意义的。这个回答无法令我们轻信，也无法给我们以启迪。正如笛卡儿指出的，我们自己的意识是存在中最确切无疑的。数据资料是需要被解释的，它的存在不能靠我们称为有意义的事情来定义（不针对某些道德陈述，比如说奴隶制度是错误的）。

对于这些问题的第三种方法是利用一个我们能解决的问题使其瓦解。意识是脑皮质第 4 层的活动或是短期记忆的内容。自由意志处于前扣带沟或者是执行子程序。道德是亲缘选择和互惠利他主义。每种这类方案，在一定程度上，确实都解决了一个问题，但它也同样留下了那个没有解决的主要问题。脑皮质第 4 层的活动怎么就导致了我对红色私人、强烈、充满刺激性的感受？我能想象到一个第 4 层皮质同样活跃的生物体，它却不会对红色有任何感受，或对任何事情有所感受，也没有任何生物学法则可以将这种生物体排除在外。没有任何对扣带沟的因果效应的说明能够解释人类的选择为何就不能被什么东西或事情引起，以便让这件东西或事情为我们承担责任。道德感演化的理论能够解释为什么我们会谴责针对自己和我们的亲戚朋友的罪恶行为，却不能解释对这些行为的定罪。对于这种定罪，我们坚定不移，就像我们对几何原理的掌握一样自信且正确。我们认为一些行为原本就是错误的，即使它们的净效应并无大害，甚至是有益的。

我部分地赞成另一种不同的方法，这个方法由麦金提出，基于语言学家乔姆斯基、生物学家冈瑟·斯滕特（Gunther Stent）和哲学家大卫·休谟的思考。或许哲学问题之所以难并不是因为它们神圣、不可复归、无意义或者是事关日常生活的科学，而是因为现代智人的心智缺乏解决它们的认知设备。我们是有机体，不是天使，我们的心智是器官，不是通往真理的渠道。我们的心智是由自然选择演化而来解决事关我们的祖先生死的重大问题的，不是为了拥抱正确性，或为了回答任何我们所能想到的任何问题的。我们能在短期记忆里记住 10 000 个词，但我们看不到紫外线。我们做不到在心理上将一个物体旋转至第 4 个维度。或许我们也无法解决像自由意志和感知这样的难题。

我们完全可以想象认知机能不如人类的其他生物体：对狗来说，我们的语言听起来像一堆毫无意义、不断重复的废话；老鼠学不会走迷宫找到放在质数列的食物；自闭症患者感知不到其他心智；孩子们不理解围绕性所做的文章；精神病人可以看到一张脸上的每个细节却无法辨认出那是一张脸；立体视盲的人可以将立体图看作是一个几何问题，但看不到它从深处弹出。如果立体视盲的人不知道其中原委，他们很可能把 3D 视觉称作奇迹，或是宣称它神奇到无须任何解释，或是把它当作某种骗术或把戏。

所以，为什么不会有比我们拥有更强大的认知机能或者不同认知机能的生物体呢？它们可能更容易掌握自由意志和意识如何从脑中形成，以及意义和道德怎样适应于整个宇宙，而对我们人类面临这些问题时用于填补空白的宗教和哲学的牵强解释，它们会觉得很好笑。它们会试着向我们解释这些问题的解决办法，我们却无法理解。

这个假设几乎是无法证实的，尽管如果有任何人解决了那些年代久远的哲学难题，它就会被证伪。而且，还有一些间接的理由可以质疑它的真实性。一个理由是，这个物种中最出色的心智已经将自己投身于这些难题中长达几个世纪，在问题解决上却没有任何进展。另一个理由是，与科学上最具挑战性的问题相比，它们有一个完全不同的特性。比如像孩子如何学习语言或者受精卵如何变成一个有机体，这类问题在实践中复杂得令人恐惧，可能永远也得不到完全解决。但如果它们无法被解决的话，将会是因为世俗中的一些实际原因。其因果过程盘根错节或太过混乱，其中的现象纷繁复杂以至于没办法在实验室里简化和分解，而所需要的数学运算也超过了任何可预见的计算机的能力。但科学家们能想象出可能是解决方法的那类理论，不论正确与否，也不论可以检验与否。意识和意志则不同。它们远不是过于复杂，而是简单得让人抓狂——意识和选择固有某些特征和表象，这些特征通过某种方式传递到神经元活动中，而不与它们的因果设备相混淆。所以，人类面临的挑战不在于找出对其发生过程的正确解释，而是要想象出一个理论从而能够解释它是如何发生的—— 一个会将这个现象解释为某种原因所导致的结果效应的理论，任何原因均可。

认为我们的心智缺乏解决重大哲学问题的装备的这种观点会很容易推导出一些过分且毫无根据的结论。它并不是说，当一个心智在试图理解自身时会有一些自我参照或无限反推谬误。心理学家和神经科学家不研究他们自己的心智，而是研究其他人的心智。这也不是暗示对于任何理解者而言，在获取知识的可能性上有一些原则性的限制，就像不确定性原则或者哥德尔定理。这是有关一个物种的一个器官的观察意见，等同于说猫是色盲或者猴子学不会乘除法。它并不能对宗教或神秘信仰证伪，而是解释了为什么它们是无益的。哲学家们也不会因此而失业，因为他们要澄清这些问题，把可以解决的大块问题分解成小块，然后解决它们或者交给科学去解决。这个假说并没有暗示我们已经看到了科学的终点，或者遭遇到了将限制我们对心智如何工作究竟能了解多少的障碍。意识的计算方面（什么信息可以供给哪些过程）、神经学方面（脑中什么与意识相关联）和演化方面（神经计算是什么时候出现的以及为什么）是完全可以了解的，我看不出有任何理由我们不经过几十年的不断推进，而最终得到一个完整的理解——即便我们永远也无法解决剩余的人脑之谜，比如你眼中的红是否和我眼中的一样，或者做一只蝙蝠会是怎样的一种体验。

在数学中，有人说整数是封闭于加法这种运算过程之下的：两个整数相加得出另一个整数，它绝不会得出一个分数。但这并不意味着整数集合是有限的。人类可思考的思想在我们的认知机能运行时也是闭合的，可能永远也不会包含对哲学难题的解决方法。但即便如此，思想的集合很可能也是无穷尽的。

认知的闭合性是一个悲观的结论吗？完全不是！我反而觉得这是令人振奋的结论，代表着我们对心智理解的巨大进展。这也是我最后的机会来追求实现本书的目标：让你暂时跳出你自己的心智，将你自己的思想和感情看作是自然界的宏伟设计，而不是看作事物存在的唯一方式。

如果心智是自然选择设计的一个器官系统，为什么我们该指望它能理解所有的难解之谜，掌握所有的真理呢？我们应当心怀感激，科学的问题在结构上与我们的原始祖先所面临的问题是很接近的，对此我们已经取得了一些进展。如果没有什么我们理解不清楚的，我们就要质疑科学的世界观了，因为它把心智看作是自然的产物。如果我们知道我们在谈论什么，认知闭合性应当是正确的。即便如此，可能仍有人会认为这个假说只是一场白日梦，一种逻辑上的可能性而已，它不会比大学宿舍深夜“卧谈会”侃山的内容走得更远。麦金试图甄别这些人类无法解决的问题的尝试便是一种推进。

更好的是，我们可以一窥为什么某些问题是超乎我们理解范围的。本书中不断重复的一个主题便是心智的力量要归功于它语法、造文和组合的能力（见第 2 章）。一个复杂的观点是构建于简单的观点之上的，整体的含义则由部分的含义和部分之间相连关系的含义所决定：整体的部分、类别中的例子、一个地方的某个东西、施加力的行为者、导致结果的原因、保持信念的心智。这些逻辑上和类似定律的联系提供了日常讲话中句子的含义，并通过类比和隐喻将它们的结构转借给科学和数学的神秘内容，在其中，它们被组合为越来越大的理论的高楼大厦（见第 5 章）。我们将物质理解为分子、原子和夸克来掌握；将生命理解为 DNA、基因和有机体之树；将变化理解为位置、动量和力；将数学理解为符号和运算。所有这些都是根据规律对元素的组合，在这些规律中，整体的性质可以根据部分的性质和部分间组合的方式加以预测。即使在科学家们努力解决无缝连续集和动态的过程中，他们表达自己的理论的方式也是用单词、方程和计算机模拟仿真等这些与心智工作紧密配合的组合性媒介。幸运的是，一部分世界的运行模式是简单元素之间合乎规律的相互作用。

但还有一些具有独特的整体性，无处不在、无处可寻，却又同时出现的哲学问题。意识不是大脑活动事件或计算状态的一种组合：一个对红色敏感的神经元是如何导致产生对红色的主观感受的，它的神秘之处丝毫不比整个大脑如何导致全部意识流产生的神秘之处更少。“我”不是身体部件或大脑状态或信息数位的综合，而是假以时日的自我性联合体，一条在任何地方都没有特殊之处的单一轨迹。根据定义，自由意志不是一条事件和状态的因果链。尽管意义的组合方面已经被弄清楚了（词语或观点如何组合成句子或陈述的含义），意义的核心——表示某个东西的简单行为，仍旧是个谜，因为它与被表示的东西和表示人之间任何的因果联系都不同，这一点也令人颇为奇怪。知识也同样抛出了难题：知道者对于他们从未接触过的东西，也可以做到十分谙熟。我们对于意识、自我、意志和知识的彻底迷惑，或许是由于这些问题的本来性质与自然选择赋予我们的计算装备是匹配不上的。

如果这些推测正确的话，我们的心智就会向我们展示最终的调侃戏弄。最无可争议的事实是，我们自己的感知意识会永远超过我们对概念的把握。但如果我们的心智是自然的一部分，这本是我们所期望的，甚至是欢迎的——自然世界通过对它的生物体和生物体的部分的专门化设计获得了我们的敬畏，那么，我们便不会嘲笑鹰在地面上的笨拙行走，或者因眼睛不善于倾听而烦恼不已，因为我们知道一种设计只有通过在其他方面的折中妥协，才能在应对某一方面的挑战时表现卓越。我们对那些难解之谜的困惑或许就是，我们为一个组合的心智所付出的代价，让这个心智打开了一个由词语和句子、理论和等式、诗歌和旋律、笑话和故事组成的世界，正是这些东西使得这样的心智值得我们拥有。

How the Mind Works

参考文献

Adelson, E. H., & Pentland, A. P. 1996. The perception of shading and reflectance. In Knill & Richards, 1996.

Aiello, L. C. 1994. Thumbs up for our early ancestors. *Science, 265,* 1540–1541.

Aiello, R. (Ed.) 1994. *Musical perceptions.* New York: Oxford University Press.

Alexander, M., Stuss, M. P., & Benson, D. F. 1979. Capgras syndrome: A reduplicative phenomenon. *Neurology, 29,* 334–339.

Alexander, R. D. 1987a. *The biology of moral systems.* Hawthorne, N.Y.: Aldine de Gruyter.

Alexander, R. D. 1987b. Paper presented at the conference "The origin and dispersal of modern humans," Corpus Christi College, Cambridge, England, March 22–26. Reported in *Science, 236,* 668–669.

Alexander, R. D. 1990. How did humans evolve? Reflections on the uniquely unique species. Special Publication No. 1, Museum of Zoology, University of Michigan.

Allen, W. 1983. *Without feathers.* New York: Ballantine.

Allman, W. 1994. *The stone-age present: How evolution has shaped modern life.* New York: Simon & Schuster.

Aloimonos, Y., & Rosenfeld, A. 1991. Computer vision. *Science, 13,* 1249–1254.

Altman, I., & Ginat, J. 1996. *Polygynous families in contemporary society.* New York: Cambridge University Press.

Anderson, A. 1992. The evolution of sexes. *Science, 257,* 324–326.

Anderson, B. L., & Nakayama, K. 1994. Toward a general theory of stereopsis: Binocular matching, occluding contours, and fusion. *Psychological Review, 101,* 414–445.

Anderson, J. R. 1983. *The architecture of cognition.* Cambridge, Mass.: Harvard University Press.

Anderson, J. R. 1990. *The adaptive character of thought.* Hillsdale, N.J.: Erlbaum.

Anderson, J. R., & commentators. 1991. Is human cognition adaptive? *Behavioral and Brain Sciences, 14,* 471–517.

Anderson, J. R. 1993. *Rules of the mind.* Hillsdale, N.J.: Erlbaum.

Anderson, J. R., & Bower, G. H. 1973. *Human associative memory.* New York: Wiley.

Armstrong, S. L., Gleitman, L. R., & Gleitman, H. 1983. What some concepts might not be. *Cognition, 13,* 263–308.

Aronson, E. 1980. *The social animal.* San Francisco: W. H. Freeman.

Asimov, I. 1950.*I, robot.* New York: Bantam Books.

Asimov, I., & Shulman, J. A. (Eds.) 1986. *Isaac Asimov's book of science and nature quotations.* New York: Weidenfeld & Nicolson.

Atran, S. 1990. *The cognitive foundations of natural history.* New York: Cambridge University Press.

Atran, S. 1995. Causal constraints on categories and categorical constraints on biological reasoning across cultures. In Sperber, Premack, & Premack, 1995.

Attardo, S. 1994. *Linguistic theories of humor.* New York: Mouton de Gruyter.

Attneave, F. 1968. Triangles as ambiguous figures. *American Journal of Psychology, 81,* 447–453.

Attneave, F. 1972. Representation of physical space. In A. W. Melton & E. J. Martin (Eds.), *Processes in human memory.* Washington, D.C.: V. H. Winston.

Attneave, F. 1981. Three approaches to perceptual organization: Comments on views of Hochberg, Shepard, & Shaw. In Kubovy & Pomerantz, 1981.

Attneave, F. 1982. Prägnanz and soap bubble systems: A theoretical exploration. In Beck, 1982.

Axelrod, R. 1984. *The evolution of cooperation.* New York: Basic Books.

Axelrod, R., & Hamilton, W. D. 1981. The evolution of cooperation. *Science, 211,* 1390–1396.

Ayala, F. J. 1995. The myth of Eve: Molecular biology and human origins. *Science, 270,* 1930–1936.

Baars, B. 1988. *A cognitive theory of consciousness.* New York: Cambridge University Press.

Baddeley, A. D. 1986. *Working memory.* New York: Oxford University Press.

Baillargeon, R. 1995. Physical reasoning in infancy. In Gazzaniga, 1995.

Baillargeon, R., Kotovsky, L., & Needham, A. 1995. The acquisition of physical knowledge in infancy. In Sperber, Premack, & Premack, 1995.

Baker, R. R., & Bellis, M. A. 1996. *Sperm competition: Copulation, masturbation, and infidelity.* London: Chapman & Hall.

Barkow, J. H. 1992. Beneath new culture is old psychology: Gossip and social stratification. In Barkow, Cosmides, & Tooby, 1992.

Barkow, J. H., Cosmides, L., & Tooby, J. (Eds.) 1992. *The adapted mind: Evolutionary psychology and the generation of culture.* New York: Oxford University Press.

Baron-Cohen, S. 1995. *Mindblindness: An essay on autism and theory of mind.* Cambridge, Mass.: MIT Press.

Baron-Cohen, S., Leslie, A. M., & Frith, U. 1985. Does the autistic child have a theory of mind? *Cognition, 21,* 37–46.

Bates, E., & MacWhinney, B. 1982. Functionalist approaches to grammar. In E. Wanner & L. R. Gleitman (Eds.), *Language acquisition: The state of the art.* New York: Cambridge University Press.

Bates, E., & MacWhinney, B. 1992. Welcome to functionalism. In Pinker & Bloom, 1990.

Baumeister, R. F., & Tice, D. M. 1984. Role of selfpresentation and choice in cognitive dissonance under forced compliance: Necessary or sufficient causes? *Journal of Personality and Social Psychology, 46,* 5–13.

Beck, J. (Ed.) 1982. *Organization and representation in perception.* Hillsdale, N.J.: Erlbaum.

Behrmann, M., Winocur, G., & Moscovitch, M. 1992. Dissociation between mental imagery and object recognition in a brain-damaged patient. *Nature, 359,* 636–637.

Belew, R. K. 1990. Evolution, learning, and culture: Computational metaphors for adaptive algorithms. *Complex Systems, 4,* 11–49.

Belew, R. K., Mclnerney, J., & Schraudolph, N. N. 1990. Evolving networks: Using the genetic algorithm with connectionist learning. In *Proceedings of the Second Artificial Life Conference.* Reading, Mass.: Addison-Wesley.

Bell, Q. 1992. *On human finery.* London: Allison & Busby.

Berg, G. 1991. Learning recursive phrase structure: Combining the strengths of PDP and X-bar syntax. *Proceedings of the International Joint Conference on Artificial Intelligence Workshop on Natural Language Learning.*

Berkeley, G. 1713/1929. Three dialogues between Hylas and Philonous. In M. W. Calkins (Ed.), *Berkeley Selections.* New York: Scribner' s.

Berlin, B., Breedlove, D., & Raven, P. 1973. General principles of classification and nomenclature in folk biology. *American Anthropologist, 87,* 298–315.

Bernstein, L. 1976. *The unanswered question: Six talks at Harvard.* Cambridge, Mass.: Harvard University Press.

Berra, T. M. 1990. *Evolution and the myth of creationism.* Stanford, Calif.: Stanford University Press.

Bettelheim, B. 1959. Joey: A mechanical boy. *Scientific American,* March. Reprinted in Atkinson, R. C. (Ed.), 1971, *Contemporary psychology.* San Francisco: Freeman.

Betzig, L. 1986. *Despotism and differential reproduction.* Hawthorne, N.Y.: Aldine de Gruyter.

Betzig, L. 1992. Medieval monogamy. In S. Mithen & H. Maschner (Eds.), *Darwinian approaches to the past.* New York: Plenum.

Betzig, L., Borgerhoff Mulder, M., & Turke, P. (Eds.) 1988. *Human reproductive behavior: A Darwinian perspective.* New York: Cambridge University Press.

Biederman, I. 1995. Visual object recognition. In Kosslyn & Osherson, 1995.

Birch, E. E. 1993. Stereopsis in infants and its developmental relation to visual acuity. In Simons, 1993.

Bisiach, E., & Luzzatti, C. 1978. Unilateral neglect of representational space. *Cortex, 14,* 129–133.

Bisson, T. 1991. They' re made out of meat. From a series of stories entitled "Alien/Nation." *Omni,* April.

Bizzi, E., & Mussa-Ivaldi, F. A. 1990. Muscle properties and the control of arm movements. In Osherson, Kosslyn, & Hollerbach, 1990.

Block, N. 1978. Troubles with functionalism. In C. W. Savage (Ed.), *Perception and cognition: Issues in the foundations of psychology. Minnesota Studies in the Philosophy of Science,* Vol. 9. Minneapolis: University of Minnesota.

Block, N. (Ed.) 1981. *Imagery.* Cambridge, Mass.: MIT Press.

Block, N. 1986. Advertisement for a semantics for psychology. In P. Rench, T. Uehling, Jr., & H. Wettstein (Eds.), *Midwest Studies in Philosophy,* Vol. 10. Minneapolis: University of Minnesota Press.

Block, N., & commentators. 1995. On a confusion about a function of consciousness. *Behavioral and Brain Sciences, 18,* 227–287.

Bloom, P. 1996a. Possible individuals in language and cognition. *Current Directions in Psychological Science, 5,* 90–94.

Bloom, P. 1996b. Intention, history, and artifact concepts. *Cognition, 60,* 1–29.

Bobick, A. 1987. *Natural object categorization.* MIT Artificial Intelligence Laboratory Technical Report 1001.

Bonatti, L. 1995. Why should we abandon the mental logic hypothesis? *Cognition, 50,* 109–131.

Boring, E. G. 1952. The Gibsonian visual field. *Psychological Review, 59,* 246–247.

Bouchard, T. J., Jr. 1994. Genes, environment, and personality. *Science, 264,* 1700–1701.

Bouchard, T. J., Jr., Lykken, D. T., McGue, M., Segal, N. L., & Tellegen, A. 1990. Sources of human psychological differences: The Minnesota Study of Twins Reared Apart. *Science, 250,* 223–228.

Boulton, M. J., & Smith, P. K. 1992. The social nature of play fighting and play chasing: Mechanisms and strategies underlying cooperation and compromise. In Barkow, Cosmides, & Tooby, 1992.

Bowerman, M. 1983. Hidden meanings: The role of covert conceptual structures in children's development of language. In D. R. Rogers and J. A. Sloboda, (Eds.), *The acquisition of symbolic skills.* New York: Plenum.

Boyd, R., & Richerson, P. 1985. *Culture and the evolutionary process.* Chicago: University of Chicago Press.

Boyd, R., & Silk, J. R. 1996. *How humans evolved.* New York: Norton.

Boyer, P. 1994a. *The naturalness of religious ideas.* Berkeley: University of California Press.

Boyer, P. 1994b. Cognitive constraints on cultural representations: Natural ontologies and religious ideas. In Hirschfeld & Gelman, 1994a.

Brainard, D. H., & Wandell, B. A. 1986. Analysis of the retinex theory of color vision. *Journal of the Optical Society of America (A), 3,* 1651–1661.

Brainard, D. H., & Wandell, B. A. 1991. A bilinear model of the illuminant's effect on color appearance. In J. A. Movshon & M. S. Landy (Eds.), *Computational models of visual processing.* Cambridge, Mass.: MIT Press.

Braine, M. D. S. 1994. Mental logic and how to discover it. In Macnamara & Reyes, 1994.

Bregman, A. S. 1990. *Auditory scene analysis: The perceptual organization of sound.* Cambridge, Mass.: MIT Press.

Bregman, A. S., & Pinker, S. 1978. Auditory streaming and the building of timbre. *Canadian Journal of Psychology, 32,* 19–31.

Brickman, P., & Campbell, D. T. 1971. Hedonic relativism and planning the good society. In M. H. Appley (Ed.), *Adaptationlevel theory: A symposium.* New York: Academic Press.

Brockman, J. 1994. *The third culture: Beyond the scientific revolution.* New York: Simon & Schuster.

Bronowski, J. 1973. *The ascent of man.* Boston: Little, Brown.

Brooks, L. 1968. Spatial and verbal components in the act of recall. *Canadian Journal of Psychology, 22,* 349–368.

Brown, A. L. 1990. Domain-specific principles affect learning and transfer in children. *Cognitive Science, 14,* 107–133.

Brown, D. E. 1988. *Hierarchy, history, and human nature: The social origins of historical consciousness.* Tucson:

University of Arizona Press.

Brown, D. E. 1991. *Human universals.* New York: McGraw-Hill. Brown, R. 1985. *Social psychology: The second edition.* New York: Free Press.

Brown, R., & Kulik, J. 1977. Flashbulb memories. *Cognition, 5,* 73–99.

Brownmiller, S. 1975. *Against our will: Men, women, and rape.* New York: Fawcett Columbine.

Bruce, V. 1988. *Recognizing faces.* Hillsdale, N.J.: Erlbaum. Bülthoff, H. H., & Edelman, S. 1992. Psychophysical support for a two-dimensional view interpolation theory of object recognition. *Proceedings of the National Academy of Sciences, 89,* 60–64.

Buss, D. M. 1992a. Mate preference mechanisms: Consequences for partner choice and intrasexual competition. In Barkow, Cosmides, & Tooby, 1992.

Buss, D. M. 1992b. Human prestige criteria. Unpublished manuscript, Department of Psychology, University of Texas, Austin.

Buss, D. M. 1994. *The evolution of desire.* New York: Basic Books.

Buss, D. M. 1995. Evolutionary psychology: A new paradigm for psychological science. *Psychological Inquiry, 6,* 1–30.

Buss, D. M., Larsen, R. J., & Westen, D. 1996. Sex differences in jealousy: Not gone, not forgotten, and not explained by alternative hypotheses. *Psychological Science, 7,* 373–375.

Buss, D. M., Shackelford, T. K., Kirkpatrick, L. A., Choe, J., Hasegawa, T., Hasegawa, M., & Bennett, K. 1997. Jealousy and the nature of beliefs about infidelity: Tests of competing hypotheses about sex differences in the United States, Korea, and Japan. Unpublished manuscript, University of Texas, Austin.

Buunk, B. P., Angleitner, A., Oubaid, V., & Buss, D. M. 1996. Sex differences in jealousy in evolutionary and cultural perspective: Tests from the Netherlands, Germany, and the United States. *Psychological Science, 7,* 359–363.

Byrne, R. W., & Whiten, A. 1988. *Machiavellian intelligence.* New York: Oxford University Press.

Cain, A. J. 1964. The perfection of animals. In J. D. McCarthy & C. L. Duddington (Eds.), *Viewpoints in Biology,* Vol. 3. London: Butterworth.

Cairns, J., Overbaugh, J., & Miller, S. 1988. The origin of mutants. *Nature, 335,* 142–146.

Campbell, D. T. 1975. On the conflicts between biological and social evolution and between psychology and moral tradition. *American Psychologist, 30,* 1103–1126.

Carey, S. 1985. *Conceptual change in childhood.* Cambridge, Mass.: MIT Press.

Carey, S. 1986. Cognitive science and science education. *American Psychologist, 41,* 1123–1130.

Carey, S. 1995. On the origin of causal understanding. In Sperber, Premack, & Premack, 1995.

Carey, S., & Spelke, E. 1994. Domain-specific knowledge and conceptual change. In Hirschfeld & Gelman, 1994a.

Carroll, J. 1995. *Evolution and literary theory.* Columbia: University of Missouri Press.

Carroll, L. 1895/1956. What the tortoise said to Achilles and other riddles. In J. R. Newman (Ed.), 1956, *The world of mathematics,* Vol. 4. New York: Simon & Schuster.

Carroll, L. 1896/1977. *Symbolic logic.* In W. W. Bartley (Ed.), 1977, *Lewis Carroll's Symbolic Logic.* New York: Clarkson Potter.

Cashdan, E. 1989. Hunters and gatherers: Economic behavior in bands. In S. Plattner (Ed.), *Economic anthropology.* Stanford, Calif.: Stanford University Press.

Cashdan, E. 1994. A sensitive period for learning about food. *Human Nature, 5,* 279–291.

Cavalli-Sforza, L. L., Menozzi, P., & Piazza, A. 1993. Demic expansions and human evolution. *Science, 259,* 639–646.

Cavalli-Sforza, L. L., & Feldman, M. W. 1981. *Cultural transmission and evolution: A quantitative approach.* Princeton, N.J.: Princeton University Press.

Cave, K. R., Pinker, S., Giorgi, L., Thomas, C., Heller, L., Wolfe, J. M., & Lin, H. 1994. The representation of location in visual images. *Cognitive Psychology, 26,* 1–32.

Cerf, C., & Navasky, V. 1984. *The experts speak.* New York: Pantheon.

Chagnon, N. A. 1988. Life histories, blood revenge, and warfare in a tribal population. *Science, 239,* 985–992.

Chagnon, N. A. 1992. *Yanomam?: The last days of Eden.* New

York: Harcourt Brace.

Chagnon, N. A. 1996. Chronic problems in understanding tribal violence and warfare. In G. Bock & J. Goode (Eds.), *The genetics of criminal and antisocial behavior.* New York: Wiley.

Chalmers, D. J. 1990. Syntactic transformations on distributed representations. *Connection Science, 2,* 53–62.

Chambers, D., & Reisberg, D. 1985. Can mental images be ambiguous? *Journal of Experimental Psychology: Human Perception and Performance, 11,* 317–328.

Changeux, J.-P., & Chavaillon, J. (Eds.) 1995. *Origins of the human brain.* New York: Oxford University Press.

Chapman, A. J., & Foot, H. C. (Eds.) 1977. *It's a funny thing, humor.* New York: Pergamon Press.

Chase, W. G., & Simon, H.A. 1973. Perception in chess. *Cognitive Psychology, 4,* 55–81.

Cheney, D., & Seyfarth, R. M. 1990. *How monkeys see the world.* Chicago: University of Chicago Press.

Cheng, P., & Holyoak, K. 1985. Pragmatic reasoning schemas. *Cognitive Psychology, 17,* 391–416.

Cherniak, C. 1983. Rationality and the structure of memory. *Synthèse, 53,* 163–186.

Chomsky, N. 1959. A review of B. F. Skinner's "Verbal behavior." *Language, 35,* 26–58.

Chomsky, N. 1975. *Reflections on language.* New York: Pantheon.

Chomsky, N. 1988. *Language and problems of knowledge: The Managua lectures.* Cambridge, Mass.: MIT Press.

Chomsky, N. 1991. Linguistics and cognitive science: Problems and mysteries. In A. Kasher (Ed.), *The Chomskyan turn.* Cambridge, Mass.: Blackwell.

Chomsky, N. 1992. Explaining language use. *Philosophical Topics, 20,* 205–231.

Chomsky, N. 1993. *Language and thought.* Wakefield, R.I., and London: Moyer Bell.

Christopher, T. 1995. In defense of the embattled American lawn. *New York Times,* July 23, The Week in Review, p. 3.

Churchland, P., & Churchland, P. S. 1994. Could a machine think? In Dietrich, 1994.

Churchland, P. S., & Sejnowski, T. J. 1992. *The computational brain.* Cambridge, Mass.: MIT Press.

Clark, R. D., & Hatfield, E. 1989. Gender differences in receptivity to sexual offers. *Journal of Psychology and Human Sexuality, 2,* 39–55.

Clynes, M., & Walker, J. 1982. Neurobiological functions of rhythm, time, and pulse in music. In M.

Clynes (Ed.), *Music, mind, and brain: The neuropsychology of music.* New York: Plenum.

Cole, M., Gay, J., Glick, J., & Sharp, D. W. 1971. *The cultural context of learning and thinking.* New York: Basic Books.

Cooke, D. 1959. *The language of music.* New York: Oxford University Press.

Cooper, L. A., & Shepard, R. N. 1973. Chronometric studies of the rotation of mental images. In W. G. Chase (Ed.), *Visual information processing.* New York: Academic Press.

Coppens, Y. 1995. Brain, locomotion, diet, and culture: How a primate, by chance, became a man. In Changeux & Chavaillon, 1995.

Corballis, M. C. 1988. Recognition of disoriented shapes. *Psychological Review, 95,* 115–123.

Corballis, M. C., & Beale, I. L. 1976. *The psychology of left and right.* Hillsdale, N.J.: Erlbaum.

Cormack, L. K., Stevenson, S. B., & Schor, C. M. 1993. Disparity-tuned channels of the human visual system. *Visual Neuroscience, 10,* 585–596.

Cosmides, L. 1985. Deduction or Darwinian algorithms? An explanation of the "elusive" content effect on the Wason selection task. Ph.D. dissertation, Department of Psychology, Harvard University.

Cosmides, L. 1989. The logic of social exchange: Has natural selection shaped how humans reason? Studies with the Wason selection task. *Cognition, 31,* 187–276.

Cosmides, L., & Tooby, J. 1981. Cytoplasmic inheritance and intragenomic conflict. *Journal of Theoretical Biology, 89,* 83–129.

Cosmides, L., & Tooby, J. 1992. Cognitive adaptations for social exchange. In Barkow, Cosmides, & Tooby, 1992.

Cosmides, L., & Tooby, J. 1994. Beyond intuition and instinct blindness: Toward an evolutionarily rigorous cognitive science. *Cognition, 50,* 41–77.

Cosmides, L., & Tooby, J. 1996. Are humans good intuitive statisticians after all? Rethinking some conclusions from the literature on judgment under uncertainty. *Cognition, 58,* 1–73.

Cosmides, L., Tooby, J., & Barkow, J. 1992. Environmental aesthetics. In Barkow, Cosmides, & Tooby, 1992.

Cramer, K. S., & Sur, M. 1995. Activity-dependent remodeling of connections in the mammalian visual system. *Current Opinion in Neurobiology, 5,* 106–111.

Craver-Lemley, C., & Reeves, A. 1992. How visual imagery interferes with vision. *Psychological Review, 98,* 633–649.

Crevier, D. 1993. *AI: The tumultuous history of the search for artificial intelligence.* New York: Basic Books.

Crick, F. 1994. *The astonishing hypothesis: The scientific search for the soul.* New York: Simon & Schuster.

Crick, F., & Koch, C. 1995. Are we aware of neural activity in primary visual cortex? *Nature, 375,* 121–123.

Cronin, H., 1992. *The ant and the peacock.* New York: Cambridge University Press.

Cummins, R. 1984. Functional analysis. In Sober, 1984a.

Daly, M. 1982. Some caveats about cultural transmission models. *Human Ecology, 10,* 401–408.

Daly, M., & Wilson, M. 1988. *Homicide.* Hawthorne, N.Y.: Aldine de Gruyter.

Daly, M., & Wilson, M. 1994. Evolutionary psychology of male violence. In J. Archer (Ed.), *Male violence.* London: Routledge.

Daly, M., & Wilson, M. 1995. Discriminative parental solicitude and the relevance of evolutionary models to the analysis of motivational systems. In Gazzaniga, 1995.

Daly, M., Salmon, C., & Wilson, M. In press. Kinship: The conceptual hole in psychological studies of social cognition and close relationships. In D. Kenrick & J. Simpson (Eds.), *Evolutionary social psychology.* Hillsdale, N.J.: Erlbaum.

Damasio, A. R. 1994. *Descartes' error: Emotion, reason, and the human brain.* New York: Putnam.

Darwin, C. 1859/1964. *On the origin of species.* Cambridge, Mass.: Harvard University Press.

Darwin, C. 1872/1965. *The expression of the emotions in man and animals.* Chicago: University of Chicago Press.

Darwin, C. 1874. *The descent of man, and selection in relation to sex.* 2d ed. New York: Hurst & Company.

Davey, G. C. L., & commentators. 1995. Preparedness and phobias: Specific evolved associations or a generalized expectancy bias? *Behavioral and Brain Sciences, 18,* 289–325.

Davies, P. 1995. *Are we alone? Implications of the discovery of extraterrestrial life.* New York: Basic.

Dawkins, R. 1976/1989. *The selfish gene.* New edition. New York: Oxford University Press.

Dawkins, R. 1982. *The extended phenotype.* New York: Oxford University Press.

Dawkins, R. 1983. Universal Darwinism. In D. S. Bendall (Ed.), *Evolution from molecules to man.* New York: Cambridge University Press.

Dawkins, R. 1986. *The blind watchmaker: Why the evidence of evolution reveals a universe without design.* New York: Norton.

Dawkins, R. 1995. *River out of Eden: A Darwinian view of life.* New York: Basic Books. de Jong, G. F., & Mooney, R. J. 1986. Explanation-based learning: An alternative view. *Machine Learning, 1,* 145–176.

Deacon, T. 1992a. Primate brains and senses. In Jones, Martin, & Pilbeam.

Deacon, T. 1992b. The human brain. In Jones, Martin, & Pilbeam.

Dehaene, S. (Ed.) 1992. *Numerical cognition.* Special issue of *Cognition, 44.* Reprinted, Cambridge, Mass.: Blackwell.

Denfeld, R. 1995. *The new Victorians: A young woman's challenge to the old feminist order.* New York: Warner Books. Denis, M., Engelkamp, J., & Richardson, J. T. E. (Eds.) 1988. *Cognitive and neuropsychological approaches to mental imagery.* Amsterdam, Netherlands: Martinus Nijhoff.

Dennett, D. C. 1978a. *Brainstorms: Philosophical essays on mind and psychology.* Cambridge, Mass.: Bradford Books/MIT Press.

Dennett, D. C. 1978b. Intentional systems. In Dennett, 1978a.

Dennett, D. C. 1978c. Skinner skinned. In Dennett, 1978a.

Dennett, D. C. 1978d. Artificial intelligence as philosophy and as psychology. In Dennett, 1978a.

Dennett, D. C. 1984. *Elbow room: The varieties of free will worth wanting.* Cambridge, Mass.: MIT Press.

Dennett, D. C. 1987. Cognitive wheels: The frame problem of AI. In Pylyshyn, 1987.

Dennett, D. C. 1990. The interpretation of texts, people, and other artifacts. *Philosophy and Phenomenological Research, 50,* 177–194.

Dennett, D. C. 1991. *Consciousness explained.* Boston: Little, Brown.

Dennett, D. C. 1995. *Darwin's dangerous idea: Evolution and the meanings of life.* New York: Simon & Schuster.

Dershowitz, A. M. 1994. *The abuse excuse.* Boston: Little, Brown.

DeSteno, D. A., & Salovey, P. 1996. Evolutionary origins of sex differences in jealousy? Questioning the "fitness" of the model. *Psychological Science, 7,* 367–372, 376–377.

Diamond, J. 1992. *The third chimpanzee: The evolution and future of the human animal.* New York: HarperCollins.

Dickinson, S. J., Pentland, A. P., & Rosenfeld, A. 1992. 3-D shape recovery using distributed aspect matching. *IEEE Transactions on Pattern Analysis and Machine Intelligence, 14,* 174–198.

Dietrich, E. (Ed.) 1994. *Thinking computers and virtual persons: Essays on the intentionality of machines.* Boston: Academic Press.

Dobash, R. P., Dobash, R. E., Wilson, M., & Daly, M. 1992. The myth of sexual symmetry in marital violence. *Social Problems, 39,* 71–91.

Drake, F. 1993. Extraterrestrial intelligence (letter). *Science, 260,* 474–475.

Dretske, F. I. 1981. *Knowledge and the flow of information.* Cambridge, Mass.: MIT Press.

Dreyfus, H. 1979. *What computers can't do.* 2d ed. New York: Harper & Row.

Dunbar, R. I. M. 1992. Primate social organization: Mating and parental care. In Jones, Martin, & Pilbeam, 1992.

Duncan, J. 1995. Attention, intelligence, and the frontal lobes. In Gazzaniga, 1995.

Dunphy, D. 1963. The social structure of early adolescent peer groups. *Sociometry, 26,* 230–246.

Durham, W. H. 1982. Interactions of genetic and cultural evolution: Models and examples. *Human Ecology, 10,* 299–334.

Eagly, A. H. 1995. The science and politics of comparing women and men. *American Psychologist, 50,* 145–158.

Eibl-Eibesfeldt, I. 1989. *Human ethology.* Hawthorne, N.Y.: Aldine de Gruyter.

Ekman, P. 1987. A life's pursuit. In T. A. Sebeok & J. Umiker-Sebeok (Eds.), 1987, *The semiotic web 86: An international yearbook.* Berlin: Mouton de Gruyter.

Ekman, P. 1993. Facial expression and emotion. *American Psychologist, 48,* 384–392.

Ekman, P. 1994. Strong evidence for universals in facial expression: A reply to Russell's mistaken critique. *Psychological Bulletin, 115,* 268–287.

Ekman, P., & Davidson, R. J. (Eds.) 1994. *The nature of emotion.* New York: Oxford University Press.

Ekman, P., & Friesen, W. V. 1975. *Unmasking the face.* Englewood Cliffs, N.J.: Prentice-Hall.

Ellis, B. J. 1992. The evolution of sexual attraction: Evaluative mechanisms in women. In Barkow, Cosmides, & Tooby, 1992.

Elman, J. L. 1990. Finding structure in time. *Cognitive Science, 14,* 179–211.

Endler, J. A. 1986. *Natural selection in the wild.* Princeton, N.J.: Princeton University Press.

Epstein, D. 1994. *Shaping time: Music, the brain, and performance.* New York: Schirmer.

Etcoff, N. L. 1986. The neuropsychology of emotional expression. In G. Goldstein & R. E. Tarter (Eds.), *Advances in Clinical Neuropsychology,* Vol. 3. New York: Plenum.

Etcoff, N. L. 1998. *Beauty.* New York: Doubleday.

Etcoff, N. L., Freeman, R., & Cave, K. R. 1991. Can we lose memories of faces? Content specificity and awareness in a prosopagnosic. *Journal of Cognitive Neuroscience, 3,* 25–41.

Eyer, D. 1996. *Motherguilt: How our culture blames mothers for what's wrong with society.* New York: Times Books.

Farah, M. J. 1989. Mechanisms of imagery-perception interaction. *Journal of Experimental Psychology: Human Perception and Performance, 15,* 203–211.

Farah, M. J. 1990. *Visual agnosia.* Cambridge, Mass.: MIT Press.

Farah, M. J. 1995. Dissociable systems for recognition: A cognitive neuropsychology approach. In Kosslyn & Osherson, 1995.

Farah, M. J., Soso, M. J., & Dasheiff, R. M. 1992. Visual angle of the mind's eye before and after unilateral occipital lobectomy. *Journal of Experimental Psychology: Human Perception and Performance, 18,* 241–246.

Fehling, M. R., Baars, B. J., & Fisher, C. 1990. A functional role for repression in an autonomous, resource-constrained agent. *Proceedings of the Twelfth Annual Meeting of the Cognitive Science Society.* Hillsdale, N.J.: Erlbaum.

Feldman, J., & Ballard, D. 1982. Connectionist models and their properties. *Cognitive Science, 6,* 205–254.

Fernald, A. 1992. Human maternal vocalizations to infants as biologically relevant signals: An evolutionary perspective. In Barkow, Cosmides, & Tooby.

Festinger, L. 1957. *A theory of cognitive dissonance.* Stanford, Calif.: Stanford University Press.

Fiedler, K. 1988. The dependence of the conjunction fallacy on subtle linguistic factors. *Psychological Research, 50,* 123–129.

Field, H. 1977. Logic, meaning and conceptual role. *Journal of Philosophy, 69,* 379–408.

Finke, R. A. 1989. *Principles of mental imagery.* Cambridge, Mass.: MIT Press.

Finke, R. A. 1990. *Creative imagery: Discoveries and inventions in visualization.* Hillsdale, N.J.: Erlbaum.

Finke, R. A., Pinker, S., & Farah, M. J. 1989. Reinterpreting visual patterns in mental imagery. *Cognitive Science, 13,* 51–78.

Fischman, J. 1994. Putting our oldest ancestors in their proper place. *Science, 265,* 2011–2012.

Fisher, H. E. 1992. *Anatomy of love: The natural history of monogamy, adultery, and divorce.* New York: Norton.

Fiske, A. P. 1992. The four elementary forms of sociality: Framework for a unified theory of social relations. *Psychological Review, 99,* 689–723.

Fodor, J. A. 1968a. *Psychological explanation: An introduction to the philosophy of psychology.* New York: Random House, 1968.

Fodor, J. A. 1968b. The appeal to tacit knowledge in psychological explanation. *Journal of Philosophy, 65,* 627–640.

Fodor, J. A. 1975. *The language of thought.* New York: Crowell.

Fodor, J. A. 1981. The present status of the innateness controversy. In J. A. Fodor, *Representations.* Cambridge, Mass.: MIT Press.

Fodor, J. A. 1983. *The modularity of mind.* Cambridge, Mass.: MIT Press.

Fodor, J. A., & commentators. 1985. Précis and multiple book review of "The modularity of mind." *Behavioral and Brain Sciences, 8,* 1–42.

Fodor, J. A. 1986. Why paramecia don't have mental representations. In P. Rench, T. Uehling, Jr., & H. Wettstein (Eds.), *Midwest Studies in Philosophy,* Vol. 10. Minneapolis: University of Minnesota

Press.

Fodor, J. A. 1994. *The elm and the expert: Mentalese and its semantics.* Cambridge, Mass.: MIT Press.

Fodor, J. A., & McClaughlin, B. 1990. Connectionism and the problem of systematicity: Why Smolensky's solution doesn't work. *Cognition, 35,* 183–204.

Fodor, J. A., & Pylyshyn, Z. 1988. Connectionism and cognitive architecture: a critical analysis. *Cognition, 28,* 3–71. Reprinted in Pinker & Mehler, 1988.

Fox, R. 1984. *Kinship and marriage: An anthropological perspective.* New York: Cambridge University Press.

Frank, R. H. 1985. *Choosing the right pond: Human behavior and the quest for status.* New York: Oxford University Press.

Frank, R. H. 1988. *Passions within reason: The strategic role of the emotions.* New York: Norton.

Freeman, D. 1983. *Margaret Mead and Samoa: The making and unmaking of an anthropological myth.* Cambridge, Mass.: Harvard University Press.

Freeman, D. 1992. Paradigms in collision. *Academic Questions, 5,* 23–33.

Freeman, R. D., & Ohzawa, I. 1992. Development of binocular vision in the kitten's striate cortex. *Journal of Neuroscience, 12,* 4721–4736.

French, M. 1994. *Invention and evolution: Design in nature and engineering.* 2d ed. New York: Cambridge University Press.

French, R. E. 1987. *The geometry of vision and the mind-body problem.* New York: Peter Lang.

Freyd, J. J., & Finke, R. A. 1984. Facilitation of length discrimination using real and imagined context frames. *American Journal of Psychology, 97,* 323–341.

Fridlund, A. 1991. Evolution and facial action in reflex, social motive, and paralanguage. *Biological Psychology, 32,* 3–100.

Fridlund, A. 1992. Darwin's anti-Darwinism in "The expression of the emotions in man and animals." In K. T. Strongman (Ed.), *International Review of Studies of Emotion,* Vol. 2. New York: Wiley.

Fridlund, A. 1995. *Human facial expression: An evolutionary view.* New York: Academic Press.

Frieze, I. H., Olson, J. E., & Good, D. C. 1990. Perceived and actual discrimination in the salaries of male and female managers. *Journal of Applied Social Psychology, 20,* 46–67.

Frith, U. 1995. Autism: Beyond "theory of mind." *Cognition, 50,* 13–30.

Funt, B. V. 1980. Problem-solving with diagrammatic representations. *Artificial Intelligence, 13,* 210–230.

Gallistel, C. R. 1990. *The organization of learning.* Cambridge, Mass.: MIT Press.

Gallistel, C. R. 1995. The replacement of general-purpose theories with adaptive specializations. In Gazzaniga, 1995.

Gallup, G. G., Jr. 1991. Toward a comparative psychology of self-awareness: Species limitations and cognitive consequences. In G. R. Goethals & J. Strauss (Eds.), *The self: An interdisciplinary approach.* New York: Springer-Verlag.

Gardner, H. 1985. *The mind's new science: A history of the cognitive revolution.* New York: Basic Books.

Gardner, M. 1989. Illusions of the third dimension. In M. Gardner, *Gardner's whys and wherefores.* Chicago: University of Chicago Press.

Gardner, M. 1990. *The new ambidextrous universe.* New York: W. H. Freeman.

Gardner, M. 1991. Flatlands. In M. Gardner, *The unexpected hanging and other mathematical diversions.* Chicago: University of Chicago Press.

Gaulin, S. J. C. 1995. Does evolutionary theory predict sex differences in the brain? In Gazzaniga, 1995.

Gazzaniga, M. S. 1992. *Nature's mind: The biological roots of thinking, emotion, sexuality, language, and intelligence.* New York: Basic Books.

Gazzaniga, M. S. (Ed.) 1995. *The cognitive neurosciences.* Cambridge, Mass.: MIT Press.

Geary, D. C. 1994. *Children's mathematical development.* Washington, D.C.: American Psychological Association.

Geary, D. C. 1995. Reflections on evolution and culture in children's cognition. *American Psychologist, 50,* 24–37.

Gell-Mann, M. 1994. *The quark and the jaguar: Adventures in the simple and the complex.* New York: W. H. Freeman.

Gelman, R., Durgin, F., & Kaufman, L. 1995. Distinguishing between animates and inanimates: Not by motion alone. In Sperber, Premack, & Premack, 1995.

Gelman, R., & Gallistel, C. R. 1978. *The child's understanding of number.* Cambridge, Mass.: Harvard University Press.

Gelman, S. A., Coley, J. D., & Gottfried, G. M. 1994. Essentialist beliefs in children: The acquisition of concepts and theories. In Hirschfeld & Gelman, 1994a.

Gelman, S. A., & Markman, E. 1987. Young children's inductions from natural kinds: The role of categories and appearances. *Child Development, 58,* 1532–1540.

Gergely, G., Nádasdy, Z., Csibra, G., & Bíró, S. 1995. Taking the intentional stance at 12 months of age. *Cognition, 56,* 165–193.

Gibbons, A. 1994. African origins theory goes nuclear. *Science, 264,* 350–351.

Gibbons, A. 1995a. Out of Africa—at last? *Science, 267,* 1272–1273.

Gibbons, A. 1995b. The mystery of humanity's missing mutations. *Science, 267,* 35–36.

Gibbons, A. 1995c. Pleistocene population explosions. *Science, 267,* 27–28.

Gibson, J. J. 1950. *The perception of the visual world.* Boston: Houghton Mifflin.

Gibson, J. J. 1952. The visual field and the visual world: A reply to Professor Boring. *Psychological Review, 59,* 149–151.

Gigerenzer, G. 1991. How to make cognitive illusions disappear: Beyond heuristics and biases. *European Review of Social Psychology, 2,* 83–115.

Gigerenzer, G. 1996a. On narrow norms and vague heuristics: A reply to Kahneman and Tversky 1996. *Psychological Review, 103,* 592–596.

Gigerenzer, G. 1996b. The psychology of good judgment: Frequency formats and simple algorithms. *Journal of Medical Decision Making, 16,* 273–280.

Gigerenzer, G. 1997. Ecological intelligence: An adaptation for frequencies. In D. Cummins & C. Allen (Eds.), *The evolution of mind.* New York: Oxford University Press.

Gigerenzer, G., & Hoffrage, U. 1995. How to improve Bayesian reasoning without instruction: Frequency formats. *Psychological Review, 102,* 684–704.

Gigerenzer, G., & Hug, K. 1992. Domain specific reasoning: Social contracts, cheating and perspective change. *Cognition, 43,* 127–171.

Gigerenzer, G., & Murray, D. J. 1987. *Cognition as intuitive statistics.* Hillsdale, N.J.: Erlbaum.

Gigerenzer, G., Swijtink, Z., Porter, T., Daston, L., Beatty, J., & Krüger, L. 1989. *The empire of chance: How probability changed science and everyday life.* New York: Cambridge University Press.

Giles, C. L., Sun, G. Z., Chen, H. H., Lee, Y. C., & Chen, D. 1990. Higher order recurrent networks and grammatical inference. In D. S. Touretzky (Ed.), *Advances in Neural Information Processing Systems, 2.* San Mateo, Calif.: Morgan Kaufmann.

Gilovich, T. 1991. *How we know what isn't so: The fallibility of human reason in everyday life.* New York: Free Press.

Glander, K. E. 1992. Selecting and processing food. In Jones, Martin, & Pilbeam, 1992.

Glasgow, J., & Papadias, D. 1992. Computational imagery. *Cognitive Science, 16,* 355–394.

Gombrich, E. 1960. *Art and illusion: A study in the psychology of pictorial representation.* Princeton, N.J.: Princeton University Press.

Good, I. J. 1995. When batterer turns murderer. *Nature, 375,* 541.

Goodman, N. 1976. *Languages of art: An approach to a theory of symbols.* Indianapolis: Hackett.

Gopnik, A. 1993. Mindblindness. Unpublished manuscript, University of California, Berkeley.

Gopnik, A., & Wellman, H. M. 1994. The theory theory. In Hirschfeld & Gelman, 1994a.

Gordon, M. 1996. What makes a woman a woman? (Review of E. Fox-Genovese's "Feminism is not the story of my life"). *New York Times Book Review,* January 14, p. 9.

Gould, J. L. 1982. *Ethology.* New York: Norton.

Gould, S. J., & Vrba, E. 1981. Exaptation: A missing term in the science of form. *Paleobiology, 8,* 4–15.

Gould, S. J. 1980a. *The panda's thumb.* New York: Norton.

Gould, S. J. 1980b. Caring groups and selfish genes. In Gould, 1980a.

Gould, S. J. 1980c. Natural selection and the human brain: Darwin *vs.* Wallace. In Gould, 1980a.

Gould, S. J. 1980d. A biological homage to Mickey Mouse. In Gould, 1980a.

Gould, S. J. 1983a. *Hens'teeth and horses'toes.* New York: Norton.

Gould, S. J. 1983b. What happens to bodies if genes act for themselves? In Gould, 1983a.

Gould, S. J. 1983c. What, if anything, is a zebra? In Gould, 1983a.

Gould, S. J. 1987. *An urchin in the storm: Essays about books and ideas.* New York: Norton.

Gould, S. J. 1989. *Wonderful life: The Burgess Shale and the nature of history.* New York: Norton.

Gould, S. J. 1992. The confusion over evolution. *New York Review of Books,* November 19.

Gould, S. J. 1993. *Eight little piggies.* New York: Norton.

Gould, S. J. 1996. *Full house: The spread of excellence from Plato to Darwin.* New York: Harmony Books.

Gould, S. J., & Lewontin, R. C. 1979. The spandrels of San Marco and the Panglossian program: A critique of the adaptationist programme. *Proceedings of the Royal Society of London, 205,* 281–288.

Greenwald, A. 1988. Self-knowledge and self-deception. In Lockard & Paulhaus, 1988.

Gregory, R. L. 1970. *The intelligent eye.* London: Weidenfeld & Nicolson.

Griffin, D. R. (Ed.) 1974. *Animal engineering.* San Francisco: W. H. Freeman.

Grossberg, S. (Ed.) 1988. *Neural networks and natural intelligence.* Cambridge, Mass.: MIT Press.

Gruber, J. 1965. Studies in lexical relations. Ph.D. dissertation, MIT. Reprinted, 1976, as *Lexical structures in syntax and semantics.* Amsterdam: North-Holland.

Gutin, J. 1995. Do Kenya tools root birth of modern thought in Africa? *Science, 270,* 1118–1119.

Hadley, R. F. 1994a. Systematicity in connectionist language learning. *Mind and Language, 9,* 247–272.

Hadley, R. F. 1994b. Systematicity revisited: Reply to Christiansen and Chater and Niklasson and Van Gelder. *Mind and Language, 9,* 431–444.

Hadley, R. F., & Hayward, M. 1994. Strong semantic systematicity from unsupervised connectionist learning. Technical Report CSS-IS TR94–02, School of Computing Science, Simon Fraser University, Burnaby, BC.

Haig, D. 1992. Genetic imprinting and the theory of parentoffspring conflict. *Developmental Biology,* 3, 153–160.

Haig, D. 1993. Genetic conflicts in human pregnancy. *Quarterly Review of Biology, 68,* 495–532.

Hamer, D., & Copeland, P. 1994. *The science of desire: The search for the gay gene and the biology of behavior.* New York: Simon & Schuster.

Hamilton, W. D. 1963. The evolution of altruistic behavior. *American Naturalist, 97,* 354–356. Reprinted in Hamilton, 1996.

Hamilton, W. D. 1964. The genetical evolution of social behaviour (I and II). *Journal of Theoretical Biology, 7,* 1–16; 17–52. Reprinted in Hamilton, 1996.

Hamilton, W. D. 1996. *Narrow roads of gene land: The collected papers of W. D. Hamilton,* Vol. 1: *Evolution of social behavior.* New York: W. H. Freeman.

Hamilton, W. D., Axelrod, R., & Tanese, R. 1990. Sexual reproduction as an adaptation to resist parasites (a review). *Proceedings of the National Academy of Sciences, 87,* 3566–3573.

Harpending, H. 1994. Gene frequencies, DNA sequences, and human origins. *Perspectives in Biology and Medicine, 37,* 384–395.

Harris, C. R., & Christenfeld, N. 1996. Gender, jealousy, and reason. *Psychological Science, 7,* 364–366, 378–379.

Harris, D. R. 1992. Human diet and subsistence. In Jones, Martin, & Pilbeam, 1992.

Harris, H. Y. 1995. Human nature and the nature of romantic love. Ph.D. dissertation, Department of Anthropology, University of California, Santa Barbara.

Harris, J. R. 1995. Where is the child's environment? A group socialization theory of development. *Psychological Review, 102,* 458–489.

Harris, M. 1985. *Good to eat: Riddles of food and culture.* New York: Simon & Schuster.

Harris, M. 1989. *Our kind: The evolution of human life and culture.* New York: Harper-Collins.

Harris, P. L. 1994. Thinking by children and scientists: False analogies and neglected similarities. In Hirschfeld & Gelman, 1994a.

Hartung, J. 1992. Getting real about rape. *Behavioral and Brain Sciences, 15,* 390–392.

Hartung, J. 1995. Love thy neighbor: The evolution of ingroup morality. *Skeptic,* 3, 86–100.

Hatano, G., & Inagaki, K. 1995. Young children's naïve theory of biology. *Cognition, 50,* 153–170.

Hatfield, E., & Rapson, R. L. 1993. *Love, sex, and intimacy: Their psychology, biology, and history.* New York: HarperCollins.

Haugeland, J. (Ed.) 1981a. *Mind design: Philosophy, psychology, artificial intelligence.* Cambridge, Mass.:

Bradford Books/MIT Press.

Haugeland, J. 1981b. Semantic engines: An introduction to mind design. In Haugeland, 1981a.

Haugeland, J. 1981c. The nature and plausibility of cognitivism. In Haugeland, 1981a.

Hauser, M. D. 1992. Costs of deception: Cheaters are punished in rhesus monkeys. *Proceedings of the National Academy of Sciences USA, 89,* 12137–12139.

Hauser, M. D. 1996. *The evolution of communication.* Cambridge, Mass.: MIT Press.

Hauser, M. D., Kralik, J., Botto-Mahan, C., Garrett, M., & Oser, J. 1995. Self-recognition in primates: Phylogeny and the salience of species-typical features. *Proceedings of the National Academy of Sciences USA, 92,* 10811–10814.

Hauser, M. D., MacNeilage, P., & Ware, M. 1996. Numerical representations in primates: Perceptual or arithmetic? *Proceedings of the National Academy of Sciences USA, 93,* 1514–1517.

Hebb, D. O. 1968. Concerning imagery. *Psychological Review, 75,* 466–477.

Heider, F., & Simmel, M. 1944. An experimental study of apparent behavior. *American Journal of Psychology, 57,* 243–259.

Held, R. 1993. Two stages in the development of binocular vision and eye alignment. In Simons, 1993.

Hendler, J. 1994. High-performance artificial intelligence. *Science, 265,* 891–892.

Hertwig, R., & Gigerenzer, G. 1997. The "conjunction fallacy" revisited: How intelligent inferences look like reasoning errors. Unpublished manuscript, Max Planck Institute for Psychological Research, Munich.

Hess, R. H., Baker, C. L., & Zihl, J. 1989. The "motionblind" patient: Low level spatial and temporal filters. *Journal of Neuroscience, 9,* 1628–1640.

Hill, K., & Kaplan, H. 1988. Tradeoffs in male and female reproductive strategies among the Ache (parts 1 and 2). In Betzig, Borgerhoff Mulder, & Turke, 1988.

Hillis, A. E., & Caramazza, A. 1991. Category-specific naming and comprehension impairment: A double dissociation. *Brain, 114,* 2081–2094.

Hinton, G. E. 1981. Implementing semantic networks in parallel hardware. In Hinton and Anderson, 1981. Hinton, G. E., & Anderson, J. A. 1981. *Parallel models of associative memory.* Hillsdale, N.J.: Erlbaum.

Hinton, G. E., & Nowlan, S. J. 1987. How learning can guide evolution. *Complex Systems, 1,* 495–502.

Hinton, G. E., McClelland, J. L., & Rumelhart, D. E. 1986. Distributed representations. In Rumelhart, McClelland, & the PDP Research Group, 1986.

Hinton, G. E., & Parsons, L. M. 1981. Frames of reference and mental imagery. In J. Long & A. Baddeley (Eds.), *Attention and Performance IX.* Hillsdale, N.J.: Erlbaum.

Hirschfeld, L. A., & Gelman, S. A. (Eds.) 1994a. *Mapping the mind: Domain specificity in cognition and culture.* New York: Cambridge University Press.

Hirschfeld, L. A., & Gelman, S. A. 1994b. Toward a topography of mind: An introduction to domain specificity. In Hirschfeld & Gelman, 1994a.

Hirshleifer, J. 1987. On the emotions as guarantors of threats and promises. In J. Dupré (Ed.), *The latest on the best: Essays on evolution and optimality.* Cambridge, Mass.: MIT Press.

Hobbs, J. R. 1990. *Literature and cognition.* Stanford, Calif.: Center for the Study of Language and Information.

Hoffman, D. D. 1983. The interpretation of visual illusions. *Scientific American,* December.

Hoffman, D. D., & Richards, W. A. 1984. Parts of recognition. *Cognition, 18,* 65–96. Reprinted in Pinker, 1984b.

Hollerbach, J. M. 1990. Planning of arm movements. In Osherson, Kosslyn, & Hollerbach, 1990.

Holloway, R. L. 1995. Toward a synthetic theory of human brain evolution. In Changeux & Chavaillon, 1995.

Horgan, J. 1993. Eugenics revisited. *Scientific American,* June.

Horgan, J. 1995a. The new Social Darwinists. *Scientific American,* October.

Horgan, J. 1995b. A theory of almost everything (Review of books by J. Holland, S. Kauffman, P. Davies, P. Coveney, and R. Highfield). *New York Times Book Review,* October 1, pp. 30–31.

Hrdy, S. B. 1981. *The woman that never evolved.* Cambridge, Mass.: Harvard University Press.

Hrdy, S. B. 1994. Interview. In T. A. Bass, *Reinventing the future: Conversations with the world's leading scientists.* Reading, Mass.: Addison Wesley.

Hubel, D. H. 1988. *Eye, brain, and vision.* New York: Scientific American.

Hume, D. 1748/1955. *Inquiry concerning human understanding.* Indianapolis: Bobbs-Merrill.

Humphrey, N. K. 1976. The social function of the intellect. In P. P. G. Bateson & R. A. Hinde (Eds.), *Growing points in ethology.* New York: Cambridge University Press.

Humphrey, N. K. 1992. *A history of the mind: Evolution and the birth of consciousness.* New York: Simon & Schuster.

Hurst, L., & Hamilton, W. D. 1992. Cytoplasmic fusion and the nature of the sexes. *Proceedings of the Royal Society of London B, 247,* 189–194.

Hyman, I. E., & Neisser, U. 1991. Reconstruing mental images: Problems of method. *Emory Cognition Project Technical Report Number 19.* Atlanta: Emory University.

Ioerger, T. R. 1994. The manipulation of images to handle indeterminacy in spatial reasoning. *Cognitive Science, 18,* 551–593.

Ittelson, W. H. 1968. *The Ames demonstrations in perception.* New York: Hafner.

Jackendoff, R. 1977. Review of Leonard Bernstein' s "The unanswered question." *Language, 53,* 883–894.

Jackendoff, R. 1983. *Semantics and cognition.* Cambridge, Mass.: MIT Press.

Jackendoff, R. 1987. *Consciousness and the computational mind.* Cambridge, Mass.: MIT Press.

Jackendoff, R. 1990. *Semantic structures.* Cambridge, Mass.: MIT Press.

Jackendoff, R. 1992. Musical parsing and musical affect. In R. Jackendoff, *Languages of the mind: Essays on mental representation.* Cambridge, Mass.: MIT Press.

Jackendoff, R. 1994. *Patterns in the mind: Language and human nature.* New York: Basic Books.

Jackendoff, R., & Aaron, D. 1991. Review of Lakoff & Turner' s "More than cool reason: A field guide to poetic metaphor." *Language, 67,* 320–339.

Jagannathan, V, Dodhiawala, R., & Baum, L. S. (Eds.) 1989. *Blackboard architectures and applications.* New York: Academic Press.

James, W. 1890/1950. *The principles of psychology.* New York: Dover.

James, W. 1892/1920. *Psychology: Briefer course.* New York: Henry Holt.

Jaynes, J. 1976. *The origin of consciousness in the breakdown of the bicameral mind.* Boston: Houghton Mifflin.

Jepson, A., Richards, W., & Knill, D. 1996. Modal structure and reliable inference. In Knill & Richards, 1996.

Johnson, M. K., & Raye, C. L. 1981. Reality monitoring. *Psychological Review, 88,* 67–85.

Johnson-Laird, P. 1988. *The computer and the mind.* Cambridge, Mass.: Harvard University Press.

Jolicoeur, P., Ullman, S., & MacKay, M. 1991. Visual curve tracing properties. *Journal of Experimental Psychology: Human Perception and Performance, 17,* 997–1022.

Jones, S. 1992. The evolutionary future of humankind. In Jones, Martin, & Pilbeam, 1992.

Jones, S., Martin, R., & Pilbeam, D. (Eds.) 1992. *The Cambridge encyclopedia of human evolution.* New York: Cambridge University Press.

Jordan, M. I. 1989. Serial order: A parallel distributed processing approach. In J. L. Elman & D. E. Rumelhart (Eds.), *Advances in connectionist theory.* Hillsdale, N.J.: Erlbaum.

Julesz, B. 1960. Binocular depth perception of computergenerated patterns. *Bell System Technical Journal, 39,* 1125–1162.

Julesz, B. 1971. *Foundations of cyclopean perception.* Chicago: University of Chicago Press.

Julesz, B. 1995. *Dialogues on perception.* Cambridge, Mass.: MIT Press.

Kahneman, D., & Tversky, A. 1982. On the study of statistical intuitions. *Cognition, 11,* 123–141.

Kahneman, D., & Tversky, A. 1984. Choices, values, and frames. *American Psychologist,* 39, 341–350.

Kahneman, D., & Tversky, A. 1996. On the reality of cognitive illusions: A reply to Gigerenzer's critique. *Psychological Review, 103,* 582–591.

Kahneman, D., Slovic, P., & Tversky, A. (Eds.) 1982. *Judgment under uncertainty: Heuristics and biases.* New York: Cambridge University Press.

Kaplan, H., Hill, K., & Hurtado, A. M. 1990. Risk, foraging, and food sharing among the Ache. In E. Cashdan (Ed.), *Risk and uncertainty in tribal and peasant economies.* Boulder, Colo.: Westview Press.

Kaplan, S. 1992. Environmental preference in a knowledgeseeking, knowledge-using organism. In Barkow, Cosmides, & Tooby, 1992.

Katz, J. N. 1995. *The invention of homosexuality.* New York: Dutton.

Kauffman, S. A. 1991. Antichaos and adaptation. *Scientific American,* August.

Keeley, L. H. 1996. *War before civilization: The myth of the peaceful savage.* New York: Oxford University Press.

Keil, F. C. 1979. *Semantic and conceptual development.* Cambridge, Mass.: Harvard University Press.

Keil, F. C. 1989. *Concepts, kinds, and cognitive development.* Cambridge, Mass.: MIT Press.

Keil, F. C. 1994. The birth and nurturance of concepts by domains: The origins of concepts of living things. In Hirschfeld & Gelman, 1994a.

Keil, F. C. 1995. The growth of causal understandings of natural kinds. In Sperber, Premack, & Premack, 1995.

Kelly, M. H. 1992. Darwin and psychological theories of classification. *Evolution and Cognition, 2,* 79–97.

Kenrick, D. T., Keefe, R. C., & commentators. 1992. Age preferences in mates reflect sex differences in human reproductive strategies. *Behavioral and Brain Sciences, 15,* 75–133.

Kernighan, B. W., & Plauger, P. J. 1978. *The elements of programming style.* 2d ed. New York: McGraw-Hill.

Kerr, R. A. 1992. SETI faces uncertainty on earth and in the stars. *Science, 258,* 27.

Ketelaar, P. 1995. Emotion as mental representations of fitness affordances I: Evidence supporting the claim that negative and positive emotions map onto fitness costs and benefits. Paper presented at the annual meeting of the Human Behavior and Evolution Society, Santa Barbara, June 28–July 2.

Ketelaar, P. 1997. Affect as mental representations of value: Translating the value function for gains and losses into positive and negative affect. Unpublished manuscript, Max Planck Institute, Munich.

Killackey, H. 1995. Evolution of the human brain: A neuroanatomical perspective. In Gazzaniga, 1995.

Kingdon, J. 1993. *Self-made man: Human evolution from Eden to extinction?* New York: Wiley.

Kingsolver, J. G., & Koehl, M. A. R. 1985. Aerodynamics, thermoregulation, and the evolution of insect wings: Differential scaling and evolutionary change. *Evolution, 39,* 488–504.

Kirby, K. N., & Herrnstein, R. J. 1995. Preference reversals due to myopic discounting of delayed reward. *Psychological Science, 6,* 83–89.

Kitcher, P. 1982. *Abusing science: The case against creationism.* Cambridge, Mass.: MIT Press.

Kitcher, P. 1992. Gene: current usages. In E. F. Keller & E. A. Lloyd (Eds.), *Keywords in evolutionary biology.* Cambridge, Mass.: Harvard University Press.

Klaw, S. 1993. *Without sin: The life and death of the Oneida community.* New York: Penguin.

Klein, R. G. 1989. *The human career: Human biological and cultural origins.* Chicago: University of Chicago Press.

Kleiter, G. 1994. Natural sampling: Rationality without base rates. In G. H. Fischer & D. Laming (Eds.), *Contributions to mathematical psychology, psychometrics, and methodology.* New York: Springer-Verlag.

Knill, D., & Richards, W. (Eds.) 1996. *Perception as Bayesian inference.* New York: Cambridge University Press.

Koehler, J. J., & commentators. 1996. The base rate fallacy reconsidered: Descriptive, normative, and methodological challenges. *Behavioral and Brain Sciences, 19,* 1–53.

Koestler, A. 1964. *The act of creation.* New York: Dell.

Konner, M. 1982. *The tangled wing: Biological constraints on the human spirit.* New York: Harper and Row.

Kosslyn, S. M. 1980. *Image and mind.* Cambridge, Mass.: Harvard University Press.

Kosslyn, S. M. 1983. *Ghosts in the mind's machine: Creating and using images in the brain.* New York: Norton.

Kosslyn, S. M. 1994. *Image and brain: The resolution of the imagery debate.* Cambridge, Mass.: MIT Press.

Kosslyn, S. M., Alpert, N. M., Thompson, W. L., Maljkovic, V., Weise, S. B., Chabris, C. F., Hamilton, S. E., Rauch, S. L., & Buonanno, F. S. 1993. Visual mental imagery activates topographically organized visual cortex: PET investigations. *Journal of Cognitive Neuroscience, 5,* 263–287.

Kosslyn, S. M., & Osherson, D. N. (Eds.) 1995. *An invitation to cognitive science,* Vol. 2: *Visual cognition.* 2d ed. Cambridge, Mass.: MIT Press.

Kosslyn, S. M., Pinker, S., Smith, G. E., Schwartz, S. P., & commentators. 1979. On the demystification of mental imagery. *Behavioral and Brain Sciences, 2,* 535–581. Reprinted in Block, 1981.

Kowler, E. 1995. Eye movements. In Kosslyn & Osherson, 1995.

Kubovy, M. 1986. *The psychology of perspective and Renaissance art.* New York: Cambridge University

Press.

Kubovy, M., & Pomerantz, J. R. (Eds.) 1981. *Perceptual organization.* Hillsdale, N.J.: Erlbaum.

Lachter, J., & Bever, T. G. 1988. The relation between linguistic structure and associative theories of language learning—A constructive critique of some connectionist learning models. *Cognition, 28,* 195–247. Reprinted in Pinker & Mehler, 1988.

Lakoff, G. 1987. *Women, fire, and dangerous things: What categories reveal about the mind.* Chicago: University of Chicago Press.

Lakoff, G., & Johnson, M. 1980. *Metaphors we live by.* Chicago: University of Chicago Press.

Land, E. H., & McCann, J. J. 1971. Lightness and retinex theory. *Journal of the Optical Society of America, 61,* 1–11.

Landau, B., Spelke, E. S., & Gleitman, H. 1984. Spatial knowledge in a young blind child. *Cognition, 16,* 225–260.

Landau, T. 1989. *About faces: The evolution of the human face.* New York: Anchor.

Landsburg, S. E. 1993. *The armchair economist: Economics and everyday life.* New York: Free Press.

Langlois, J. H., & Roggman, L. A. 1990. Attractive faces are only average. *Psychological Science, 1,* 115–121.

Langlois, J. H., Roggman, L. A., Casey, R. J., & Ritter, J. M. 1987. Infant preferences for attractive faces: Rudiments of a stereotype? *Developmental Psychology, 23,* 363–369.

Lazarus, R. S. 1991. *Emotion and adaptation.* New York: Oxford University Press.

Leakey, M. G., Feibel, C. S., McDougall, I., & Walker, A. 1995. New four-million-year-old hominid species from Kanapoi and Allia Bay, Kenya. *Nature, 376,* 565–572.

Lederer, R., & Gilleland, M. 1994. *Literary trivia: Fun and games for book lovers.* New York: Vintage.

LeDoux, J. E. 1991. Emotion and the limbic system concept. *Concepts in Neuroscience, 2,* 169–199.

LeDoux, J. E. 1996. *The emotional brain: The mysterious underpinnings of emotional life.* New York: Simon & Schuster. Lee, P. C. 1992. Testing the intelligence of apes. In Jones, Martin, & Pilbeam, 1992.

Lehman, D. 1992. *Signs of the times: Deconstructionism and the fall of Paul de Man.* New York: Simon & Schuster.

Leibniz, G. W. 1956. *Philosophical papers and letters.* Chicago: University of Chicago Press.

Lenat, D. B., & Guha, D. V. 1990. *Building large knowledgebased systems.* Reading, Mass.: Addison-Wesley.

Lenski, R. E., & Mittler, J. E. 1993. The directed mutation controversy and neo-Darwinism. *Science, 259,* 188–194.

Lenski, R. E., Sniegowski, P. D., & Shapiro, J. A. 1995. "Adaptive mutation" : The debate goes on (letters). *Science, 269,* 285–287.

Lerdahl, F., & Jackendoff, R. 1983. *A generative theory of tonal music.* Cambridge, Mass.: MIT Press.

Leslie, A. M. 1994. ToMM, ToBY, and agency: Core architecture and domain specificity. In Hirschfeld & Gelman, 1994a.

Leslie, A. M. 1995a. A theory of agency. In Sperber, Premack, & Premack, 1995.

Leslie, A. M. 1995b. Pretending and believing: Issues in the theory of ToMM. *Cognition, 50,* 193–220.

Levin, B., & Pinker, S. (Eds.) 1992. *Lexical and conceptual semantics.* Cambridge, Mass.: Blackwell.

Levine, A. 1994. Education: The great debate revisited. *Atlantic Monthly,* December.

Levins, R., & Lewontin, R. C. 1985. *The dialectical biologist.* Cambridge, Mass.: Harvard University Press.

Lewin, R. 1987. The earliest "humans" were more like apes. *Science, 236,* 1061–1063.

Lewis, D. 1980. Mad pain and Martian pain. In N. Block (Ed.), *Readings in philosophy of psychology,* Vol. 1. Cambridge, Mass.: Harvard University Press.

Lewis, H. W. 1990. *Technological risk.* New York: Norton.

Lewontin, R. C. 1979. Sociobiology as an adaptationist program. *Behavioral Science, 24,* 5–14.

Lewontin, R. C. 1984. Adaptation. In Sober, 1984a.

Lewontin, R. C, Rose, S., & Kamin, L. J. 1984. *Not in our genes.* New York: Pantheon.

Liebenberg, L. 1990. *The art of tracking.* Cape Town: David Philip.

Lindsay, P. H., & Norman, D. A. 1972. *Human information processing.* New York: Academic Press.

Ling, C., & Marinov, M. 1993. Answering the connectionist challenge: A symbolic model of learning the past tenses of English verbs. *Cognition, 49,* 235–290.

Lockard, J. S., & Paulhaus, D. L. (Eds.) 1988. *Selfdeception: An adaptive mechanism.* Englewood Cliffs, N.J.: Prentice Hall.

Locksley, A., Ortiz, V., & Hepburn, C. 1980. Social categorization and discriminatory behavior: Extinguishing the minimal group discrimination effect. *Journal of Personality and Social Psychology, 39,* 773–783.

Loewer, B., & Rey, B. (Eds.) 1991. *Meaning in mind: Fodor and his critics.* Cambridge, Mass.: Blackwell.

Logie, R. H. 1995. *Visuo-spatial working memory.* Hillsdale, N.J.: Erlbaum.

Lopes, L. L., & Oden, G. C. 1991. The rationality of intelligence. In E. Eells & T. Maruszewski (Eds.), *Rationality and reasoning.* Amsterdam: Rodopi.

Lorber, J. 1994. *Paradoxes of gender.* New Haven: Yale University Press.

Lowe, D. 1987. The viewpoint consistency constraint. *International Journal of Computer Vision, 1,* 57–72.

Lumsden, C., & Wilson, E. O. 1981. *Genes, mind, and culture.* Cambridge, Mass.: Harvard University Press.

Luria, A. R. 1966. *Higher cortical functions in man.* London: Tavistock.

Lykken, D. T., & Tellegen, A. 1996. Happiness is a stochastic phenomenon. *Psychological Science, 7,* 186–189.

Lykken, D. T., McGue, M., Tellegen, A., & Bouchard, T. J., Jr. 1992. Emergenesis: Genetic traits that may not run in families. *American Psychologist, 47,* 1565–1577.

Mac Lane, S. 1981. Mathematical models: A sketch for the philosophy of mathematics. *American Mathematical Monthly, 88,* 462–472.

Mace, G. 1992. The life of primates: Differences between the sexes. In Jones, Martin, & Pilbeam, 1992.

MacLean, P. D. 1990. *The triune brain in evolution.* New York: Plenum.

Macnamara, J. 1986. *A border dispute: The place of logic in psychology.* Cambridge, Mass.: MIT Press.

Macnamara, J. 1994. Logic and cognition. In Macnamara & Reyes.

Macnamara, J., & Reyes, G. E. (Eds.) 1994. *The logical foundations of cognition.* New York: Oxford

University Press.

Maloney, L. T., & Wandell, B. 1986. Color constancy: A method for recovering surface spectral reflectance. *Journal of the Optical Society of America (A), 1,* 29–33.

Mandler, J. 1992. How to build a baby, II: Conceptual primitives. *Psychological Review, 99,* 587–604.

Manktelow, K. I., & Over, D. E. 1987. Reasoning and rationality. *Mind and Language, 2,* 199–219.

Marcel, A., & Bisiach, E. (Eds.) 1988. *Consciousness in contemporary science.* New York: Oxford University Press.

Marcus, G. F. 1997a. Rethinking eliminative connectionism. Unpublished manuscript, University of Massachusetts, Amherst. Marcus, G. F. 1997b. Concepts, features, and variables. Unpublished manuscript, University of Massachusetts, Amherst. Marcus, G. F. In preparation. *The algebraic mind.* Cambridge, Mass.: MIT Press.

Marcus, G. F., Brinkmann, U., Clahsen, H., Wiese, R., & Pinker, S. 1995. German inflection: The exception that proves the rule. *Cognitive Psychology, 29,* 189–256.

Marks, I. M. 1987. *Fears, phobias, and rituals.* New York: Oxford University Press.

Marks, I. M., & Nesse, R. M. 1994. Fear and fitness: An evolutionary analysis of anxiety disorders. *Ethology and Sociobiology, 15,* 247–261.

Marr, D. 1982. *Vision.* San Francisco: W. H. Freeman.

Marr, D., & Nishihara, H. K. 1978. Representation and recognition of the spatial organization of three-dimensional shapes. *Proceedings of the Royal Society of London, B, 200,* 269–294.

Marr, D., & Poggio, T. 1976. Cooperative computation of stereo disparity. *Science, 194,* 283–287.

Marshack, A. 1989. Evolution of the human capacity: The symbolic evidence. *Yearbook of Physical Anthropology, 32,* 1–34.

Martin, P., & Klein, R. 1984. *Quaternary extinctions.* Tucson: University of Arizona Press.

Masson, J. M., & McCarthy, S. 1995. *When elephants weep: The emotional lives of animals.* New York: Delacorte Press.

Mathews, J. 1996. A tall order for president: Picking a candidate of towering stature. *Washington Post,* May 10, D01.

Maurer, A. 1965. What children fear. *Journal of Genetic Psychology, 106,* 265–277.

Maynard Smith, J., 1964. Group selection and kin selection. *Nature, 201,* 1145–1147.

Maynard Smith, J. 1975/1993. *The theory of evolution.* New York: Cambridge University Press.

Maynard Smith, J. 1982. *Evolution and the theory of games.* New York: Cambridge University Press.

Maynard Smith, J. 1984. Optimization theory in evolution. In Sober, 1984a.

Maynard Smith, J. 1987. When learning guides evolution. *Nature, 329,* 762.

Maynard Smith, J. 1995. Life at the edge of chaos? (Review of D. Depew's & B. H. Weber's "Darwinism evolving"). *New York Review of Books,* March 2, pp. 28–30.

Maynard Smith, J., & Warren, N. 1988. Models of cultural and genetic change. In J. Maynard Smith, *Games, sex, and evolution.* New York: Harvester-Wheatsheaf.

Mayr, E. 1982. *The growth of biological thought.* Cambridge, Mass.: Harvard University Press.

Mayr, E. 1983. How to carry out the adaptationist program. *The American Naturalist, 121,* 324–334.

Mayr, E. 1993. The search for intelligence (letter). *Science, 259,* 1522–1523.

Mazel, C. 1992. *Heave ho! My little green book of seasickness.* Camden, Maine: International Marine.

McAdams, S., & Bigand, E. (Eds.) 1993. *Thinking in sound: The cognitive psychology of human audition.* New York: Oxford University Press.

McCauley, C., & Stitt, C. L. 1978. An individual and quantitative measure of stereotypes. *Journal of Personality and Social Psychology, 36,* 929–940.

McClelland, J. L., & Kawamoto, A. H. 1986. Mechanisms of sentence processing: Assigning roles to constituents of sentences. In McClelland, Rumelhart, & the PDP Research Group.

McClelland, J. L., McNaughton, B. L., & O'Reilly, R. C. 1995. Why there are complementary learning systems in the hippocampus and neocortex: Insights from the successes and failures of connectionist models of learning and memory. *Psychological Review, 102,* 419–457.

McClelland, J. L., & Rumelhart, D. E. 1985. Distributed memory and the representation of general and specific information. *Journal of Experimental Psychology: General, 114,* 159–188.

McClelland, J. L., Rumelhart, D. E., & the PDP Research Group. 1986. *Parallel distributed processing: Explorations in the microstructure of cognition,* Vol. 2: *Psychological and biological models.* Cambridge, Mass.: MIT Press.

McCloskey, M. 1983. Intuitive physics. *Scientific American, 248,* 122–130.

McCloskey, M., Caramazza, A., & Green, B. 1980. Curvilinear motion in the absence of external forces: Naive beliefs about the motion of objects. *Science, 210,* 1139–1141.

McCloskey, M., & Cohen, N. J. 1989. Catastrophic interference in connectionist networks: The sequential learning problem. In G. H. Bower (Ed.), *The psychology of learning and motivation,* Vol. 23. New York: Academic Press.

McCloskey, M., Wible, C. G., & Cohen, N. J. 1988. Is there a special flashbulb-memory mechanism? *Journal of Experimental Psychology: General, 117,* 171–181.

McCulloch, W. S., & Pitts, W. 1943. A logical calculus of the ideas immanent in nervous activity. *Bulletin of Mathematical Biophysics, 5,* 115–133.

McGhee, P. E. 1979. *Humor: Its origins and development.* San Francisco: W. H. Freeman.

McGinn, C. 1989a. *Mental content.* Cambridge, Mass.: Blackwell.

McGinn, C. 1989b. Can we solve the mind-body problem? *Mind, 98,* 349–366.

McGinn, C. 1993. *Problems in philosophy: The limits of inquiry.* Cambridge, Mass.: Blackwell.

McGuinness, D. 1997. *Why our children can't read and what we can do about it.* New York: Free Press.

Medin, D. L. 1989. Concepts and conceptual structure. *American Psychologist, 44,* 1469–1481.

Michotte, A. 1963. *The perception of causality.* London: Methuen.

Miller, G. 1967. *The psychology of communication.* London: Penguin.

Miller, G. A. 1956. The magical number seven, plus or minus two: Some limits on our capacity for processing information. *Psychological Review, 63,* 81–96.

Miller, G. A. 1981. Trends and debates in cognitive psychology. *Cognition, 10,* 215–226.

Miller, G. A., & Johnson-Laird, P. N. 1976. *Language and perception.* Cambridge, Mass.: Harvard University Press.

Miller, G. F. 1993. Evolution of the human brain through runaway sexual selection: The mind as a protean courtship device. Ph.D. dissertation, Department of Psychology, Stanford University.

Miller, G. F., & Todd, P. M. 1990. Exploring adaptive agency. I: Theory and methods for simulating the evolution of learning. In D. S. Touretzky, J. L. Elman, T. Sejnowski, & G. E. Hinton (Eds.),

Proceedings of the 1990 Connectionist Models Summer School. San Mateo, Calif.: Morgan Kaufmann.

Miller, K. D., Keller, J. B., & Stryker, M. P. 1989. Ocular dominance column development: Analysis and simulation. *Science, 245,* 605–615.

Millikan, R. 1984. *Language, thought, and other biological categories*. Cambridge, Mass.: MIT Press.

Mineka, S., & Cook, M. 1993. Mechanisms involved in the observational conditioning of fear. *Journal of Experimental Psychology: General, 122,* 23–38.

Minsky, M. 1985. *The society of mind.* New York: Simon & Schuster.

Minsky, M., & Papert, S. 1988a. *Perceptrons: Expanded edition.* Cambridge, Mass.: MIT Press.

Minsky, M., & Papert, S. 1988b. Epilogue: The new connectionism. In Minsky & Papert, 1988a.

Mitchell, M. 1996. *An introduction to genetic algorithms.* Cambridge, Mass.: MIT Press.

Mock, D. W., & Parker, G. A. In press. *The evolution of sibling rivalry.* New York: Oxford University Press.

Montello, D. R. 1995. How significant are cultural differences in spatial cognition? In A. U. Frank & W. Kuhn (Eds.), *Spatial information theory: A theoretical basis for GIS.* Berlin: Springer-Verlag.

Moore, E. F. (Ed.) 1964. *Sequential machines: Selected papers.* Reading, Mass.: Addison-Wesley.

Morris, R. G. M. (Ed.) 1989. *Parallel distributed processing: Implications for psychology and neurobiology*. New York: Oxford University Press.

Morton, J., & Johnson, M. H. 1991. CONSPEC and CONLERN: A two-process theory of infant face recognition. *Psychological Review, 98,* 164–181.

Moscovitch, M., Winocur, G., & Behrmann, M. In press. Two mechanisms of face recognition: Evidence from a patient with visual object agnosia. *Journal of Cognitive Neuroscience.*

Mount, F. 1992. *The subversive family: An alternative history of love and marriage*. New York: Free Press.

Mozer, M. 1991. *The perception of multiple objects: A connectionist approach.* Cambridge, Mass.: MIT Press.

Murphy, G. L. 1993. A rational theory of concepts. In G. H. Bower (Ed.), *The psychology of learning and motivation,* Vol. 29. New York: Academic Press.

Myers, D. G., & Diener, E. 1995. Who is happy? *Psychological Science,* 6, 10–19.

N. E. Thing Enterprises. 1994. *Magic Eye III: Visions: A new dimension in art.* Kansas City: Andrews and McMeel.

Nagel, T. 1974. What is it like to be a bat? *Philosophical Review, 83,* 435–450.

Nagell, K., Olguin, R., & Tomasello, M. 1993. Processes of social learning in the tool use of chimpanzees *(Pan troglodytes)* and human children *(Homo sapiens). Journal of Comparative Psychology, 107,* 174–186.

Nakayama, K., He, Z. J., & Shimojo, S. 1995. Visual surface representation: A critical link between lower-level and higher-level vision. In Kosslyn & Osherson, 1995.

Navon, D. 1985. Attention division or attention sharing? In M. I. Posner & O. Marin (Eds.), *Attention and performance XI.* Hillsdale, N.J.: Erlbaum.

Navon, D. 1989. The importance of being visible: On the role of attention in a mind viewed as an anarchic intelligence system. I: Basic tenets. *European Journal of Cognitive Psychology, 1,* 191–213.

Nayar, S. K., & Oren, M. 1995. Visual appearance of matte surfaces. *Science, 267,* 1153–1156.

Neisser, U. 1967. *Cognitive psychology.* Engelwood Cliffs, N.J.: Prentice-Hall.

Neisser, U. 1976. General, academic, and artificial intelligence: Comments on the papers by Simon and by Klahr. In L. Resnick (Ed.), *The nature of intelligence.* Hills-dale, N.J.: Erlbaum.

Nesse, R. M. 1991. What good is feeling bad? *The Sciences,* November/December, pp. 30–37.

Nesse, R. M., & Lloyd, A. T. 1992. The evolution of psychodynamic mechanisms. In Barkow, Cosmides, & Tooby, 1992. Nesse, R. M., & Williams, G. C. 1994. *Why we get sick: The new science of Darwinian medicine.* New York: Times Books.

Newell, A. 1990. *Unified theories of cognition.* Cambridge, Mass.: Harvard University Press.

Newell, A., & Simon, H. A. 1972. *Human problem solving.* Englewood Cliffs, N.J.: Prentice-Hall.

Newell, A., & Simon, H. A. 1981. Computer science as empirical inquiry: Symbols and search. In Haugeland, 1981a.

Nickerson, R. A., & Adams, M. J. 1979. Long-term memory for a common object. *Cognitive Psychology, 11,* 287–307.

Nilsson, D. E., & Pelger, S. 1994. A pessimistic estimate of the time required for an eye to evolve. *Proceedings of the Royal Society of London, B, 256,* 53–58.

Nisbett, R. E., & Cohen, D. 1996. *Culture of honor: The psychology of violence in the South.* New York: HarperCollins.

Nisbett, R. E., & Ross, L. R. 1980. *Human inference: Strategies and shortcomings of social judgment.* Englewood Cliffs, N.J.: Prentice-Hall.

Nobile, P. (Ed.) 1971. *The Con III controversy: The critics look at "The greening of America."* New York: Pocket Books.

Nolfi, S., Elman, J. L., & Parisi, D. 1994. Learning and evolution in neural networks. *Adaptive Behavior,* 3, 5–28.

Nozick, R. 1981. *Philosophical explanations.* Cambridge, Mass.: Harvard University Press.

Oman, C. M. 1982. Space motion sickness and vestibular experiments in Spacelab. *Society of Automotive Engineers Technical Paper Series 820833.* Warrendale, Penn.: SAE.

Oman, C. M., Lichtenberg, B. K., Money, K. E., & McCoy, R. K. 1986. M.I.T./Canadian vestibular experiments on the Spacelab-1 mission: 4. Space motion sickness: Symptoms, stimuli, predictability. *Experimental Brain Research, 64,* 316–334.

Orians, G. H., & Heerwagen, J. H. 1992. Evolved responses to landscapes. In Barkow, Cosmides, & Tooby, 1992.

Orwell, G. 1949/1983. 1984. New York: Harcourt Brace Jovanovich.

Osherson, D. I., Kosslyn, S. M., & Hollerbach, J. M. (Eds.) 1990. *An invitation to cognitive science,* Vol. 2: *Visual cognition and action.* Cambridge, Mass.: MIT Press.

Paglia, C. 1990. *Sexual personae: Art and decadence from Nefertiti to Emily Dickinson*. New Haven: Yale University Press.

Paglia, C. 1992. *Sex, art, and American culture.* New York: Vintage.

Paglia, C. 1994. *Vamps and tramps.* New York: Vintage.

Paivio, A. 1971. *Imagery and verbal processes.* Hillsdale, N.J.: Erlbaum.

Papathomas, T. V, Chubb, C., Gorea, A., & Kowler, E. (Eds.) 1995. *Early vision and beyond.* Cambridge, Mass.: MIT Press.

Parker, S. T., Mitchell, R. W. & Boccia, M. L. (Eds.) 1994. *Self-awareness in animals and humans.* New York: Cambridge University Press.

Patai, D., & Koertge, N. 1994. *Professing feminism: Cautionary tales from the strange world of women's studies*. New York: Basic Books.

Pazzani, M. 1987. Explanation-based learning for knowledgebased systems. *International Journal of Man-Machine Studies, 26,* 413–433.

Pazzani, M. 1993. Learning causal patterns: Making a transition for data-driven to theory-driven learning. *Machine Learning, 11,* 173–194.

Pazzani, M., & Dyer, M. 1987. A comparison of concept identification in human learning and network learning with the Generalized Delta Rule. In *Proceedings of the 10th International Joint Conference on Artificial Intelligence (IJCAI-87).* Los Altos, Calif.: Morgan Kaufmann.

Pazzani, M., & Kibler, D. 1993. The utility of knowledge in inductive learning. *Machine Learning, 9,* 57–94.

Pennisi, E. 1996. Biologists urged to retire Linnaeus. *Science, 273,* 181.

Penrose, R. 1989. *The emperor's new mind: Concerning computers, minds, and the laws of physics*. New York: Oxford University Press.

Penrose, R., & commentators. 1990. Précis and multiple book review of "The emperor' s new mind." *Behavioral and Brain Sciences, 13,* 643–705.

Penrose, R. 1994. *Shadows of the mind: A search for the missing science of consciousness*. New York: Oxford University Press.

Pentland, A. P. 1990. Linear shape from shading. *International Journal of Computer Vision, 4,* 153–162.

Perkins, D. N. 1981. *The mind's best work.* Cambridge, Mass.: Harvard University Press.

Perky, C. W. 1910. An experimental study of imagination. *American Journal of Psychology, 21,* 422–452.

Perrett, D. I., May, K. A., & Yoshikawa, S. 1994. Facial shape and judgments of female attractiveness: Preferences for non-average. *Nature, 368,* 239–242.

Peterson, M. A., Kihlstrom, J. F., Rose, P. M., & Klisky, M. L. 1992. Mental images can be ambiguous: Reconstruals and reference-frame reversals. *Memory and Cognition, 20,* 107–123.

Pettigrew, J. D. 1972. The neurophysiology of binocular vision. *Scientific American,* August. Reprinted in R. Held & W. Richards (Eds.), 1976, *Recent progress in perception.* San Francisco: W. H. Freeman.

Pettigrew, J. D. 1974. The effect of visual experience on the development of stimulus specificity by kitten cortical neurons. *Journal of Physiology, 237,* 49–74.

Pfeiffer, R. 1988. Artificial intelligence models of emotion. In V. Hamilton, G. H. Bower, & N. H. Frijda (Eds.), *Cognitive perspectives on emotion and motivation.* Netherlands: Kluwer.

Piattelli-Palmarini, M. 1989. Evolution, selection, and cognition: From "learning" to parameter setting in biology and the study of language, *Cognition, 31,* 1–44.

Piattelli-Palmarini, M. 1994. *Inevitable illusions: How mistakes of reason rule our minds*. New York: Wiley.

Picard, R. W. 1995. Affective computing. MIT Media Laboratory Perceptual Computing Section Technical Report #321.

Pilbeam, D. 1992. What makes us human? In Jones, Martin, & Pilbeam, 1992.

Pinker, S. 1979. The representation of three-dimensional space in mental images. Unpublished Ph.D. dissertation, Harvard University.

Pinker, S. 1980. Mental imagery and the third dimension. *Journal of Experimental Psychology: General, 109,* 254–371.

Pinker, S. 1984a. *Language learnability and language development.* Cambridge, Mass.: Harvard University

Press.

Pinker, S. (Ed.) 1984b. *Visual cognition.* Cambridge, Mass.: MIT Press.

Pinker, S. 1984c. Visual cognition: an introduction. *Cognition, 18,* 1–63. Reprinted in Pinker.

Pinker, S. 1988. A computational theory of the mental imagery medium. In Denis, Engelkamp, & Richardson, 1988.

Pinker, S. 1989. *Learnability and cognition: The acquisition of argument structure.* Cambridge, Mass.: MIT Press.

Pinker, S. 1990. A theory of graph comprehension. In R. Friedle (Ed.), *Artificial intelligence and the future of testing.* Hillsdale, N.J.: Erlbaum.

Pinker, S. 1991. Rules of language. *Science, 253,* 530–535.

Pinker, S. 1992. Review of Bickerton's "Language and species." *Language, 68,* 375–382.

Pinker, S. 1994. *The language instinct.* New York: HarperCollins.

Pinker, S. 1995. Beyond folk psychology (Review of J. A. Fodor's "The elm and the expert"). *Nature,* 373, 205.

Pinker, S., Bloom, P., & commentators. 1990. Natural language and natural selection. *Behavioral and Brain Sciences, 13,* 707–784.

Pinker, S., & Finke, R. A. 1980. Emergent two-dimensional patterns in images rotated in depth. *Journal of Experimental Psychology: Human Perception and Performance, 6,* 244–264.

Pinker, S., & Mehler, J. (Eds.) 1988. *Connections and symbols.* Cambridge, Mass.: MIT Press.

Pinker, S., & Prince, A. 1988. On language and connectionism: Analysis of a parallel distributed processing model of language acquisition. *Cognition, 28,* 73–193. Reprinted in Pinker & Mehler, 1988.

Pinker, S., & Prince, A. 1994. Regular and irregular morphology and the psychological status of rules of grammar. In S. D. Lima, R. L. Corrigan, & G. K. Iverson (Eds.), *The reality of linguistic rules.* Philadelphia: John Benjamins.

Pinker, S., & Prince, A. 1996. The nature of human concepts: Evidence from an unusual source. *Communication and Cognition 29,* 307–361.

Pirenne, M. H. 1970. *Optics, painting, and photography.* New York: Cambridge University Press.

Plomin, R. 1989. Environment and genes: Determinants of behavior. *American Psychologist, 44,* 105–111.

Plomin, R., Daniels, D., & commentators. 1987. Why are children in the same family so different from one another? *Behavioral and Brain Sciences, 10,* 1–60.

Plomin, R., Owen, M. J., & McGuffin, P. 1994. The genetic basis of complex human behaviors. *Science, 264,* 1733–1739.

Poggio, G. F. 1995. Stereoscopic processing in monkey visual cortex: A review. In Papath-omaset al., 1995.

Poggio, T. 1984. Vision by man and machine. *Scientific American,* April.

Poggio, T., & Edelman, S. 1991. A network that learns to recognize three-dimensional objects. *Nature, 343,* 263–266.

Poggio, T., & Girosi, F. 1990. Regularization algorithms for learning that are equivalent to multilayer networks. *Science, 247,* 978–982.

Pollack, J. B. 1990. Recursive distributed representations. *Artificial Intelligence, 46,* 77–105.

Pollard, J. L. 1993. The phylogeny of rationality. *Cognitive Science, 17,* 563–588.

Polti, G. 1921/1977. *The thirty-six dramatic situations.* Boston: The Writer, Inc.

Posner, M. I. 1978. *Chronometric explorations of mind.* Hillsdale, N.J.: Erlbaum.

Poundstone, W. 1988. *Labyrinths of reason: Paradox, puzzles, and the frailty of knowledge.* New York: Anchor.

Poundstone, W. 1992. *Prisoner's dilemma: John von Neumann, game theory, and the puzzle of the bomb.* New York: Anchor.

Prasada, S., & Pinker, S. 1993. Generalizations of regular and irregular morphological patterns. *Language and Cognitive Processes, 8,* 1–56.

Premack, D. 1976. *Intelligence in ape and man.* Hillsdale, N.J.: Erlbaum.

Premack, D. 1990. Do infants have a theory of self-propelled objects? *Cognition, 36,* 1–16.

Premack, D., & Premack, A. J. 1995. Intention as psychological cause. In Sperber, Premack, & Premack, 1995.

Premack, D., & Woodruff, G. 1978. Does a chimpanzee have a theory of mind? *Behavioral and Brain Sciences, 1,* 512–526.

Preuss, T. 1993. The role of the neurosciences in primate evolutionary biology: Historical commentary and prospectus. In R. D. E. MacPhee (Ed.), *Primates and their relatives in phylogenetic perspective.* New York: Plenum.

Preuss, T. 1995. The argument from animals to humans in cognitive neuroscience. In Gazzaniga, 1995.

Prince, A., & Pinker, S. 1988. Rules and connections in human language. *Trends in Neurosciences, 11,* 195–202. Reprinted in Morris, 1989.

Profet, M. 1992. Pregnancy sickness as adaptation: A deterrent to maternal ingestion of teratogens. In Barkow, Cosmides, &Tooby, 1992.

Proffitt, D. L., & Gilden, D. L. 1989. Understanding natural dynamics. *Journal of Experimental Psychology: Human Perception & Performance, 15,* 384–393.

Provine, R. R. 1991. Laughter: A stereotyped human vocalization. *Ethology, 89,* 115– 124.

Provine, R. R. 1993. Laughter punctuates speech: Linguistic, social, and gender contexts of laughter. *Ethology, 95,* 291–298.

Provine, R. R. 1996. Laughter. *American Scientist, 84* (January-February), 38–45.

Pustejovsky, J. 1995. *The generative lexicon.* Cambridge, Mass.: MIT Press.

Putnam, H. 1960. Minds and machines. In S. Hook (Ed.), *Dimensions of mind: A symposium.* New York: New York University Press.

Putnam, H. 1975. The meaning of 'meaning.' In K. Gunderson (Ed.), *Language, mind, and knowledge.* Minneapolis: University of Minnesota Press.

Putnam, H. 1994. The best of all possible brains? (Review of R. Penrose's "Shadows of the mind.") *New York Times Book Review,* November 20, p. 7.

Pylyshyn, Z. 1973. What the mind's eye tells the mind's brain: A critique of mental imagery. *Psychological Bulletin, 80,* 1–24.

Pylyshyn, Z. W., & commentators. 1980. Computation and cognition: Issues in the foundations of cognitive science. *Behavioral and Brain Sciences,* 3,111–169.

Pylyshyn, Z. W. 1984. *Computation and cognition: Toward a foundation for cognitive science.* Cambridge,

Mass.: MIT Press.

Pylyshyn, Z. W. (Ed.) 1987. *The robot's dilemma: The frame problem in artificial intelligence*. Norwood, N.J.: Ablex.

Quine, W. V. O. 1969. Natural kinds. In W. V. O. Quine, *Ontological relativity and other essays*. New York: Columbia University Press.

Quinlan, P. 1992. *An introduction to connectionist modeling*. Hillsdale, N.J.: Erlbaum.

Rachman, S. 1978. *Fear and courage*. San Francisco: W. H. Freeman.

Raibert, M. H. 1990. Legged robots. In P. H. Winston & S. A. Shellard (Eds.), *Artificial intelligence at MIT: Expanding frontiers*, Vol. 2. Cambridge, Mass.: MIT Press.

Raibert, M. H., & Sutherland, I. E. 1983. Machines that walk. *Scientific American*, January.

Raiffa, H. 1968. *Decision analysis*. Reading, Mass.: Addison-Wesley.

Rakic, P. 1995a. Corticogenesis in human and nonhuman primates. In Gazzaniga, 1995.

Rakic, P. 1995b. Evolution of neocortical parcellation: the perspective from experimental neuroembryology. In Changeux & Chavaillon, 1995.

Ralls, K., Ballou, J., & Templeton, A. 1988. Estimates of the cost of inbreeding in mammals. *Conservation Biology, 2,* 185–193.

Ramachandran, V. S. 1988. Perceiving shape from shading. *Scientific American*, August.

Rapoport, A. 1964. *Strategy and conscience*. New York: Harper & Row.

Ratcliff, R. 1990. Connectionist models of recognition memory: Constraints imposed by learning and forgetting functions. *Psychological Review, 97,* 285–308.

Rayner, K. (Ed.) 1992. *Eye movements and visual cognition*. New York: Springer-Verlag.

Redish, E. 1994. The implications of cognitive studies for teaching physics. *American Journal of Physics, 62,* 796–803.

Reeve, H. K., & Sherman, P. W. 1993. Adaptation and the goals of evolutionary research. *Quarterly Review of Biology, 68,* 1–32.

Reiner, A. 1990. An explanation of behavior (Review of MacLean, 1990). *Science, 250,* 303–305.

Rey, G. 1983. Concepts and stereotypes. *Cognition, 15,* 237–262.

Richards, W. 1971. Anomalous stereoscopic depth perception. *Journal of the Optical Society of America, 61,* 410–414.

Ridley, Mark. 1986. *The problems of evolution*. New York: Oxford University Press.

Ridley, Matt. 1993. *The red queen: Sex and the evolution of human nature*. New York: Macmillan.

Rips, L. J. 1989. Similarity, typicality, and categorization. In S. Vosniadou & A. Ortony (Eds.), *Similarity and analogical reasoning*. New York: Cambridge University Press.

Rips, L. J. 1994. *The psychology of proof*. Cambridge, Mass.: MIT Press.

Rock, I. 1973. *Orientation and form*. New York: Academic Press.

Rock, I. 1983. *The logic of perception*. Cambridge, Mass.: MIT Press.

Rogers, A. R. 1994. Evolution of time preference by natural selection. *American Economic Review, 84,* 460–481.

Rosch, E. 1978. Principles of categorization. In E. Rosch & B. B. Lloyd (Eds.), *Cognition and categorization*. Hillsdale, N.J.: Erlbaum.

Rose, M. 1980. The mental arms race amplifier. *Human Ecology, 8,* 285–293.

Rose, S. 1978. Pre-Copernican sociobiology? *New Scientist, 80,* 45–46.

Rosenbaum, R. 1995. Explaining Hitler. *New Yorker,* May 1, pp. 50–70.

Rothbart, M. K. 1977. Psychological approaches to the study of humor. In Chapman and Foot, 1977.

Rozin, P. 1976. The evolution of intelligence and access to the cognitive unconscious. In J. M. Sprague & A. N. Epstein (Eds.), *Progress in psychobiology and physiological psychology.* New York: Academic Press.

Rozin, P. 1996. Towards a psychology of food and eating: From motivation to module to model to marker, morality, meaning, and metaphor. *Current Directions in Psychological Science, 5,* 18–24.

Rozin, P., & Fallon, A. 1987. A perspective on disgust. *Psychological Review, 94,* 23–41.

Rumelhart, D. E., Hinton, G. E., & Williams, R. J. 1986. Learning representations by back-propagating errors. *Nature,* 323, 533–536.

Rumelhart, D. E., & McClelland, J. L. 1986a. PDP models and general issues in cognitive science. In Rumelhart, McClelland, & the PDP Research Group, 1986.

Rumelhart, D. E., & McClelland, J. L. 1986b. On learning the past tenses of English verbs. Implicit rules or parallel distributed processing? In Rumelhart, McClelland, & the PDP Research Group, 1986.

Rumelhart, D., McClelland, J., & the PDP Research Group. 1986. *Parallel distributed processing: Explorations in the microstructure of cognition,* Vol. 1: *Foundations.* Cambridge, Mass.: MIT Press.

Ruse, M. 1986. Biological species: Natural kinds, individuals, or what? *British Journal of the Philosophy of Science, 38,* 225–242.

Russell, J. A. 1994. Is there universal recognition of emotion from facial expression? A review of cross-cultural studies. *Psychological Bulletin, 115,* 102–141.

Ryle, G. 1949. *The concept of mind.* London: Penguin.

Sacks, O., & Wasserman, R. 1987. The case of the colorblind painter. *New York Review of Books, 34,* 25–34.

Sanford, G. J. 1994. Straight lines in nature. Visalia, California, *Valley Voice,* November 2. Reprinted as "Nature's straight lines," *Harper's, 289* (February 1995), 25.

Schacter, D. L. 1996. *Searching for memory: The brain, the mind, and the past.* New York: Basic Books.

Schanck, R. C. 1982. *Dynamic memory.* New York: Cambridge University Press.

Schanck, R. C, & Riesbeck, C. K. 1981. *Inside computer understanding: Five programs plus miniatures.* Hillsdale, N.J.: Erlbaum.

Schellenberg, E. G., & Trehub, S. E. 1996. Natural musical intervals: Evidence from infant listeners. *Psychological Science, 7,* 272–277.

Schelling, T. C. 1960. *The strategy of conflict.* Cambridge, Mass.: Harvard University Press.

Schelling, T. C. 1984. The intimate contest for self-command. In T. C. Schelling, *Choice and consequence: Perspectives of an errant economist.* Cambridge, Mass.: Harvard University Press.

Schutz, C. E. 1977. The psycho-logic of political humor. In Chapman & Foot, 1977.

Schwartz, S. P. 1979. Natural kind terms. *Cognition* 7, 301–315.

Searle, J. R., & commentators. 1980. Minds, brains, and programs. *The Behavioral and Brain Sciences, 3,* 417–457.

Searle, J. R. 1983. The word turned upside down. *New York Review of Books,* October 27, pp. 74–79.

Searle, J. R., & commentators. 1992. Consciousness, explanatory inversion, and cognitive science. *Behavioral and Brain Sciences, 13,* 585–642.

Searle, J. R. 1993. Rationality and realism: What is at stake? *Daedalus, 122,* 55–83.

Searle, J. R. 1995. The mystery of consciousness. *New York Review of Books,* November 2, pp. 60–66; November 16, pp. 54–61.

Segal, S., & Fusella, V. 1970. Influence of imaged pictures and sounds on detection of visual and auditory signals. *Journal of Experimental Psychology, 83,* 458–464.

Seligman, M. E. P. 1971. Phobias and preparedness. *Behavior Therapy, 2,* 307–320.

The Seville Statement on Violence. 1990. *American Psychologist, 45,* 1167–1168.

Shapiro, J. A. 1995. Adaptive mutation: Who's really in the garden? *Science, 268,* 373–374.

Shastri, L., Ajjanagadde, V, & commentators. 1993. From simple associations to systematic reasoning: A connectionist representation of rules, variables, and dynamic bindings using temporal synchrony. *Behavioral and Brain Sciences, 16,* 417–494.

Shepard, R. N. 1978. The mental image. *American Psychologist, 33,* 125–137.

Shepard, R. N. 1987. Toward a universal law of generalization for psychological science. *Science, 237,* 1317–1323.

Shepard, R. N. 1990. *Mind sights: Original visual illusions, ambiguities, and other anomalies*. New York: W. H. Freeman.

Shepard, R. N., & Cooper, L. A. 1982. *Mental images and their transformations.* Cambridge, Mass.: MIT Press.

Sherif, M. 1966. *Group conflict and cooperation: Their social psychology*. London: Rout-ledge & Kegan Paul.

Sherry, D. F., & Schacter, D. L. 1987. The evolution of multiple memory systems. *Psychological Review, 94,* 439–454.

Shimojo, S. 1993. Development of interocular vision in infants. In Simons, 1993.

Shostak, M. 1981. *Nisa: The life and words of a !Kung woman*. New York: Vintage.

Shoumatoff, A. 1985. *The mountain of names: A history of the human family*. New York: Simon & Schuster.

Shreeve, J. 1992. The dating game. *Discover,* September.

Shultz, T. R. 1977. A cross-cultural study of the structure of humor. In Chapman & Foot.

Shweder, R. A. 1994. "You're not sick, you're just in love" : Emotion as an interpretive system. In Ekman & Davidson, 1994.

Simon, H. A. 1969. The architecture of complexity. In H. A. Simon, *The sciences of the artificial.* Cambridge, Mass.: MIT Press.

Simon, H. A., & Newell, A. 1964. Information processing in computer and man. *American Scientist,* 52, 281–300.

Simons, K. (Ed.) 1993. *Early visual development: Normal and abnormal.* New York: Oxford University Press.

Singh, D. 1993. Adaptive significance of female physical attractiveness: Role of waist-to-hip ratio. *Journal of Personality and Social Psychology, 65,* 293–307.

Singh, D. 1994. Ideal female body shape: Role of body weight and waist-to-hip ratio. *International Journal of Eating Disorders, 16,* 283–288.

Singh, D. 1995. Ethnic and gender consensus for the effect of waist-to-hip ratio on judgment of women's attractiveness. *Human Nature, 6,* 51–65.

Sinha, P., 1995. Perceiving and recognizing three-dimensional forms. Ph.D. dissertation. Department of Electrical Engineering and Computer Science, MIT.

Sinha, P., & Adelson, E. H. 1993a. Verifying the 'consistency' of shading patterns and 3D structures. In *Proceedings of the IEEE Workshop on Qualitative Vision, New York.* Los Alamitos, Calif.: IEEE Computer Society Press.

Sinha, P., & Adelson, E. H. 1993b. Recovering reflectance and illumination in a world of painted polyhedra. In *Proceedings of the Fourth International Conference on Computer Vision, Berlin.* Los Alamitos, Calif.: IEEE Computer Society Press.

Sloboda, J. A. 1985. *The musical mind: The cognitive psychology of music.* New York: Oxford University Press.

Smith, E. E., & Medin, D. L. 1981. *Categories and concepts.* Cambridge, Mass.: Harvard University Press.

Smith, E. E., Langston, C., & Nisbett, R. 1992. The case for rules in reasoning. *Cognitive Science, 16,* 1–40.

Smolensky, P., & commentators. 1988. On the proper treatment of connectionism. *Behavioral and Brain Sciences, 11,* 1–74.

Smolensky, P. 1990. Tensor product variable binding and the representation of symbolic structures in connectionist systems. *Artificial Intelligence, 46,* 159–216.

Smolensky, P. 1995. Reply: Constituent structure and explanation in an integrated connec-tionist/ symbolic cognitive architecture. In C. MacDonald & G. MacDonald (Eds.), *Connectionism: Debates on Psychological Explanations,* Vol. 2. Cambridge, Mass.: Blackwell.

Sober, E. (Ed.) 1984a. *Conceptual issues in evolutionary biology.* Cambridge, Mass.: MIT Press.

Sober, E. 1984b. *The nature of selection: Evolutionary theory in philosophical focus.* Cambridge, Mass.: MIT Press.

Solso, R. 1994. *Cognition and the visual arts.* Cambridge, Mass.: MIT Press.

Sommers, C. H. 1994. *Who stole feminism?* New York: Simon & Schuster.

Sowell, T. 1995. *The vision of the anointed: Selfcongratulation as a basis for social policy.* New York: Basic Books.

Spelke, E. 1995. Initial knowledge: Six suggestions. *Cognition, 50,* 433–447.

Spelke, E. S., Breinlinger, K., Macomber, J., & Jacobson, K. 1992. Origins of knowledge. *Psychological Review, 99,* 605–632.

Spelke, E. S., Phillips, A., & Woodward, A. L. 1995. Infants' knowledge of object motion and human action. In Sperber, Premack, & Premack, 1995.

Spelke, E., Vishton, P., & von Hofsten, C. 1995. Object perception, object-directed action, and physical knowledge in infancy. In Gazzaniga, 1995.

Sperber, D. 1982. Apparently irrational beliefs. In M. Hollis & S. Lukes (Eds.), *Rationality and relativism.* Cambridge, Mass.: Blackwell.

Sperber, D. 1985. Anthropology and psychology: Towards an epidemiology of representations. *Man, 20,* 73–89.

Sperber, D., Cara, F., & Girotto, V. 1995. Relevance theory explains the selection task. *Cognition, 57,* 31–95.

Sperber, D., Premack, D., & Premack, A. J. (Eds.) 1995. *Causal cognition.* New York: Oxford University Press.

Sperber, D., & Wilson, D. 1986. *Relevance: Communication and cognition.* Cambridge, Mass.: Harvard University Press.

Staddon, J. E. R. 1988. Learning as inference. In R. C. Bolles & M. D. Beecher (Eds.), *Evolution and learning.* Hillsdale, N.J.: Erlbaum.

Stenning, K., & Oberlander, J. 1995. A cognitive theory of graphical and linguistic reasoning: Logic and implementation. *Cognitive Science, 19,* 97–140.

Sterelny, K., & Kitcher, P. 1988. The return of the gene. *Journal of Philosophy, 85,* 339–361.

Stereogram. 1994. San Francisco: Cadence Books.

Stevens, A., & Coupe, P. 1978. Distortions in judged spatial relations. *Cognitive Psychology, 10,* 422–437.

Storr, A. 1992. *Music and the mind.* New York: HarperCollins.

Stringer, C. 1992. Evolution of early humans. In Jones, Martin, & Pilbeam, 1992.

Stryker, M. P. 1993. Retinal cortical development: Introduction. In Simons, 1993.

Stryker, M. P. 1994. Precise development from imprecise rules. *Science, 263,* 1244–1245.

Subbiah, I., Veltri, L., Liu, A., & Pentland, A. 1996. Paths, landmarks, and edges as reference frames in mental maps of simulated environments. CBR Technical Report 96–4, Cambridge Basic Research, Nissan Research & Development, Inc.

Sullivan, W. 1993. *We are not alone: The continuing search for extraterrestrial intelligence.* Revised edition. New York: Penguin.

Sulloway, F. J. 1995. Birth order and evolutionary psychology: A meta-analytic overview. *Psychological Inquiry, 6,* 75–80.

Sulloway, F. J. 1996. *Born to rebel: Family conflict and radical genius.* New York: Pantheon.

Superstereogram. 1994. San Francisco: Cadence Books.

Sutherland, S. 1992. *Irrationality: The enemy within.* London: Penguin.

Swisher, C. C., III, Rink, W. J., Antóon, S. C, Schwarcz, H. P., Curtis, G. H., Surpijo, A., & Widiasmoro. 1996. Latest *Homo erectus* of Java: Potential contemporaneity with *Homo sapiens* in Southeast Asia. *Science, 274,* 1870–1874.

Symons, D. 1978. *Play and aggression: A study of rhesus monkeys.* New York: Columbia University Press.

Symons, D. 1979. *The evolution of human sexuality.* New York: Oxford University Press.

Symons, D., & commentators. 1980. Precis of "The evolution of human sexuality." *Behavioral and Brain Sciences, 3,* 171–214.

Symons, D. 1992. On the use and misuse of Darwinism in the study of human behavior. In Barkow, Cosmides, & Tooby, 1992.

Symons, D. 1993. The stuff that dreams aren't made of: Why wake-state and dream-state sensory experiences differ. *Cognition, 47,* 181–217.

Symons, D. 1995. Beauty is in the adaptations of the beholder: The evolutionary psychology of human female sexual attractiveness. In P. R. Abramson & S. D. Pinkerton (Eds.), *Sexual nature, sexual culture.* Chicago: University of Chicago Press.

Tajfel, H. 1981. *Human groups and social categories.* New York: Cambridge University Press.

Talmy, L. 1985. Lexicalization patterns: Semantic structure in lexical forms. In T. Shopen (Ed.), *Language typology and syntactic description.* Vol. Ill: *Grammatical categories and the lexicon.* New York: Cambridge University Press.

Talmy, L. 1988. Force dynamics in language and cognition. *Cognitive Science, 12,* 49–100.

Tan, E. S. 1996. *Emotion and the structure of narrative film*. Hillsdale, N.J.: Erlbaum.

Tarr, M. J. 1995. Rotating objects to recognize them: A case study on the role of viewpoint dependency in the recognition of three-dimensional shapes. *Psychonomic Bulletin and Review, 2,* 55–82.

Tarr, M. J., & Black, M. J. 1994a. A computational and evolutionary perspective on the role of representation in vision. *Computer Vision, Graphics, and Image Processing: Image Understanding, 60,* 65–73.

Tarr, M. J., & Black, M. J. 1994b. Reconstruction and purpose. *Computer Vision, Graphics, and Image Processing: Image Understanding, 60,* 113–118.

Tarr, M. J., & Bülthoff, H. H. 1995. Is human object recognition better described by geon-structural-descriptions or by multiple views? *Journal of Experimental Psychology: Human Perception and Performance, 21,* 1494–1505.

Tarr, M. J., & Pinker, S. 1989. Mental rotation and orientation-dependence in shape recognition. *Cognitive Psychology, 21,* 233–282.

Tarr, M. J., & Pinker, S. 1990. When does human object recognition use a viewer-centered reference frame? *Psychological Science, 1,* 253–256.

Thorn, F., Gwiazda, J., Cruz, A. A. V, Bauer, J. A., & Held, R. 1994. The development of eye alignment, convergence, and sensory binocularity in young infants. *Investigative Ophthalmology and Visual Science, 35,* 544–553.

Thornhill, N., & commentators. 1991. An evolutionary analysis of rules regulating human inbreeding and marriage. *Behavioral and Brain Sciences, 14,* 247–293.

Timney, B. N. 1990. Effects of brief monocular occlusion on binocular depth perception in the cat: A sensitive period for the loss of stereopsis. *Visual Neuroscience, 5,* 273–280.

Titchener, E. B. 1909. *Lectures on the experimental psychology of the thought processes*. New York: Macmillan.

Tooby, J. 1976a. The evolutionary regulation of inbreeding. Institute for Evolutionary Studies Technical Report 76(1), 1–87. University of California, Santa Barbara.

Tooby, J. 1976b. The evolutionary psychology of incest avoidance. Institute for Evolutionary Studies Technical Report 76(2), 1–92. University of California, Santa Barbara. Tooby, J 1982. Pathogens, polymorphism, and the evolution of *sex. Journal of Theoretical Biology, 97,* 557–576.

Tooby, J. 1985. The emergence of evolutionary psychology. In D. Pines (Ed.), *Emerging syntheses in science.* Santa Fe, N.M.: Santa Fe Institute.

Tooby, J. 1988. The evolution of sex and its sequelae. Ph.D. dissertation, Harvard University.

Tooby, J., & Cosmides, L. 1988. The evolution of war and its cognitive foundations. Paper presented at the annual meeting of the Human Behavior and Evolution Society, Ann Arbor, Mich. Institute for Evolutionary Studies Technical Report 88–1. University of California, Santa Barbara.

Tooby, J., & Cosmides, L. 1989. Adaptation versus phylogeny: The role of animal psychology in the study of human behavior. *International Journal of Comparative Psychology, 2,* 105–118.

Tooby, J., & Cosmides, L. 1990a. The past explains the present: Emotional adaptations and the structure of ancestral environments. *Ethology and Sociobiology, 11,* 375–424.

Tooby, J., & Cosmides, L. 1990b. On the universality of human nature and the uniqueness of the individual: The role of genetics and adaptation. *Journal of Personality, 58,* 17–67.

Tooby, J., & Cosmides, L. 1992. Psychological foundations of culture. In Barkow, Cosmides, & Tooby, 1992.

Tooby, J., & Cosmides, L. 1993. Cognitive adaptations for threat, cooperation, and war. Plenary address, Annual Meeting of the Human Behavior and Evolution Society, Binghamton, New York, August 6.

Tooby, J., & Cosmides, L. 1996. Friendship and the Banker's Paradox: Other pathways to the evolution of adaptations for altruism. In J. Maynard Smith (Ed.), *Proceedings of the British Academy: Evolution of social behavior patterns in primates and man.* London: British Academy.

Tooby, J., & Cosmides, L. 1997. Ecological rationality and the multimodular mind: Grounding normative theories in adaptive problems. Unpublished manuscript, University of California, Santa Barbara.

Tooby, J., & DeVore, I. 1987. The reconstruction of hominid evolution through strategic modeling. In W. G. Kinzey (Ed.), *The evolution of human behavior: Primate models.* Albany, N.Y.: SUNY Press.

Treisman, A. 1988. Features and objects. *Quarterly Journal of Experimental Psychology,* 40A, 201–237.

Treisman, A., & Gelade, G. 1980. A feature-integration theory of attention. *Cognitive Psychology, 12,* 97–136.

Treisman, M. 1977. Motion sickness: An evolutionary hypothesis. *Science, 197,* 493–495.

Tributsch, H. 1982. *How life learned to live: Adaptation in nature.* Cambridge, Mass.: MIT Press.

Trinkaus, E. 1992. Evolution of human manipulation. In Jones, Martin, & Pilbeam, 1992.

Trivers, R. 1971. The evolution of reciprocal altruism. *Quarterly Review of Biology, 46,* 35–57.

Trivers, R. 1981. Sociobiology and politics. In E. White (Ed.), *Sociobiology and human politics.* Lexington, Mass.: D. C. Heath.

Trivers, R. 1985. *Social evolution.* Reading, Mass.: Benjamin/Cummings.

Turing, A. M. 1950. Computing machinery and intelligence. *Mind, 59,* 433–460.

Turke, P. W., & Betzig, L. L. 1985. Those who can do: Wealth, status, and reproductive success on Ifaluk. *Ethology and Sociobiology, 6,* 79–87.

Turner, M. 1991. *Reading minds: The study of English in the age of cognitive science.* Princeton: Princeton University Press.

Tversky, A., & Kahneman, D. 1974. Judgment under uncertainty: Heuristics and biases. *Science, 185,* 1124–1131.

Tversky, A., & Kahneman, D. 1983. Extensions versus intuitive reasoning: The conjunction fallacy in probability judgment. *Psychological Review, 90,* 293–315.

Tye, M. 1991. *The imagery debate.* Cambridge, Mass.: MIT Press.

Tyler, C. W. 1983. Sensory processing of binocular disparity. In C. M. Schor & K. J. Ciuffreda (Eds.), *Vergence eye movements: Basic and clinical aspects.* London: Butterworths.

Tyler, C. W. 1991. Cyclopean vision. In D. Regan (Ed.), *Vision and visual dysfunction,* Vol. 9: *Binocular vision.* New York: Macmillan.

Tyler, C. W. 1995. Cyclopean riches: Cooperativity, neurontropy, hysteresis, stereoattention, hyperglobality, and hypercyclopean processes in random-dot stereopsis. In Papathomas et al., 1995.

Ullman, S. 1984. Visual routines. *Cognition, 18,* 97–159. Reprinted in Pinker, 1984b.

Ullman, S. 1989. Aligning pictorial descriptions: An approach to object recognition. *Cognition, 32,* 193–254.

van den Berghe, P. F. 1974. *Human family systems: An evolutionary view.* Amsterdam: Elsevier.

Van Essen, D. C., & DeYoe, E. A. 1995. Concurrent processing in the primate visual cortex. In Gazzaniga, 1995.

Veblen, T. 1899/1994. *The theory of the leisure class.* New York: Penguin.

Wallace, B. 1984. Apparent equivalence between perception and imagery in the production of various visual illusions. *Memory and Cognition, 12,* 156–162.

Waller, N. G. 1994. Individual differences in age preferences in mates. *Behavioral and Brain Sciences, 17,* 578–581.

Wandell, B. A. 1995. *Foundations of vision.* Sunderland, Mass.: Sinauer.

Wason, P. 1966. Reasoning. In B. M. Foss (Ed.), *New horizons in psychology.* London: Penguin.

Wehner, R., & Srinivasan, M. V. 1981. Searching behavior of desert ants, genus *Cataglyphis (Formicidae,* Hymenoptera). *Journal of Comparative Physiology, 142,* 315–338.

Weiner, J. 1994. *The beak of the finch.* New York: Vintage.

Weinshall, D., & Malik, J. 1995. Review of computational models of stereopsis. In Papathomas et al., 1995.

Weisberg, R. 1986. *Creativity: Genius and other myths.* New York: Freeman.

Weisfeld, G. E. 1993. The adaptive value of humor and laughter. *Ethology and Sociobiology, 14,* 141–169.

Weizenbaum, J. 1976. *Computer power and human reason.* San Francisco: W. H. Freeman.

White, R. 1989. Visual thinking in the Ice Age. *Scientific American,* July.

Whitehead, B. D. 1994. The failure of sex education. *Atlantic Monthly, 274,* 55–61.

Whittlesea, B. W. A. 1989. Selective attention, variable processing, and distributed representation: Preserving particular experiences of general structures. In Morris, 1989.

Wierzbicka, A. 1994. Cognitive domains and the structure of the lexicon: The case of the emotions. In Hirschfeld & Gelman, 1994a.

Wilczek, F. 1994. A call for a new physics (Review of R. Penrose's "The emperor's new mind"). *Science, 266,* 1737–1738.

Wilford, J. N. 1985. *The riddle of the dinosaur.* New York: Random House.

Williams, G. C. 1966. *Adaptation and natural selection: A critique of some current evolutionary thought.* Princeton, N.J.: Princeton University Press.

Williams, G. C. 1992. *Natural selection: Domains, levels, and challenges.* New York: Oxford University Press.

Williams, G. C, & Williams, D. C. 1957. Natural selection of individually harmful social adaptations among sibs with special reference to social insects. *Evolution, 11,* 32–39.

Wilson, D. S., Sober, E., & commentators. 1994. Reintroducing group selection to the human behavior sciences. *Behavioral and Brain Sciences, 17,* 585–608.

Wilson, E. O. 1975. *Sociobiology: The new synthesis.* Cambridge, Mass.: Harvard University Press.

Wilson, E. O. 1994. *Naturalist.* Washington, D.C.: Island Press.

Wilson, J. Q. 1993. *The moral sense.* New York: Free Press.

Wilson, J. Q., & Herrnstein, R. J. 1985. *Crime and human nature.* New York: Simon & Schuster.

Wilson, M., & Daly, M. 1992. The man who mistook his wife for a chattel. In Barkow, Cosmides, &

Tooby, 1992.

Wimmer, H., & Perner, J. 1983. Beliefs about beliefs: Representation and constraining function of wrong beliefs in young children's understanding of deception. *Cognition, 13,* 103–128.

Winograd, T. 1976. Towards a procedural understanding of semantics. *Revue Internationale de Philosophie, 117–118,* 262–282.

Wolfe, T. 1975. *The painted word.* New York: Bantam Books.

Wootton, R. J. 1990. The mechanical design of insect wings. *Scientific American,* November.

Wright, L. 1995. Double mystery. *New Yorker,* August 7, pp. 45–62.

Wright, R. 1988. *Three scientists and their gods: Looking for meaning in an age of information.* New York: HarperCollins.

Wright, R. 1994a. *The moral animal: Evolutionary psychology and everyday life.* New York: Pantheon.

Wright, R. 1994b. Feminists, meet Mr. Darwin. *New Republic,* November 28.

Wright, R. 1995. The biology of violence. *New Yorker,* March 13, pp. 67–77.

Wynn, K. 1990. Children's understanding of counting. *Cognition, 36,* 155–193.

Wynn, K. 1992. Addition and subtraction in human infants. *Nature, 358,* 749–750.

Yellen, J. E., Brooks, A. S., Cornelissen, E., Mehlman, M. J., & Steward, K. 1995. A Middle Stone Age worked bone industry from Katanda, Upper Semliki Valley, Zaire. *Science, 268,* 553–556.

Young, A. W., & Bruce, V. 1991. Perceptual categories and the computation of 'grandmother.' *European Journal of Cognitive Psychology, 3,* 5–49.

Young, L. R., Oman, C. M., Watt, D. G. D., Money, K. E., & Lichtenberg, B. K. 1984. Spatial orientation in weightlessness and readaptation to earth's gravity. *Science, 225,* 205–208.

Zahavi, A. 1975. Mate selection—A selection for a handicap. *Journal of Theoretical Biology, 53,* 205–214.

Zaitchik, D. 1990. When representations conflict with reality: The preschooler's problem with false beliefs and "false" photographs. *Cognition, 35,* 41–68.

Zentner, M. R., & Kagan, J. 1996. Perception of music by infants. *Nature, 383,* 29.

Zicree, M. S. 1989. *The Twilight Zone companion.* 2d ed. Hollywood: Silman-James Press.

译者后记

进化（演化）心理学作为 20 世纪晚期以来心理学的一个较新的研究取向，力图建立一个完整的研究框架，将原本相对独立的各个心理学分支，如生理心理学、发展心理学、认知心理学和社会心理学等置于一个统一的研究范式之下。正如经济学领域中无论微观经济学、宏观经济学、国际贸易理论、经济增长理论都可以用需求供给均衡工具来分析一样，进化心理学家们希望借用生物学中的自然选择、竞争、变异和适应来解释心理学中的知觉、记忆、学习、情绪、社会交流等各种内容。近 20 多年来，进化心理学的著作并不少，但平克的这本《心智探奇》可以说是其中的集大成者，这不仅在于其内容的包罗万象，从人类学、生物学、计算机科学，到经济学、哲学、美学，单是参考文献就长达 37 页，涉及上千著作和文章，而且在于其语言的风趣幽默，平克作为世界级的语言心理学家，善于将抽象的心智计算模型或心智表征概念用深入浅出的类比或幽默展示给读者。读者读完之后，需玩味思索一阵，才能领会书中的意思，从而让读者觉得自己很聪明。这本书真正做到了科普著作的楷模。难怪加扎尼加称《心智探奇》值得去阅读再阅读，去研究，去讨论；其语言的优美和风趣背后隐藏的其实是深刻的内涵，以及作者试图综合各门人类科学的雄心。

作为译者能有机会翻译这样一本经典名著，确实非常幸运，但同时也是一个巨大的挑战。在翻译本书之前，我已经翻译过一本大学教材，一本学术论文集和一部科普著作，对各类非虚构类著作的翻译已经积累了一些经验。但翻译这本书则是完全不同的体验，它更像是一次时空奥德赛历险：从跨学科知识学习到流行雅俗文化的背景了解，从计算机内的“魔鬼小人”到几百万年前的南方古猿，从心理图像旋转到超级大国之间的核武器博弈……感觉既像是在翻译百科全书，又像是在翻译魔鬼辞典。让人不得不由衷地叹服，在知识专业化分工如此细致的今天，居然仍能有平克这样杰斐逊式的学者！就像约翰·肯尼迪在白宫设宴款待各界精英时所说的，白宫从来没有云集这么多的天才和人类知识，除了托马斯·杰斐逊独自用餐的时候。阅读和翻译这本《心智探奇》就是这般感受！从 2010 年初到 2011 年底，这本书我前后共翻译了近两年时间，其间出版时间和形式问题也起起伏伏，最后终将成书，真可谓好事多磨。

在翻译细节方面，很多内容也在不断推敲。比如 evolution 究竟是译作演化还是进化，严复最初是译作演化的，因为自然选择的过程并不像传统理论认为是从低级到高级不断上升的阶梯，而是各个物种在寻找各自适应的利基或生态位（niche），但后来由于历史原因译作了进化，便一直流传下来。为了易于读者理解，本书中仍沿用了约定俗成的传统译法——进化。再如 auto associator 是该译作“自动联结器”还是“自动协关器”，平克嘲讽联结主义而自创的 connectoplasm 该怎样翻译才够精确，等等，都颇费周折，最后的译文也或许仍有争议，但确实是我作为译者出于自己的理解所做的最终选择。

在翻译这本书这个浩大的系统工程中，我要感谢张才才、樊群、张俊华、张鹏程、陈玉娥、张鹏丽、白利英、尹林芬、魏宏、高成鑫、李俊明、张丽英、梁海玲、杨世娃、杨月恒、边小强、陈建华、刘溢海、王斌鑫、王茹霞、王永亮的帮助，没有他们的鼎力协助，本书的翻译可能要花更长的时间才能完成。还要特别感谢本书的策划湛庐文化的简学老师和编辑郝莹老师以及之前的关雪菁老师，有他们的监督提醒和细心纠正才使得本书的译稿得以更完善地呈现在读者面前。还要感谢内布拉斯加大学的迈克·多德（Mike Dodd）教授，是从他的认知心理学研讨课上我才了解并阅读了这本著作，进而有缘成为它的中文译者。更要感谢我的爸爸、妈妈和姐姐，一直以来是他们的爱和鼓励使我能够坚持做自己认为有价值的事情。最后要感谢我的妻子、爱人和挚友钧和我们的宝贝女儿心儿，从你们那里我时时刻刻体会到了人生中最宝贵的真诚、善良和美好。

郝耀伟

2016 年 2 月 22 日于北京昌平东坨

未来，属于终身学习者

我们正在亲历前所未有的变革——互联网改变了信息传递的方式，指数级技术快速发展并颠覆商业世界，人工智能正在侵占越来越多的人类领地。

面对这些变化，我们需要问自己：未来需要什么样的人才？

答案是，成为终身学习者。终身学习意味着具备全面的知识结构、强大的逻辑思考能力和敏锐的感知力。这是一套能够在不断变化中随时重建、更新认知体系的能力。阅读，无疑是帮助我们整合这些能力的最佳途径。

在充满不确定性的时代，答案并不总是简单地出现在书本之中。“读万卷书”不仅要亲自阅读、广泛阅读，也需要我们深入探索好书的内部世界，让知识不再局限于书本之中。

湛庐阅读 App：与最聪明的人共同进化

我们现在推出全新的湛庐阅读 App，它将成为您在书本之外，践行终身学习的场所。

- 不用考虑“读什么”。这里汇集了湛庐所有纸质书、电子书、有声书和各种阅读服务。
- 可以学习“怎么读”。我们提供包括课程、精读班和讲书在内的全方位阅读解决方案。
- 谁来领读？您能最先了解到作者、译者、专家等大咖的前沿洞见，他们是高质量思想的源泉。
- 与谁共读？您将加入到优秀的读者和终身学习者的行列，他们对阅读和学习具有持久的热情和源源不断的动力。

在湛庐阅读App首页，编辑为您精选了经典书目和优质音视频内容，每天早、中、晚更新，满足您不间断的阅读需求。

【特别专题】【主题书单】【人物特写】等原创专栏，提供专业、深度的解读和选书参考，回应社会议题，是您了解湛庐近千位重要作者思想的独家渠道。

在每本图书的详情页，您将通过深度导读栏目【专家视点】【深度访谈】和【书评】读懂、读透一本好书。

通过这个不设限的学习平台，您在任何时间、任何地点都能获得有价值的思想，并通过阅读实现终身学习。我们邀您共建一个与最聪明的人共同进化的社区，使其成为先进思想交汇的聚集地，这正是我们的使命和价值所在。

著作权合同登记号　图字：11-2023-137
How the Mind Works by Steven Pinker

图书在版编目（CIP）数据

心智探奇：人类心智的起源与进化 /（美）史蒂芬·平克著；郝耀伟译 . — 杭州：浙江科学技术出版社，2023.6

ISBN 978-7-5739-0591-8

Ⅰ.①心…　Ⅱ.①史…②郝…　Ⅲ.①认知科学一研究　Ⅳ.① B842.1

中国国家版本馆 CIP 数据核字（2023）第 075655 号

书　　名	**心智探奇：人类心智的起源与进化**
著　　者	[美] 史蒂芬·平克
译　　者	郝耀伟

出版发行	**浙江科学技术出版社** 地址：杭州市体育场路 347 号　邮政编码：310006 办公室电话：0571-85176593 销售部电话：0571-85062597 网址：www.zkpress.com E-mail:zkpress@zkpress.com
印　　刷	唐山富达印务有限公司

开　　本	710mm×965mm　1/16	**印　　张**	39.75
字　　数	646 000		
版　　次	2023 年 6 月第 1 版	**印　　次**	2023 年 6 月第 1 次印刷
书　　号	ISBN 978-7-5739-0591-8	**定　　价**	179.90 元

责任编辑	柳丽敏	**责任美编**	金　晖
责任校对	张　宁	**责任印务**	田　文